Inhaltsverzeichnis

Akustik

Temperatur und Wärmeenergie

Kräfte

Druck

Magnetismus

Der elektrische Stromkreis

Ladung – Stromstärke – Spannung

Bildquellen

action press, Hamburg: 121.5; 147.3 A – ADAC, München: 139.1 – AGG, Düsseldorf: 227.1 – AKG, Berlin: 30.1; 30.3; 68.4; 156.2; 163.1; 163.2; 187.2 – Angermayer, Holzkirchen: 268.1 – T. Appel, Northeim: 183.3 – Astrofoto B. Koch, Leichlingen: 10.1; 10.2; 13.1; 13.2; 13.3; 13.4; 15.1; 24.2; 24.3; 68.1; 68.2; 68.3; 160.1 – Augusta GmbH, Augsburg: 150.1 – Bavaria, Gauting: 37.3; 115.3; 134.1 B; 146.1; 180.1 – Bildarchiv preußischer Kulturbesitz, Berlin: 108.1 – Bildarchiv Steffens, Mainz: 30.2 – Bugsier GmbH, Hamburg: 152.1 – Busch & Müller KG, Meinerzhagen: 18.1; 216.2; 216.4; 216.5 – Canon Euro-Photo GmbH, Willich: 54.2 – Cateye, Japan: 216.3 – Continental AG, Hannover: 151.3 – DaimlerChrysler AG, Stuttgart: 128.2; 138.1; 227.3 – Deutsche Bahn AG, Frankfurt/Main: 202.1; 215.1 – Deutsche Bahn AG, Rüstwerk Opladen: 106.4 – Deutscher Wetterdienst, Frankfurt/Main: 125.1 – Deutsches Museum, München: 12.3; 94.1; 99.1; 186.1; 211.1; 211.2; 213.1; 214.4; 256.1; 261.1; 283.1 – dpa, Frankfurt/Main: 37.5; 72.2; 72.3; 93.1; 121.4; 156.1; 168.3; 217.4 – Dyckerhoff & Widmann AG, Aschheim: 102.2 – E.ON Energie AG, München: 236.1; 236.4; 236.5; 236.6 – D. van Eupen: 12.1 – Flabeg GmbH, Fürth: 30.4 – Fotodesign Minkus, Isernhagen: 8.1; 72.1 – Fraunhofer Institut für solare Energiesysteme, Freiburg: 122.2 – FRD, Berlin: 157.1; 199.5 – R. Fröhlich, Sarstedt: 33.2 A – O. Gremblewski, Hannover: 168.1 – Hella KG, Lippstadt: 217.3 A; 252.1 – IFA, München: 116.1; 188.2 – IWZ, Stuttgart: 209.3 – IZE, Frankfurt/Main: 236.2; 236.3 – A. Jung, Hilchenbach: 148.4 A – F. Karly, München: 144.3 A – Karwendel Foto Hubert Walther, Kochel am See: 120.4 – P. Lancier GmbH & Co KG Münster: 173.1 – Leybold Didactic GmbH, Köln: 255.1; 255.3 – J. Lieder, Laboratorium für mikroskopische Aufnahmen, Ludwigsburg: 144.3 B – Mannesmann Demag Fördertechnik, Wetter: 222.1 – E. Mathias, Reutlingen: 279.2 – Mauritius, Mittenwald: 11.1; 14.1; 67.1; 86.1; 88.1; 112.1; 114.1; 115.1; 115.4; 120.3 B; 135.1; 184.2; 268.2, 277.3 – Meckes © eye of science: 95.2 A – Medenbach, Witten: 93.2 – L. Menz, Hannover: 168.2 – Motor Presse, Stuttgart: 88.3; 192.1 – Naval Research Laboratory, Washington DC, USA: 236.7 – NT-Systemboden GmbH, Oldenburg: 179.1 – Okapia, Frankfurt/Main: 145.3; 145.4 – Olympus Optical CO, Hamburg: 38.2 – Oventrup, Olsberg: 123.3 – Physikalisch-Technische Bundesanstalt Braunschweig: 159.3 – Pictor International, München: Titel Hintergrund – Pilkington Deutschland GmbH, Gelsenkirchen: 30.4 – PR-Stuttgart: 103.3 – Quick, München: 151.1 B – RWE AG, Essen: 202.2; 203.1 B; 214.5; 214.6 – E. Schilling, Herrenberg: 89.1 – Schott Glaswerke GmbH, Mainz: 38.1; 218.1 – Siemens AG, Erlangen: 84.2; 84.3; 203.1 A – Siemens AG Medical Solutions, Erlangen: 275.1 – Siemens SolarGmbH, München: 237.1; 237.2; 237.3 – Silit GmbH, Riedlingen: 176.1 – Silvestris, Kastl: 96.1; 115.2; 120.1; 120.3 A; 121.1 B; 121.2; 145.1; 145.2 – SKF GmbH, Schweinfurt: 148.2 – Spektrum der Wissenschaft Verlagsgesellschaft, Heidelberg: 197.7 – Stadtwerke Braunschweig GmbH: 128.1 – H. C. Starck Berlin, Werk Goslar: 211.4 – STEAG AG, Essen: 106.3 – Superbild Bach, München: 137.2; 169.1; 188.3 – Tanita GmbH, Sindelfingen: 277.1 – B. Trambauer, Hemmingen: 37.3; 161.2; 217.3 B – Trimedia Communications, Düsseldorf: 91.4 – Volkswagen AG, Wolfsburg: 139.2; 151.2 – R. Wellinghorst, Badbergen: 66.3 – Zefa, Düsseldorf: 33.1 – Dr. M. Zemann, Hannover: 203.1 C – Zeppelin Baumaschinen GmbH, Garching: 172.1

Es war nicht in allen Fällen möglich, die Inhaber der Bildrechte ausfindig zu machen und um Abdruckgenehmigung zu bitten. Berechtigte Ansprüche werden selbstverständlich im Rahmen der üblichen Konditionen abgegolten.

Die Firmen Brinkmann, Hannover; ELWE GmbH, Klingenthal; LEYBOLD DIDACTIC GmbH, Köln und PHYWE AG, Göttingen stellten freundlicherweise Geräte für Versuchsaufbauten bzw. Illustrationsfotos zur Verfügung.

Physik – was ist das?

Physik ist eine Wissenschaft – genauer: eine Naturwissenschaft. Sie befasst sich mit den natürlichen und den gemachten Gegebenheiten unserer Welt: dem Blitz, dem Donner, dem Licht und der Wärme, dem fallenden Stein und dem strahlenden Uran ... . Aber auch beim Bau eines Staudamms, der Konstruktion eines Computers oder bei den vielen anderen technischen Dingen unseres Lebens ist Physik mit im Spiel.

Erst die Neugier des Menschen, **wie** die Dinge denn nun genau sind, **warum** sie gerade so sind, wie sie sind, **was** sie miteinander verbindet und **wie viel** es davon gibt oder **was wir** mit ihnen **machen können,** dieses Fragen und das Suchen nach den Antworten ist Naturwissenschaft! Die Physik entfaltet ihre Fragen und Antworten in verschiedenen Teilgebieten: Mechanik, Optik, Akustik, Wärme- und Elektrizitätslehre und Kernphysik. Sie ist mit der Biologie, der Wissenschaft von allem Lebendigen, und der Chemie, die die Zusammensetzung der Stoffe ergründet, auf vielfältige Weise verbunden. Für die Technik ist sie Grundlage und erhält von ihr neue Anregungen für weiteres Forschen.

Physik ...

Das dröhnt und geht auf die Ohren und in die Glieder, dieser Disco-Sound. Er macht Spaß und mit den Lichteffekten und der drehenden Kugel an der Decke fühlen wir uns so richtig in Stimmung gebracht. An Physik denkt dabei niemand – und doch sind ihre Erkenntnisse die Grundlage für die technische Seite dieses Vergnügens.

MECHANIK

Bewegung ist in der Disco: Die dicken, schweren und die kleinen, leichten Typen tanzen, ihre Körper werden schneller oder halten plötzlich an.
Was ist das, schwer oder leicht, schnell oder langsam? Fragen, die in der **Mechanik** behandelt werden.

AKUSTIK

Die laute Musik – angenehm für die einen, störender Lärm für die anderen – in der Physik ist alles Schall.
Wie entsteht er, wie kommt er von hier nach da, was bewirkt er?
All dies ist Gegenstand der **Akustik.**

ELEKTRIZITÄTSLEHRE

Der Discjockey bedient mithilfe eines Computers die Lautsprecheranlage, die Scheinwerfer, den Laser. Sie funktionieren mit elektrischem Strom. Was ist das, elektrischer Strom? Was strömt da und wo hat es seinen Ursprung? Fragen, die in der **Elektrizitätslehre** beantwortet werden.

... überall

KERNPHYSIK
Kernkraftwerke liefern Strom. Sie nutzen Erkenntnisse, die wir über die kleinsten Teilchen der Körper besitzen. Mit diesem Teil der Physik befasst sich die **Kernphysik.**

OPTIK
Da ist das Licht: grell oder abgedunkelt, weiß oder farbig. Wie es entsteht, was es bewirkt, was das weiße vom farbigen Licht unterscheidet und vieles mehr sind die Forschungsgegenstände der **Optik.**

WÄRMELEHRE
Warm ist es und man schwitzt ganz schön in der Disco. Die Ventilatoren befördern kühle Luft herein und der Kühlschrank an der Bar sorgt für kühle Getränke.
Was ist das: warm und kalt? Wie warm ist es? Wie arbeitet der Kühlschrank? Solche und viele weitere Fragen klärt die **Wärmelehre.**

Physik – Teil der Naturwissenschaft

Das Auge

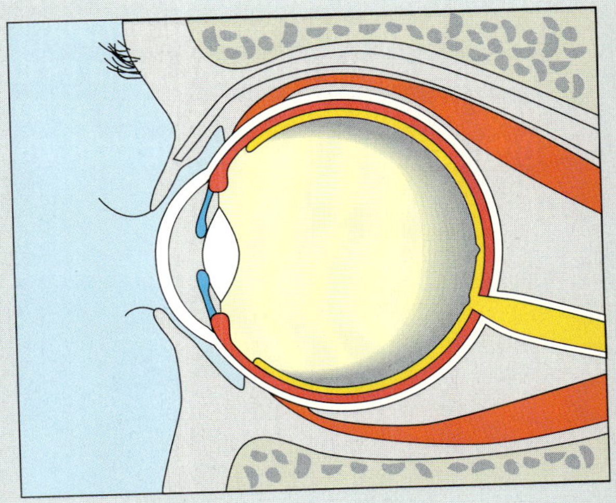

Das Auge soll uns als Beispiel dienen für einen Untersuchungsgegenstand, der von verschiedenen Wissenschaften ganz unterschiedlich betrachtet wird. Jede Wissenschaft schränkt dabei ihren Blick bewusst ein, um nur das für sie Wichtige zu sehen.

In der **Medizin** müssen Ärztinnen und Ärzte zwischen einem gesunden und einem kranken Auge unterscheiden. Dazu ist die genaue Kenntnis seines Aufbaus erforderlich. Das Zusammenspiel der physikalischen Gegebenheiten, der chemischen Bedingungen und der biologischen Grundlagen des Auges muss bekannt sein, um eine Brille zu verordnen, Augentropfen zu verschreiben oder gar am Auge zu operieren.

Die **Biologen** möchten wissen, welche Besonderheiten das menschliche Auge von den Augen anderer Lebewesen unterscheidet. Mit dieser Kenntnis kann man z.B. die besondere Leistungsfähigkeit des menschlichen Auges gegenüber den Augen von Tieren abschätzen.

In der **Physik** wird das Auge als ein vielseitiges optisches Gerät mit Licht durchlässigen Körpern und einer veränderbaren Öffnung für den Lichteinfall studiert.

Die **Chemie** interessiert sich beim Auge für die stofflichen Veränderungen, die sich in der Netzhaut, dem „Film" des Auges abspielen. Oder sie untersucht die Eigenschaften der Tränen, um zu wissen, aus welchen Stoffen sie bestehen.

Optik

Selbst aus den entferntesten Winkeln des Weltalls gelangt Licht zu uns. Große Fernrohre sammeln es zu phantastischen Bildern ferner Sterne, leuchtender Staubwolken oder schillernder Galaxien.
Wo hat Licht seinen Ursprung, was bewirkt es dort, wo es ankommt – und wie verläuft es dazwischen? Was geschieht mit Licht, wenn es durch Luft, Glas oder Wasser geht – was wenn es auf Spiegel fällt? Gibt es auch Licht, das wir nicht wahrnehmen können?

Mit dem mehr als 8 m großen Spiegelteleskop der europäischen Sternwarte in Chile kann man in die tiefsten Weiten des Weltalls blicken; mit Lupe oder Mikroskop lassen sich sehr kleine Gegenstände wahrnehmen, fotografieren und anschließend zur Betrachtung vergrößert auf eine Wand projizieren. Optische Geräte helfen also, die Grenzen unseres Sehvermögens zu überwinden. Wie sind die entsprechenden Geräte gebaut? Wie erzeugen sie die Bilder, die wir sehen? Wovon hängt die Vergrößerung ab?

Ein Diamant funkelt und glänzt, wenn er vom Licht der Sonne getroffen wird. Wie kommt das Funkeln zustande? Woher kommen die Farben – ist Sonnenlicht denn nicht normalerweise weiß? Was sind überhaupt Farben und warum sind Lebewesen, Pflanzen und alle anderen Dinge bunt?

Licht und Sehen

Licht ist wichtig! Kapitäne hielten früher auf See Ausschau nach den Leuchtfeuern der Leuchttürme. Mit der Helligkeit von einigen hunderttausend Kerzen waren sie nachts so weit zu sehen, dass die Schiffe sicher entlang den Küsten gesteuert werden konnten. Wie kommt es dazu, dass man einen Gegenstand sehen kann?

Lichtquellen und Sehvorgang

Das Kind sieht nur etwas, weil die linke Glühlampe als **Lichtquelle** Licht erzeugt und aussendet. Ein Teil davon gelangt direkt in sein Auge. Deshalb sieht es die Lichtquelle.
Doch auch die rechte Glühlampe ist zu sehen, obwohl sie selbst kein Licht erzeugt. Sie wird von der linken Lampe **beleuchtet** und wirft das Licht in alle Richtungen zurück. Ein Teil hiervon gelangt ebenfalls in das Auge des Kindes.
Das Auge ist ein **Lichtempfänger.** Es nimmt Licht auf und wandelt es in elektrische Impulse um, die von den Nerven an das Gehirn weitergeleitet werden. Dort erst entsteht der Seheindruck *Lampe.*

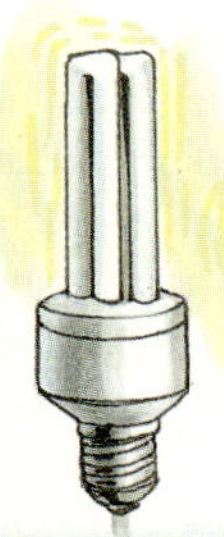

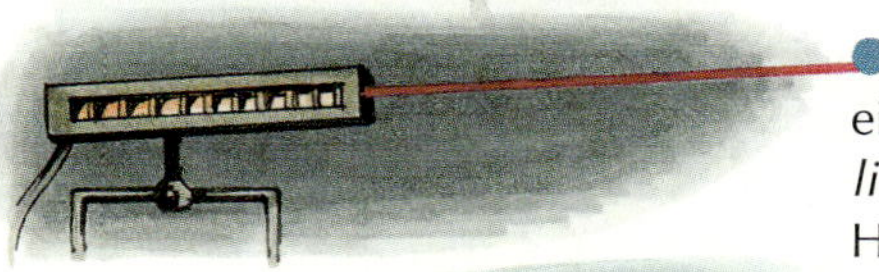

● Unter den vielfältigen *natürlichen Lichtquellen* ist für uns die Sonne die wichtigste. Wie alle anderen Sterne ist sie heiß. Das Glühwürmchen dagegen bleibt bei der Lichterzeugung kalt. Auch manche Tintenfische und tropische Pilze können kaltes Licht erzeugen.
Zu den gefährlichen natürlichen Lichtquellen zählen der Blitz und das Feuer.

● Die Erfindung des Dochtes war ein wichtiger Schritt, um *künstliche Lichtquellen* zu erschaffen. Heutzutage haben die elektrischen Lichtquellen die größte Bedeutung. Weitverbreitet ist immer noch die vor etwa 150 Jahren erfundene Glühlampe, die aber zunehmend durch Leuchtstoffröhren und Energiesparlampen ersetzt wird.
Laser als neuartige Lichtquellen werden für besondere Zwecke in Technik und Alltag bereits vielfach eingesetzt.

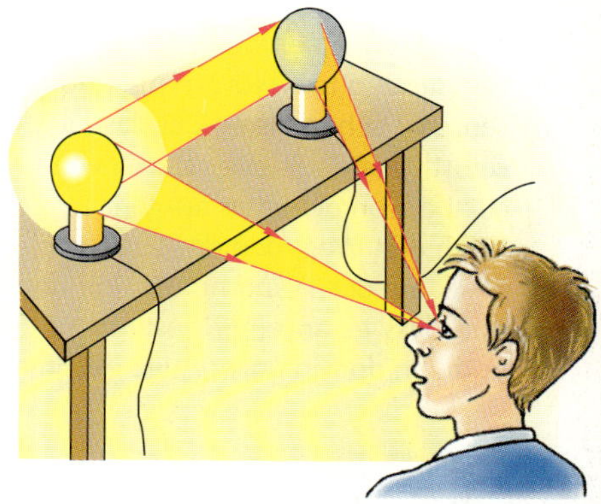

Wir sehen einen Gegenstand, wenn Licht von ihm in unser Auge fällt.
Wir unterscheiden bei Köpern, die Licht aussenden:
- Lichtquellen, die Licht selbst erzeugen;
- beleuchtete Körper, die auftreffendes Licht nur zurückwerfen.

Aufgaben

1 **a)** Nenne weitere Lichtquellen und beleuchtete Körper. Unterscheide dabei zwischen kalten und heißen Lichtquellen.
b) Zu welcher Gruppe gehören der Fernsehschirm, der Mond, eine Sternschnuppe (Seite 13)?

2 **a)** Beschreibe den Lichtverlauf, wenn du sagst: „Ich sehe Oma".
b) Weshalb ist die Redeweise „Jemandem feurige Blicke zuwerfen" physikalisch falsch? Suche nach ähnlichen Redeweisen.

Licht ist unsichtbar!

Fällt Licht von einer Taschenlampe auf eine Wand, dann sehen wir dort einen hellen Fleck. Stecken wir den Taschenlampenkopf in eine Pappröhre und setzen wir vor die Wand eine innen geschwärzte Tonne, dann sehen wir – selbst wenn der Raum abgedunkelt ist – kein Licht mehr! Dass aber nach wie vor Licht von der Taschenlampe zur Tonne unterwegs ist erkennen wir sofort, wenn wir ein Buch in den Zwischenraum halten oder Kreidestaub bzw. Rauch hineinblasen. Wir sehen also nicht das Licht selbst, sondern nur die Gegenstände, von denen es ausgeht.

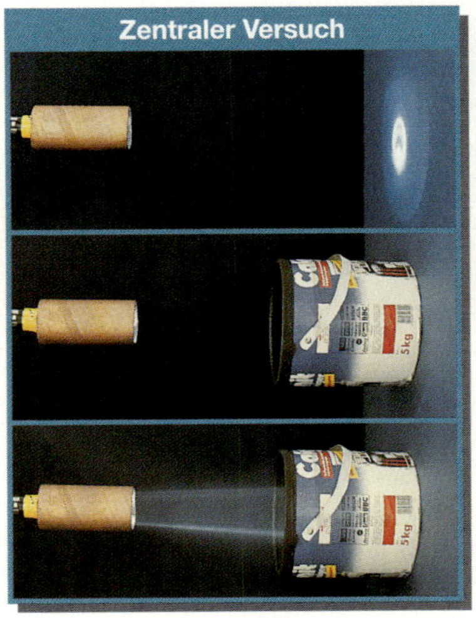
Zentraler Versuch

Auch den Weg, den das Licht von der Quelle „Taschenlampe" zum hellen Fleck auf der Wand nimmt, können wir nicht verfolgen, denn wir sehen ja nur, dass es an einer bestimmten Stelle angekommen ist. Wie es dorthin und von dort in unser Auge gekommen ist, verrät uns das Licht nicht.

Licht selbst ist unsichtbar.
Es macht aber Gegenstände sichtbar, auf die es fällt.

Aufgaben

1 Ulf sagt: „Der Mond muss eine Lichtquelle sein, denn ich habe nachts noch nie Licht auf ihn treffen sehen!" Was sagst du dazu?

2 In sehr staubigen Räumen glaubt man, das Sonnenlicht durch das Fenster fallen zu sehen. Sieht man dabei wirklich das Licht?

3 Von manchen Wohnräumen sagt man, dass sie lichtdurchflutet sind.
a) Kann man Licht „fluten" sehen?
b) Wie macht sich die Lichtflut bemerkbar?

Streifzug

Geschichte der Lampen

Die erste Lampe, die von der Menschheit auch am längsten genutzt wurde, war die **Öllampe.** Sie wurde bereits um 2500 v. Chr. in Ägypten verwendet und dann immer weiter vervollkommnet. So gab es um 400 v. Chr. in Athen eine Öllampe mit automatischer Dochtnachführung, die ein Jahr lang ununterbrochen Licht aussenden konnte.

In Rom waren ab 150 n. Chr. **Wachskerzen** in Gebrauch. Sie wurden zunächst nur für religiöse Zwecke eingesetzt, später auch zur Beleuchtung.

Noch um 1800 erzeugte man Licht für alltägliche Zwecke allein durch die Verbrennung von Brennstoffen wie Holz, Öl, Tran oder Pech. Eine ausgereifte **Petroleumlampe** für den Hausgebrauch wurde erst 1855 erfunden.

1799 wurde erstmalig ein Leuchtturm mit einer **Gaslampe** betrieben.

Als um 1800 entdeckt wurde, dass Blitze elektrische Vorgänge sind, kam die Überlegung auf, Licht auch auf elektrischem Wege zu erzeugen. Aber die Entwicklung elektrischer Lampen dauerte noch länger als ein halbes Jahrhundert:

- 1854 baute der Deutsche HEINRICH GOEBEL die erste **Glühlampe.** Anstelle der heute verwendeten Metalldrahtwendel floss bei ihm der Strom noch durch eine verkohlte Bambusfaser. Seine Erfindung setzte sich jedoch zunächst nicht durch, da es damals noch keine zuverlässigen und preiswerten elektrischen Quellen gab.
- 1880 gründete EDISON die erste Glühlampenfabrik. Seine Lampen hatten eine Lebensdauer von 40 Stunden. (Heute etwa 1000 Stunden!)
- 1882 gab es in Berlin die erste elektrische Straßenbeleuchtung.
- 1939 wurde die erste **Leuchtstofflampe** auf der Weltausstellung in New York vorgeführt. Gegenüber einer Glühlampe benötigt sie bei gleicher Helligkeit nur ein Fünftel der elektrischen Energie. Die in den achtziger Jahren des vergangenen Jahrhunderts entwickelten Energiesparlampen sind kleine, kompakte Leuchtstofflampen, die in die üblichen Sockel und Gewinde eingeschraubt werden können.

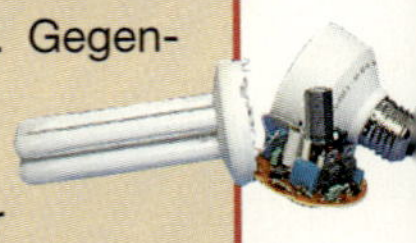

- 1958 wurde in den USA der erste **Laser** gebaut.
- 1962 gab es die erste **Leuchtdiode (LED).**

Streifzug

Lichtquellen am Himmel

Betrachten wir in einer wolkenlosen Nacht den Himmel, so können wir eine Vielzahl leuchtender Punkte erkennen. Fast jeder dieser Punkte ist ein Stern. Aber wir sehen am Nachthimmel mit bloßem Auge nicht nur weit entfernte Sterne, sondern auch die Planeten unseres Sonnensystems, den die Erde umkreisenden Mond und manchmal Sternschnuppen und Kometen. Woher stammt das Licht, das von ihnen in unser Auge gelängt?

Alle **Sterne** erzeugen das Licht, das sie aussenden, selbst – sind also *Lichtquellen* wie unsere Sonne auch. Die Prozesse, die bei der Lichterzeugung ablaufen, haben nichts mit den uns bekannten Verbrennungsvorgängen (also chemischen Prozessen) oder elektrischen Leuchterscheinungen zu tun. Es sind ganz andere (kernphysikalische) Prozesse.
Bemerkenswerterweise können Astrophysiker aus der Farbe des Lichts, das die Sterne aussenden, Rückschlüsse ziehen auf Temperatur, Alter und die Stoffe, aus denen die Sterne bestehen.

Unser **Mond** (wie alle anderen Monde in unserem Sonnensystem auch) ist keine Lichtquelle. Er bekommt sein Licht von der Sonne und lenkt es in unser Auge um, ist also ein *beleuchteter Körper.* Denn wenn er als Lichtquelle das Licht selbst erzeugen würde, wie sollte es dann im Laufe eines Jahres zu den unterschiedlichen, sich aber immer wiederholenden *Mondphasen* kommen? Vor allem der Neumond verbietet die Bezeichnung „Lichtquelle" für den Mond.

Mond

Schon im Altertum war den babylonischen Astronomen aufgefallen, dass die **Planeten** eine besondere Art von Himmelskörpern sein müssen. Denn sie bewegten sich im Laufe der Jahre vor den fest stehenden „Fixsternen" auf immer wiederkehrende Weise. („Planet" heißt übersetzt „Wanderstern".) Erst mithilfe der Fernrohre, die um 1600 in Europa erfunden wurden, konnten die Astronomen erkennen, dass die Planeten auch Phasen zeigten. Sie sind also ebenfalls keine Lichtquellen, sondern beleuchtete Körper wie der Mond.

Venus

Alle Planeten – Merkur, Venus, Erde, Mars, Jupiter, Saturn, Uranus, Neptun und Pluto – umkreisen die Sonne wie der Mond die Erde. Von ihnen können wir mit bloßem Auge am Nachthimmel nur Venus, Mars, Jupiter und Saturn sehen. Die anderen Pla neten sind zu klein oder zu weit von der Erde entfernt, sodass das ankommende Licht nicht ausreicht, einen Sinneseindruck in unserem Auge zu erzeugen.

Manchmal sind noch andere spektakuläre Erscheinungen am Nachthimmel zu sehen. Im August und September gibt es häufig **Sternschnuppen.** Dabei handelt es sich um Gesteinsbrocken, die bei ihrem Umlauf um die Sonne in die Lufthülle der Erde eindringen und dort verglühen. Sternschnuppen (wissenschaftlich „Meteore") sind also Lichtquellen.

In den letzten Jahren gab es mehrere **Kometen** am Nachthimmel zu bestaunen. Sie bestehen aus einem einige Kilometer großen Kern aus Eis, Staub bzw. Gesteinsbrocken und noch anderen Stoffen („schmutziger Schneeball") und kreisen auf weit ausladenden Bahnen – weit jenseits noch der Plutobahn – um die Sonne. Ihre Umlaufszeiten betragen mehrere Jahrzehnte bis Jahrtausende. Nähern sie sich der Sonne, so schmilzt das Eis. Der Komet verliert das entstehende Wasser und die nicht mehr eingefrorenen Feststoffe. Auftreffendes Sonnenlicht wird von ihnen zu uns gelenkt. Die anderen Stoffe werden von der Sonne zum Leuchten angeregt. Ein Kometenschweif ist also sowohl Lichtquelle als auch beleuchteter Körper.

Lichtausbreitung

Im Wald ist es überall neblig. Das Sonnenlicht schneidet an gewissen Stellen scharf umrissene Nebelstreifen fächerartig aus.

Verrät uns die Natur damit etwas darüber, auf welchem Weg sich Licht bewegt? Läuft es auf ganz bestimmten Bahnen? Sind sie gerade, wie kleine Kinder Lichtstrahlen immer malen, oder krumm?

Wie breitet sich Licht aus?

Bauen wir das Naturschauspiel mit einem Diaprojektor und zusätzlichen Lochblenden in einem staubigen Raum nach, so sehen wir:

- Der Lichtraum wird von den Blenden immer weiter eingeengt.
- Die einzelnen Berandungen des Lichtraums sind immer geradlinig.
- Alle Berandungen können geradlinig bis zur Lichtquelle zurück verlängert werden, sodass ineinanderliegende Lichtkegel entstehen.

Zentraler Versuch

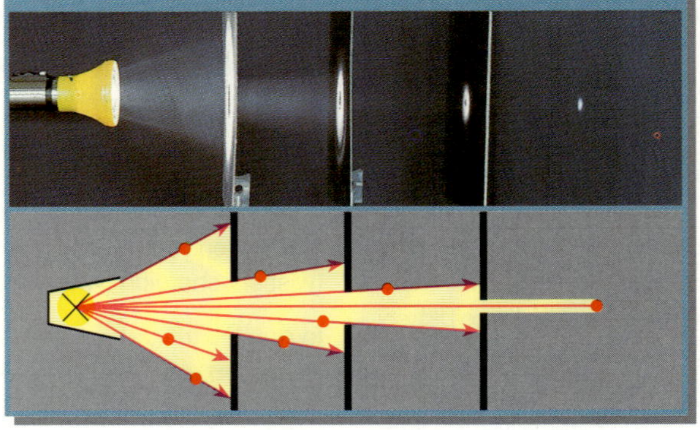

Durch weitere Blenden lassen sich immer engere Lichtkegel erzeugen, deren Ränder immer weniger auseinanderlaufen. Sie unterscheiden sich schließlich nicht mehr von dem, was wir aus der Mathematik als „Strahl" kennen.

Die Ausbreitung von Licht lässt sich gut mit einem Modell verstehen, das ALBERT EINSTEIN (1879–1955) vor knapp 100 Jahren entwickelt hat: Danach schleudert die Lichtquelle ständig eine unvorstellbar große Anzahl kleinster Lichtteilchen wahllos in alle Richtungen hinaus. Diese Lichtteilchen heißen **Photonen.** Sie sind um so zahlreicher, je heller das Licht ist. In Luft bewegen sie sich enorm schnell. In einer Sekunde kommen sie nahezu 300 000 km weit, also etwa von der Erde zum Mond!

Man darf sich Photonen aber nicht wie einen festen Stoff vorstellen, denn sie manchen Gegenstände, auf die sie treffen, ja nicht schwerer. Sie *bewirken* jedoch, dass wir die Gegenstände sehen. Photonen sind **Energie** in kleinsten Portionen.

Photonen selbst sind farblos. Aber ihre Energiemenge sagt doch etwas über die Lichtfarbe aus: Gelangen energiearme Photonen in unser Auge, so haben wir den Farbeindruck Rot, bei energiereichen Photonen sehen wir Blau.
Wegen der Vielzahl der Photonen, die in jeder Sekunde unser Auge auch beim schwächsten Licht erreichen, nehmen wir nie ein einzelnes Photon als Seheindruck wahr sondern stets ihre Gesamtwirkung. Dies ist vergleichbar mit einem prasselnden Regenschauer auf einer Fensterscheibe, wo auch nur noch das „Konzert" aller Regentropfen zu hören ist und nicht mehr der Aufprall einzelner Tropfen.

Der Rand des Lichtraums im Bild links ist scharf begrenzt und zwischen den Blenden geradlinig. Dort fliegen zumindest die äußeren Photonen offenbar auf geradlinigen Bahnen den Rand entlang. Aber auch im Inneren der Lichtkegel werden sie geradlinig geflogen sein, denn alle Randbahnen lassen sich geradlinig bis in die Lichtquelle zurück verlängern.

Photonen sind Energiepakete. Sie fliegen auf geradlinigen Bahnen und bilden den Energiestrom des Lichts.
Zeichnerisch stellen wir die Ausbreitung von Licht mithilfe von Strahlen dar. Ein Lichtstrahl kann dabei als Bahn eines Photons aufgefasst werden.

Blick in die Vergangenheit

Streifzug

Bei der ungeheuren Geschwindigkeit der Photonen wird klar, dass wir bei unseren alltäglichen, kleinen Entfernungen nichts von einer Zeitdauer für die Lichtausbreitung merken.
Anders ist dies jedoch bei den großen Entfernungen, mit denen wir es im Weltall zu tun haben.
So benötigt das Licht für seinen Weg bis zur Erde
- vom Mond 1,28 s
- von der Sonne 8,3 min
- vom nächsten Fixstern (α Centauri) 4,3 Jahre
- vom Polarstern 470 Jahre
- vom Andromeda-Nebel 2 000 000 Jahre.

Ein Blick in den Sternenhimmel ist also ein Blick in die Vergangenheit! Wie z. B. der α Centauri heute aussieht, weiß niemand, da von ihm keine schnellere Botschaft als das Licht zu uns gelangen kann. Erst im Jahr 2004 klärt sich die Frage, wie dieser Stern im Jahr 2000 ausgesehen hat.

Andromeda-Nebel

Aufgaben

1 Ein außerirdisches Wesen auf dem Polarstern möge mit seinem (extrem guten) Fernrohr heute die Erde beobachten. Welche geschichtlichen Ereignisse würde es in diesem Augenblick sehen?

Aufgaben

1 Wodurch unterscheidet sich in der Photonenvorstellung das Licht der grellen Mittagssonne von dem des schwachen Abendrots?

2 Zeichne die Lichtkegel der Lichtquelle L. Welche Bereiche auf den Schirmen (S) werden beleuchtet sein? Übertrage dazu die Anordnung in dein Heft; 1 Kästchen ≙ 1 cm.

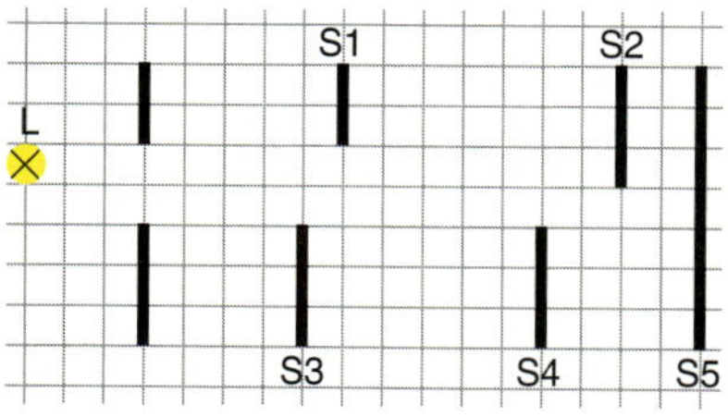

3 Der italienische Naturwissenschaftler GALILEI wollte vor ca. 400 Jahren mit zwei Lampen die Photonengeschwindigkeit bestimmen. Er blitzte einem 4 km entfernten Helfer zu und wollte die Zeit messen, bis dessen Lampenlicht als Antwort wieder bei ihm eintraf. Weshalb musste GALILEI erfolglos bleiben?

Lichtausbreitung

Versuche und Aufträge

V1 a) Stelle verschiedene Lochblenden (2 cm, 3 cm, 5 cm) zwischen eine Pappe und eine kleine Glühlampe. Miss die Durchmesser der Lichtkreise auf der Pappe.
b) Übertrage den Aufbau in der Seitenansicht in dein Heft. Halbiere dazu alle Maße. Zeichne den jeweiligen Lichtkegel mit ein.
c) Kannst du die Größe deiner gemessenen Lichtkreise durch die Zeichnung bestätigen?

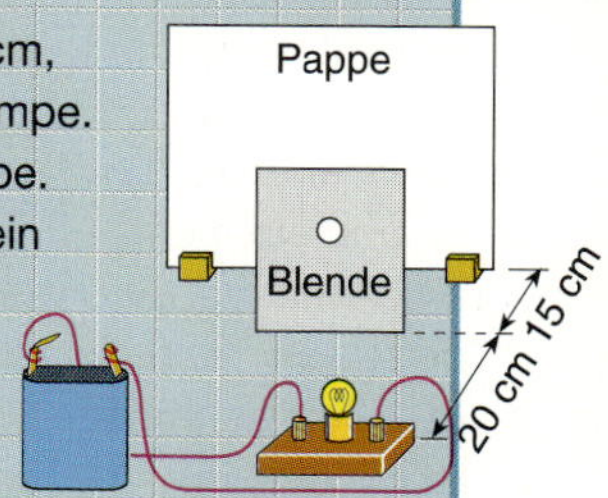

V2 Ordne zwei Taschenlampen (TL) in der gezeigten Stellung vor einer Pappe an.
a) Überprüfe, ob sich die Beleuchtung der Pappe beim Einschalten von TL2 ändert. Werden die Photonen aus TL1 durch die kreuzenden Photonen aus TL2 merklich von ihrer Bahn abgelenkt? Was besagt dein Ergebnis über die Photonen?

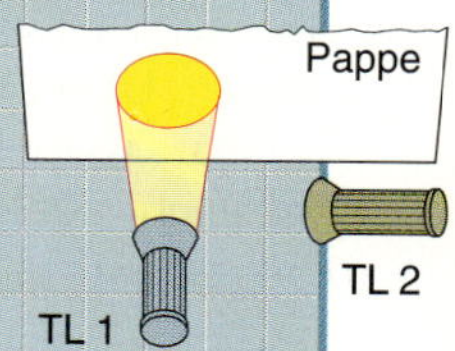

b) Führe den gleichen Versuch statt mit Licht sinngemäß mit Wasser durch. Verwende statt der TL zwei Spritzflaschen. Beschreibe deine Beobachtung. Was schließt du daraus?
c) Vergleiche deine Beobachtungen aus a) und b). Der Versuch verdeutlicht einen wichtigen Unterschied in den Eigenschaften von Photonen und Wasserteilchen. Welcher ist das wohl? Lies dazu noch einmal den Text zu den Photonen auf der linken Seite.

Gegenstände – vom Licht getroffen, vom Auge gesehen

Damit wir einen Gegenstand sehen, muss Licht von ihm in unser Auge gelangen. Wie sich die Photonen verhalten, wenn sie auf einen Körper treffen, hängt entscheidend von seiner Oberfläche ab. Bei einem Motorrad zum Beispiel treffen die Photonen des Sonnenlichts auf unterschiedliche Materialien. Je nach der Beschaffenheit dieser Stoffe werden die Photonen von dort mehr oder weniger gut in das Auge zurückgeworfen. Was kann ihnen alles passieren?

- Ist die Oberfläche besonders glatt („spiegelglatt“) wie z. B. die Kunststoffplatte im Bild rechts, so entfernen sich alle Photonen in einer ganz bestimmten Richtung vom Gegenstand und erzeugen auf dem Papier den Lichtfleck. Wir sprechen in diesem Fall von **Reflexion.** ①

- Fällt Licht auf eine raue Oberfläche (z. B. Stoff), so wird das Papier überall ein wenig erhellt. Also müssen die Photonen vom Stoff wahllos in alle Richtungen weggeschickt worden sein. Wir sprechen von **Streuung.** ②

Selbst winzige Staubteilchen können die auftreffenden Photonen streuen. Überall da, wo Lichtwege sichtbar werden, sind Photonen auf Staub-, Kreide- oder Nebelteilchen geprallt und gestreut worden.

- Neben dem Stoff ist es schwarz, obwohl auch dort Photonen auftreffen. Sie hinterlassen jedoch nirgends eine sichtbare Spur. Offenbar verlassen sie die Oberfläche nicht wieder sondern verschwinden in ihr. Da aber Photonen Energiepakete sind, müssen sie ihre Energie an den Körper abgeben. Er wird warm. Diesen Vorgang nennen wir **Absorption.** ③

Zentraler Versuch

Werden aus dem Sonnenlicht nur gewisse Photonen mit bestimmter Energie absorbiert, so erscheint der Körper farbig. Schwarz ist damit als „Farbe“ verstehbar, bei der alle Photonen absorbiert werden.

Neben diesen Vorgängen, die sich auf der Oberfläche von Gegenständen abspielen, können Photonen aber auch durch bestimmte Körper hindurchdringen.

- Gehen sie wie bei der Windschutzscheibe unabgelenkt und vollständig hindurch, so sprechen wir von einem **durchsichtigen Körper.** Derartige Körper können wir gar nicht erkennen, da die Photonen nur hindurchfliegen. Wir sehen nur lichtaussendende Gegenstände hinter oder Verunreinigungen auf dem durchsichtigen Körper. ④

- Milchglas dagegen streut die Photonen bereits beim Durchdringen in alle Richtungen. Dadurch wird es selbst sichtbar, während der lichtaussendende Körper dahinter nicht mehr scharf gesehen werden kann. Gegenstände wie Milchglas nennt man **durchscheinend.** ⑤

In Wirklichkeit treten die beschriebenen Vorgänge nie allein auf: Bei einer 1 cm dicken Glasscheibe werden von 100 auftreffenden Photonen etwa 5 reflektiert, 5 absorbiert und 90 gelangen hindurch. Kratzer oder Staub auf der Scheibe führen zusätzlich zu Streuung.

> Treffen Photonen auf einen undurchsichtigen Körper, so können sie reflektiert, gestreut oder absorbiert werden.
> Bei lichtdurchlässigen Körpern unterscheidet man zwischen durchsichtig und durchscheinend.

① **Reflexion**

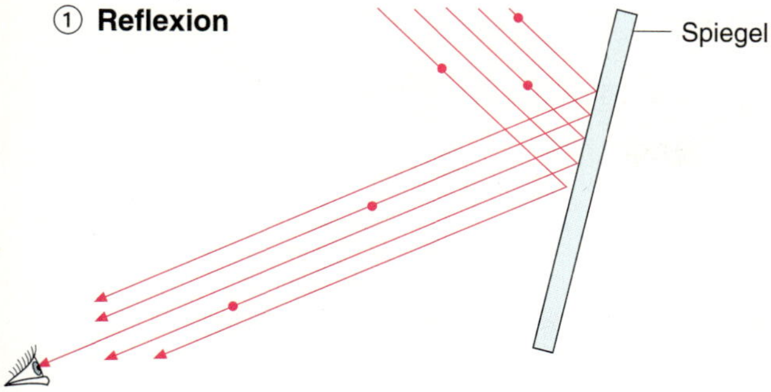

② **Streuung**

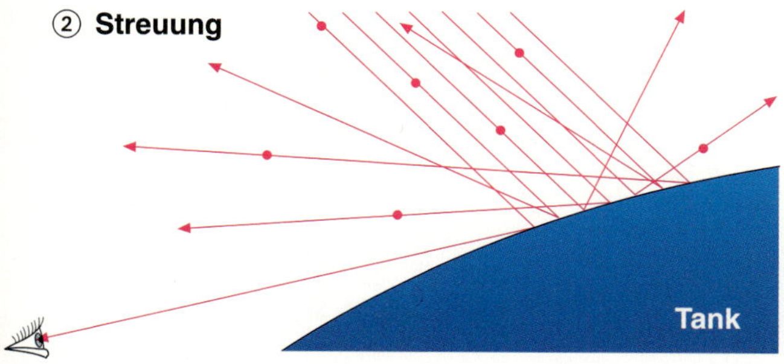

③ **Absorption**

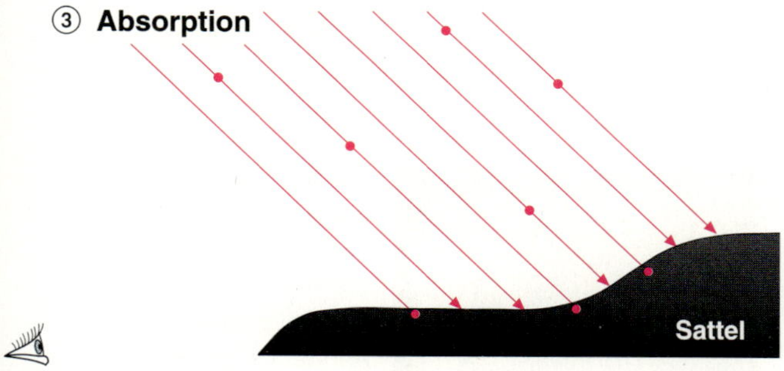

④ **Durchgang ungestört (durchsichtig)**

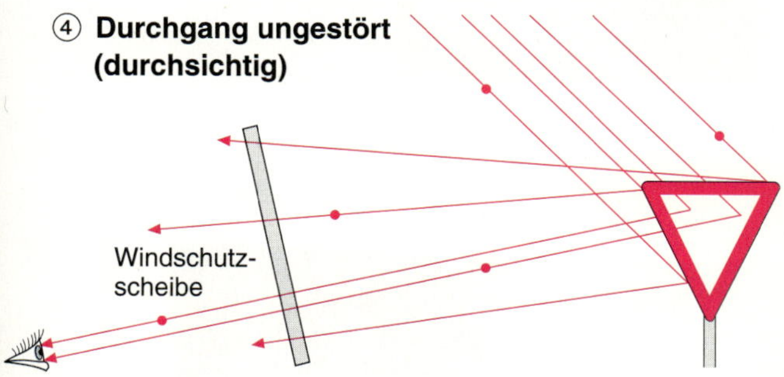

⑤ **Durchgang mit Streuung (durchscheinend)**

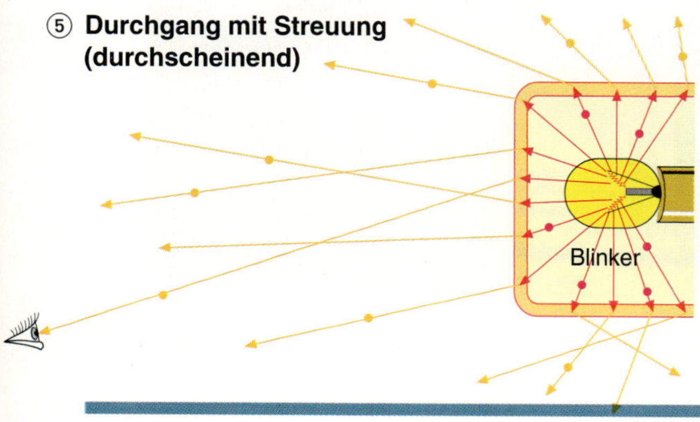

Aufgaben

1 Welche Vorgänge können stattfinden, wenn Licht auf einen Gegenstand trifft? Nenne zu jedem Vorgang ein Beispiel.

2 Wie verhält sich Licht an folgenden Oberflächen: ruhender, ungestörter Gebirgssee; heller Strandsand; diese Buchseite (Unterschiede beachten!)?

3 Weshalb übersieht man leicht rahmenlose Glastüren? Was kann man tun, um die Verletzungsgefahr zu verringern?

4 Vitamine in Fruchtsäften werden leicht durch Lichteinwirkung zerstört. Erkläre, warum bei der Abfüllung dunkle Flaschen verwendet werden. Gibt es auch Nachteile durch die dunklen Flaschen?

Versuche und Aufträge

V1 a) Beleuchte mit einer Taschenlampe verschiedene Gegenstände, z. B. Alufolie (beide Seiten!), Pergamentpapier, Buchseite. Verfolge mit dem Finger den Lichtweg bis zu deinem Auge.
b) Fertige eine Skizze zum Lichtverlauf.
c) Weshalb sind die Körper unterschiedlich hell?
d) Erkläre, was mit den Photonen an der Körperoberfläche passiert.

V2 a) Fülle Wasser in ein klares Glasgefäß und lasse das Licht einer Taschenlampe senkrecht darauf fallen. Beschreibe, wie sich die Photonen verhalten, wenn die Oberfläche nach einiger Zeit ganz zur Ruhe gekommen ist.
b) Gib nacheinander tropfenweise Milch in das Wasser und verrühre sie. Was beobachtest du? Beschreibe, wie sich die Ausbreitung der Photonen durch die Flüssigkeit geändert hat.

V3 Stecke auf eine Taschenlampe anstelle des Reflektors eine Papphröhre und drücke sie vorne zu einem schmalen Schlitz zusammen.

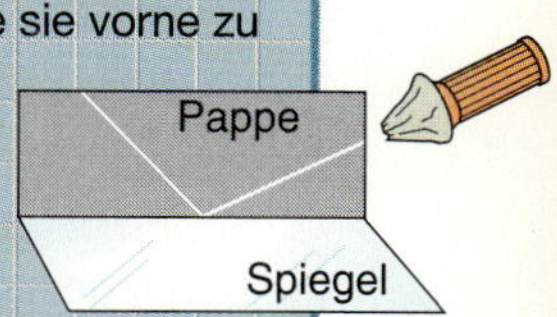

a) Lasse das Lichtbündel streifend entlang der Pappe von schräg oben auf einen Spiegel fallen und zeichne den gesamten Lichtweg nach.
b) Bestimme die Winkel, die diese Strahlen mit der Spiegeloberfläche bilden.
c) Wiederhole den Versuch bei steilerem und flacherem Lichteinfall. Notiere deine Messergebnisse.
d) In welche Richtung wird das Licht immer reflektiert?

Pinnwand

In der Dunkelheit ist es besonders schwierig, andere Verkehrsteilnehmer rechtzeitig zu erkennen und umgekehrt auch von ihnen gesehen zu werden. Durch unser eigenes Verhalten können wir zur Sicherheit beitragen.

Die schlimmsten Unfälle ereignen sich bei Nacht.

Diese Zahlen sprechen für sich: Beinahe jeder zweite Fahrer hat nach Umfragen der Deutschen Verkehrswacht ein flaues Gefühl im Magen, wenn er bei Dunkelheit auf der Landstrasse unterw

- **Gute und einwandfrei funktionierende Beleuchtungsanlage beim Fahrrad**

Wichtig, damit wir Hindernisse im Straßenverkehr gut erkennen und gleichzeitig von anderen frühzeitig gesehen werden. Besser als die einfachen üblichen Fahrradlampen sind Halogenscheinwerfer, die durch das helle Halogenlicht und einen hochwertigen Reflektorspiegel eine deutlich höhere Lichtausbeute haben.

SEHEN UND GESEHEN WERDEN

- Befestige möglichst auffällige Reflektoren oder Leuchtstreifen an deiner Kleidung.
- Am Fahrrad müssen die vorgeschriebenen Reflektoren vorne (weiß) und hinten (rot) sowie in beiden Rädern und Pedalen (gelb) angebracht und stets sauber sein.

Noch heller als das gestreute Licht ist das reflektierte, gebündelte Licht. Allerdings wird es bei der Reflexion nur in eine bestimmte Richtung zurückgesandt – und das ist im Regelfall nicht die Richtung zur Lichtquelle zurück.

Damit das Licht in jedem Fall zum Auto reflektiert wird, sind kleinste *Tripelspiegel* entwickelt worden, von denen viele in einem Reflektor nebeneinander eingebaut sind.

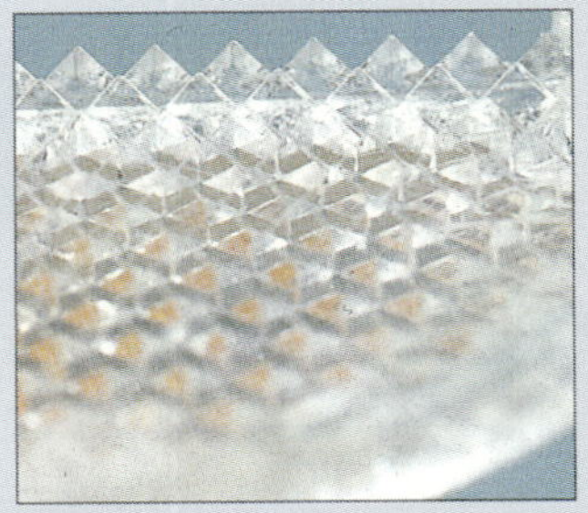

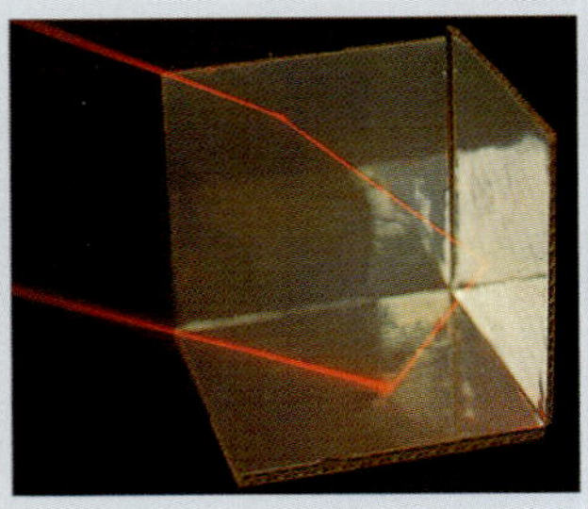

Ein Tripelspiegel besteht aus drei zueinander senkrecht stehenden Spiegelflächen. Eine solche Anordnung reflektiert auftreffendes Licht immer in die Herkunftsrichtung zurück.

- Trage möglichst helle Kleidung.
- Gehe auf unbeleuchteten Straße links am Straßenrand *dem Autoverkehr entgegen.*

Um gut gesehen zu werden, müssen wir uns deutlich von dem dunklen Hintergrund abheben. Von uns sollte also möglichst viel von dem auftreffenden Licht zu anderen Verkehrsteilnehmern gestreut werden. Dazu müssen helle Flächen angestrahlt werden, z. B. helle Kleidung oder das Gesicht und nicht dunkle Stoffe oder der Hinterkopf. Deshalb auf Straßen ohne Gehweg links gehen. Auch eine helle Plastiktüte in der Hand zur Fahrbahn reflektiert viel Licht.

Die Lochkamera

Streifzug

Mit einer Lochkamera lassen sich auf einfache Weise Bilder von hellen Gegenständen auffangen und betrachten.

Bauanleitung

Fertige aus Karton zwei genau ineinander passende Röhren, indem du zwei Bögen Kartonpapier um eine Flasche wickelst und einzeln verklebst.

Beklebe nun die engere Röhre vorne mit Pergamentpapier und bastele für die größere Röhre gut passende Deckel mit Löchern unterschiedlicher Größe.

Schiebe die Röhren ineinander und schaue von hinten in die enge Röhre. Richtest du nun die Lochkamera auf einen hellen Gegenstand, so kannst du dessen Abbild auf dem Pergamentpapier bestaunen.

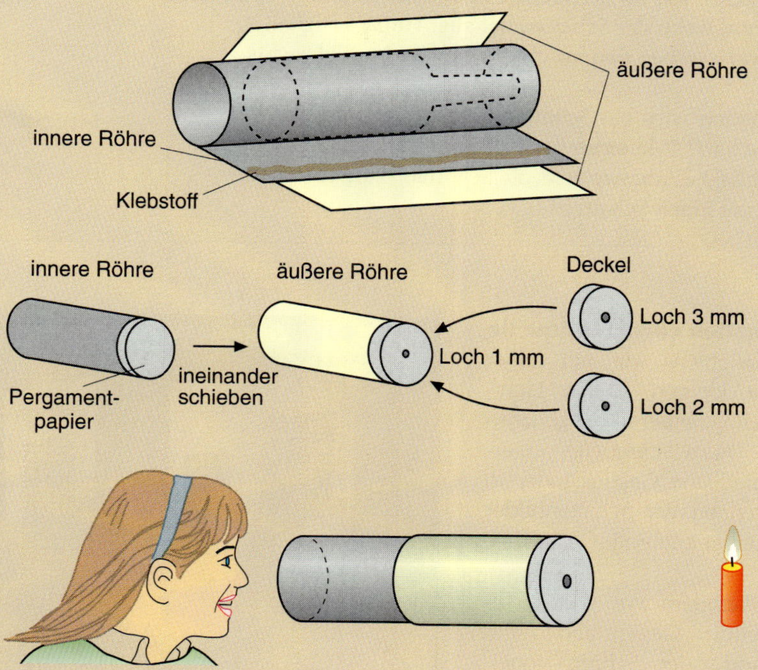

Wie entsteht das Bild?

Jeden lichtaussendenden Gegenstand können wir uns aus einzelnen Leuchtpunkten auf engstem Raum zusammengesetzt denken. Von jedem Leuchtpunkt gelangen schmale Lichtkegel durch die Lochblende auf das Pergamentpapier und bilden dort einen kleinen Lichtfleck. Alle diese Flecke zusammen ergeben dann auf der Mattscheibe das Bild des Gegenstandes.

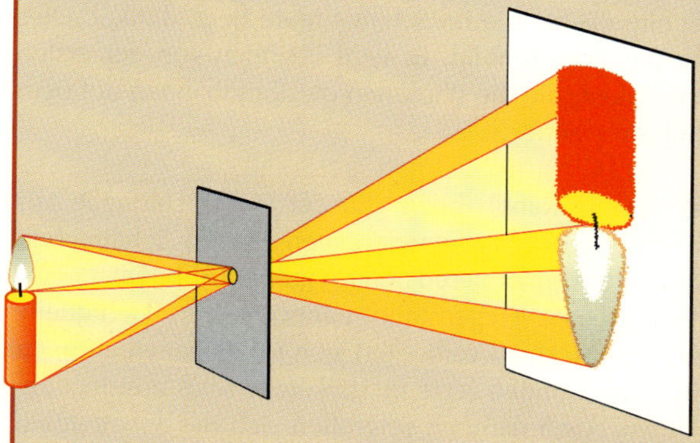

Aufgaben

1 Betrachte einen hellen Gegenstand durch eine Lochkamera.
a) Vergleiche das gesehene Bild mit dem Gegenstand selbst und notiere die auffälligsten Eigenschaften des Bildes.
b) Versuche Gründe für die Unterschiede zwischen dem Aussehen des Gegenstandes und seinem Bild zu finden.

2 Betrachte einen hellen Gegenstand durch eine Lochkamera und untersuche, welche Eigenschaften des Bildes sich ändern, wenn du jeweils eine der folgenden Veränderungen vornimmst:
a) die Größe des Loches;
b) den Abstand Mattscheibe – Loch;
c) den Abstand Gegenstand – Loch.
d) Versuche, deine Ergebnisse in Sätzen wie „Je kleiner ..., desto ...“ auszudrücken.

3 Verwende bei deiner Lochkamera andere Lochformen (z. B. quadratisch, strichförmig, usw.). Wie verändert sich dadurch das Bild?

Licht und Schatten

Mit Licht lässt sich spielen, indem die Finger und Handflächen so geschickt geformt werden, dass ein Freund das dargestellte Tier an der Wand erraten kann. Schade nur, wenn der Schatten bei aller Fingerfertigkeit so verwaschen und unscharf wird wie im Bild rechts.

Wann wird ein Schatten scharf, wann wird er unscharf? Wie entstehen Schatten überhaupt? Wovon hängt es ab, wie groß die Schatten sind? Gibt es immer einen Schatten?

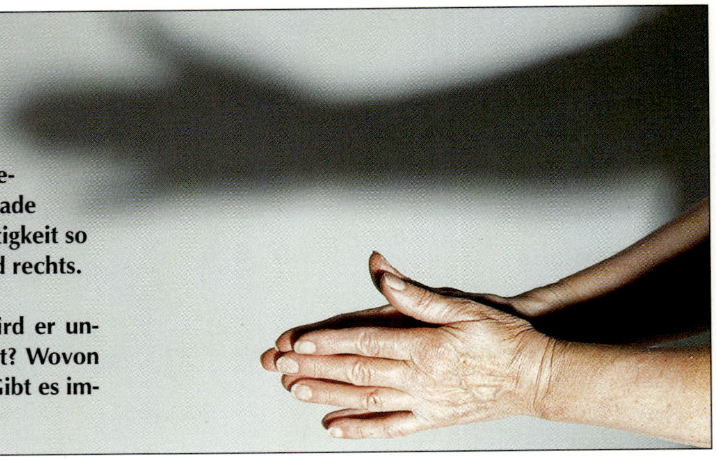

Schatten einer Lichtquelle

Beleuchten wir mit einer sehr kleinen, hellen Lichtquelle, einer so genannten *Punktlichtquelle* unterschiedliche Gegenstände, so erkennen wir Schattenbilder an einer entfernten Wand.

Je nachdem, wie weit Lichtquelle, Gegenstand und Wand oder Schirm voneinander entfernt sind, ergeben

Zentraler Versuch

sich unterschiedlich große Schattenbilder auf dem Schirm. Die Schattenbilder sind umso größer,

- je weiter entfernt der Schirm hinter dem Gegenstand steht;
- je näher der Gegenstand an die Lichtquelle rückt.

In allen Fällen sind die Schattenbilder scharf umrissen.

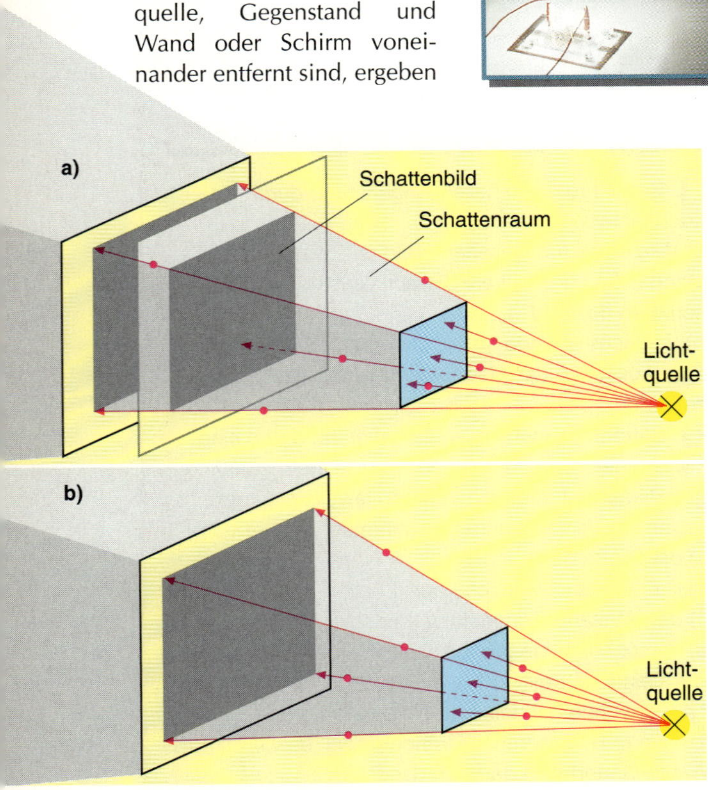

1 Schattenbild bei einer Punktlichtquelle

Mit den Photonen und ihren geradlinigen Flugbahnen lassen sich die Eigenschaften der Schattenbilder leicht erklären: Von der Punktlichtquelle fliegen viele Photonen fort, die auf die undurchdringliche Körperoberfläche treffen. Der dahinter befindliche Raum ist also photonenleer. Wir nennen ihn **Schattenraum.** Er wird seitlich von solchen Photonenbahnen begrenzt, die genau am Körperrand entlangstreifen. Stellt man einen Schirm hinter den beleuchteten Körper, so ist die Schirmfläche, die im Schattenraum liegt, dunkel. Dies ist das **Schattenbild.** Es wird begrenzt von der ersten Helligkeit, die die Photonen der Randbahnen auf dem Schirm erzeugen.

- Da die Randbahnen von der Punktlichtquelle aus immer weiter auseinanderlaufen, ist ein Schattenbild auf einem entfernteren Schirm größer (Abb. 1a).
- Wird der Gegenstand näher an die Lichtquelle herangerückt, so verbreitert sich der Schattenraum, da die Randbahnen jetzt in stärkerem Maß auseinander laufen. Auch dadurch vergrößert sich das Schattenbild (Abb. 1b).

Schatten von zwei Lichtquellen

Das Schattenbild des Holzklotzes wird von den beiden Lampen erzeugt. Bild 2b) zeigt, warum zwei unterschiediche Schatten entstehen:

- Die beiden Lichtquellen L1 und L2 erzeugen jede für sich einen eigenen Schattenraum. In den Bereich KS können von keiner Lichtquelle Photonen eindringen. Dieser gänzlich photonenleere Bereich heißt **Kernschatten.** Dort ist der Schirm schwarz.
- Daneben gibt es aber noch die Bereiche HS, die von Photonen aus einer Lichtquelle durchquert werden. Diese Bereiche HS, in denen der Schirm deshalb halbhell leuchtet, werden **Halbschatten** genannt.
- Außerhalb der Halbschatten ist es hell. Dort kommen die Photonen beider Lichtquellen an.

Schatten von ausgedehnten Lichtquellen

Die Leuchtstoffröhre in Bild 3 ist eine ausgedehnte Lichtquelle. Das stark verwaschene Schattenbild verstehen wir, wenn wir uns die Lichtquelle aus vielen einzelnen, aufgereihten Punktlichtquellen zusammengesetzt denken. Die Grafik zeigt dies für fünf Lichtquellen: Jetzt überlagern sich die Schattenräume von mehreren Lichtquellen. Die Helligkeit nimmt beidseitig neben dem Kernschatten gleichmäßig zu. Der Kernschatten zerfließt also nach außen; man spricht von einem **Übergangsschatten.**

Eine solche ausgedehnte Lichtquelle ist offenbar auch für die Schattenspiele im Bild links oben benutzt worden. Um scharfe Bilder zu erhalten, hätte man also eine Punktlichtquelle verwenden müssen.

> Punktlichtquellen erzeugen scharf umrissene Schattenbilder, deren Größe zunimmt, wenn
> - der Körper an die Lichtquelle heranrückt
> - der Schirm vom Körper wegrückt.
>
> Bei ausgedehnten Lichtquellen entsteht neben dem Kernschatten ein weicher Übergangsschatten.
> Bei zwei Lichtquellen nennt man diesen Schatten Halbschatten.

Aufgaben

1 Erläutere die Begriffe „Schattenraum" und „Schattenbild". Fertige dazu auch eine Skizze.

2 Welcher Begriff ist gemeint, wenn man sagt:
a) Im Schatten eines Baumes ist es angenehm kühl.
b) Abends ist der Schatten länger.

3 **a)** Was versteht man unter „Kernschatten", „Halbschatten", „Übergangsschatten"?
b) Oft ist der Kernschatten schmaler als der Gegenstand selbst. Wann passiert das? Siehe Abb. 2 und 3.

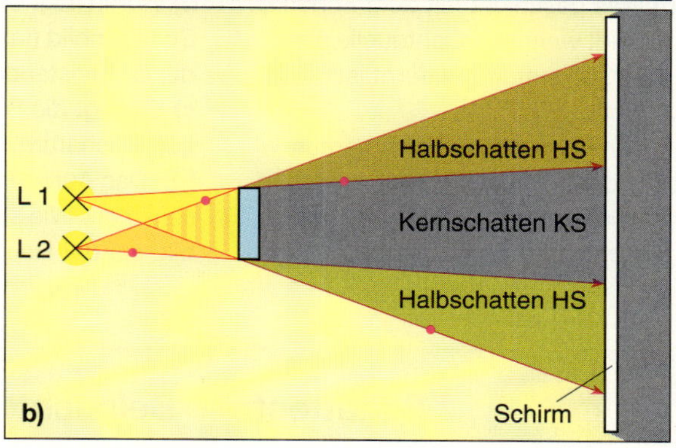

2 Schattenbild bei zwei Punktlichtquellen

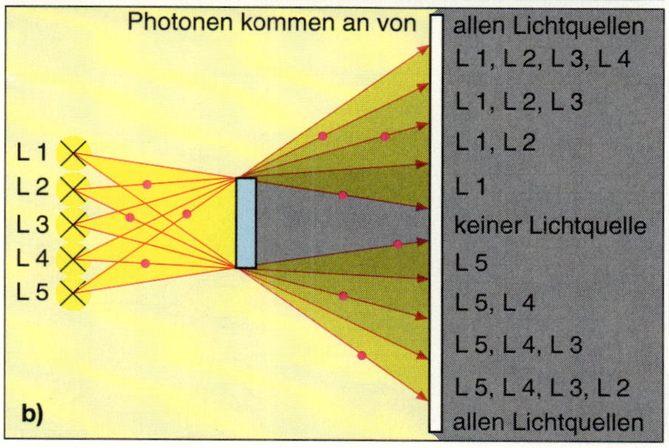

3 Schattenbild einer ausgedehnten Lichtquelle

Aufgaben (Fortsetzung)

4 Zeichne die Anordnung mit den angegebenen Maßen in dein Heft.

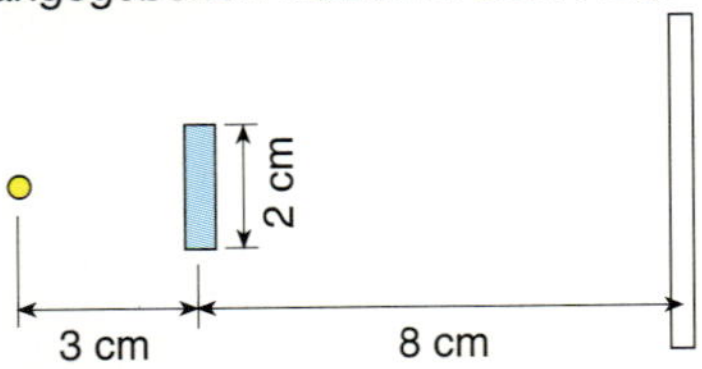

a) Zeichne das Schattenbild auf dem Schirm ein. Wie hoch ist es?
b) Was geschieht mit dem Schattenbild, wenn die Lichtquelle 6 cm vom Gegenstand entfernt ist? Zeichne.
c) Versuche zeichnerisch herauszufinden, wo die Lichtquelle stehen müsste, wenn das Schattenbild 10 cm hoch sein soll.

5 Die Sonne ist eine ausgedehnte, sehr weit entfernte Lichtquelle.
a) Fertige ein Schattenbild mit einer (vereinfachten) Skizze.

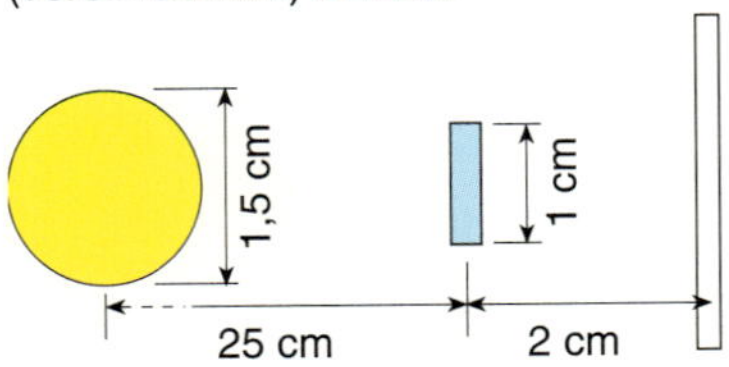

b) Woran liegt es, dass das Schattenbild (fast) so groß ist wie der Gegenstand?
c) Erzeugt die Sonne einen Übergangsschatten?

6 Das Auto strahlt das Hinweisschild an. Wie sieht das Schattenbild auf der Hauswand aus?
a) Löse die Aufgabe zeichnerisch, indem du die Meter-Angaben in Zentimeter-Längen umwandelst.
b) Wie hat sich das Schattenbild verändert, wenn das Auto 3 m vorgefahren ist? Fertige dazu eine neue Zeichnung und vergleiche.

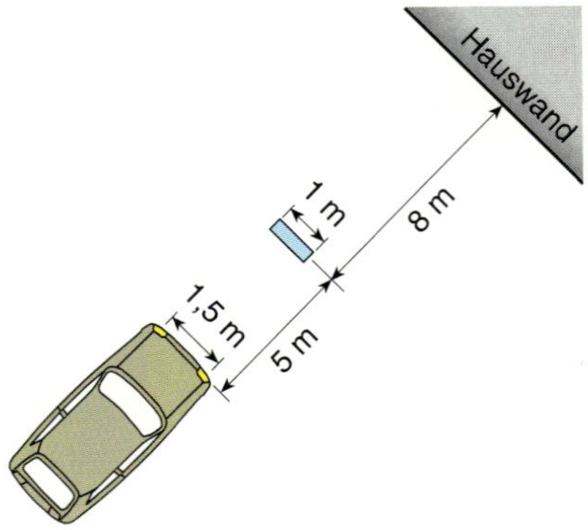

Streifzug

Schattenfreie Beleuchtung

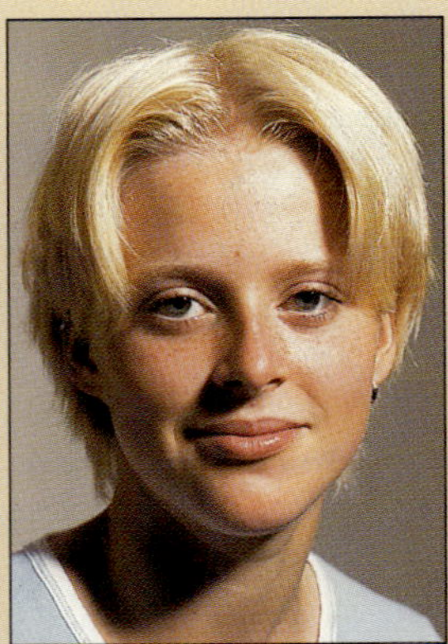

Obwohl es sich um dieselbe Frau handelt, wirkt sie auf beiden Fotos ganz unterschiedlich auf uns: Links hat sie weiche, runde Gesichtszüge, rechts dagegen wirken sie durch die Schatten hart und eckig. Der Unterschied bei der Aufnahme liegt nur in der Beleuchtung. Während rechts ein direktes Blitzlicht verwendet wurde, wählte der Fotograf links eine indirekte, schattenfreie Beleuchtung. Eine solche erhält er im Studio, indem er einen weißen Schirm von innen anstrahlt und das großflächige Streulicht zur Beleuchtung nutzt.
Im Wohnzimmer erzeugen so genannte Deckenfluter ein weiches, indirektes Licht, weil das Streulicht der angestrahlten Decke zur Beleuchtung des ganzen Zimmers dient. Da so Räume gleichmäßiger erhellt werden, ist diese Art Beleuchtung augenschonender. Auch für Klassenräume ist sie deshalb besser geeignet als die direkte Beleuchtung.

Aufgaben

1 Beleuchte im dunklen Zimmer kleinere Gebrauchsgegenstände vor einer weißen Wand
a) direkt mit einer kleinen Glühlampe;
b) indirekt durch das Streulicht eines angestrahlten weißen Blattes.
c) Vergleiche die Schatten und die Helligkeit.

Schatten

Versuche und Aufträge

V1 Hänge ein Schulheft in einigem Abstand parallel vor eine Wand und beleuchte es mit einer Taschenlampe.

a) Verändere den Abstand der Lichtquelle zum Heft. Weiche auch mit der Lampe zur Seite aus. Beschreibe, wie sich jeweils das Schattenbild ändert.

b) Halte deine Taschenlampe so, dass der Heftschatten doppelt so breit ist wie das Heft. Notiere die Abstände. Ist die Schattenhöhe dabei auch doppelt so groß wie die Hefthöhe?

c) Beleuchte das Heft mit verschiedenen Lichtquellen (Kerze, Taschenlampe, Leuchtstoffröhre, Schreibtischlampe usw.). Ordne die Lichtquellen nach der Schärfe der Schattenbilder und begründe die Ordnung.

d) Finde heraus, wie Heft und Lampe für die folgenden Schattenbilder gehalten wurden.

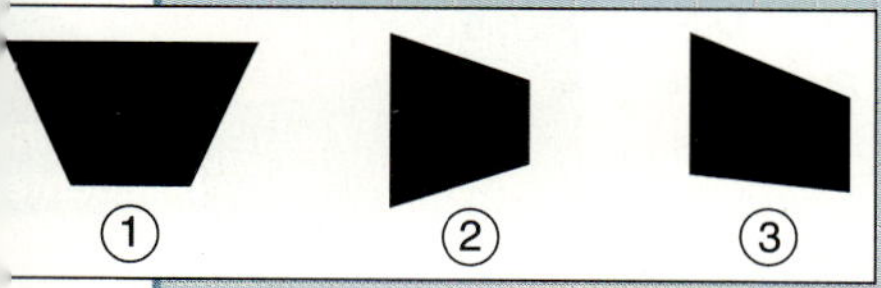

V2 Hänge eine CD (Mittenloch verschlossen) 30 cm vor eine Wand und beleuchte sie mit zwei Kerzen gemäß ① und ②.

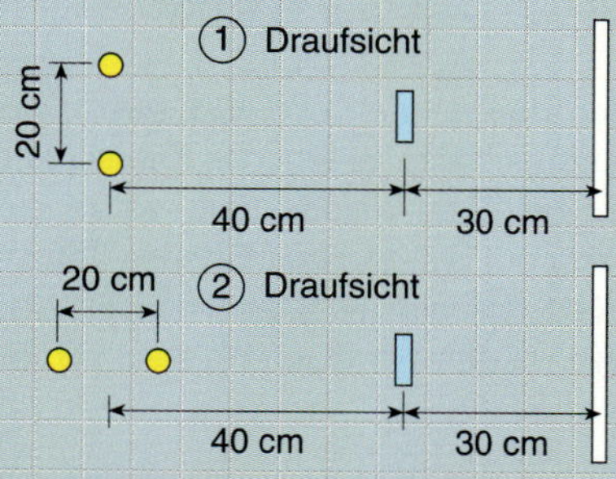

a) Skizziere die beobachteten Schattenbilder und erkläre, wie die einzelnen Bereiche in den Schattenbildern entstehen.

b) Verschiebe die CD in Aufstellung ① nach links zu den Kerzen. Beschreibe, wie sich dabei das Schattenbild verändert. Bis zu welchem Abstand gibt es einen Kernschatten?

c) Versuche auch in Aufstellung ② die CD so zu verschieben, dass es keinen Kernschatten mehr gibt. Fertige für diesen Fall eine Skizze mit eingezeichneten Schattenräumen.

V3 Befestige in Sitzhöhe an der Wand einen Bogen Papier und richte aus *größerer Entfernung* eine starke *Punktlichtquelle* darauf. Setze dich nun *nahe der Wand* so in den Lichtkegel, dass dein Kopf von der Seite beleuchtet wird. Auf dem Bogen ist jetzt ein **Schattenriss-Porträt** deines Profils zu sehen, das ein(e) Freund(in) für dich nachzeichnen kann. Bevor es die Fotografie gab, war dieses Verfahren zum Porträtieren sehr verbreitet.
Weshalb sind die schräg gedruckten Bemerkungen wichtig? Was passiert mit dem Schattenbild, wenn du sie missachtest?

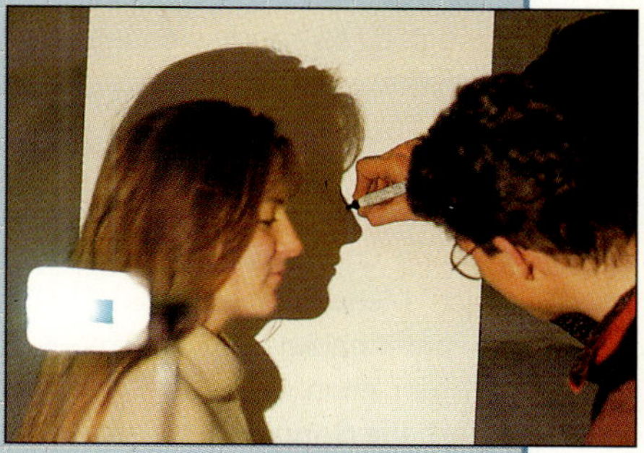

Die Sonnenuhr

Zum Bau einer Sonnenuhr benötigst du eine ca. 20 cm x 20 cm große Styropor- oder Korkplatte und einen langen Nagel als Schattenspender.
Zeichne zunächst als Zifferblatt die unterlegte Zeitskala genau nach und klebe die ausgeschnittene Kopie auf die Platte. (Als Wetterschutz kannst du die Platte mit einer Transparentfolie überziehen.) Drücke dann an der Stelle X den Nagel schräg in die Platte, sodass er zum N-Pfeil hin geneigt ist. Du musst dabei darauf achten, dass der Winkel zwischen Platte und Nagel ca. 30° beträgt. Dieser Winkel ist erforderlich, damit der Nagel in dieselbe Richtung wie die Erdachse weist.

Achte beim Aufstellen deiner Sonnenuhr darauf, dass die Platte waagerecht liegt und dass der N-Pfeil genau nach Norden zeigt. Bei der täglichen Sonnenfahrt am Himmel von Ost nach West gleitet nun der Nagelschatten stundengenau über das Zifferblatt.

Die Sommerzeit ist bei der Zeitskala nicht berücksichtigt. Willst du sie verwenden, so musst du alle Zeitangaben um eine Stunde erhöhen.
Der N-Pfeil muss auf die Zeit weisen, zu der die Sonne am höchsten steht. Im Westen Deutschlands ist das um etwa 12.30 Uhr der Fall, in Berlin aber schon um 12.00 Uhr.

Streifzug

Schatten von Erde und Mond

Durch die Bewegungen von Erde und Mond erleben wir am Himmel zahlreiche Schattenspiele. Die Sonne ist dabei die natürliche Lichtquelle. In der (nicht maßstabsgetreuen) Zeichnung erkennst du, wie Mond und Erde von ihr beschienen werden.

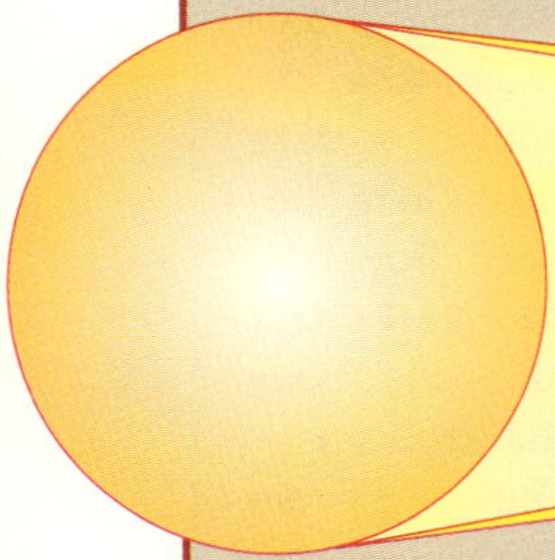

Tag und Nacht

Jeweils die sonnenzugewandte Seite wird erhellt, während die abgewandte (rechte) Kugelhälfte im eigenen Kernschatten liegt. Befindet man sich auf der Erde gerade dort, so ist es dann **Nacht,** während gleichzeitig auf der anderen Erdseite **Tag** ist. Da die Erde aber ein Karussell ist, das sich mit uns unmerklich einmal am Tag im Kreis dreht, erleben wir den ständigen Wechsel von Tag und Nacht.

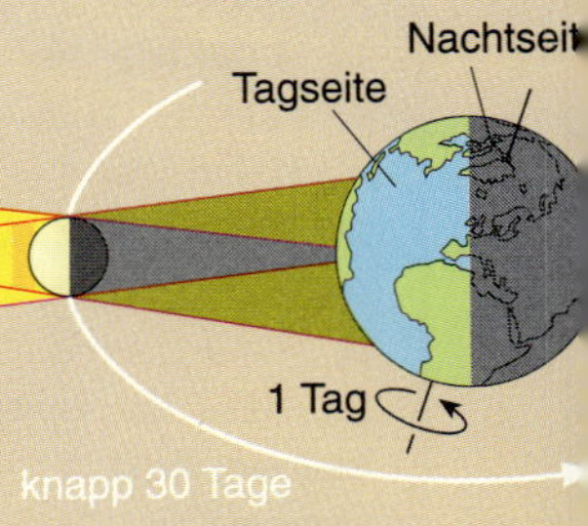

Sonnenfinsternis

In knapp 30 Tagen umrundet der Mond die Erde. Zieht er dabei genau zwischen Erde und Sonne hindurch, so erleben etliche Menschen auf der Tagseite ein seltenes Naturschauspiel: Das Sonnenlicht erzeugt hinter dem wandernden Mond einen Kernschatten. Er hat einen Durchmesser von etwa 250 km und streicht über die Erdoberfläche. Jeder, über den der Kernschatten hinweggleitet, erlebt eine **totale Sonnenfinsternis.** Dann verfinstert sich die Sonne und es wird am hellen Tag so dunkel, dass sich Menschen und Tiere seit Urzeiten davor gefürchtet haben. Im Bereich des Übergangsschattens, in den noch teilweise Sonnenlicht dringt, wird eine **partielle Sonnenfinsternis** beobachtet.

Mondfinsternis

Nach gut zwei Wochen befindet sich der Mond hinter der Erde. Durchläuft er hier den Kernschatten der Erde, so wird er in dieser Zeit vom Sonnenlicht nicht beleuchtet. Von der Nachtseite der Erde aus sieht man also, wie er sich bis zur völligen Dunkelheit ständig weiter verfinstert. Danach tritt er wieder aus dem Schattenraum aus. Dieses Ereignis nennt man Mondfinsternis.

Warum sind Finsternisse so selten?

Die Erde umkreist in einem Jahr einmal die Sonne. Dabei umrundet der Mond gleichzeitig jeden Monat die Erde auf einer dazu geneigten Bahn. Nur zweimal im Jahr, bei A und C, könnten Mond, Erde und Sonne geradlinig verbunden werden. Dazu müsste sich der Mond dann aber auch gerade bei N oder V befinden. Da dies sehr selten zusammen eintritt, finden totale Sonnenfinsternisse in Deutschland im Durchschnitt nur alle 315 Jahre statt.

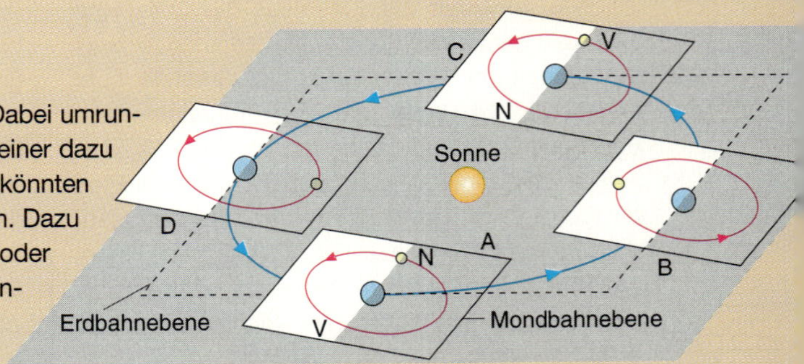

Mondphasen

Während eines Monats läuft der Mond einmal um die Erde. Dabei ändert er für uns ständig sein Aussehen: Mal bekommen wir mehr und mal weniger von seiner Sonnenseite zu sehen. In Stellung ① sehen wir von der Erde aus nur den äußeren rechten Rand des Mondes als Sichel; der Rest liegt in seinem eigenen Schattenraum. In Position ② und ⑥ sehen wir einen **Halbmond,** während in Stellung ④ die gesamte Mondscheibe als **Vollmond** sichtbar wird. In Stellung ⑧ schauen wir von der Tagseite der Erde aus genau auf die unbeleuchtete Mondseite, weshalb er dann als **Neumond** am Taghimmel unsichtbar ist. Die Erscheinungsformen Neumond, Halbmond, Vollmond und Halbmond heißen **Mondphasen.**

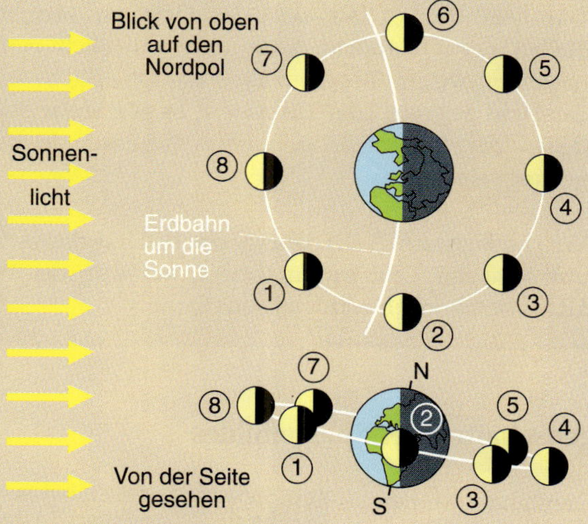

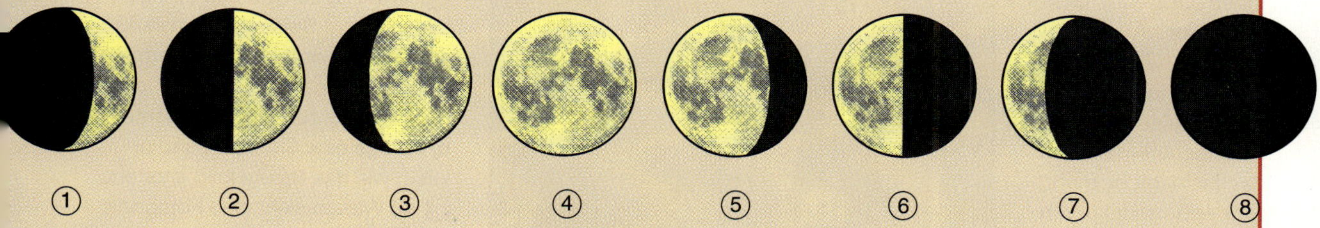

Aufgaben

1 Weshalb kann eine Mondfinsternis nur bei einem Vollmond stattfinden? Von wo kann man sie sehen?

2 Unter welchen Bedingungen kommt eine totale Sonnenfinsternis zustande? Weshalb kann sie nur von einem kleinen Teil der Menschheit unmittelbar miterlebt werden?

3 **a)** Welcher Zeitraum vergeht zwischen den einzelnen Mondphasen im Bild oben?
b) Wann ist in der Nacht die zunehmende Mondsichel, wann die abnehmende Mondsichel am Himmel zu sehen?

4 Weshalb ist die Uhrzeit auf der Welt nicht überall gleich? Wie ändert sich die Uhrzeit bei einer Reise nach Osten?

Versuche

V1 Stelle in die Mitte deines Zimmers eine Glühlampe als „Sonne". Schneide in eine Pappe ein solches Loch, dass du darin einen kleinen Ball mittig als „Erde" einklemmen kannst. Zeichne auf die Pappe eine kreisförmige „Mondbahn". Führe die schräg gehaltene Pappe nun entsprechend dem Bild so um die „Sonne" herum, dass die Pappoberseite immer zur selben Zimmerwand weist. Halte bei deiner Umrundung dort an, wo eine Sonnen- oder Mondfinsternis möglich ist. Zeige dazu die jeweils nötige Mondstellung.

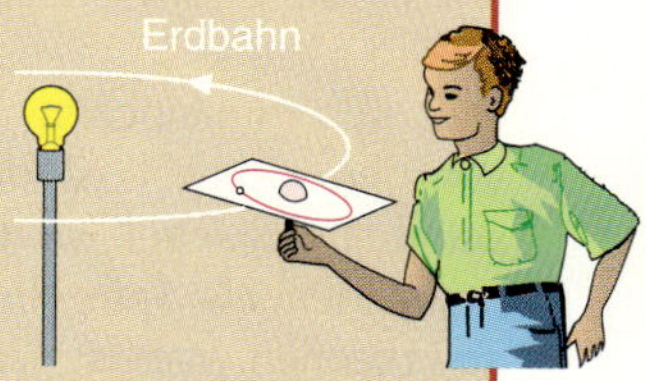

V2 Setze dich auf einen (Dreh-)Stuhl als „Erde". Stelle einen (Tennis-)Ball als „Mond" z. B. auf einem Stativ 1 m vor dich in Augenhöhe und beleuchte ihn von hinten.
Führe nun den Mond in sechs gleichen Einzelschritten im Kreis um die Erde und beobachte den sichtbaren Mondteil. Zeichne ihn zusammen mit einem Positionsbild wie in der obigen Grafik „Mondbahn". Welche Mondphasen fehlen bei den sechs Positionen jeweils?

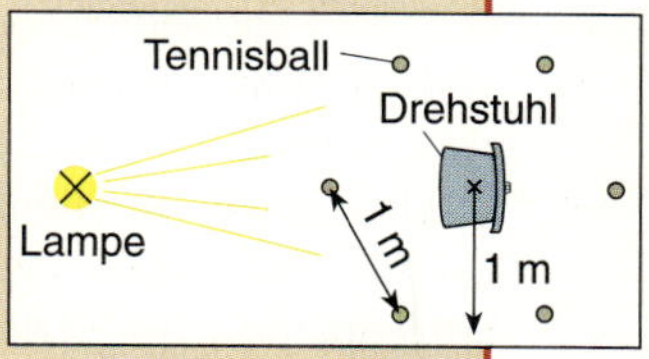

Reflexion

Diese schöne alte Uhr glänzt und funkelt im Sonnenlicht. Das liegt daran, dass sich das Licht an verschiedenen Stellen der Oberfläche ganz unterschiedlich verhält. Je nachdem, welche Beschaffenheit die Oberfläche hat, wird das Licht gestreut oder absorbiert. Es gibt sogar Stellen, in denen der Betrachter sich oder Gegenstände der Umgebung sehen kann.

Welche Eigenschaft der Oberfläche bewirkt dieses Glänzen und Funkeln? Gibt es ein Gesetz, mit dem der Weg des Lichts beschrieben werden kann?

Eigenschaften des Spiegelbildes

Gegenstände werden sichtbar, weil das von ihnen gestreute Licht in unser Auge gelangt. Glasplatten, polierte Metallflächen oder ruhige Wasseroberflächen streuen das Licht nicht mehr, sondern reflektieren es in eine Richtung. So entstehen Spiegelbilder von unserer Umgebung und von uns selbst.

Zentraler Versuch

Das Kerzenmännchen vor dem Spiegel ist der **Gegenstand.** Im Spiegel ist das gleiche Männchen als **Spiegelbild** wieder zu erkennen. Was ist das Besondere an diesem Spiegelbild?

- Das Spiegelbild sehen wir *hinter* dem Spiegel.
- Die Verbindungslinie Gegenstand–Spiegelbild steht *senkrecht* auf der Spiegelfläche.
- Die Abstände Gegenstand–Spiegel und Spiegel–Spiegelbild sind *gleich* groß.
- Die dicke Knollennase zeigt auch im Spiegelbild nach links; die Kerzenflamme ist oben, der Fuß unten.

Einen Unterschied gibt es allerdings doch: Das Abzeichen auf dem rechten Arm können wir nicht auf dem Gegenstand sehen, sondern nur bei seinem Spiegelbild. Vorder- und Rückseite bezüglich der Spiegelebene sind also vertauscht.

Beim Spiegel liegen Gegenstand und Spiegelbild symmetrisch zueinander, der Spiegel ist Symmetrieebene.
Beim Spiegelbild sind nur vorn und hinten vertauscht. Rechts und links sowie oben und unten bleiben gleich.

Aufgaben

1 **a)** Wie erscheint das Spiegelbild in einem Spiegel, der sich an der Zimmerdecke über dem Beobachter befindet oder auf dem Fußboden unter dem Beobachter?
b) Fertige eine Skizze an und erkläre, wie das Spiegelbild entsteht.

2 **a)** Warum sieht eine Fotografie von dir nicht genau so aus wie dein Spiegelbild?
b) Was kannst du tun, damit die Fotografie dem Spiegelbild exakt gleicht?

3 Werden auch Schatten gespiegelt? Begründe.

4 Du möchtest dich im Spiegel fotografieren. Auf welche Entfernung musst du deinen Apparat einstellen, wenn du dich bei der Aufnahme 1,80 m vor dem Spiegel befindest? Begründe.

5 Wie muss die Aufschrift „Rettungswagen" auf der Motorhaube des Autos angebracht sein, damit andere Autofahrer sie im Rückspiegel lesen können?

6 LEONARDO DA VINCI hat viele seiner Entdeckungen und Ideen in Spiegelschrift notiert. Welchen Grund könnte er gehabt haben?

7 Nicole steht 1,3 m vor einem Spiegel. In welcher Entfernung sieht sie ihr Spiegelbild?

Spiegel täuschen uns

Betrachten wir uns selbst im Spiegel, so haben wir den Eindruck, das Bild wäre seitenverkehrt: Bewegen wir die rechte Hand, so bewegt unser Spiegelbild die linke. Also ist rechts und links vertauscht! Dieser Widerspruch ist aber nur scheinbar, denn er kommt daher, dass wir uns in Gedanken in unser Spiegelbild hineinversetzen.
Der Junge auf dem Foto rechts soll mit einem Bleistift ein Labyrinth „durchwandern". Dabei sieht er die Vorlage selbst nicht, sondern nur deren Spiegelbild. Kann doch nicht so schwer sein, oder?

Aufgaben

1 Du willst ein Labyrinth entwerfen, welches in einem Spiegel betrachtet besonders schwierig nachzuzeichnen ist. Worauf musst du achten?
2 Schreibe deinen Namen mithilfe eines Spiegels. Blicke beim Schreiben nur in den Spiegel und achte darauf, dass dein Name im Spiegel lesbar ist.

Spiegelbild

Versuche und Aufträge

V1 Lege einen Würfel vor einen senkrechten Spiegel.
a) Bewege den Würfel nach rechts und links, oben und unten, vorne und hinten. Beschreibe die Bewegung des Spiegelbildes (Tabelle).
b) Betrachte die verschiedenen Würfelflächen und vergleiche Gegenstand und Spiegelbild. Notiere.

V2 Zeichne vor einen Spiegel (von oben betrachtet) ein beliebiges Drei-, Vier-, Fünf- und Sechseck und das dazu gehörige Spiegelbild.

V3 Stelle eine Glasscheibe mit Hilfe eines Buches senkrecht auf ein Blatt Papier wie im Bild unten. Lege vor die Scheibe einen Bleistift und markiere seine Lage.
a) Lege nun einen zweiten Bleistift (gleiche Größe) an die Stelle, wo du das Spiegelbild siehst. Markiere auch diese Position. Wiederhole diesen Versuch für andere Abstände des Bleistifts zur Glasplatte.

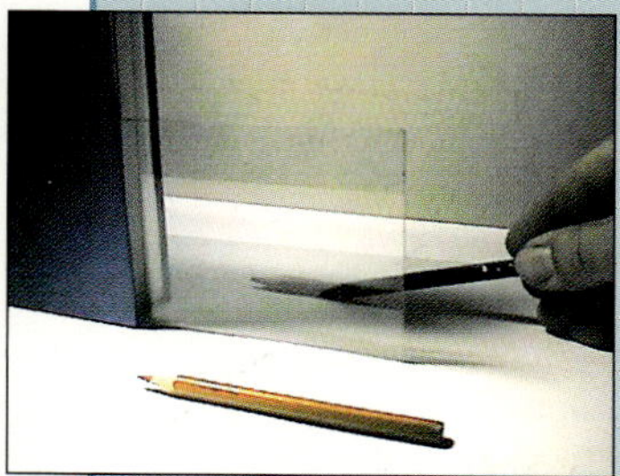

b) Welchen Winkel bilden die Verbindungslinien der beiden Bleistiftspitzen und die Glasplatte?
c) Vergleiche auch die Abstände Bleistift–Glasplatte und Spiegelbild–Glasplatte.

V4 Brennt im Bild oben tatsächlich eine Kerze unter Wasser?
a) Probiere den Versuch selber aus.
b) Fertige eine Skizze an (Draufsicht) und erkläre damit deine Beobachtung.
c) Was ändert sich an der Spiegelbildflamme, wenn du sie von einem anderen Ort aus betrachtest?

V5 Stelle dich etwa 50 cm vor einen Spiegel und zeichne den Umriss deines Spiegelbildes mit einem wasserlöslichen Stift nach. (Ein Auge dabei schließen.)
a) Vergleiche die Größe von Spiegelbild und Original (messen). Nimm zur genauen Kontrolle ein sauberes Lineal quer in den Mund und markiere die Enden im Spiegelbild.
b) Was stellst du fest? Erkläre deine Beobachtung.

Das Reflexionsgesetz

Spiegelbilder entstehen dann, wenn die Oberfläche besonders glatt ist. Alle Photonen, die unter dem gleichen Winkel auf diese glatte Stelle treffen, werden von dort auch wieder in eine gemeinsame Richtung reflektiert.

Zentraler Versuch

Zur genauen Untersuchung betrachten wir ein schmales Lichtbündel, das unter einem vorgegebenen Winkel auf einen ebenen Spiegel fällt und von dort in einem bestimmten Winkel reflektiert wird.

Zur Beschreibung sind folgende Begriffe nötig:

- Einfallslot
- Einfallswinkel
- Reflexionswinkel

Die Messung zeigt, dass der Reflexionswinkel exakt gleich dem Einfallswinkel ist.

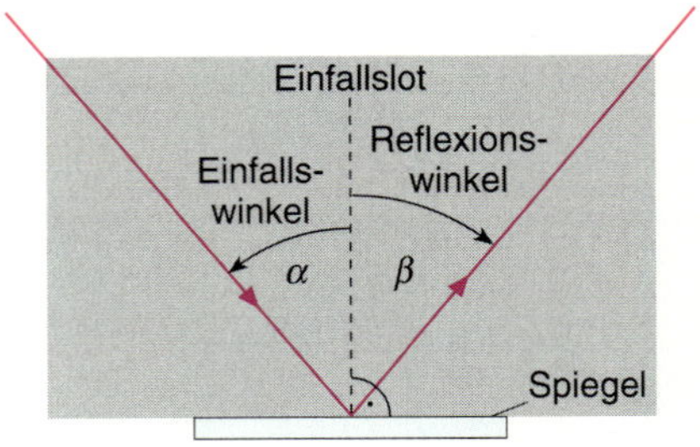

Dieses Gesetz gilt für jedes Lichtbündel an jeder Oberfläche. Für den Sonderfall, dass die Oberfläche eine glatte, ebene Fläche ist, werden alle Photonen in die gleiche Richtung reflektiert; man spricht von **Reflexion.** Nur in diesem Fall können Spiegelbilder entstehen.

Bei unregelmäßigen Oberflächen werden die Photonen in unterschiedliche Richtungen reflektiert; in diesem Fall spricht man von **Streuung.**

Für spiegelnde Oberflächen gilt:

- Einfallendes Lichtbündel, reflektiertes Lichtbündel und Einfallslot liegen in einer Ebene.
- Einfallswinkel und Reflexionswinkel sind gleich: $\alpha = \beta$.

Rechenbeispiel

Ein Lichtbündel fällt unter einem Winkel von 55° auf einen ebenen Spiegel.

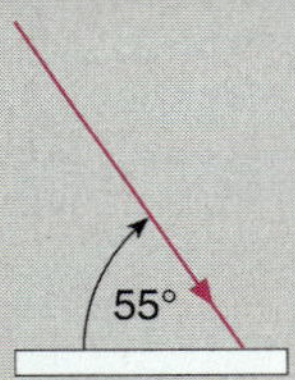

Konstruiere das reflektierte Lichtbündel.

Lösung:
Wir zeichnen eine Senkrechte zum Spiegel im Auftreffpunkt (Einfallslot). Dann tragen wir mit einem Geodreieck von der Senkrechten zur anderen Seite einen Winkel von 35° ab.

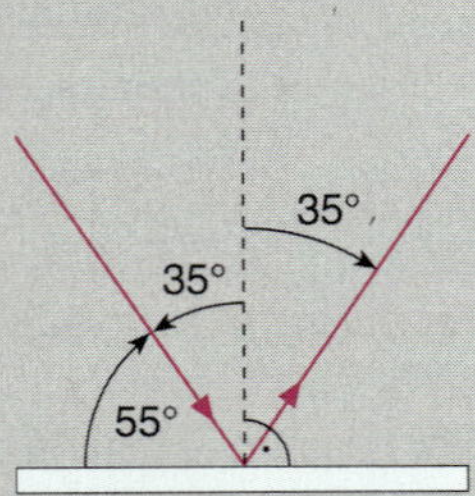

Aufgaben

1 Beschreibe den Versuch in dem Foto rechts und erkläre die Versuchsdurchführung mithilfe einer Skizze.

2 Welche beiden Aussagen macht das Reflexionsgesetz?

3 Konstruiere das reflektierte Lichtbündel, wenn ein Lichtbündel unter 25° auf einen waagerecht liegenden Spiegel fällt.

4 Konstruiere jeweils die reflektierten Lichtbündel, wenn der Spiegel aus Aufgabe 3 um **a)** 20°, **b)** 45° im Uhrzeigersinn um den Auftreffpunkt des Lichtbündels und anschließend um **c)** 25° und **d)** 60° gegen den Uhrzeigersinn gedreht wird.

5 Welcher Zusammenhang besteht zwischen der Drehung des Spiegels und der Ablenkung des reflektierten Lichtbündels bei Aufgabe 4? Kannst du eine allgemeine Gesetzmäßigkeit formulieren?

6 Inge (Augenhöhe 150 cm) und ihr Bruder (Augenhöhe 110 cm) stehen 260 cm voneinander entfernt. Wo muss zwischen ihnen ein Spiegel liegen, damit sie sich mit seiner Hilfe genau in die Augen sehen können?
Fertige eine Skizze im Maßstab 1 : 10 an.

7 Erkläre anhand der Zeichnung, dass das Reflexionsgesetz auch bei der Streuung gilt.

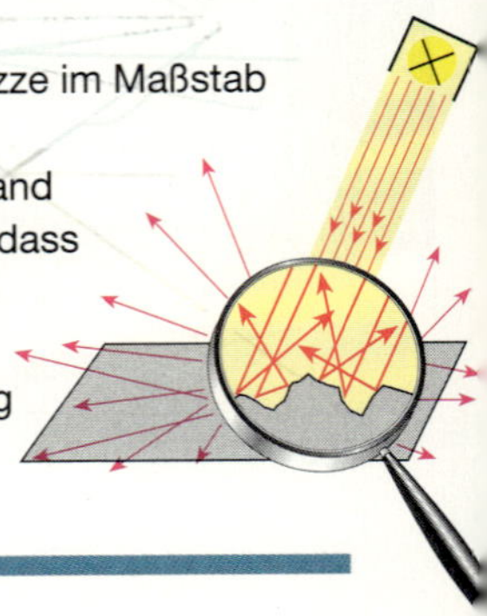

Unerwünschte Spiegelungen

Streifzug

Glasscheiben sind lichtdurchlässig, d. h. der Großteil des auffallenden Lichtes wird durchgelassen, ein geringer Teil wird absorbiert und ein weiterer geringer Teil wird reflektiert. Der reflektierte Anteil ist um so größer, je schräger das Licht auf die Glasscheibe trifft.

Beispiele für solche unerwünschten Reflexionen finden wir im Alltag häufig:

- Die Auslagen hinter der Schaufensterscheibe sind bei ungünstigen Lichtverhältnissen von der Seite kaum zu sehen.
- Ein Reisender, der bei Dunkelheit aus dem beleuchteten Zugabteil nach draußen blickt, hat Schwierigkeiten, etwas durch das Fenster zu erkennen, das Spiegelbild des Zugabteils sieht er dafür um so besser.
- Der Kartenspieler wird sich wundern, dass er immer verliert.

Will man solche störenden Reflexionen verringern, so muss das Glas entspiegelt werden. Dies geschieht durch Aufrauen der Oberfläche (Glasbilderrahmen) oder Aufdampfen dünner Metallschichten (Brillengläser). Dadurch wird der zuvor reflektierte Anteil des Lichtes nicht mehr reflektiert sondern gestreut; es entsteht kein Spiegelbild mehr.

Reflexion

Versuche und Aufträge

Fällt der Lichtkegel einer Taschenlampe streifend auf eine helle Wand oder eine helle Tischplatte, so ist er gut zu erkennen. Mit Blenden aus schwarzer Pappe kannst du ein gut sichtbares schmales Lichtbündel erzeugen (ausprobieren).

V1 Baue den Versuch entsprechend dem Foto unten auf. Achte darauf, dass der weiße Karton entlang der gestrichelten Linie gut gefalzt ist.
a) Stelle die Taschenlampe so ein, dass die Lichtbündel gut zu sehen sind und zeichne sie nach.
b) Nimm das rechte Buch weg, sodass der rechte Kartonteil nach unten klappt. Beobachtung?
c) Welcher Teil des Reflexionsgesetzes wird hier verdeutlicht?

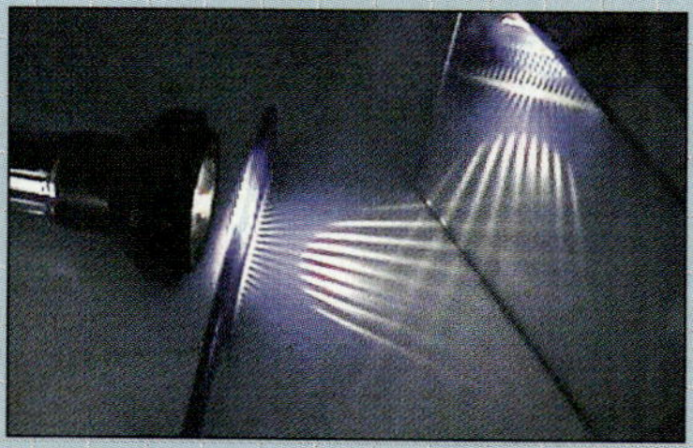

V2 Ein Kamm liefert die Spalte, durch die das Licht einer Taschenlampe unter verschiedenen Winkeln auf einen Spiegel trifft. Als Unterlage wird ein weißer Pappkarton oder festes Papier benutzt, auf dem die Lichtwege mit einem Bleistift nachgezogen werden können (Lineal benutzen). Überprüfe für verschiedene Einfallswinkel das Reflexionsgesetz.

V3 **a)** Klebe auf die Rückseite eines kleinen Spiegels drei Wachskügelchen. Lege den linken Arm mit der Handfläche nach oben auf eine feste Unterlage. Drücke den Spiegel so auf das Handgelenk, dass ein Kügelchen genau auf der „Pulsader" liegt. Beleuchte den Spiegel mit einer fest eingespannten Taschenlampe und beobachte den Lichtreflex.
b) Wozu kann diese Anordnung genutzt werden?

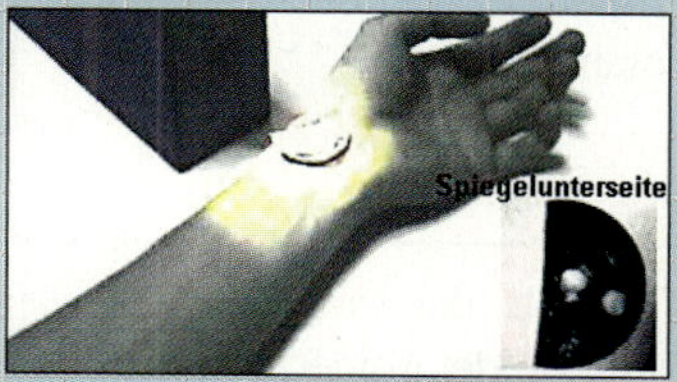

Wie entsteht das Spiegelbild?

Steht eine Kerze vor einem Spiegel, so geht von ihr Licht nach allen Seiten weg. Ein Teil des Lichts gelangt direkt in unser Auge, ein anderer Teil indirekt nach der Reflexion am Spiegel.

Das Lichtbündel, auf das es uns ankommt, wird am Spiegel nach dem Reflexionsgesetz zurückgeworfen und gelangt in unser Auge. Wir „kennen“ aber nur Licht, welches sich geradlinig ausbreitet. Deshalb scheint für uns das Licht von einem Punkt hinter dem Spiegel zu kommen. Dort, wo sich die nach hinten verlängerten Ränder des Lichtbündels schneiden, „sehen“ wir das Spiegelbild der Kerzenflamme.
Mithilfe der Grafik ist auch mathematisch beweisbar, dass der Abstand Bild–Spiegel (BD) gleich dem Abstand Spiegel–Gegenstand (DA) ist: Denn die beiden Dreiecke ADC und BDC sind kongruent.

Spiegel für große und kleine Leute

In Modegeschäften reichen die Spiegel manchmal vom Boden bis zur Decke. „Die Leute sollen sich schließlich von Kopf bis Fuß sehen“, sagen die Ladenbesitzer.
Muss ein Spiegel wirklich so groß sein, damit sich ein Mensch vollständig darin sehen kann?

Damit eine Person sich von den Haaren bis zu den Fußspitzen im Spiegel sehen kann, muss jeweils von dort noch Licht in die Augen gelangen. Die Grafik unten zeigt, dass diese Bedingung nach dem Reflexionsgesetz zwei Dreiecke ergibt, deren Spitzen die Ober- und Unterkante des Spiegels festlegen. Für eine Augenhöhe von 170 cm liegt die Oberkante des Spiegels bei 175 cm und die Unterkante bei 85 cm. Eine Person von 180 cm Körpergröße braucht also nur einen 90 cm hohen Spiegel.

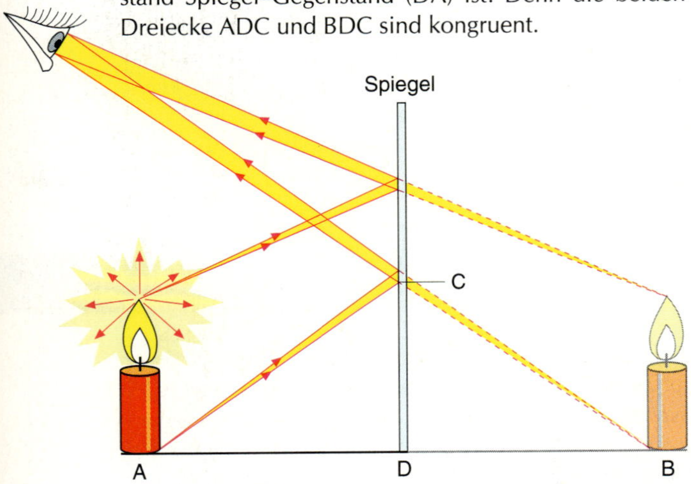

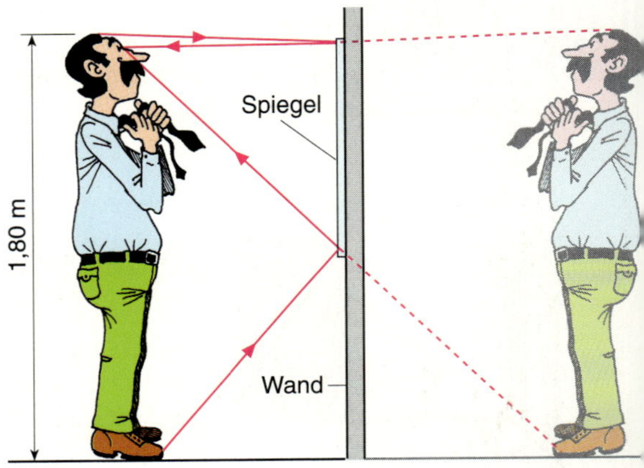

Aufgaben

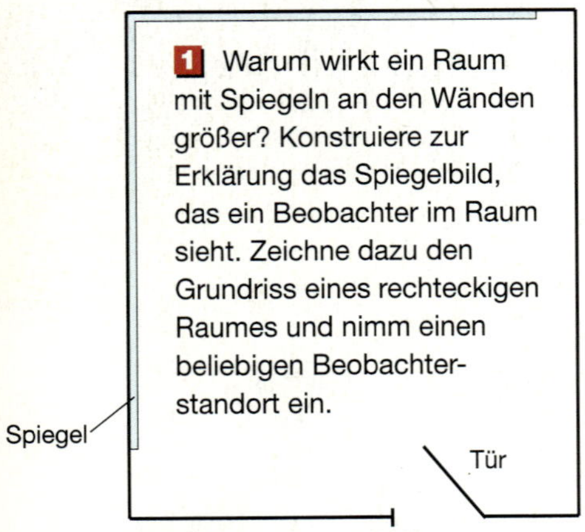

1 Warum wirkt ein Raum mit Spiegeln an den Wänden größer? Konstruiere zur Erklärung das Spiegelbild, das ein Beobachter im Raum sieht. Zeichne dazu den Grundriss eines rechteckigen Raumes und nimm einen beliebigen Beobachterstandort ein.

2 Beweise die Kongruenz der Dreiecke in der obigen Grafik. Beachte dabei auch die Winkel.

3 Wie ändert sich die Spiegelgröße und die Aufhängehöhe des Spiegels, wenn sich die Person in der Abbildung vom Spiegel entfernt? Fertige eine Skizze an.

4 Mutter (170 cm) und Sohn (140 cm) möchten sich gleichzeitig von Kopf bis Fuß in einem Spiegel sehen können. Wo müssen sie sich aufstellen und wie groß muss der Spiegel sein?

5 Zeige durch Konstruktion mehrerer Lichtbündel, die nach der Reflexion in verschiedene Beobachteraugen (A1, A2 und A3) gelangen, dass alle das Spiegelbild an derselben Stelle sehen.

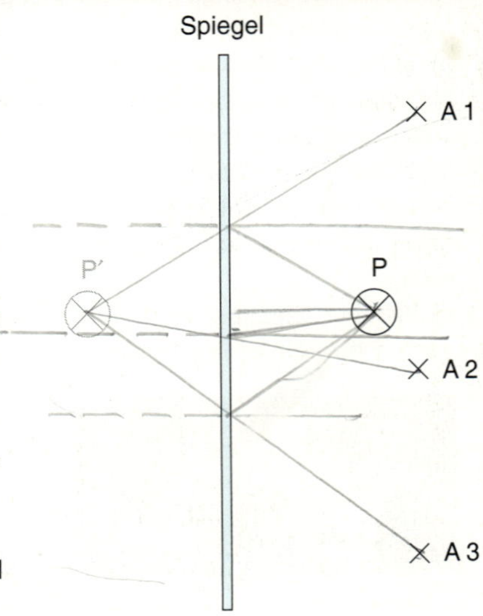

Vom Wasserspiegel zum Glasspiegel

Streifzug

Der Spiegel ist ohne Zweifel eines der ältesten Kulturgüter. Vom blanken Wasserspiegel, worin sich der Mensch zum ersten Mal erblickte, bis zum heutigen Spiegel sind viele tausend Jahre vergangen. Die ersten Metallspiegel (gefunden bei Ausgrabungen in Ägypten) gab es schon 2900 Jahre v. Chr.! Sie waren aus Bronze, später aus Kupfer, Silber oder Gold. Das Material wurde in mühseliger Arbeit auf „Spiegelglanz" poliert. Der fertige Spiegel musste allerdings täglich abgerieben werden, da die Oberfläche ständig „anlief", also wieder matt wurde.

Das folgende Bild zeigt den „Schminktisch" einer reichen Ägypterin um etwa 1500 v. Chr. mit einem Kupferspiegel, das Foto oben einen Bronzespiegel aus dem 11. Jahrhundert v. Chr..

Der erste richtige Glasspiegel wurde im 13. Jahrhundert in Murano bei Venedig gefertigt. Ab dem 16. Jahrhundert wurden dort die wertvollen Kristallspiegel hergestellt. Damals wurde die Glasplatte mit einer dünnen Zinnfolie überzogen und mit Quecksilber begossen. Beides zusammen ergab eine Amalgamverbindung als Reflexionsschicht. (Dieses Verfahren ist heute wegen der dabei entstehenden giftigen Dämpfe nicht mehr zulässig.) Den Spiegelmachern von Murano war es bei Todesstrafe verboten, das Geheimnis des Herstellungsverfahrens preiszugeben. Erst im 17. Jahrhundert gelang es dem französischen König LUDWIG XIV., einige Spezialisten aus Italien abzuwerben. Um diese Zeit entstanden die prächtigen Spiegelsäle in den französischen Adelsschlössern.

In der Abbildung rechts ist ein mittelalterlicher Spiegelhersteller (um 1550) zu sehen, der Spiegelglas aus Venedig zu Handspiegeln weiterverarbeitet hat. 1831 gelang es dem „Vater der modernen Chemie" JUSTUS VON LIEBIG (1803–1873), ein weniger giftiges und industriell durchführbares Verfahren zur Versilberung von Spiegeln zu entwickeln, das im Prinzip auch heute noch angewendet wird.

Heute werden riesige Glasplatten zu Spiegeln gefertigt, indem vollautomatisch Spritzanlagen das Glas mit einer Silberschicht als Reflexionsschicht belegen. Das nachfolgende Aufspritzen von Kupfer bildet eine erste Schutzschicht. Anschließend werden mehrere Schichten Lack aufgetragen, um die empfindlichen Silber- und Kupferschichten zu schützen. Für 1 m^2 Spiegelfläche wird etwa 1 g Silber benötigt. Da Silber nur begrenzt verfügbar und ziemlich teuer ist, sucht man inzwischen nach anderen Stoffen für die Reflexionsschicht.

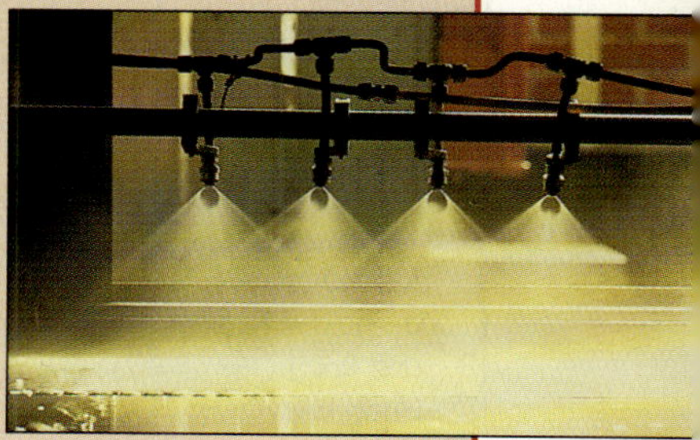

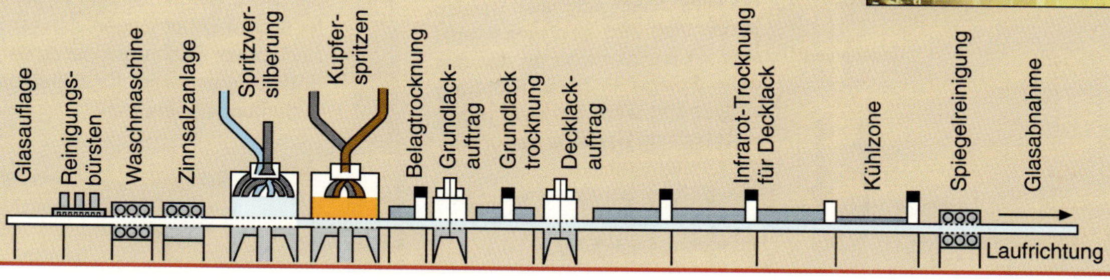

Pinnwand

SPIEGEL

Zauberei oder optische Täuschung?

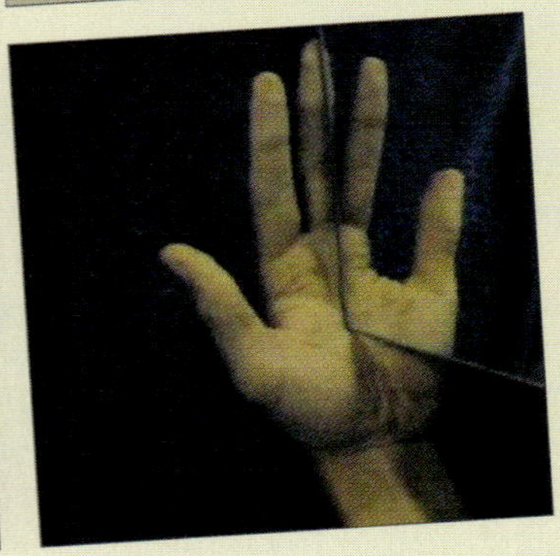

Winkelspiegel …

Wie sehen dich andere? Im ebenen Spiegel kannst du es nicht feststellen, aber in einem Winkelspiegel.

Baue zwei Spiegel im rechten Winkel zueinander auf und kontrolliere dein Spiegelbild (rechte Hand an das linke Ohr usw). Halte auch ein Buch vor den Spiegel (Schrift!).

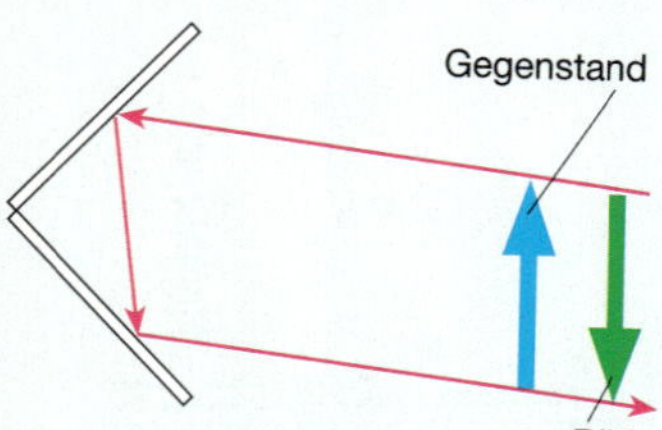

… und Hohlspiegel

Wird eine Lichtquelle in das Innere eines Hohlspiegels gestellt, so verlässt alles Licht den Spiegel in nahezu gleicher Richtung. Bei richtiger Krümmung geht

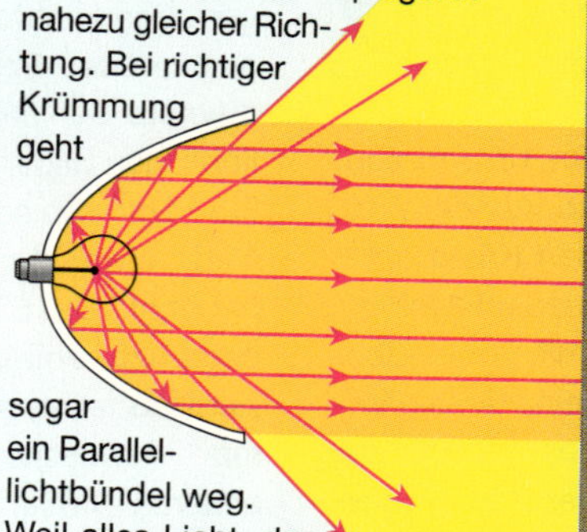

sogar ein Parallellichtbündel weg.

Weil alles Licht, das von der Lampe ausgesendet wird, auf einen relativ schmalen Bereich konzentriert wird, ist dieses Bündel sehr viel energiereicher als das, das ohne Spiegel in diese Richtung abgestrahlt wird. Es kann daher Gegenstände viel heller beleuchten oder weiter strahlen.

Dies wird bei Scheinwerfern, Speziallampen und sämtlichen Projektionsgeräten ausgenutzt.

Entfernungsmessgerät

Aus fester Pappe wird ein ca. 50 cm langer Quader mit Boden aber noch ohne Deckel hergestellt (Größe von Spiegel und Glasscheibe beachten).

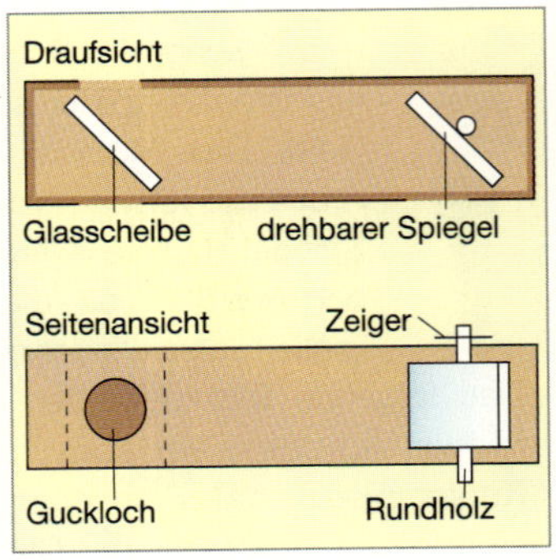

Die Glasscheibe muss exakt im Winkel von 45° ausgerichtet werden. Unter dem Zeiger wird eine Skala angebracht, nachdem der Deckel aufgeklebt wurde.

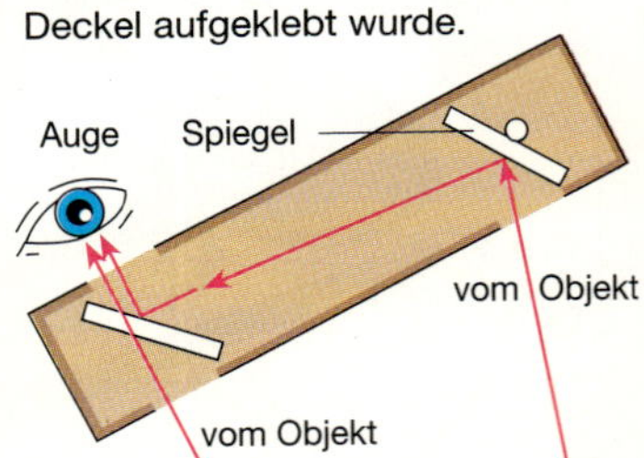

Blickst du durch das Guckloch, dann siehst du das Objekt direkt durch die Glasscheibe und als Spiegelbild.

Durch Drehen am Spiegel können beide Bilder zur Deckung gebracht werden. Dieser Zeigerstellung ordnest du die gemessene Entfernung des Objektes zu und beschriftest die Skala. Wiederhole den Vorgang für andere Entfernungen.

Nach dieser Eichung kannst du den Entfernungsmesser für beliebige Entfernungen benutzen.

Nicht alle Spiegel sind eben

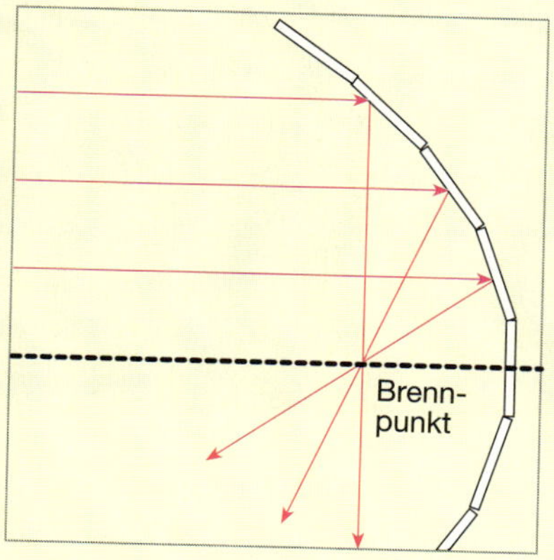

Mehrere ebene Spiegel werden so angeordnet, dass das parallel einfallende Licht in einem Punkt gesammelt wird. Die Anordnung ist symmetrisch zur punktierten Linie, deshalb wurde die Reflexion nur für die obere Hälfte konstruiert. Bei genauerem Nachmessen stellt sich heraus, dass diese Spiegel nicht auf einem Kreisbogen sondern auf einer Parabel liegen (Parabolspiegel).

Ein Spiegel hilft beim Kochen

Gewölbte Spiegel

Zahnarztspiegel:
Dieser Spiegel ist gewölbt, wodurch das Spiegelbild etwas vergrößert wird. Er ist nicht größer als ein Daumennagel, damit er gut in den Mund passt.

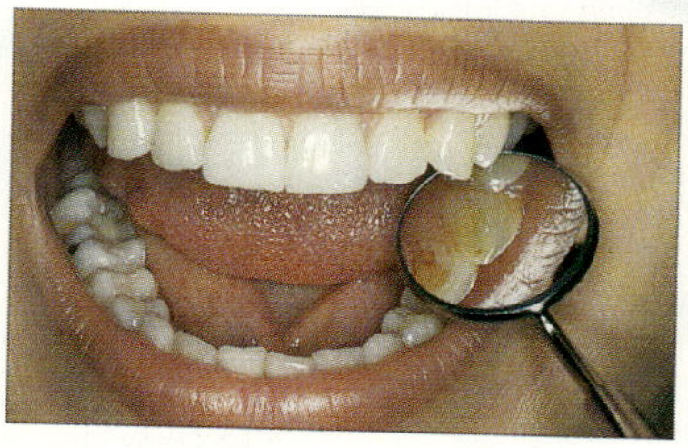

Kosmetikspiegel oder Rasierspiegel sind gewölbt und vergrößern dadurch.

Panoramaspiegel:
Dieser Spiegel ist nach außen gewölbt. Dadurch entstehen verkleinerte Bilder. Der Blickwinkel dagegen wird vergrößert.

Abblendbare Spiegel

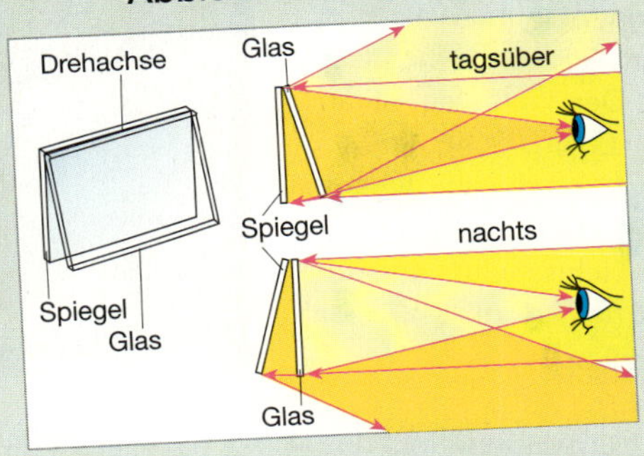

Vor dem Rückspiegel im Auto befindet sich eine Glasscheibe, die gegen den Spiegel leicht geneigt ist (ca. 7°). Im Normalfall schaut der Autofahrer direkt auf den Spiegel und nimmt die Reflexionen an der Glasscheibe nicht wahr. Er sieht ein normales Spiegelbild.
Wird der Autofahrer nachts durch Scheinwerferlicht von hinten im Spiegel geblendet, so klappt er den Spiegel so, dass er nur noch das von der Glasscheibe erzeugte Spiegelbild sieht. Dieses Spiegelbild ist erheblich lichtschwächer als das vom Spiegel. Es reicht aber aus, um Informationen über die nachfolgenden Verkehrsteilnehmer zu bekommen.

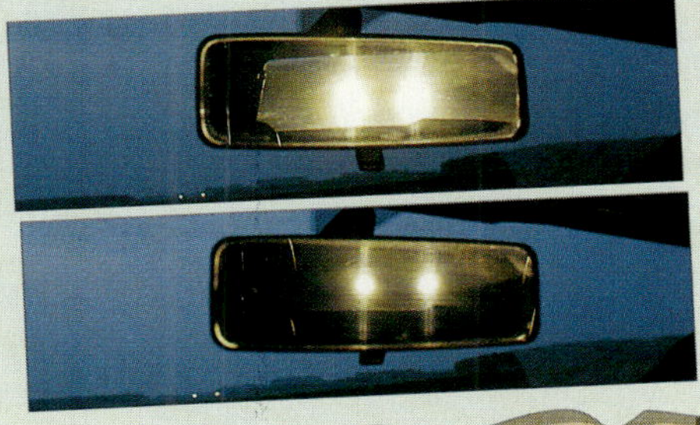

Der Knick in der Optik

Ist das Paddel gebrochen oder spielt uns unser Auge hier nur einen Streich? Wir sehen das Paddel unter Wasser, weil auch von dort Licht in unser Auge gelangt. Dieses Licht muss allerdings die Grenzschicht Wasser–Luft durchlaufen. Passiert dabei etwas mit dem Licht? Was geschieht, wenn Licht andere Grenzflächen durchdringt, zum Beispiel die zwischen Luft und Glas?

Licht an der Grenzfläche Luft–Wasser

Fällt ein dünnes Lichtbündel schräg auf eine Wasseroberfläche, so setzt es seinen Weg im Wasser in einer anderen Richtung fort. Der Lichtweg ist an der Grenzfläche abgeknickt, man sagt **gebrochen.** (Ein geringer Teil des Lichts wird an der Grenzfläche Luft–Wasser reflektiert.)

Zentraler Versuch

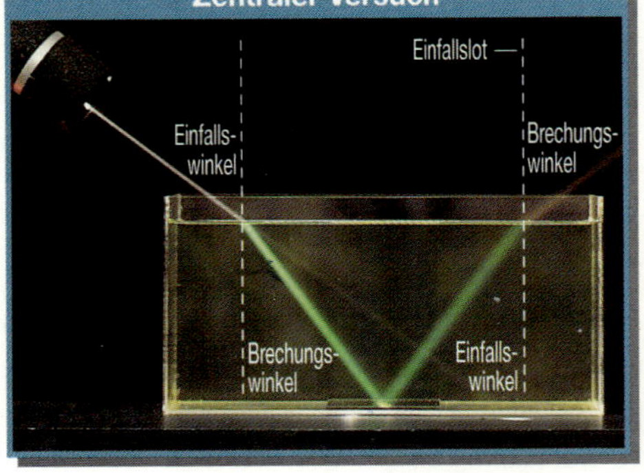

Zur exakten Beschreibung verwenden wir wieder das Einfallslot und erhalten damit den **Einfallswinkel** und den **Brechungswinkel.** Wir sehen:

- Beim Übergang Luft→Wasser ist der Brechungswinkel kleiner als der Einfallswinkel.
- Vom Spiegel am Boden des Wassergefäßes wird das Licht reflektiert. Es trifft unter einem bestimmten Einfallswinkel 2 auf die Grenzfläche Wasser–Luft und wird erneut gebrochen. Allerdings ist jetzt beim Übergang Wasser→Luft der Brechungswinkel größer als der Einfallswinkel.

Ein Lichtbündel wird beim Übergang
- Luft→Wasser zum Einfallslot hin gebrochen.
- Wasser→Luft vom Einfallslot weg gebrochen.

Einfallslot sowie einfallendes und gebrochenes Lichtbündel liegen in einer Ebene.

Aufgaben

1 Der Spiegel im zentralen Versuch wird so geneigt, dass das reflektierte Lichtbündel senkrecht auf die Wasseroberfläche trifft. Beschreibe den weiteren Lichtweg.

2 Beobachte im Schwimmbad die Sprossenabstände der Leitern, die unter Wasser sind. Was fällt auf? Erkläre deine Beobachtung.

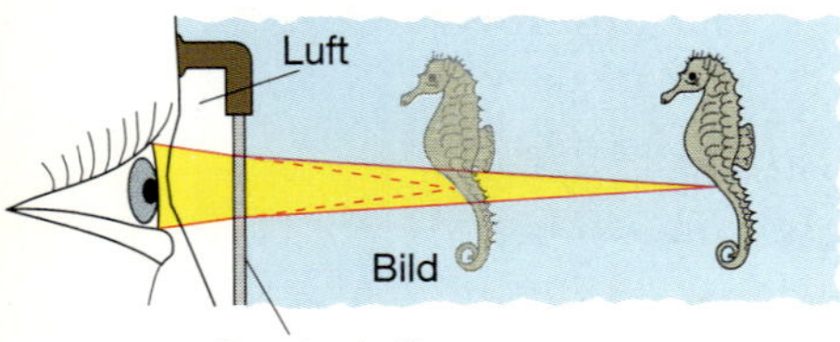

3 Warum schätzen Taucher Entfernungen unter Wasser zu kurz ein? Erkäre mithilfe der Grafik links.

4 **a)** Erkläre den Knick im Paddel mithilfe der folgenden Zeichnung. Wo „sehen" wir die Paddelspitze, wenn wir in die angegebene Richtung blicken?
b) Vervollständige die Zeichnung.

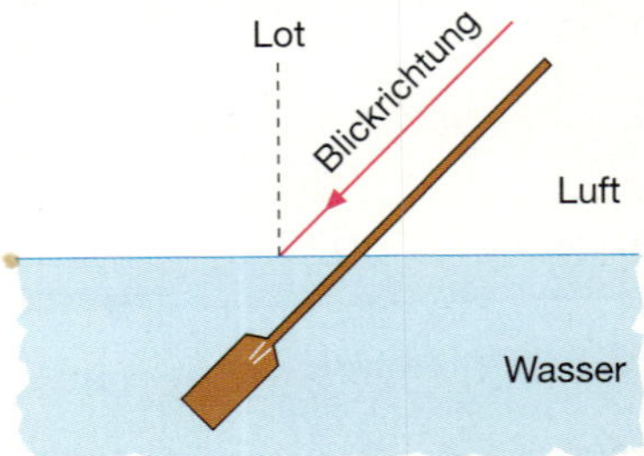

Licht an anderen Grenzflächen

Zur genauen Untersuchung des Übergangs Luft→Glas verwenden wir einen halbkreisförmigen Glaskörper. Dieser hat den Vorteil, dass der Austritt des Lichtbündels aus dem Glas genau senkrecht zur Grenzfläche erfolgt. Dabei findet also keine Brechung statt, wodurch die Ablesung des Brechungswinkels an der Gradskala wesentlich erleichtert wird.

Zentraler Versuch

Der Tabelle können wir entnehmen, dass es keine Proportionalität zwischen Einfalls- und Brechungswinkel gibt. Stellen wir die Messwerte grafisch dar, so erkennen wir am Verlauf der Kurven, dass es keinen einfachen mathematischen Zusammenhang zwischen Einfalls- und Brechungswinkel gibt.

Es wurde vereinbart, dass der Stoff, in dem sich der kleinere der beiden Winkel befindet, als *optisch dichter* bezeichnet wird. Damit kann das Brechungsgesetz allgemeingültig formuliert werden:

Ein Lichtbündel wird beim Übergang
- vom optisch dünneren zum optisch dichteren Stoff zum Einfallslot hin gebrochen,
- vom optisch dichteren zum optisch dünneren Stoff vom Lot weg gebrochen.

Einfallslot sowie einfallendes und gebrochenes Lichtbündel liegen in einer Ebene.

Licht geht über			
von Luft	**in Wasser**	**in Glas**	**in Diamant**
0°	0°	0°	0°
10°	7,5°	6,6°	4,1°
20°	14,9°	13,2°	8,2°
30°	22,0°	19,5°	12,0°
40°	28,8°	25,4°	15,5°
50°	35,1°	30,7°	18,6°
60°	40,5°	35,3°	21,2°
70°	44,8°	38,8°	23,1°
80°	47,6°	41,0°	24,2°
~90°	48,6°	41,8°	24,6°

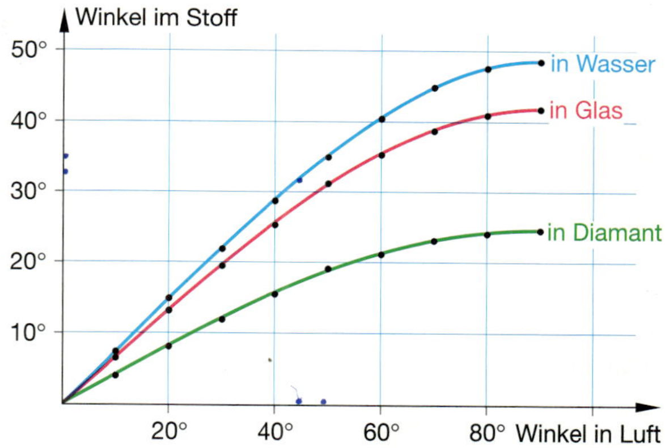

Rechenbeispiel

Licht trifft unter einem Einfallswinkel von 25° auf einen Glasquader. Wie stark wird es aus seiner Richtung abgelenkt?

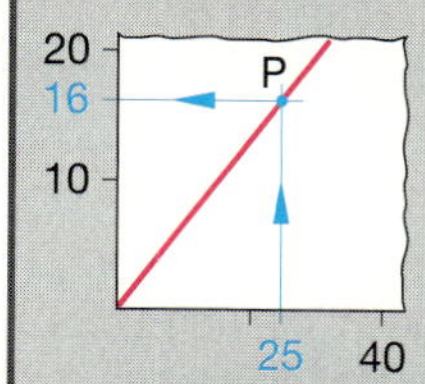

Lösung: Wir zeichnen im Diagramm eine Parallele zur *y*-Achse durch den *x*-Wert 25°. Diese schneidet die Kurve für Glas im Punkt P. Durch P legen wir eine Parallele zur *x*-Achse, die die *y*-Achse bei 16° schneidet, dem Brechungswinkel. Die Ablenkung ist Einfallswinkel minus Brechungswinkel, also 25°–16° = 9°.

Das Licht wird um 9° abgelenkt.

Aufgaben

1 Wie groß ist der Einfallswinkel für den Übergang Luft→Diamant, wenn der Brechungswinkel 10° beträgt?

2 Ein Lichtbündel trifft unter einem Winkel von 45° aus Luft auf Wasser. Wie groß ist seine Richtungsänderung?

3 Unter welchem Winkel muss Licht auf eine Wasseroberfläche treffen, damit das reflektierte und das gebrochene Lichtbündel einen Winkel von 90° bilden?

a) Konstruiere beide Lichtbündel für die Winkel 40°, 50° und 60° und schätze daraus den richtigen Einfallswinkel ab (kontrollieren).

b) Stelle über die Winkelbeziehungen eine Formel auf und löse das Problem mithilfe der Tabelle.

4 Ein Taucher in 5 m Tiefe schaut unter einem Winkel von 20° nach oben. Das Ufer ist 10 m entfernt. Kann er seinen Freund am Ufer sehen? Löse durch Konstruktion.

Die planparallele Platte

Licht, das durch eine Fensterscheibe fällt, wird beim Übergang Luft → Glas gebrochen und noch einmal beim Übergang Glas → Luft. Wie kommt es, dass wir davon überhaupt nichts bemerken? Es kann uns ja sogar passieren, dass wir eine besonders saubere Glasscheibe gar nicht erkennen.

Zur Beantwortung gehen wir davon aus, dass die Glasscheibe überall gleich dick ist. Unser Lichtbündel durchläuft also zwei parallele Grenzschichten.

Zentraler Versuch

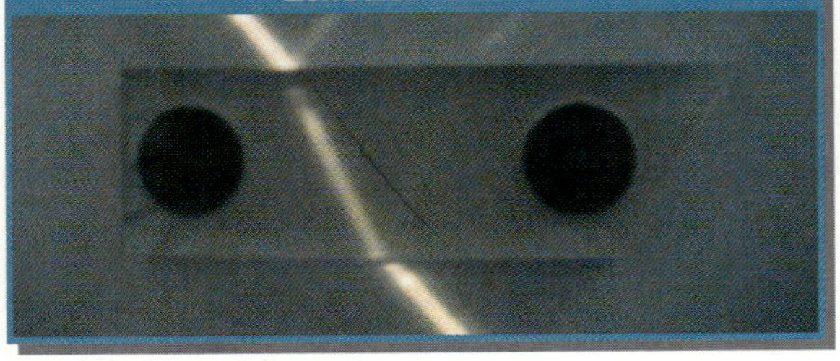

Wir erkennen, dass das Lichtbündel nach Verlassen der Glasplatte in der alten Richtung weiterläuft. Mithilfe der Geometrie wird der Grund deutlich: Beim Eintritt des Lichtbündels in das Glas entsteht ein Brechungswinkel; dieser ist auch der Einfallswinkel beim Austritt aus der Glasplatte. Damit ergibt sich als neuer Brechungswinkel wieder der ursprüngliche Einfallswinkel. Allerdings ist das Bündel hinter der Platte etwas seitlich verschoben im Vergleich zum einfallenden Bündel.

> Beim Durchgang durch eine planparallele durchsichtige Schicht wird ein Lichtbündel nur parallel verschoben.

Das Prisma

Das Licht wird beim Eintritt in ein Prisma und beim Austritt aus dem Prisma beide Male im gleichen Sinn gebrochen. Dadurch entsteht eine besonders große Ablenkung des Lichtbündels bezogen auf seine ursprüngliche Richtung.

Zentraler Versuch

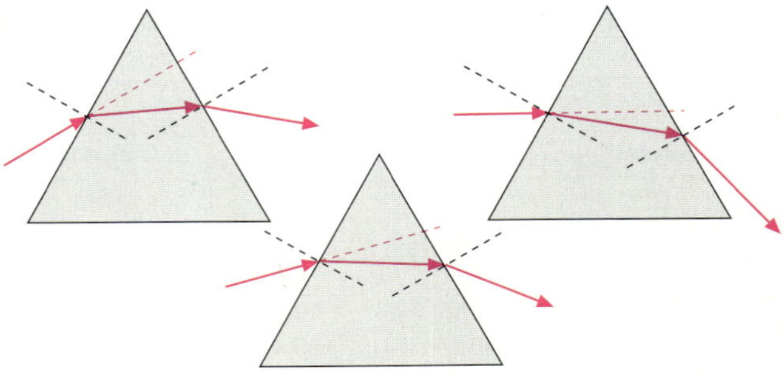

Der untere Teil des Bildes zeigt, dass die Ablenkung des Lichtbündels aus der ursprünglichen Richtung vom Einfallswinkel abhängt.

> Ein Glasprisma bewirkt eine besonders starke Ablenkung des Lichtbündels.

Aufgaben

1 **a)** Konstruiere den Lichtweg beim Durchgang durch eine planparallele Platte von 3 cm Dicke.
b) Untersuche den Zusammenhang Einfallswinkel und Größe der Parallelverschiebung (Tabelle).

2 Konstruiere den Verlauf des Lichts beim Durchgang durch planparallele Platten verschiedener Dicken (1 cm, 2 cm, 3 cm). Achte darauf, dass der Einfallswinkel immer gleich ist (Tabelle).

3 Konstruiere den Strahlengang durch ein Glasprisma (gleichseitiges Dreieck mit 6 cm Seitenlänge) bei Einfallswinkeln von 30°, 50° und 70°. Bestimme für jeden Winkel die Gesamtablenkung des einfallenden Lichtbündels.

4 Konstruiere den symmetrischen Strahlengang für Prismen mit unterschiedlichen Winkeln an der Spitze (10°, 20°, ...) und ermittle für jeden Fall den Gesamtablenkwinkel. (*Hinweis:* Beginne bei deiner Konstruktion mit dem Lichtbündel im Glas.)

5 Ein Aquarium mit den Innenmaßen l = 45 cm; b = 30 cm und h = 35 cm ist bis 4,5 cm unter den Rand mit Wasser gefüllt. Boden und eine Seitenwand sind verspiegelt. Konstruiere den Weg eines Lichtbündels, das in der Mitte der Wasseroberfläche unter einem Einfallswinkel von 60° auftrifft.

Totalreflexion

Im folgenden Bild treffen Lichtbündel unter verschiedenen Winkeln auf die Grenzfläche Wasser–Luft. Nicht alle gelangen dabei durch die Grenzschicht. Bei einem bestimmten Einfallswinkel ist der Brechungswinkel 90° und das Lichtbündel verläuft streifend entlang der Wasseroberfläche. Wird der Einfallswinkel noch größer, so werden die Lichtbündel vollständig ins Wasser reflektiert. Dieses Phänomen heißt **Totalreflexion.**

Zentraler Versuch

Es hängt von den beteiligen Stoffen ab, bei welchem Grenzwinkel diese Totalreflexion einsetzt. Aus der Tabelle zum Brechungsgesetz auf Seite 35 liest man für Wasser einen Grenzwinkel von 48,6° ab.

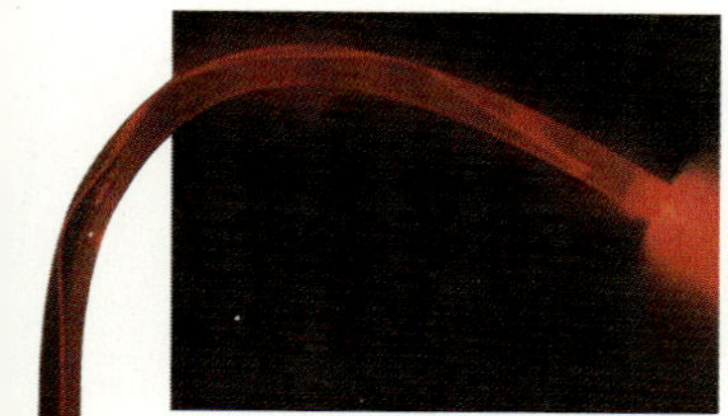

Fällt Licht in den Glasbogen ein, so ist es möglich, dass der Einfallswinkel immer so groß ist, dass nur Totalreflexion auftritt. Dadurch wird verhindert, dass Licht seitlich aus dem Glas austritt.

Beim Übergang von Licht vom optisch dichteren zum optisch dünneren Medium tritt ab einem bestimmten Grenzwinkel Totalreflexion ein.

Aufgaben

1 Konstruiere den Weg des Lichts im Glasbogen des obigen Fotos. Zeichne einen Bogen der Breite 2 cm mit einem Innenradius von 12,0 cm.

2 Warum gibt es Totalreflexion nur beim Übergang vom optisch dichteren zum optisch dünneren Medium?

3 Konstruiere den Lichtweg durch das Prisma. Übertrage dazu die Skizze in dein Heft.

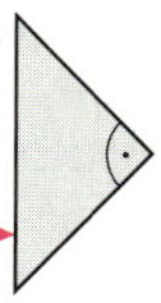

4 Was ist wohl mit dem Begriff „Lichtleiter" gemeint? Erkläre.

Licht in Luft

Streifzug

Bei einem Sonnenuntergang erscheint die Sonne – kurz bevor sie untergeht – platt gedrückt, manchmal hat sie sogar einen „Fuß".
Wie kommt es dazu?
Tritt das Licht von der Sonne in die Lufthülle der Erde ein, so wird es gebrochen. Da die Dichte der Luft immer größer wird, je näher sie der Erdoberfläche ist, wird der Brechungswinkel von Schicht zu Schicht größer. Insgesamt ergibt sich ein gekrümmter Lichtweg. Deshalb können wir die Sonne noch sehen, obwohl sie bereits seit etwa zwei Minuten unter dem Horizont verschwunden ist. Aber warum erscheint sie uns gestaucht?
Das Licht vom unteren Rand der Sonne tritt flacher in die Erdatmosphäre ein und wird daher stärker gebrochen als das Licht vom oberen Sonnenrand. Der untere Rand scheint gegenüber dem oberen Rand angehoben, die Sonne sieht platt aus.

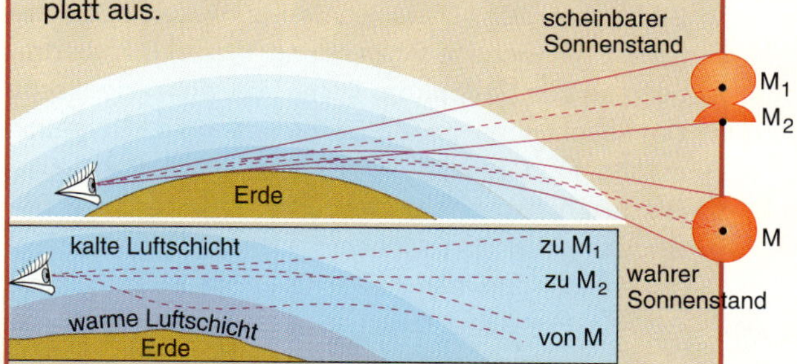

Der „Sonnenfuß" entsteht dann, wenn sich kurz über dem Erdboden, also in Blickrichtung Horizont, warme Luftschichten befinden. Sie sind optisch dünner als die darüber liegenden kälteren Schichten der Atmosphäre. An einer solchen Grenzschicht wird schräg von oben einfallendes Licht total reflektiert. Wir sehen in dieser Richtung den unteren Teil der Sonne noch einmal – als Kopf stehendes Spiegelbild.
Diese Reflexion an unterschiedlich warmen Luftschichten ist auch der Grund dafür, dass im Sommer weit vorne liegende Straßenabschnitte manchmal „nass" aussehen: Es ist das Spiegelbild des Himmels.

Streifzug

Licht in Stoffen

Glasfaserkabel

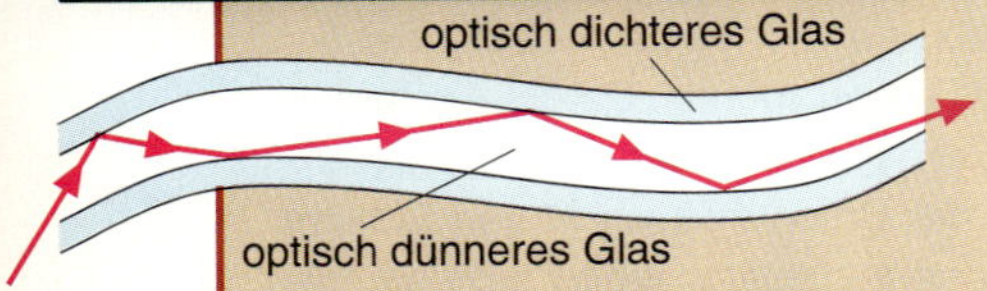

Glasfasern sehen aus wie sehr dünne Angelschnüre und sind fast genauso elastisch. Sie bestehen meistens aus zwei Glassorten. Der Kern aus optisch dichterem Glas ist von einer Schicht aus optisch dünnerem Glas ummantelt. Dadurch wird Licht fast ohne Verluste durch das Kabel geleitet, weil an der Grenzfläche der beiden Glassorten nahezu immer Totalreflexion auftritt. Dadurch ist es möglich, optische Signale zu übertragen, also Nachrichten.

Fasst man viele Tausende dieser Fasern zu einem Kabel zusammen, so ist auch die Übertragung von Bildern möglich. Diese werden punktweise übertragen. Eine wichtige Anwendung dieser Bildübertragung ist das **Endoskop.** Damit können medizinische Untersuchungen im Körperinneren ohne Operation durchgeführt werden. Dazu sind mindestens zwei Glasfaserkabel erforderlich. Das eine dient zur Beleuchtung im Körperinneren, das andere überträgt die Bildinformation aus dem Körper. Meist ist noch ein Hohlkabel daneben angebracht, durch das spezielle Geräte (Messer, Scheren, Zangen) in den Körper eingebracht werden können, sodass sogar Operationen z. B. am Kniegelenk oder am Mageninneren durchgeführt werden können.

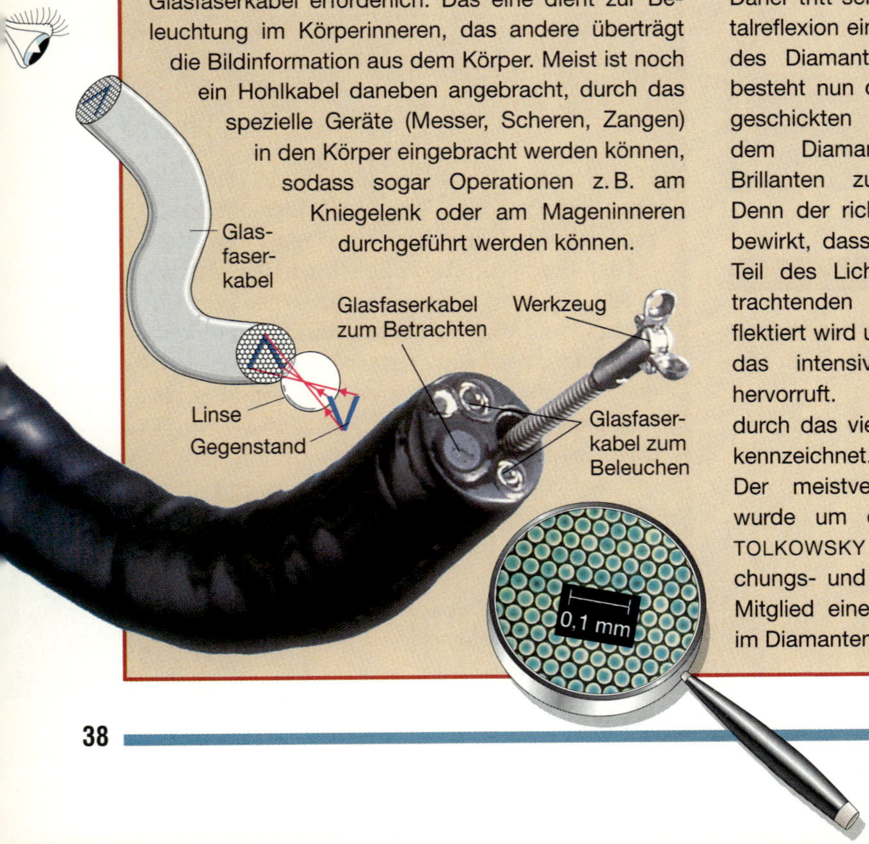

Warum funkeln Diamanten so schön?

Der Wert von Diamanten wird im englischen durch vier „C" charakterisiert:
Carat (1 Karat = 200 mg)
Clarity (Reinheit)
Colour (Farbe)
Cut (Schliff)
Die ersten drei C werden durch den Rohdiamanten selbst festgelegt, so wie man ihn in der Natur findet.
Für 1 g Diamant müssen oft bis zu 100 Tonnen Gestein bewegt werden. Der größte Diamant, den man bis heute gefunden hat, wurde nach seinem Fundort in Südafrika Cullinan genannt. Er hatte 3106 Karat, also mehr als 600 g. Er wurde in 105 Stücke zerteilt, von denen die größten in Zepter, Krone und Ring der englischen Kronjuwelen eingesetzt wurden.

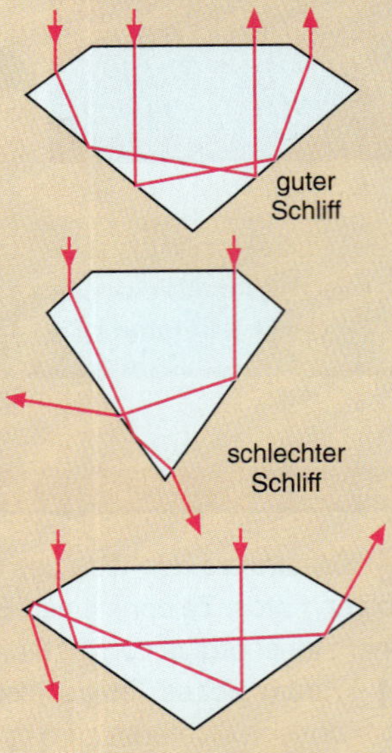

Diamant hat eine sehr große optische Dichte. Daher tritt sehr leicht Totalreflexion ein. Die Kunst des Diamantenschleifers besteht nun darin, durch geschickten Schliff aus dem Diamanten einen Brillanten zu machen. Denn der richtige Schliff bewirkt, dass der größte Teil des Lichts zur betrachtenden Person reflektiert wird und dadurch das intensive Funkeln hervorruft. Das wird durch das vierte „C" gekennzeichnet.
Der meistverwendete und „brillanteste" Schliff wurde um die Jahrhundertwende von MARCEL TOLKOWSKY durch Berechnung mithilfe des Brechungs- und Reflexionsgesetzes entwickelt. Er war Mitglied einer alteingesessenen mächtigen Familie im Diamantengeschäft.

Brechung und Totalreflexion

Versuche und Aufträge

V1 Fülle einen durchsichtigen Plastikbehälter (Quader) mit Wasser. Du erhältst so unterschiedliche planparallele „Platten" aus Wasser. Die Wassertiefe ist gleich der Plattendicke.

a) Lege den Wasserbehälter auf eine gerade Linie und miss die Parallelverschiebung des Bildes für verschiedene Plattendicken.

b) Welche Rolle spielt bei dieser Messung der Blickwinkel, unter dem du auf die Platte schaust?

c) Experimentiere auch mit Öl.

V2 a) Richte einen dicken Trinkhalm so aus, dass du den „Fisch" (Münze) durch ihn hindurch sehen kannst.

b) Führe dann eine Stricknadel durch den Trinkhalm und beobachte, ob die Münze getroffen wird.

c) Erkläre das Versuchsergebnis.

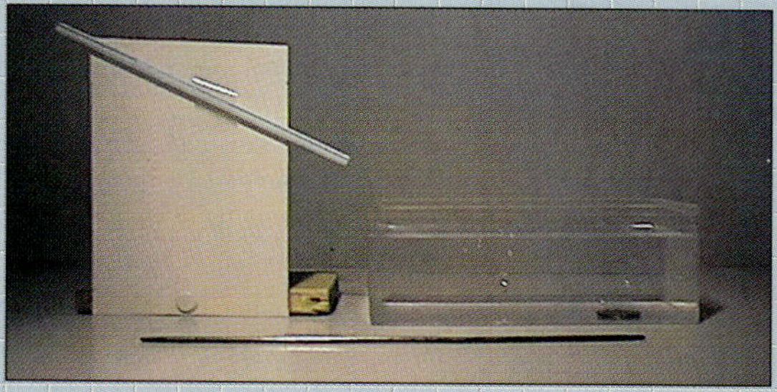

V3 Die linke Tasse scheint leer zu sein. Wird Wasser hineingegeben, so erscheint plötzlich eine Münze.

a) Wie ist das möglich?

b) Erkläre den Versuch mithilfe einer Skizze.

V4 Bohre in einen Plastikbecher eine kleine kreisrunde Öffnung, sodass ein Trinkhalmstück stramm hineinpasst. Bohre auf der gegenüberliegenden Seite eine etwas größere Öffnung in den Becher und verklebe sie mit Tesafilm. Der Trinkhalm muss so ausgerichtet sein, dass das Licht der Taschenlampe durch die Öffnung und durch den Trinkhalm hindurch gehen kann.

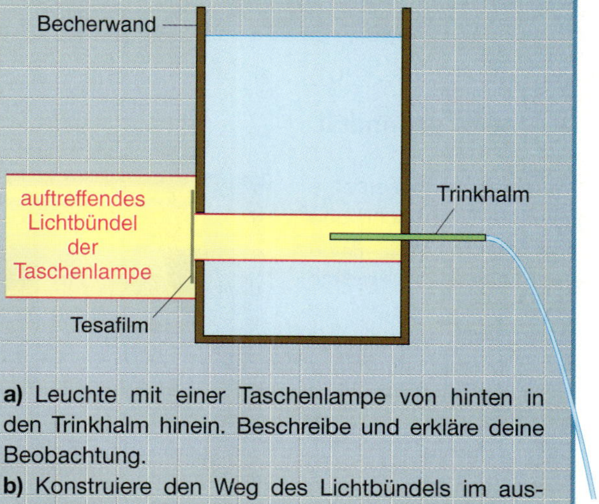

a) Leuchte mit einer Taschenlampe von hinten in den Trinkhalm hinein. Beschreibe und erkläre deine Beobachtung.

b) Konstruiere den Weg des Lichtbündels im auslaufenden Wasser.

V5 Baue den folgenden Versuch auf.

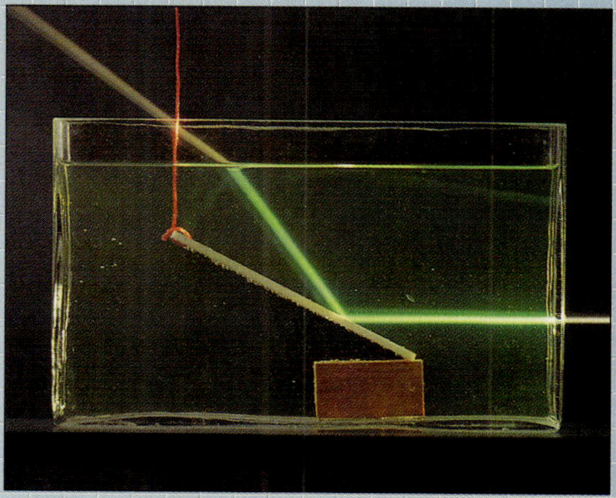

a) Verfolge den Lichtweg im Wasser und in der Luft. Skizziere ihn grob. Miss auch die Winkel. Welche Gesetze kannst du so nachprüfen bzw. bestätigen?

b) Erkläre den Lichtweg mithilfe einer geometrischen Konstruktion.

Sammellinsen

Nach einem Regenschauer glänzen die Regentropfen auf den Blättern der Pflanze im Sonnenlicht. Aber nach kurzer Zeit ist eine erstaunliche Beobachtung zu machen: Die Blätter haben regelrechte „Verbrennungen" dort, wo sich eben noch Wassertropfen befunden haben.

Was geschieht mit dem Licht im Tropfen, dass es auf dem Blatt eine solche Wirkung hervorrufen kann? Wie wirken andere durchsichtige Körper mit gewölbter Oberfläche auf Licht?

Licht wird gebündelt

Wassertropfen haben eine gewölbte Oberfläche und sind durchsichtig. Auch eine Lupe hat gewölbte Oberflächen und ist durchsichtig, aber sie besteht aus Glas, manchmal auch aus Kunststoff. Fallen Lichtbündel auf einen solchen Glaskörper, so wird das Licht gebündelt und es entsteht eine Stelle, die besonders hell ist. Bringen wir die Hand an diese Stelle, so wird die Haut sehr heiß. Wenn die Geduld groß genug ist, kann mithilfe einer Lupe sogar ein Streichholz entzündet werden.

Durch eine Lupe wird also ein Lichtbündel so gebrochen, dass es hinter dem Glaskörper in einem Punkt zusammenläuft, *gesammelt* wird. Daher heißen solche Linsen **Sammellinsen.** Hinter dem Sammelpunkt läuft das Lichtbündel dann wieder auseinander.

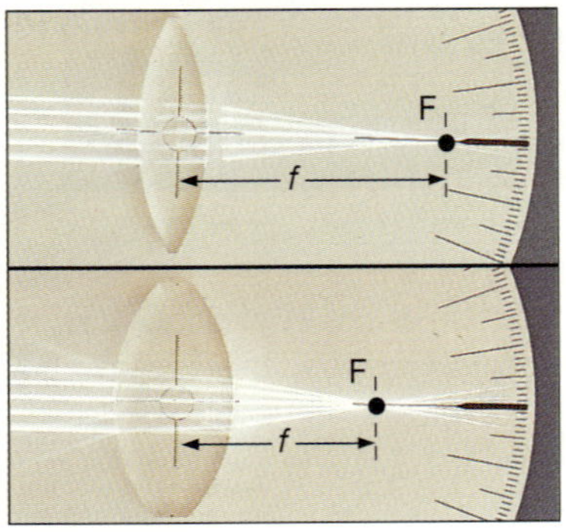

Zentraler Versuch

Wiederholen wir diesen Versuch mit anderen Lupen oder alten Brillengläsern, so stellen wir fest, dass der Abstand vom Glaskörper zum Sammelpunkt ganz unterschiedlich ist. Es kann sogar vorkommen, dass überhaupt kein solcher Brennfleck entsteht. Bei genauerer Betrachtung zeigt sich, dass dies offenbar mit der Form der Linse zu tun hat. Zur Bündelung des Lichts sind die Glaskörper besonders gut geeignet, die auf beiden Seiten leicht nach außen gewölbt sind.

Um diese Sammelwirkung von Linsen genauer beschreiben zu können, sind einige Begriffe nötig. Die Abbildung links zeigt sie.

Fällt ein Parallellichtbündel (z. B. Sonnenlicht) auf verschiedene Sammellinsen, so wird das Licht hinter jeder Sammellinse in einem Punkt vereinigt, dem **Brennpunkt F.** Der Abstand Mittelebene der Linse–Brennpunkt heißt **Brennweite *f*.**
Die Brennweite ist bei stärker gekrümmten Linsen kleiner als bei weniger stark gekrümmten Linsen.

Linsen, die Lichtbündel in einem Punkt zusammenziehen, heißen Sammellinsen.
Der Abstand von der Sammellinse zum Brennpunkt heißt Brennweite *f*. Er hängt von der Form der Linse ab.

Aufgaben

1 Aus einer Zeitungsmeldung: „Die Feuerwehr nimmt an, dass der Brand durch die Scherben einer Glasflasche ausgelöst wurde. ..." Was sagst du zu dieser Meldung?

2 Erläutere die Begriffe Sammellinse, Brennpunkt und Brennweite. Beschreibe den weiteren Lichtweg.

3 Was kann geschehen, wenn Sonnenlicht auf eine Sammellinse fällt, deren Abstand zu Holzwolle gleich der Brennweite ist?

Eine Linse aus vielen Prismen

Beim Übergang Luft→Glas wird Licht aus seiner Richtung abgelenkt. Diese Brechung tritt natürlich auch bei Linsen auf. Jede Sammellinse können wir uns stark vereinfacht aus unterschiedlichen Prismen zusammengesetzt denken. Zur genauen Betrachtung ist es zweckmäßig, das Lichtbündel mit geeigneten Blenden in schmalere Teilbündel zu zerlegen. Jetzt zeigt sich eine zweifache Brechung, nämlich beim Übergang Luft→ Glas und dann wieder bei Glas→ Luft. In der Mitte trifft das Lichtbündel senkrecht auf das Linsenstück („planparallele Platte") und wird nicht abgelenkt.

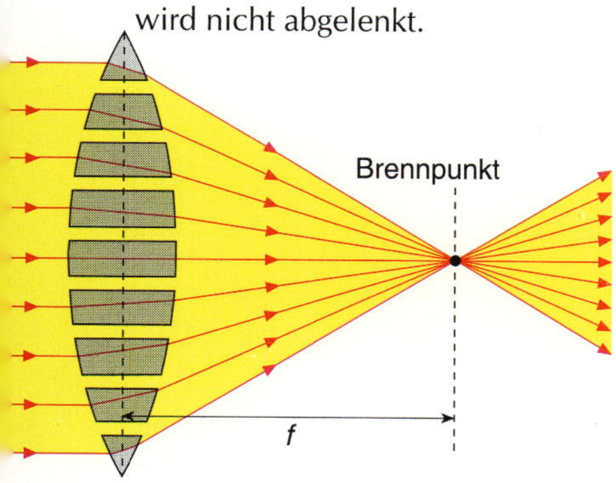

Damit verstehen wir auch die unterschiedlichen Brennweiten. Bei stärker gewölbten Linsen wird das Licht stärker gebrochen, folglich befindet sich der Brennpunkt näher an der Linse.

Geometrie hilft der Optik

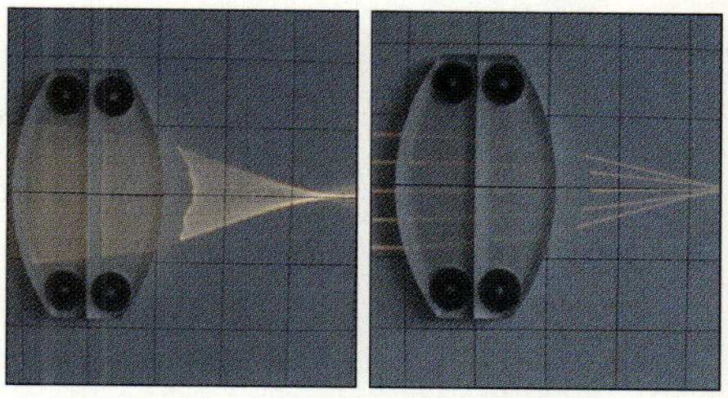

Sammellinsen bündeln Licht. Damit wir diesen Vorgang besser nachvollziehen können, teilen wir ein Lichtbündel in mehrere sehr schmale Lichtbündel auf. Jedes dieser Lichtbündel besteht aus ungeheuer vielen Photonen, die sich geradlinig ausbreiten. In ganz dünnen Lichtbündeln bewegen sich alle Photonen nahezu exakt in die gleiche Richtung. Erst der Übergang Luft→Glas verändert ihre Richtung.

Zur Darstellung der Lichtausbreitung können wir deshalb die aus der Geometrie bekannten Strahlen verwenden. Aber bevor wir zeichnen, wollen wir noch eine Vereinbarung treffen: Die zweifache Brechung des Lichts an den beiden Grenzflächen Glas–Luft wird durch einen Knick an der senkrechten Symmetrieachse der Linse, ihrer *Mittelebene* ersetzt. Senkrecht zur Mittelebene verläuft genau durch die Mitte der Linse eine Hilfslinie, auf die wir alle Betrachtungen beziehen, die *optische Achse*.

Zur geometrischen Konstruktion des Verlaufs eines Lichtbündels reichen uns drei besondere Bündel:

- Ein zur optischen Achse paralleles Lichtbündel verläuft nach der Brechung durch den Brennpunkt. Im Strahlenbild: **Parallelstrahl wird Brennstrahl.**
- Ein Bündel durch den Brennpunkt läuft nach der Brechung parallel zur optischen Achse: **Brennstrahl wird Parallelstrahl.**

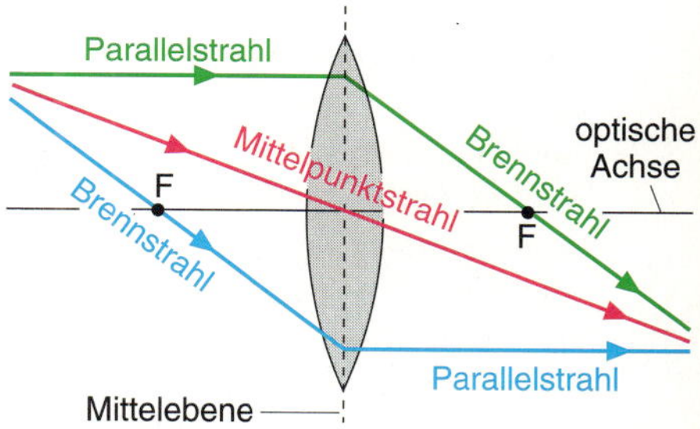

- Ein Lichtbündel, das durch den Schnittpunkt Mittelebene – optische Achse verläuft, wird nicht gebrochen: **Mittelpunktstrahl bleibt gerade.**

Zur Darstellung des Lichtverlaufs durch Linsen verwenden wir drei besondere Strahlen: Mittelpunktstrahl, Parallelstrahl und Brennstrahl.

4 Eine punktförmige Lichtquelle wird in den Brennpunkt einer Sammellinse gestellt. Skizziere und erkläre den Weg des Lichts.

5 Übertrage die Zeichnung mit den angegebenen Maßen in dein Heft.

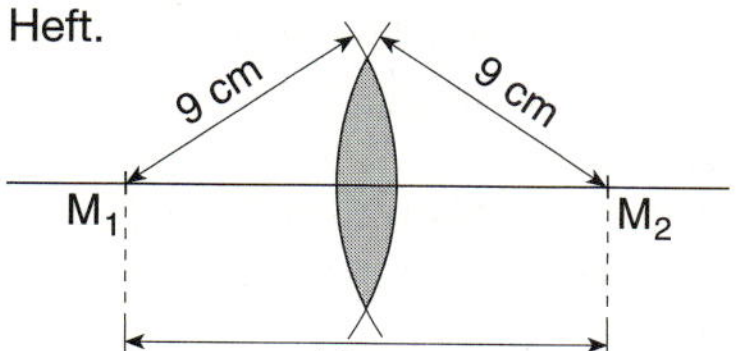

Die Kreise um M_1 und M_2 bilden eine Linse. Vereinfache diese Linse zu einem Prismenmodell aus fünf Prismen und konstruiere den Brennpunkt mit Hilfe des Diagramms auf Seite 35 (Brechungswinkel).

6 Gehe vor wie in Aufgabe 5, wähle nun aber für die Linsenwölbung einen Radius von 10 cm.

7 Konstruiere den Weg des Lichts durch einen Wassertropfen und erkläre damit die Verbrennungsflecke auf einem Pflanzenblatt.

8 Wie müssen Lichtbündel vor einer Linse verlaufen, damit sie hinter der Linse alle durch den Brennpunkt gehen?

9 Hinter welcher Abdeckung befindet sich die dickere Linse? Begründe.

a)

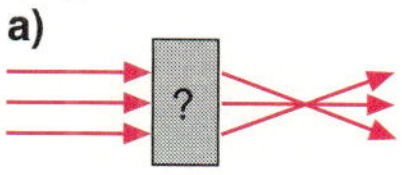

b)

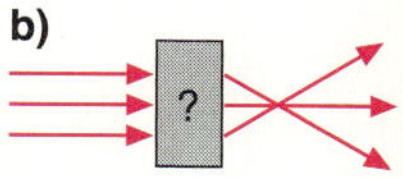

Wie Bilder entstehen

Während die Kerzenflamme den linken Schirm nur beleuchtet, ist auf dem rechten Schirm ein Bild der Kerze zu erkennen.
Wie ist es möglich, mithilfe einer Lochblende ein Bild zu erzeugen? Warum steht es auf dem Kopf und ist seitenverkehrt? Was geschieht, wenn wir die Lochblende durch eine Linse ersetzen?

Die Lochkamera

Auf jeden Punkt des Schirms gelangt Licht von jedem Punkt der Kerzenflamme. Der Schirm ist gleichmäßig beleuchtet – wir erkennen kein Bild. Durch die Lochblende wird erreicht, dass das Licht eines bestimmten Punktes der Flamme nur auf eine bestimmte Stelle des Schirms trifft und dort einen Lichtfleck erzeugt. Aus all diesen Lichtflecken auf dem Schirm setzt sich das Bild der Kerzenflamme zusammen.

Weil sich die Lichtbündel im Loch kreuzen, steht das Bild auf dem Kopf und ist seitenverkehrt. Durch Vergrößern der Blende wird es zwar heller, aber die Lichtflecke werden größer und das Bild dadurch unschärfer.

Zentraler Versuch

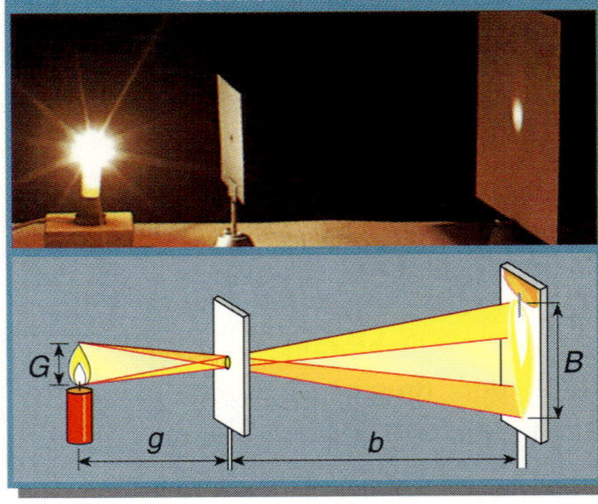

Zur genaueren Beschreibung führen wir folgende Größen ein:
Gegenstandsweite *g*; Bildweite *b*; Gegenstandsgröße *G*; Bildgröße *B*.

Damit lassen sich folgende Aussagen formulieren:

- Je kleiner die Blendenöffnung, desto deutlicher (schärfer), aber auch dunkler wird das Bild.
- Die Bildgröße hängt von der Gegenstandsweite *g* (Abstand Gegenstand–Blende) ab und von der Bildweite *b* (Abstand Blende–Schirm).

Die letzte Behauptung lässt sich durch Messungen überprüfen:

G = 4 cm				
g	**b**	**B**	$\frac{b}{g}$	$\frac{B}{G}$
10 cm	10 cm	4,0 cm	1,0	1,0
12 cm	15 cm	5,0 cm	1,25	1,25
8 cm	16 cm	8,0 cm	2,0	2,0

Dieser Zusammenhang wird mit einer Formel ausgedrückt, dem **Abbildungsmaßstab *A*:**

$$A = \frac{b}{g} = \frac{B}{G}$$

Eine Lochblende erzeugt Bilder, die auf dem Kopf stehen und seitenverkehrt sind.

Rechenbeispiel

Ein 12 cm hoher Gegenstand befindet sich 20 cm vor einer Lochblende. Wie weit muss der Schirm vom Loch weg sein, damit das Bild 5,0 cm groß wird?

Geg.: $G = 12$ cm; $g = 20$ cm; $B = 5$ cm
Ges.: b
Lösung: $\frac{B}{G} = \frac{5\text{ cm}}{12\text{ cm}} = 0{,}42$

$\frac{b}{g} = \frac{B}{G} = 0{,}42 \Rightarrow b = 0{,}42 \cdot g$

$= 0{,}42 \cdot 20\text{ cm} = 8{,}4\text{ cm}$

Der Abstand Lochblende–Schirm beträgt 8,4 cm.

Aufgaben

1 Beschreibe, wie sich das von einer Lochblende erzeugte Bild verändert, wenn das Loch **a)** vergrößert, **b)** verkleinert wird.

2 Erkläre, warum das Bild, das eine Lochblende erzeugt, seitenverkehrt ist und auf dem Kopf steht.

3 Warum ist auf dem Schirm kein Bild der Kerze mehr zu sehen, wenn die Lochblende weggenommen wird? Erkläre mithilfe einer Skizze.

4 Eine Lochblende steht 7,5 cm vom Schirm entfernt. Das Bild ist 4,8 cm groß. Wie weit ist der Gegenstand (165 cm hoch) entfernt?

Linsen machen bessere Bilder

Ein Loch im Vorhang kann wie eine Lochblende wirken. Ist der Raum dunkel genug, so entsteht auf der gegenüberliegenden Wand ein seitenverkehrtes und auf dem Kopf stehendes Bild der Umgebung. Je weiter die Wand vom Loch entfernt ist, desto größer aber auch lichtschwächer ist das Bild.

Zentraler Versuch

Wird hinter das Loch im Vorhang eine Sammellinse gehalten, so wird das Bild heller, aber in den meisten Fällen auch undeutlicher. Erst wenn wir einen Schirm in einen ganz bestimmten Abstand zum Vorhang bringen, entsteht ein scharfes Bild. Dieses Bild ist ebenfalls seitenverkehrt und steht auf dem Kopf, aber es ist sehr viel deutlicher und heller als vorher.

Die Abbildung unten zeigt, warum das so ist: Alles Licht, das von einem Punkt P der Kerzenflamme auf die Linse fällt, wird von dieser im Punkt P′ gesammmelt. Im Gegensatz zur Lochblende gibt es nun keine Lichtflecke mehr sondern kleine Lichtpunkte, die die gesamte Helligkeit eines Fleckes in sich vereinigen. Auf dem Schirm entsteht so Punkt für Punkt ein scharfes und helles Bild der Kerze. Wir nennen es **reelles Bild.**

Aber es gibt noch einen Unterschied zur Lochblende: Bei ihr entstand immer ein Bild – unabhängig davon, wie groß Gegenstandsweite und Bildweite jeweils waren.

Bei Sammellinsen gibt es nur in ganz bestimmten Fällen ein scharfes Bild auf dem Schirm: Bei Annäherung der Kerze an die Linse (Gegenstandsweite g wird kleiner) muss – um ein scharfes Bild zu erhalten – die Bildweite b vergrößert werden; das Bild wird dabei größer. Bei Vergrößerung von g (d. h. Wegschieben des Gegenstandes von der Linse) ist es umgekehrt.
Die Tabelle links unten zeigt, dass es dabei ganz besondere Abbildungsfälle für spezielle Werte von g und b gibt. Durch Messungen kann leicht nachgeprüft werden, dass für Linsen die gleiche Formel für den Abbildungsmaßstab gilt wie für die Lochblende.

Sammellinsen erzeugen scharfe, lichtstarke Bilder, deren Größe und Lage vom Abstand Gegenstand–Linse abhängen.
Je kleiner die Gegenstandsweite, desto größer werden Bildweite b und Bild B.
Abbildungsmaßstab: $A = \frac{b}{g} = \frac{B}{G}$

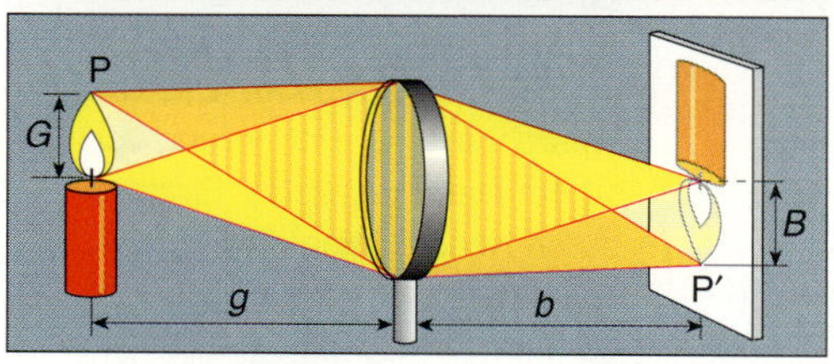

	Gegenstandsweite	Bildweite	Bild
①	$g > 2f$	$f < b < 2f$	$B < G$
②	$g = 2f$	$b = 2f$	$B = G$
③	$f < g < 2f$	$b > 2f$	$B > G$
④	$g = f$	$b = ?$	keines
⑤	$g < f$	$b = ?$	keines

Aufgaben

1 Wie unterscheidet sich das Bild einer Linse von einem Spiegelbild?

2 Das Bild, das durch eine Linse entsteht, ist wesentlich heller als das Lochblendenbild. Gibt es auch einen „Nachteil“ gegenüber dem Lochblendenbild? Erläutere.

3 Ein Gegenstand hat den Abstand $3f$ von einer Sammellinse. In welchem Bereich befindet sich das Bild und wie groß ist es?

4 Eine Lochblende wird mit einer Sammellinse ausgestattet.
a) Warum wird das Bild nicht in allen Fällen verbessert?
b) Welche Änderung muss am Schirm der Lochblende vorgenommen werden?

5 Durch eine Sammellinse entsteht auf einer Wand das verkleinerte Bild eines Gegenstands. Wie kann ein vergrößertes Bild erzeugt werden, wenn nur die Linse, nicht aber der Gegenstand verschoben werden darf?

6 **a)** Wie ändert sich die Abbildung durch eine Linse, wenn direkt vor die Linse eine Blende gehalten wird?
b) Zeige anhand von Skizzen, ob die Größe der Blendenöffnung einen Einfluss auf das Bild hat.

Streifzug

Bildkonstruktion mithilfe der Geometrie

Mithilfe von Parallelstrahl, Brennstrahl und Mittelpunktstrahl lässt sich das bei einer Linse entstehende Bild ganz leicht konstruieren. (Die Brechung an den Grenzflächen zwischen Luft und Glas wird wie üblich durch einen Knick an der Mittelebene der Linse ersetzt.)

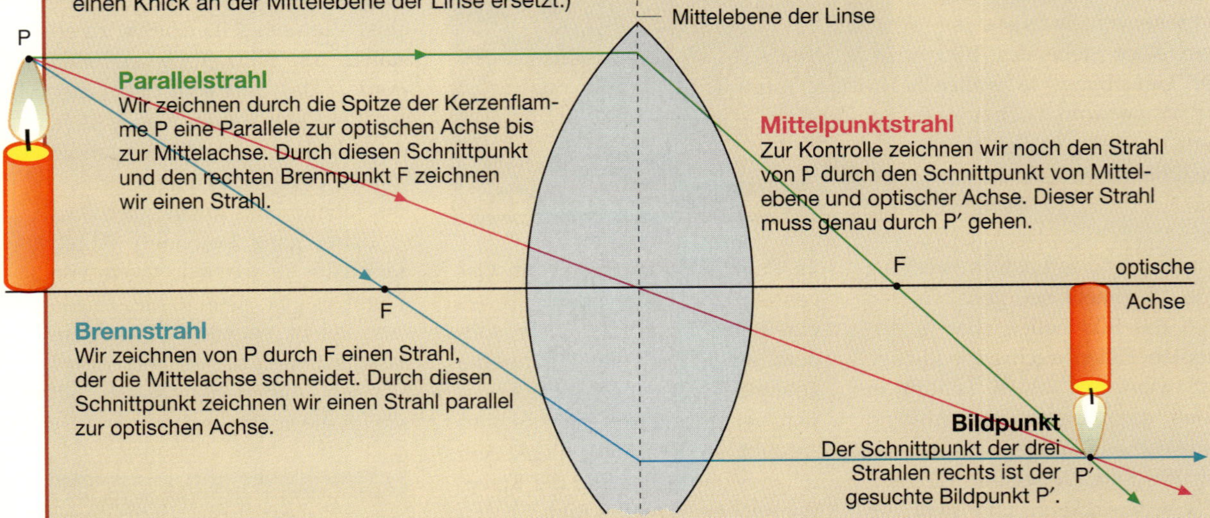

Diese Konstruktionsmethode führt auch zum Ziel, wenn der Gegenstand, der abgebildet werden soll, viel größer ist als die Linse. Wir zeichnen die Mittelebene der Linse ein und können nun für Punkt P auch den Verlauf des Parallelstrahls konstruieren. Der Schnittpunkt mit dem Mittelpunktstrahl ergibt P′.

Bei einer maßstabsgerechten Zeichnung ist es möglich, die Größe des Bildes aus der Zeichnung abzulesen. Allerdings ist diese Methode ziemlich ungenau.

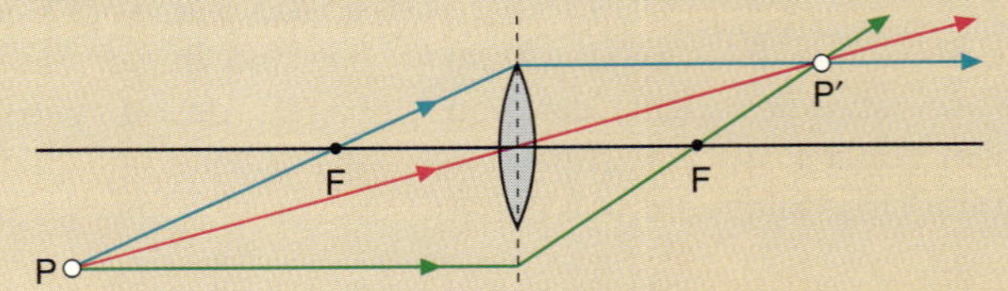

Aufgaben

1 Konstruiere das Bild eines Pfeils (3,0 cm), der im Abstand von 9,0 cm senkrecht vor einer Linse mit $f = 5{,}0$ cm steht.

2 Wird eine Linse mit 8,0 cm Brennweite im Abstand von 9,0 cm vor eine weiße Pappe gehalten, so entsteht dort das Bild einer Puppe. Die Bildgröße beträgt 5,0 cm. Konstruiere den Strahlengang maßstabsgetreu. Wie groß ist die Puppe?

3 Bei einer Abbildung durch eine Linse erhält man die folgenden Werte: $g = 12{,}0$ cm; $b = 9{,}0$ cm und $G = 2{,}8$ cm. Konstruiere diese Abbildung und ermittle die Größe von f und B.

4 Konstruiere das Bild eines Pfeils, der nicht senkrecht vor der Linse steht: (Hinweis: Die Lage des Pfeilbildes ist durch Ursprung und Spitze eindeutig festgelegt.)

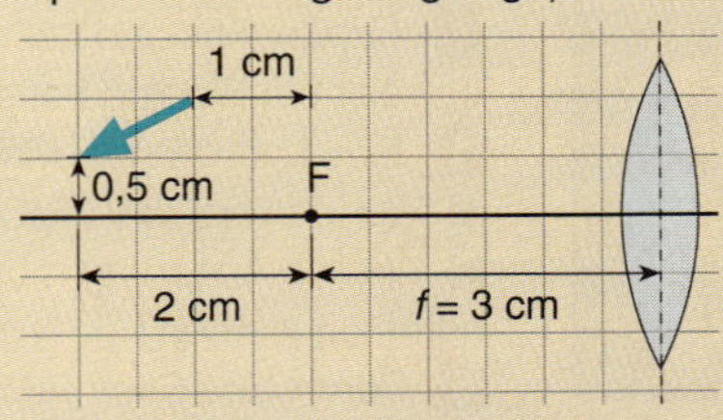

5 Eine 20 cm lange Lochkamera wird mit einer Sammellinse von 15 cm Brennweite ausgestattet.
a) Wo muss sich der Gegenstand befinden, damit ein scharfes Bild entsteht?
b) Der Schirm der Lochkamera ist quadratisch 10 x 10 cm. Wie groß darf der Gegenstand sein, damit er voll abgebildet wird?

6 Ein 3 cm großer Gegenstand wird durch eine Sammellinse ($f = 6{,}5$ cm) abgebildet. Das Bild entsteht in einer Entfernung von 10 cm hinter der Linse. Ermittle durch Konstruktion die Gegenstandsweite und die Bildgröße.

7 Bei der Abbildung durch eine Sammellinse entsteht ein Bild, das doppelt so groß ist wie der Gegenstand. Bestimme durch Konstruktion die Bildweite und die Brennweite der Linse für eine Gegenstandsweite von 6 cm.

Mathematik und Optik – die Linsenformel

Streifzug

Ein Nachteil der geometrischen Konstruktion ist die Zeichenungenauigkeit, die sich auch bei sorgfältiger Arbeit nie ganz vermeiden lässt. Wir wollen deshalb anhand einer Messung untersuchen, ob sich ein Zusammenhang zwischen Gegenstandsweite, Bildweite und Brennweite finden lässt und ob er als mathematischer Ausdruck formuliert werden kann.

Rechenbeispiel

1. Bei einer Linse ist $g = 20$ cm, $b = 35$ cm. Berechne die Brennweite mit dem Taschenrechner.

Geg.: $g = 0{,}2$ m; $b = 0{,}35$ m

Ges.: f

Lösung: $\frac{1}{f} = \frac{1}{0{,}2} + \frac{1}{0{,}35} = 5 + 2{,}9 = 7{,}9$

f ist der Kehrwert: $f = \frac{1}{7{,}9} = 0{,}127$

Die Linse hat die Brennweite 12,7 cm.

2. Die Brennweite einer Linse beträgt 20 cm. Wo muss hinter der Linse ein Schirm aufgestellt werden, damit ein 80 cm weit entfernter Gegenstand (6,0 cm hoch) scharf abgebildet wird? Wie groß wird das Bild? (Taschenrechner benutzen)

Geg.: $f = 0{,}2$ m; $g = 0{,}8$ m; $G = 0{,}06$ m

Ges.: b, B

Lösung: $\frac{1}{0{,}2} = \frac{1}{0{,}8} + \frac{1}{b}$

$5 = 1{,}25 + \frac{1}{b} \Rightarrow \frac{1}{b} = 3{,}75$

b ist der Kehrwert: $b = \frac{1}{3{,}75} = 0{,}267$.

Für B gilt die Abbildungsgleichung:

$\frac{B}{g} = \frac{b}{g}$, also $\frac{B}{0{,}06} = \frac{0{,}267}{0{,}8} = 0{,}334$

$\Rightarrow B = 0{,}334 \cdot 0{,}06 = 0{,}02$

Der Schirm muss 26,7 cm hinter der Linse aufgestellt werden. Das Bild wird 2,0 cm groß.

Die folgende Tabelle zeigt die Messwerte einer Versuchsreihe.

g	b	$\frac{1}{g}$	$\frac{1}{b}$	$\frac{1}{g} + \frac{1}{b}$
50 cm	21,4 cm	0,020 $\frac{1}{cm}$	0,047 $\frac{1}{cm}$	0,067 $\frac{1}{cm}$
45 cm	22,5 cm	0,022 $\frac{1}{cm}$	0,044 $\frac{1}{cm}$	0,066 $\frac{1}{cm}$
40 cm	24,0 cm	0,025 $\frac{1}{cm}$	0,042 $\frac{1}{cm}$	0,067 $\frac{1}{cm}$
35 cm	26,3 cm	0,029 $\frac{1}{cm}$	0,038 $\frac{1}{cm}$	0,067 $\frac{1}{cm}$
30 cm	30,0 cm	0,033 $\frac{1}{cm}$	0,033 $\frac{1}{cm}$	0,066 $\frac{1}{cm}$
25 cm	37,5 cm	0,040 $\frac{1}{cm}$	0,027 $\frac{1}{cm}$	0,067 $\frac{1}{cm}$
20 cm	60,0 cm	0,050 $\frac{1}{cm}$	0,017 $\frac{1}{cm}$	0,067 $\frac{1}{cm}$

Bilden wir die Kehrwerte von Gegenstands- und Bildweite, so stellen wir fest, dass die Summe der Kehrwerte konstant ist. Vergleichen wir diesen Wert mit der Brennweite der verwendeten Linse, so erkennen wir, dass es der Kehrwert der Brennweite ist. Es gilt also die **Linsenformel:**

$$\frac{1}{f} = \frac{1}{g} + \frac{1}{b}$$

Der Kehrwert der Brennweite wird **Brechkraft *D*** genannt: $D = \frac{1}{f}$.

Ihre Einheit ist die **Dioptrie:** 1 dpt $= \frac{1}{m}$.

Aufgaben

Nutze für die Berechnungen deinen Taschenrechner.

1 Eine Lochkamera soll mit einer Linse ($f = 5{,}0$ cm) verbessert werden.

a) In welchem Abstand hinter der Linse muss sich der Schirm befinden, damit eine Person (178 cm groß; 4,5 m vor der Linse) scharf abgebildet wird?

b) Wie ändert sich b, wenn sich die Person weiter von der Kamera weg bewegt?

c) Wie nah muss die Person an die Kamera heran, damit das Bild 3,6 cm hoch wird?

2 Es sind $f = 5{,}5$ cm, $g = 8{,}0$ cm und $B = 6{,}5$ cm. Berechne b und G und vergleiche dein Ergebnis mit dem Ergebnis einer konstruierten Lösung.

3 Eine Linse hat eine Brechkraft von 2,6 dpt. Berechne ihre Brennweite.

4 Die Abbildung eines 7,5 cm großen Gegenstandes liefert ein Bild mit der Bildgröße 3,5 cm. Berechne die Gegenstandsweite und die Brennweite der Linse, wenn der Schirm 17 cm hinter der Linse gestanden hat.

Pinnwand

OPTISCHE ZAUBEREI

Streifzug

Linsenfehler

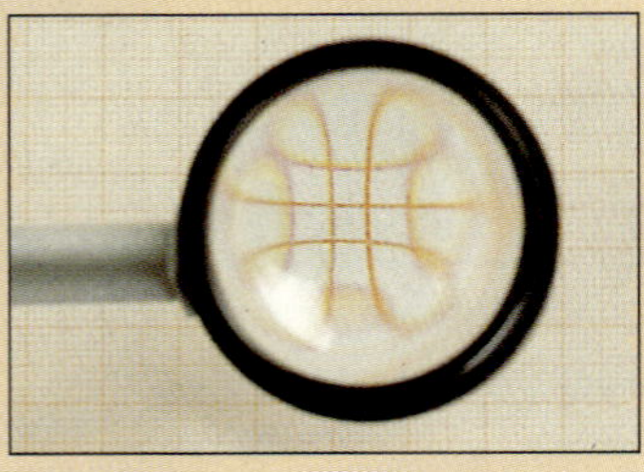

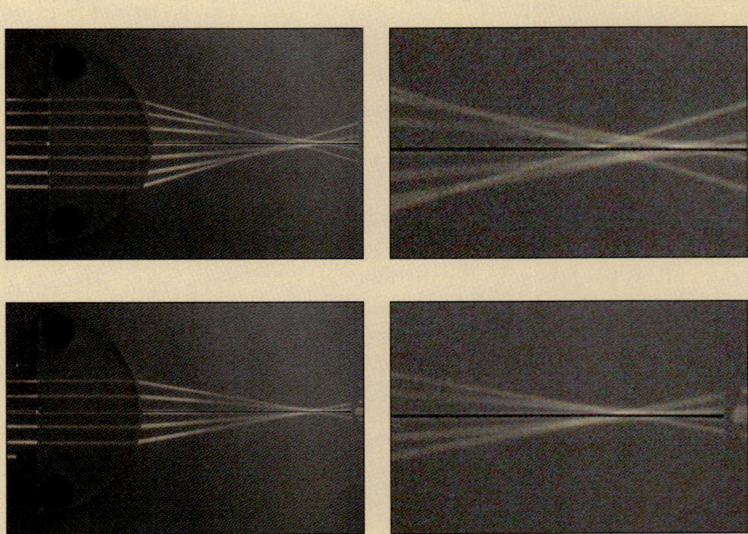

Woran mag es liegen, dass bei einem Blick durch eine Sammellinse das Bild der Gitterquadrate oft so verbogen aussieht?

Am Verlauf der Lichtbündel in der Abbildung rechts oben ist deutlich zu sehen, dass der Brennpunkt der äußeren Lichtbündel näher an der Linse liegt als der Brennpunkt der inneren. Dies liegt daran, dass bei einer dicken Linse mit starker Krümmung die achsenfernen Strahlen stärker gebrochen werden als die achsennahen.

Dieser Linsenfehler kann durch die Verwendung von dünnen Linsen weitgehend vermieden werden. Ist dies wegen einer notwendigerweise kleinen Brennweite nicht möglich, kann eine Blende vor der Linse Abhilfe schaffen. Bei Linsen mit kleinen Brennweiten, also sehr starker Wölbung des Glaskörpers helfen diese Korrekturmöglichkeiten allerdings nicht. Eine Korrektur ist nur durch aufwändige Kombinationen mehrerer Linsen möglich.

Bilder und Bildentstehung

Versuche und Aufträge

V1 a) Bestimme die Brennweite von Brillengläsern, Lupen oder linsenähnlichen Glasgegenständen. Erzeuge dazu mit der Linse ein Bild, miss Gegenstandsweite und Bildweite und notiere sie in einer Tabelle.

g	*b*	*f*
12 cm	7,5 cm	4,6 cm
...	...	...

b) Berechne *f* mithilfe der Linsenformel und gib als Ergebnis den jeweiligen Mittelwert an.

V2 Im Fuß dieses Weinglases ist eine Luftblase eingeschlossen.
a) Beschreibe die Wirkung der Luftblase als Linse und beachte dabei, dass Luft das optisch dünnere Medium ist.
b) Versuche selber Luftlinsen herzustellen, indem du eine Glühlampe unter Wasser anbringst. Beachte, dass die Glühlampe schwimmt!
c) Experimentiere auch mit Luftblasen in Glasröhrchen (leeres Tablettenröhrchen, Reagenzglas o. Ä.).

V3 a) Baue den folgenden Versuch auf. Stelle die Linse so ein, dass ein scharfes Bild entsteht.

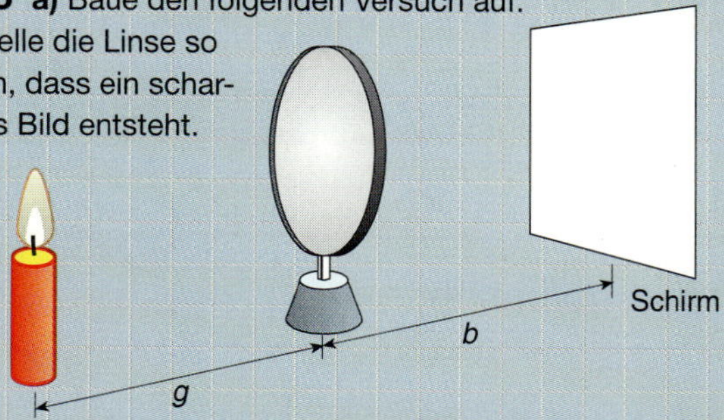

b) Ersetze dann den Schirm durch einen Spiegel. Beschreibe deine Beobachtung und erkläre sie.
c) Wie verändert sich das Bild im Spiegel, wenn du den Spiegel verschiebst? Versuche eine Erklärung.

V4 a) Untersuche verschiedene Linsen (Brillengläser, Lupe usw.) daraufhin, ob sie Licht bündeln können. Arbeite mit Sonnenlicht.
b) Versuche einen möglichst kleinen Brennfleck zu erzeugen und miss den Abstand Linse–Brennfleck.
Vorsicht: Niemals direkt durch die Linsen in die Sonne sehen!

V5 a) Wiederhole V4 mit gewölbten Glasgefäßen (Kunststoff), die mit Wasser gefüllt sind.
b) Experimentiere auch mit verschiedenen Flüssigkeiten: Salzwasser, Limo, Cola, Apfelsaft.
c) Beschreibe deine Beobachtungen und vergleiche sie.

V6 Untersuche, ob Wassertropfen als Linsen geeignet sind. Bestimme – wenn möglich – die Brennweite.
a) Halte einen Strohhalm in Wasser und verschließe das obere Ende mit dem Finger. Nun lass vorsichtig Luft in den Strohhalm, bis sich am unteren Ende ein Tropfen gebildet hat. Bestimme die Brennweite dieses Tropfens.

b) Setze den Wassertropfen in das Loch im Riegel eines Schnellhefters. Experimentiere auch mit dieser Anordnung.
c) Untersuche mit dieser Methode auch Öltropfen oder andere Flüssigkeiten.

V7 Baue entsprechend der folgenden Abbildung eine einfache Lochkamera.

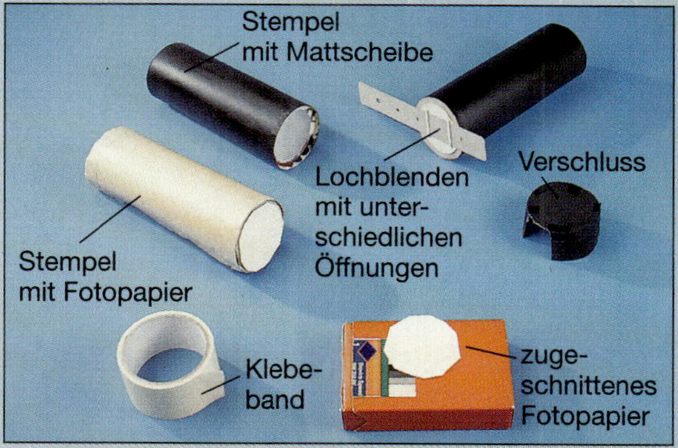

a) Untersuche, wie sich die Größe der Blendenöffnungen auf Helligkeit und Schärfe des Bildes auswirkt.
b) Erkläre die beobachteten Unterschiede.
c) Mache Fotos mit deiner Lochkamera. Damit die Bilder nicht verwackeln, musst du die Kamera immer fest auflegen.
Bei Benutzung von Positiv-Fotopapier ergibt sich als Bild ein Negativ. Es ist auch möglich, Rollfilm zu verwenden und hinterher einen Positivabzug anzufertigen.

Das Lochkamerabild wurde eine Minute belichtet.

Zerstreuungslinsen

Durch die linke Linse sieht man ein verkleinertes, Kopf stehendes Bild. Dieses Bild können wir auf einem Schirm sichtbar machen, es ist ein reelles Bild. Die verwendete Linse ist eine Sammellinse. Durch die rechte Linse sieht man auch ein verkleinertes, aber aufrecht stehendes Bild. Dieses Bild kann nicht auf einem Schirm sichtbar gemacht werden, wir nennen es **virtuelles Bild.**

Es ist auch nicht möglich, mit der rechten Linse Sonnenlicht in einem Punkt zu sammeln. Diese Linse hat auch eine andere Form – sie ist in der Mitte dünner als außen.

Im unteren Teil des zentralen Versuchs erkennen wir, dass im Nahbereich die linke Linse vergrößert, die rechte verkleinert. Beide Bilder sind nun aufrecht und virtuell. Mit unseren Augen können wir also sowohl reelle als auch virtuelle Bilder wahrnehmen.

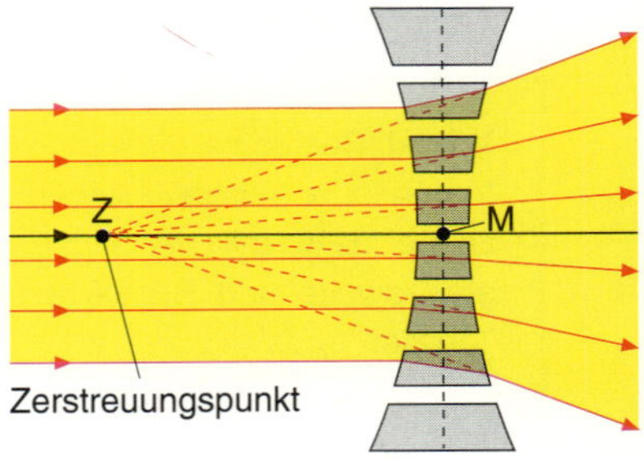

Zentraler Versuch

Mithilfe des Prismenmodells können wir unsere Beobachtungen verstehen. Parallel einfallende Lichtbündel werden nicht in einem Punkt gesammelt sondern zerstreut. Deshalb heißen diese Linsen **Zerstreuungslinsen.** Weil die gebrochenen Lichtbündel auseinander laufen, kann ein Gegenstand nicht auf einen Schirm abgebildet werden.

Auffallend ist, dass die rückwärtigen Verlängerungen der auseinander laufenden Bündel sich in einem Punkt schneiden. Es sieht so aus, als ob das gebrochene Lichtbündel von diesem Punkt ausginge. Es ist der *Zerstreuungspunkt* Z dieser Linse. Er ist vergleichbar mit dem Brennpunkt einer Sammellinse.

Anmerkung: Die Brechkraft der Linse ist $D = -\frac{1}{ZM}$. Das Minuszeichen steht für Zerstreuungslinsen, bei Sammellinsen wird ein Pluszeichen davor gesetzt.

Für die Linse im zentralen Versuch ist die Brechkraft $D = -\frac{1}{10\text{ cm}} = -\frac{1}{0{,}1\text{ m}} = -10\text{ dpt}$.

Zerstreuungslinsen erzeugen nur virtuelle Bilder.

Streifzug

Bildkonstruktion bei Zerstreuungslinsen

Das verkleinerte Bild bei Zerstreuungslinsen lässt sich nach dem gleichen Prinzip konstruieren wie bei Sammellinsen. (Die zweimalige Brechung an den Grenzflächen Glas–Luft wird wieder durch einen Knick an der Mittelachse der Linse ersetzt.)

- Ein Parallelstrahl wird so gebrochen, als käme er aus dem Zerstreuungspunkt Z.
- Ein Strahl, der ohne Linse durch den jenseitigen Zerstreuungspunkt Z' verlaufen würde, wird zum Parallelstrahl.
- Der Mittelpunktsstrahl läuft ohne Brechung durch.

Die rückwärtigen Verlängerungen schneiden sich in einem Punkt. Beim Blick durch die Linse entsteht der Eindruck, als ob das Licht von dort käme; wir sehen ein verkleinertes Bild.

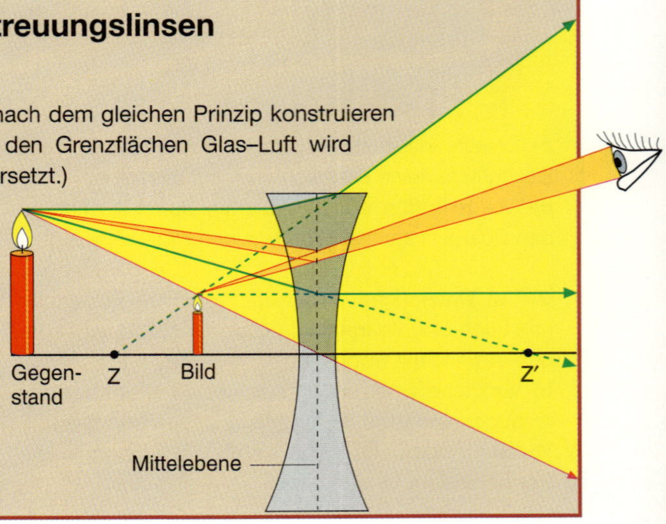

Linsenkombinationen

Streifzug

Bringen wir zwei Linsen mit gleicher Brennweite (f_1 = 10 cm) hintereinander, so halbiert sich die Gesamtbrennweite (f_{1+2} = 5 cm).

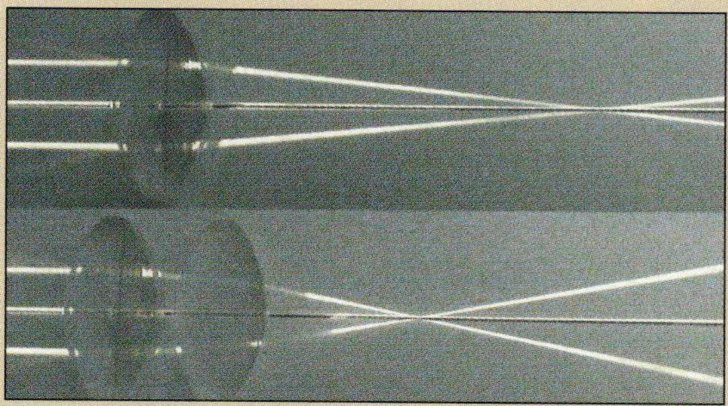

Mit der Linsengröße „Brechkraft" ergibt sich ein einfaches Gesetz zur Beschreibung der Beobachtung:
$D_{gesamt} = D_1 + D_2 + ... + D_n$

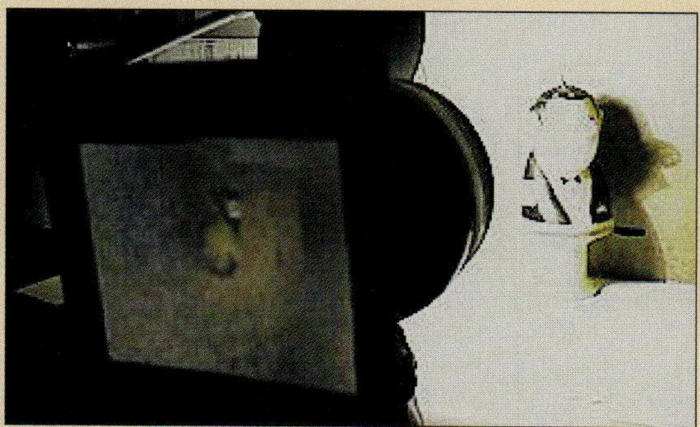

Diese Formel ist vor allem dann hilfreich, wenn Zerstreuungs- und Sammellinsen kombiniert werden wie im folgenden Beispiel:

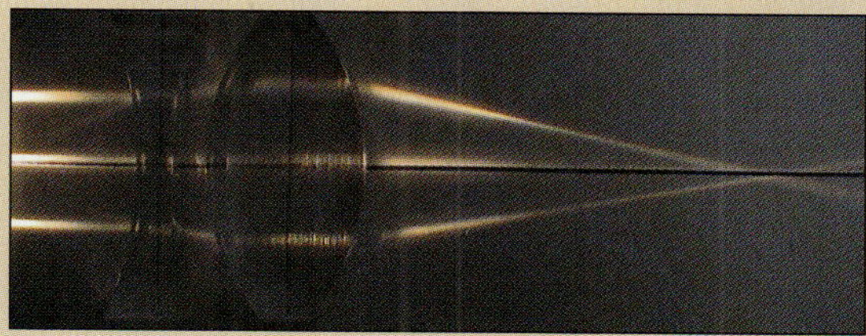

Zerstreuungslinse: $D_Z = -10$ dpt
Sammellinse: $D_S = +20$ dpt
Linsensystem: $D_{system} = -10$ dpt + 20 dpt = +10 dpt
Die Linsenkombination hat also eine Gesamtbrechkraft von +10 dpt, wirkt also wie eine Sammellinse mit f = 10 cm.

Fotoobjektive

Natürlich lassen sich mit dem Objektiv eines Fotoapparates auch Gegenstände abbilden. Auf dem Transparentpapier erkennt man das Bild des Männchens.

Obwohl das Objektiv aus vielen Linsen besteht, hat es nur eine Gesamtbrennweite. Der Versuch ergibt einen Wert von ca. 50 mm. Bei Kenntnis der Einzelbrennweiten kann über die Summe der Brechkräfte auch hier die Gesamtbrennweite berechnet werden.

Aufgaben

1 Eine Zerstreuungslinse hat die Brechkraft –4,0 dpt. Konstruiere das Bild eines Gegenstandes, der sich 30 cm vor der Linse befindet.

2 **a)** Konstruiere den Strahlengang durch eine kugelförmige Linse und erkläre damit die Beispiele der Pinnwand auf Seite 46. (Brechungsgesetz und Tabelle auf Seite 35 beachten.)
b) Wie ändern sich die Verhältnisse, wenn vor die Kugellinse eine Zerstreuungslinse gehalten wird?
c) Erkläre mithilfe des Brechungsgesetzes (Konstruktion).

3 **a)** Ein Linsensystem besteht aus einer Sammellinse (f = 12 cm) und einer Zerstreuungslinse (D = –5,4 dpt). Berechne die Brechkraft des Linsensystems.
b) Wirkt die Kombination wie eine Zerstreuungs- oder wie eine Sammellinse?

4 Berechne die Brennweite eines Systems, das aus drei Sammellinsen mit je 15 cm Brennweite besteht.

5 In der Abbildung rechts siehst du vier Linsenquerschnitte, wie sie bei Brillengläsern vorkommen. Begründe, dass **a)** Sammellinsen und **b)** Zerstreuungslinsen sind.

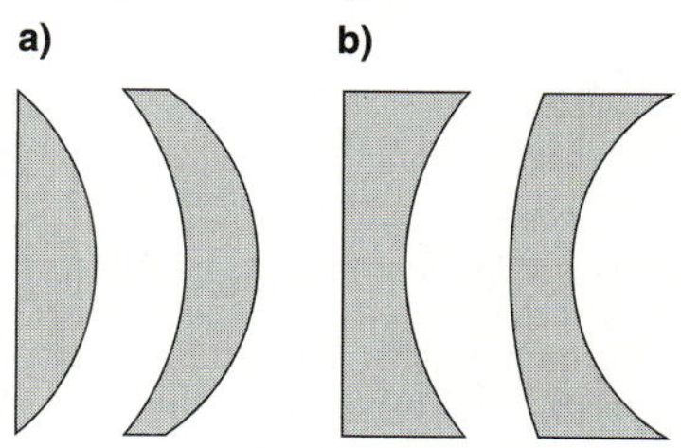

6 8 cm vor einer Zerstreuungslinse mit der Brechkraft –20 dpt befindet sich ein senkrechter Pfeil (3 cm). Konstruiere das Bild des Pfeils.

Das Auge

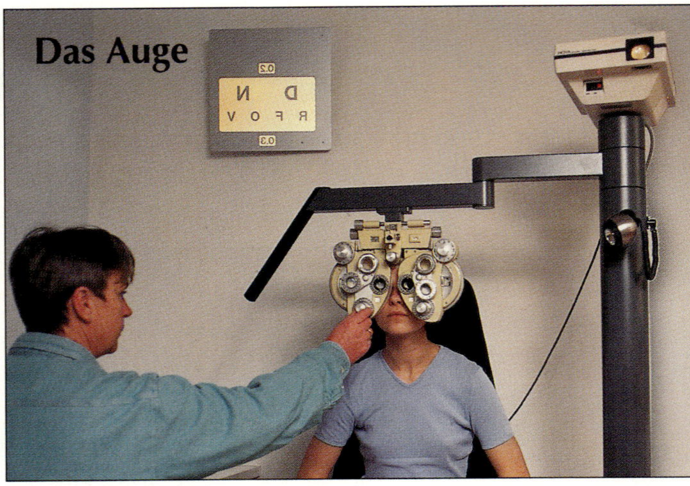

Das Auge vermittelt uns einen Großteil aller Informationen, die wir aus unserer Umgebung aufnehmen. Mit den Augen erfassen wir Form, Größe, Farbe und Abstand von Körpern oder ihre Bewegungen. Wenn das Sehen beeinträchtigt ist, brauchen wir eine Brille oder Kontaktlinsen.

Wie ist unser Auge aufgebaut, damit wir mit ihm die Umwelt wahrnehmen können? Wieso können wir nahe und ferne Gegenstände scharf und farbig sehen? Welche Sehfehler gibt es und wie lassen sie sich korrigieren?

Der Bau des Auges

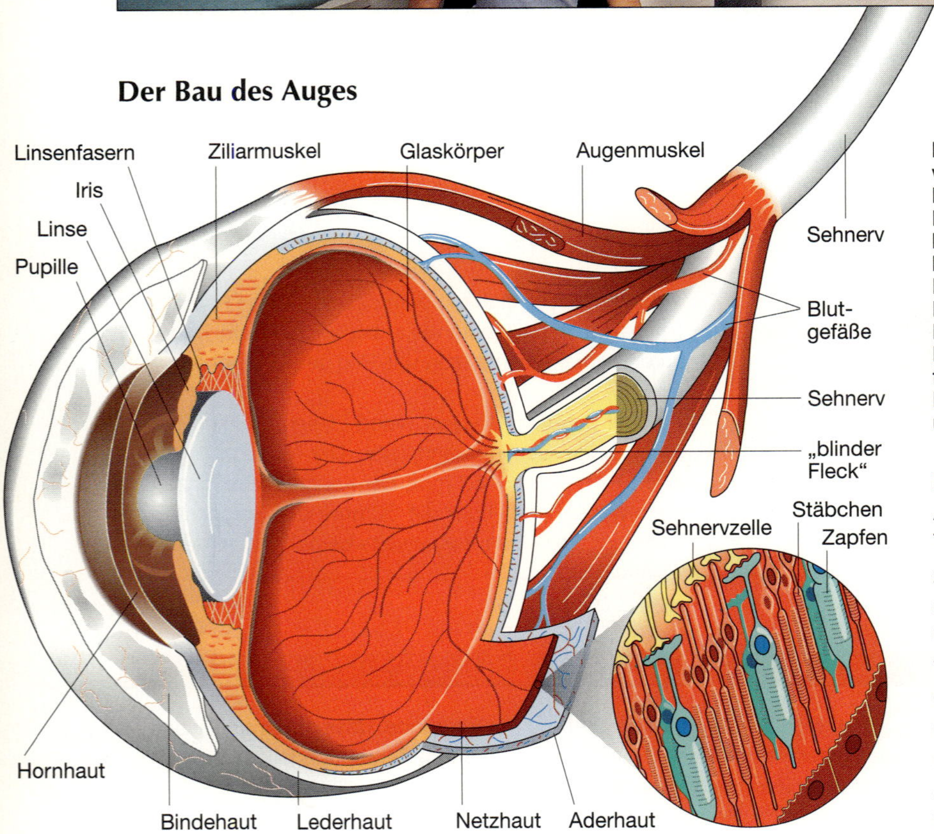

Beim Auge erkennen wir auf einem weißen Hintergrund einen farbigen Ring mit einem dunklen Kreis in der Mitte. Der farbige Ring ist die Regenbogenhaut oder Iris. Sie ist blau, braun, grünlich oder grau. Der dunkle Kreis in der Mitte ist die Pupille. Durch sie fällt das Licht in unser Auge.

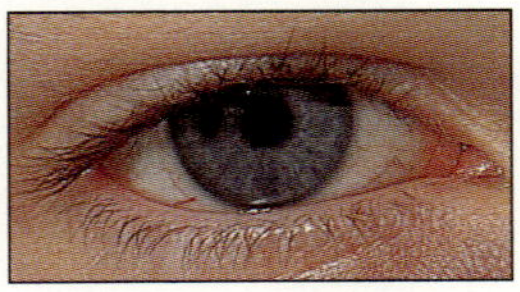

Betrachten wir etwas mit unseren Augen, sehen wir es aufrecht. Tatsächlich aber entsteht ein umgekehrtes und verkleinertes Bild auf der Netzhaut. Wir sehen die Gegenstände deshalb „richtig", weil wir von frühester Kindheit durch Betasten der Gegenstände daran gewöhnt sind, unsere Wahrnehmung mit dem Auge richtig zu deuten. Dies ist allein die Leistung unseres Gehirns, das verarbeitet, was der Sehnerv ihm übermittelt.

Hornhaut, vordere Augenkammer, Augenlinse und Glaskörper bilden zusammen ein Linsensystem, das das auftreffende Licht bricht. Der größte Teil der Lichtbrechung findet beim Übergang Luft–Hornhaut statt. Durch die Brechung werden die vom Gegenstand kommenden Lichtbündel in einem Bildpunkt auf der Netzhaut vereinigt.

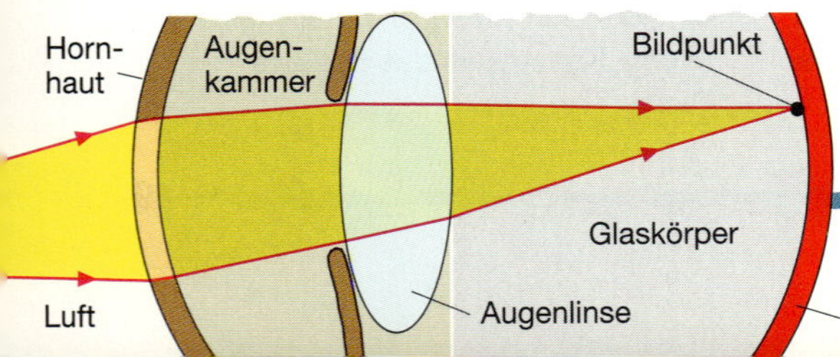

In der auf der Rückseite des Auges gelegenen **Netzhaut** sitzen Nervenzellen, die elektrische Impulse aussenden, wenn Licht ins Auge fällt. Die zum Gehirn führenden Nervenfasern sammeln sich im hinteren Augapfel zum Sehnerv. An der Stelle, wo der Sehnerv durch die Netzhaut tritt, ist sie für Licht nicht empfindlich („blinder Fleck").

Im Auge entsteht auf der lichtempfindlichen Netzhaut ein seitenverkehrtes, Kopf stehendes und verkleinertes Bild der Gegenstände der Umgebung.

Entfernungsanpassung

Die Gegenstände unserer Umgebung sind ganz unterschiedlich weit vom Auge entfernt. Um trotz der verschiedenen Gegenstandsweiten jederzeit ein scharfes Bild zu erhalten, sind zwei Möglichkeiten für die Abbildung denkbar:

- die Bildweite wird angepasst;
- die Brennweite der Linse wird verändert.

Der Abstand zwischen Linse und Netzhaut, die Bildweite, kann nicht geändert werden. Daher bleibt nur die zweite Möglichkeit, um scharfe Abbildungen zu erzeugen: die Anpassung der Brennweite der Linse an die Entfernung.
Diese erstaunliche Eigenschaft der Linse beruht darauf, dass sie elastisch ist, denn dadurch kann sie dicker oder dünner werden. Je dicker, also stärker gekrümmt sie ist, desto kleiner ist ihre Brennweite und desto näher können Gegenstände dem Auge sein und doch noch scharf gesehen werden.

Die Veränderung der Brennweite erfolgt durch den Ziliarkörper und die natürliche Elastizität der Linse. Der Ziliarkörper ist ein Muskelsystem aus ringförmigen und strahlenförmigen Muskelfasern.
Im entspannten Zustand des Ringmuskels üben die strahlenförmigen Fasern eine Zugkraft auf die Linse aus. Sie ist dadurch abgeflacht und ermöglicht durch ihre große Brennweite das scharfe Sehen von weit entfernten Gegenständen.
Beim Zusammenziehen des Ziliarkörpers nähert er sich dem Linsenrand. Dadurch lässt die Zugkraft durch die strahlenförmigen Muskelfasern auf die Linse nach. Die Linse krümmt sich ihrer natürlichen Elastizität folgend stärker. Die stärker gewölbte Form führt zu kleineren Brennweiten. Gegenstände in der Nähe können scharf gesehen werden.
Die Anpassung der Augenlinse an die veränderten Gegenstandsweiten heißt **Akkomodation.**

Beim gesunden Auge werden entfernte Objekte ohne Anstrengung scharf gesehen, weil die Brennweite der Augenlinse in etwa dem Abstand Linse–Netzhaut entspricht. Wenn die Entfernung der Gegenstände vom Auge geringer als 25 cm wird, können wir die Brennweite der Linse nur mit Anstrengung bis zum Nahpunkt (10 cm–15 cm) verändern. Wir spüren die Anstrengung nach einiger Zeit als Ermüdung.

> Die Scharfstellung der Bilder erfolgt durch Anpassung der Brennweite der Augenlinse an die Gegenstandsweite bei unveränderter Bildweite.

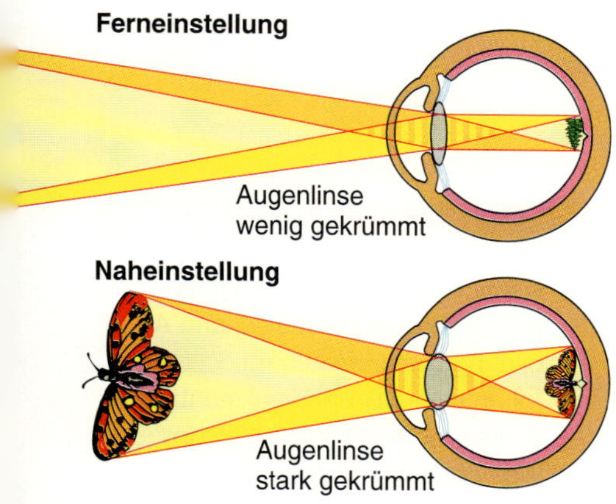

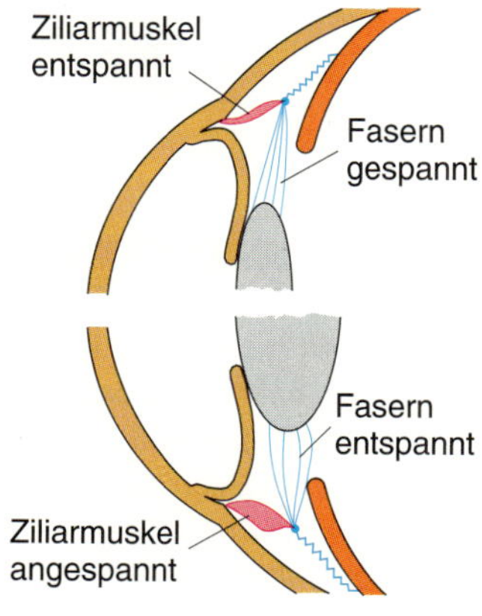

Helligkeitsanpassung

Zum Schutz vor zu viel Lichteinfall passt das Auge den Durchmesser der Pupille der Zahl der ankommenden Photonen an:

- Bei großer Helligkeit, d. h. vielen ankommenden Photonen wird die Pupille ganz klein, damit nicht alle Photonen auf die Netzhaut gelangen.
- Bei schwachem Licht, d. h. wenigen ankommenden Photonen ist sie weit geöffnet, damit möglichst viele Photonen genügend Sehzellen auf der Netzhaut reizen.

In manchen Fällen reicht dieser Regelmechanismus aber nicht aus. Bei hellem Sonnenlicht, insbesondere im Schnee oder am Meer kneifen wir die Augen zusammen, halten die Hand als Schattenspender über die Augen, tragen Schirmmützen oder eine Sonnenbrille, um die in die Augen gelangende Zahl der Photonen zu verringern. Denn wenn die auf die Netzhaut treffende Lichtmenge zu groß ist, kann dies zu bleibenden Schäden bis hin zur Erblindung führen.

> Die Pupille regelt die Lichtmenge, die auf die Netzhaut trifft.

Aufgaben

1 Beschreibe die Funktion der einzelnen Teile des Auges für den Sehvorgang.

2 **a)** Was geschieht im Auge, wenn wir entfernte und dann nahe Gegenstände betrachten?
b) Erkläre, warum ein Objekt unscharf gesehen wird, wenn es sich nah am Auge befindet.

3 Die Brennweite der Augenlinse beträgt etwa 24 mm bei Einstellung auf weit entfernte Objekte (100 m). Wie muss sich die Brennweite ändern, wenn ein Objekt in 30 cm Entfernung betrachtet wird?

Sehfehler und ihre Korrektur

Viele Leute können ohne Brille nicht scharf sehen. Dabei gibt es unterschiedliche Arten von Sehfehlern, die angeboren sein können oder sich im Laufe des Lebens ergeben. Aus medizinischen, optischen oder kosmetischen Gründen tragen manche Menschen auch Kontaktlinsen, die direkt auf der Augenlinse schwimmen.

Wenn die Buchstaben verschwimmen

Ein Mensch ist **weitsichtig,** wenn er nur Gegenstände in der Ferne scharf sehen kann. Bei Weitsichtigen ist

- entweder die stärkere Krümmung der Augenlinse nur mühsam möglich
- oder der Augapfel ist für die kleinste mögliche Brennweite der Augenlinse zu kurz.

Die Lichtbündel würden erst hinter der Netzhaut kleine Bildpunkte ergeben. Das scharfe Bild würde daher erst hinter der Netzhaut entstehen.

Auf der Netzhaut ergeben sich Bildflecke, die sich überdecken. Daher kann ein weitsichtiger Mensch Gegenstände in der Nähe nur unscharf wahrnehmen. Selbst bei entfernten Gegenständen muss die Brennweite der Augenlinse durch Anspannen des Ziliarmuskels wie sonst nur bei der Naheinstellung verändert werden. Vor allem Lesen bedeutet große Muskelanstrengung, was zu Ermüdungserscheinungen führt.

Für die Korrektur der Weitsichtigkeit muss durch eine Sammellinse der Brennpunkt von einem Ort hinter der Netzhaut auf die Netzhaut vorgezogen werden.

Wenn wir mit der Nase schreiben

Ein Mensch ist **kurzsichtig,** wenn er nur Gegenstände in der Nähe scharf sehen kann. Bei Kurzsichtigen ist

- entweder die Krümmung der Augenlinse bereits im entspannten Zustand zu stark
- oder der Augapfel ist für die größte mögliche Brennweite der Augenlinse zu lang.

Die Lichtbündel vereinigen sich bereits vor der Netzhaut zu kleinen Bildpunkten und laufen dann wieder auseinander. Das scharfe Bild würde daher vor der Netzhaut entstehen.

Auf der Netzhaut ergeben sich Bildflecke, die sich überlagern. Daher kann der kurzsichtige Mensch entfernte Gegenstände nur verschwommen wahrnehmen, weil eine weitere Abflachung der Linse (Brennweitenvergrößerung) nicht mehr möglich ist.

Eine Brille oder Kontaktlinsen müssen die Lichtbündel so verändern, dass der Ort, wo das scharfe Bild entsteht, nach hinten auf die Netzhaut rückt. Für diese Form der Korrektur werden Zerstreuungslinsen verwendet.

> Für ein scharfes Bild auf der Netzhaut muss bei Weitsichtigen der Brennpunkt durch Sammellinsen nach vorne verschoben werden.

> Für ein scharfes Bild auf der Netzhaut muss bei Kurzsichtigen der Brennpunkt durch Zerstreuungslinsen nach hinten verschoben werden.

Weitsichtigkeit

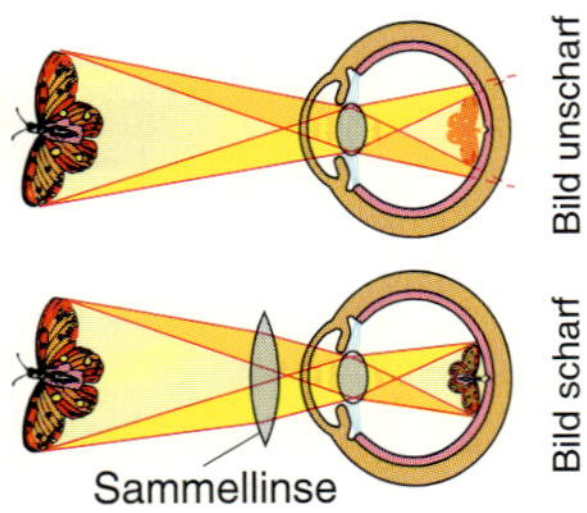

Kurzsichtigkeit

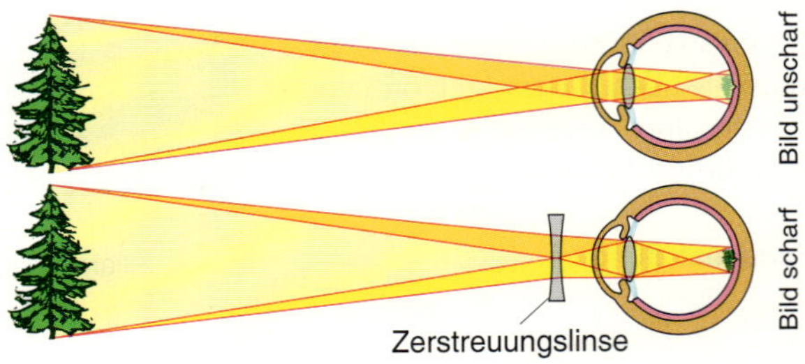

Aufgaben

1 Wo entstehen die Bilder von Gegenständen bei kurz- bzw. weitsichtigen Menschen?

2 Welche Probleme treten bei Kurzsichtigkeit bzw. Weitsichtigkeit auf? Wie werden sie behoben?

3 Welchen Augenfehler könnte ein Mensch haben, der seinen Kopf zum Lesen näher als 25 cm bis 30 cm über ein Buch beugen muss?

4 Welcher Augenfehler liegt vor, wenn jemand unter Wasser gut sieht? Erkläre, wie die scharfe Abbildung zustande kommt.

5 In einem Brillenpass steht: „links +1,0 dpt; rechts +1,5 dpt". Was bedeuten diese Angaben?

Probleme mit dem Kleingedruckten

Streifzug

Im Alter von zehn Jahren liegt die geringste Gegenstandsentfernung, bei der das Auge noch ein scharfes Bild erzeugen kann, bei etwa 8 cm: **Nahpunkt.** Nach dem 40. Lebensjahr nimmt die Akkomodationsfähigkeit des Auges immer mehr ab. Das Auge eines normalsichtigen Menschen mit 55 Jahren kann nur noch Gegenstände bis zu einer Entfernung von etwa 1 m scharf abbilden. Grund: Im Laufe der Jahre verliert die Augenlinse ihre Krümmungsfähigkeit. Ebenso lässt die Spannkraft des Ziliarmuskels nach, der die Akkomodation ermöglicht. Der Nahpunkt rückt allmählich weiter vom Auge weg.

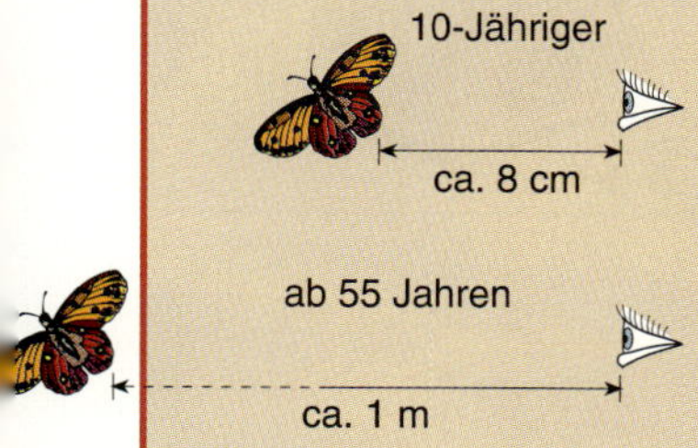

Diese **Alterssichtigkeit** macht sich besonders beim Lesen bemerkbar: Zunächst halten die betroffenen Personen Bücher und Zeitungen weiter weg. Später ist es nicht mehr möglich, die Entfernung zum Auge zu vergrößern, da die Arme zu kurz sind und die Schrift zu klein gesehen wird. Es wird eine Brille erforderlich, um die Augenlinse zu unterstützen.

Die Veränderungen am Auge im Alter sind ein ganz natürlicher Vorgang, den wir nicht aufhalten können. Von der Alterssichtigkeit werden alle Menschen betroffen. Liegt bereits eine Fehlsichtigkeit vor, braucht man für die Nähe nicht selten eine andere Brille als für die Ferne, um wieder scharf sehen zu können. Dieses Problem war lange Zeit nur mit zwei Brillen zu lösen – eine für die Ferne und eine für die Nähe. Heute wird oft eine kleine Fläche im unteren Bereich der Brillengläser anders geschliffen, um durch diese Fläche das Nahsehen zu ermöglichen. Bei den so genannten *Gleitsichtgläsern* ist der unterschiedliche Schliff der verschiedenen Brillenbereiche nicht mehr zu erkennen. Inzwischen ist es auch gelungen, das Prinzip der Zwei- und Mehrstärkengläser auf die winzige Fläche der Kontaktlinse zu übertragen.

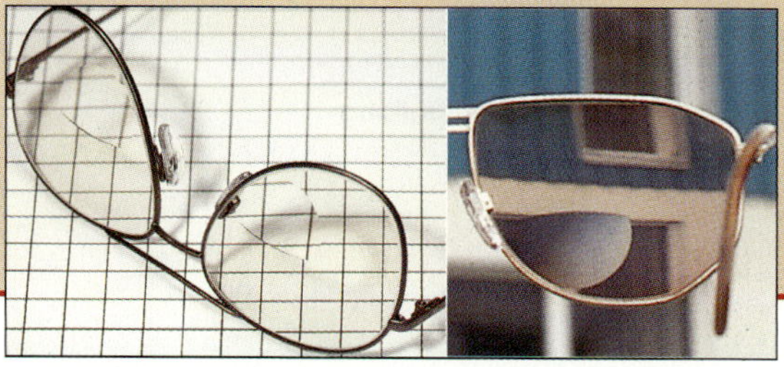

Brille oder Kontaktlinse?

Von einer bestimmten Glasstärke an ist erkennbar, ob ein Brillenträger kurz- oder weitsichtig ist. Die Augen erscheinen größer oder wirken unnatürlich klein.

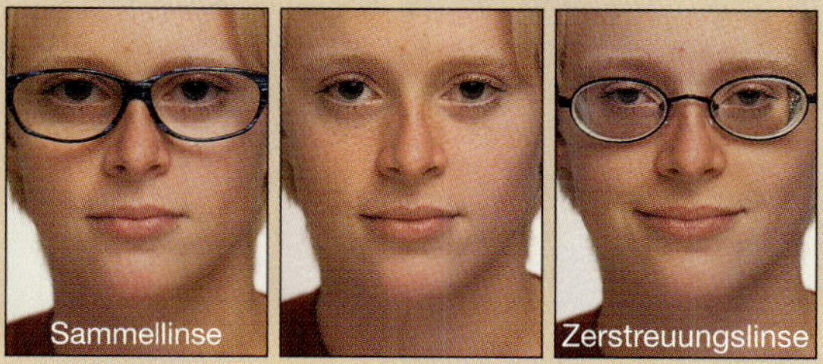

Der gleiche Effekt, den man äußerlich sieht, beeinflusst auch das Sehen: Je nach Art der Fehlsichtigkeit vergrößern oder verkleinern Brillen die Bilder, die man wahrnimmt. Bei dicken Brillengläsern kommen Randverzerrungen bei der Abbildung hinzu, wodurch das Gesichtsfeld eingeschränkt wird. Die Brillenfassung engt je nach Ausführung das Blickfeld des Brillenträgers ein.

Bei der Korrektur komplizierter Sehfehler sind Brillengläsern gewisse Grenzen gesetzt. Besteht zum Beispiel ein größerer Unterschied zwischen den für das linke und rechte Auge erforderlichen Korrekturwerten, kann das Gehirn die beiden voneinander abweichenden Bilder nicht mehr zu einem Seheindruck verschmelzen. Eine Person mit einem solchen Sehfehler sieht doppelt.

Mit **Kontaktlinsen** bleibt der Seheindruck uneingeschränkt erhalten, denn nichts stört, hemmt, rutscht, wird optisch verzerrt oder kann zu Bruch gehen. Kontaktlinsen sind hauchdünn (ca. 0,10 mm) und für viele Menschen bei der Ausübung ihres Berufes oder zur Korrektur ihrer starken Sehfehler eine willkommene Sehhilfe. Kontaktlinsen haben allerdings den Nachteil, dass sie sehr schmutzempfindlich sind und dass sie allergische Reaktionen am Auge auslösen können.

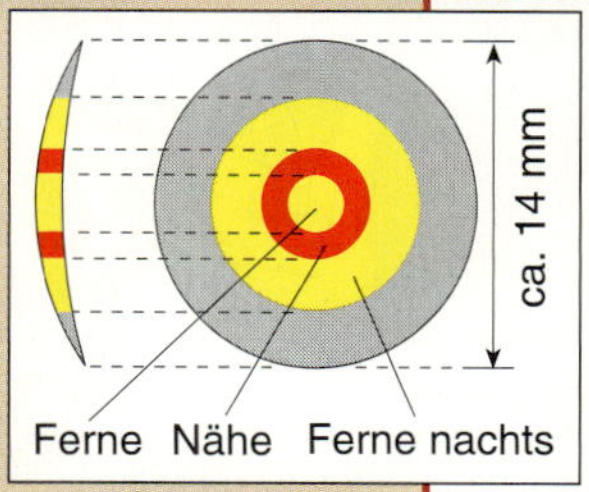

Optische Geräte

Optische Geräte sind raffinierte technische Hilfsmittel, die unsere Sehvermögen deutlich verbessern:
- **Mit Fotoapparat oder Videokamera halten wir Bilder fest, an die wir uns später erinnern wollen.**
- **Mit Projektoren vergrößern wir Dias oder Folien, um sie gleichzeitig mehreren Personen vergrößert zu zeigen.**
- **Mit Lupe und Mikroskop können wir kleinste Details wahrnehmen.**
- **Mit Fernrohren beobachten wir Objekte, die wir wegen ihrer großen Entfernung sonst nur sehr klein oder gar nicht sehen könnten.**

Der Fotoapparat

Im Gegensatz zur Lochkamera, die ohne Linse und andere technische Details auskommt, wirken in einem Fotoapparat viele optische und mechanische Teile zusammen. Um auf dem Film ein scharfes und richtig belichtetes Bild zu erzeugen, sind verschiedene Aufgaben zu bewältigen:

- Die durch das Objektiv einfallende Lichtmenge muss geregelt werden, um den Film richtig zu belichten.
- Die vom Gegenstand ausgehenden Lichtbündel müssen so gebrochen werden, dass sie sich in der Filmebene zu kleinen Bildpunkten vereinigen.

Um den Film richtig zu belichten, wird bei einem Fotoapparat die Lichtmenge, die auf den Film fällt, durch den **Verschluss** und die **Blende** eingestellt. Beim Auge übernimmt diese Funktion die Pupille.
Während die Netzhaut unterschiedliche Helligkeiten wahrnehmen kann, muss der Film, weil er nur eine ganz bestimmte Empfindlichkeit hat, exakt mit der richtigen Lichtmenge belichtet werden.

Der Fotoapparat erzeugt durch Abbildung mit Linsen ein scharfes Bild auf einem lichtempfindlichen Film.

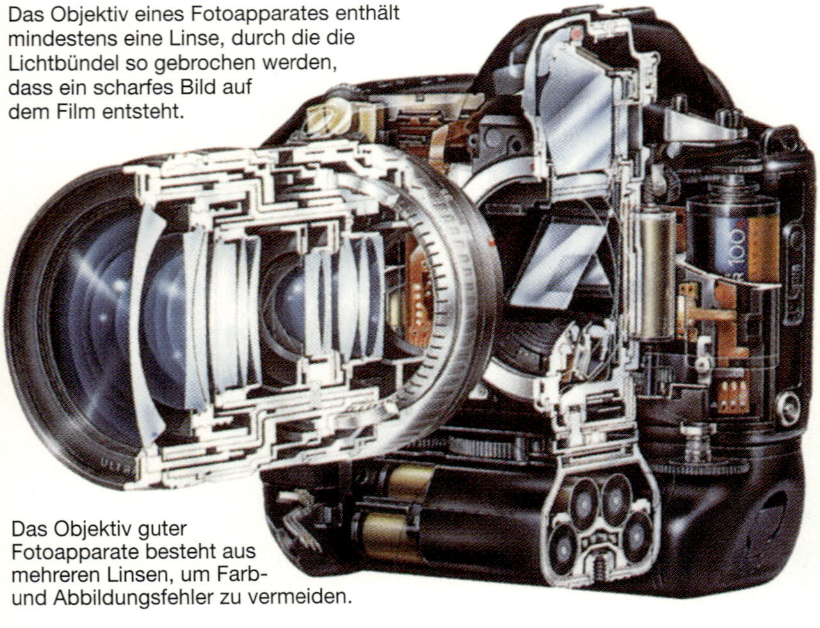

Das Objektiv eines Fotoapparates enthält mindestens eine Linse, durch die die Lichtbündel so gebrochen werden, dass ein scharfes Bild auf dem Film entsteht.

Das Objektiv guter Fotoapparate besteht aus mehreren Linsen, um Farb- und Abbildungsfehler zu vermeiden.

Viele Fotoapparate besitzen Vorrichtungen zur Einstellung der Bildweite, also des Abstandes Linse–Film. Diese Veränderung ist nötig, um trotz unterschiedlicher Gegenstandsweiten scharfe Bildpunkte auf dem Film zu erhalten, denn die Brennweite der Linse kann – anders als beim Auge – nicht verändert werden. Deshalb muss zunächst die Entfernung des Objekts (seine Gegenstandsweite) geschätzt oder gemessen werden; die Bildweite wird dann durch Verschieben der Linse in einem Schneckengewinde angepasst.

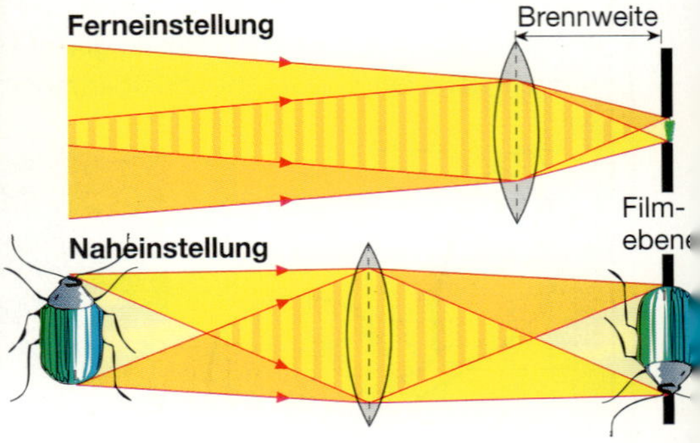

Projektoren

Projektoren sollen ein durchsichtiges Glasbild, einen belichteten Film oder eine beschriebene Folie auf einen weit entfernten Schirm oder eine Leinwand groß und scharf abbilden. Optisch ähneln die Projektoren dem Fotoapparat mit umgekehrtem Lichtweg. Die Abbildung erfolgt auch hier durch ein hochwertiges Linsensystem, **Objektiv** genannt.

Das Dia befindet sich ungefähr in der Brennebene des Objektivs.

Die Scharfstellung erfolgt durch Drehen des Objektivs in einem Gewinde. Dabei ändern sich Bildweite und Gegenstandsweite so, dass auf der Leinwand ein scharfes Bild entsteht.

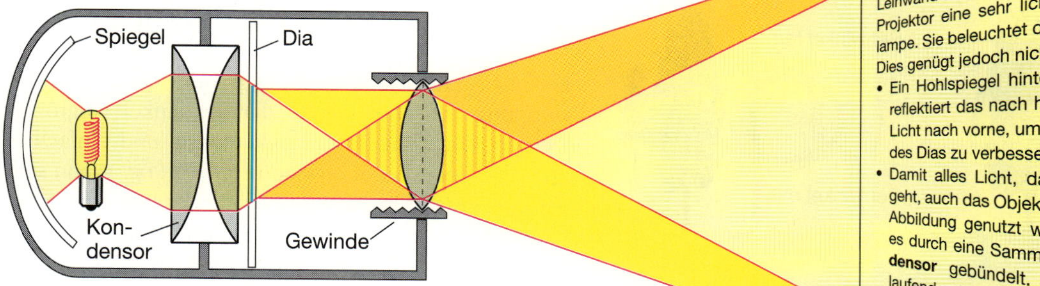

Damit wir ein aufrechtes, seitenrichtiges Bild sehen, muss das zu projizierende Dia (für jemanden, der in Projektionsrichtung blickt) seitenverkehrt und auf dem Kopf stehend in den Projektor geschoben werden.

Bei der Diaprojektion erfolgt eine starke Vergrößerung. Damit das Bild auf der Leinwand ausreichend hell ist, enthält der Projektor eine sehr lichtstarke Halogenlampe. Sie beleuchtet das Dia von hinten. Dies genügt jedoch nicht.

- Ein Hohlspiegel hinter der Lichtquelle reflektiert das nach hinten austretende Licht nach vorne, um die Ausleuchtung des Dias zu verbessern.
- Damit alles Licht, das durch das Dia geht, auch das Objektiv trifft und für die Abbildung genutzt werden kann, wird es durch eine Sammellinse, den **Kondensor** gebündelt. Die auseinander laufenden Lichtbündel der Lampe werden durch den Kondensor als nahezu parallele Bündel auf das zu projizierende Dia geschickt.

Der Overheadprojektor

Beim Overheadprojektor ist die Fläche der Schreibfolie ca. 100mal größer als die eines Dias. Projiziert werden die Folien unmittelbar auf dem Kondensor liegend. Die Kondensorlinse ist eine Konvexlinse aus Plexiglas. Um die Dicke und das Gewicht der Linse zu verringern, werden die brechenden Abschnitte der Konvexlinse nach oben verschoben. In einer Plexiglasplatte entstehen kreisförmige Rillen, die eine so genannte **Fresnel-Linse** ergeben. Sie hat die gleichen Eigenschaften wie eine Linse aus vollem Material.

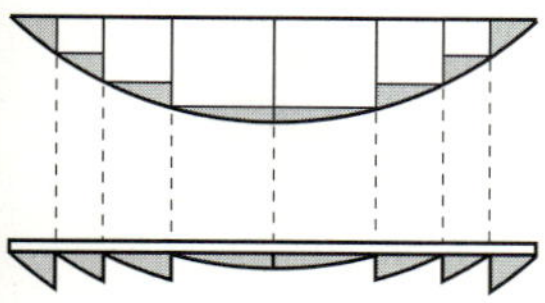

Unmittelbar über dem Objektiv befindet sich der Umlenkspiegel. Er sorgt dafür, dass das Bild nicht an die Decke sondern an die Wand projiziert werden kann.

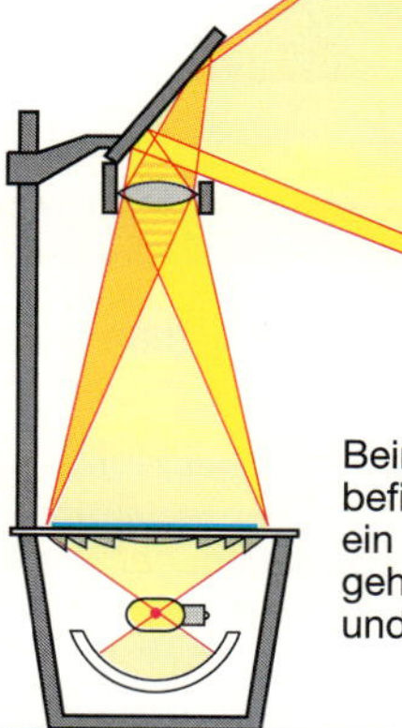

Beim Overheadprojektor befindet sich hinter der Lampe ein Hohlspiegel, um die nach hinten weggehenden Lichtbündel nach vorne zu reflektieren und dadurch die Helligkeit des Bildes zu verstärken.

Aufgaben

1 Eine Person ist 1,8 m groß. Bei einer Aufnahme mit einem 50 mm-Objektiv wurde ihr Bild auf dem Negativ nur 6 mm hoch.
a) Wie groß war die Aufnahmeentfernung etwa?
b) Aus welcher Entfernung hätte man aufnehmen müssen, um ein Bild von 30 mm Höhe zu erhalten?
c) Welches andere Objektiv könnte man statt dessen verwenden?

2 An der Heckscheibe von Kleinbussen sind häufig große Fresnel-Linsen angebracht. Welche Aufgabe erfüllen sie?

3 Beim Vorführen von Dias krabbelt eine Fliege im Linsensystem des Projektors herum. Wo befindet sich die Fliege, wenn sie auf der Leinwand scharf erscheint? Wo kann sie sich aufhalten, ohne zu stören?

4 Du willst Dias vorführen, aber leider erscheinen die Bilder an der Wand **a)** zu klein, **b)** zu groß. Welche Möglichkeiten zur Abhilfe gibt es?
c) Begründe die verschiedenen Möglichkeiten.

Der Sehwinkel

Beim Blick von hohen Gebäuden oder aus dem Flugzeug sehen Autos und Spaziergänger sehr klein aus. Bei einer Baumallee beobachten wir, dass die weiter entfernten Bäume viel kleiner erscheinen als die unmittelbar vor uns stehenden, obwohl alle etwa gleich groß sind. Woran das liegt, zeigt die folgende Grafik.

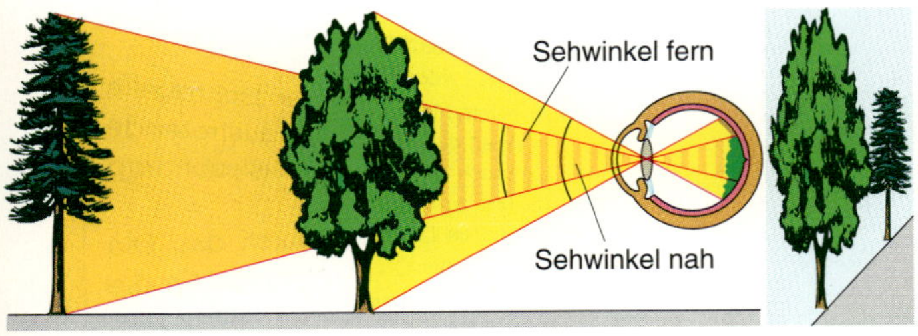

Der Winkel zwischen den beiden Randstrahlen von den äußersten Punkten des Gegenstandes durch den Mittelpunkt der Augenlinse heißt **Sehwinkel.**

- Je kleiner der Sehwinkel ist, desto kleiner ist das Netzhautbild. Dies wiederum hat zur Folge, dass uns der betrachtete Gegenstand klein erscheint.
- Bei einem großen Netzhautbild werden mehr Sehzellen gereizt als bei einem kleinen. Daher erscheint uns ein Gegenstand, der näher am Auge ist, größer als der entfernte.

Bei Nacht können wir beobachten, dass die beiden Scheinwerfer eines entgegenkommenden Autos in großer Entfernung wie ein einziger Lichtpunkt wirken. Wie ist das möglich, wo doch zwei Lichtquellen vorhanden sind? Auf der Netzhaut des Auges sind die Sehzellen in einem bestimmten Abstand voneinander angeordnet. Das Auge ist nur in der Lage, zwei Gegenstände getrennt wahrzunehmen, wenn die Lichtreize der Gegenstände auf zwei Sehzellen treffen, die mindestens durch eine weitere getrennt sind.

Im Fall der weit entfernten Autoscheinwerfer treffen die von ihnen ausgehenden Lichtbündel auf eine oder zwei unmittelbar benachbarte Sehzellen. Daher ist eine getrennte Wahrnehmung der beiden Scheinwerfer nicht möglich.

> Je größer der Sehwinkel, desto größer ist das Netzhautbild des Gegenstandes und damit seine wahrgenommene Größe.

Die Lupe

Wenn wir kleine Gegenstände größer sehen wollen, halten wir sie näher an unsere Augen, um den Sehwinkel zu vergrößern. Bis zu einer Entfernung von ca. 25 cm zum Auge, der *deutlichen Sehweite,* geht dies ohne große Anstrengung durch seine Akkomodationsfähigkeit. Bei weiterer Verringerung der Entfernung aber wird die Anstrengung für den Ziliarmuskel sehr groß. Außerdem ergibt sich eine natürliche Annäherungsgrenze durch den Nahpunkt des Auges.

Bei fester Entfernung zum Auge kann durch die Verwendung optischer Geräte der Sehwinkel vergrößert werden. Die **Lupe** ist das bekannteste und einfachste optische Gerät zur *Sehwinkelvergrößerung.* Wenn sich der Gegenstand in der Brennebene der Lupenlinse befindet, gelangen alle vom Gegenstand ausgehenden Lichtbündel als Parallelbündel ins Auge. Wir können den Gegenstand dadurch entspannt betrachten, weil das Auge keine Naheinstellung durchführen muss.

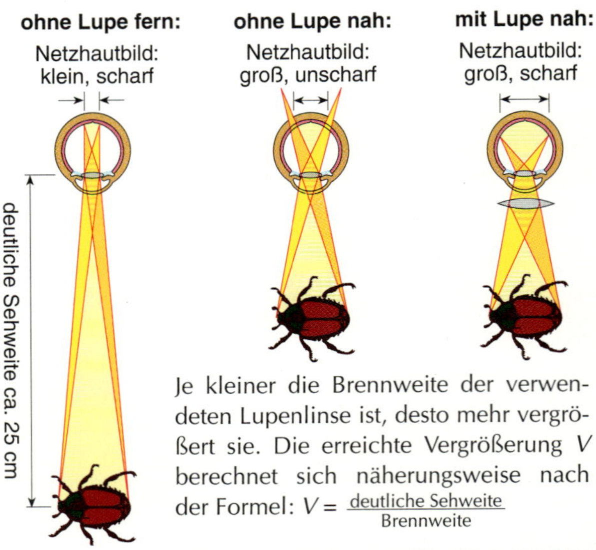

Je kleiner die Brennweite der verwendeten Lupenlinse ist, desto mehr vergrößert sie. Die erreichte Vergrößerung V berechnet sich näherungsweise nach der Formel: $V = \frac{\text{deutliche Sehweite}}{\text{Brennweite}}$

> Eine Lupe ist eine Sammellinse, die ein größeres Netzhautbild erzeugt, weil der Sehwinkel des Gegenstandes vergrößert wird.

Aufgaben

1 Wie ändert sich das Netzhautbild bei Änderung der Gegenstandsweite?

2 **a)** Welche Vergrößerung kann mit einer Lupe mit $f = 50$ mm erzielt werden?
b) Welche Brennweite muss eine Lupe haben, damit sie vierfach vergrößert?

Das Mikroskop

Am oberen Ende des Tubus befindet sich eine Sammellinse mit kleiner Brennweite. Es ist das Okular, durch das der Betrachter blickt.
Für die Betrachtung besonders kleiner Gegenstände, die mit bloßem Auge kaum mehr zu erkennen sind, würden wir eine Lupe mit sehr kleiner Brennweite benötigen, damit die Vergrößerung das 50-fache oder mehr beträgt. Eine Linse mit sehr kleiner Brennweite ist stark gekrümmt und dick. Dadurch kommt es zu Fehlern bei der Abbildung des Gegenstands (Linsenfehler).

Durch ein Mikroskop wird der Sehwinkel stärker vergrößert als von einer Lupe. Dazu wird der Gegenstand auf den Objekttisch gelegt und beleuchtet. Die Objektivlinse erzeugt von ihm ein vergrößertes Zwischenbild, das durch das Okular betrachtet wird.

Hat die Sammellinse des Okulars eine Brennweite von 2,5 cm, wird das Zwischenbild vom Auge zehnfach vergrößert wahrgenommen, denn nach der Formel für die Vergrößerung gilt:

$$V = \frac{\text{deutliche Sehweite}}{\text{Brennweite}}$$

$$= \frac{25\ \text{cm}}{2{,}5\ \text{cm}} = 10$$

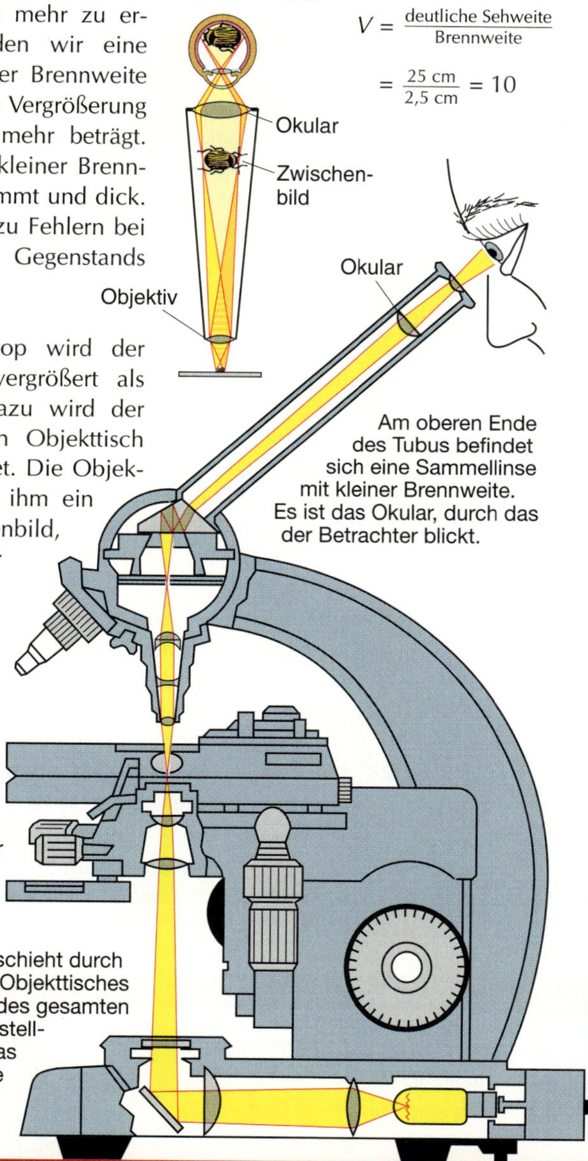

Der Vergrößerungsfaktor ist auf dem Okular vermerkt. Die Gesamtvergrößerung durch ein Mikroskop erhalten wir als Produkt der Einzelvergrößerungen von Objektiv und Okular: z. B. Objektiv 100-fach, Okular 8-fach ergibt eine Gesamtvergrößerung 800-fach.

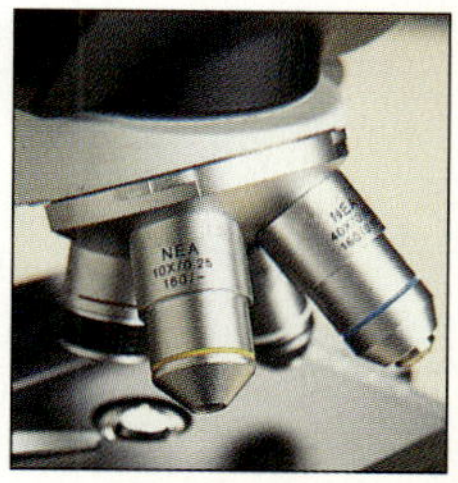

Häufig sind mehrere Objektive und Okulare bei einem Mikroskop miteinander zu kombinieren, um unterschiedliche Vergrößerungen zu erreichen.
Die Okulare werden durch einfaches Aufstecken auf den Tubus gewechselt. Die Objektive können durch Verdrehen eines Objektivkarussells ausgetauscht werden. Die Scharfeinstellung bleibt erhalten, weil das Objekt in der Brennebene bleibt.

Einer beliebigen Steigerung der Vergrößerung sind durch die Natur des Lichts Grenzen gesetzt. Die Vergrößerung von gebräuchlichen Lichtmikroskopen liegt bei 1000-fach bis 1500-fach.

Beim Mikroskop wird das vergrößerte Zwischenbild durch eine Lupe, das Okular, betrachtet.

3 Vergleiche das Mikroskop mit einem Diaprojektor. Worin bestehen **a)** Gemeinsamkeiten und **b)** Unterschiede bei den beiden Geräten?

4 Bei einem Mikroskop beträgt die Bildweite des Zwischenbildes 15 cm. Welche Brennweite muss das Objektiv haben, wenn es die Aufschrift „30 x" trägt?

5 Welchen Einfluss hat die Größe des Zwischenbildes auf die Helligkeit des betrachteten Bildes?

6 Das Objektiv eines Mikroskops trägt die Aufschrift 20 x, das Okular 10 x. Ein Pantoffeltierchen scheint bei Betrachtung durch das Mikroskop 4 cm groß zu sein. Wie groß ist es in Wirklichkeit?

Fernrohre

Astronomisches Fernrohr: Bei ihm erzeugt das Objektiv, eine Sammellinse mit großer Brennweite, ein Zwischenbild vom Gegenstand. Das Zwischenbild wird mit einer Lupe, dem Okular betrachtet.
Diese Anordnung liefert ein aufrechtes und seitenrichtiges Netzhautbild, das vom Gehirn in ein seitenverkehrtes und Kopf stehendes Bild umgewandelt wird. Die Bildumkehrung stört wenig, wenn man mit dem Fernrohr den Himmel betrachtet. Für Erdbeobachtungen ist die Bildumkehrung lästig.

Galilei-Fernrohr: Das Objektiv ist eine Sammellinse, die den Gegenstand abbildet. Allerdings wird hier kein Zwischenbild erzeugt. Vielmehr gelangen die Lichtbündel durch eine Zerstreuungslinse als Okular und durch die Augenlinse auf die Netzhaut.
Die Sammellinse des Objektivs bricht das nahezu parallel einfallende Lichtbündel vom weit entfernten Gegenstand. Bevor es sich aber im Brennpunkt des Objektivs vereinigen kann, wird es durch die Zerstreuungslinse aufgeweitet, sodass es hinter der Linse als Parallellichtbündel weiterläuft. Die Zerstreuungslinse ist so gewählt, dass sie die Wirkung der Augenlinse weitgehend aufhebt. Deshalb erzeugt das Objektiv das Bild direkt auf der Netzhaut. Da es eine größere Brennweite hat als die Augenlinse, sind der Sehwinkel und das Bild größer.
Bei diesem Fernrohr erscheinen uns die Gegenstände aufrecht und seitenrichtig – gerade recht für ein Theaterglas oder ein Nachtglas, weil die Bilder außerdem wesentlich heller sind.

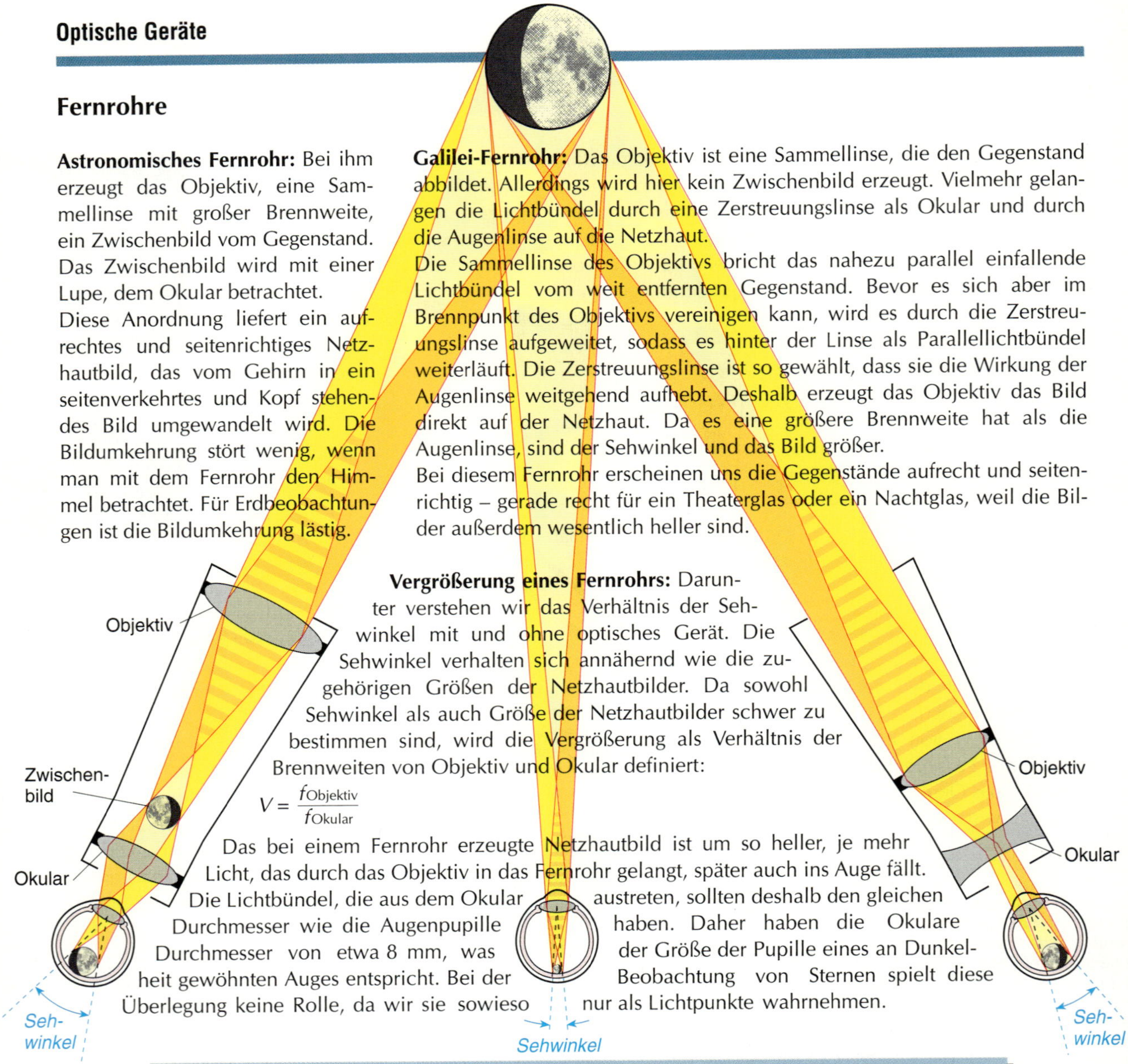

Vergrößerung eines Fernrohrs: Darunter verstehen wir das Verhältnis der Sehwinkel mit und ohne optisches Gerät. Die Sehwinkel verhalten sich annähernd wie die zugehörigen Größen der Netzhautbilder. Da sowohl Sehwinkel als auch Größe der Netzhautbilder schwer zu bestimmen sind, wird die Vergrößerung als Verhältnis der Brennweiten von Objektiv und Okular definiert:

$$V = \frac{f_{\text{Objektiv}}}{f_{\text{Okular}}}$$

Das bei einem Fernrohr erzeugte Netzhautbild ist um so heller, je mehr Licht, das durch das Objektiv in das Fernrohr gelangt, später auch ins Auge fällt. Die Lichtbündel, die aus dem Okular austreten, sollten deshalb den gleichen Durchmesser wie die Augenpupille haben. Daher haben die Okulare Durchmesser von etwa 8 mm, was der Größe der Pupille eines an Dunkelheit gewöhnten Auges entspricht. Bei der Beobachtung von Sternen spielt diese Überlegung keine Rolle, da wir sie sowieso nur als Lichtpunkte wahrnehmen.

Astronomisches und Galilei-Fernrohr vergrößern die Bilder der Gegenstände auf der Netzhaut.

Aufgaben

1 Ein astronomisches Fernrohr hat ein Objektiv mit einer Brennweite von 50 cm. Welche Brennweiten müssen die Okulare haben, wenn das Fernrohr **a)** 10-fach, **b)** 20-fach vergrößern soll?

2 Warum sehen wir alles verkleinert, wenn wir von der Objektivseite in ein Fernrohr schauen?

3 Für ein astronomisches und ein Galilei-Fernrohr wurde das gleiche Objektiv verwendet. Wodurch unterscheiden sich die Fernrohre schon äußerlich?

4 Worin sind Mikroskop und Fernrohr gleich, worin unterscheiden sie sich?

5 Die Abbildung rechts zeigt ein Prismenfernglas. Wie wird hier die Umkehrung des Bildes erreicht? Warum benutzt man zwei Prismen? Welchen Vorteil hat dieses Fernglas gegenüber dem astronomischen Fernrohr?

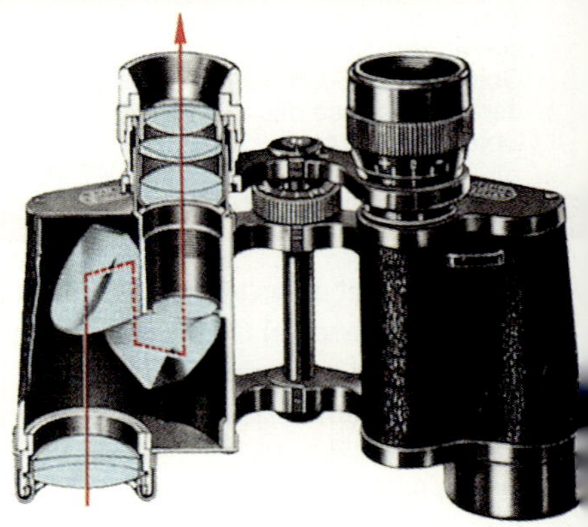

Optische Täuschungen

Streifzug

Die Lichtwirkungen rufen in der Netzhaut unseres Auges Reize hervor, die vom Sehnerv zum Gehirn weitergeleitet werden. Wir nehmen jedoch das vom Auge erzeugte Bild nicht nur auf, sondern das Gehirn deutet es. Dabei spielen die Erfahrungen jedes Einzelnen eine Rolle.

Als optische Täuschung bezeichnen wir etwas, das wir mit unseren Augen sehen, was aber so in Wirklichkeit gar nicht dargestellt ist. Die Abbildungen täuschen, weil unser Gehirn das Netzhautbild eigenständig weiter verarbeitet.

Handelt es sich um eine alte oder eine junge Frau ?

Sind die Figuren unterschiedlich groß?

Stellen die Flecken etwas dar?

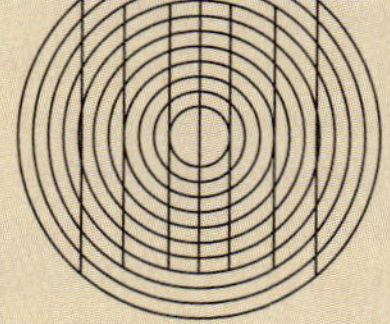

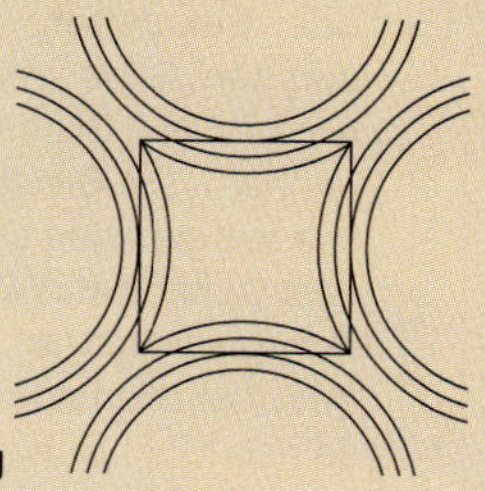

Parallelenverzerrung

Auge und Sehvorgang

Versuche und Aufträge

V1 Lege zwei kleine Geldstücke 7 cm auseinander auf den Tisch. Bringe das linke Auge 30 cm über das rechts liegende Geldstück. Was kannst du beobachten? Begründe.

V2 Schließe vor einem Spiegel in einem beleuchteten Raum eine Zeit lang die Augen. Blicke dann in den Spiegel und beobachte deine Pupillen. Begründe die Veränderung.

V3 Schließe das linke Auge und halte diese Buchseite mit ausgestrecktem Arm, so dass sich das Kreuz genau vor dem rechten Auge befindet. Aus dem rechten Augenwinkel siehst du auch die schwarze Scheibe.

a) Was passiert, wenn du die Entfernung zwischen Auge und Buchseite langsam verringerst?

b) Was beobachtest du, wenn du den Abstand zwischen Auge und Kreuz noch mehr verringerst?

V4 Fülle zwei zylinderförmige Gläser mit kleinem und großem Durchmesser mit Wasser und stelle sie in Augenhöhe auf. Ordne die Gläser wie in der Skizze an. Verschiebe sie etwas und beobachte einmal ferne und dann auch nahe Gegenstände.

Fernglas

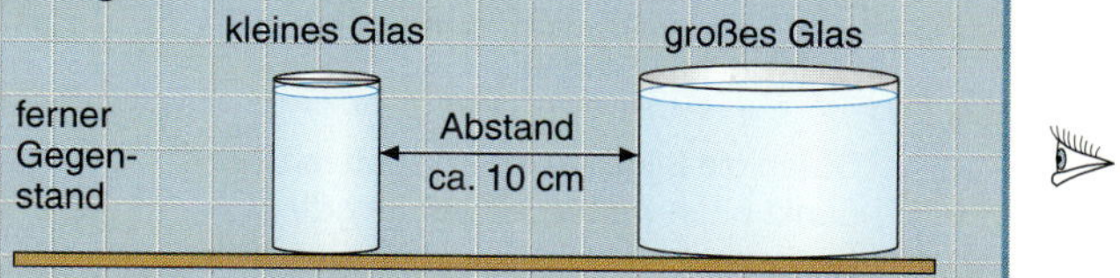

Mikroskop

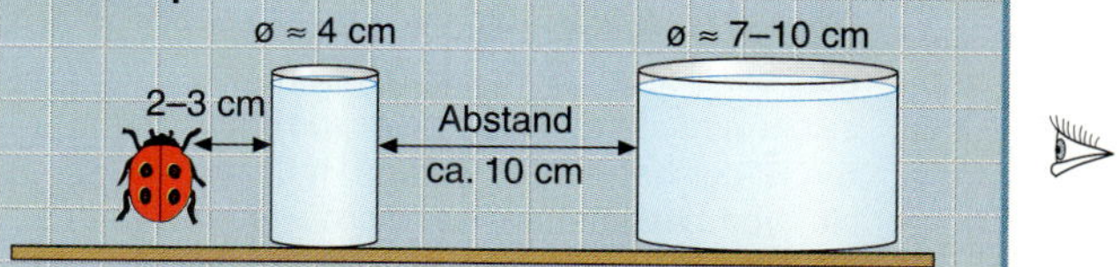

Pinnwand

Im Fernsehen konnten wir Bilder und Informationen von den olympischen Spielen in Australien fast genau zu der Zeit sehen, zu der das Ereignis selbst stattfand. Dazu mussten die Bilder rund um den Globus übertragen werden.
Von besonderen Ereignissen wie erster Schultag, Geburtstagsfeier oder Hochzeit möchten wir auch gerne Freunden oder Bekannten, die nicht teilnehmen konnten, Bilder zeigen oder uns später anhand von Bildern an diese Ereignisse erinnern. Die Bilder werden also irgendwie festgehalten und dann gegebenenfalls verschickt. Wer einen PC mit Internet-Anschluss hat, kann sich Bilder und Informationen aus der ganzen Welt auf seinen Monitor holen. Er kann sie nicht nur anschauen, sondern auch weiter verarbeiten und die Daten dann für später speichern.

Das Diagramm zeigt, dass all diese Vorgänge nach einem ganz einfachen Prinzip ablaufen.

- Wichtig dabei sind Wandler 1, die das Licht von den abzubildenden Gegenständen aufnehmen und in andere physikalische Größen umwandeln, zum Beispiel in elektrische Impulse.
- Diese werden dann zum Wandler 2 übertragen.
- Vom Wandler 2 werden sie zurückverwandelt in Licht, das in unser Auge gelangt. Wir sehen dann das jeweilige Ereignis.

Sollen die Bilder zu einem späteren Zeitpunkt noch weiter verwendet oder wieder betrachtet werden, dann müssen sie gespeichert werden. Dazu werden die optischen Bilder wieder in bestimmte andere physikalische Größen umgewandelt, die sich im Laufe der Zeit nicht von selbst verändern. Sollen die gespeicherten Bilder betrachtet werden, müssen sie von bestimmten Wandlern wieder in optische Signale, also in Licht zurückverwandelt werden.

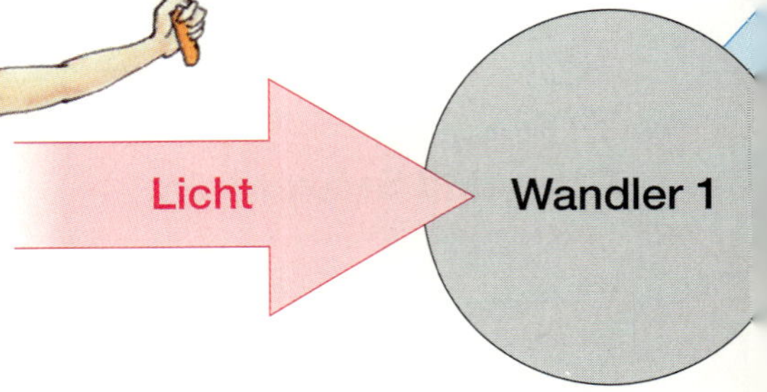

ÜBERTRAGUNG, WIEDERGABE UND SPEICHERUNG VON BILDERN

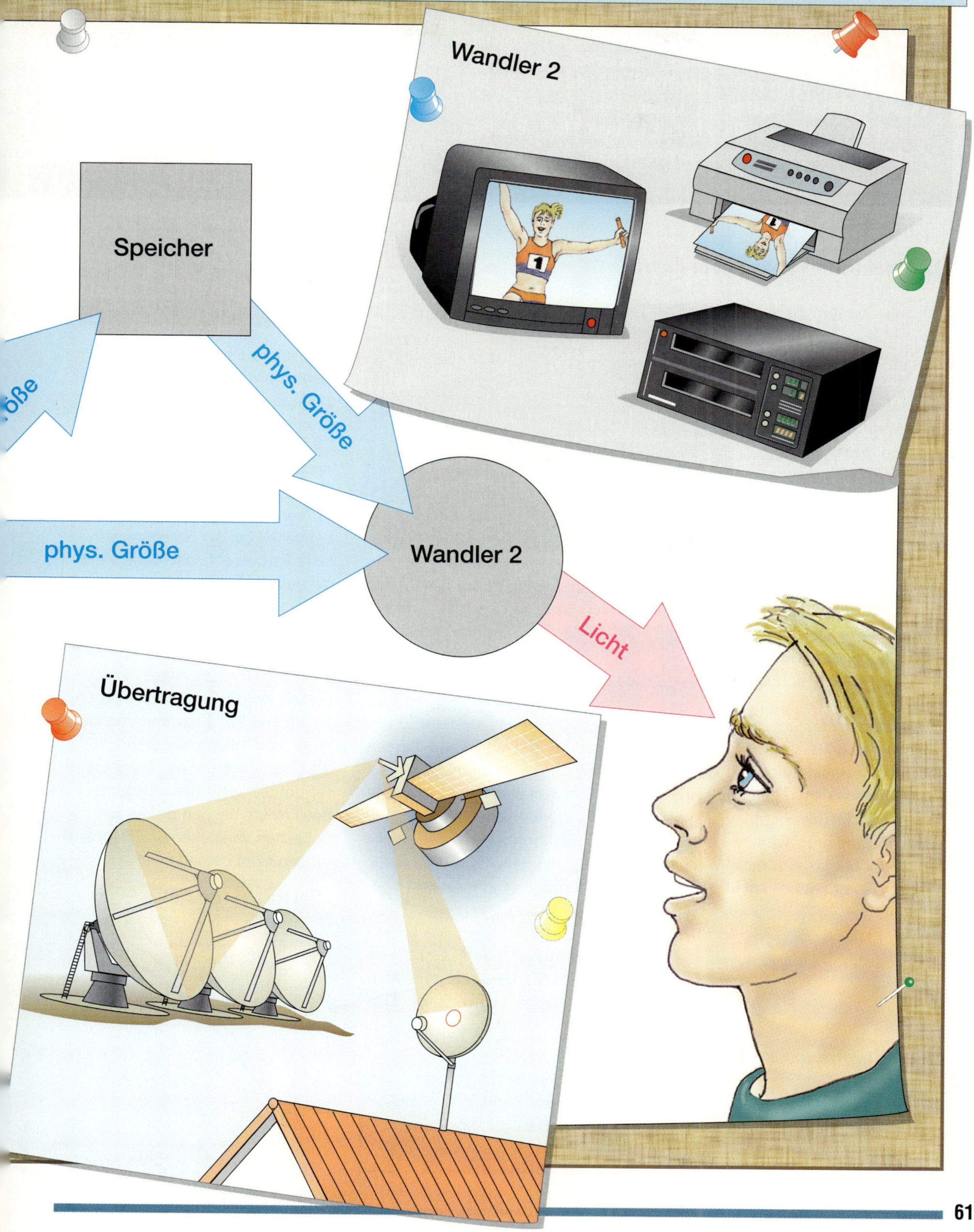

Farben

Bewundernd bleiben wir vor dem schillernden Farbenspiel eines Kronleuchters oder einer Kristallvase stehen. Erstaunlich, dass einfaches durchsichtiges Glas in solch tollen Farben erscheint, wenn weißes unsichtbares Licht darauf fällt. Unter welchen Umständen können wir diese Farben sehen? Wie entstehen die schönen Farben? Sind sie schon vorher da oder werden sie erst produziert? Wie viele Farben gibt es?

Das Spektrum von weißem Licht

Fällt das weiße Licht eines glühenden Körpers (Glühlampe) auf ein Glasprisma, so können wir dahinter auf einem Schirm Farben wie beim Regenbogen beobachten. Diese Farberscheinung wird als **Spektrum** bezeichnet.

Zentraler Versuch

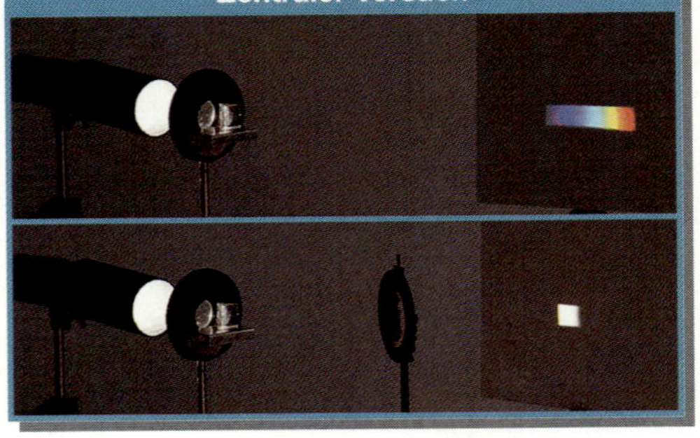

Alle diese *Spektralfarben* sind bereits im weißen Licht vorhanden. Werden sie mit einer Sammellinse wieder auf einen Fleck zusammengebracht, ergibt sich wieder der Farbeindruck Weiß.

Wird aus dem Spektrum eine einzelne Farbe (z. B. Grün) durch einen Spalt ausgeblendet und durch ein zweites Prisma geführt, wird diese zwar in der Richtung abgelenkt, aber nicht in weitere Farben zerlegt. Licht, das sich nicht weiter zerlegen lässt, wird **spektralrein** genannt.

Beim Durchgang durch das Prisma werden die Farben des weißen Lichtes unterschiedlich stark gebrochen: Violett am stärksten, Rot am schwächsten.

Messen wir beim Übergang des Lichtes von einem Medium in ein anderes für die einzelnen Farben den Brechungswinkel in Abhängigkeit vom Einfallswinkel, so ergibt sich für jede Farbe eine eigene Kurve. Aus ihr lässt sich wie bisher der Weg des Lichtes dieser Farbe beim Übertritt in ein anderes Medium bestimmen.

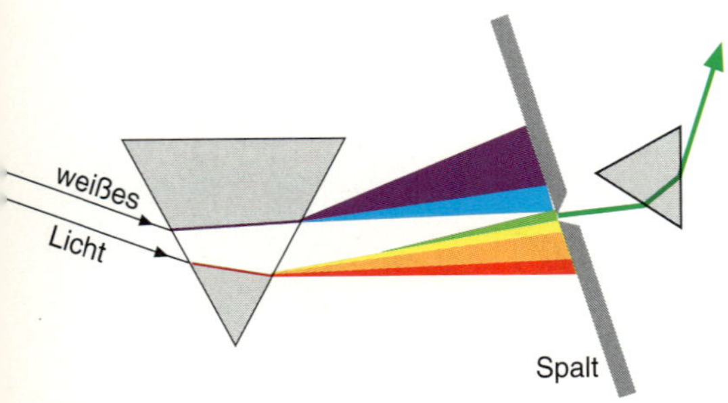

Die Eigenschaft, dass Licht verschiedener Farbe unterschiedlich stark gebrochen wird, heißt **Dispersion.**

Weißes Licht wird durch ein Prisma in ein Band von verschiedenen Farben, das Spektrum, zerlegt.

Aufgaben

1 Welche Farbe des weißen Lichtes wird durch ein Prisma am stärksten gebrochen, welche am schwächsten?

2 **a)** Erkläre mithilfe einer Zeichnung, wie farbiges Licht an einer Glaskante entstehen kann.
b) Nenne noch weitere Beispiele, bei denen bei der Brechung von Licht Farben entstehen. Skizziere den jeweiligen Vorgang.

3 Zeichne ein gleichseitiges Prisma mit einer Kantenlänge von 14 cm. Von links fällt weißes Licht unter dem Einfallswinkel von 60° darauf. Konstruiere für die Farben Violett und Rot ihren weiteren Weg durch das Prisma hindurch.

4 Erkläre anhand des Diagramms, warum die spektrale Zerlegung des Lichtes bei den bisherigen optischen Versuchen und Beobachtungen nicht bemerkt wurde.

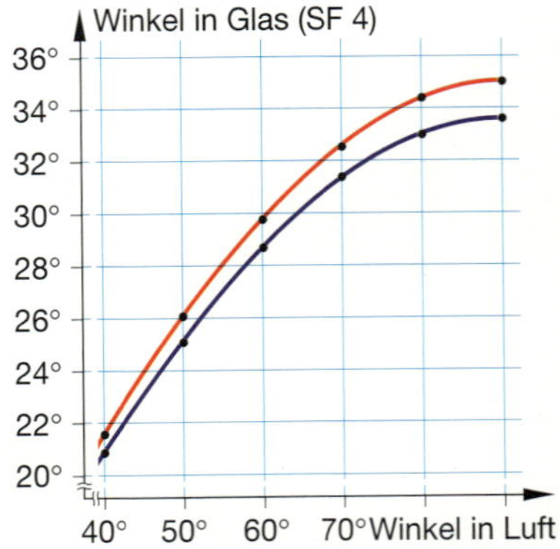

Energie der Photonen

Photonen sind fliegende Energiepakete. Je nachdem, wie viel Energie diese Pakete besitzen, rufen sie beim Auftreffen in unserem Auge unterschiedliche Reaktionen hervor: Je energiereicher das empfangene Paket ist, desto blauer erscheint uns die Farbe. Haben die Photonen weniger Energie, so erscheinen sie uns rot. Dabei könnten wir die Unterscheidung beliebig fein gestalten und den Farben entsprechende Namen geben. Es werden im Allgemeinen aber nur die sechs Hauptfarben unterschieden, sortiert nach steigender Energie.

Damit lässt sich die Wirkungsweise eines Prismas ganz neu beschreiben: Aufgrund ihrer verschiedenen Energien wechselwirken die Photonen unterschiedlich stark mit dem Prismenmaterial. Je energiereicher das Photon, desto stärker die Wechselwirkung, desto stärker die Ablenkung. Ein Prisma kann deshalb nicht nur als Farb- sondern auch als „Energie-Sortierer" aufgefasst werden.

Licht jenseits des sichtbaren Spektrums

Setzen wir bei der Untersuchung der Spektren statt eines Schirms eine lichtempfindliche Fotozelle ein und halten sie links und rechts neben das sichtbare Farbenspektrum, so erhalten wir am Messgerät eine Anzeige – obwohl unsere Augen dort gar nichts mehr wahrnehmen. Offensichtlich gibt es Licht auch jenseits vom sichtbaren Rot oder Violett! Der Bereich jenseits des roten Randes wird **Infrarot IR** und der jenseits des violetten Bereichs **Ultraviolett UV** genannt.

Wir können diese „Farben" nicht sehen, weil unser Auge nicht für diesen Farb- bzw. Energiebereich empfindlich ist. Aber mit einem anderen Sinnesorgan, nämlich der Haut, können wir dieses Licht spüren:

- Der Bereich des Infraroten wird auch Wärmestrahlung genannt. Wir können zwar mit unserem Auge nicht sehen, dass ein Heizkörper Energiepakete abstrahlt, aber auf unserer Haut können wir sie deutlich spüren. IR-Licht kann mit empfindlichen Thermometern nachgewiesen werden.
- Auch das UV-Licht wird von unserer Haut registriert. In geringem Maße absorbiert macht es unsere Haut schön braun; der Körper kann Vitamin D aufbauen. Ein Zuviel kann allerdings Hautschäden von der leichten Rötung bis hin zum Hautkrebs verursachen. Auch unsere Augen können durch sehr intensives UV-Licht im Gebirge bei Sonne und Schnee geschädigt werden. Es besteht die Gefahr von Schneeblindheit. UV-Licht regt bestimmte Stoffe (z.B. ZnS) zum Leuchten an (Fluoreszenz). Damit beschichtete Metallplättchen oder Schirme können UV-Licht nachweisen.

Aufgaben

1 **a)** Wie lässt sich UV- und IR-Licht experimentell nachweisen?
b) Warum sind zum Nachweis Geräte nötig?

2 Suche in Lexika, Büchern und Zeitungen nach technischen, medizinischen und biologischen Anwendungen für IR- und UV-Licht.

3 Beim Schweißen halten Handwerker dunkles Glas vor die Augen oder verwenden eine dunkle Brille. Erkläre den Grund dieser Schutzmaßnahme.

4 Tierfilmer benutzen bei Nachtaufnahmen häufig Infrarotfilme. Welche Eigenschaft müssen diese Filme haben, damit die Bilder gut werden?

5 So genannte „Schwarzlichtlampen" senden fast nur UV-Licht aus. Sie werden in Diskos oder beim Geldprüfen eingesetzt.
a) Erkläre die Wirkung auf frisch gewaschenen T-Shirts.
b) Ähnliche Lampen lassen Pflanzen auch in dunklen Innenräumen besser wachsen. Warum?

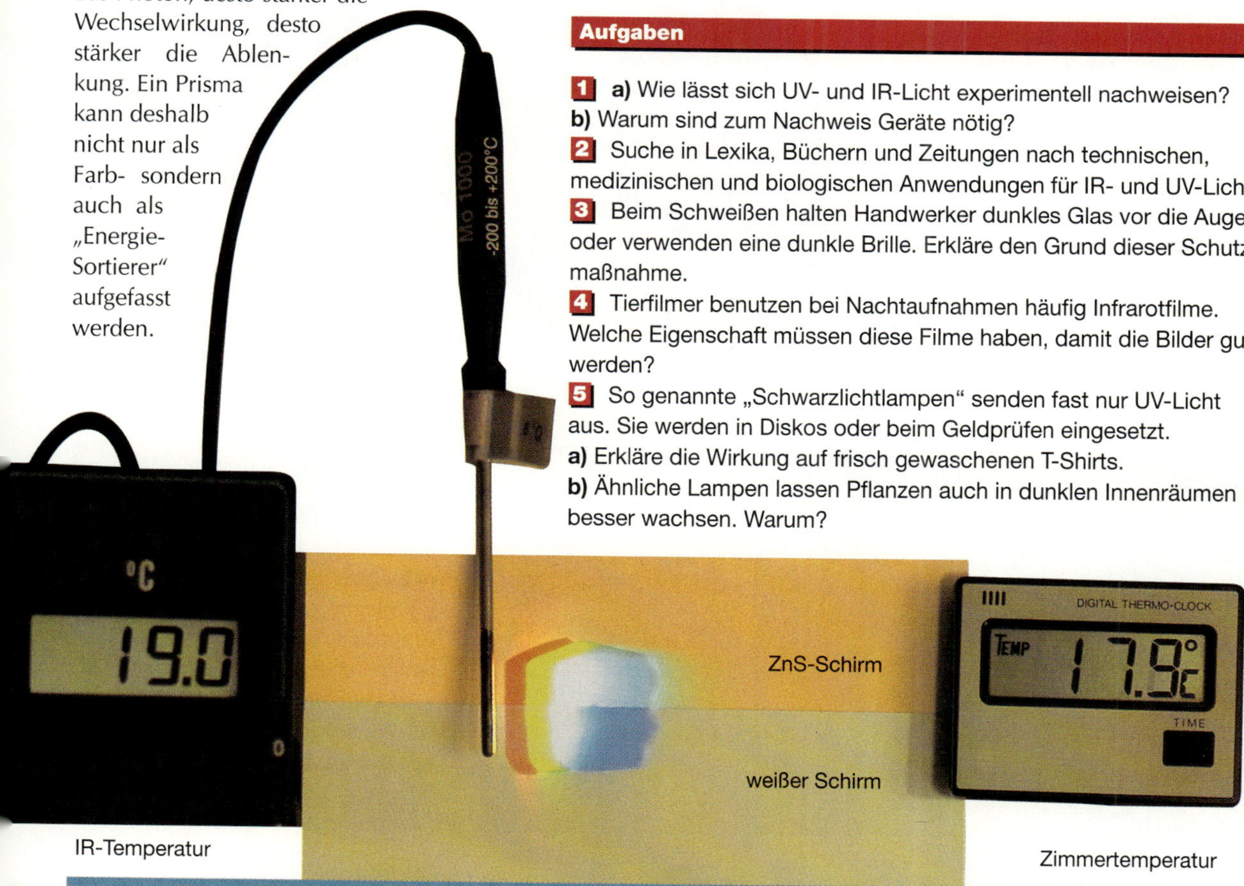

IR-Temperatur

Zimmertemperatur

Farbaddition

Zentraler Versuch

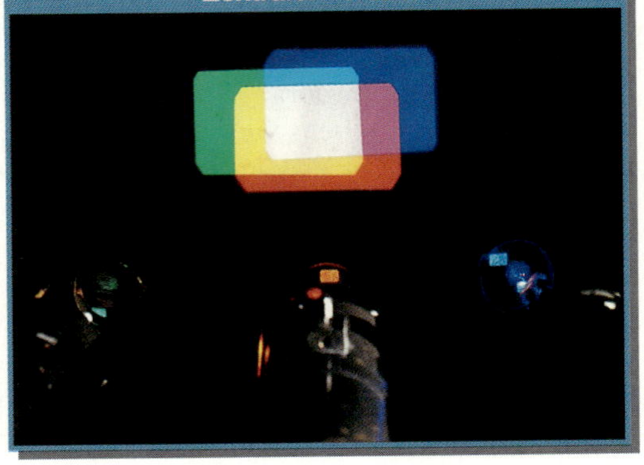

Ein roter, ein blauer und ein grüner Lichtkegel werden so auf eine weiße Wand gerichtet, dass sie sich in kleinen Gebieten überschneiden. In diesen Schnittgebieten erscheinen neue Farben: Der rote Kreis und der grüne *addieren* sich zur neuen Farbe Gelb; Blau und Grün werden zu Hellblau, Rot und Blau zu Purpur. In dem Schnittbereich, in dem sich alle drei Farben addieren, entsteht der Gesamteindruck *Weiß*.

Einen Bereich, aus dem kein Licht und somit auch keine Farbe kommt, nennen wir *Schwarz*.

Wird aus dem Spektrum eine Farbe durch einen Pappstreifen ausgeblendet, so entsteht nach der Überlagerung (Addition) der restlichen Farben auf dem Bildschirm nicht mehr Weiß, sondern eine neue Farbe.

Wird z. B. Rot ausgeblendet, so ergibt die Addition der restlichen Farben des Spektrums die **Mischfarbe** Grün. Wird Rot wieder dazugegeben, erhalten wir wieder Weiß. Die beiden Farben – die ausgeblendete und die durch Farbaddition des Restes entstandene – heißen **Komplementärfarben.**

Zum besseren Auffinden der Komplementärfarben werden die sechs Hauptfarben des Spektrums der Reihe nach in einem Kreis angeordnet. Jetzt liegt jeder Farbe ihre Komplementärfarbe genau gegenüber: Grün gegenüber Rot, Blau gegenüber Orange und Violett gegenüber Gelb.

Addieren wir zwei Hauptfarben, die auf dem Kreis nebeneinander liegen, ergibt sich eine neue Mischfarbe: Z. B. addieren sich Blau und Grün zu Blaugrün. Werden die beiden Randfarben des Spektrums Rot und Violett überlagert, so entsteht *Purpur*, eine neue Farbe, die es im Spektrum von weißem Licht nicht gibt.

Ordnen wir diese zwölf Farben wieder in einem Kreis, so wird dieser nach seinem Erfinder **Newton'scher Farbkreis** genannt.

Fällt Licht verschiedener Farbe auf die gleiche Stelle eines weißen Schirms, so addieren sie sich zur Mischfarbe. Komplementärfarben ergänzen sich zu Weiß.

Aufgaben

1 Welche Farbe ist Komplementärfarbe **a)** zu Rot, **b)** zu Grün, **c)** zu Blau und **d)** zu Gelb?

2 Warum erscheint uns das weiße Brautkleid, das hinter einer Schaufensterscheibe aus Glas präsentiert wird, weiß und nicht bunt?

3 Wir sehen einen Gegenstand **a)** schwarz, **b)** weiß, **c)** blau. Was lässt sich jeweils über die Lichtquelle aussagen?

Farbsubtraktion

Das Ausblenden einzelner Farben aus dem Spektrum von weißem Licht lässt sich auch durch farbige Folien oder Gläser, so genannte **Farbfilter,** erreichen. So lässt ein Gelbfilter die Farbe Gelb durch, meist auch die dicht benachbarten Farben Rot und Grün. Die Farben Blau und Violett dagegen werden absorbiert.

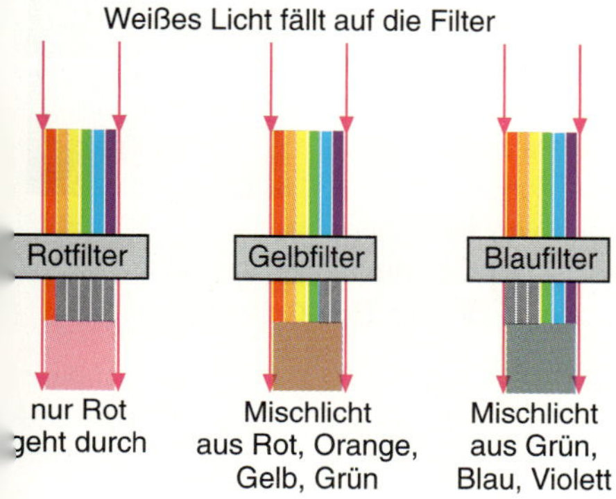

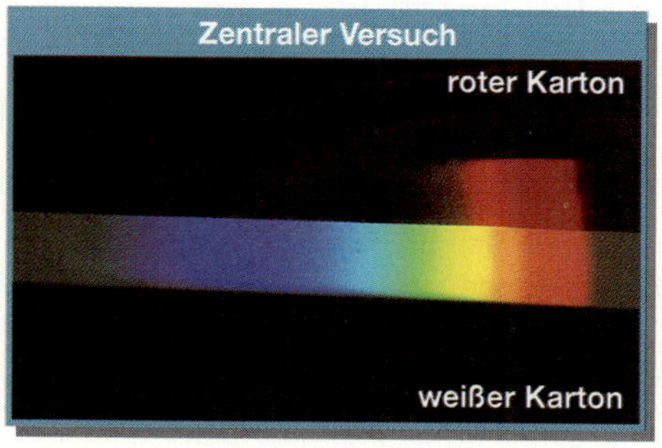

Fällt das Licht einer Glühlampe auf weißes Papier, so werden alle Farben gleichermaßen reflektiert. Bei farbigen Kartons zeigen sich Unterschiede. So gibt es rote Kartons, die nur reines Rot reflektieren und den Rest des Spektrums absorbieren. Es gibt aber auch rote Kartons, die nur Grün absorbieren; der Rest setzt sich zur Mischfarbe Rot zusammen. Es ist unserem Auge nicht möglich, zwischen der Mischfarbe und der spektral reinen Farbe zu unterscheiden.
Die Farbe, in der uns ein Körper im Sonnenlicht erscheint, heißt **Körperfarbe.**

Werden Gegenstände mit farbigem Licht beleuchtet, so können nur Anteile von den Farben, die im auffallenden Licht enthalten sind, reflektiert werden. Deshalb erscheinen Körperfarben in Kunstlicht oft verfremdet.

Filtergläser oder farbige Körper absorbieren einen Teil der auffallenden Farben. Der durchgelassene bzw. gestreute Rest vereinigt sich zu einer Mischfarbe, in der uns der Körper erscheint.

Farben

Versuche und Aufträge

V1 Farbkreisel: a) Male einen Farbkreis, stecke einen spitzen Bleistift durch die Mitte und lasse den Farbkreis rotieren. Notiere deine Beobachtungen.
b) Male die Farben in einer anderen Reihenfolge in den Farbkreis und wiederhole. Was geschieht?

V2 a) Betrachte den Bildschirm eines TV-Gerätes oder eines Farb-Monitors mit einer Lupe. Beschreibe und skizziere den Aufbau und die Farben, die du siehst.
b) Welche Bereiche senden welche Farbe aus, wenn beim Betrachten aus größerer Entfernung der Bildschirm rot, grün oder blau erscheint?
c) Wie entsteht aus den Farben, die der Bildschirm aussendet, in deinem Auge in einiger Entfernung der Farbeindruck Weiß oder anderer Mischfarben?
d) Handelt es sich um Farbaddition oder um Farbsubtraktion? Begründe deine Aussage.

V3 Besorge dir Folien in unterschiedlichen Farben. Halte sie erst einzeln vor eine helle Glühlampe, dann in Kombinationen von zweien oder mehreren.
a) In welchen Farben siehst du die Lampe jeweils? Halte deine Beobachtungen in einer Tabelle fest.
b) Erkläre, wie die Farben zustande kommen.

V4 a) Besorge dir eine rote (blaue, grüne oder gelbe) Lampe. Beleuchte zunächst verschiedene Gegenstände (ein grünes Blatt, einen roten Pullover, ein grünes T-Shirt, usw.) mit einer normalen Glühlampe, danach mit der farbigen. In welcher Farbe erscheint der Gegenstand?
b) Erkläre, wie seine Farbe zustande kommt.

V5 Fülle ein durchsichtiges Trinkglas mit Wasser.
a) Wie lässt sich das Licht einer Taschenlampe damit spektral zerlegen? Gib eine genaue Beschreibung deines Versuchs.
b) Erkläre, wie das Spektrum entsteht.

V6 Regenbogen: Spritze im Garten fein zerstäubtes Wasser in die Luft. Wie musst du dich in die Sonne stellen, damit du einen besonders schönen Regenbogen siehst?

Streifzug

Grenzen unseres Sehens

Einen großen Teil der Informationen unserer Umwelt nehmen wir über unsere Augen auf. Die Wandlung des Lichtes in einen Nervenreiz geschieht in der Netzhaut, genauer in den dort befindlichen Stäbchen und Zapfen. In ihnen wird die einfallende Lichtenergie durch Zersetzung von lichtempfindlichen Farbstoffen in elektrische Impulse umgewandelt, die über die Nerven zum Gehirn weitergeleitet werden.

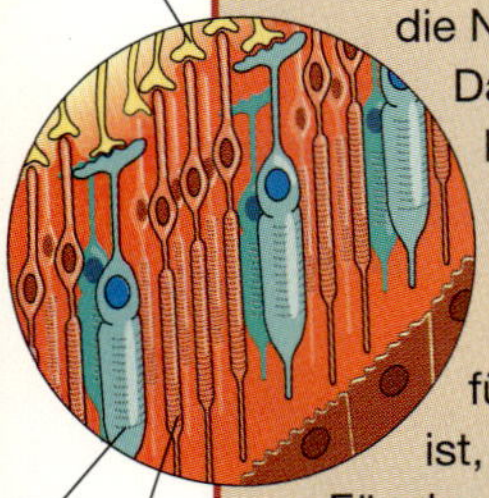

Dabei sind die 125 Millionen **Stäbchen,** die kurz und dick sind, für das Hell-Dunkel-Sehen ausgelegt. Sie sind vergleichbar mit einem hoch empfindlichen, aber eher grobkörnigen Schwarzweißfilm, der schon für sehr geringe Lichtmengen empfindlich ist, aber Farben nicht unterscheiden kann.

Für das Farbsehen sind die 7 Millionen länglichen **Zapfen** zuständig. Am besten funktionieren sie bei hellem Licht, bei dem sie detaillierte, farbige Bilder liefern; bei schwacher Beleuchtung versagen sie.

Bei den Zapfen gibt es drei Arten, die für verschiedene Farbbereiche unterschiedlich empfindlich sind. Trifft zum Beispiel ein bestimmtes Grün auf die Netzhaut, werden alle drei Zapfen angesprochen, aber jeder wird mit der ihm eigenen Empfindlichkeit bei dieser Farbe angeregt. So trägt der für diesen bestimmten Grünton zuständige Zapfen mit ungefähr 85 % am meisten zum Gesamteindruck in unserem Gehirn bei; aber der für Rot zuständige Zapfen ist immerhin mit 9 % und der für Blau mit 6 % beteiligt.

Werden drei verschiedene, direkt nebeneinander liegende Zapfen mit gleicher Intensität angeregt, entsteht im Gehirn der Farbeindruck Weiß für diese Stelle des Bildes. Entsprechend entstehen alle anderen Farben durch das Zusammenwirken unterschiedlich stark angeregter Zapfen.

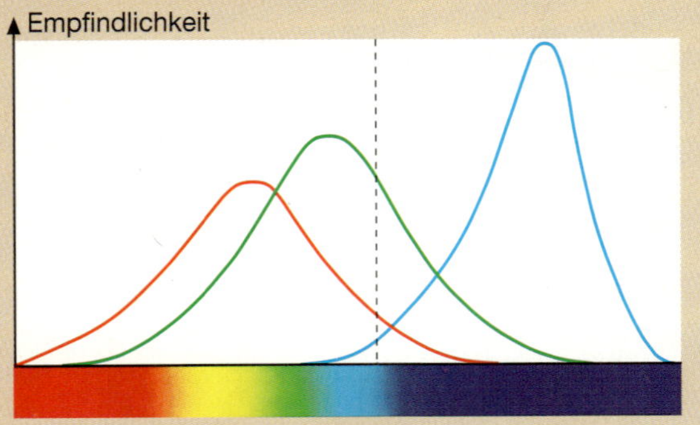

Farbblindheit

Bei der sehr seltenen *totalen* Farbblindheit versagen alle Zapfen. Die betreffenden Menschen können nur unterschiedliche Graustufen wahrnehmen. Bei der häufigen *teilweisen* Farbblindheit fällt eine Zapfenart aus. Etwa 6 % der Männer und knapp 1 % der Frauen können die Farben Rot und Grün nicht unterscheiden, weil entweder die für Rot oder die für Grün empfindlichen Zapfen ausgefallen sind. Sie nehmen stattdessen nur unterschiedliche Grautöne wahr. Das Bild rechts zeigt in einer Computersimulation, welchen Farbeindruck solche Menschen von einer bunten Wiese haben, wenn die Rot empfindlichen Zapfen ausfallen. Man spricht von der **Rot-Grün-Sehschwäche.**

Die folgende Abbildung zeigt Testbilder, mit denen Augenärzte herausfinden können, ob eine Farbsehschwäche vorliegt.

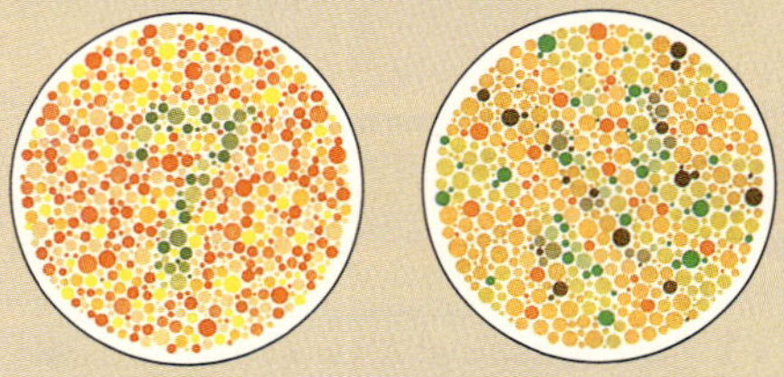

Aufgaben

1 Bei welchen Farben wird nur eine Zapfenart angeregt? Bei welchen zwei? Und bei welchen alle drei? Übernimm die Zeichnung links und zeichne deine Lösung ein.

2 **a)** Welche Zapfen werden angeregt, wenn gelbes Spektrallicht ins Auge fällt?

b) Wie könnte sonst noch der Eindruck von gelbem Licht im Gehirn entstehen?

c) Warum können wir die beiden gelben Farbeindrücke nicht voneinander unterscheiden?

3 Was steckt physikalisch hinter dem Spruch: „Bei Nacht sind alle Katzen grau.“?

4 Schlage in Lexika oder Biologiebüchern nach, welche Bereiche für Farbempfindlichkeit sich bei anderen Lebewesen finden lassen. Welchen Zweck oder Vorteil für das Leben dieser Tiere kannst du in diesen anderen Sehbereichen finden?

Wie entsteht ein Regenbogen?

Streifzug

Kaum sind die letzten Regentropfen gefallen und die Sonne scheint wieder – oder es regnet gar noch und gleichzeitig schaut schon die Sonne hervor. Das sind Gelegenheiten, bei denen wir wunderbare Regenbögen sehen können. Aber wo genau müssen wir ihn suchen? Wie entsteht er? Welche Rolle spielt der Regen?

Ein Regenbogen entsteht dort, wo sich Wassertröpfchen in der Luft befinden. Den Regenbogen sehen wir nur, wenn wir mit dem Rücken zur Sonne stehen. Und er befindet sich auch nicht hoch am Himmel, sondern eher in Richtung Horizont. Da Farben entstehen, muss das weiße Licht der Sonne spektral zerlegt werden. Und dafür kommt nur die Wand aus Regentröpfchen in Frage. Wie geht das?

Das Sonnenlicht fällt auf einen Wassertropfen. Die linke Lupe zeigt, dass es sehr verschiedene Wege nehmen kann, je nachdem, wo es den Tropfen trifft:

- Sehr weit oben wird es an der Oberfläche reflektiert.
- Genau in der Mitte geht Licht ungebrochen hindurch.
- Nahe der Mitte eintretendes Licht wird zweimal gebrochen und verlässt den Tropfen schräg nach hinten.
- Tritt Licht in einem bestimmten Abstand von der Mitte in den Tropfen, so wird es gebrochen und dabei spektral zerlegt. An der Rückseite erfolgt dann Totalreflexion. Bei der zweiten Brechung an der Vorderseite wird das farbige Band noch weiter aufgeweitet. Blaues Licht verlässt den Tropfen also am flachsten, rotes am steilsten. (Der Einfachheit halber sind in den Bildern nicht alle Spektralfarben gezeichnet, sondern nur Rot, Grün und Blau.)

Diese Spektralzerlegung des Sonnenlichts geschieht an vielen Tropfen gleichzeitig. Ein Beobachter des Regenbogens sieht alle Tropfen, die in einem bestimmten Winkel Sonne–Regenwand–Auge stehen, in einer bestimmten Farbe. Für Rot ist dieser Winkel am größten, für Blau am kleinsten. Deshalb hat ein Regenbogen immer den roten Rand oben/außen und den blauen unten/innen.

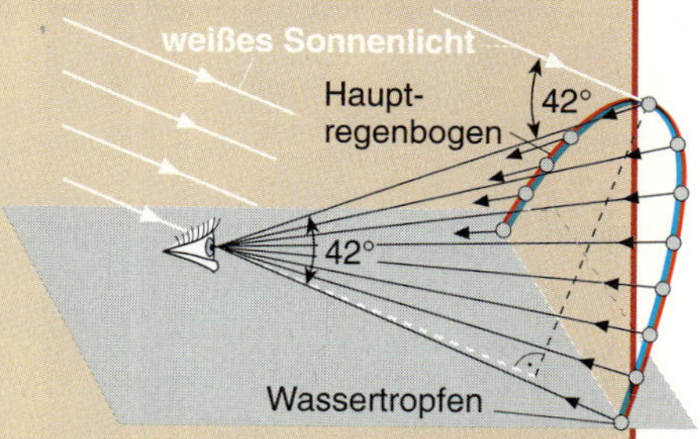

Der Regenbogen ist eigentlich ein Kreis, dessen Mittelpunkt auf einer von der Sonne durch das Auge gedachten Geraden liegt. Sein Mittelpunkt liegt also immer unterhalb des Horizonts. Einen kompletten Halbkreis können wir daher nur bei Sonnenaufgang bzw. Sonnenuntergang sehen oder wenn wir mit einem Gartenschlauch fein verteiltes Wasser in die Höhe spritzen.

Gelegentlich kommt es vor, dass sich neben dem *Hauptregenbogen* (bei ca. 42°) ein zweiter Bogen, der *Nebenregenbogen* (bei ca. 52°) zeigt. Er liegt also weiter außen. Bei ihm ist die Farbreihenfolge genau umgekehrt und er ist auch in der Intensität viel schwächer. Die Ursache dafür ist eine zweite Totalreflexion im Regentropfen.

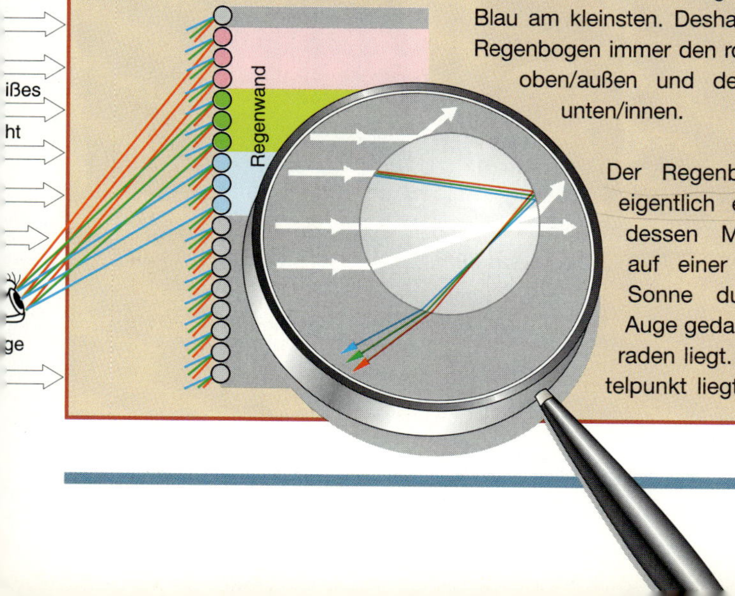

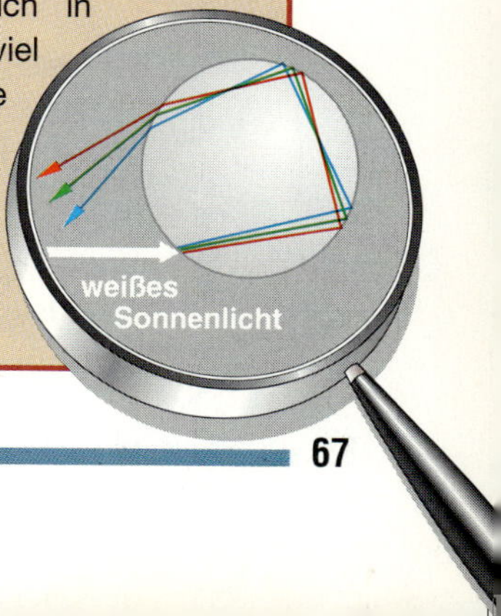

FARBEN UND UNSICHTBARES LICHT

Sonnenbilder einmal anders

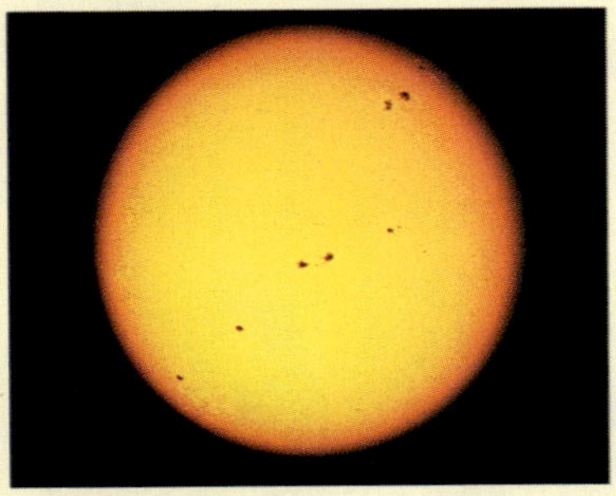

Spezielle Kameras lassen uns unsere Sonne in ganz neuem „Licht" erscheinen. So werden im UV-Bereich auf einmal heiße Gasausbrüche sichtbar.

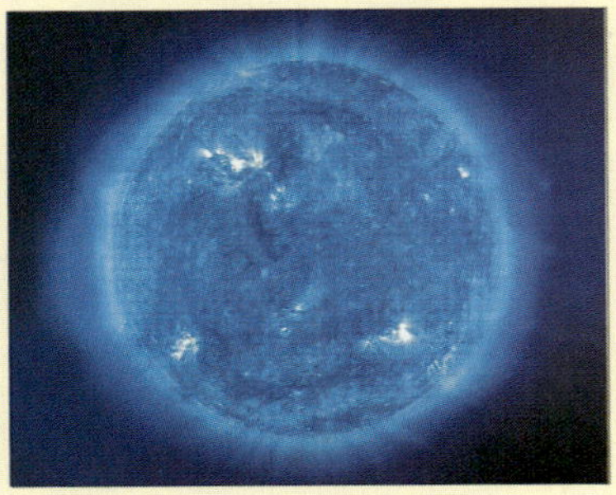

Auch in IR zeigt sich unsere Sonne in ungewohnter Weise.

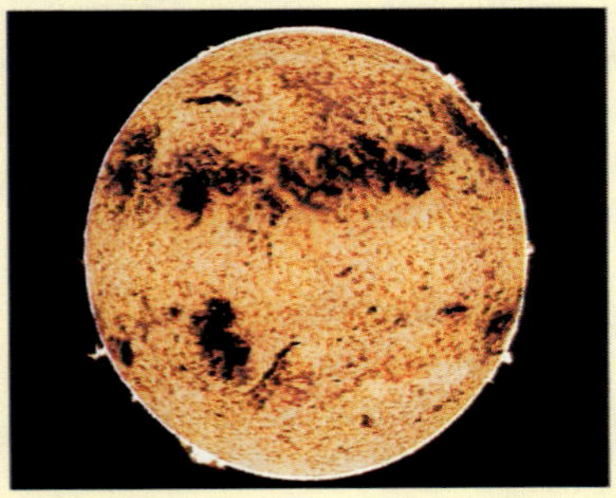

Farbaddition gestern...

Pointillismus: Aus winzigen nebeneinander gesetzten Farbpunkten (points) setzte der französische Maler GEORGES SEURAT sein Bild „Landschaft bei Port-en-Bessin, Normandie" (1888) zusammen. Erst auf der Netzhaut des in einiger Entfernung stehenden Betrachters entsteht aus den vielen Farbtupfern der Gesamteindruck des Bildes.

... und heute

Farbfernsehen: Das Fernsehbild besteht aus vielen nebeneinander liegenden Streifen in den Farben Rot, Grün und Blau. Je nachdem, welche Bereiche des Bildschirmes welches Licht aussenden, sieht ein entfernter Beobachter die entsprechende Mischfarbe.

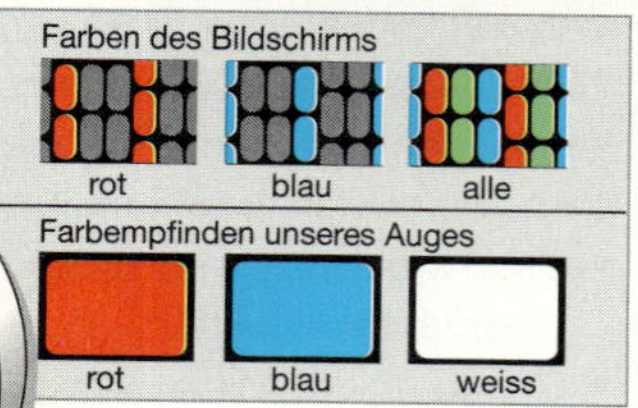

Farbe am Auto jetzt auch bei Rückleuchten und Blinker

Durch Farbfilter und subtraktive Farbmischung im Tag-Design grün oder blau, aber im Betrieb die gesetzlich vorgeschriebene Farbe Gelb bzw. Rot.

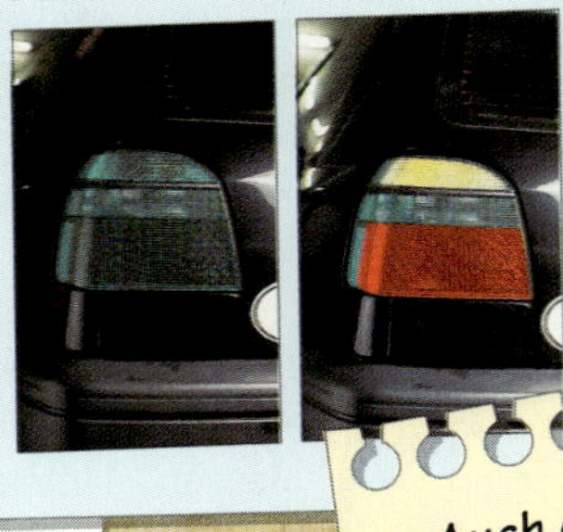

Geldfälschern auf der Spur

Echte Geldnoten sind unter einer UV-Lampe deutlich zu erkennen an den wahllos angeordneten farbigen Reflexen.

Tipp für Fotografen

Beim Verwenden von indirektem Blitzlicht, d. h. Blitzlicht über die Decke, kann es aufgrund der Deckenfarbe zu Farbverfälschungen auf dem Foto kommen. Deshalb ist es für angehende Profis ratsam, sich einen weißen oder metallisch glänzenden Reflektorschirm zu besorgen.

Auch eine Meinung...

„Das Licht ... ist nicht zusammengesetzt – am allerwenigsten aus farbigen Lichtern." (Goethe)

Optik

Prüfe dein Wissen

A1 a) Beantworte zu den Merkzettel-Begriffen folgende Fragen: Was bedeutet der Begriff? Wie und in welcher Einheit wird der Begriff gemessen? Gibt es Formeln dafür? Gibt es sonst noch Wissenswertes über diesen Begriff?
b) Wenn du die Fragen nicht auf Anhieb beantworten kannst, dann lies die entsprechenden Seiten im Buch noch einmal gründlich durch.
c) Notiere auf der Vorderseite von Karteikarten den Begriff, auf der Rückseite die Erläuterung.

A2 Ein Kind (1,5 m groß) wird von einer Doppel-Laterne beleuchtet. Zeichne die Anordnung in dein Heft ab (1 cm ≙ 1 m).

a) Wie breiten sich Photonen aus und wie stellst du dies in einer Zeichnung dar?
b) Bestimme zeichnerisch die Bereiche auf dem Boden, die von beiden Lampen beleuchtet werden.
c) Bestimme den Kernschatten und den Halbschatten des Kindes auf dem Boden. Wie lang ist er jeweils?
d) Wie ändert sich der Kernschatten, wenn sich das Kind von der Laterne entfernt?

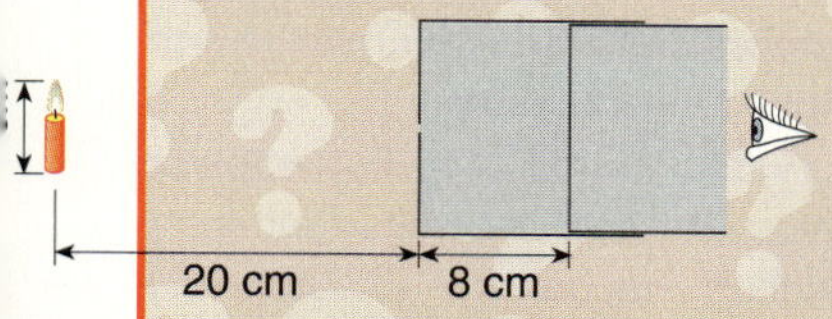

A3 Eine Kerze steht vor einer Lochkamera. Wie groß ist das Bild der Kerze in der Lochkamera?
a) Fertige eine Zeichnung in Originalgröße und trage die wichtigsten Photonenbahnen ein.
b) Welche Aufgabe hat das Pergamentpapier in der Lochkamera? Wäre stattdessen eine Klarsichtfolie auch geeignet?

A4 Ein verkehrssicheres Fahrrad hat verschiedene Bauteile, die ähnlich wie Sonne oder Mond Licht aussenden.
a) Zähle die Bauteile auf und teile sie auf in „Lichtquellen" und „Streuer".
b) Beschreibe die Lichtabgabe auch im Photonenbild.
c) Worauf ist bei den Bauteilen zu achten?

A5 Auf dem Bild blickt der Fotograf vom Mond aus auf die Erde.

a) Erkläre diesen Sehvorgang, indem du den Photonenweg beschreibst.
b) Weshalb erscheint um die Erde herum das Weltall schwarz?
c) Die Erde hat auf dem Bild keine Kugelform. Wie kommt das? Wo befand sich wohl die Sonne bei der Aufnahme?

A6 a) Erkläre, wie Mond- und Sonnenfinsternisse zustande kommen. Fertige jeweils eine Skizze zur Stellung der Himmelskörper.
b) In der unteren Grafik auf Seite 24 kann es niemals zu einer Finsternis kommen, wenn sich die Erde bei B befindet. Warum nicht? Wo steht der Mond in den entscheidenden Momenten?

A7 a) Der linke Junge will um die Ecke gucken. Was sieht er wohl? Vergleiche mit dem, was der rechte Junge sieht.
b) Beschreibe jeweils den Weg der Photonen, die in die Öffnungen eintreten.
c) Welche Möglichkeiten gäbe es, damit er doch um die Ecke sehen kann?

A8 Lampenschirme können nicht nur dekorativ aussehen, sondern auch einen Beleuchtungszweck erfüllen.
a) Beschreibe und erkläre die unterschiedliche Lichtabstrahlung bei einer „nackten" Glühlampe und bei einer Schirmlampe.
b) Welchen Effekt haben Glühlampen mit matten Glaskolben im Vergleich zu Klarglaslampen?

Die wichtigsten Begriffe

- Absorption S. 16/17
- Beleuchtete Körper S. 11
- Finsternisse S. 24/25
- Lichtempfänger S. 11
- Lichtquellen S. 11
- Photonen S. 14, 16/17
- Schatten S. 20–23
- Streuung S. 16/17

Prüfe dein Wissen

Optik

A9 **a)** Beantworte zu den Merkzettelbegriffen folgende Fragen: Was bedeutet der Begriff? Gibt es Formeln dafür? Gibt es sonst noch etwas Wissenswertes über diesen Begriff?
b) Wenn du Fragen nicht auf Anhieb beantworten kannst, dann lies die entsprechenden Seiten im Buch noch einmal gründlich durch.
c) Notiere auf der Vorderseite von Karteikarten den Begriff, auf der Rückseite die Erläuterung.

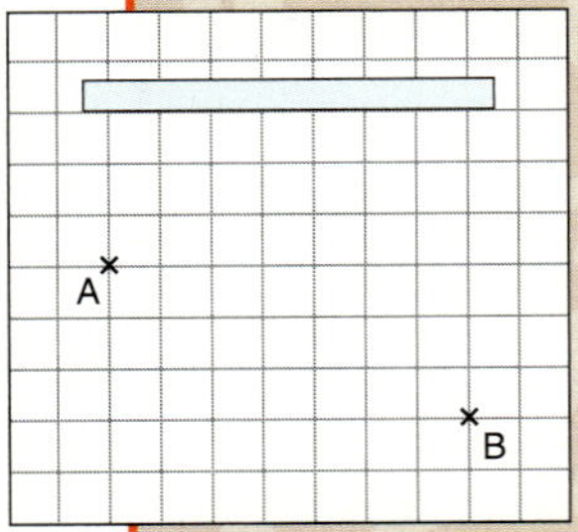

A10 Anja (A) und Bernd (B) besuchen die Kirmes; sie stehen vor einem großen Spiegel.
a) An welchem Punkt des Spiegels sieht Anja Bernd, wo Bernd Anja? Löse durch Konstruktion. (1 Kästchen ≙ 1 cm)
b) Während sich die beiden noch im Spiegel betrachten, wird zwischen sie ein 2 m breiter Wohnwagen geschoben. Wie nah darf der Wohnwagen am Spiegel stehen, damit sie sich weiter sehen können?
c) Der Spiegel wird um seine Mitte im Uhrzeigersinn gedreht (30°). Können sich Anja und Bernd noch sehen (mit Wohnwagen)?
d) Welche Aufgabe hat der Spiegel eines Tageslichtprojektors?

A11 Ein Winkelspiegel besteht aus zwei ebenen Spiegeln, die einen Winkel von 45° miteinander bilden. Ein Lichtbündel trifft unter einem Einfallswinkel von 30° auf die Mitte des einen Spiegels.
a) Konstruiere den Weg des Lichts.
b) Um welchen Winkel wird die Richtung des einfallenden Lichtbündels geändert? Gilt dieser Winkel auch für andere Einfallswinkel? Begründe.
c) Auf einer großen Wiese soll ein Fußballfeld markiert werden. Wozu dient ein Winkelspiegel?
d) Kannst du in einem Winkelspiegel dein eigenes Spiegelbild sehen? Wie musst du ihn dazu halten?

A12 Ein Lichtbündel trifft unter einem Einfallswinkel von 25° auf die Seitenfläche eines Prismas (gleichseitiges Dreieck mit 6 cm Kantenlänge).

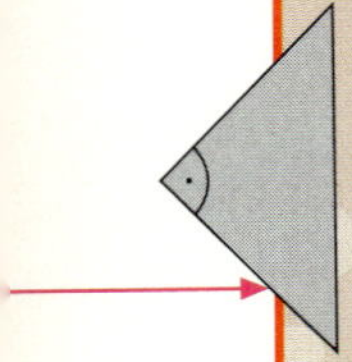

a) Konstruiere den Weg des Lichts. Um welchen Winkel wird das einfallende Lichtbündel abgelenkt?
b) Konstruiere den Weg eines Lichtbündels, das wie links auf ein gleichschenklig rechtwinkliges Prisma trifft (ohne Farbzerlegung!).
c) Spielt die Auftreffstelle in b) eine Rolle?
d) Beim Prisma von b) trifft ein Lichtbündel unter einem Einfallswinkel von 30° auf die Basis. Konstruiere den Weg des Lichts.
e) Welche Richtungsänderung erfährt ein Lichtbündel, das unter einem beliebigen Winkel auf die Basis des Prismas von b) und c) trifft? Begründe.

A13 Vor einer Sammellinse mit der Brennweite 8 cm steht in 12 cm Entfernung ein senkrechter Pfeil der Länge 4 cm.
a) Konstruiere das Bild dieses Pfeils.
b) In welchem Abstand von der Linse muss sich der Pfeil befinden, damit sein Bild ① halb so groß, ② gleich groß, ③ doppelt so groß wird?

A14 Auf ein Negativ der Größe 24 mm x 36 mm soll eine 178 cm große Person abgebildet werden, die in 4,0 m Entfernung von der Kamera steht.
a) Wird die Person vollständig abgebildet, wenn ein Normalobjektiv (50 mm Brennweite) verwendet wird?
b) Wie müsste die Brennweite des Objektivs geändert werden, damit von der Person eine Porträtaufnahme gemacht werden kann?
c) Welche Brennweite muss am Objektiv eingestellt werden, wenn der Kopf der Person eine Höhe von 40 cm hat? (Der Abstand zum Fotoapparat soll sich nicht ändern.)
d) „Objektive von Fotoapparaten mit großer Brennweite holen weit entfernte Gegenstände näher heran." Wie ist diese Aussage zu verstehen? Erläutere sie mithilfe von Linsengleichung und Abbildungsmaßstab.
e) Wie kann bei einer Aufnahme mit dem Fotoapparat eine Person in 3 m Entfernung und der weiter entfernte Hintergrund zugleich scharf erscheinen? Erläutere die Wirkung der Blende.

A15 Eine Sammellinse (+0,67 dpt) soll einen 15 m entfernten Gegenstand auf einen Schirm scharf abbilden, der 25 cm hinter der Linse steht. Wie groß muss die Brechkraft einer Zerstreuungslinse gewählt werden, damit dies gelingt?

A16 **a)** Bei einer Sammellinse ergibt sich für Rot eine andere Lage des Brennpunkts als für Violett. Welcher Brennpunkt liegt näher an der Linse?
b) Erläutere, weshalb dies so ist.
c) Welche Probleme können dadurch beim Bau von optischen Geräten auftreten?

Die wichtigsten Begriffe

A17 a) Erstelle eine Tabelle, aus der hervorgeht, wie groß der Abstand der Mittelebene des Objektivs eines Fotoapparats zur Filmebene sein muss, wenn die Brennweite des Objektivs ① 100 mm und ② 35 mm beträgt und Gegenstandsweiten von 0,5 m; 1 m; 2 m; 3 m; 5 m; 10 m; ∞ eingestellt werden.
b) Wie muss sich bei den gleichen Gegenstandsweiten die Brennweite der Augenlinse ändern, wenn die Mittelebene der Augenlinse beim Normalsichtigen 20 mm von der Netzhaut entfernt ist?

A18 Bestimme jeweils die fehlenden Größen:

	f	*g*	*b*	*G*	*B*	*A*
a)		8 cm	24 cm	6 cm		
b)	5 cm		5,1 cm	1,8 m		
c)			50 cm		10 cm	0,2
d)	10 cm	5 cm		4,5 m		
e)	135 cm		140 mm	1,5 m		

A19 Ein Dia der Größe 24 mm x 36 mm soll auf einer quadratischen Leinwand der Seitenlänge 1,80 m möglichst groß aber vollständig abgebildet werden. Der Projektor steht in 5 m Entfernung zur Leinwand.
a) Welche Brennweite muss das Objektiv des Projektors haben?
b) Welche Abmessungen hätte das Bild bei einer Projektionsentfernung von 12,5 m?
c) Die 1,2 m x 1,8 m große Projektion eines Dias wird aus 3 m Entfernung betrachtet. Welche Größe müssten Papierbilder haben, die aus 30 cm Entfernung betrachtet werden, damit sie genauso groß wie die Projektion auf der Leinwand empfunden werden?

A20 Bei einem Mikroskop beträgt der Abstand zwischen Objektiv und Okular (Tubuslänge) 150 mm, die Okularbrennweite $f_1 = 2$ cm und die Objektivbrennweite $f_2 = 5$ mm.
a) Wie groß ist das reelle Zwischenbild eines 0,1 mm großen Pantoffeltierchens?
b) Welche Vergrößerung liefert das Mikroskop?
c) Die Tubuslänge wird auf 200 mm verlängert. Welche Vergrößerung ergibt sich dadurch?

A21 Ein Fernrohr zur Himmelsbeobachtung hat ein Objektiv mit $f_1 = 60$ cm und ein Okular mit $f_2 = 2$ cm.
a) Welche Vergrößerung ermöglicht das Fernrohr?
b) Wie lang ist das Fernrohr, wenn es einmal auf Unendlich und einmal auf 20 m eingestellt wird?

A22 a) Zwei Prismen sind wie in der Zeichnung rechts aneinander gestellt. Weißes Licht fällt unter 45° auf. Erkläre, was dem Licht beim Durchgang durch die Prismen geschieht.

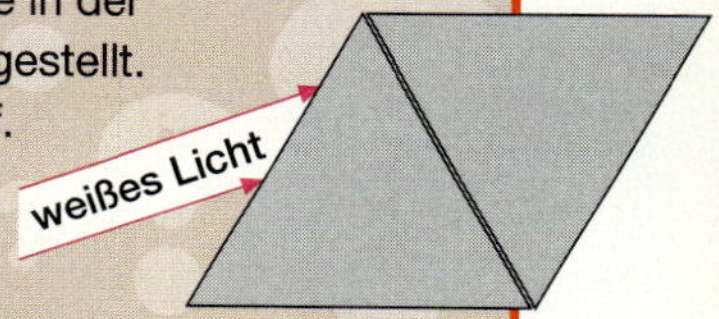

b) Was geschieht, wenn das rechte Prisma um 2 cm nach rechts verschoben wird? Erkläre.
c) Überprüfe deine Erklärungen durch Konstruktion des Weges für rotes und violettes Licht.

A23 a) Wie entsteht der grüne Farbeindruck, wenn du blaue und gelbe Wasserfarbe mischst?
b) Wieso ergibt sich beim Mischen von Rot und Grün ein schmutziger Braunton?
c) Vergleiche mit der Mischung von rotem und grünem Licht. Beschreibe die Unterschiede zu b).

A24 Betrachtest du eine weiße Zimmerdecke durch ein Prisma, so erscheint das von ihr kommende Licht trotz zweimaliger Brechung weiß, lediglich an den Rändern lässt sich ein leichter Farbsaum erkennen. Wie kommt dies?

A25 Weißes Sonnenlicht besteht aus verschiedenen Spektralfarben. Nimm einmal an, das Licht würde sich je nach Farbe unterschiedlich schnell bewegen, z. B. Violett am schnellsten und Rot am langsamsten.
a) Was würdest du beobachten, wenn die Sonne unmittelbar nach einer Sonnenfinsternis wieder hinter dem Mond hervorkommt?
b) Eine solche Beobachtung wurde bisher noch nie gemacht. Was schließt du daraus?

Akustik

Das Zwitschern der Vögel, das Kreischen der um die Kurve fahrenden Straßenbahn, das Hupen der Autos, die Rufe der Mitschüler auf dem Schulhof, der Boogie der Schulband – das alles ist Schall. Was aber ist Schall physikalisch? Wie entsteht er? Wie können wir ihn beschreiben, wie die entsprechenden Größen messen?

Sehr lauter Schall ist nicht nur lästiger Lärm, sondern auch eine Gefahr für die Ohren. Kann man die Lautstärke von Schall messen? Wie können wir uns vor unerwünschtem, störendem oder gefährlichem Lärm schützen? Auf welchen physikalischen Gegebenheiten beruhen diese Lärmschutzmaßnahmen?

Spricht die Politikerin in das Megafon, so kann sie ihre Worte ganz gezielt in eine bestimmte Richtung lenken. Lässt sich Schall verstärken und bündeln? Wie kommt er überhaupt von seinem Entstehungsort an unser Ohr? Wie lange braucht er dafür?

Schall

Auf uns stürmen pausenlos irgendwelche Geräusche ein. Schon in aller Frühe klingelt der Wecker, vom Radio hören wir die neuesten Nachrichten, die Nachbarn streiten sich und auf der Straße vor dem Haus lärmt der morgendliche Berufsverkehr. Im Bus zur Schule begleitet uns der Walkman, in der Schule heißt es zuhören – und so geht es den ganzen Tag weiter: Es brummt, knallt, summt, klappert, hupt und pfeift um uns herum. Wir hören Geräusche, Musik, Sprache und Lärm den ganzen Tag.
Schall ist als Lärm Umweltverschmutzung und er kann uns in Form von Musik höchsten Genuss verschaffen.

Aber was ist Schall? Wie entsteht er und was kann er bewirken? Wodurch unterscheiden sich angenehme Töne von quälenden Geräuschen?

Von der Quelle zum Empfänger

Schall kommt vom Mund, von Lautsprechern, von Musikinstrumenten, Maschinen oder von plätscherndem Wasser. Sie alle senden Schall aus. Aber erst wenn Schall auf unser Ohr trifft, können wir ihn wahrnehmen. Körper, von denen Schall ausgeht, nennen wir **Schallquellen,** Körper, die Schall aufnehmen, **Schallempfänger.**

Wir benutzen aber nicht nur unsere Ohren, um Schall zu empfangen, sondern setzen auch technische Geräte ein. Zum Beispiel lässt sich der Schall mithilfe eines Mikrofons empfangen und dann weiter verarbeiten.

Alles, was wir hören können, ist Schall.

Aufgaben

1 Nenne mindestens zehn weitere Verben, die Schall beschreiben. Was ist jeweils die Schallquelle?

2 **a)** Nenne weitere Schallquellen. Unterscheide dabei zwischen natürlichen und künstlichen.
b) Welchem Zweck dienen sie? Unterscheide nach Musik, Sprache, Lärm, ...

3 Beschreibe, welche Art von Schall du als angenehm und welchen du als eher unangenehm empfindest. Teilen andere deine Beurteilung?

4 „Auf den Ohren sitzen", „bis über beide Ohren verliebt" ... . Es gibt viele Redensarten mit und über Ohren. Sammle einige von ihnen und erkläre ihre Bedeutung. Was haben sie mit Schall zu tun?

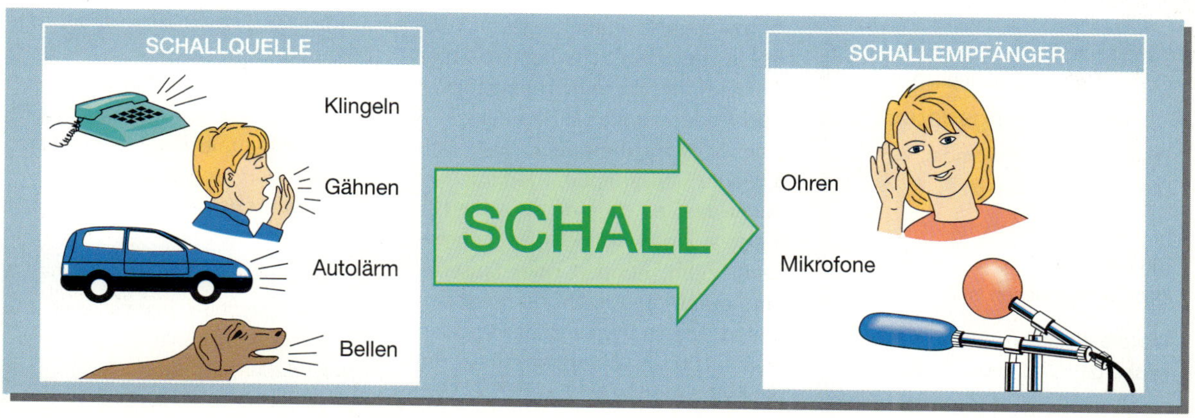

Schallentstehung

- Wenn wir beim Sprechen die Hand an unseren Kehlkopf legen, so können wir nicht nur die Worte hören, sondern auch ein Vibrieren in unserer Kehle fühlen.
- Eine Stimmgabel, die angeschlagen wird, sendet ebenfalls Schall aus. Berühren wir sie, so spüren wir, dass die Zinken hin und her schwingen.
- Reiskörner tanzen wie wild auf der Membran eines tönenden Lautsprechers. Die Bewegung der Membran können wir fühlen.

Die Entstehung von Schall ist offensichtlich mit der Hin- und Herbewegung eines Körpers verknüpft. Andere Körper (z. B. Geigensaite, Trommel, Glocke) lassen sich ganz ähnlich zu solchen Hin- und Herbewegungen anregen.
Was aber bewegt sich bei einer Blockflöte? In die Öffnung geblasener Rauch zeigt, dass es die Luftteilchen sind, die sich hin und her bewegen.

Zentraler Versuch

Diese Bewegungen nennen wir **Schwingungen.** Offenkundig ist bei der Schallentstehung immer auch ein schwingender Körper oder ein schwingender Teil eines Körpers beteiligt.

> Schwingende Körper können Schall aussenden.

Schwingungen

Wie lässt sich eine Schwingung genauer beschreiben? Betrachten wir eine langsam schwingende Blattfeder: Nach dem Auslenken aus der **Ruhelage** schwingt die Blattfeder hin und her; dabei geht sie immer wieder durch die Ruhelage. Ein kompletter Durchgang wird als **Periode** der Schwingung bezeichnet. Die maximale Auslenkung von der Ruhelage bis zum jeweiligen Umkehrpunkt wird **Schwingungsweite** oder **Amplitude** genannt.

Die Zeitdauer für eine Periode lässt sich durch Abstoppen mit einer Uhr messen. Dabei stellt sich heraus, dass die schwingende Blattfeder für einen vollen Durchgang (Ruhelage → ganz nach links → Ruhelage → ganz nach rechts → Ruhelage) jeweils dieselbe Zeitdauer benötigt. Diese Zeit für eine volle Periode wird **Schwingungsdauer *T*** genannt.

Zentraler Versuch

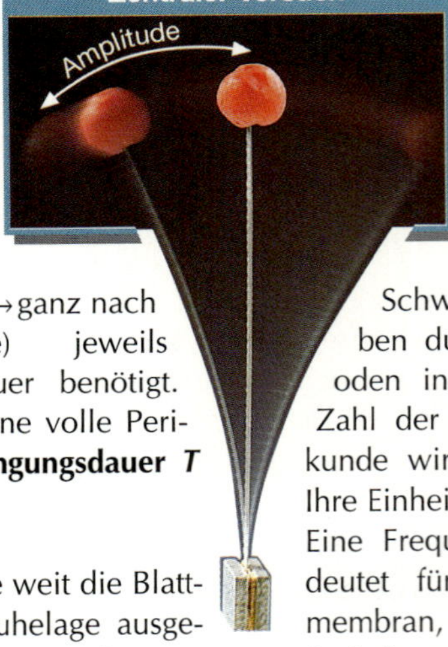

Gleichgültig, wie weit die Blattfeder aus der Ruhelage ausgelenkt wird, ist die Zeit für eine Schwingung immer gleich. Es spielt für die Schwingungsdauer keine Rolle, ob wir die Blattfeder mehr oder weniger auslenken.
Die Schwingungsdauer lässt sich genauer bestimmen, indem wir nicht die Zeit für eine einzelne Periode stoppen, sondern für mehrere (z. B. zehn, hundert oder tausend) und durch die Anzahl der Perioden teilen. Messen wir für 20 Perioden z. B. 100 s, so ergibt dies die Schwingungsdauer $T = \frac{100\,s}{20} = 5$ s.

Bei schnell schwingenden Körpern ist die Schwingungsdauer sehr klein, die Anzahl der Schwingungen dagegen groß. Deshalb lässt sich eine Schwingung auch beschreiben durch die Zahl der Perioden in *einer* Sekunde. Diese Zahl der Schwingungen pro Sekunde wird **Frequenz *f*** genannt. Ihre Einheit ist das Hertz: $1\,Hz = \frac{1}{s}$.
Eine Frequenz von 1000 Hz bedeutet für unsere Lautsprechermembran, dass sie 1000 komplette Perioden in einer Sekunde vollführt. Die Schwingungsdauer beträgt in diesem Fall
$T = \frac{1\,s}{1000} = 0{,}001$ s = 1 ms.
Aus der Frequenz *f* lässt sich somit die Schwingungsdauer *T* leicht berechnen und umgekehrt:
$\boldsymbol{T = \frac{1}{f}}$ und $\boldsymbol{f = \frac{1}{T}}$

> Schwingungen sind gekennzeichnet durch Amplitude bzw. Schwingungsweite und Schwingungsdauer bzw. Frequenz.

Definition / Einheiten

Schwingungsdauer
Die Einheit ist s (Sekunde).
Das Formelzeichen ist *T*.

Frequenz
Die Einheit ist $1\,Hz = \frac{1}{s}$ (Hertz).
Das Formelzeichen ist *f*.

Weitere Einheiten:
Kilohertz: 1 kHz = 1000 Hz

Schwingungen

Versuche und Aufträge

V1 Fülle Wasser in einen Becher. Schlage die Zinken einer großen Gabel (z. B. Tranchiergabel aus dem Bratenbesteck) an und halte sie ins Wasser hinein. Was beobachtest du? Was kannst du daraus schließen?

V2 Wie oft schlägt dein Puls pro Minute in Ruhe und nach 20 Kniebeugen? Welche Zeit liegt zwischen den Pulsschlägen? Welche Frequenz ergibt sich?

A3 Fülle im Freien eine Tüte mit Sand, binde sie mit einer Schnur zu und stich ein kleines Loch hinein. Lass sie an der Schnur frei nach rechts und links pendeln, während du gleichmäßig nach vorne gehst. Stoppe die Zeit während des Gehens.

a) Erkläre an deiner aufgezeichneten Sandspur die Begriffe Auslenkung, Amplitude und Periode.
b) Berechne aus der Zahl der Perioden und der gemessenen Zeit Frequenz und Schwingungsdauer.

A4 a) Hänge einen Gegenstand an einem Faden auf und lasse ihn schwingen (Pendel). Bestimme Schwingungsdauer, Frequenz und Amplitude deines Pendels.
b) Ändere Fadenlänge und Amplitude und bestimme jeweils wieder Schwingungsdauer und Frequenz.
c) Trage deine Messergebnisse in einer Tabelle zusammen und stelle sie grafisch dar.
d) Kannst du Zusammenhänge erkennen?

Damit wir Schwingungen besser untersuchen können, wäre es gut, wenn wir sie „festhalten" könnten. Dies lässt sich erreichen, indem wir die Stimmgabel mit ihrer schwingenden Zinke gleichmäßig über eine rußgeschwärzte Glasplatte ziehen. Sie hinterlässt dann im Ruß eine deutliche Spur, aus der sich der Weg der schwingenden Zinke ablesen lässt.

Aus der Rußspur können wir die Zahl der kompletten Perioden leicht abzählen. Wenn wir noch die Zeit zwischen Anfang und Ende der Spur gemessen haben, lässt sich damit wieder Frequenz f und Schwingungsdauer T bestimmen.
Es zeigt sich, dass die Auslenkung nach oben und unten mit der Zeit geringer wird; die Amplitude der Schwingung nimmt also mit der Zeit ab. Verbinden wir jeweils die oben und unten liegenden Amplituden miteinander, so lässt sich dieses „Abklingen" besonders deutlich erkennen.

Rechenbeispiel

Eine Stimmgabel schwingt 440-mal pro Sekunde. Wie groß sind Frequenz und Schwingungsdauer?

Geg.: 440 Schwingungen in 1 s
Ges.: f, T

Lösung: $f = 440\ \text{Hz}$

$T = \frac{1}{f} = \frac{1}{440\ \text{Hz}}$
$= 0{,}0027\ \text{s} = 2{,}27\ \text{ms}$

Die Stimmgabel schwingt mit der Frequenz 440 Hz.
Die Schwingungsdauer beträgt 2,27 ms.

Aufgaben

1 Nenne Gegenstände aus deiner Umgebung, die schwingen. Beschreibe, was an ihnen schwingt und wo die Ruhelage ist. Wie groß ist jeweils die Amplitude?

2 Versuche, die Schwingungsdauer von verschiedenen schwingenden Gegenständen zu bestimmen oder abzuschätzen.

3 Wie groß ist die Schwingungsdauer für eine Blattfeder, bei der für 18 Perioden 24 s gemessen wurden?

4 Berechne für folgende Schwingungsdauern die zugehörigen Frequenzen: 5 s; 2 s; 0,2 s; 0,004 s.

5 Berechne für folgende Frequenzen die zugehörigen Schwingungsdauern: 5 Hz; 2 Hz; 0,2 Hz; 0,004 Hz.

6 Mit welcher Frequenz bewegt sich das Pendel einer Wanduhr? Mit welcher Frequenz hörst du das Ticken deiner Armbanduhr?

7 Schlage in einem Lexikon oder Biologiebuch nach, wie oft ein kleiner Kolibri, eine Fliege oder ein Vogel in einer Sekunde mit den Flügeln schlägt. Gib Frequenz und Schwingungsdauer an.

Töne sichtbar gemacht

Die Stimmgabel hat uns auf der berußten Glasplatte Schwingungen sichtbar gemacht. Mithilfe eines Oszilloskops und eines Mikrofons lässt sich dies viel eleganter zeigen. Das Mikrofon wandelt den ankommenden Schall in elektrische Schwingungen um, die zum Oszilloskop geleitet werden. Dort wird auf einem Bildschirm ein Leuchtpunkt erzeugt, der in gleicher zeitlicher Abfolge wie der Schall das Bild der Schwingung aufzeichnet. Aus dem Leuchtbild lassen sich dann die Größen Frequenz, Schwingungsdauer und Amplitude bestimmen. So können Schallquellen miteinander verglichen werden.

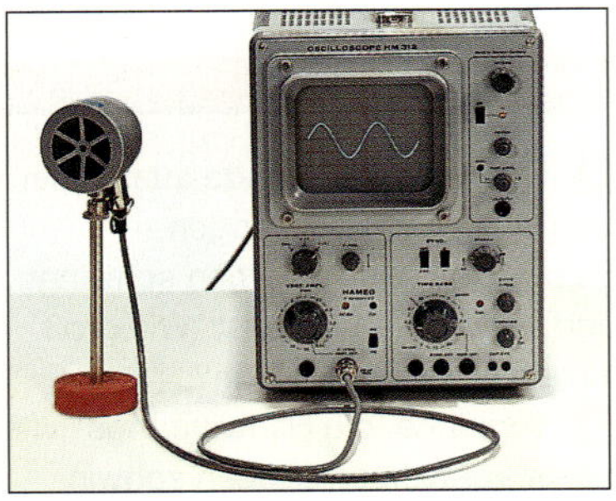

Schallsender	Schwingungsbilder
lange Stimmgabel	leiser tiefer Ton
	lauter tiefer Ton
kurze Stimmgabel	leiser hoher Ton
	lauter hoher Ton
Rasseln mit Schlüsselbund	Geräusch
Schuss; platzender Ballon; Zerschlagen einer aufgeblasenen Papiertüte	Knall
Geige	Klang
menschliche Stimme	

Ton

Bei den schönen, regelmäßigen Schwingungen handelt es sich um reine Töne, wie sie zum Beispiel von Stimmgabeln erzeugt werden.

Es lassen sich hohe und tiefe Töne voneinander unterscheiden. Bei den hohen Töne liegen die Nulldurchgänge im Schwingungsbild viel enger beieinander als bei den tiefen Tönen. Somit besitzen hohe Töne eine kleinere Schwingungsdauer und folglich eine größere Frequenz als tiefe Töne.
Auch laute und leise Töne lassen sich auf den Bildern unterscheiden. Die lauten Töne haben eine größere Amplitude als die leisen. Das ließ sich auch schon bei der Blattfeder erkennen. Weit ausgelenkt erklingt sie viel lauter als bei nur geringer Auslenkung.

Geräusch

Ein Geräusch wird durch viele verschiedene Schwingungen mit unterschiedlichen Schwingungsdauern und Amplituden hintereinander erzeugt.

Knall

Bei einem Knall erscheint dagegen nur eine einzige Auslenkung. Diese ist aber sehr heftig.

Klang

Etwas komplizierter sehen Schwingungen von Instrumenten aus. Der gleiche Ton a mit einer bestimmten Schwingungsdauer auf einer Geige und auf einer Stimmgabel hört sich dennoch anders an, er hat eine andere Klangfarbe. Dies zeigt sich auch auf dem Oszilloskop-Bild: Ein Klang erscheint als ein „verzerrter" Grundton. Aber gerade in dieser Vielfalt von Grundtönen liegt der Reiz der Musik.
Auch die Stimmen von Menschen weisen große Unterschiede im Schwingungsbild auf. Mithilfe dieser Abweichungen lassen sich Stimmen eindeutig wiedererkennen, was zum Beispiel der Kriminalpolizei bei der Identifizierung von Telefonerpressern hilft.

Je größer die Frequenz eines Tons ist, desto höher klingt er.
Je größer die Amplitude ist, desto lauter klingt der Ton.

Schallquellen im Eigenbau

Versuche und Aufträge

V1 Glasorgel: Besorge dir möglichst ein Dutzend gleicher Gläser aus dünnem Glas. Fülle sie der Reihe nach mit immer mehr Wasser. Fahre mit dem angefeuchteten Finger langsam auf dem Rand eines Glases entlang.

a) Schaffst du es, den Gläsern die passenden Töne zuzuordnen und ein kleines Lied zu spielen?

b) Wie entstehen die Töne überhaupt? Was schwingt hier? Wie lassen sich die Schwingungen zeigen?

c) Warum klingen dünne Gläser besser als dicke?

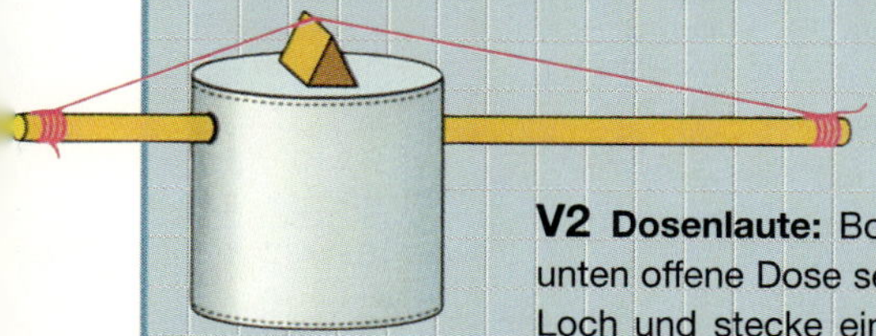

V2 Dosenlaute: Bohre in eine unten offene Dose seitlich je ein Loch und stecke einen ca. 1 m langen Holzstab hindurch. Verknote an beiden Enden eine Saite und spanne sie mit einem dreieckigen Holzstück. Beim Anzupfen der Saite erklingt ein Ton. Von welchen Faktoren hängt die Tonhöhe ab?

V3 Experimente mit einer Soundkarte: Mit der Soundkarte eines Computers lässt sich der in digitaler Form gespeicherte Schall nicht nur über Lautsprecher wiedergeben. Worte oder Musik können auch über ein Mikrofon aufgenommen, im Computer aufgezeichnet und unter Verwendung geeigneter Software bearbeitet werden. So lassen sich die zeitlichen Schwingungsverläufe ähnlich wie bei einem Oszilloskop betrachten und analysieren.

a) Nimm unterschiedliche Töne von verschiedenen Musikinstrumenten auf.
Bestimme jeweils die Frequenzen der Töne.
Vergleiche die Klangbilder der unterschiedlichen Instrumente bei gleicher Frequenz.

b) Untersuche auch das zeitliche Verhalten beim Einschwingen einer Saite, beim Anblasen einer Flöte oder das Anstreichen bei einer Geige.

Die menschliche Stimme

Streifzug

Die menschliche Stimme ist ein unglaublich vielseitiges „Instrument“. Sie kann zwischen Schreien und Flüstern, zwischen tiefem Brummen und hohem Kreischen variiert werden. Durch verschiedene Klangfarben können viele Geräusche nachgeahmt werden.

Die Stimmbänder liegen im Kehlkopf. Strömt Luft aus der Lunge durch die Stimmritze zwischen den Stimmbändern, so werden sie auseinander gedrückt und schlagen wieder zusammen. Dieses Hin und Her erzeugt ein schnarrendes Geräusch. Die Länge der Stimmbänder ist verantwortlich dafür, dass sich bei den Sängerinnen und Sängern Sopran, Alt, Tenor und Bass unterscheiden lassen. Je länger die Stimmbänder, desto tiefer die Stimmlage. Aber erst durch den Raum in Brust, Rachen, Nase und Mund sowie durch die Stellung der Zunge, des Gaumens, der Zähne und der Lippen entstehen die vielfältigen Laute, zu denen der Mensch fähig ist. Die darauf beruhende Sprache war ein wesentlicher Schritt in der Entwicklungsgeschichte des Menschen.

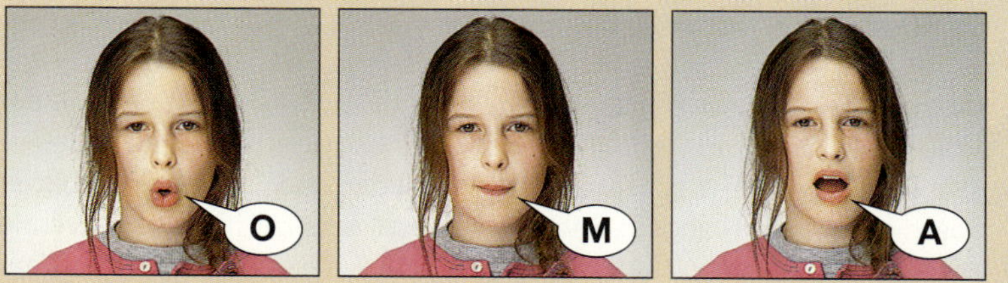

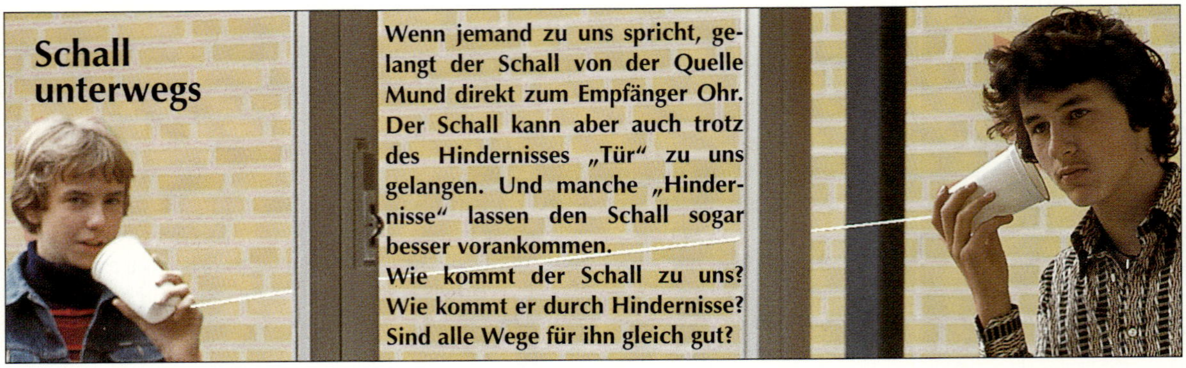

Schall unterwegs

Wenn jemand zu uns spricht, gelangt der Schall von der Quelle Mund direkt zum Empfänger Ohr. Der Schall kann aber auch trotz des Hindernisses „Tür" zu uns gelangen. Und manche „Hindernisse" lassen den Schall sogar besser vorankommen.
Wie kommt der Schall zu uns? Wie kommt er durch Hindernisse? Sind alle Wege für ihn gleich gut?

Schallträger

Legen wir eine laut bimmelnde Klingel auf einen Schwamm unter eine Glasglocke und pumpen aus ihr die Luft heraus, so verstummt das Klingeln nach und nach. Wird die Glocke langsam belüftet, so wird das Klingeln wieder hörbar und immer lauter.
Damit der Schall von der Klingel zu uns übertragen werden kann, muss etwas da sein, das ihn von der Schallquelle zum Schallempfänger gelangen lässt. Die Luft ist also zur Schallübertragung notwendig. Ohne diesen Überträger gibt es offenbar keinen Schall. Wiederholen wir den Versuch, indem wir die Klingel auf eine Metallunterlage legen, so reduziert sich die Lautstärke kaum. Der Schall kann jetzt über den festen Metallkörper zu uns gelangen.
Es ist meist die Luft, die den Schall überträgt. Aber auch jeder feste, flüssige oder gasförmige Körper kann ihn – mehr oder weniger gut – übertragen. Aus Vergleichsmessungen mit dem Träger Luft lassen sich die verschiedenen Stoffe in eine Reihenfolge sortieren. Der Grafik oben lässt sich entnehmen, wievielmal besser bestimmte Stoffe Schall übertragen im Vergleich zu Luft.

Zentraler Versuch

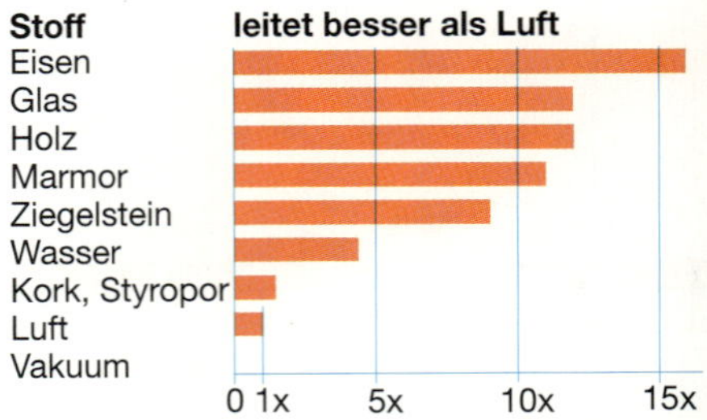

> Schall braucht einen Träger, um von der Schallquelle zum Schallempfänger zu gelangen.

Versuche und Aufträge — Schallausbreitung

V1 a) Lausche einer Radiosendung im Nachbarzimmer ohne Hilfsmittel.
b) Halte dann ein Trinkglas mit der Öffnung an die Wand und drücke dein Ohr an den Glasboden. Was stellst du fest?

V2 a) Befestige eine Suppenkelle aus Metall in der Mitte eines ca. 2 m langen Fadens. Wickle die beiden Enden um die Spitzen deiner Zeigefinger und lass die Kelle frei hängen. Schlage sie jetzt gegen einen Tisch. Wie hört sich der Ton an?
b) Stecke dann deine beiden Zeigefinger in die Ohren und wiederhole. Erkläre.

V3 Fadentelefon: Bohre je ein Loch in die Böden von zwei leeren Plastikbechern oder Blechdosen und verbinde sie durch eine Schnur wie im Bild oben.
a) Sprich in den einen Becher hinein. Kann jemand in dem anderen Becher deine Worte gut hören?
b) Über welche Entfernung schafft ihr eine vernünftige Telefonverbindung?
c) Erkläre. Warum muss die Schnur gespannt sein?

Schall wird umgelenkt

Stehen wir vor einer großen Bergwand, so gibt es oft ein schönes **Echo.** Grund: Trifft Schall auf harte Materialien wie z. B. Bergwände oder glatte Glasscheiben, so kann er von diesen auch wieder zurückgeworfen, **reflektiert** werden.

Zentraler Versuch

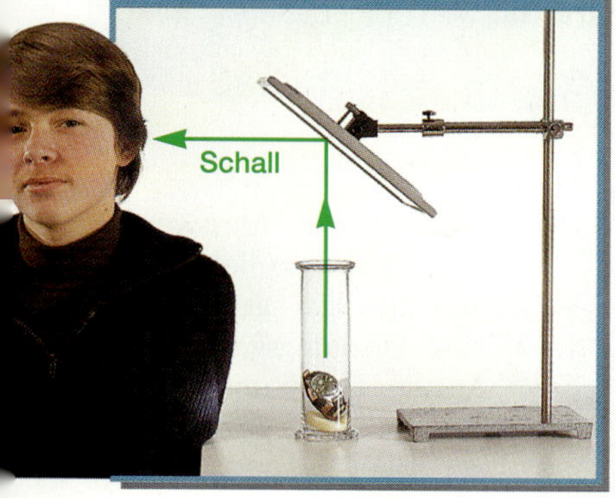

In Räumen mit glatten, kahlen Wänden kommt der reflektierte Schall wegen des kurzen Weges so schnell wieder, dass wir nur einen unangenehmen **Nachhall** wahrnehmen. In der Musik ist er in gewissen Maßen erwünscht, denn er lässt sie weicher klingen. Zu viel Nachhall lässt die Musik allerdings verschwimmen und wird als störend empfunden.

Wollen wir dagegen die Schallreflexion vermeiden, müssen wir raue, weiche und poröse Oberflächen auswählen, da diese den Schall in alle Richtungen reflektieren und einen großen Teil des Schalls sogar schlucken oder **absorbieren.**

Schallausbreitung im Teilchenmodell

Stößt in einer wartenden Schülerschlange ein hinten Stehender gegen einen vor ihm Stehenden, so kann der Gestoßene nach vorn fallen und den vor ihm Stehenden umstoßen – was sich nach vorn so weiter fortsetzen kann. Die **Störung** hat sich nach vorn ausgebreitet, ohne dass die Schüler sich in der Schlange von ihrem Platz weg bewegt hätten.

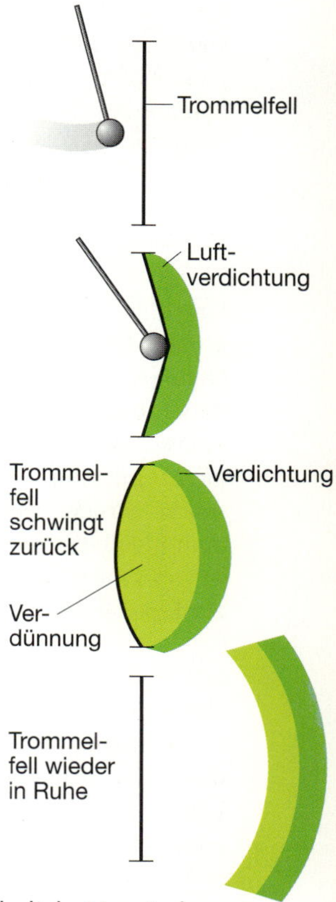

Schiebt man die Luft langsam mit der Hand vor sich her, so kann sie ausweichen. Schlägt man dagegen auf eine Pauke, so werden die Luftteilchen sehr schnell angestoßen und können deshalb nicht ausweichen. Hinter der Pauke wird die Luft zusammengedrückt. In diesem Bereich ist die Luft dichter als in ihrer Umgebung. Diese Luftteilchen drücken nun ihrerseits auf vor ihnen liegende Luftteilchen, die dadurch verdichtet werden. Das „verdichtete Luftpaket“ wandert also immer weiter von der Pauke weg, ohne dass die einzelnen Luftteilchen ihren Platz verlassen.

Schwingt das Fell der Pauke zurück, so entsteht eine Stelle, in welcher die Luft mehr Platz zur Verfügung hat, eine Luftverdünnung. In diese strömt Luft aus der nächsten Luftschicht wieder hinein. Wie die Luftverdichtung pflanzt sich auch die Luftverdünnung fort. Sie läuft hinter der Verdichtung her – wir hören den Paukenschlag.

Luftverdichtungen und -verdünnungen laufen von einer Schallquelle nicht nur in eine Richtung weg, sondern breiten sich auch seitlich aus. Deshalb werden die Amplituden der Schwingungen mit der Entfernung immer geringer, der Ton wird leiser.

Die Ausbreitung in anderen Materialien verläuft ganz ähnlich. Nur sind es dort nicht die Luftteilchen, die hin und her schwingen und die Störung weitergeben, sondern die Teilchen des betreffenden Stoffes. Da in flüssigen oder festen Stoffen die Teilchen viel dichter gepackt sind und fester zusammenhängen als in Luft, leiten diese den Schall auch besser.

> Mit jedem Hin und Her eines schwingenden Körpers entstehen abwechselnd Verdichtungen und Verdünnungen in der Luft, die sich ausbreiten.

Aufgaben

1 Überlege, auf welchen Wegen der Schall von einer Klavierspielerin eines Mietshauses zum Bewohner in der Nachbarwohnung transportiert wird. Welche Gegebenheiten begünstigen, welche behindern die Schallausbreitung?

2 Suche in Lexika oder anderen Büchern nach Gegenden mit gutem Echo. Kennst du in deiner Gegend einen Ort mit einem Echo?

3 Erkläre, warum man die Hände zu einem Trichter formt und an den Mund legt, wenn man einer weit entfernten Person etwas zurufen will.

4 Beschreibe die Schallausbreitung eines sich nähernden Zuges in einer Eisenbahnschiene mit dem Teilchenmodell.

Schallgeschwindigkeit

Wie können die Eltern sich so sicher sein? Vermutlich haben sie eine alte Bauernregel angewandt: „Zähle nach dem Blitz die Sekunden bis zum Eintreffen des Donners, teile die Zahl durch drei und du erhältst in etwa die Entfernung des Gewitters in Kilometer."

Ganz offensichtlich braucht der Donner Zeit, um von seinem Entstehungsort zu uns zu kommen. Wie können wir bestimmen, wie schnell sich Schall bewegt?

Ein Blitz und in seinem Gefolge der Donner sind spektakuläre Naturerscheinungen. Der Blitz ist dabei das optische Ereignis, der Donner das akustische. Weil sich Licht irrsinnig schnell bewegt, sehen wir den Blitz praktisch in dem gleichen Augenblick, in dem er von Wolke zu Wolke zuckt oder zur Erde fährt.

Schall dagegen braucht Zeit, um von einem Ort zu einem anderen zu gelangen. Das ist verständlich, denn eine Schallquelle erzeugt in Luft ja abwechselnde Verdichtungen und Verdünnungen, die sich in alle Richtungen ausbreiten. Dazu ist Zeit nötig, wie der einfache Versuch im Foto unten zeigt: Wird das linke Tamburin angeschlagen, so springt der Tischtennisball am rechten Tamburin kurze, aber merkliche Zeit später weg.

Zentraler Versuch

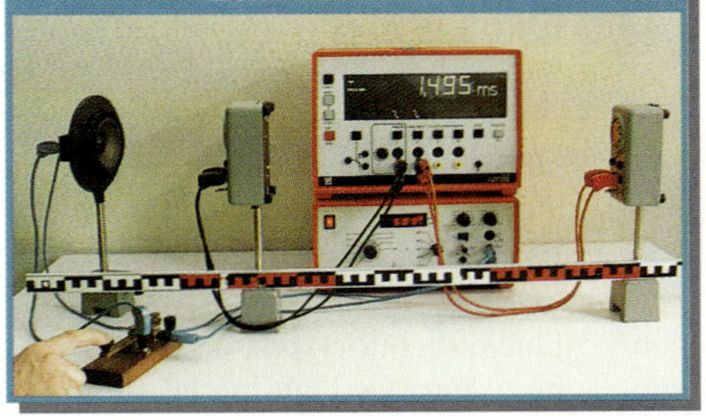

Wie schnell der Schall von einem Ort zu einem anderen läuft, können wir mithilfe der sehr genauen elektronischen Messanordnung im Foto oben herausfinden: Die Stoppuhr wird elektronisch gestartet, sobald ein Ton das linke Mikrofon erreicht, und gestoppt, sobald er das rechte Mikrofon erreicht. Die Tabelle unten zeigt die Laufzeiten des Schalls für unterschiedliche Entfernungen zwischen den beiden Mikrofonen.

Stellen wir die Messwerte grafisch dar, so liegen sie alle ziemlich genau auf einer Ursprungsgeraden. Aus der Grafik unten lässt sich für beliebige Zeiten *t* der dazugehörige zurückgelegte Weg *s* entnehmen. Verlängerten wir die Gerade, bis wir *t* = 1 s ablesen könnten, so ergäbe sich ein Weg von etwa 340 m.

Das ergibt eine einfache Regel für die **Schallgeschwindigkeit** in Luft:

> Schall braucht in Luft für 1000 m etwa drei Sekunden.

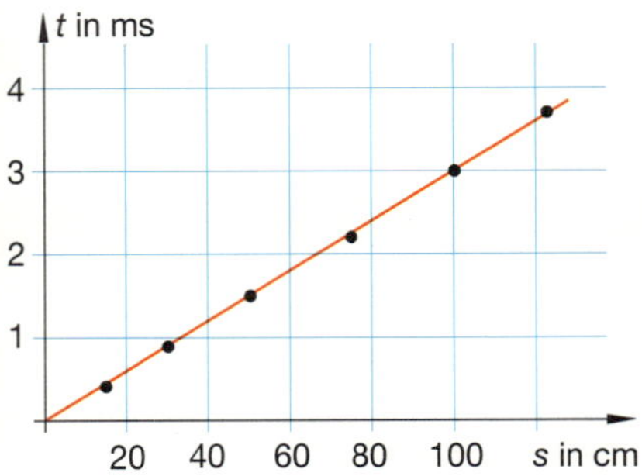

Weg *s*	0,15 m	0,30 m	0,50 m	0,75 m	1,00 m	1,25 m
Zeit *t*	0,000 4 s	0,000 9 m	0,001 5 s	0,002 2 s	0,003 s	0,003 7 s

Aufgaben

1 Du beobachtest in der Ferne einen Blitz. Seinen Donner hörst du etwa 12 s später. Nach zwei Minuten hörst du den Donner eines weiteren Blitzes schon nach 3 s.

a) Wie weit ist das Gewitter beim ersten Donner von dir entfernt?

b) Wie weit ist es nach dem zweiten Donner entfernt?

c) Was lässt sich über die Bewegung des Gewitters sagen?

2 Du stehst 650 m von einer Bergwand entfernt. Wie viel Zeit vergeht zwischen deinem Ruf und dem Hören des Echos?

Schallgeschwindigkeit

Streifzug

Wie entsteht der Donner?

Eigentlich ist Luft ja ein Isolator, das heißt sie leitet elektrischen Strom nicht. Bei Gewittern ist das anders. Da fließen gewaltige elektrische Ströme von einer Wolke zu einer anderen oder von einer Wolke zum Erdboden. Dadurch wird die Luft in Bruchteilen von Sekunden auf etwa 30 000 °C erhitzt – sie leuchtet hell auf, wir sehen einen grellen Blitz.

Durch diese Temperaturerhöhung dehnt sich die Luft im Blitzkanal explosionsartig aus. Es entsteht ein kurzer, scharfer Knall, wenn die umgebende Luft in diesen nahezu luftleeren Kanal zurückfließt.
Ist der Blitz sehr nah, dann hören wir auch nur diesen Knall und keinen Donner. Ist der Blitz weit von uns entfernt, dann kommt der Knall aus unterschiedlichen Entfernungen mit entsprechender Verzögerung zu uns. Wir hören mehrere sich überlagernde Knalle, den Donner.

Das Echolot

Stoff	Weg, den Schall in 1 s zurücklegt
Luft	340 m
Wasser	1485 m
Meerwasser	1530 m
Buchenholz	3300 m
Stahl	5100 m
Glas	5300 m

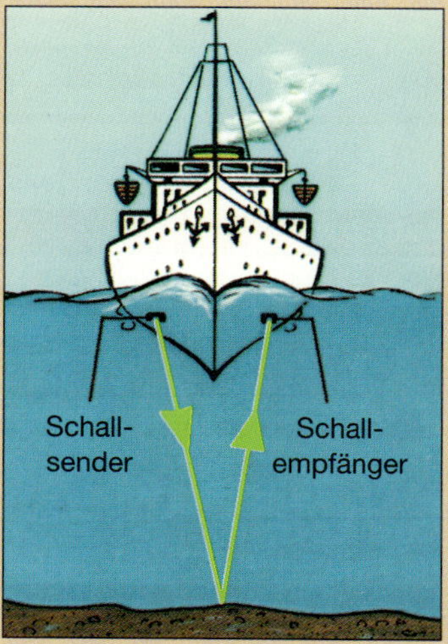

Schall breitet sich nicht nur in Luft aus, sondern auch in jedem anderen Stoff. Für jeden gibt es eine charakteristische Schallgeschwindigkeit. Die Tabelle links zeigt, dass Schall in Luft relativ langsam läuft.

Wie bei einem Gewitter oder einem Echo lässt sich bei jeder Schallausbreitung aus der Laufzeit des Schalls auf die Entfernung der Schallquelle schließen. Dies wird unter anderem von Fischern genutzt. Mithilfe eines Echolots können sie feststellen, wie tief das Meer unter ihnen ist oder wo und in welcher Tiefe sich große Fischschwärme befinden.

Dabei wird ausgenutzt, dass Schall an Hindernissen reflektiert wird. Ein Sender sendet Schall aus. Dieser läuft bis zum Meeresboden, wird dort reflektiert und kehrt zum Schiff zurück, wo er von einem Empfänger registriert wird. Die Zeit zwischen Senden und Empfangen des Schalls wird gemessen. Daraus lässt sich dann die Wassertiefe bestimmen. Wird der Schall von einem Fischschwarm reflektiert, so kann seine Entfernung genauso ermittelt werden. Mithilfe eines besonderen Gerätes (Echogramms) kann unterschieden werden, ob der Schall vom Meeresboden oder von einem Fischschwarm reflektiert wird.

Rechenbeispiel

Das von einem Schiff ausgesendete Signal kommt nach drei Sekunden wieder beim Empfänger an. Wie tief ist das Meer?

In Meerwasser legt Schall
in 1 s eine Strecke von 1530 m,
in 3 s eine Strecke von
3 · 1530 m = 4590 m zurück.
Da der Schall die Strecke zweimal durchläuft, beträgt die Wassertiefe
4590 m : 2 = 2295 m.

Schallempfänger

Grundsätzlich nehmen wir einen Ton, ein Geräusch oder Sprache erst wahr, wenn der Schall in unser Ohr gelangt. Das laute Dröhnen eines Düsenjägers oder eines Presslufthammers kann uns an die Schmerzgrenze bringen. Vor allem tiefe Frequenzen bemerken wir „im Bauch", ohne dass wir sie hören.
Welche Frequenzen hören wir? Wann wird Schall für uns gefährlich? Wie können wir uns vor zu großen Lautstärken oder Lärm schützen?

Hörbereich

Die Zahl der Dichteschwankungen der Luft in einer Sekunde gibt uns die Frequenz des Schalls an, den unser Ohr empfängt. Unser Ohr kann jedoch nicht jede beliebige Frequenz verarbeiten. Am besten hören wir Frequenzen von 300 Hz bis 5000 Hz. In diesem Bereich gibt z. B. das Telefon den Schall an unser Ohr weiter.

Zentraler Versuch

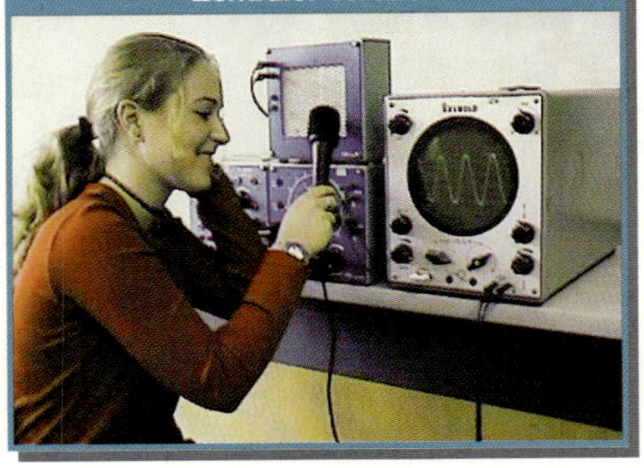

ihrer Hörgrenze liegen. Der wahrnehmbare Frequenzbereich kann in einem Gehörtest mit einem Tongenerator ausgemessen werden. Dabei zeigt ein Oszilloskop auch die Frequenzen, die wir nicht mehr hören können.
Frequenzen unterhalb unseres Hörvermögens heißen **Infraschall,** die oberhalb **Ultraschall.**

Der gesamte Bereich der Frequenzen, den der Mensch hören kann, der **Hörbereich,** erstreckt sich von 16 Hz bis 20 000 Hz.
Dieser Bereich gilt allerdings nur für Kinder und Jugendliche. Im Lauf des Lebens sinkt die obere Hörgrenze etwa jedes Lebensjahrzehnt infolge der nachlassenden Elastizität des Trommelfells um ca. 2000 Hz. Deshalb hören manche ältere Menschen das Zirpen der Grillen nicht mehr, weil die hohen Frequenzen des Zirpens oberhalb ihrer Hörgrenze liegen.

Der Unterschied im Hörverhalten von Mensch und Hund wird bei speziellen Pfeifen für Hunde genutzt: Der Hund hört die Töne im Ultraschallbereich der Pfeife sehr gut, der Mensch dagegen überhaupt nicht.

Infraschall ⇐ 16 Hz Hörbereich des Menschen 21000 Hz ⇒ Ultraschall

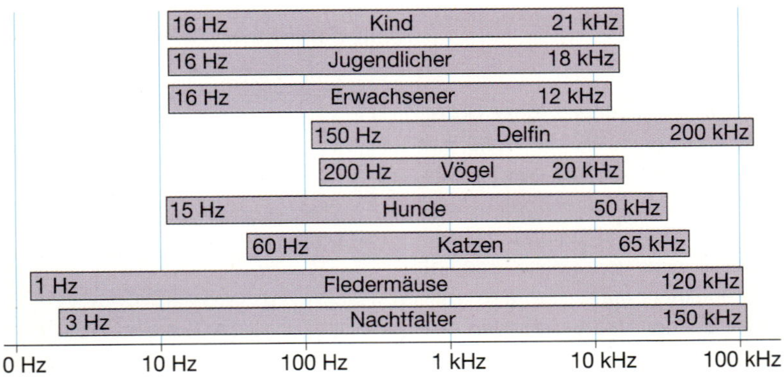

Aufgaben

1 Welche Tiere können Ultraschall, welche Infraschall hören? Gibt es Tiere, die beide Bereiche hören können? Welche Tiere haben einen besonders großen (kleinen) Hörbereich? Wie schneidet bei diesem Vergleich der Mensch ab?

2 Weshalb können wir fliegende Hummeln hören, Schmetterlinge dagegen nicht?

Laut und leise

Wie laut ist „laut“? Ein *Schallpegelmesser* gibt uns eine Antwort über die vorliegende physikalische Lautstärke der zehn läutenden Klingeln. Er zeigt in unserem Beispiel eine Lautstärke von 66 dB (Dezibel) an. Schalten wir jetzt Klingel für Klingel aus, so zeigt das Messgerät bei nur noch einer Klingel den Wert 56 dB an. Eine Verringerung der Schallquellen um den Faktor zehn ergibt eine Abnahme der physikalischen Lautstärke um 10 dB. Dagegen empfinden wir den Unterschied zwischen zehn Klingeln und einer Klingel nur etwa halb so laut.

Zentraler Versuch

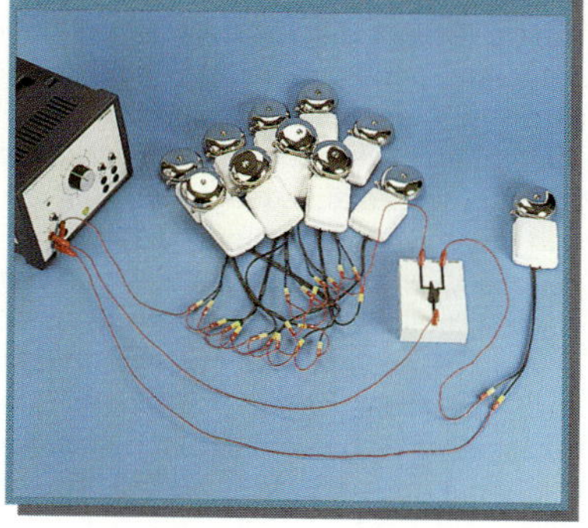

Das gilt auch für die Umkehrung. Nehmen wir als Schallquelle Flöten, so steigt die gemessene Lautstärke von 71 dB bei einer Flöte auf 81 dB bei zehn gleichzeitig angeblasenen Flöten. Wir empfinden aber nur eine Verdoppelung der Lautstärke. Bei einer weiteren Verzehnfachung auf 100 Flöten würden wir 91 dB messen.

Der Ausgangswert von 0 dB wird als **Hörschwelle** bezeichnet – ein für unser Ohr gerade noch hörbarer Ton. Ab 90 dB drohen **Hörschäden;** bei 130 dB beginnt die **Schmerzgrenze.**

Eine Verringerung der Lautstärke um 10 dB bedeutet eine Halbierung der empfundenen Lautstärke.

Lautstärke
0 dB Reiz- oder Hörschwelle
10 dB sehr leises Blätterrauschen
20 dB Flüstern
30 dB schwacher Straßenlärm
40 dB normale Unterhaltungssprache
50 dB normale Lautsprechermusik
60 dB laute Lautsprechermusik
70 dB starker Verkehrslärm
80 dB stärkerer Verkehrslärm, Schreien
90 dB lautes Autohupen
100 dB ungedämpftes Motorrad
110 dB stärkster Fabriklärm
120 dB Presslufthammer (1 m entfernt)
130 dB Schmerzgrenze

Aufgaben

1 Ein Baby schreit mit 70 dB. Wie viele gleich stark schreiende Babys würden dich an die Schmerzgrenze bringen?

2 Wie viele von 100 Trillerpfeifen müssten entfernt werden, um den Schallpegel um 10 dB (20 dB) zu senken?

Eine Schnecke kommt ins Schwingen

Streifzug

Der von einer Schallquelle ausgesandte Schall wird im äußeren Ohr von der trichterförmigen Ohrmuschel eingefangen und durch den Gehörgang in Richtung Trommelfell geleitet. Das Trommelfell, ein hauchdünnes Häutchen, kommt dabei richtig ins Schwingen, was sich auf der Innenseite des Trommelfells auf die Gehörknöchelchen Hammer, Amboss und Steigbügel im Mittelohr überträgt. Dadurch werden die Schwingungen verstärkt. Sie werden auf die Membran des ovalen Fensters und von dieser auf die Flüssigkeit in der Schnecke des Innenohrs übertragen.

In der Schnecke sitzen ca. 18 000 feine Haarzellen, welche die Flüssigkeitsschwingungen in elektrische Impulse umsetzen. Unterschiedliche Frequenzen des Schalls erreichen die Haarzellen an unterschiedlichen Stellen. Tiefe Töne reizen die Zellen mehr im spitzen Teil der Schnecke, hohe mehr in der Nähe des ovalen Fensters. Die elektrischen Reize werden über die Hörnerven ins Gehirn zur weiteren Informationsverarbeitung geleitet.

Lärm und zu große Lautstärken zerstören unwiederbringlich die feinen Haarzellen in der Schnecke.

Schütze deine Ohren und die deiner Mitmenschen!

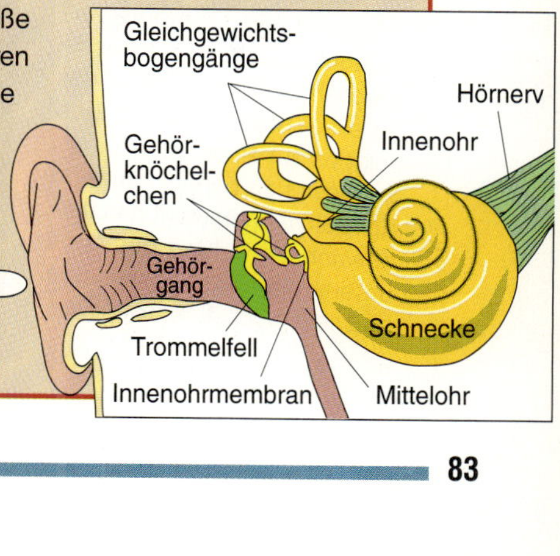

Pinnwand

JENSEITS UNSERER HÖRGRENZEN

Jäger und Gejagte

Um der Gefahr durch die jagenden Fledermäuse zu entgehen, haben im Laufe von Jahrmillionen einige nacht-aktive Insekten wie Grillen und Nachtfalter „Ohren" entwickelt, die empfindlich auf die Frequenzen der Fledermäuse reagieren. Wird ein Nachtfalter von dem Suchlaut einer jagenden Fledermaus getroffen, kann er Schutzmaßnahmen ergreifen: Wenn er den Ultraschall hört, lässt er sich einfach zu Boden fallen. Dieses Verhalten des Nachtfalters lässt sich auch auslösen, indem mit einem Schlüsselbund gerasselt wird. Dabei entsteht neben dem Klimpern, das wir hören können, auch Ultraschall. Dieser veranlasst den Nachtfalter, sich auf den Boden fallen zu lassen.

Wahre Meister im Hören von Ultraschall sind die Fledermäuse. Einige Arten können Laute bis 100 000 Hz senden und hören. Anhand der Echos können sie sehr genau Hindernisse ausmachen. Sie können dabei nicht nur Beutetiere erkennen, sondern sogar deren Bewegungsrichtung bestimmen.

Ultraschall in der Medizin

In der Sonographie wird ein Ultraschallsender z. B. über den Bauch einer schwangeren Frau geführt. Die Ultraschallimpulse durchlaufen die verschiedenen Schichten des Körpers (Haut, Fettgewebe, Muskeln, Knochen, innere Organe, heranwachsender Fötus). Von diesen verschiedenen Substanzen wird der Schall unterschiedlich gut reflektiert. Ein Computer errechnet aus den zurückkommenden Signalen ein Bild des untersuchten Bereichs und zeigt es auf einem Monitor an. So lässt sich bereits während der Schwangerschaft das heranwachsende Kind gefahrlos untersuchen und seine Lage und sein Wachstum feststellen.

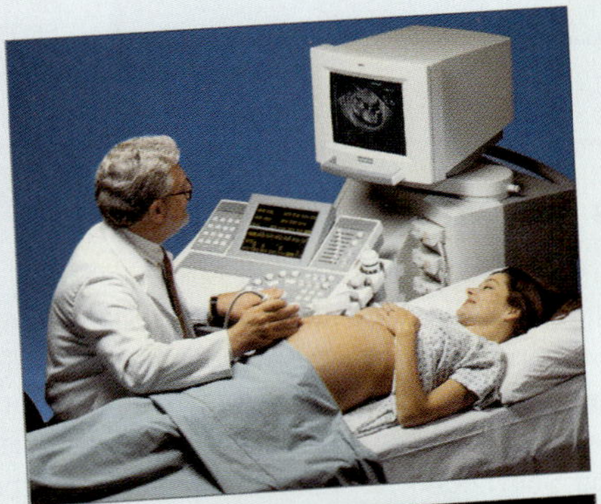

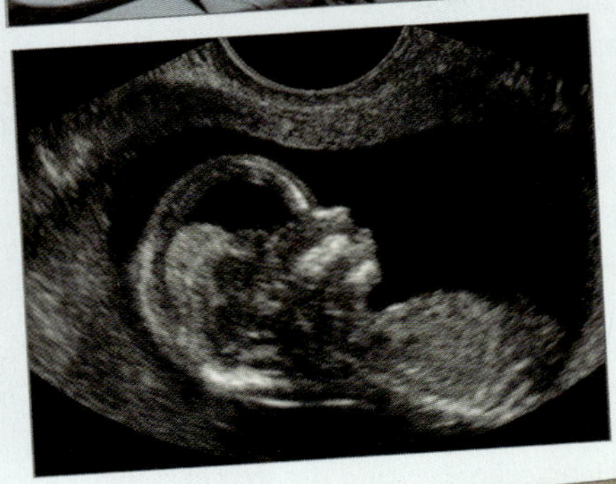

Verständigung bei Elefanten

In ihrer sexuell besonders aktiven Phase, der Musth, stoßen Elefantenbullen einen Drohlaut aus, das so genannte Musthgrollen. Dieses Grollen liegt weit unter unserem Hörvermögen. Infraschall kann im Gegensatz zum Ultraschall über sehr große Entfernungen durch die Luft getragen werden, sodass die Elefantenbullen in einem weiten Umkreis sowohl von Weibchen wie auch von konkurrierenden Artgenossen gehört werden können. Der Brunftruf der Weibchen ist dagegen für den Menschen gut hörbar.

Lärm

Streifzug

Lärm kann krank machen

Du kennst bestimmt diese oder ähnliche Aussprüche. Dich stören eigentlich ganz andere Dinge: Da ist der Straßenlärm, das Baby des Nachbarn, das Bellen des Hundes und vieles mehr. Als **Lärm** bezeichnet man Schall, der unerwünscht und störend ist.

„Stelle doch bitte das Radio leiser!“

Aber Lärm ist nicht nur lästig und störend, sondern er birgt **ernste Gefahren für unsere Gesundheit.** Werden Menschen längere Zeit auch nur geringem Lärm ausgesetzt, können sie Kopfschmerzen, Unwohlsein, Bluthochdruck und Nervosität bekommen. Ebenso leidet die Fähigkeit, sich zu konzentrieren und zu lernen.

Besonders in Mitleidenschaft gezogen werden unsere Ohren. Selbst geringer Lärm führt zu Verständigungsschwierigkeiten, die sich besonders bei Unterhaltungen und am Telefon zeigen.

Bei starken und lang anhaltenden Lärmbelästigungen treten Schäden auf, die nie wieder geheilt werden können. Deshalb steht auf Eintrittskarten zu Rockkonzerten häufig ***„Keine Haftung für Gehörschäden“.***

„Wie kannst du diesen Krach in der Disko nur aushalten?“

Untersuchungen bei Jugendlichen zeigen, dass unter dem Einfluss von zu lauter Musik und intensivem Gebrauch eines Walkmans ihr Gehör vorzeitig gealtert ist. Die Lautstärke, die durch den Kopfhörer eines Walkmans in das Ohr dringt, ist vergleichbar mit der eines Presslufthammers! So sind bereits 15 % der Jugendlichen – was das Hörvermögen angeht – 50 Jahre alt!!

Lärmschutz

Bester Schutz vor Lärm ist, ihn gar nicht erst entstehen zu lassen. Deshalb ist es besonders wichtig, in unserem täglichen Umfeld den Lärmpegel zu reduzieren. Zum Beispiel sollten wir schon beim Kauf von elektrischen Geräten leise Modelle bevorzugen. Radio leiser drehen, langsamer mit dem Auto fahren oder Rasen mähen nicht gerade am Sonntagnachmittag. **Rücksicht schützt!**

„Schlage die Tür nicht so laut zu!“

Was aber tun, wenn sich Lärm nicht vermeiden lässt? Eine Maschine in der Fabrik soll ja produzieren, die LKW müssen ihre Fracht liefern und viele brauchen ihre Autos für den Weg zur Arbeit. Wenn wir schon nicht die Schallquelle ausschalten können, so können wir doch versuchen, den Schall auf seinem Weg von der Quelle zum Empfänger so weit wie möglich zu behindern. Eine Möglichkeit besteht in einer schalldichten Verpackung der Schallquelle mit Wänden aus weichem Material. Z. B. sind die Motoren leiser Autos rundherum *gekapselt,* d. h. nahezu schalldicht eingeschlossen.

Eine verkehrsreiche Straße lässt sich natürlich nicht einpacken. Aber dem Schall Hindernisse in den Weg zu stellen ist möglich. Diese Hindernisse werden so konstruiert, dass sie Teile des Schalls zurückwerfen und andere, möglichst große Anteile „schlucken“. Solche Lärmschutzwände kannst du vielerorts sehen.

In Wohnhäusern wird versucht, die Ausbreitung von Schall zu vermindern, indem der Schall gedämmt wird. Die äußeren Wände sind mit Materialien belegt, die den Schall reflektieren. An der Innenseite der Wände werden schalldämpfende Stoffe wie Kork und Hartschaummatten angebracht, um die Übertragung von Schall zu erschweren. Auch Teppiche können den „Trittschall“ stark mindern.

Schalldämmung

Pinnwand

AKUSTIK

Wie klingt die Tür des neuen Autos? Geht sie mit einem metallenen Klang ins Schloss oder mit einem satten „Plopp"? Wie laut ist der Motor bei bestimmten Drehzahlen? Diese und ähnliche Fragen stellen sich bei der Entwicklung von neuen Autos.
Zur Lösung der Probleme dient ein so genannter **Lärmtunnel.** Er schirmt alle störenden Geräusche von außen ab. Seine Wände sind so geformt, dass sie den gesamten auftreffenden Schall absorbieren.

Wer kennt sie nicht, die 007-Agenten aus den einschlägigen Kinofilmen? Aber auch in der Realität versuchen die Agenten, wichtige Gespräche mitzuhören. Eine Möglichkeit, Leute auch in Häusern hinter geschlossenen Fenstern zu belauschen, besteht darin, Laserstrahlen auf das betreffende Fenster zu richten. Sprechen die Leute hinter dem Fenster, regt der von ihnen erzeugte Schall auch die Fensterscheibe ein klein wenig zum Mitschwingen an. Dieses Mitschwingen macht sich in Helligkeitsschwankungen beim reflektierten Laserlicht bemerkbar. Umgeformt in elektrische und dann in akustische Signale lässt sich das Gespräch mithören.

Die Musik, die in Kinos und Diskotheken gespielt wird, hat auch so tiefe Töne, dass wir sie mit unseren Ohren nicht mehr hören können. Diese Schwingungen können wir aber mit dem Körper fühlen. Auch bei Kirchenorgeln mit besonders langen Orgelpfeifen kann uns die Musik im wahrsten Sinne des Wortes „ergreifen".

Übertragung, Wiedergabe und Speicherung von Schall

Im Prinzip läuft alles genauso ab wie bei Licht, nur dass andere Geräte als Wandler beteiligt sind:

- Wandler 1 sind Mikrofone. Sie nehmen den Schall auf und wandeln ihn in andere physikalische Größen um, zum Beispiel in elektrische Impulse.
- Diese Impulse werden dann zum Wandler 2 übertragen.
- Wandler 2 sind Lautsprecher oder Kopfhörer. Sie verwandeln die elektrischen Impulse zurück in Schall, der schließlich zu unserem Ohr gelangt. Wir hören dann, was als Schall aufs Mikro getroffen ist.

Sollen Worte, Töne oder Geräusche zu einem späteren Zeitpunkt noch weiter verwendet oder erneut abgehört werden, dann müssen sie gespeichert werden. Dazu wird der Schall in bestimmte andere physikalsche Größen umgewandelt, die sich im Laufe der Zeit nicht verändern.

Akustik

Prüfe dein Wissen

A1 a) Beantworte zu den Merkzettel-Begriffen folgende Fragen: Was bedeutet der Begriff? Wie und in welcher Einheit wird diese Größe gemessen? Gibt es Formeln dafür? Gibt es sonst noch Wissenswertes über diesen Begriff?
b) Wenn du die Fragen nicht auf Anhieb beantworten kannst, dann lies noch einmal die entsprechenden Seiten durch.
c) Notiere auf der Vorderseite von Karteikarten den Begriff und auf der Rückseite die Erklärung.

A2 Der Lichtpunkt durchläuft den Bildschirm eines Oszilloskops in 2 ms. Welche Frequenz hat eine Schwingung, wenn auf dem Bildschirm **a)** fünf, **b)** zehn Perioden zu sehen sind?

A3 In folgender Abbildung siehst du vier übereinander liegende Abbildungen von Oszilloskopbildern.

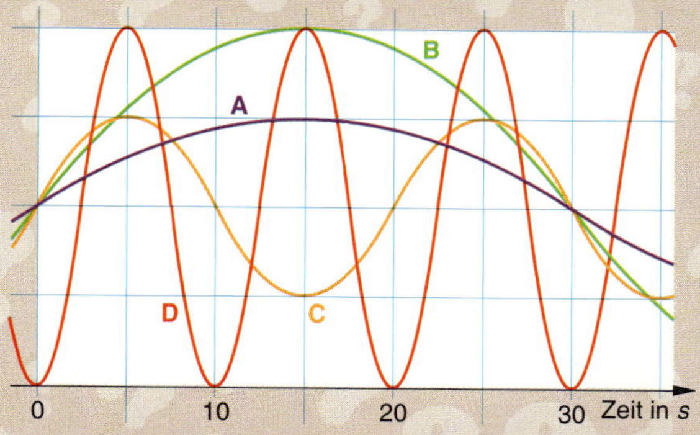

a) Ordne die dargestellten Töne entsprechend ihrer Lautstärke und begründe kurz deine Reihenfolge (z. B. leise D → C → B → A laut).
b) Ordne die dargestellten Töne entsprechend ihrer Tonhöhe und begründe kurz deine Reihenfolge (z. B. tief D → B → C → A hoch).
c) Bestimme aus dem Diagramm jeweils die Frequenz *f* und die Schwingungsdauer *T*.

A4 Stelle dir vor, ihr wandert zu zweit in einem schicken Raumanzug auf dem Mond herum. Auf einmal merkst du, dass das Funkgerät defekt ist. Gibt es eine Möglichkeit, sich trotzdem mit normaler Sprache verständlich zu machen? Erläutere.

A5 Welchen Frequenzbereich kann das menschliche Ohr wahrnehmen? In welchem Bereich ist es am empfindlichsten? Warum können manche Menschen das Pfeifen eines Fernsehers nicht mehr hören?

A6 Ordne den Stimmlagen Tenor, Bass, Sopran und Alt die richtigen Bereiche der Stimmbandlängen von 14–17 mm, 18–19 mm, 17–20 mm und 24–25 mm und die zugehörigen Frequenzbereiche 85–320 Hz, 170–640 Hz, 130–430 Hz und 250–1100 Hz zu. Begründe deine Zuordnung.

A7 An einer verkehrsreichen Straße wird eine Wohnanlage durch eine Lärmschutzwand abgeschirmt.
a) Beschreibe ihre Wirkungsweise.
b) Erkläre, warum ein Bewohner im Erdgeschoss dennoch den Verkehr hören kann.

A8 Vor einer Kneipe steht ein Motorradfan und lässt – sehr zum Ärger der Anwohner – sein Motorrad aufheulen. Wie viele seiner Freunde müssten das Gleiche tun, damit die Anwohner die doppelte (dreifache) Lautstärke empfinden?

A9 Das menschliche Ohr kann zwei Töne hintereinander noch getrennt wahrnehmen, wenn die Pause zwischen beiden größer als $\frac{1}{10}$ s ist. Bei welcher kürzesten Entfernung können wir dann noch ein Echo hören?

A10 In einer Nacht des Jahres 1622 fand in Paris einer der vielen Versuche zur Bestimmung der Schallgeschwindigkeit in Luft statt. Auf zwei Befestigungsanlagen wurden mehrmals Kanonen gezündet. Ein Beobachter stand in einer Entfernung von 1860 m zum Geschütz und registrierte eine Zeit von 5,5 s zwischen der Wahrnehmung des Feuerscheins und dem nachfolgenden Knall.
Welche Schallgeschwindigkeit wurde daraus ermittelt? Vergleiche mit den exakten Werten.

A11 Im Jahr 1985 – 73 Jahre nach dem Untergang der Titanic – ortete der Amerikaner BALLARD mithilfe eines Echolot-Gerätes das Wrack. Wie tief liegt es, wenn 5,5 s vergingen, bis das Echo des Ultraschallimpulses registriert werden konnte?

Die wichtigsten Begriffe

- Schwingung, Auslenkung S. 74
- Periode, Schwingungsdauer S. 74
- Frequenz, Amplitude S. 74/75
- Ton, Geräusch, Knall, Klang S. 76
- Schallträger S. 78
- Schallgeschwindigkeit S. 80
- Lautstärke S. 83
- Lärmschutz S. 85
- Echo, Nachhall S. 79, 81

Temperatur und Wärmeenergie

Wasser ist normalerweise flüssig. Aber es kann auch fest sein wie Stein (dann bezeichnen wir es als Eis) oder gasförmig wie Luft (dann sprechen wir von Wasserdampf). Wird Eis erwärmt, dann schmilzt es; das Wasser verdampft schließlich.
Ob sich ein Gegenstand im festen, flüssigen oder gasförmigen Zustand befindet, hängt offensichtlich von seiner Temperatur ab. Zur Änderung seines Zustandes muss ihm Wärme zugeführt oder von ihm abgeführt werden.
Was versteht man unter dem Begriff „Wärme"? Wie wird sie erzeugt, wie wird sie von einem Ort zu einem anderen transportiert?

Heißluftballons begeistern uns immer wieder. Aber wie schaffen sie es, nur durch eine Flamme hoch in die Luft zu steigen? Welche Eigenschaft der Luft im Ballon bewirkt das Hochsteigen? Haben andere Gase diese Eigenschaft auch? Was passiert mit Flüssigkeiten und festen Gegenständen, wenn sie erhitzt werden?

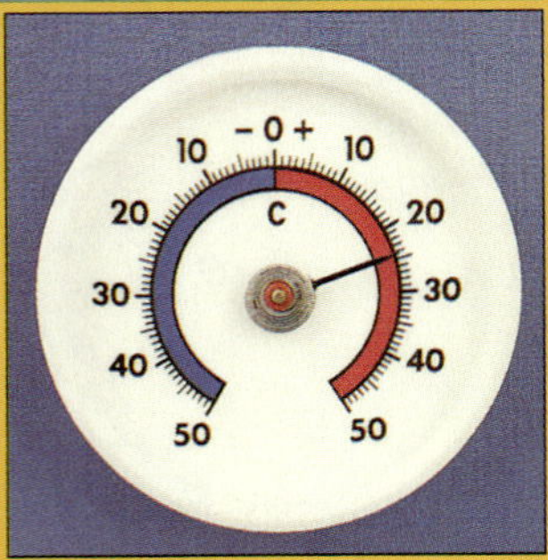

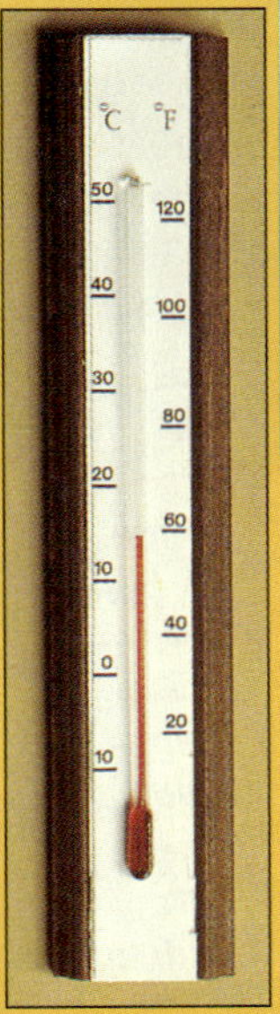

Temperaturen können mit den unterschiedlichsten Thermometern gemessen werden. Worauf beruht die Funktionsweise von Thermometern? Wie kommt es, dass in Deutschland Temperaturen in „Grad Celsius" angegeben werden, in den USA dagegen in „Grad Fahrenheit"? Wie kommt es zu derart unterschiedlichen Thermometerskalen?

Aufbau und Eigenschaften von Körpern

Im Bild erkennen wir viele Gegenstände, die aus den unterschiedlichsten Materialien bestehen. Die Gegenstände können fest sein wie die Statue, flüssig wie der Inhalt der Sprudelflasche oder gasförmig wie die Luft im Ballon.

Wovon hängt es eigentlich ab, ob ein Gegenstand fest, flüssig oder gasförmig ist? Welche Vorstellungen über den inneren Aufbau von Gegenständen können wir uns machen? Können wir damit den Unterschied zwischen fest, flüssig und gasförmig verstehen?

„Körper" physikalisch betrachtet

Das Mädchen mit den Ballons, die Kinder und der Hund im Bild oben haben einen Körper. Das Bild zeigt aber noch mehr, was in der Physik „Körper" genannt wird: der „Ballon" aus Messing und der gasgefüllte Ballon; aber auch der Faden, der ihn hält; die Flasche in der Hand des Kindes; das darin enthaltene Getränk; der Rucksack; der Hut des Mädchens … .

In der Physik bezeichnen wir alles, was einen bestimmten Raum einnimmt, als **Körper.** Die Größe des eingenommenen Raumes bezeichnen wir als **Volumen** des Körpers.
Ein Körper kann aus einem einheitlichen **Stoff** bestehen („Ballon" aus Messing, Flasche aus Glas) oder aus verschiedenen Stoffen zusammengesetzt sein (Getränk aus Wasser, Zucker, Fruchtsäure usw.).

In der Physik werden auch Flüssigkeiten und Gase als Körper bezeichnet, sofern sie einen begrenzten Raum einnehmen (Beispiele: das Getränk in der Flasche, die Gasmenge im Ballon). Dagegen sind „die Luft um uns herum" oder „der Regen, der vom Himmel fällt" keine Körper, weil ihnen die äußere Begrenzung fehlt.

Wenn sich in einem Raum überhaupt nichts befindet, nicht einmal Luft, so sprechen wir von einem leeren Raum oder von einem *Vakuum.*

In unserer Umgebung gibt es viele sehr unterschiedliche Körper. Sie lassen sich unterteilen

- nach dem *Stoff:* Zwei gleich aussehende Körper können aus verschiedenen Stoffen bestehen und dadurch völlig unterschiedliche Eigenschaften haben, z.B. die beiden Ballons;
- nach der *Form:* Es gibt regelmäßig geformte Körper wie Quader, Zylinder, Kugel usw., die von der Mathematik her bekannt sind, und unregelmäßige Körper wie die der Lebewesen oder die Statue;
- nach der *Zustandsform:* Körper können fest, flüssig oder gasförmig sein.

Eine Eigenschaft haben *alle* Körper gemeinsam: Da jeder Körper für sich einen bestimmten Raum einnimmt, können sich nie zwei Körper gleichzeitig an einem Ort befinden. Deshalb steigt z.B. der Wasserspiegel beim Hineinsetzen in die Badewanne, weil das Wasser vom Körper verdrängt wird.

Ein Körper ist eine begrenzte Menge eines Stoffes.
Das Volumen des Körpers ist der Raum, den der Körper einnimmt.
Es gibt feste, flüssige und gasförmige Körper.
Zwei Körper können nicht gleichzeitig an einem Ort sein, ein Körper verdrängt den anderen.

Aufgaben

1 Nenne Beispiele für feste, flüssige und gasförmige Körper.
2 „Körper" und „Stoff" meint zweierlei. Erkläre den Unterschied anhand von Beispielen.

Die Zustandsformen fest, flüssig und gasförmig

Eisengegenstände kennen wir als feste Körper, Benzin als Flüssigkeit und Luft als Gas. Wir wissen allerdings auch, dass Eisen durch starkes Erhitzen flüssig werden kann und dass Benzin besonders an warmen Sommertagen Dämpfe entwickelt, also gasförmig wird.
Körper können also je nach ihrer Temperatur in verschiedenen **Zustandsformen** auftreten.

Zentraler Versuch

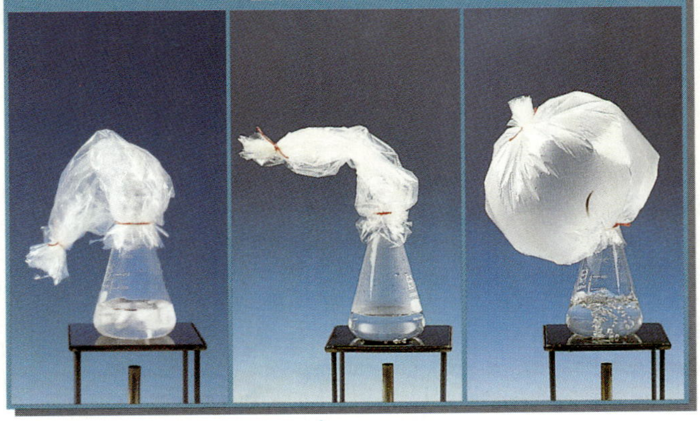

Einige wenige Stoffe können bei den normalerweise herrschenden Temperaturen unserer Umgebung in allen drei Zustandsformen vorkommen. Das beste Beispiel ist Wasser:
Im Gefrierschrank wird aus Wasser Eis. Wir nennen diesen Vorgang beim Wasser **Gefrieren**, bei allen anderen Stoffen heißt er **Erstarren.**
Umgekehrt wird das Eis beim Erwärmen mit dem Gasbrenner flüssig. Wir nennen das **Schmelzen.**

Bei weiterem Erhitzen bläht sich der Beutel auf, d.h. über dem Wasser muss sich ein unsichtbarer, gasförmiger Körper befinden: Wasserdampf. Der Übergang vom flüssigen in den gasförmigen Zustand heißt **Verdampfen.** Jede Flüssigkeit verdampft – unabhängig von ihrer Temperatur; besonders schnell läuft das Verdampfen ab, wenn die Flüssigkeit siedet.
Auf der Innenseite des Beutels erkennen wir Wassertröpfchen: Der Wasserdampf ist dort wieder flüssig geworden. Dieser Vorgang heißt **Kondensieren.**

Bei Übergängen von einer Zustandsform in eine andere ändert sich die äußere Form der Körper.

- *Feste Körper* haben immer eine bestimmte, feste Form. Ihr Volumen lässt sich auch unter großer Krafteinwirkung kaum verändern. So kann z. B. eine leere Getränkedose zwar zu einem ziemlich kleinen Paket zusammengedrückt werden, das Blechvolumen bleibt dabei aber gleich – es wird lediglich die Luft aus der Dose herausgedrückt.

- *Flüssige Körper* haben keine bestimmte Form. Sie passen sich immer der Form des Behälters an, in dem sie sich befinden. Ihre Oberfläche ist dabei immer waagerecht. Ihr Volumen lässt sich – wie bei festen Körpern – auch durch große Kräfte kaum verändern.

- *Gasförmige Körper* schließlich haben weder eine feste Form noch ein festes Volumen. Das Gas nimmt den ihm zur Verfügung stehenden Raum vollständig ein und lässt sich relativ leicht zusammendrücken.

	Zustandsformen		
	fest	**flüssig**	**gasförmig**
Form	• bestimmte Form • nur unter großer Krafteinwirkung veränderbar	• keine bestimmte Form • Anpassung an Form des Behälters	• keine bestimmte Form • Gas nimmt zur Verfügung stehenden Raum vollständig ein
Volumen	• bestimmtes Volumen • auch unter Krafteinwirkung nahezu unveränderbar	• bestimmtes Volumen • auch unter Krafteinwirkung nahezu unveränderbar	• kein festes Volumen • durch relativ geringen Kraftaufwand veränderbar
Übergänge	 Schmelzen → ← Erstarren	 Verdampfen → ← Kondensieren	

Aufgaben

1 Beschreibe den Wasserkreislauf im Bild rechts. Benenne jeweils die Übergänge des Wassers von einer Zustandsform in eine andere.
2 Was kann passieren, wenn heißes Fett in den Ausguss eines Spülbeckens geschüttet wird?
3 Wachsflecken lassen sich am besten mit einem Bügeleisen und einem Stück Küchenpapier entfernen. Erkläre, wie das geht.
4 Wie kannst du nachweisen, dass deine Atemluft Wasser enthält? Ist das Wasser im Atem gasförmig oder flüssig? Warum kannst du deinen Atem an kalten Tagen „sehen"?

Versuche und Aufträge

V1 Besorge dir beim Arzt oder in der Apotheke eine Plastikspritze (ohne Nadel).
a) Schiebe den „Kolben" ein Stückchen hinein. Halte die untere Öffnung mit dem Finger zu, drücke den Kolben weiter hinein und lasse ihn dann wieder los. Erkläre deine Beobachtungen.
b) Ziehe den Kolben aus der Spritze heraus und fülle die Spritze mit Wasser. Schiebe den Kolben wieder hinein. Wie schaffst du es, dass nur noch Wasser in der Spritze ist? Versuche, indem du die Öffnung wieder zuhältst, die Wassermenge mit dem Kolben zusammenzudrücken. Was stellst du fest?

V2 Bohre zwei Löcher in den Deckel eines Marmeladenglases. Stecke durch das eine Loch einen Trinkhalm und durch das andere einen Trichter und befestige sie mit Knet- oder Kaugummi so, dass an diesen Stellen keine Luft mehr eindringen kann.
a) Halte die Trinkhalmöffnung gut zu und gieße Wasser in den Trichter. Was beobachtest du?
b) Gib die Trinkhalmöffnung frei. Was passiert jetzt? Erkläre deine Beobachtungen.
c) Ersetze nun den Trichter durch einen zweiten Trinkhalm und baue dir damit ein „Spritzspiel". Wenn du rechts hinein bläst, spritzt links das Wasser heraus. Erkläre.

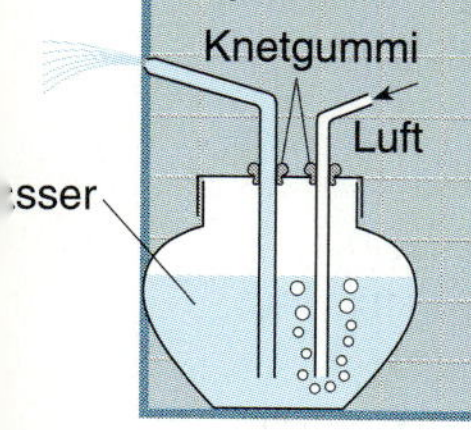

Aus alt mach neu!

Streifzug

Normales Gebrauchsglas wird hergestellt aus:

Das Gemisch wird bei 1500 °C flüssig. Dann verbinden sich die drei Stoffe zu Glas. Es kann beliebig oft wieder verflüssigt werden. Diese Eigenschaft von Glas, die Zustände fest und flüssig beliebig oft wieder annehmen zu können, macht es zu einem sehr umweltfreundlichen Stoff.
Die Altglascontainer in den Wohngebieten kennt jeder. Sie liefern der Glasindustrie den größten Teil der Rohstoffe! Bei Grünglas z. B. werden bis zu 90 % Altglas eingesetzt, bei Weißglas 30 % und bei Braunglas 50 %. Um diesen Anteil werden die Rohstoffe bei der Glasherstellung geschont.
Und noch einen Vorteil hat die Verwendung von Altglas: Das Schmelzen von alten Gläsern oder Flaschen benötigt weniger Energie als die Herstellung der gleichen Menge Glas aus den Grundstoffen. Für jedes in den Kreislauf zurückgegebene Marmeladenglas wird so viel Energie gespart, dass damit eine 60-Watt-Glühlampe eine Stunde lang leuchten kann.

Das Teilchenmodell

Die Beobachtung, dass der Duft eines Parfums im ganzen Raum wahrgenommen werden kann, legt die Vermutung nahe, dass kleinste Parfumteilchen im Raum umherschweben. Wie das Parfum bestehen alle Stoffe, fest, flüssig oder gasförmig, aus winzig kleinen Teilchen, die nicht einmal beim Blick durch das Mikroskop sichtbar werden. Diese Vorstellung vom Aufbau der Materie hat ihren Ursprung in der griechischen Antike. Man ging damals davon aus, dass diese kleinsten Teilchen nicht weiter teilbar sind und nannte sie **Atome** (Atom stammt aus dem griechischen und bedeutet unteilbar). So heißen sie bis heute, obwohl inzwischen feststeht, dass die Atome selbst wiederum aus kleineren Bausteinen zusammengesetzt sind.

Eine einfache Möglichkeit, diese Teilchen bildlich darzustellen, zeigen die folgenden Bilder. Sie geben uns eine anschauliche Vorstellung davon, wie die Teilchen in den verschiedenen Körpern angeordnet sein könnten.

In **Festkörpern** liegen die Teilchen dicht aneinander. Sie sind fest miteinander verbunden und haben nur wenig Bewegungsfreiheit. Nur kleine Zitterbewegungen am Platz sind möglich. Deshalb hat ein fester Körper eine ganz bestimmte Form und lässt sich auch durch Krafteinwirkung kaum verändern.

In **Flüssigkeiten** liegen die Teilchen auch dicht aneinander und führen kleine Zitterbewegungen aus, ihre gegenseitige Bindung ist aber nicht so stark wie beim festen Körper. Sie lassen sich deshalb leicht gegeneinander verschieben. Deshalb hat eine Flüssigkeit zwar ein bestimmtes Volumen, aber keine feste Form.

In **Gasen** schließlich sind die Teilchen nicht miteinander verbunden und können sich deshalb frei im Raum bewegen. Deshalb hat ein Gas weder eine bestimmte Form noch ein bestimmtes Volumen, sondern füllt immer den ihm zur Verfügung stehenden Raum vollständig aus.

Vereinfachte Vorstellungen von der Wirklichkeit benutzen wir in der Physik häufig, um Beobachtungen besser verstehen zu können. Wir sprechen dann von einem **Modell.** Beim Blick ins Innere der Körper interessierte uns z. B. nur die Anordnung der Teilchen; ihre Eigenschaften blieben völlig außer Betracht.
Bei diesem **Teilchenmodell** dürfen wir nicht vergessen, dass es nur eine einfache Vorstellung vom sehr komplizierten Aufbau der Materie ist, allerdings eine sehr brauchbare!

Das Teilchenmodell ist eine anschauliche Vorstellung vom Aufbau der Materie.
Nach dem Teilchenmodell bestehen alle Körper aus winzig kleinen Teilchen, die ständig in Bewegung sind.
Die Anordnung der Teilchen im Körper sowie ihre gegenseitige Bindung sind bestimmend für die Bewegungsfreiheit der Teilchen und somit für die Zustandsform, in der sich der Körper befindet.

Die Zustandsformen im Teilchenmodell

Ein und derselbe Stoff, z. B. Wasser, kann sich in dreierlei Gestalt zeigen. Lässt sich dies auch mit unserem Teilchenmodell erklären? Um die Übergänge von der einen Zustandsform in die andere zu verstehen, müssen wir wissen, wie die Teilchen sich bei Erwärmung des Körpers verhalten. In vielen Untersuchungen wurde nachgewiesen, dass die Bewegung der Teilchen bei Erwärmung des Körpers immer stärker wird. Wie wirkt sich das aus?

Im festen Körper *Eis* hat jedes Teilchen seinen eigenen Platz, den es aufgrund der starken Bindungen mit den Nachbarteilchen nicht verlassen kann. Es kann nur kleine Zitterbewegungen am Platz ausführen. Wird das Eis erwärmt, so werden die Teilchenbewegungen stärker, sodass sich manche Bindungen zwischen den Teilchen lockern. So können die Teilchen nun, immer noch dicht an dicht liegend, leicht aneinander entlanggleiten: Der feste Körper Eis hat sich in die Flüssigkeit *Wasser* verwandelt.

Bei weiterer Erwärmung des Wassers werden die Teilchenbewegungen immer stärker. Es gelingt deshalb immer mehr Teilchen, die Flüssigkeit zu verlassen. Ohne Bindungen mit Nachbarteilchen können sie sich nun in dem ihnen zur Verfügung stehenden Raum frei bewegen: Die Flüssigkeit Wasser verwandelt sich zunehmend in das Gas *Wasserdampf.*

Das Teilchenmodell erweist sich also als eine brauchbare Erklärung der bisherigen Beobachtungen.

Aufgaben

1 Wenn die flüssige Gülle auf den Feldern ausgebracht wird, riecht man das manchmal auch gegen den Wind. Erkläre den Vorgang im Teilchenmodell.

2 Wird eine kleine Menge Salz in ein Glas Wasser gegeben, so schmeckt das ganze Wasser nach kurzer Zeit salzig, selbst wenn nicht umgerührt wird. Erkläre.

3 An Heizungskörper werden oft Behälter mit Wasser gehängt. Wozu wird das wohl gemacht? Erkläre im Teilchenmodell.

4 Beschreibe den Vorgang des Kondensierens sowie des Erstarrens mithilfe des Teilchenmodells.

5 Erkläre, warum sich ein Zuckerstückchen in heißem Wasser schneller auflöst als in kaltem Wasser.

Versuche und Aufträge

V1 Fülle ein Glas mit kaltem, ein anderes mit heißem Wasser. Beschwere zwei volle Tintenpatronen mit Knet- oder Kaugummi und steche sie auf der Seite mit einer spitzen Schere an. Die eine Patrone tauchst du in das kalte, die andere in das heiße Wasser. Beschreibe und erkläre deine Beobachtungen.

V2 Ein Glas voller runder Perlen oder Murmeln eignet sich gut als Modell für Flüssigkeiten. Welchen Eigenschaften entsprechen jeweils folgende Beobachtungen?
a) Tauche einen Bleistift ein.
b) Halte das Glas schräg.
c) Gib die Murmeln in ein anderes Gefäß, z. B. einen Teller.

Das Atomium

Streifzug

Das Bild rechts zeigt ein etwas größeres „Teilchenmodell“, das Atomium in Brüssel. Das 102 m hohe Bauwerk wurde 1958 anlässlich der Weltausstellung erbaut und stellt vereinfacht die Anordnung der Teilchen in festem Eisen dar. Auffällig ist, dass die Teilchen anders angeordnet sind als in der Grafik auf der linken Seite. Viele feste Körper haben eine für sie charakteristische regelmäßige Struktur, die sich in besonders schöner Form bei den Kristallen zeigt.

Im Brüsseler Atomium sind in den Kugeln wissenschaftliche Ausstellungen sowie ein Restaurant untergebracht. Ein Fahrstuhl im senkrechten Rohr sowie Rolltreppen in den übrigen Rohren verbinden die einzelnen Kugeln miteinander.

Brown'sche Teilchenbewegung

Im Foto rechts ist feiner Aluminiumstaub in einem mit Wasser gefüllten Glas verrührt. Deutlich sind die Staubteilchen zu erkennen, die sich regellos durcheinander bewegen. Eigentlich müssten sie doch aufgrund der Erdanziehungskraft nach unten sinken wie jeder andere Körper auch. Wodurch wird das lange Zeit verhindert?

Irgend etwas hält sie in der Schwebe und zwingt sie gleichzeitig zu diesen ziellosen Bewegungen in alle Richtungen. Ein Grund für diese Bewegungen ist zunächst nicht zu erkennen. Folgende „Theorie" hilft uns weiter:
Es sind die winzigen Teilchen des Wassers, die ja in ständiger Bewegung sind und dabei zwangsläufig mit dem Aluminiumstaub zusammenstoßen. So wird das (große) Staubkörperchen durch die (winzigen) Wasserteilchen regellos hin und her gestoßen. Damit wird verhindert, dass die Aluminiumteilchen sofort auf den Boden des Glases sinken.

Zentraler Versuch

Mit dieser „Theorie" wäre unsere Beobachtung erklärt. Sie ist von der Wissenschaft bestätigt worden. Die Erscheinung heißt **Brown'sche Bewegung.**

Die Brown'sche Bewegung können wir uns so vorstellen wie das Verhalten eines Papierschnipsels, den wir auf einen Ameisenhaufen fallen lassen: Der Schnipsel bewegt sich in alle Richtungen, denn die durcheinander wuselnden Ameisen tragen ihn hin und her. Aus größerer Entfernung erkennen wir nur noch die Bewegung des Schnipsels, aber nicht mehr die der Ameisen.

- Aus der Bewegung des Aluminiumstaubs erkennen wir die bislang nur angenommmene Eigenschaft der für uns nicht sichtbaren Wasserteilchen, sich ständig und regellos zu bewegen.
- Auch Gasteilchen sind in ständiger Bewegung. Im Lichtbündel eines Diaprojektors beobachten wir im abgedunkelten Raum „tanzende" Staubkörner, die von den sich bewegenden Luftteilchen angestoßen werden.
- Die Teilchen fester Körper können sich nicht so stark bewegen. Sie sind an ihren Platz gebunden und schwingen dort nur hin und her.

Als Brown'sche Bewegung bezeichnet man die regellose Bewegung kleinster Festkörper aufgrund der Zusammenstöße mit den sich ständig in Bewegung befindlichen Teilchen von Gasen oder Flüssigkeiten.
Die Brown'sche Bewegung ist ein Beleg für die ständige Bewegung der Teilchen aller Körper.

Versuche und Aufträge

V1 Richte das Licht einer starken Taschenlampe in einen abgedunkelten Raum und schüttle mit einem Lappen Kreidestaub oder Puder in das Lichtbündel. Beobachte genau das Verhalten der Kreideteilchen.

V2 Schichte vorsichtig in ein Glas farbigen Getränkesirup und Wasser und in ein zweites Glas Öl und Wasser übereinander. Lasse die Gläser ruhig stehen und beobachte sie mehrere Tage lang. Beschreibe und erkläre.

Entdeckt wurde die nach ihm benannte Bewegung 1827 von dem schottischen Naturforscher ROBERT BROWN (1773–1858). Eigentlich wollte er Pflanzenzellen untersuchen, da machte er unter einem Mikroskop die erstaunliche Beobachtung, dass sich die Pollenkörner in der Flüssigkeit bewegen. Brown vermutete zuerst, dass die Pollen Lebewesen sind; aber auch verkohlter Pollen und sicherlich leblose Staubkörnchen verhielten sich so.
BROWN konnte die Beobachtung noch nicht deuten. Erst zu Beginn des 20. Jahrhunderts fand ALBERT EINSTEIN in der Teilchenbewegung die Ursache der Brown'schen Bewegung.

Diffusion

Zentraler Versuch

Fallen einige Tropfen Tinte in ein Glas mit Wasser, so sinken sie aufgrund ihrer Gewichtskraft zuerst nach unten und bilden eine farbige Schicht auf dem Boden des Gefäßes. Nach einigen Stunden jedoch ist die gesamte Flüssigkeit rot gefärbt, obwohl niemand das Glas geschüttelt oder das Wasser umgerührt hat. Die Trennschicht zwischen den Flüssigkeiten Tinte und Wasser ist verschwunden, beide Körper haben sich vermischt.

Dies ist nur möglich, weil sich sowohl die Wasserteilchen als auch die Tintenteilchen bewegen. Sie dringen in das Gebiet der anderen Flüssigkeit ein, es kommt zur Durchmischung. Schließlich haben sich alle Teilchen gleichmäßig im gesamten Raum verteilt. Diese Durchmischung geschieht von selbst, ohne Umrühren oder einen anderen Anstoß von außen. Der Vorgang wird **Diffusion** genannt.

Gase durchmischen sich ebenfalls selbstständig. Da ihre Teilchen aber freier beweglich und die Kräfte zwischen ihnen geringer sind als bei Flüssigkeiten, erfolgt die Diffusion hier schneller. So riechen wir den gebratenen Fisch ebenso wie das Parfüm aus der geöffneten Flasche bald im gesamten Raum.

Wären die Gas- oder Flüssigkeitsteilchen in Ruhe, käme es nicht zur Durchmischung und die beiden Körper würden getrennt bleiben.

Durch Diffusion durchmischen sich zwei Flüssigkeiten oder Gase selbstständig aufgrund der ständigen Bewegung der Teilchen.

Aufgaben

1 Wie ist auf Seite 92 der Parfümgeruch durch den ganzen Klassenraum gewandert?

2 Warum schmeckt heißer Tee mit Zucker auch ohne Umrühren nach einiger Zeit süß?

3 Was ist der Unterschied zwischen Brown'scher Bewegung und Diffusion? Gibt es Gemeinsamkeiten?

Diffusion in der Natur

Streifzug

Ein Strauß frisch gepflückter Wiesenblumen lässt rasch „die Köpfe hängen" – ins Wasser gestellt richten sich die Pflanzen schnell wieder auf, die Blätter werden wieder straff. Wie gelangt das Wasser aus dem Boden in die Pflanzen?

Diffusion, die selbstständige Durchmischung von Flüssigkeiten und Gasen aufgrund der Teilchenbewegung, kann auch durch bestimmte trennende Wände, so genannte *Membranen* erfolgen. Bei allen Lebewesen sind die Zellen von solchen Zellmembranen umgeben, die oft nur für bestimmte Teilchen durchlässig sind z.B. für Wassermoleküle. Die im Wasser gelösten Teilchen dagegen können diese Membranen nicht durchdringen, weshalb derartige Membranen auch *semipermeabel* (halbdurchlässig) genannt werden. Durch diese so genannte **Osmose** nehmen die Pflanzen das für sie lebenswichtige Wasser aus dem Boden auf. (Nährstoffe werden auf andere Art in die Pflanze hineingeschleust.)

Auch unser Leben wäre ohne Diffusion nicht möglich. Beim Einatmen gelangt Luft in die Lunge und füllt die Lungenbläschen. Die Sauerstoffmoleküle der Luft diffundieren durch die nur 1 µm dünnen Wände der Lungenbläschen in die Kapillargefäße und lagern sich dort größtenteils an den roten Blutkörperchen an. Über den Blutkreislauf wird der Sauerstoff dann zu den Zellen transportiert, wo die Sauerstoffmoleküle durch die Zellmembranen ins Zellinnere diffundieren. Genau so – nur in umgekehrter Richtung – läuft der Transport des bei Stoffwechselvorgängen in den Zellen entstehenden Kohlenstoffdioxids ab.

Je größer die Fläche der Lunge, desto mehr Gas kann ausgetauscht werden. Damit die bei jedem Atemzug inhalierten 1–5 l Luft auch sofort ins Blut gelangen, besteht die menschliche Lunge aus vielen kleinen Bläschen, die insgesamt eine Fläche von etwa 100 m² haben.

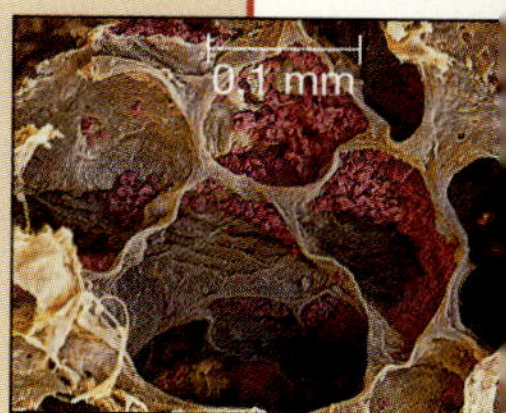

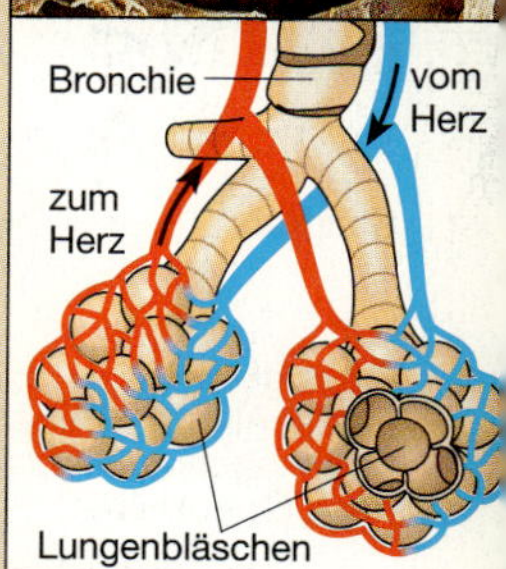

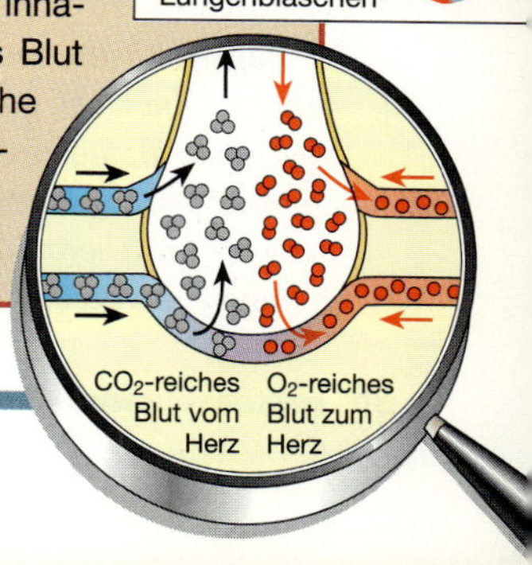

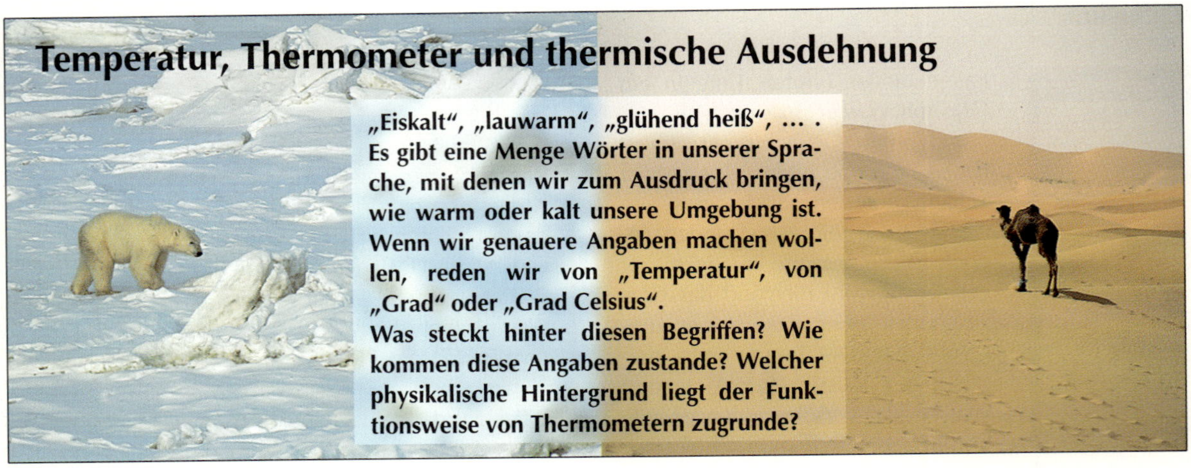

Temperatur, Thermometer und thermische Ausdehnung

„Eiskalt“, „lauwarm“, „glühend heiß“, … . Es gibt eine Menge Wörter in unserer Sprache, mit denen wir zum Ausdruck bringen, wie warm oder kalt unsere Umgebung ist. Wenn wir genauere Angaben machen wollen, reden wir von „Temperatur“, von „Grad“ oder „Grad Celsius“.
Was steckt hinter diesen Begriffen? Wie kommen diese Angaben zustande? Welcher physikalische Hintergrund liegt der Funktionsweise von Thermometern zugrunde?

Wir messen Temperaturen

Wenn wir angeben wollen, wie warm oder kalt ein Gegenstand ist, so müssen wir seine **Temperatur** bestimmen.
Der Mensch hat in seiner Haut Sensoren, das sind Fühlpunkte, die es ihm ermöglichen, den Wärmezustand der Luft oder eines Gegenstands zu „erfühlen“. Die Temperaturwahrnehmung ist für die Menschen sehr wichtig. Ohne sie würden wir beim Anfassen von heißen Gegenständen nicht gewarnt werden und uns schwerste Verbrennungen zuziehen.
Die Wärmeempfindung ist allerdings bei jedem Menschen unterschiedlich, sie ist z. B. abhängig von Alltagserfahrungen der jeweiligen Person. So wird jemand, der in einer Metzgerei oft im Kühlhaus arbeitet, ein anderes Temperaturempfinden haben als jemand, dessen Arbeitsplatz die warme Backstube ist.
Außerdem ist das Temperaturempfinden oft Täuschungen unterworfen: Ein Sprung ins Schwimmbecken nach einer kalten Dusche lässt das Wasser wärmer erscheinen als nach einer warmen Dusche.

Um genaue Aussagen über die Temperatur eines Körpers machen zu können, brauchen wir ein Messgerät, ein **Thermometer** (gr. *thermos*, warm). Im abgebildeten **Flüssigkeitsthermometer** zeigt eine Flüssigkeit die Temperatur an. Mit ihm kann die Raum- bzw. Außentemperatur oder auch die Temperatur von Flüssigkeiten bestimmt werden.
Es gibt verschiedene Arten von Thermometern, deren Aufbau und Funktionsweise darauf abgestimmt sind, zu welchem Zweck sie genutzt werden sollen. So lassen sich z. B. die Temperatur im Innern eines Brennofens und die Temperatur der Raumluft nicht mit demselben Thermometer messen.

> Die Temperatur sagt etwas darüber aus, wie warm oder kalt ein Körper ist.
> Für zuverlässige, genaue Temperaturangaben brauchen wir ein Messgerät, das Thermometer.
> Temperaturen werden in Grad Celsius (°C) angegeben.

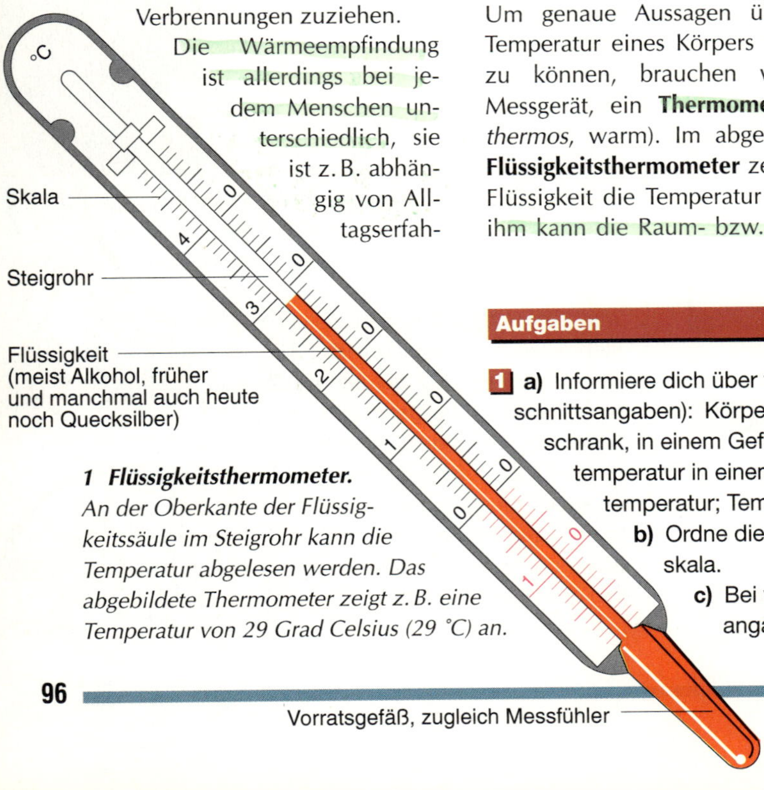

*1 **Flüssigkeitsthermometer.***
An der Oberkante der Flüssigkeitssäule im Steigrohr kann die Temperatur abgelesen werden. Das abgebildete Thermometer zeigt z. B. eine Temperatur von 29 Grad Celsius (29 °C) an.

Aufgaben

1 **a)** Informiere dich über folgende Temperaturwerte (es reichen Durchschnittsangaben): Körpertemperatur eines Menschen; Temperatur im Kühlschrank, in einem Gefrierschrank, im Ofen beim Pizzabacken; Wassertemperatur in einem Aquarium bzw. im Hallenbad; angenehme Raumtemperatur; Temperatur in einem Brutkasten für Frühgeborene.
b) Ordne die Werte der Größe nach auf einer Temperaturskala.
c) Bei welchen Beispielen ist eine genaue Temperaturangabe besonders wichtig?

Thermische Ausdehnung bei Flüssigkeiten

Das hätte früher passieren können: Ein Autofahrer tankte an einer Raststätte sein Auto „randvoll", denn er hatte noch eine weite Fahrt vor sich. Da er in der Mittagshitze nicht gerne fuhr, machte er erst einmal eine ausgedehnte Pause. Als er dann aber weiterfahren wollte, bemerkte er die Benzinpfütze unter dem Auto.
Ob der Tank undicht war?

Wenn wir uns die Thermometerskala auf der linken Seite noch einmal genauer anschauen, stellen wir fest, dass die angezeigte Temperatur umso größer ist, je höher die Thermometerflüssigkeit im Steigrohr angestiegen ist. Bei steigender Temperatur braucht die Flüssigkeit zunehmend mehr Platz – sie dehnt sich aus. Verhalten sich *alle* Flüssigkeiten so? Und: *Wie stark* nimmt das Volumen zu?

Der Versuch im Bild rechts zeigt das Verhalten dreier Flüssigkeiten, die gleichzeitig in heißes Wasser gestellt wurden. Der Flüssigkeitsspiegel, vorher bei allen gleich hoch, ist unterschiedlich stark angestiegen. Lässt man die Flüssigkeiten eine Weile stehen, so ziehen sie sich bei Abkühlung wieder zusammen – der Flüssigkeitsspiegel sinkt.

Die Volumenzunahme einer Flüssigkeit ist umso größer,

- je größer ihr Ausgangsvolumen ist,
- je höher die Temperaturzunahme ist.

Zentraler Versuch

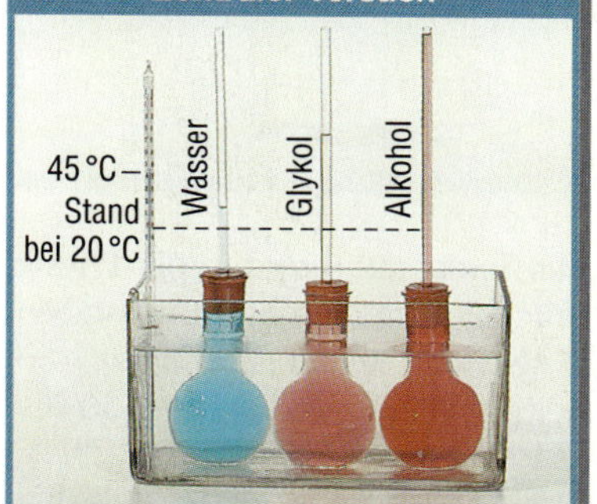

Bei Alkohol z. B. beträgt die Volumenzunahme pro Liter und pro Grad Temperaturerhöhung etwa 1 ml, d. h. wenn 1 l Alkohol um 1 Grad erwärmt wird, nimmt das Volumen um 1 ml (= $\frac{1}{1000}$ l) zu.

Nun verstehen wir auch, was beim Auto im Bild oben passiert ist. Das Benzin, das vor dem Auftanken im kühlen Erdtank gelagert war, wurde durch die Sonneneinstrahlung stark erhitzt, es dehnte sich aus. Da aber der Tank randvoll war, lief ein Teil des Benzins aus dem Einfüllstutzen auf die Straße.
So eine Benzinpfütze könnte gefährlich werden: Ein Funken, z. B. von einer weggeworfenen Zigarettenkippe, könnte das Benzin entzünden und einen Brand verursachen.

Zum Glück kann das heute nicht mehr passieren: Benzintanks haben wie die großen Tankwagen ein eingebautes Reservevolumen, sodass der Inhalt (Benzin, Heizöl) Platz zum Ausdehnen hat.

> Flüssigkeiten dehnen sich bei Temperaturerhöhung aus.
> Diese thermische Ausdehnung ist unterschiedlich stark für verschiedene Flüssigkeiten.

2 Woher kommt der umgangssprachliche Ausdruck „Die Temperatur steigt" bzw. „fällt"?

3 Was würde sich in dem zentralen Versuch ändern, wenn wir dickere Steigrohre benutzt hätten? Welche Änderungen im Versuchsaufbau wären sonst noch möglich und wie würden sie sich auswirken?

4 Welches Reservevolumen muss ein Benzintank, der 50 l Benzin fasst, mindestens haben, wenn eine maximale Temperaturerhöhung von 40 Grad angenommen wird? (Die Volumenzunahme pro Grad und pro Liter beträgt bei Benzin etwa 1 ml.)

5 Eine Getränkedose wird bis zum Rand mit 340 ml Wasser gefüllt und um 60 Grad erhitzt. Wie viel Wasser läuft aus der Öffnung? (Volumenzunahme pro Grad und pro Liter bei Wasser etwa 0,2 ml.)

6 Warum sollte man Gurken oder Melonen nicht längere Zeit in der prallen Sonne liegen lassen?

Die Celsius-Skala

Erhitzen wir eine Mischung aus zerstoßenem Eis und Wasser so lange, bis sie schließlich siedet, und beobachten dabei das „Thermometer“ ohne Skaleneinteilung, so fällt uns etwas auf: Während des Schmelzens bleibt die Thermometerflüssigkeit an derselben Stelle stehen. Erst wenn alles Eis geschmolzen ist, steigt sie allmählich an, um dann während des Siedens wieder stehen zu bleiben!

Diese erstaunliche Beobachtung veranlasste den Schweden ANDERS CELSIUS im Jahre 1742 dazu, diese beiden Temperaturwerte als **Fixpunkte** für eine Temperaturskala zu wählen. So entstand die auch heute noch verwendete **Celsius-Skala** mit den beiden Fixpunkten **0 °C** („null Grad Celsius“) für schmelzendes Eis und **100 °C** für siedendes Wasser. Den Abstand zwischen diesen beiden Fixpunkten teilte CELSIUS in 100 gleich große Teile und erhielt so die Einheit für die Temperatur, das Grad Celsius „1 °C“.

Für Temperaturen unterhalb von 0 °C und oberhalb von 100 °C wird die Skala einfach nach unten und oben mit gleicher Einteilung fortgesetzt. Temperaturen unter 0 °C bekommen ein Minuszeichen.

Zentraler Versuch

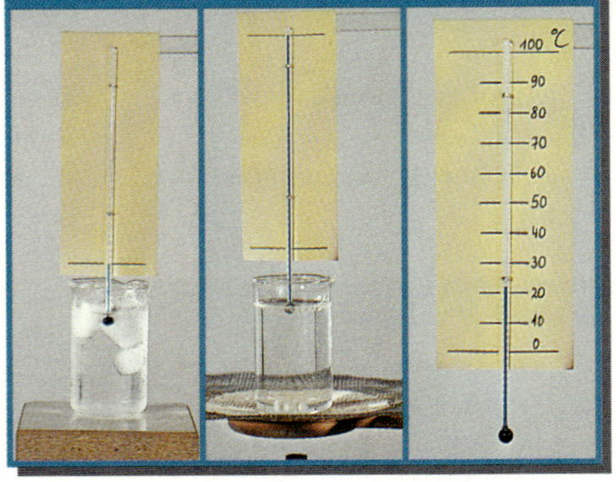

Die Temperatur wird in der Physik mit dem griechischen Buchstaben ϑ (sprich: theta) abgekürzt. So heißt es dann z. B. kurz: $\vartheta = 50$ °C.

Das Thermometer im Versuch hat mithilfe der beiden Fixpunkte eine Temperaturskala bekommen, es wurde **geeicht.** Mit ihm kann nun die Temperatur einer anderen Flüssigkeit bestimmt werden.

Manchmal interessieren uns nicht so sehr die genauen Temperaturwerte, sondern eher die Temperaturzunahme oder -abnahme eines Körpers. Solche **Temperaturdifferenzen** werden mit dem Symbol $\Delta\vartheta$ (sprich: Delta theta) abgekürzt. Als Einheit für die Temperaturdifferenz wurde nach dem englischen Physiker LORD KELVIN 1 K (1 Kelvin) gewählt.

Angaben beim Messen

Die Temperatur ist eine **physikalische Größe.** Sie beschreibt eine Eigenschaft von Körpern, die wir messen können. Bei der Angabe einer physikalischen Größe ist die **Einheit** genau so wichtig wie der **Zahlenwert.** Physikalische Größen und Einheiten werden mit Symbolen abgekürzt. Um sie voneinander unterscheiden zu können, werden die Größensymbole schräg gedruckt.

Beispiel: $\vartheta = 50$ °C

Phys. Größe	Zahlenwert	Einheit
ϑ	50	°C

Grundlage für die Celsius-Skala sind die Fixpunkte:
0 °C: Schmelzpunkt von Eis
100 °C: Siedepunkt von Wasser

Definition/Einheiten

Temperatur

Die Einheit ist 1 °C (Grad Celsius).
Das Formelzeichen ist ϑ.

Das Formelzeichen für Temperaturunterschiede ist $\Delta\vartheta$,
die Einheit ist 1 K (Kelvin).

Beim **Umgang mit dem Thermometer** muss Folgendes beachtet werden:

- Thermometer so eintauchen, dass der Messfühler sich vollständig in der Flüssigkeit befindet;
- warten, bis die Thermometerflüssigkeit nicht mehr steigt oder sinkt;
- senkrecht auf die Skala blicken.

Aufgaben

1 Wie müsste ein Flüssigkeitsthermometer verändert werden, wenn die Striche auf der Skala weiter auseinander liegen sollen? (Es gibt drei Möglichkeiten!) Nenne Vor- und Nachteil einer solchen Skala.

2 Wie groß ist jeweils die Temperaturdifferenz zwischen
a) der höchsten und der tiefsten je auf der Erde gemessenen Temperatur,
b) der durchschnittlichen Tagestemperatur auf dem Mond und der dortigen Nachttemperatur,
c) deiner Körpertemperatur und der höchsten Temperatur in der Wüste.
(Für die Temperaturwerte siehe Pinnwand Seite 101.)

3 Warum eignet sich Wasser nicht als Thermometerflüssigkeit für ein Außenthermometer bei uns? Warum würde es am Äquator funktionieren?

4 Was ist das Besondere an den Fixpunkten der Celsius-Skala?

Geschichte des Thermometers

Streifzug

Als es noch keine Messgeräte zur Temperaturmessung gab, konnten die Menschen nur vage Aussagen darüber machen, wie kalt oder warm etwas war.

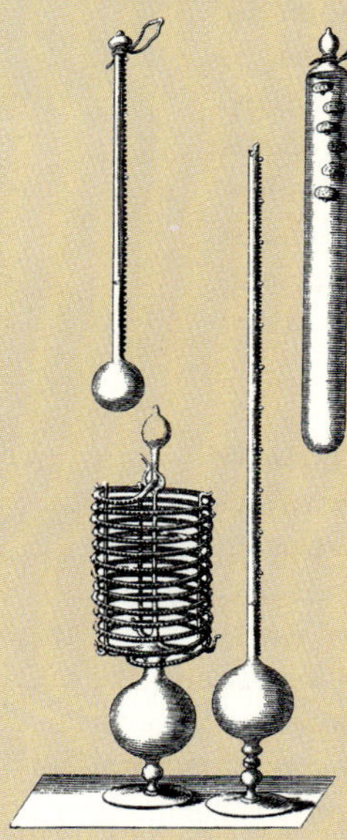

Die ersten Flüssigkeitsthermometer entstanden um 1600 in Italien nach einer Idee von GALILEO GALILEI (1564–1642) für medizinische Zwecke. Sie waren z. T. sehr kunstvoll hergestellt und funktionierten auch recht zuverlässig mit dem einzigen Nachteil, dass jedes Thermometer seine eigene Skala hatte. Eine allgemein gültige Temperaturangabe war mit einem solchen Thermometer nicht möglich.

Den ersten Versuch, eine einheitliche und überall gültige Temperaturskala herzustellen, machte im Jahre 1714 DANIEL GABRIEL FAHRENHEIT (1686–1736) aus Danzig mit der Einführung zweier Fixpunkte.
Für den ersten wählte er die tiefste Temperatur, die er damals herstellen konnte, nämlich die Temperatur einer „Kältemischung“ (Mischung aus Eis, Wasser und Salmiak). Diese Temperatur (–18 °C) wählte er als Nullpunkt seiner Skala. Als zweiten Fixpunkt wählte er vermutlich seine eigene Körpertemperatur und bezeichnete sie mit 100 Grad. Den Abstand dazwischen teilte er in 100 gleiche Teile. So entstand die Fahrenheit-Skala, die heute z. B. in den USA noch benutzt wird. Solltest du bei einem USA-Besuch einmal Fieber bekommen, so musst du nicht erschrecken, wenn das dortige Fieberthermometer über 100 Grad anzeigt!

Im Jahre 1742 schlug der schwedische Professor für Astronomie ANDERS CELSIUS (1701–1744) die bereits bekannten Fixpunkte vor, allerdings nannte er damals die Temperatur der Eis-Wasser-Mischung 100° und die Temperatur des siedenden Wassers 0°! Die schwedische Akademie der Wissenschaften übernahm diesen Vorschlag acht Jahre später, tauschte aber die Werte um. Die so entstandene Celsius-Skala wird heute in allen europäischen Staaten verwendet.

Etwa 100 Jahre später führten Forschungen in der Physik zu der Erkenntnis, dass die Temperaturskala nach unten begrenzt ist, dass es also eine tiefste Temperatur gibt, die nicht unterschritten werden kann. Diese Temperatur, die im Labor zwar nicht hergestellt werden kann, der man aber inzwischen sehr nahe gekommen ist, liegt bei –273,15 °C.

Nun wäre es ja sinnvoll, diese Temperatur als Nullpunkt auf der Temperaturskala zu wählen. Genau dies tat der englische Physiker LORD KELVIN (1824–1907): Er bezeichnete diese tiefste Temperatur als **absoluten Nullpunkt 0 K** (null Kelvin). Ansonsten behielt er die Skaleneinteilung der Celsius-Skala bei, sodass die Skalenabstände auf beiden Skalen gleich sind. Deshalb stimmen auch Temperaturdifferenzen auf beiden Skalen überein. So kam es in der Physik zu der Vereinbarung, Temperaturdifferenzen in K anzugeben.
Die Kelvin-Skala wird heute vorwiegend in der Wissenschaft verwendet.

Aufgaben

1 Gib in °C, in °F sowie in K an: **a)** deine Körpertemperatur, **b)** die Siedetemperatur von Wasser, **c)** die Schmelztemperatur von Eis.

2 Auf welchen Fixpunkten ist die Fahrenheit-Skala aufgebaut? Gib sie auch in °C und in K an.

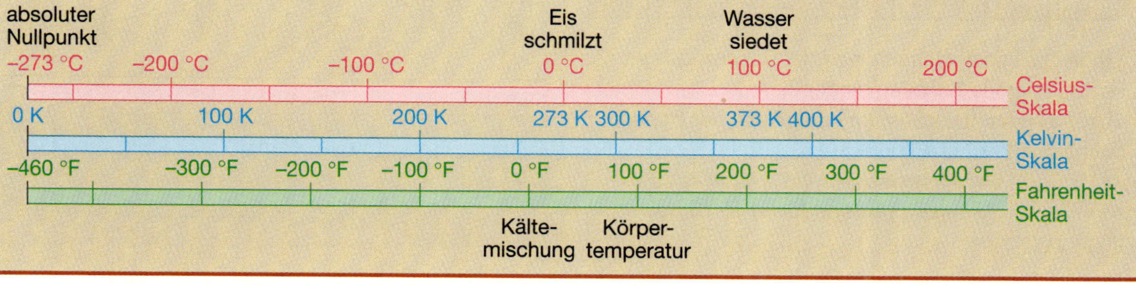

Streifzug

Ungewöhnliches Verhalten von Wasser

Wasser gefriert – und bekommt Sprengkraft!

Vielleicht hast du schon erlebt, dass eine Getränkeflasche aus Glas „mal kurz" zum Abkühlen ins Gefrierfach gelegt und dann vergessen wurde. Entsetzt musstest du dann später feststellen, dass die Flasche von dem gefrorenen Getränk regelrecht gesprengt wurde.
Der Inhalt der Flasche (der zum größten Teil aus Wasser besteht) hat sich offensichtlich beim Gefrieren ausgedehnt und ist nicht wie erwartet geschrumpft.

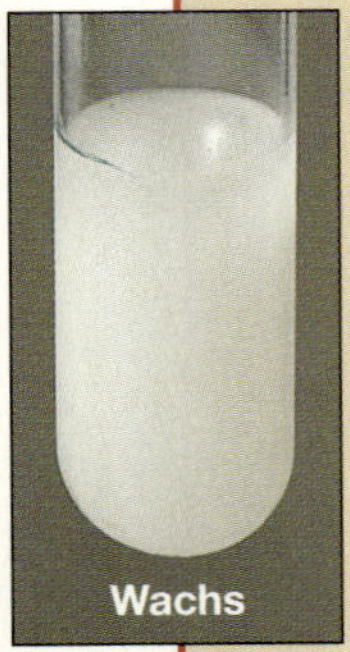

Wachs

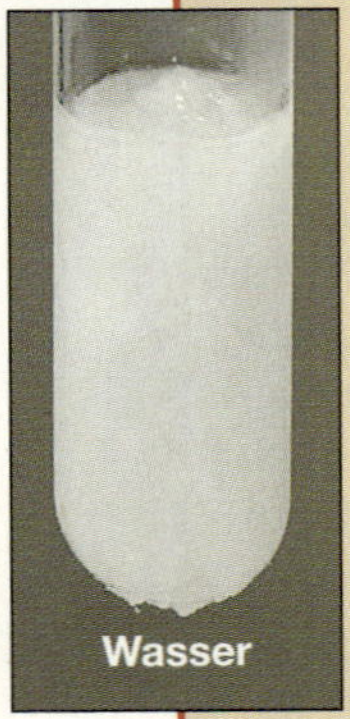

Wasser

Grund: Beim Erstarren zu Eis verhält sich Wasser nicht so wie die meisten anderen Flüssigkeiten: Das Volumen einer Wassermenge nimmt beim Gefrieren um etwa 10% zu. Die Auswirkungen davon treffen wir überall dort an, wo eingeschlossene Wassermengen Frost ausgesetzt sind.

- Wasserrohre werden deshalb mindestens 1 m tief im Boden verlegt, da in dieser Tiefe auch im strengsten Winter kaum Minusgrade erreicht werden. Gefährdet sind allerdings Wasserrohre im Garten, die sich über dem Boden befinden, und die Wasserhähne. Deshalb muss im Winter aus ihnen das Wasser abgelassen werden.
- Auch Straßenschäden entstehen durch gefrierendes Wasser unterhalb der Straßendecke. Im Frühjahr, wenn das Eis auftaut, entstehen dort Hohlräume. Die darüber liegende Straßendecke bricht unter der Last der darüber fahrenden Autos ein – Schlaglöcher sind die Folge.
- Im Gebirge sorgt gefrierendes Wasser in Gesteinsspalten für Risse und Spaltungen im Fels. Die Entstehung von Geröllfeldern ist die Folge.

Aufgaben

1 In der Landwirtschaft wird der Ackerboden im Herbst in große Schollen umgepflügt und den Winter über so liegen gelassen. Im Frühjahr ist der Boden dann schön locker. Erkläre.

2 Erkläre, warum tiefere Seen im Winter nicht bis zum Boden durchgefroren sind, flachere Tümpel dagegen schon.

Warum gefriert ein See von oben zu?

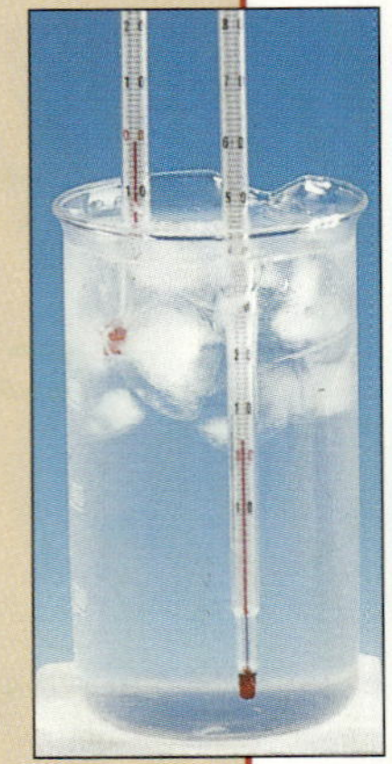

Im Sommer erleben wir beim Tauchen in einem See, dass das Wasser an der Oberfläche wärmer ist als darunter. Je tiefer wir tauchen, desto kälter wird es. Das wärmere Wasser, das ein größeres Volumen hat als das kältere, ist offenbar leichter als dieses. Es würde sonst nach unten sinken. Aber warum entsteht die Eisschicht im Winter dann nicht auf dem Boden des Sees?

Hier zeigt sich ein weiteres eigenwilliges Verhalten des Wassers: Wird Wasser abgekühlt, so nimmt das Volumen zunächst wie erwartet ab. Doch ab 4 °C tritt etwas Unerwartetes ein: Bei weiterer Abkühlung bis 0 °C dehnt sich das Wasser wieder aus! Bei 4 °C hat das Wasser demnach sein kleinstes Volumen.
Dieses abweichende Verhalten von Wasser im Temperaturbereich zwischen 0 °C und 4 °C nennt man die **Anomalie des Wassers.**

Was bedeutet das für den See im Winter?
Im Winter kühlt der See zunächst immer mehr ab. Ab einer Temperatur von 4 °C dehnt sich bei weiterer Abkühlung das Wasser an der Oberfläche aus. Dieses kältere Wasser ist nun leichter als das 4 °C „warme" Wasser darunter, bleibt deshalb oben und gefriert schließlich. Während also der See an der Oberfläche zufriert, beträgt unten am Boden des Sees die Temperatur 4 °C und gewährleistet Pflanzen und Tieren das Überleben auch im kalten Winter, weil das Wasser nicht bis zum Boden durchfriert.

TEMPERATUREN UND THERMOMETER

Pinnwand

Die Flüssigkeit im Thermometer

Als Thermometerflüssigkeit wird hauptsächlich gefärbter Alkohol, manchmal auch Quecksilber verwendet. Quecksilber hat u. a. den Vorteil, dass es Temperaturmesswerte zwischen –30 °C und +300 °C ermöglicht (bei –39 °C wird Quecksilber fest, bei 357 °C wird es gasförmig).

Nachteil ist allerdings, dass Quecksilber giftig ist. Bei einem Bruch des Thermometers verteilt es sich in Form von kleinen silbrigen Kügelchen überall und verdunstet allmählich. Der entstehende Dampf ist giftig. Dieses Problem gibt's beim Alkoholthermometer nicht, dafür ist dieses nur für Temperaturen zwischen –70 °C und +60 °C einsetzbar.

Temperaturanzeige durch Farbveränderung

Es gibt Stoffe, die bei einer bestimmten Temperatur ihre Farbe ändern. Vielleicht erinnerst du dich an die Spielzeugautos, die unter heißem Wasser plötzlich eine andere Farbe bekommen, oder an die Löffel in Corn-Flakes.

„kalt"

„warm"

In Form von Messstreifen können sie überall dort angebracht werden, wo Flüssigkeitsthermometer nicht oder ungünstig einsetzbar sind: an Triebwerken von Flugzeugen, an Bremsen von Rennwagen usw. Ein Blick genügt um zu sehen, ob eine bestimmte Temperatur überschritten wurde.

Auch beim **Flüssigkristallthermometer** sind es Farbumschläge, die die Temperaturanzeige ermöglichen.

Elektronisches Thermometer

Dieses Thermometer ist besonders geeignet für Messungen, die in einer gewissen Entfernung von der Messstelle durchgeführt werden, z. B. weil die zu messende Temperatur sehr hoch ist. Auch für die zentrale Überwachung der Temperatur an verschiedenen Stellen eines Gebäudes wird diese Art von Thermometern eingesetzt.

Fieberthermometer

Das mit Quecksilber gefüllte Fieberthermometer ① hat am Anfang des Steigrohrs eine Engstelle, die verhindert, dass das Quecksilber nach dem Messen sofort zurückläuft. Man kann in Ruhe den Wert ablesen, muss dann allerdings das Thermometer „runterschütteln". Der Nachteil dieser Thermometer ist, dass sie leicht zerbrechen können.

Beim digitalen Fieberthermometer ② besteht im Gegensatz zum Quecksilberthermometer keine Vergiftungsgefahr bei Bruch des Thermometers.

Bei dem modernen kleinkindfreundlichen Fieberthermometer ③ wird die Körpertemperatur im Ohr gemessen. Der Temperaturwert wird schon nach einer Sekunde im Sichtfenster angezeigt!

①

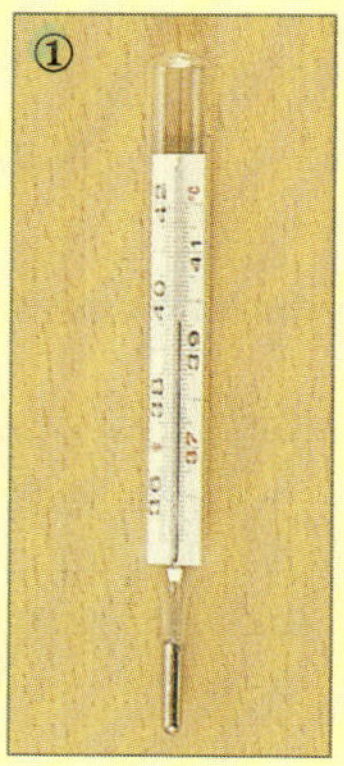

②

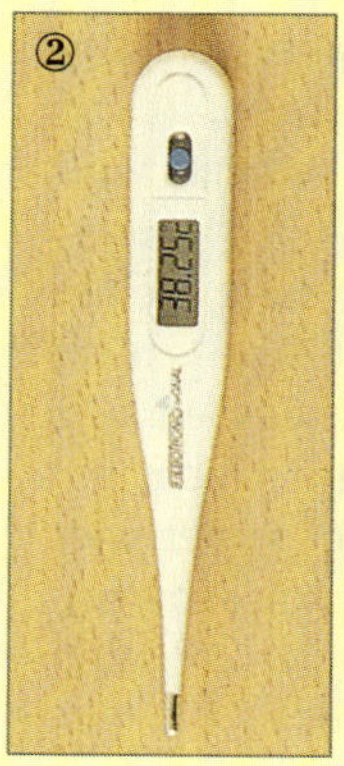

③

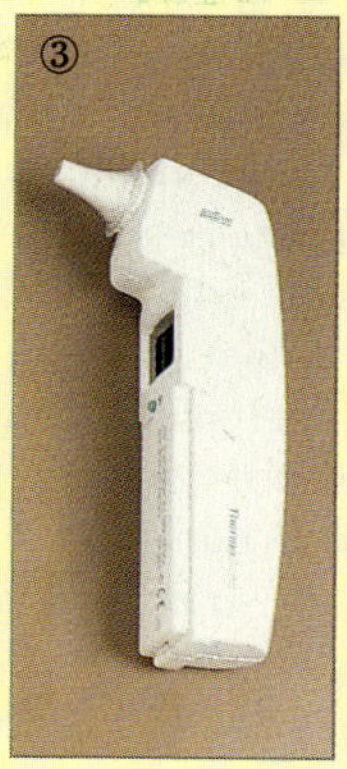

Eiskalt... *...glühend heiß*

tiefste Temperatur überhaupt	–273,15 °C
mittlere Nachttemperatur auf dem Mond	–170 °C
tiefste Temperatur auf der Erde (Antarktis)	–94 °C
mittlere Körpertemperatur eines Menschen	37 °C
höchste Temperatur auf der Erde (Wüste)	59 °C
mittlere Tagestemperatur auf dem Mond	ca. 130 °C
Eisen wird flüssig	1535 °C
Temperatur an der Oberfläche der Sonne	ca. 6000 °C
Temperatur im Innern der Sonne	ca. 15 Mio. °C

Thermische Ausdehnung bei festen Körpern

Lange Brücken sind oft nur auf einer Seite fest verankert, während das andere Ende frei beweglich auf Rollen oder auf Gleitflächen gelagert ist. Wozu braucht die Brücke diese „Bewegungsfreiheit"?

Die Stahlkugel, die bei Zimmertemperatur genau durch den Ring passt, bleibt nach dem Erhitzen über einer Gasflamme auf dem Ring liegen. Nach einiger Zeit fällt sie wieder hindurch. Ganz offensichtlich hat sich die Kugel beim Erhitzen ausgedehnt und beim Abkühlen wieder zusammengezogen.
Ohne den Ring würden wir der Kugel diese minimale Volumenveränderung wohl kaum ansehen. Die Ausdehnung fester Körper ist sehr gering. Trotzdem dürfen wir sie nicht vernachlässigen.

Bei lang gestreckten festen Körpern wie Brücken oder Eisenbahnschienen interessiert uns insbesondere die Ausdehnung in *Längsrichtung*.

Im Versuch wird die **Längenausdehnung** verschiedener Stoffe untersucht. Das Metallrohr, das am einen Ende fest eingespannt ist und am anderen locker aufliegt, wird durch heißes Wasser oder Wasserdampf erhitzt. Die sehr kleine, mit dem bloßen Auge nicht wahrnehmbare Längenausdehnung wird über den Zeiger sichtbar gemacht. Kühlt das Rohr später wieder ab, so zieht es sich zusammen; der Zeiger geht wieder in seine Ausgangsstellung zurück.

Der Vergleich verschiedener Rohre zeigt, dass die Längenausdehnung abhängig ist

- vom *Stoff:* Z. B. dehnt sich ein Aluminiumrohr bei gleicher Temperaturerhöhung stärker aus als ein Kupferrohr;
- von der *Ausgangslänge:* Je länger das Rohr ist, desto mehr verlängert es sich;
- von der *Temperaturdifferenz:* Je größer die Temperaturzunahme, desto stärker die Ausdehnung.

Die Tabelle rechts oben zeigt die Längenzunahme verschiedener 1 m langer Stäbe bei Temperaturerhöhung um 1 K. Die Zahlenwerte erscheinen verschwindend gering, doch das Beispiel der Eisenbahnbrücke macht deutlich, dass die Längenausdehnung im Straßen-, Schienen- und Brückenbau berücksichtigt werden muss.

Natürlich nimmt z. B. bei einer Eisenschiene nicht nur die Länge bei Temperaturerhöhung zu, sondern auch ihre Breite und Höhe, allerdings in sehr viel geringerem Maße im Vergleich zur Längenausdehnung.

Zentraler Versuch

Feste Körper dehnen sich im Allgemeinen bei Temperaturerhöhung in alle Richtungen aus.
Die Längenausdehnung fester Körper bei Temperaturerhöhung ist abhängig vom Stoff, von der Ausgangslänge und von der Temperaturzunahme des Körpers.

So weit dehnen sich 1 m lange Stäbe bei Erwärmung um 100 K aus:

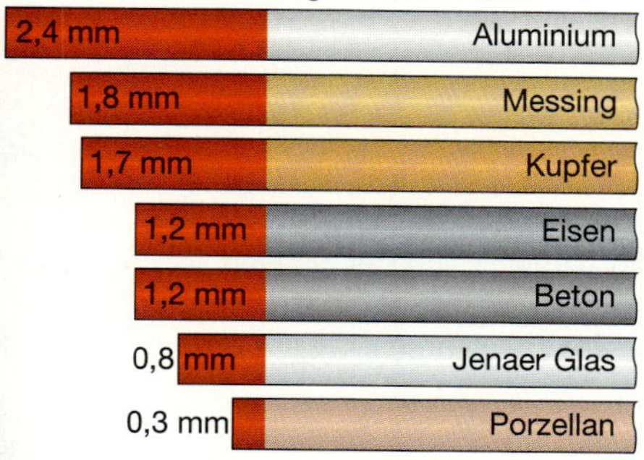

Wie groß die auftretenden Kräfte bei der thermischen Ausdehnung fester Stoffe sein können, zeigt der „Bolzensprengapparat". Wenn der Mittelstab erhitzt wird, dehnt er sich aus. Durch Hineinschieben des Keils kann er während des Erhitzens nachgespannt werden. Kühlt der Stab anschließend ab, so zieht er sich so stark zusammen, dass der Bolzen zerknallt.

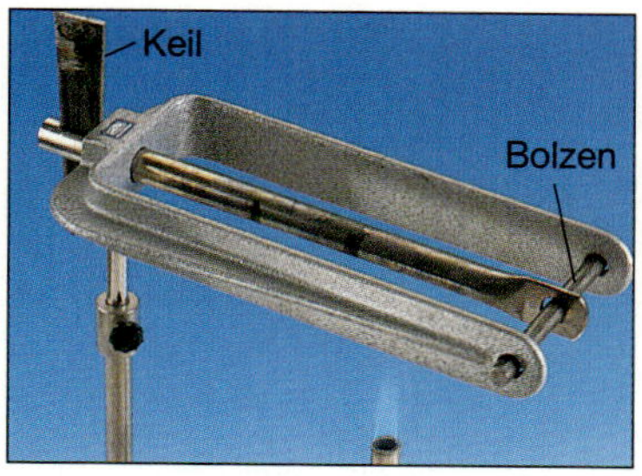

Aufgaben

1 Der Eiffelturm, eine Konstruktion ganz aus Eisen, ist im Winter bei –20 °C etwa 300 m hoch. Wie hoch ist er an einem heißen Sommertag bei +35 °C?

2 Mit welcher Längenänderung ist bei einem 2 km langen Stahlseil eines Skiliftes zu rechnen, wenn die Temperatur von –20 °C auf +3 °C steigt?

3 Welchen „Spielraum" braucht die 1128 m lange Betonbrücke im Bild links oben, wenn im Laufe eines Jahres Temperaturschwankungen von –30 °C auf +50 °C auftreten können?

Rechenbeispiel

Thermische Längenausdehnung bei einer Eisenbrücke

Diese Eisenbahnbrücke wurde im Jahre 1897 in der Nähe der Ortschaft Müngsten gebaut, um die Städte Remscheid und Solingen miteinander zu verbinden. Der Bau war ein Gemeinschaftswerk verschiedener Konstrukteure, bei dem ANTON RIEPPEL (1852–1926), von dem auch der Entwurf stammte, maßgeblich beteiligt war.

Die gewaltige Eisenkonstruktion, die später zum Vorbild für die Straßenbrücke über den Niagara wurde, war für die damalige Zeit ein technisches Wunder. Nichts Vergleichbares war bis dahin gebaut worden, es gab also keine Erfahrung auf diesem Gebiet. 5000 Tonnen Stahl und Eisen wurden gebraucht für die 500 m lange, bis heute höchste Eisenbrücke Deutschlands (107 m über der Talsohle).

Welchen Einfluss haben nun die Temperaturdifferenzen zwischen Winter und Sommer auf die Länge der Brücke?

In unseren Regionen müssen wir im Winter mit Temperaturen bis zu –30 °C, im Sommer bis zu +50 °C rechnen, d.h. wir nehmen eine Temperaturdifferenz $\Delta\vartheta$ von 80 K an.

Der Tabelle entnehmen wir, dass ein 1 m langer Eisenstab sich bei einer Temperaturerhöhung von 1 K um 0,012 mm ausdehnt.
Für die 500 m lange Brücke beträgt dann die Ausdehnung bei einer Temperaturerhöhung um 1 K:
$500 \cdot 0{,}012\ \text{mm} = 6\ \text{mm}$.
Bei der angenommenen Temperaturdifferenz von 80 K erhalten wir die Längenänderung:
$80 \cdot 6\ \text{mm} = 480\ \text{mm}$.
Das ist immerhin fast ein halber Meter!

Beim Entwurf der Brücke wurde dies berücksichtigt: Unterbrechungen der Eisenträger über den Pfeilern sowie „Pufferzonen" bei den Schienen sorgen dafür, dass die Brücke sich ausdehnen kann, ohne dass sie dadurch zerstört wird.

Streifzug

Das Bimetall

Die thermische Ausdehnung fester Körper bereitet im Alltag zwar oft Probleme, lässt sich aber auch nutzbringend anwenden.

Das **Bimetall** ist ein Beispiel dafür. Es besteht aus zwei (Bi-: lat. zwei) aufeinander gewalzten Metallstreifen, die sich bei Erwärmung unterschiedlich stark ausdehnen (z. B. Eisen und Messing). Wird der Streifen erhitzt, so verbiegt er sich in die Richtung des Stoffes mit der geringeren Ausdehnung. Die Krümmung ist umso stärker, je größer die Temperaturzunahme ist. Aufgerollt zu einer Spirale kann ein solcher Bimetallstreifen zur Temperaturanzeige verwendet werden. Dazu wird das eine Ende des Streifens festgeklemmt, das andere wird mit einem Zeiger versehen. Das Ganze wird in einem Gehäuse mit Temperaturskala untergebracht – und fertig ist das **Bimetallthermometer.**

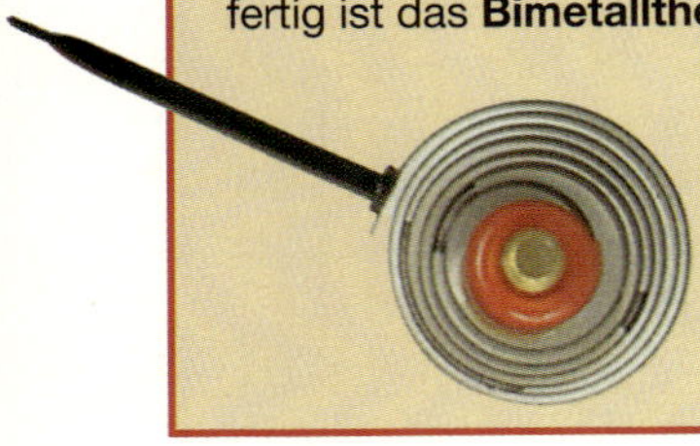

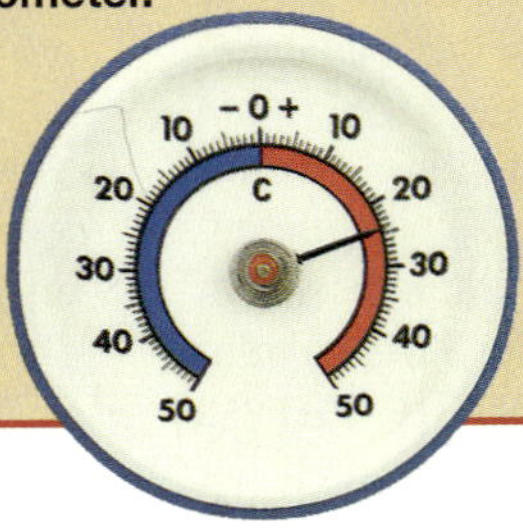

Auch als **Feuermelder** findet der Bimetallstreifen Verwendung. Dazu wird er in einen elektrischen Stromkreis eingebaut. Wird eine bestimmte Temperatur überschritten, so verbiegt sich der Streifen so, dass er den Stromkreis schließt und damit ein Alarmsignal auslöst, im Bild z. B. die Lampe leuchten lässt.

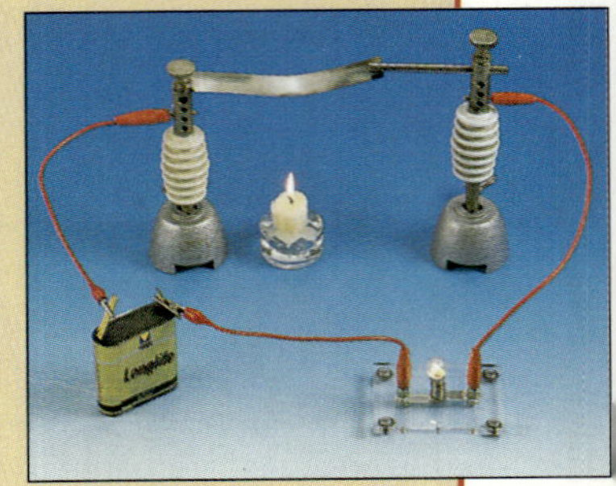

Je nach Aufbau der Schaltung kann das Bimetall aber auch den Stromkreis unterbrechen, um elektrische Geräte (z. B. ein Bügeleisen) vor Überhitzung zu schützen. Nach Abkühlung des Geräts setzt das Bimetall selbsttätig den Betrieb wieder in Gang und hält so die Temperatur innerhalb gewisser Grenzen konstant. Man spricht dann auch von einem **Thermostat.**

Aufgaben

1 In welche Richtung biegt sich jeweils das Bimetall?

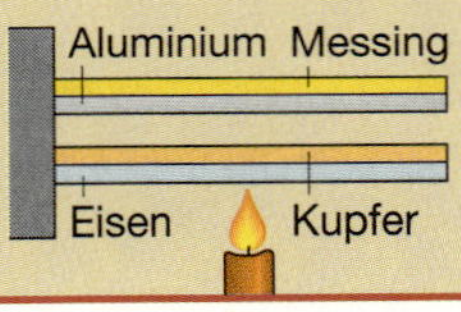

Versuche und Aufträge

Thermische Ausdehnung

V1 Baue mit zwei gleich hohen Flaschen, einem Korken, einer Stricknadel aus Metall (oder einer alten Fahrradspeiche), einer Nähnadel, einer Kerze und einem Trinkhalm als Zeiger folgende Versuchsanordnung auf.

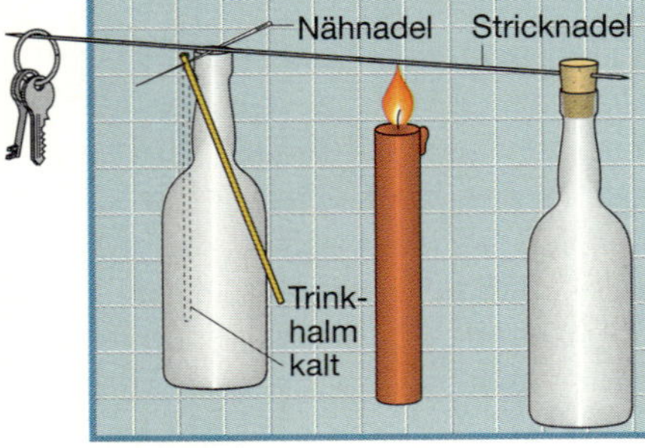

Das freie Ende der Nadel soll auf dem Flaschenhals der zweiten Flasche aufliegen.

a) Erhitze die Stricknadel mit der Kerzenflamme und beobachte.

b) Erkläre deine Beobachtung.

V2 Schlage drei Nägel so in ein Brettchen, dass eine Münze gerade noch dazwischen passt.

a) Halte die Münze mit einer Zange über eine Kerzenflamme. Probiere, ob sie immer noch passt.

b) Tauche die heiße Münze dann in kaltes Wasser und teste erneut.

c) Erkläre deine Beobachtungen.

V3 Schneide Kaugummipapier oder Papier einer Schokoladenpackung in Streifen (ca. 10 cm x 1 cm). Klemme das eine Ende in eine Wäscheklammer und wickele den Streifen fest um das untere Ende der Klammer zu einer Spirale. (Das weiße Papier soll nach außen zeigen.)

a) Nähere die Spirale einer Kerzenflamme und erwärme sie vorsichtig. Was beobachtest du?

b) Wickle den Streifen nun anders herum und erhitze wieder. Was passiert jetzt?

c) Erkläre die Beobachtungen.

Der Regelkreis

Streifzug

In vielen Bereichen unseres täglichen Lebens müssen Vorgänge und Größen immer wieder veränderten Umständen oder Gegebenheiten angepasst werden; man sagt, sie müssen geregelt werden. Diese **Regelung** kann von Hand oder automatisch erfolgen.

Bekannte technische Regelvorgänge sind:
- die Temperaturregelung beim Bügeleisen und bei der Heizung durch Thermostate;
- die Regelung der Kühltemperatur bei Kühlschrank und Gefriertruhe, ebenfalls mittels Thermostaten;
- die Regelung des Wasserzulaufs bei Wasch- und Spülmaschinen.

Aber auch im menschlichen Körper laufen dauernd Regelvorgänge ab, die vom Zentralnervensystem gesteuert und vom Großhirn nicht beeinflusst werden können. Hierzu gehören zum Beispiel:
- die Regelung von Blutdruck, Atmung und Herzschlag je nach körperlicher Belastung;
- die Änderung des Pupillendurchmessers je nach Umgebungshelligkeit.

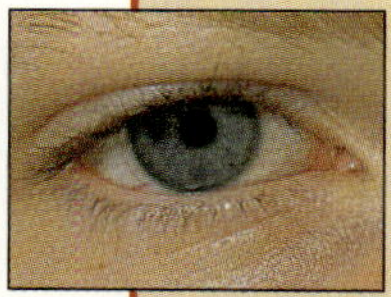

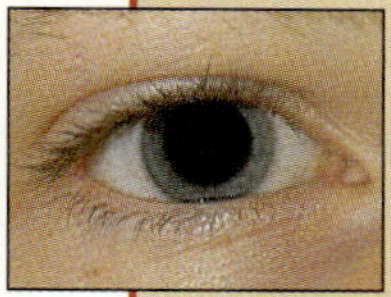

Das Auge reagiert auf Helligkeitsschwankungen mit einer Änderung des Pupillendurchmessers. Diese Änderung ist der von uns beobachtbare Teil eines Regelvorgangs, der die auf die Netzhaut einfallende Lichtmenge nahezu konstant hält. (Möglich ist dies nur bei kleineren Helligkeitsschwankungen, da der Pupillendurchmesser sich nur zwischen 2 mm und 8 mm ändern kann.)

Für jeden Regelungsvorgang gilt der folgende Ablauf:
Der momentane Wert der **Regelgröße,** zum Beispiel Temperatur, Drehzahl, Flüssigkeitsstand, Helligkeit usw. wird durch Messvorrichtungen (Sensoren) gemessen. Wenn der ermittelte momentane Wert **(Istwert)** von einem vorgegebenen Wert **(Sollwert)** abweicht, weil von außen eine Störgröße einwirkt, erfolgt eine Beeinflussung der Anordnung durch das Stellglied. Dadurch wird der Istwert wieder dem Sollwert angeglichen.

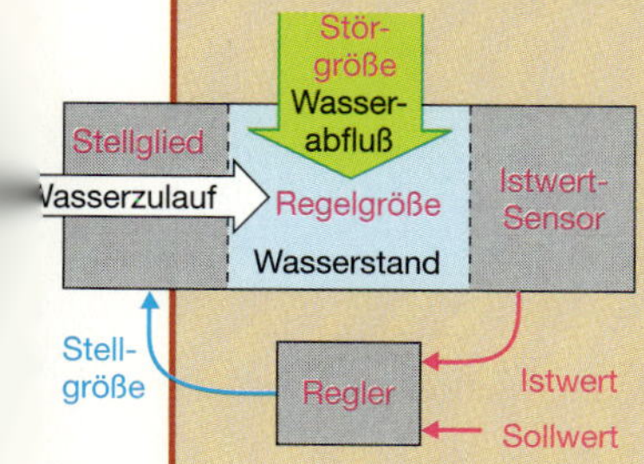

Ein Beispiel für einen technischen Regelkreis haben wir schon beim Bügeleisen kennengelernt. Die Temperatur der Bügeleisensohle wird während des Bügelns durch einen Bimetallschalter auf etwa dem gleichen Wert gehalten. Hier noch einmal die Temperaturregelung in der Sprache des Regelkreises:

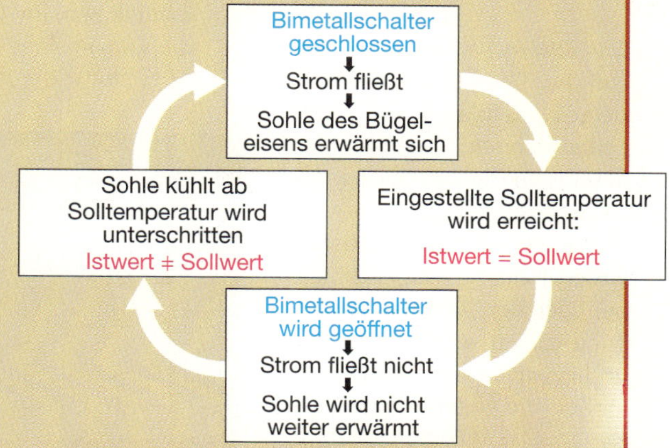

Um die verschiedenen Temperaturen, die zum Bügeln von Kleidungsstücken aus unterschiedlichen Materialien erforderlich sind, einstellen zu können, wird mit dem Temperaturwähler der Abstand eines Kontaktstiftes zum Bimetall verändert.
Die Temperaturregelung beim Bügeleisen ist eine Zweipunktregelung. Zu den **Zweipunktreglern** gehören alle Regler, die einen Bimetallfühler oder ein Relais enthalten. Regelungsvorgänge, bei denen es nur die Zustände EIN und AUS gibt, finden wir auch bei anderen Geräten im Haushalt, z. B. bei Wasch- oder Spülmaschinen.

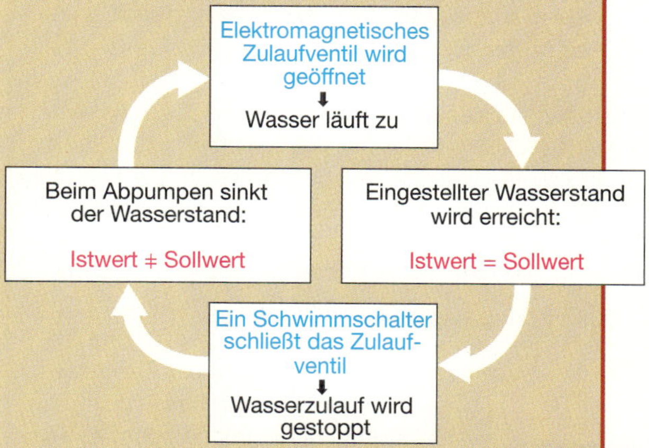

Thermische Ausdehnung von Gasen

Ein gasgefüllter Ballon steigt hoch, wenn er losgelassen wird, da das Gas in seinem Innern leichter ist als die ihn umgebende Luft. Aber wie ist das beim Heißluftballon? Dort wird die Luft im Innern des Ballons vom Gasbrenner erhitzt, der Ballon bläht sich auf und steigt schließlich hoch. Warum ist das so?

Das Bild rechts hilft uns: Wenn die Luft im Glaskolben erhitzt wird, steigen Luftblasen im Messzylinder hoch. Offensichtlich dehnt sich die Luft bei Temperaturerhöhung aus.
Messungen mit verschiedenen Gasen zeigen, dass sich alle bei gleicher Temperaturerhöhung gleich stark ausdehnen und zwar umso stärker, je größer die Temperaturzunahme ist. Die Volumenzunahme von 1 l Gas (=1000 ml) beträgt pro Grad Temperaturerhöhung etwa $\Delta V = 4$ ml. Sie ist wesentlich größer als die Volumenzunahme fester oder flüssiger Körper.

Zurück zum Heißluftballon! Die Luft in seinem Innern dehnt sich aufgrund der Temperaturerhöhung aus und strömt teilweise unten aus dem Ballon. Weil jetzt weniger Luftteilchen im Ballon sind, wird die Luft im Innern leichter als die Außenluft – der Ballon steigt.

Zentraler Versuch

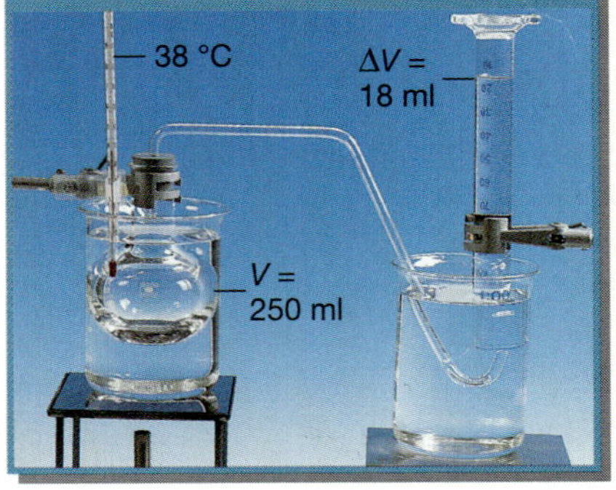

Gase dehnen sich bei Temperaturerhöhung aus und ziehen sich bei Abkühlung zusammen.
Die thermische Ausdehnung ist bei allen Gasen gleich stark:
1 l Gas dehnt sich bei einer Temperaturerhöhung von 1 K um etwa 4 ml aus.

Aufgaben

1 Warum darf eine Luftmatratze oder ein Schlauchboot am Morgen eines heißen Sommertages nicht zu stark aufgepumpt werden?

2 Einen eingebeulten Tischtennisball kannst du wieder „reparieren“, indem du ihn in heißes Wasser legst. Wie funktioniert diese „Reparatur“?

3 Wie viel Wasser würde in unserem Versuch verdrängt werden, wenn drei Liter Luft von 20 °C auf 60 °C erwärmt würde?

Versuche und Aufträge

V1 Feuchte den Hals einer leeren Flasche an und lege eine Münze darauf, die den Flaschenhals gerade verschließt.
a) Lege beide Hände um die Flasche und beobachte die Münze einige Zeit. Beschreibe und erkläre deine Beobachtungen.
b) Warum klappt der Versuch noch besser, wenn die Flasche vorher im Kühlschrank war?

V2 Stülpe einen Luftballon über den Hals einer leeren Sprudelflasche, die du vorher einige Zeit in den Kühlschrank gelegt hast. Stelle die Flasche nun in heißes Wasser. Erkläre deine Beobachtung.

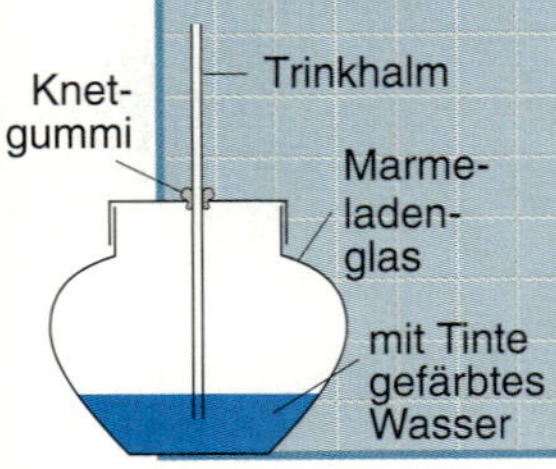

V3 Baue dieses „Luftthermometer“ nach.
a) Umschließe es längere Zeit mit den Händen. Tauche es dann in kaltes Wasser.
b) Erkläre deine Beobachtung.

Rechenbeispiel

Ein Heißluftballon mittlerer Größe enthält etwa 2500 m^3 Luft, das entspricht der Luftmenge von zehn Klassenräumen. Die Luft wird auf ca. 100 °C erwärmt. Zu Beginn hat sie die Temperatur 15 °C. Wie viel Luft strömt aus dem Ballon aus? Welcher Anteil ist dies von der gesamten Luftmenge im Ballon vor dem Erhitzen?

Geg.: $V = 2500\ m^3 = 2\,500\,000\ dm^3 = 2\,500\,000\ l$
$\Delta\vartheta = 85$ K
Ges.: ΔV

Lösung: 1 l Luft wird um 1 K erwärmt; dadurch vergrößert sich sein Volumen um $\Delta V = 4$ ml.
2 500 000 l Luft werden um 1 K erwärmt:
$\Delta V = 2\,500\,000 \cdot 4\ ml = 10\,000\,000\ ml = 10\,000\ l$
2 500 000 l Luft werden um 85 K erwärmt:
$\Delta V = 10\,000\ l \cdot 85 = 850\,000\ l = 850\ m^3$
Anteil an der Gesamtluft:
$850\ m^3 : 2500\ m^3 = 0{,}34$

Es strömen 850 m^3 Luft aus dem Ballon aus, das ist etwa $\frac{1}{3}$ der Gesamtluft.

THERMISCHE AUSDEHNUNG FESTER KÖRPER IN UMWELT UND TECHNIK

Pinnwand

Straßenbau

Beim **Brückenbau** wird ein Ende der Brücke auf Rollen gelagert. Im Brückenbelag sorgt eine Dehnungsfuge für entsprechende Bewegungsfreiheit.

Solche Dehnungsfugen gibt es auch auf **Autobahnen**, dort bestehen sie aus einem mit Kunststoff oder Asphalt ausgefüllten Spalt zwischen den großen Betonplatten.

Stahlbeton

Beim Bau von großen Gebäuden wird häufig **Stahlbeton** verwendet, d. h. zur Verstärkung werden Stahlgerippe in die Betonwände oder -decken mit eingegossen. Die Verbindung dieser Baustoffe ist deshalb möglich, weil sich Stahl und Beton bei Temperaturerhöhung gleich stark ausdehnen.

Bei der Herstellung von **Glasgegenständen**, z. B. für optische Geräte, muss die thermische Ausdehnung berücksichtigt werden. Das Glas wird bei hoher Temperatur geformt und muss dann sehr langsam abgekühlt werden, da es sonst im kalten Zustand innere Spannungen aufweist – was schon bei kleinen Erschütterungen leicht zum Bruch des Glases führt. Bei einem tonnenschweren Spiegel für ein Spiegelteleskop dauert der Abkühlungsvorgang mehrere Jahre!

Eisenbahnräder und Weinfässer

Der Radreifen, das ist die Lauffläche des Rades, besteht aus besonders hartem Stahl. Durch „Aufschrumpfen" wird er auf dem eigentlichen Rad befestigt. Das Bild zeigt, wie der Radreifen mit einem ringförmigen Gasbrenner erhitzt wird. Dann wird der kalte Radkörper von oben hineingesetzt und das Ganze wird abgekühlt. Ohne Schweißen oder Verschrauben sitzt der Radreifen felsenfest.

Weinfässer aus Holz werden von Metallreifen zusammengehalten. Bei der Fertigung der Fässer wird der Reifen stark erhitzt und in heißem Zustand um das Fass gelegt. Wenn er sich anschließend abkühlt, zieht er sich zusammen und presst die Holzteile (Fassdauben und Boden) so fest zusammen, dass keine Flüssigkeit auslaufen kann.

Rohrleitungen

Lange **Rohrleitungen**, z. B. bei Fernheizungen, in chemischen Industrieanlagen usw., werden in regelmäßigen Abständen in Bögen gelegt. Wenn das Rohr sich ausdehnt, wird der Bogen unten entsprechend enger, aber das Rohr bricht nicht.

Fliesenlegen ohne Risse!

Beim Verlegen von Fliesen ist elastisches Fugenmaterial zwischen Boden- und Wandfliesen unerlässlich. Es wird nicht nur zwischen den Fliesen selbst angebracht, sondern auch dort, wo die Fliesen an Bodenabflüsse oder Heizungsrohre stoßen.

Streifzug

Physik und Mathematik

Seit jeher versucht der Mensch, Gesetzmäßigkeiten zu finden, mit denen Vorhersagen über die Zukunft getroffen werden können. Physiker wollen die Vorgänge in der Natur verstehen, Biologen Aussagen über Wachstumsprozesse machen, Politiker wahrscheinliche Wahlausgänge wissen, Börsenmakler Gewinne und Verluste vorhersagen usw.
In allen Fällen werden mathematische Formeln zugrunde gelegt. Wie können physikalische Größen und Beobachtungen mathematisch dargestellt werden? Wir wollen das am Beispiel der Größe „Dichte" bzw. des Vorganges „Bewegung" untersuchen.

Von der Beobachtung zur mathematischen Beschreibung

Um Gesetze für Vorgänge in der Natur zu finden, können in der Physik zwei verschiedene Verfahren angewendet werden:

- **Deduktives Verfahren:** Aus bereits bekannten Gesetzmäßigkeiten werden logische Folgerungen gezogen und damit neue Gesetze aufgestellt.
- **Induktives Verfahren:** Aus den Beobachtungen werden direkt oder durch Versuche (= Simulation der realen Abläufe) Messwerte ermittelt. Diese Messwerte liegen meist als eine Menge von Daten vor. Ihre Auswertung führt dann – hoffentlich – zu einem mathematisch formulierbaren Gesetz.

Die Datenmenge liegt meist in Form einer Messwert-Tabelle vor. Dabei ist eine Größe die unabhängige Variable (im Beispiel links stellvertretend für alle möglichen physikalischen Größen mit x bezeichnet), die zweite die abhängige Variable (y).

x	y
1,3	1,82
1,7	2,28
2,0	2,80
2,5	3,50
3,0	4,20
7,0	9,80

Die grafische Darstellung der Daten in einem Koordinatensystem hilft, mögliche Zusammenhänge zu erkennen. Diese Übertragung der Daten in ein Koordinatensystem ist ein erstes **mathematisches Modell** der realen Situation.

Eine mögliche Gesetzmäßigkeit ergibt sich dann, wenn die dargestellte Datenmenge durch eine mathematische Funktion gut angenähert werden kann. (Wegen Messfehlern erfüllen normalerweise die Messwerte nicht exakt die Funktionsgleichung; sie liegen nicht genau auf dem Funktionsgraphen.) Die Suche nach einer solchen Funktion, die jeden Punkt der Datenmenge möglichst genau erfasst, ist der schwierigste Teil der Suche nach einem mathematischen Modell für den beobachteten Vorgang.

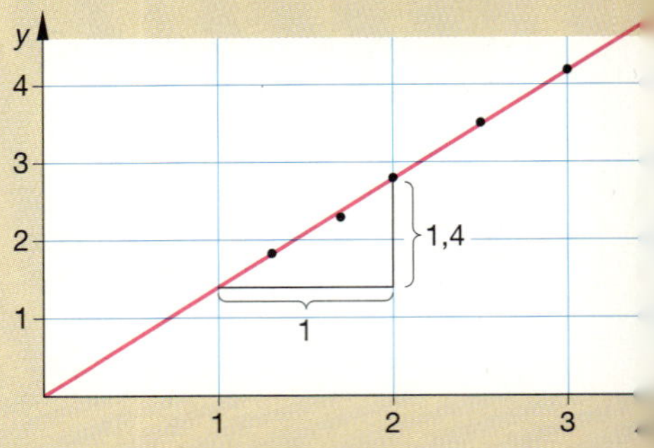

Liegen die Punkte (x|y) der Datenmenge auf einer Nullpunktsgeraden, so ist die Gesetzmäßigkeit leicht anzugeben, denn die Gleichung einer Ursprungsgeraden ist aus der Mathematik bekannt: $y = m \cdot x$. Dabei ist m die Geradensteigung. Sie kann aus einem Steigungsdreieck bestimmt werden: $m = 1{,}4$. Für unsere Datenmenge gilt also:
$\boldsymbol{y = 1{,}4 \cdot x}$

Diese Gesetzmäßigkeit lässt sich natürlich auch aus der Messwert-Tabelle herleiten: Werden für zusammengehörige Wertepaare (x|y) die Quotienten $\frac{y}{x}$ gebildet, sind sie in allen Fällen ungefähr 1,4. Aus $\frac{y}{x} = 1{,}4$ folgt ebenfalls
$\boldsymbol{y = 1{,}4 \cdot x}$

Die Aussagen „Die Messwerte liegen auf einer Ursprungsgerade" und „Die Quotienten der Messwerte sind konstant" sind gleichbedeutend. Sie sagen, dass die beiden Größen x und y zueinander *proportional* sind: $\boldsymbol{y \sim x}$.
Jede *Proportionalität* lässt sich in eine *lineare Funktion* umwandeln:
$\boldsymbol{y \sim x \;\rightarrow\; y = m \cdot x}$

Jedes mathematische Modell muss auf die Realität rückübertragen werden. Erst wenn seine Voraussagen mit weiteren Beobachtungen übereinstimmen, ist die Gesetzmäßigkeit wirklich gefunden.

$\Delta\vartheta$	Δl	$\frac{\Delta l}{\Delta\vartheta}$
10 K	0,14 mm	0,014 $\frac{\text{mm}}{\text{K}\cdot\text{m}}$
20 K	0,26 mm	0,012 $\frac{\text{mm}}{\text{K}\cdot\text{m}}$
30 K	0,38 mm	0,012 $\frac{\text{mm}}{\text{K}\cdot\text{m}}$
40 K	0,53 mm	0,015 $\frac{\text{mm}}{\text{K}\cdot\text{m}}$
50 K	0,65 mm	0,012 $\frac{\text{mm}}{\text{K}\cdot\text{m}}$
60 K	0,79 mm	0,014 $\frac{\text{mm}}{\text{K}\cdot\text{m}}$
70 K	0,90 mm	0,011 $\frac{\text{mm}}{\text{K}\cdot\text{m}}$

Das Experiment

Wir wiederholen den Versuch Längenänderung bei Temperaturänderung von Seite 102, *messen* aber jetzt die Temperatur T und die Längenänderung Δl eines 1 m langen Eisenrohres. Als Ergebnis erhalten wir das Messprotokoll links, das statt der Temperatur T deren Änderung $\Delta\vartheta$ zeigt.

Stellen wir die Messwerte in einem Diagramm dar, so erhalten wir ziemlich genau eine Ursprungsgerade. Das lässt eine Proportionalität zwischen Δl und $\Delta\vartheta$ vermuten. Wenn wir einen proportionalen Zusammenhang unterstellen, dann muss die Tatsache, dass unsere Messpunkte nicht exakt auf einer Geraden liegen, auf Ungenauigkeiten bei der Messung zurückzuführen sein. Die hauptsächliche Fehlerquelle ist dabei die Messung der Ausdehnung. Wir können zum Einen auf der Skala nicht exakt ablesen; zum Anderen unterliegt die mechanische Übertragung der Längenausdehnung auf die Skala ebenfalls gewissen Fehlern.

Ob die beiden Größen Δl und $\Delta\vartheta$ tatsächlich zueinander proportional sind, lässt sich anhand der dritten Spalte der Tabelle überprüfen. Die jeweiligen Quotienten sind alle in etwa gleich, nämlich 0,013 $\frac{\text{mm}}{\text{K}}$. Daraus schließen wir, dass die Längenänderung Δl proportional zur Temperaturänderung $\Delta\vartheta$ ist: $\boldsymbol{\Delta l \sim \Delta\vartheta}$.

Welche Bedeutung hat der Faktor m = 0,013 $\frac{\text{mm}}{\text{K}}$, also die Steigung der Geraden? Wiederholen wir den Versuch mit Metallstäben gleicher Anfangslänge, aber aus anderem Material, so ergeben sich im Diagramm wieder Geraden. Diese sind jedoch steiler oder flacher als die erste. Die Steigung m der Geraden hängt also vom Material der Stäbe ab, ist also eine Stoffkonstante.

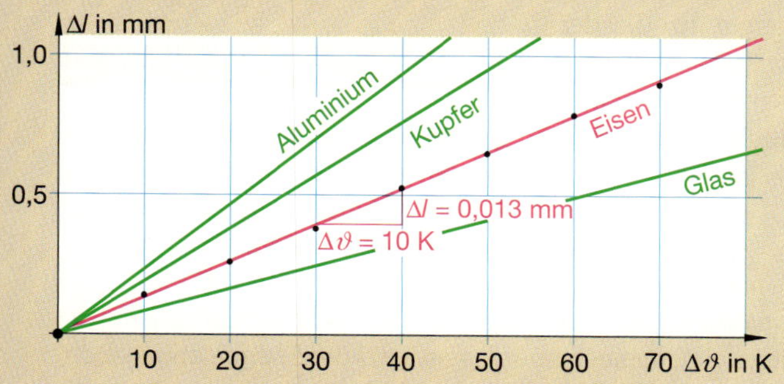

In unserem Experiment haben wir eine Größe nicht berücksichtigt, von der die Längenänderung auch abhängen könnte, nämlich die ursprüngliche Rohrlänge l_0. Untersuchen wir diese Abhängigkeit, dann stellt sich heraus, dass ein halb so langes Rohr sich bei gleicher Temperaturänderung $\Delta\vartheta$ halb so stark ausdehnt und ein doppelt so langes doppelt so stark. Es gilt also: $\boldsymbol{\Delta l \sim l_0}$.

Die beiden Proportionalitäten lassen sich zu einer linearen Funktion zusammenfassen: $\Delta l = \alpha \cdot l_0 \cdot \Delta\vartheta$.
Den Zahlenwert von α kennen wir schon, es sind die 0,013 der Geradensteigung. Damit die Gleichung von den Einheiten her stimmt, muss α die Einheit $\frac{\text{mm}}{\text{K}\cdot\text{m}}$ haben. Für unser Eisenrohr gilt also:
$\Delta l = 0{,}013\ \frac{\text{mm}}{\text{K}\cdot\text{m}} \cdot l_0 \cdot \Delta\vartheta$ oder ganz allgemein
$\boldsymbol{\Delta l = \alpha \cdot l_0 \cdot \Delta\vartheta}$.

Die Konstante α heißt **Ausdehnungskoeffizient.** Sie sagt, um wie viele Millimeter die Länge eines 1 m langen Stabes bei einer Temperaturänderung von 1 K zu- oder abnimmt.

Fazit

Natürlich gibt es in der Natur viele Beobachtungen, deren Analyse weit komplizierter sein wird als bei dem hier dargestellte Beispiel. Der Weg zur Lösung bleibt aber immer der gleiche:

- Aufnehmen von Messwerten, die die Beobachtung möglichst exakt wiedergeben.
- Grafische Darstellung der Messwerte.
- Vermutungen über den möglichen funktionalen Zusammenhang führen zu ersten physikalischen Gesetzmäßigkeiten.
- Bestimmen des funktionalen Zusammenhangs.
- Überprüfen der Richtigkeit der erhaltenen Funktionsgleichung durch Vorhersagen der Ergebnisse bei weiteren Versuchen oder Beobachtungen.
- Formulieren des physikalischen Gesetzes, Einführen neuer Begriffe und Größen.

Oft lassen sich aus Beobachtungen trotz aussagekräftiger Messwerte keine mathematischen Modelle ableiten. Hier werden dann die Beobachtungen in Form einer Datenmenge aufgezeichnet und grafisch dargestellt. Diese **Datenblätter** oder **Kennlinien** ersetzen dann die nicht auffindbare mathematische Funktion.

Energie und Wärme

Es gibt viele Verfahren, Wasser zu erhitzen, wobei „Erhitzen“ heißt, die Temperatur zu erhöhen. Je nachdem, wie lange wir heizen oder welche Körper wir erhitzen, erhalten wir bei gleicher Anfangstemperatur unterschiedliche Endtemperaturen.

Was ist das, was die Temperaturerhöhung des Wassers bewirkt? Was ändert sich an den beteiligten Geräten oder Gegenständen? Was ändert sich am Wasser?

Energie – was verstehen wir darunter?

Kaltes Wasser lässt sich erhitzen, indem wir einen heißen Kupferklotz hineinlegen. Dadurch steigt die Wassertemperatur, die Temperatur des Kupferklotzes sinkt.

Auf den ersten Blick ganz selbstverständlich – aber: Dem Wasser muss etwas zugefügt worden sein, was den Temperaturanstieg bewirkt hat. Der Kupferklotz an sich kann es nicht sein, denn ein kalter Klotz führt zu keiner Erwärmung des Wassers. Nur die Eigenschaft, heiß zu sein, kann die Erwärmung des Wassers bewirkt haben. Der Kupferklotz bringt also etwas mit, das er an das Wasser abgibt, wodurch die Wassertemperatur steigt. Andererseits sinkt durch die Abgabe dieses „Etwas“ die Temperatur des Klotzes. Umgangssprachlich nennt man dieses „Etwas“ Wärme. Die Physiker sprechen von **Energie** oder von **Wärmeenergie.**

Nach einiger Zeit haben der heiße Klotz und das Wasser die gleiche Temperatur angenommen. Der heiße Klotz hat Wärmeenergie abgegeben und ist dadurch kälter geworden. Das kalte Wasser hat Wärmeenergie aufgenommen, wodurch seine Temperatur gestiegen ist. Klotz und Wasser sind im Temperaturgleichgewicht. Jetzt ist kein weiterer Energieübergang mehr möglich. – Erst wenn der abgekühlte Klotz gegen einen neuen, heißen

Zentraler Versuch

ausgetauscht wird, wird dem Wasser erneut Energie zugeführt, was an einer weiteren Temperatursteigerung erkennbar ist.
Legen wir nun einen kalten Kupferklotz in das heiße Wasser, so wird das Wasser kälter und der Klotz wärmer. In diesem Fall gibt das Wasser Wärmeenergie ab, die der Klotz aufnimmt. Wärmeenergie geht also immer von einem heißeren auf einen kälteren Körper über, wenn sich die beiden Körper berühren.

Die Größe der Temperaturänderung bei Erwärmung kann als Maß dafür dienen, wie viel Energie in einen Körper hineingesteckt wurde.

Aber bei solchen Aussagen ist Vorsicht geboten, wie folgende Überlegung zeigt: In manchen Freibädern sind die Schwimmbecken für Nichtschwimmer und Schwimmer gleich groß, aber unterschiedlich tief. Beide erhalten aufgrund ihrer gleich großen Oberfläche im Laufe eines Tages die gleiche Wärmeenergie von der Sonne. Trotzdem ist am Abend das Schwimmerbecken deutlich kälter als das Nichtschwimmerbecken. Ursache dafür ist die unterschiedliche Wassermenge in den beiden Becken. Die gleiche eingestrahlte Energiemenge führt bei der kleineren Wassermenge zu einer höheren Temperatur als bei der großen.

Je mehr Wärmeenergie einem Körper zugeführt wird, desto höher steigt seine Temperatur.

Aufgaben

1 **a)** Finde weitere Beispiele, in denen Wärmeenergie von einem Körper zu einem anderen übergeht.
b) Welche Temperaturänderungen werden dadurch bewirkt?

2 Wie könntest du feststellen, dass ein Körper Energie abgegeben hat?

Energie wird gemessen

Wir können die Temperatur einer Wassermenge durch Zufuhr von Energie erhöhen. Je mehr Energie wir ihr zuführen, desto höher steigt ihre Temperatur. Die Temperaturerhöhung hängt aber auch davon ab, wie viel Wasser wir verwenden. Deshalb wurde für die Energie folgende Festlegung getroffen:
Wird 1 kg Wasser um 1 K erhitzt, so sind dafür genau 4186,8 Energieportionen nötig.

> Definition/Einheiten
>
> **Energie**
>
> Die Einheit ist 1 J (Joule).
>
> Weitere Einheiten:
>
> Millijoule: 1 mJ = $\frac{1}{1000}$ J
> Kilojoule: 1 kJ = 1 000 J
> Megajoule: 1 MJ = 1 000 kJ
> = 1 000 000 J

Wie jede andere physikalische Größe hat auch die Energie eine Einheit, nämlich 1 Joule = 1 J. Sie ist nach dem englischen Forscher JAMES PRESCOTT JOULE (1818–1889) benannt. Gesprochen wird sie [dschu:l].

Um 1 kg Wasser um 1 K zu erhitzen, sind also 4186,8 J Energie nötig. Dieser Wert hat aus historischen Gründen so viele Ziffern. Für unsere Zwecke reicht es, sich den Näherungswert 4,2 kJ zu merken:

> Durch die Zufuhr von etwa 4,2 kJ Energie steigt die Temperatur von 1 kg Wasser um 1 K.

Rechenbeispiel

Für ein Vollbad werden 200 l Wasser benötigt. Sie kommen mit einer Temperatur von 15 °C ins Haus und müssen auf etwa 40 °C gebracht werden. Wie viel Energie ist nötig? Was kostet das Vollbad?

Lösung: Um 1 l Wasser um 1 K zu erwärmen, braucht man etwa 4 kJ.
Um 200 l Wasser um 1 K zu erwärmen, braucht man etwa 200 x 4 kJ = 800 kJ.
Um 200 l Wasser um 25 K zu erwärmen, braucht man
25 x 800 kJ = 20 000 kJ = 20 MJ.

Eine Ölheizung liefert 1 MJ Energie für ungefähr 4 Cent. Das Vollbad kostet also
20 x 4 Cent = 80 Cent.
Dazu kommen noch die Wasser- und Abwasserkosten in Höhe von 1,20 €.

Die Gesamtkosten für ein Vollbad betragen ca. 2 €.

Die folgende Abbildung zeigt, wie viel Energie in 1 kg der unterschiedlichen Brennstoffe steckt. Sie wird beim Verbrennen frei und an andere Körper übertragen – bei der Heizung z. B. an das Wasser in den Rohrleitungen, beim Motor an die heißen Verbrennungsgase.

Energiegehalt von 1 kg Brennstoff

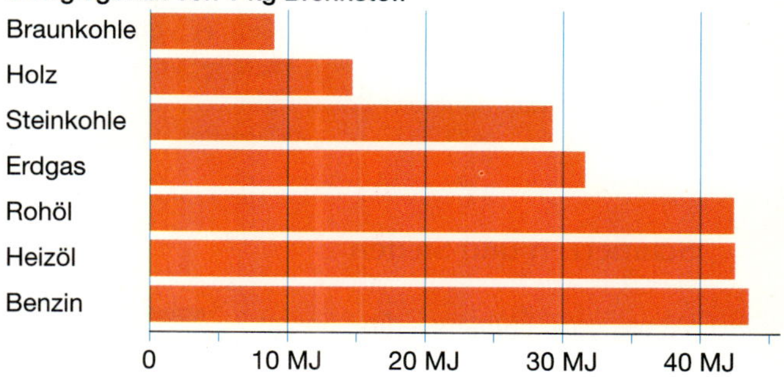

Nahrungsmittel enthalten unterschiedlich viel Energie. Unser Körper holt die Energie bei der Verdauung aus den Nahrungsmitteln heraus und kann damit die Körpertemperatur auf 37 °C halten oder die Muskeln mit der für die Bewegungen nötigen Energie versorgen.

Energiegehalt von 1 kg Nahrungsmittel

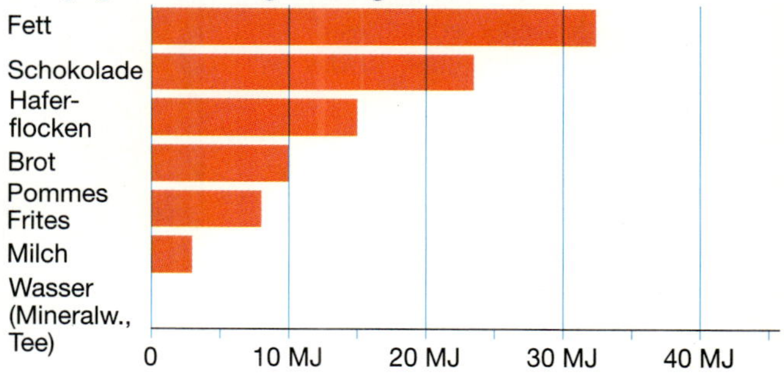

Aufgaben

1 Informiere dich in einem Lexikon über den Namensgeber der Energieeinheit „Joule".

2 Schaue dir die alte Energieeinheit Kilokalorie auf der Pinnwand Seite 30 an. Vergleiche mit unserer Festlegung für die Energie. Wie war wohl früher die Einheit für die Energie festgelegt?

3 Beim Duschen verbrauchst du nur etwa 30 l heißes Wasser. Rechne aus, wievielmal teurer ein Wannenvollbad im Vergleich zu einem Duschbad ist.

4 1 l Wasser wird um 10 K erhitzt. Um wie viel K würden sich unter sonst gleichen Bedingungen
a) 2 l, **b)** $\frac{1}{2}$ l, **c)** $\frac{1}{4}$ l Wasser erhitzen?

Zustandsänderungen

Wasser ist für unser Leben eine der wichtigsten Grundlagen. Es begegnet uns in drei verschiedenen Formen – als flüssiges Wasser, als festes Eis oder als gasförmiger Wasserdampf.

Wovon hängt es ab, welchen Zustand das Wasser annimmt? Wann wechselt es von einer Form in die andere? Welche Vorgänge laufen dabei im Wasser ab?

Schmelzen und Sieden

Wenn im Frühjahr die Sonne wieder länger scheint, dauert es bei nun steigenden Temperaturen nicht lange, bis das Eis der Teiche und Bäche taut.

Im Bild rechts ist dieser Schmelzvorgang nachgebildet. Als Wärmequelle dient eine Kochplatte, mit der das Wasser nach dem Schmelzen noch weiter erhitzt wird. Im Diagramm rechts oben ist das Ergebnis dargestellt.

- Die Temperatur des Eises erhöht sich gleichmäßig, bis es 0 °C, seine **Schmelztemperatur,** erreicht hat. Zur Übertragung der entsprechenden Energie benötigt die Kochplatte wenige Sekunden.
- Trotz weiterer Energiezufuhr bleibt die Temperatur nun längere Zeit konstant bei 0 °C, bis alles Eis geschmolzen ist.
- Erst wenn alles Eis geschmolzen ist, steigt die Wassertemperatur wieder gleichmäßig bis zur **Siedetemperatur** von 100 °C an.
- Wenn 100 °C erreicht sind, vergeht sehr viel Zeit, bis alles Wasser vollständig verdampft ist. Das gasförmige Wasser ist allerdings nicht sichtbar.

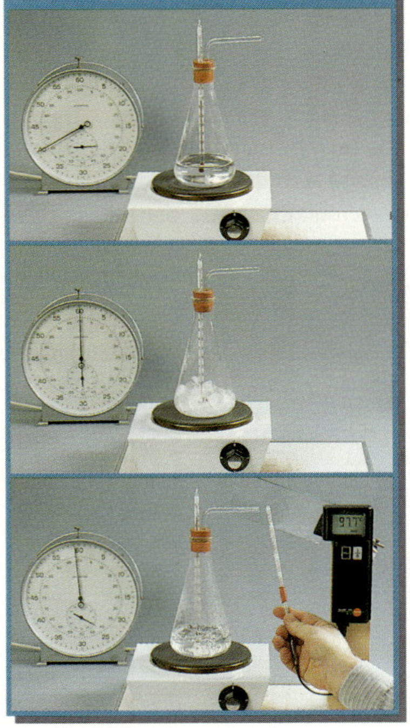

Zentraler Versuch

Jeder Stoff hat eine ganz spezifische Schmelz- und Siedetemperatur (Tabelle rechts). Da die Schmelz- und Siedetemperaturen von Wasser in Bereichen liegen, die uns leicht zugänglich sind, ist es einfach, alle drei Zustände zu beobachten. Bei anderen Stoffen ist dies schwieriger. Z. B. hat Eisen eine so hohe Siedetemperatur, dass wir es mit den Verfahren, die uns in der Schule zur Verfügung stehen, überhaupt nicht gasförmig machen können.

Bei dem Becherglas mit dem Eis dauerte es geraume Zeit, bis alles Eis geschmolzen war und die Temperatur dann wieder anstieg. Die gleiche Menge (d.h. Masse) Blei wäre bei gleicher Energiezufuhr viel schneller geschmolzen. Das heißt, dass jeder Stoff eine ganz bestimmte Energieportion zum Schmelzen benötigt, die **spezifische Schmelzenergie** e_S**.** In Tabellen stehen die entsprechenden Werte bezogen auf 1 kg des jeweiligen Stoffes. (Manchmal findet man auch noch den historisch bedingten Begriff Schmelz„wärme" dafür.) Mit den Tabellenwerten lässt sich der Energiebetrag berechnen, der einem Körper aus einem bestimmten Stoff zugeführt werden muss, um ihn zu schmelzen: Wir müssen die spezifische Schmelzenergie nur mit der Masse des Körpers multiplizieren, um diesen Energiebetrag zu erhalten:

$E_S = m \cdot e_S$.

Zum Verdampfen benötigt 1 kg eines Stoffes ebenfalls eine ganz bestimmte Energiemenge, die **spezifische Verdampfungsenergie** e_V**.** Für die einem Körper zum Verdampfen zuzuführende Energie gilt analog zum Schmelzen:

$E_V = m \cdot e_V$.

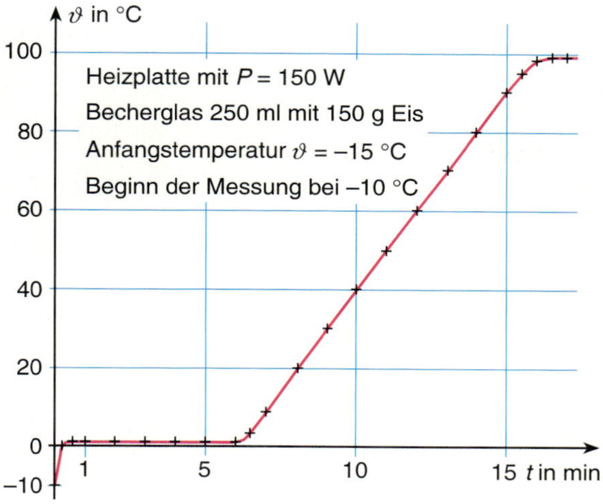

Kondensieren und Erstarren

Im Foto links wurde dem Eis bzw. dem Wasser so viel Energie zugeführt, dass es schließlich verdampft ist. Kommt der Wasserdampf an die kalte Glasplatte, so gibt er Energie an diese ab. Dadurch sinkt seine Temperatur und er kondensiert zu Wasser, das als Wassertröpfchen an der Glasplatte sichtbar wird. Dieser Vorgang findet bei der **Kondensationstemperatur** statt. Für Wasser beträgt sie 100 °C. Die Kondensationstemperatur stimmt bei allen Stoffen mit der Siedetemperatur überein. Deshalb gibt es in Tabellen nur Angaben zur Siedetemperatur.
Kühlen wir das Wasser auf 0 °C ab und entziehen ihm weiter Energie, so erstarrt es zu Eis. Auch Schmelz- und Erstarrungstemperatur sind gleich.

Da Energie nicht vernichtet oder erschaffen werden kann, muss ein Körper beim Erstarren bzw. Kondensieren genau die gleiche Energiemenge E_E bzw. E_K abgeben, die er beim Schmelzen bzw. Verdampfen aufgenommen hat. Deshalb gilt:
$\boldsymbol{E_S = E_E}$ bzw. $\boldsymbol{E_K = E_V}$.

Bei der Schmelztemperatur geht ein Stoff vom festen in den flüssigen, bei der Siedetemperatur vom flüssigen in den gasförmigen Zustand über.
Die spezifische Schmelzenergie e_S bzw. die Verdampfungsenergie e_V eines Stoffes gibt die Energiemenge an, die einem Körper aus diesem Stoff mit der Masse 1 kg zugeführt werden muss, um ihn vollständig zu schmelzen bzw. zu verdampfen.
Schmelz- und Erstarrungstemperatur sowie Siede- und Kondensationstemperatur stimmen für einen Stoff jeweils überein. Gleiches gilt für die spezifischen Umwandlungsenergien.

Stoff	Schmelztemperatur	spezifische Schmelzenergie e_S	Siedetemperatur	spezifische Verdampfungsenergie e_V
Alkohol	−114 °C	108 $\frac{kJ}{kg}$	78 °C	842 $\frac{kJ}{kg}$
Quecksilber	−39 °C	11 $\frac{kJ}{kg}$	357 °C	285 $\frac{kJ}{kg}$
Wasser	0 °C	334 $\frac{kJ}{kg}$	100 °C	2260 $\frac{kJ}{kg}$
Aluminium	660 °C	397 $\frac{kJ}{kg}$	2450 °C	10540 $\frac{kJ}{kg}$
Blei	327 °C	26 $\frac{kJ}{kg}$	1750 °C	8600 $\frac{kJ}{kg}$
Eisen	1540 °C	275 $\frac{kJ}{kg}$	3070 °C	6340 $\frac{kJ}{kg}$
Gold	1063 °C	65 $\frac{kJ}{kg}$	2700 °C	1580 $\frac{kJ}{kg}$
Kupfer	1083 °C	205 $\frac{kJ}{kg}$	2590 °C	4790 $\frac{kJ}{kg}$
Silber	960 °C	104 $\frac{kJ}{kg}$	2200 °C	2360 $\frac{kJ}{kg}$
Zinn	232 °C	59 $\frac{kJ}{kg}$	2650 °C	2390 $\frac{kJ}{kg}$
Sauerstoff	−219 °C	14 $\frac{kJ}{kg}$	−183 °C	214 $\frac{kJ}{kg}$
Stickstoff	−210 °C	26 $\frac{kJ}{kg}$	−196 °C	198 $\frac{kJ}{kg}$

Aufgaben

1 **a)** Berechne die Energiemenge, die zum Schmelzen bzw. zum Verdampfen von 250 g Eis bzw. Wasser notwendig ist. Vergleiche sie miteinander.
b) Vergleiche auch für 700 g Blei und 400 g Zinn.

2 Ein Stück hartes Fett wird in einem Topf so lange erhitzt, bis es verdampft ist. Beschreibe den gesamten Vorgang.

3 Warum dauert es im Frühjahr zum Teil sehr lange, bis das Eis auf einem großen See vollständig geschmolzen ist?

4 Wovon hängt es ab, ob Eisen bei 1536 °C in den festen oder in den flüssigen Zustand übergeht?

5 Welche Wirkungen kann das Zuführen bzw. das Abführen von Energie für einen Stoff haben? Erstelle eine Übersicht.

6 Begründe, warum sich Wasser höchstens für ein Zimmerthermometer als Thermometerflüssigkeit eignet. Warum sind Außenthermometer meist mit Alkohol, manchmal auch mit Quecksilber gefüllt?

7 Nach einem Wohnungsbrand lag ein geschmolzener Aluminiumgegenstand neben unversehrtem Goldschmuck. In welchem Bereich hat die Temperatur während des Feuers an dieser Stelle gelegen?

8 Erläutere, warum eine Brille beschlägt, wenn man
a) den Kopf über einen Topf mit „heißem“ Wasser hält;
b) im Winter von draußen in ein warmes Zimmer kommt.

Verdunsten und Sublimieren

Wasser siedet bei 100 °C. Doch so sehr die Sonne auch scheint, diese Temperatur wird die Wäsche auf der Leine ganz sicher nicht erreichen. Trotzdem wird sie trocken. Das Wasser kann also auch ohne Erreichen der Siedetemperatur in den gasförmigen Zustand übergehen. Dieser Vorgang heißt **Verdunsten.**

Im Teilchenmodell lässt er sich verstehen: Normalerweise haben die Wasserteilchen im Temperaturbereich unter 100 °C nicht die notwendige Energie, um die Bindungen ganz zu lösen und sich frei zu bewegen. Die Energie ist aber nicht gleichmäßig auf die Teilchen verteilt. Im Wasser gibt es stets langsamere Teilchen (mit kleinerer Energie) und sehr heftig schwingende Teilchen (mit höherer Energie) als der Durchschnitt. Letztere können ihre Bindungen lösen und die Flüssigkeit verlassen. Sie bilden dann eine Gasschicht über der Flüssigkeit.

Da die Teilchen mit der größten Energie das Wasser verlassen, sinkt dadurch die durchschnittliche Energie pro Wasserteilchen – die Temperatur des Wassers nimmt insgesamt ab. Deshalb ist in einer Schale, die offen im Zimmer steht, die Wassertemperatur stets geringer als die Lufttemperatur. Umgangssprachlich redet man von „Verdunstungskälte". Da das Wasser ständig Wärmeenergie aus der umgebenden Luft aufnimmt, sinkt die Wassertemperatur beim Verdunsten nicht unter einen bestimmten Wert. Aus demselben Grund trocknet die Wäsche auf der Leine, wobei sie aber stets kühler ist als die Umgebungsluft.

Im Bild oben trocknet die Wäsche auf der Leine auch im Winter – trotz Frost! Zunächst gefriert das in der Wäsche enthaltene Wasser, aber nach einiger Zeit ist alle Feuchtigkeit aus der Wäsche verschwunden. Offensichtlich kann Wasser auch direkt aus dem festen in den gasförmigen Zustand übergehen. Dieser Vorgang heißt **Sublimieren** oder **Sublimation.**
Auch im festen Zustand haben einige Teilchen des Eises so viel Energie, dass sie ihre Bindungen völlig lösen und das feste Eis verlassen können. Sie „überspringen" den flüssigen Zustand gleichsam.

Auch die Umkehrung ist möglich: Wasser kann direkt aus dem gasförmigen Zustand in den festen übergehen. Der Name für diesen Vorgang ist **Resublimieren.** Ein Beispiel dafür ist Raureif.

> Beim Verdunsten geht ein Stoff unterhalb der Siedetemperatur in den gasförmigen Zustand über.
> Beim Sublimieren geht ein Stoff vom festen direkt in den gasförmigen Zustand über.

Aufgaben

1 **a)** Selbst an heißen Sommertagen muss man sich nach dem Baden schnell abtrocknen, wenn Wind weht. Sonst beginnt man zu frieren – auch bei 30 °C im Schatten. Begründe.
b) Warum soll nasse Badebekleidung schnell gewechselt werden?

2 **a)** Vergleiche die Vorgänge „Verdunsten" und „Verdampfen". Was ist unterschiedlich, was gleich?
b) Beschreibe beide Vorgänge auch im Teilchenbild.

3 Ein altes Hausmittel bei Fieber sind feuchte Wadenwickel. Erkläre ihre Wirkungsweise.

4 Erfrischungstücher enthalten ein Wasser-Alkohol-Gemisch mit Duftstoffen. Beschreibe und erkläre, was bei der Benutzung eines solchen Tuches geschieht.

5 Erkläre, warum
a) bei einer großen Oberfläche dieselbe Flüssigkeitsmenge schneller verdunstet als bei einer kleinen;
b) eine heißere Flüssigkeit schneller verdunstet als eine kalte.

6 Welche Temperaturen müssen jeweils herrschen, damit die Vorgänge „Verdunsten", „Sublimieren" und „Resublimieren" ablaufen können?

7 Auf manchen Verpackungen steht „gefriergetrocknet". Was bedeutet das wohl?

8 Jeder Stoff hat seine spezifischen Umwandlungsenergien. Was bedeutet dies im Teilchenbild?

Hagel, Schnee und Raureif

Streifzug

Wenn im Sommer ein schweres Gewitter aufzieht, türmen sich mächtige Wolken auf, die mehrere Kilometer Höhe erreichen können. Sie bilden sich aus dem in der Luft befindlichen Wasserdampf, wenn dieser bei den niedrigen Temperaturen in diesen Höhen zu kleinen Tröpfchen kondensiert. In den Wolken herrschen starke Luftströmungen, die für die elektrische Aufladung der Wolke verantwortlich sind. Werden mit diesen Luftströmungen Wassertropfen nach oben getragen, so entstehen Eiskügelchen. An diesen Eiskügelchen resublimiert Wasserdampf, wodurch die Kügelchen immer größer werden. Sie fallen als **Graupel** oder **Hagel** zur Erde. Wenn sie in den Wolken mehrfach auf und ab bewegt werden, also immer wieder äußerlich auftauen, gefrieren und sich weiterer Wasserdampf an ihnen anlagert, so können die Kugeln durchaus Tischtennisballgröße erreichen. Fallen die Hagelkörner dann zur Erde, so können sie großen Schaden in der Landwirtschaft, aber auch bei Häusern, Fahrzeugen usw. anrichten.

In Regionen, in denen besonders oft mit Hagel zu rechnen ist, werden deshalb im Sommer bei drohenden Gewittern die Wolken von Flugzeugen aus mit kleinen Kondensationskeimen „geimpft“. Dadurch bildet sich bevorzugt Regen aus und es entsteht kein Hagel.

Der erste Schneefall im Jahr ist wohl für jeden ein Erlebnis. Dabei ist das Faszinierendste am Schnee mit bloßem Auge gar nicht zu sehen: das Aussehen der Schneeflocken selbst.

Schnee, das sind verzweigte kleine Eiskristalle, die sich an Staubteilchen in der Atmosphäre bilden. Sie haben meist die Form von sechseckigen Plättchen

oder sechsstrahligen Sternchen und schweben in vielfältigen Variationen zur Erde. Oft verhaken sie sich zu größeren, lockeren Schneeflocken.

Die **Schneeflocken** sind sehr regelmäßig gebaut. Unzählige kleine Schneekristalle haben sich zu diesen wundervollen Schneeflocken verbunden.

Bei tiefen Temperaturen sind die Flocken klein. Es fällt *Pulverschnee.* Je näher die Temperatur aber dem Gefrierpunkt kommt, um so größer werden die Flocken. Auch wenn die Luft am Boden schon Temperaturen über 0 °C hat, kann es noch schneien, denn die Luftschichten darüber sind meist kälter. Nur ist der Schnee dann nass und eignet sich als *Pappschnee* besonders gut für eine Schneeballschlacht oder für den Bau von Schneefiguren.

An einem klaren Wintermorgen sieht die Landschaft manchmal wie verzaubert aus. Die Bäume und Sträucher haben überall einen weißen, glitzernden Überzug: **Raureif.** Dieser Niederschlag bildet sich im Laufe der Nacht, wenn sich die Luft abkühlt. Der Wasserdampf der Luft resublimiert dann zu Raureif. Überall an den Pflanzen wachsen kleine Eiskristalle, welche zusammen dann dieses prächtige Bild ergeben.

Versuche und Aufträge

Zustandsänderungen

V1 Wenn im Frühling während der Baumblüte Nachtfrost droht, werden die Bäume am Abend mit Wasser eingesprüht. Warum wird dadurch das Erfrieren der Blüten verhindert?

a) Überprüfe dies in einem Experiment. Lege dazu ein unter fließendem Wasser abgekühltes Thermometer auf den Rost im Gefrierfach und notiere 10mal im Minutenabstand die Temperatur, die das Thermometer anzeigt.

b) Führe das Experiment nochmals durch, umhülle jetzt aber das Thermometer mit etwas feuchtem Zellstoff. Halte es vorher wieder unter fließendes Wasser.

c) Vergleiche die Ergebnisse. Begründe sie.

V2 a) Nenne und erläutere mindestens ein (weiteres) Beispiel, wo im Haushalt, in der Natur oder in der Technik die Umwandlungsenergien bei Zustandsänderungen genutzt werden.

b) Teste es selbst.

V3 Fieber kann auch ohne Medikamente gesenkt werden z. B. mit einem feuchten Tuch als Wadenwickel.

a) Teste die Wirkungsweise, indem du einen solchen Wickel um die Wade (oder den Unterarm) legst und dabei zur Temperaturkontrolle direkt über der Haut ein Thermometer mit einwickelst.

b) Erkläre die Funktionsweise des Wadenwickels.

V3 Sommer, Sonne ... und hoffentlich ein kühles Getränk. In dieser Zeit ist der Kühlschrank unentbehrlich. Wie aber kann man sich beim Camping ohne elektrischen Kühlschrank behelfen? Es geht ganz einfach:

a) Stelle Getränkeflaschen oder -dosen in eine Schüssel mit Wasser; stelle eine Schale mit Wasser oben auf die Getränke. Verhülle alles so mit saugfähigen Tüchern (z. B. Wischlappen), dass diese stets durch das Wasser feucht gehalten werden. Fülle gegebenenfalls oben Wasser nach. Teste in der Sonne, wie hoch bzw. niedrig die Temperatur in deinem „Kühlschrank“ ist.

b) Erläutere die Funktionsweise dieses „Kühlschrankes“.

Streifzug

Schwitzen ist gesund

Bei Sport und Spiel oder bei körperlicher Arbeit kommen wir schnell ins Schwitzen. Das ist die natürliche Kühlfunktion unseres Organismus. Bei der Muskelbewegung wird Energie umgewandelt. Ein Teil davon wird benötigt, um die Körpertemperatur aufrecht zu erhalten. Steigt die Temperatur im Körper aber an, so funktioniert der Stoffwechsel nicht mehr richtig. Bei Temperaturen über 42 °C bricht unser Stoffwechsel zusammen. Bei schwerer körperlicher Arbeit oder beim Sport müssen wir also mehr Wärmeenergie an die Umgebung abgeben können als sonst.

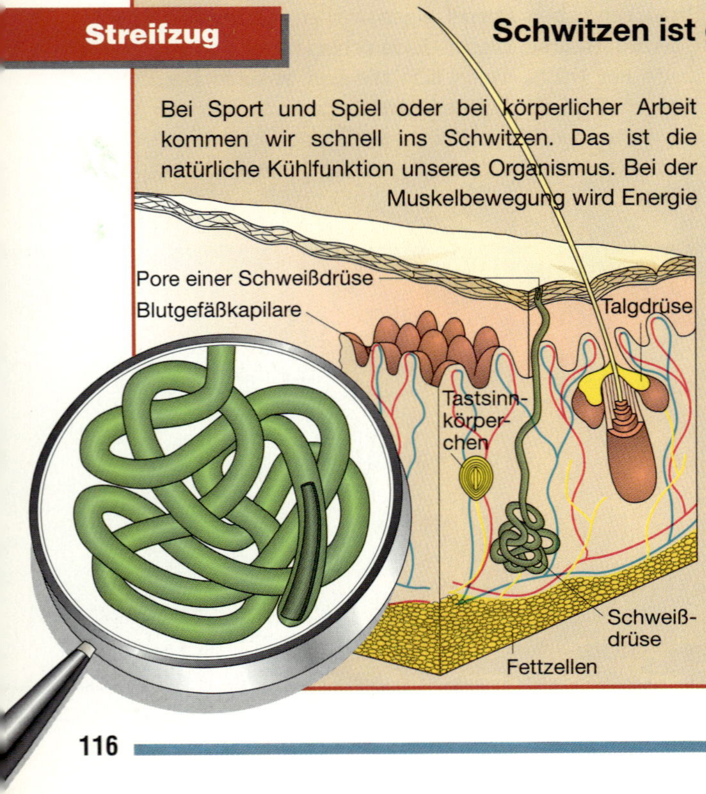

Unser Körper regelt diesen Vorgang automatisch. Die Schweißdrüsen sondern dann Flüssigkeit ab. Unsere Haut wird nass. Die verdunstende Flüssigkeit entzieht der Haut dann die zum Verdunsten notwendige Energie, die Körpertemperatur sinkt.

Damit wir durch den starken Flüssigkeits- und Mineralverlust keinen Schaden nehmen, ist es besonders wichtig, bei solchen Tätigkeiten ausreichend zu trinken. Immerhin können durch das Schwitzen schnell ein bis zwei Liter Flüssigkeit verdunsten.

Transport von Wärmeenergie

Im Feriencamp wird am Strand einfach der Topf mit Suppe über das heiße Lagerfeuer gehängt. Warum ist nach kurzer Zeit nicht nur der Topf heiß, sondern auch die Suppe in seinem Inneren? Wir spüren, dass der Topf heiß ist, ohne ihn zu berühren. Wie geht das? Hinter solchen und ähnlichen Fragen steckt das Problem: „Wie wird Wärmeenergie von einer Stelle zu einer anderen transportiert?". Wir werden sehen, dass es dafür drei unterschiedliche Möglichkeiten gibt.

Wärmemitführung

In ein mit Wasser gefülltes Becherglas wird vorsichtig ein Tropfen Tinte gegeben. Wird jetzt an einer Ecke das Wasser erhitzt, bewegt es sich dort nach oben, was an den blauen Schlieren sichtbar ist.
Dabei nimmt das zunächst kalte Wasser Wärmeenergie auf, seine Temperatur steigt: Es bewegt sich nach oben zu den kälteren Bereichen, wo es seine Energie abgibt. Dadurch steigt die Temperatur des dort befindlichen Wassers.
Zum Ausgleich strömt unten kälteres Wasser von der Seite nach. Insgesamt entsteht nach kurzer Zeit ein Kreislauf, der das gesamte Wasser im Glas auf eine höhere Temperatur bringt.

Weil hier Wärmeenergie von dem strömenden Wasser quasi „huckepack" mitgenommen wird, sprechen wir von **Wärmemitführung.** Manchmal wird auch der Name *Konvektion* verwendet.

Zentraler Versuch

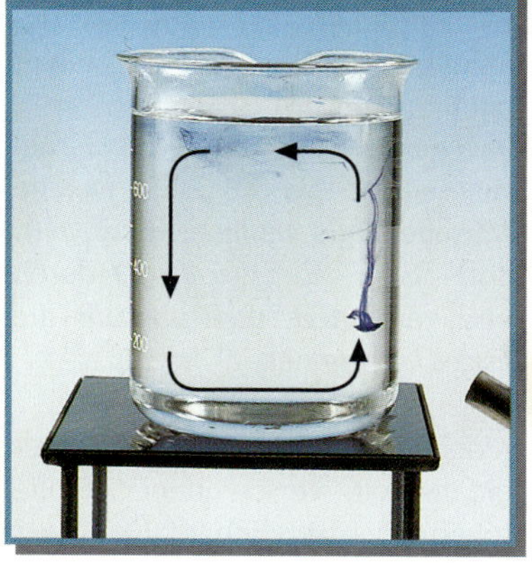

Beispiele für Wärmemitführung in der Natur sind der Wind und Meeresströmungen. Sie nehmen in warmen Gegenden Energie auf, transportieren sie in kältere Gegenden und geben sie dort wieder ab.

Ein gutes Beispiel ist der Golfstrom im Bild unten: Ohne ihn, der aus den warmen Gewässern des Golfs von Mexiko kommt, hätten wir in Europa ein viel kälteres Klima mit mehr Frost und Eis.
Das Gegenstück dazu ist der kalte Labradorstrom. Er bringt kaltes Wasser aus den Polargegenden nach Süden. Das ist ein weiterer Grund, warum die Winter in New York viel kälter sind als die in Neapel, das auf der gleichen geografischen Breite liegt.

Bei Wärmemitführung wird Energie durch einen bewegten Körper von einem Ort zu einem anderen mitgenommen.

Aufgaben

1 Welche Beispiele für Wärmemitführung kennst du noch? Erläutere bei einem deiner Beispiele ausführlich die Wärmemitführung.

2 Beschreibe anhand der Abbildung rechts, wo bei einer Zentralheizung die Wärmeenergie erzeugt wird und wie sie in die einzelnen Zimmer gelangt.

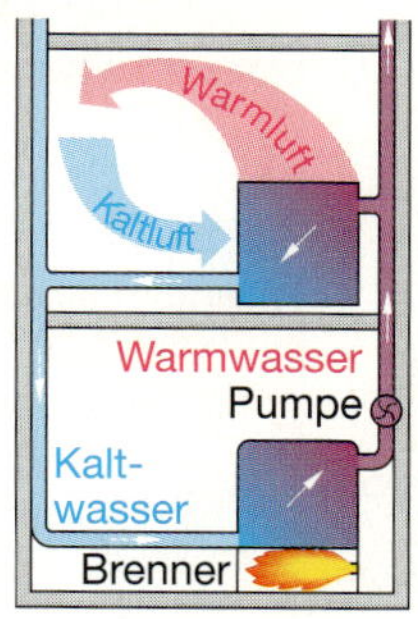

3 Beschreibe genau, wie das Haaretrocknen mithilfe eines Föhns abläuft.

Wärmeleitung

Beim Kochen fällt auf, dass nicht nur das Kochgut, sondern auch manche Topfhenkel oder Pfannenstiele schon nach kurzer Kochzeit sehr heiß werden. Wie kommt das?
Das Bild rechts zeigt, dass das Wachs, mit dem die verschiedenen Kügelchen angeklebt sind, nach und nach weich wird und die Kügelchen abfallen. Eine Überprüfung mit der darübergehaltenen Hand zeigt, dass die Metallstäbe auch an den Enden heiß geworden sind, an denen sie nicht erhitzt wurden.

Daraus schließen wir, dass auch in diesem Fall – obwohl sich die Metallstäbe oder Teile davon nicht bewegt haben – trotzdem Wärmeenergie vom heißen Stabende zum zunächst kalten anderen Ende transportiert worden ist. Diese Art des Wärmetransports heißt **Wärmeleitung.**

Weiterhin erkennen wir, dass die Kügelchen von Stab zu Stab unterschiedlich schnell abfallen. Die an den Kupferstab geklebten fallen am ehesten ab, etwas später die am Messingstab und zuletzt die am Stahlstab. Das bedeutet, dass unterschiedliche Stoffe die Energie unterschiedlich gut weiterleiten.

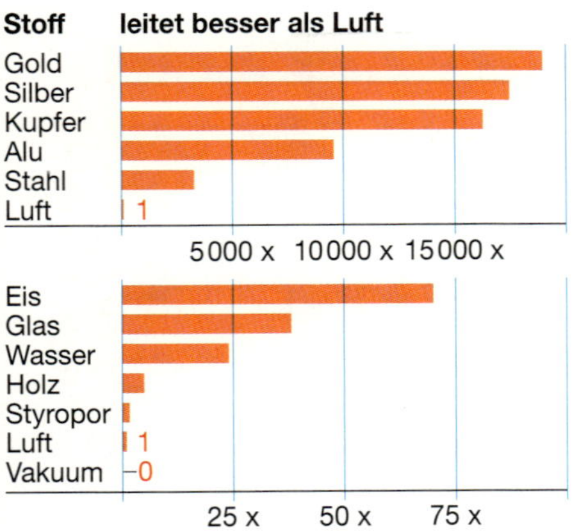

Deshalb werden die Böden von Kochtöpfen oder Pfannen aus

Zentraler Versuch

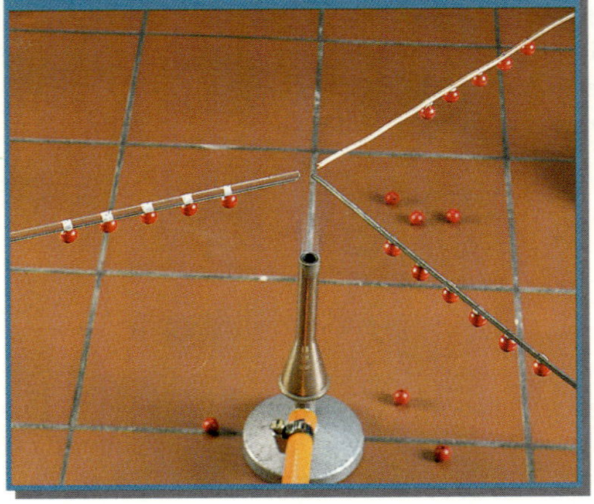

Material hergestellt, das die von der Herdplatte erzeugte Wärmeenergie gut und schnell zum Inhalt leitet.
Dagegen werden für die Griffe Materialien genommen, welche Wärmeenergie schlecht leiten z. B. Holz oder Kunststoff. Dadurch wird verhindert, dass wir uns die Finger verbrennen.

In der Grafik links wird die Wärmeleitfähigkeit verschiedener Stoffe miteinander verglichen. Der Wert 16 250 für Kupfer besagt, dass Kupfer in gleicher Zeit 16 250 mal so viel Wärmeenergie leiten kann wie (ruhende) Luft. (Dabei ist natürlich vorausgesetzt, dass die leitenden Körper die gleichen Formen und Abmessungen haben.)

Aus dieser Grafik lassen sich die Stoffe herausfinden, die für den jeweiligen Zweck geeignet sind, je nachdem, ob gute oder schlechte Wärmeleitung gewünscht ist. Deshalb ist die Bodenplatte von Kochtöpfen häufig aus gut leitendem Kupfer oder Stahl, während Essgeschirr oder Tassen aus dem schlechten Wärmeleiter Porzellan oder Glas bestehen.

Besteht zwischen zwei Körpern mit unterschiedlicher Temperatur ein enger Kontakt, so strömt dauernd und selbstständig Wärmeenergie über diese Berührstelle vom heißen zum kälteren Körper, ohne dass dabei irgendein Stoff bewegt wird. Der Energietransport hört auf, sobald beide Körper die gleiche Temperatur haben.

Dabei wird in der gleichen Zeit umso mehr Energie transportiert,

- je größer der Temperaturunterschied zwischen dem heißen und dem kalten Körper ist;
- je größer die Berührfläche der beiden Körper ist.

Den Transport von Energie innerhalb eines Körpers ohne Bewegung eines Stoffes nennen wir Wärmeleitung.

Aufgaben

1 Welche Gruppe von Stoffen leitet Wärmeenergie besonders gut? Nenne weitere Vertreter.
2 **a)** Aus welchen Stoffen bestehen Kochlöffel? Warum werden gerade diese Stoffe verwendet?
b) Welche Stoffe eignen sich weniger gut?
3 Erläutere den Unterschied zwischen Wärmeleitung und Wärmemitführung an zwei Beispielen.
4 Bei dem Vergleich der unterschiedlichen Wärmeleitfähigkeiten der Stoffe wird von „ruhender Luft“ gesprochen. Warum ist dieser Zusatz wichtig?
5 Erkläre, warum zähflüssiger Brei im Topf leichter anbrennt als Suppe.

Wärmestrahlung

Alles Leben auf der Erde hängt von der Energie ab, welche die Sonne seit Jahrmillionen zur Erde schickt. Wärmemitführung und Wärmeleitung scheiden für den Energietransport aus, da zwischen Sonne und Erde nur die Leere des Weltraums herrscht und somit nichts zur Verfügung steht, was Wärmeenergie mitführen oder leiten könnte! Wie funktioniert der Wärmetransport dann?

Kommen wir einem eingeschalteten Bügeleisen nahe, so spüren wir, dass es auf unserer Haut wärmer wird. Dabei befindet sich nur schlecht leitende Luft zwischen dem Bügeleisen und uns. Selbst wenn wir kalte Luft zwischen Bügeleisen und Hand blasen, spüren wir nach wie vor Energie auf der Haut ankommen. Halten wir allerdings ein Buch oder auch nur ein Blatt Papier dazwischen, so wird der Energiestrom sofort unterbrochen.

Energie hat also die Möglichkeit, ohne Beteiligung eines Stoffes von einem Körper mit hoher Temperatur zu einem mit niedriger Temperatur zu gelangen. Diese Art des Transports heißt **Wärmestrahlung.**

Alle Körper strahlen Energie ab, wenn sie wärmer sind als ihre Umgebung. Denke z. B. an eine heiße Herdplatte, einen glühenden Draht oder an deine Hände im Winter. Wie viel Energie sie abstrahlen, hängt von ihrer Temperatur ab. Heiße Körper strahlen mehr Energie ab als kalte. Das bemerken wir z. B. an einer eingeschalteten Herdplatte ohne Kochtopf darauf. Auf Stufe 2 gibt sie weniger Energie ab als auf Stufe 12, wenn sie gelbrot glüht, also sogar sichtbares Licht aussendet.

Zentraler Versuch

Wie viel Strahlung ein Körper aufnimmt, hängt von seiner Oberfläche ab:

- Je dunkler ihre Oberfläche ist, desto mehr Energie verschlucken die Körper.
- Glänzende oder verspiegelte Oberflächen werfen nahezu alle auffallende Energie wieder zurück.

Durch Wärmestrahlung wird Energie transportiert, ohne dass dabei ein Stoff beteiligt ist.
Von der Beschaffenheit der Oberfläche hängt es ab, ob ein Körper auftreffende Energie verschluckt oder zurückwirft.

Aufgaben

1 Im Sommer bevorzugen wir helle Kleidung. Kühlwagen sind weiß gestrichen. Was ist der Grund?

2 Haushaltsfolie aus Aluminium hat eine glänzende und eine matte Seite. Wie musst du die Alufolie einsetzen, wenn du verhindern willst, dass ein Kuchen im Backofen an der Oberfläche zu schnell bräunt? Wie verwendest du sie, damit eine Speise möglichst langsam abkühlt?

Transport von Wärmeenergie

Versuche und Aufträge

V1 a) Erkundige dich zuhause, im Baumarkt oder in einem Lexikon, welche Dämm-Materialien es gibt und woraus sie bestehen.
b) Wie wird angegeben, wie gut die verschiedenen Materialien die Wärme zurückhalten?

V2 a) Stelle einen Becher mit heißem Wasser (Temperatur vorher messen!) in einen geschlossenen Karton.
Bestimme nach 5, 10 und 15 Minuten die Temperatur im Karton und trage sie grafisch auf.
b) Klebe in den Karton rundherum Styropor oder anderes Isoliermaterial und wiederhole die Messung.
c) Wie ändert sich die Temperatur, wenn du „Fenster" in deinen Karton schneidest?

V3 Wärmemühle: Schneide eine Papierspirale aus, ziehe sie auseinander und hänge sie auf einer Stricknadel über einer Kerze oder über der Heizung auf. Erkläre, wie die Drehung der Wärmemühle zustande kommt.

Pinnwand

WÄRMETRANSPORT IN NATUR UND TECHNIK

Robben in der Wüste?

Robben haben eine dicke Fettschicht, die sie bei ihren langen Aufenthalten im Wasser vor Auskühlung bewahrt. Denn Fett ist ein schlechter Wärmeleiter. Wenn sich die Robben aber an der Küste Namibias aufhalten, wird es leicht zu heiß, da sich direkt an die Küste eine der trockensten Wüsten der Welt, die Wüste Namib, anschließt. Da Robben nicht schwitzen können, müssen sie überschüssige Wärmeenergie anders als über das Verdunsten von Schweiß ableiten. Sie machen es durch Wärmeleitung über die felllosen Flossen.

Kalte Füße müssen nicht sein. Das hatten sich wohl auch die Hersteller von Schistiefeln gesagt und durch die Auswahl spezieller Kunststoffe und entsprechender Fertigung Spezialschuhe hergestellt. Sie verhindern, dass Wärmeenergie von unseren warmen Füßen in die eiskalte Umgebung geleitet wird. Auch Wanderstiefel oder normale Schuhe können vor Wärmeverlust schützen, wenn die Sohle entsprechend dick und aus schlechten Wärmeleitern gefertigt ist. Nasses Material dagegen leitet die Wärmeenergie gut ab, was schnell zu kalten Füßen führt.

Tiere im Winter

Vögel haben es im Winter schwer bei der Futtersuche und schaffen es kaum, ihren Körper mit der nötigen Energie zu versorgen. Deshalb müssen sie besonders darauf achten, dass sie wenigstens die Energieverluste gering halten. Das schaffen sie dadurch, dass sie sich beim Sitzen mächtig aufplustern. Die zusätzliche ruhende Luft in ihrem Gefieder behindert wegen ihrer schlechten Wärmeleitfähigkeit den Wärmetransport, so dass die Vögel unter ihrer „Daunendecke" ruhig schlafen können.
Das gleiche Prinzip wie bei den Federn der Vögel liegt dem Fell des Eisbären zugrunde. Luftpolster im Fell behindern den Energietransport vom Körper weg.

Energieeinheiten

In Zeitungen und Zeitschriften, aber auch in den Nachrichten sind oft noch andere, eigentlich aber nicht mehr zugelassene Energieeinheiten zu finden.

1 SKE (1 Steinkohleeinheit) = 29,31 MJ ist die Wärmeenergie, die beim Verbrennen von 1 kg Steinkohle freigesetzt wird. Die SKE wird noch häufig benutzt, wenn es um den gesamten Energiebedarf eines Landes geht.

1 kcal (Kilokalorie) = 4,1868 kJ ist die historische Einheit für die Wärmeenergie. Sie ist festgelegt wie das Joule.

Hausbau im ewigen Eis

Es klingt paradox, dass Menschen sich mit Eis und Schnee vor der Kälte der Arktis schützen. Die Igluwand aus gepressten Schneeblöcken verhindert, dass die Wärme aus dem Inneren nach außen transportiert wird.

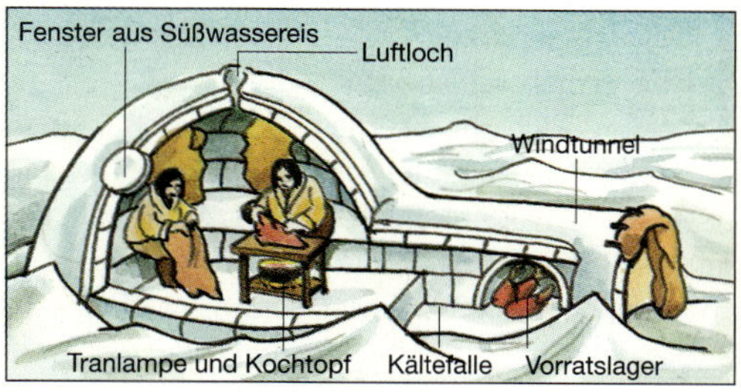

Ein Brutkasten schützt Frühgeborene vor Zugluft und Krankheitserregern. Die gleichbleibende Temperatur erhöht ihre Überlebenschancen deutlich.

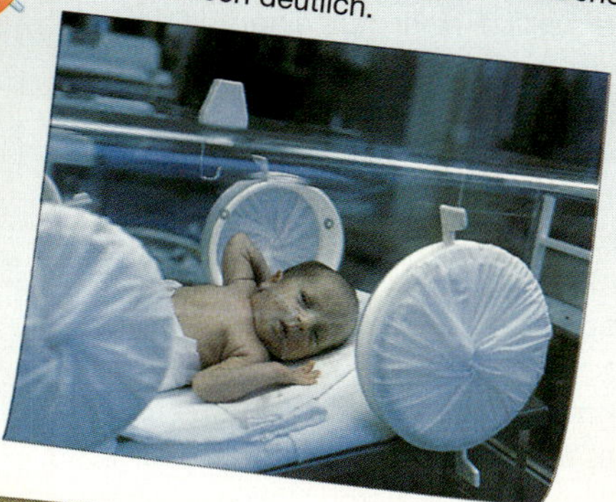

Auf einem Halbleiterchip, wie er in allen Computern zu finden ist, werden immer mehr elektronische Bauteile untergebracht, die Wärme produzieren. Weil die Bauteile aber bei Erwärmung nicht mehr so gut funktionieren wie im kalten Zustand, müssen sie die erzeugte Wärmeenergie schleunigst abgeben. Dazu dienen großflächige Kühlkörper aus Metall.

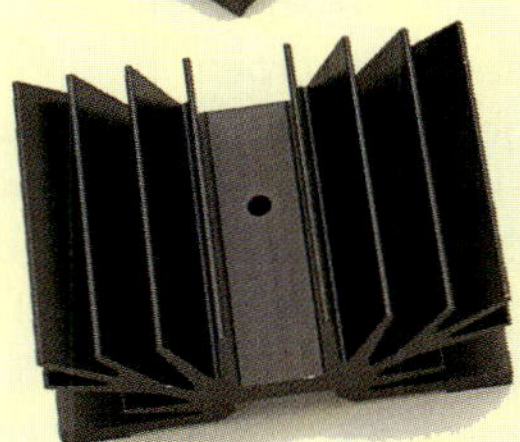

Solarherd

In der dritten Welt ist vielerorts das Brennmaterial knapp. Holz gibt es in Wüstengegenden kaum und andere Brennstoffe wie Erdöl oder Erdgas sind für die meisten Menschen dort unerschwinglich. Ein kleinwenig Abhilfe kann ein Hohlspiegel schaffen, mit dem Speisen gekocht werden können.

Sonnenbaden beim Ski fahren ist nichts ungewöhnliches. Obwohl der Schnee deutlich kälter als 0 °C ist, liegen die Jungs und Mädels im T-Shirt in den Liegestühlen. Die intensive Wärmestrahlung in den Bergen genügt, um sie nicht frieren zu lassen. Allerdings wird es auf der sonnenabgewandten Seite schnell kalt – und Wind darf es auch nicht geben!

Streifzug

Wärmedämmung und Energiesparen im Haus

Für das Wohlbefinden in unseren Wohnungen brauchen wir viel Energie. Der größte Teil wird für das Heizen und die Warmwasserversorgung verwendet.

Geheizt wird, um die Lufttemperatur der Räume zu erhöhen. Dazu ist Wärmeenergie nötig. Meist stammt sie aus einem zentralen Heizofen im Keller, von dem aus die Wärmeenergie über Wasserrohrleitungen in alle Zimmer mitgeführt wird. Erzeugt wird die Wärmeenergie durch die Verbrennung von Heizöl oder Erdgas. Ältere Häuser haben manchmal noch Kohleöfen in den Zimmern.

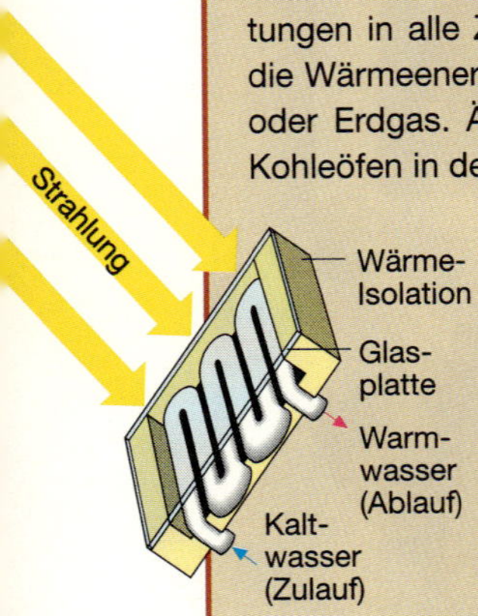

Aber auch die Sonne kann zur Warmwasserbereitung „angezapft" werden. So genannte **Sonnenkollektoren** fangen die Sonnenenergie auf: Die Sonnenstrahlung trifft auf schwarze, wassergefüllte Rohre und gibt ihre Energie an das Wasser darin ab. Die entstandene Wärmeenergie wird dann vom Wasser zu den Heizkörpern in den Zimmern mitgeführt. Dort geht sie durch Wärmeleitung an die Außenseite des Heizkörpers über und erwärmt die umgebende Luft. Diese steigt auf und verteilt die Wärmeenergie im ganzen Raum. Einen Teil der Energie gibt der Heizkörper auch durch Wärmestrahlung ab.

Es reicht nicht, dem Haus einmal Energie zuzuführen, bis die gewünschte Temperatur erreicht ist, und dann die Heizung auszuschalten. Denn die Energie bleibt leider nicht im Haus, sondern verlässt es wieder durch Wände, Türen, Fenster und Dach nach draußen. Dieses Entweichen von Energie lässt sich nicht völlig vermeiden, aber durch geeignete Maßnahmen stark verringern. Und das schont Umwelt und Geldbeutel!

Schon beim Hausbau muss auf eine gute **Wärmedämmung** geachtet werden:
- Für alle Außenwände werden Materialien mit geringer Wärmeleitung ausgewählt.
- Fenster und Türen müssen dicht schließen, um Wärmemitführung durch Zugluft zu verhindern.
- Das Dach wird mit Dämmstoff isoliert, um Wärmemitführung durch strömende Luft zu unterbinden.
- Fensterscheiben haben eine Doppelverglasung, durch die Wärmeleitung verhindert wird.

Aber auch durch eigenes Verhalten lässt sich Energie sparen:
- Eine Raumtemperatur von 23 °C empfinden die meisten Menschen als angenehm. Aber jedes Grad weniger spart Energie. Also lieber Pullover tragen als ärmellose T-Shirts.
- In Schlaf- und Nebenräumen, aber auch in der Küche kann die Raumtemperatur deutlich niedriger sein als in Wohnräumen.
- Richtiges Lüften heißt, die Raumluft möglichst schnell und komplett durch frische Luft zu ersetzen. Dies geschieht am besten durch kurzes, weites Öffnen von Fenstern und Türen und nicht durch eine dauernde Kippstellung des Fensters.

Niedrig-Energie-Haus

Ein solches Haus besitzt nicht nur eine kompakte Bauform und eine hochwertige Wärmedämmung, sondern außerdem eine Wärmerückgewinnung. Sie entzieht der Raumluft viel Wärmeenergie, bevor die Luft das Haus verlassen darf.
Natürlich hat jedes Niedrig-Energie-Haus Sonnenkollektoren auf dem Dach. Aber sie nutzen die Sonnenenergie noch geschickter: Wie in Wintergärten oder Gewächshäusern sind die Gebäudefassaden, die nach Süden gerichtet sind, hauptsächlich aus Glas, um möglichst viel Sonnenenergie herein zu lassen. Die Gebäudefronten, die nach Norden zeigen, haben dagegen keine oder nur sehr kleine Fenster und dick isolierte Wände.

Architekten und Bauingenieure arbeiten zur Zeit daran, **Null-Energie-Häuser** zu entwickeln. Aufgrund einer extrem guten Wärmedämmung sollen sie keine Energie in Form von Brennstoffen mehr benötigen, sondern allein mit Sonnenenergie auskommen.

Streifzug

Warmwasserheizung

Eine Solaranlage auf dem Dach nutzt Sonnenenergie zum Heizen oder für die Warmwasserversorgung.

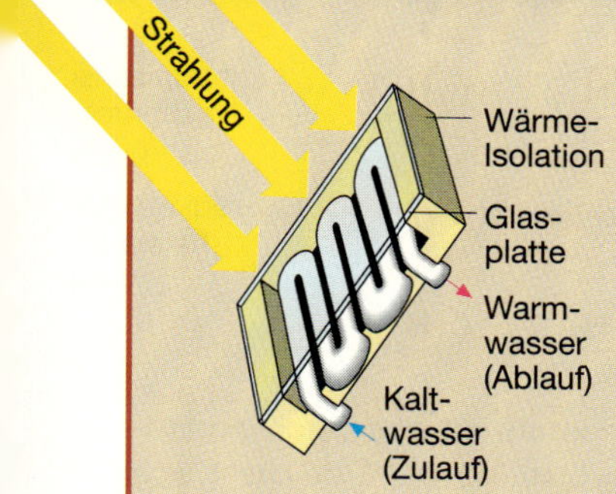

Über Rippen- oder Flachheizkörper wird die Energie an die Zimmerluft abgegeben.

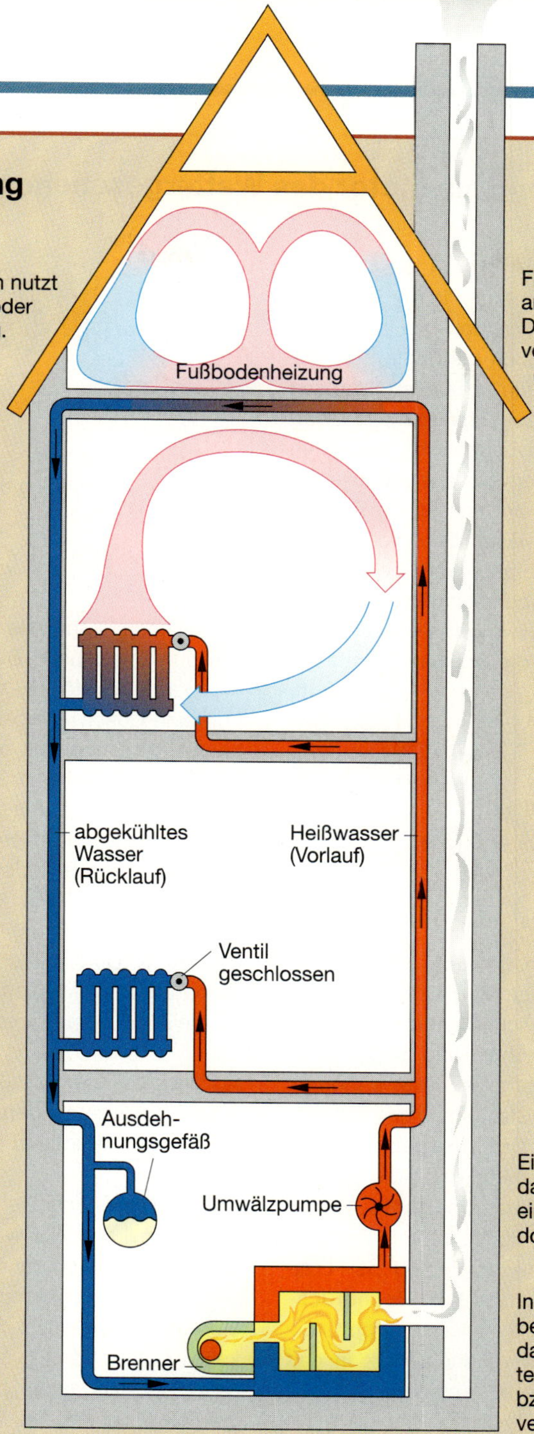

Fußbodenheizungen sorgen für angenehme Temperaturen. Die Fliesen nehmen die Energie vom Wasser auf und geben sie durch Wärmeleitung an die Zimmerluft weiter.

Möglichkeiten zur Energieeinsparung

- Niedertemperaturheizungen (Vorlauftemperaturen von 55 °C bzw. 45 °C)
- Anpassung der Wassertemperatur an die Außentemperatur durch Messung mit einem Außenfühler (gleitende Kesselwasser-Temperaturregelung)
- Nutzung der bis zu 180 °C heißen Abgase am Kessel zum Erwärmen von Brauchwasser

Thermostate regeln die Raumtemperatur. Dazu messen sie mit einem Temperatursensor die Lufttemperatur. Dieser Istwert wird vom Regler mit einem vorher eingestellten Sollwert verglichen. Unterschreitet der Istwert den Sollwert, wird das Ventil geöffnet. Warmes Wasser strömt so lange durch den Heizkörper, bis Sollwert und Istwert wieder übereinstimmen. Dann wird das Ventil geschlossen, die Warmwasserzufuhr wird gestoppt. Es wird keine Energie mehr an die Zimmerluft abgegeben. Durch Wärmetransport nach draußen sinkt die Raumtemperatur, der Istwert fällt unter den Sollwert, das Ventil wird wieder geöffnet.

Eine Umwälzpumpe befördert das Wasser vom Kessel zu den einzelnen Heizkörpern und von dort zum Kessel zurück.

In dem mit Heizöl oder Erdgas betriebenen Heizkessel wird das Wasser auf die Vorlauftemperaturen von 70 °C (Heizung) bzw. 40–60 °C (Warmwasserversorgung) gebracht.

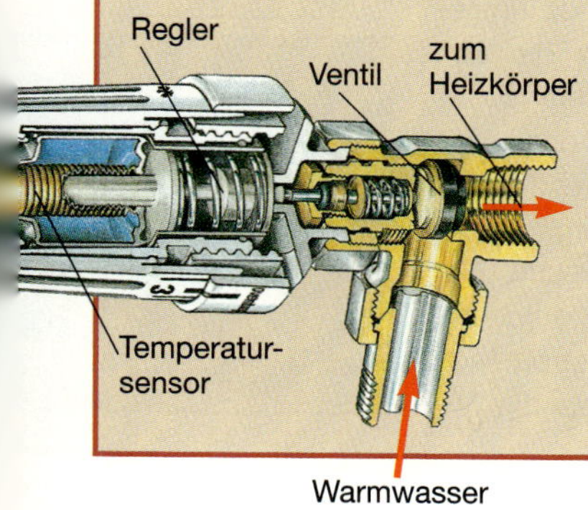

Aufgaben

1 Beschreibe den Heizungskreislauf und den Weg der Energie vom Kessel bis in die Zimmer.

2 Welche Aufgabe hat das Ausdehnungsgefäß?

3 Nenne weitere Möglichkeiten der Energieeinsparung beim Heizen und bei der Warmwasserversorgung.

4 Welche Funktion hat die Umwälzpumpe? Würde die Heizung auch ohne sie arbeiten?

Streifzug

Die Sonne als Motor des Wettergeschehens

Das Leben auf der Erde spielt sich in einer extrem dünnen Schale von 20 km Dicke ab: in der Lufthülle, in oberflächennahen Bodenschichten und in Gewässern. Ermöglicht wird das Leben durch die Sonnenstrahlung, denn nur sie setzt die vielfältigen Prozesse in der Atmosphäre und in den Gewässern in Gang und hält sie am Laufen, alle Lebewesen profitieren davon. Dabei wirkt die Lufthülle der Erde wie ein riesiges Treibhaus: Ohne sie läge die durchschnittliche Temperatur nicht bei +15 °C, sondern bei lebensfeindlichen −18 °C! Betrachten wir im Einzelnen, welche Folgen die Sonneneinstrahlung hervorruft.

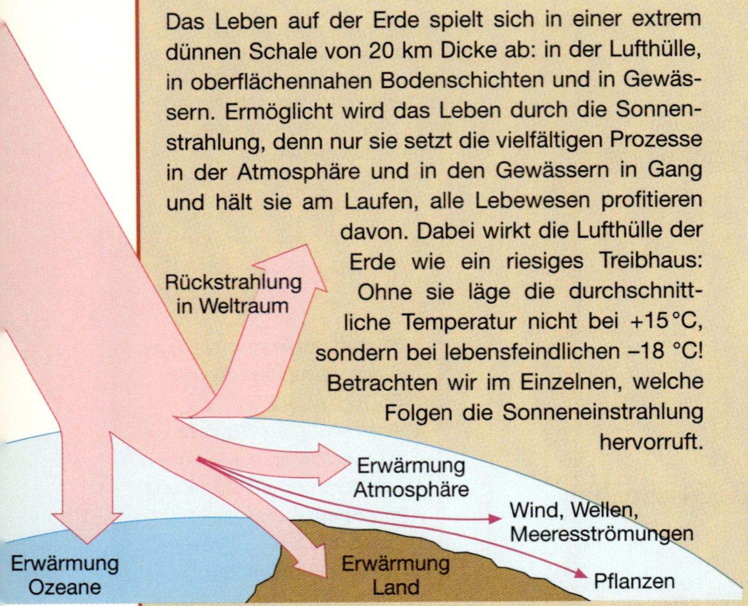

Winde

Wenn durch die Sonneneinstrahlung die Luft erwärmt wird, dehnt sie sich aus. Im gleichen Volumen sind dann viel weniger Luftteilchen enthalten. Dieses Luftvolumen ist deshalb leichter und steigt nach oben. Dadurch wird der Luftdruck an dieser Stelle geringer, es entsteht ein **Tiefdruckgebiet.** Beim Hochsteigen kühlt sich die Luft ab, wird schwerer und sinkt wieder zur Erdoberfläche zurück. Dadurch steigt in dieser Region der Luftdruck, es entsteht ein **Hochdruckgebiet.** Von diesem strömt die kältere Luft wieder zurück in das Tiefdruckgebiet – es weht Wind.

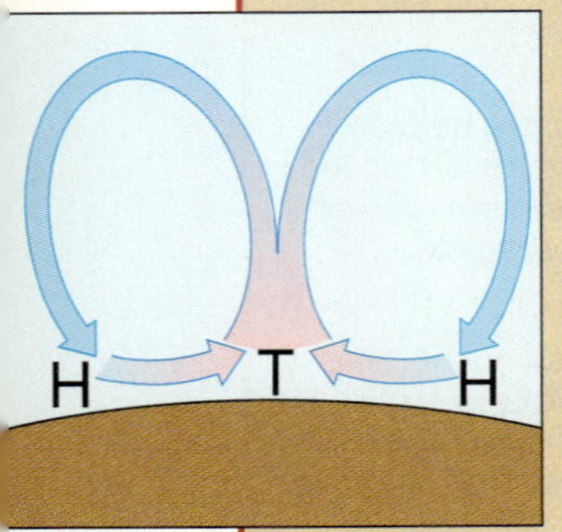

Am stärksten erwärmt die Sonne die Luft in den Äquator nahen Gebieten. Die Warmluft steigt auf und fließt in 4–8 km Höhe in Richtung auf die Polregionen. Nach etwa 3000–4000 km hat sie sich aber so stark abgekühlt, dass sie zu Boden sinkt. So bilden sich nördlich und südlich des Äquators die subtropischen Hochdruckgürtel – bekannt sind bei uns die sommerlichen Azorenhochs. Am Boden fließt ein Teil der abgekühlten Luft als Passatwind zum Äquator zurück.

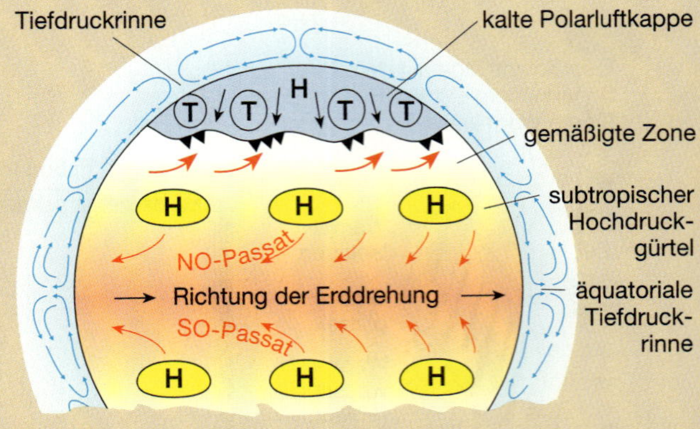

Dieser immerwährende Passatwind wird durch die Erddrehung beeinflusst. Die Lufthülle der Erde dreht sich mit der Erde ständig mit. In den Subtropen hat die Luft eine Geschwindigkeit von ca. 400 $\frac{m}{s}$. Der Äquator bewegt sich aber mit etwa 500 $\frac{m}{s}$ in Richtung Osten; folglich dreht sich die Erde unter den in Rotationsrichtung langsameren Winden hinweg. Deshalb kommt der Passatwind auf der Nordhalbkugel aus Nordost, auf der Südhalbkugel aus Südost.
Ein anderer Teil der in den Subtropen absteigenden Luft strömt am Boden zu einer nördlich gelegenen Tiefdruckrinne. Da sich hierbei aber die Luftmassen schneller bewegen als die Erde sich dreht, haben wir in Europa meist Winde aus westlichen Richtungen.

Auch in kleinerem Maßstab gibt es immer wiederkehrende Windströmungen: Am Meer weht der Wind meist sehr gleichmäßig und stabil aus einer Richtung. Das kommt so:
An sonnigen Tagen ist die Luft über dem Land viel wärmer als über dem Wasser, denn der Boden erwärmt sich schneller und stärker. Die Warmluft steigt auf, kalte Luft strömt vom Meer nach. Der Wind weht „auflandig" vom Meer auf das Festland.

In klaren Nächten ist es umgekehrt. Nun kühlt sich die Luft über dem Festland stärker ab als die über dem Meer, denn das Meerwasser gibt laufend tagsüber gespeicherte Energie an die Luft ab. Jetzt steigt die Luft über dem Meer nach oben; durch die vom Festland nachströmende Luft wird der Wind „ablandig".

Wolken und Regen

Durch die Absorption der Sonnenstrahlung erwärmen sich Böden und Gewässer. Deshalb verdunstet ständig Wasser – es bildet sich unsichtbarer Wasserdampf in der Atmosphäre. Aus diesem Wasserdampf können auf verschiedene Weisen **Wolken** entstehen:

- Es lagern sich immer mehr Wasserteilchen an kleine Staubkörnchen in der Luft an. Schließlich werden diese winzigen Wassertröpfchen sichtbar. Unendlich viele davon bilden dann die Wolken.
- Die Temperatur der Atmosphäre wird mit zunehmender Höhe immer niedriger. Weil kalte Luft nicht so viel Wasserdampf aufnehmen kann wie warme, kondensiert der Wasserdampf beim Aufsteigen in höhere Luftschichten zu Wassertröpfchen.

Solange diese Wassertröpfchen klein sind, fallen sie nicht zur Erde, sondern werden durch Strömungen in der Atmosphäre in der Schwebe gehalten. Werden sie zu groß, so sinken sie zu Boden – **Regen** fällt.
Von der Stärke der Aufwinde in der Atmosphäre hängt es ab, wann dieser Zustand erreicht ist. Kleinste Tröpfchen (∅ ≈ 0,2 mm) fallen als Nieselregen vom Himmel, Riesentropfen (bis 6 mm ∅) als prasselnder Gewitterregen.

Wird beim Aufsteigen die für das Kondensieren notwendige Konzentration der Wasserteilchen in der Luft erst erreicht, wenn die Temperatur unter 0 °C gesunken ist, so bilden sich keine Tröpfchen mehr. Der Wasserdampf geht dann unmittelbar in den festen Zustand über. Es bilden sich winzige Eiskristalle, die sich an Staubteilchen anlagern und die zauberhaften Schneeflocken bilden.

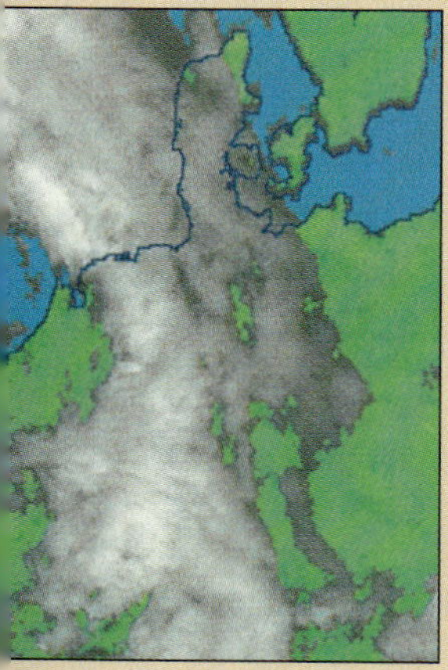

Treffen Luftmassen mit unterschiedlichen Temperaturen aufeinander, so gleitet die warme, mit Wasserdampf gesättigte Luft auf die kalte Luft auf. Sie wird nach oben gedrückt und kühlt sich dadurch schnell ab. Da sie nun nicht mehr so viel Wasserdampf enthalten kann, bilden sich Wolken, unter Umständen auch Regen. Deshalb erscheint eine Kaltfront auf Wetterkarten immer als Wolkenband.

Klimazonen

In den äquatornahen Gebieten ist die Strahlung der Sonne das ganze Jahr über sehr stark. Deshalb erwärmt sich das Meerwasser bis in große Tiefen. Es bilden sich Oberflächenströmungen in Richtung zu den Polen aus. Am Meeresboden strömt dagegen von Norden bzw. Süden kaltes Meerwasser nach – wie in einer riesigen Umwälzpumpe.
Wichtig für Europa ist das warme Meerwasser, das aus dem Golf von Mexiko quer über den Atlantik zu uns strömt, der Golfstrom. Sein Wasser führt eine gewaltige Menge Energie mit sich, die in den kälteren Regionen Nordeuropas an die Luft übergeht. Die Folge: Das Klima im nordwestlichen Teil Europas ist wesentlich wärmer als in anderen Regionen auf dem selben Breitengrad.
Aber auch ohne eine spezielle Strömung beeinflusst das Meer das Klima stark: In den Küstenregionen ist es im Sommer nie so heiß wie im Inland. Denn das Meerwasser erwärmt sich bei gleicher Sonneneinstrahlung viel langsamer als Erde oder Fels. Weil es kühler ist als die Luft, entzieht es ihr laufend Energie, was die Luft kühler macht.
Anders im Winter: Jetzt ist das Wasser wärmer als das Land, es kann im Sommer gespeicherte Energie langsam abgeben. Dadurch sind in den Küstenregionen die Winter viel milder als im Landesinneren.

Fazit

Die Sonneneinstrahlung bewirkt also

- Temperaturunterschiede in der Atmosphäre, die die Ursache für Hoch- und Tiefdruckgebiete sind; Winde sind die Folge davon;
- das Verdunsten von Wasser vor allem in den Weltmeeren, was Wolken entstehen lässt;
- das Erwärmen von Meerwasser, was zu Meeresströmungen führt, in deren Folge die unterschiedlichen Klimazonen entstehen.

Wichtig für das Leben auf der Erde ist das Zusammenspiel von Wind und Wolken. Denn der Wind treibt die Wolken auf das Festland, wo sie abregnen. Das Wasser versickert im Boden, sammelt sich im Grundwasser oder in Oberflächengewässern (Bächen, Flüssen und Seen) und strömt schließlich zurück in die Weltmeere. Der Wasserkreislauf hat sich geschlossen.

Prüfe dein Wissen

Temperatur und Wärmeenergie

A1 **a)** Beantworte zu den Merkzettel-Begriffen folgende Fragen: Was bedeutet der Begriff? Wie und in welcher Einheit wird diese Größe gemessen? Gibt es Formeln dafür? Gibt es sonst noch Wissenswertes über diesen Begriff?
b) Wenn du die Fragen nicht auf Anhieb beantworten kannst, dann lies die entsprechenden Seiten im Buch noch einmal gründlich durch.
c) Notiere auf der Vorderseite von Karteikarten den Begriff, auf der Rückseite die Erläuterung.

A2 Stoffe können in den Zustandsformen fest, flüssig und gasförmig vorkommen.
a) Welche Eigenschaften (Form, Volumen) zeigt ein Körper in der jeweiligen Zustandsform?
b) Wie können wir uns den Aufbau der Stoffe in den verschiedenen Zustandsformen vorstellen?
c) Wie heißen die Übergänge von einer Zustandsform in die andere? Erkläre sie mithilfe des Teilchenmodells.

A3 **a)** Beschreibe den Aufbau eines Flüssigkeitsthermometers.
b) Worauf beruht seine Funktionsweise? Erkläre sie.

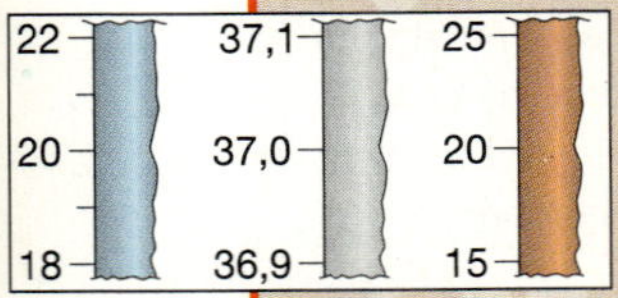

c) Die Thermometer mit den nebenstehenden Skalen sind alle mit der gleichen Flüssigkeit gefüllt. Wie unterscheiden sich die Steigrohre hinsichtlich Länge und Durchmesser?

A4 Ein Thermometer ohne Skala soll in Grad Celsius geeicht werden.
a) Wie heißen die beiden Fixpunkte der Skala?
b) Beschreibe die einzelnen Schritte, mit denen die beiden Fixpunkte für die Skala festgelegt werden können.
c) Wie muss weiter vorgegangen werden, um das ungeeichte Thermometer mit einer vollständigen Celsius-Skala zu versehen?

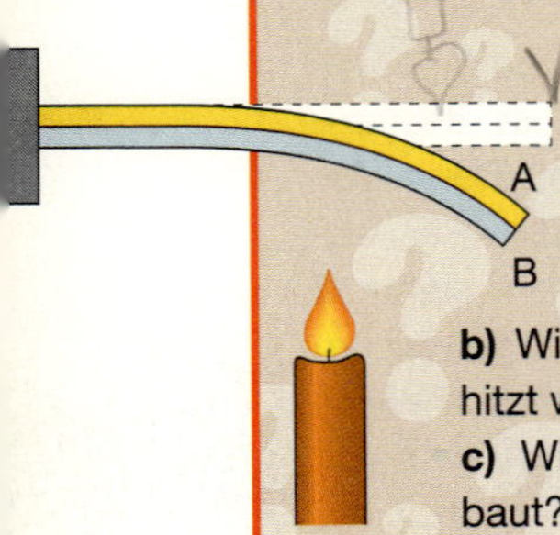

A5 Der Bimetallstreifen hat sich bei Erwärmung nach unten gebogen.
a) Welches der beiden Metalle A oder B dehnt sich stärker aus? Begründe deine Vermutung.
b) Wie biegt er sich, wenn er von oben erhitzt wird?
c) Wie ist ein Bimetallthermometer aufgebaut? Erkläre seine Funktionsweise.

A6 Um wie viel Kelvin ist die Temperatur gestiegen oder gefallen, wenn sich die Spitze der Flüssigkeitssäule eines Thermometers bewegt
a) von 27 °C bis 42 °C, **b)** von 9 °C bis –4 °C,
c) von –12 °C bis –3 °C, **d)** von –8 °C bis 10 °C,
e) von 17 °C bis –3 °C, **f)** von 103 °C bis –103 °C?

A7 **a)** Beschreibe die Funktionsweise der rechts dargestellten Thermometer.
b) Wie verändert sich die Anzeige, wenn die gemessene Temperatur zu- bzw. abnimmt?

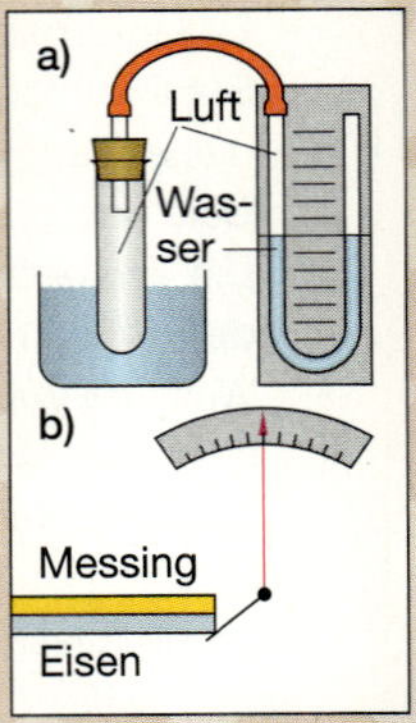

A8 Du hast eine Tasse versehentlich so voll heißen Tee gegossen, dass ein „Hügel" entstanden ist. Nach etwa zehn Minuten ist der Hügel nicht mehr vorhanden, ohne dass aus der Tasse getrunken worden wäre. Erkläre.

A9 Ein Messingschloss an einer Haustür schließt genau passend mit dem Türrahmen ab.
a) Was muss beachtet werden, wenn der Beschlag im Winter bei Außentemperaturen von –15 °C angebracht wird?
b) Welche Längenänderung erfährt ein Messingstab von 1 m, wenn die Temperatur von –20 °C auf 40 °C steigt?

A10 **a)** Beim Bau von Häusern kannst du beobachten, dass der Beton für die Zwischendecken in ein Stahlnetz gegossen wird. Warum kann für dieses Netz nicht Aluminium oder Kupfer verwendet werden?
b) Warum müssen bei Metallfensterrahmen die Glasscheiben mit Gummidichtungen eingesetzt werden?

A11 Ein Luftballon wird bei Zimmertemperatur (22 °C) zu einem Volumen von 2 l aufgeblasen. Dann wird er in den 3 °C kalten Kühlschrank gelegt.
a) Nach einer Stunde schauen wir in den Kühlschrank. Was stellen wir fest? Begründe die Beobachtung.
b) Wie groß ist das Volumen, das die im Ballon eingeschlossene Luftmenge nun noch einnimmt?

A12 In New York herrschen im Winter oft Temperaturen weit unter 0 °C und heftiger Schneefall. In Neapel, das auf dem gleichen Breitengrad liegt, schneit es dagegen im Winter ziemlich selten. Suche in deinem Atlas auf einer Karte, die Wind- und Meeresströmungen zeigt, nach Gründen dafür.

Die wichtigsten Begriffe

- Körper – Stoff S. 89
- Zustandsformen S. 89/90
- Zustandsänderungen S. 112–114
- Schmelz-/Erstarrungstemperatur S. 112/113
- Siede-/Kondensationstemperatur S. 112/113
- Teilchenmodell der Materie S. 92–95
- Temperatur S. 96
- Thermometer S. 96, 99, 101
- Celsiusskala S. 98
- Thermische Ausdehnung S. 96, 102/103, 106
- Wärmeenergie S. 110
- Energieeinheit „Joule“ S. 111
- Transport von Wärmeenergie S. 117–121
- Wärmedämmung S. 122
- Wetter S. 124/125

A13 a) Nenne die drei Möglichkeiten, Wärmeenergie zu transportieren.
b) Beschreibe, worin sich die drei Möglichkeiten unterscheiden.

A14 a) Fasse ein Stück Eisen und ein Stück Holz an. Warum fühlt sich das Eisen kälter an als Holz, obwohl beide schon länger im Zimmer lagen und somit die selbe Temperatur besitzen?
b) Vergleiche mit den Empfindungen, wenn du im Sommer über heißen Sand oder über kalte Steinplatten gehst.

A15 a) Warum sollte man in ein Glas, in das heißes Wasser gefüllt wird, einen metallenen Löffel geben?
b) Warum sind Teegläser besonders dünn?

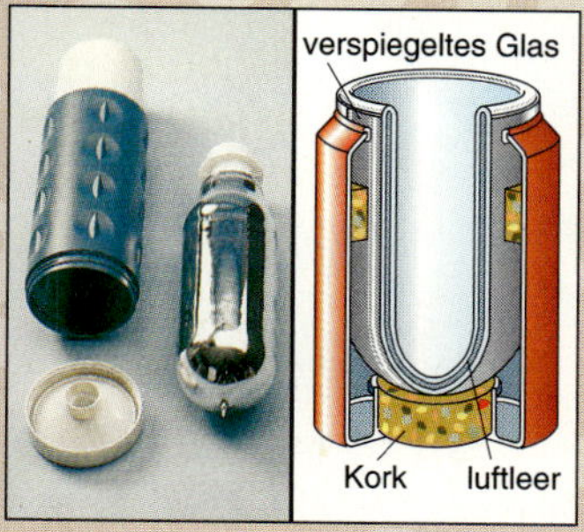

A16 Die Thermosflasche, das ideale Gefäß für Sommer und Winter. Ob im Winter heißer Tee oder im Sommer kalte Getränke, eine Thermosflasche verhindert hervorragend, dass Wärmeenergie transportiert wird. Wie wird diese Wärmedämmung erreicht?

A17 Im Automotor entsteht zwangsläufig sehr viel unerwünschte Wärmeenergie. Damit der Motor nicht zu heiß und dadurch zerstört wird, muss diese überschüssige Energie abtransportiert werden. Die Abbildung zeigt, wie dieses Problem gelöst wird.

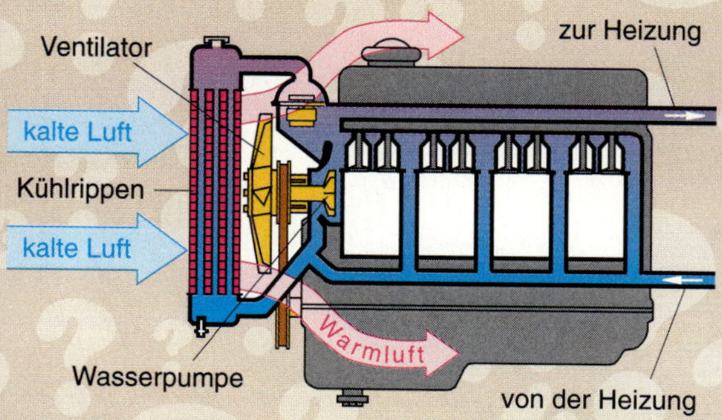

a) Beschreibe, wie die Kühlung funktioniert.
b) Welche Arten von Wärmetransport spielen hier eine Rolle?

A18 Hinter Heizkörpern werden oft Styroporplatten angebracht, die mit Aluminiumfolie beschichtet sind. Grillhähnchen werden in Papiertüten verpackt, die innen mit Aluminiumfolie beschichtet sind. Erkläre, was diese Maßnahmen mit dem Transport von Wärmeenergie zu tun haben.

A19 Verletzte bei Ski- oder Straßenunfällen werden in eine dünne Alufolie eingewickelt, die innen mit Gold bedampft ist. Wie kann eine nur Bruchteile von Millimetern dünne Folie Menschen vor Unterkühlung schützen?

A20 a) Menschen, die sich im kalten Wasser befinden, „kühlen“ aus. Wie lässt sich diese Redensart „energetisch“ richtig ausdrücken?
b) In der Umgangssprache gibt es die Begriffe „Kälte“ und „Wärme“, in der Physik nur „Wärme“. Warum kann man auf den Begriff „Kälte“ verzichten?

A21 Nicht nur Flüssigkeiten steigen nach dem Erhitzen nach oben, sondern auch Gase. Dies liegt daran, dass heiße Luft leichter ist als kalte. Eine schöne Anwendung dieser physikalischen Tatsache sind Heißluftballons.
a) Suche Informationen über Heißluftballons zusammen.
b) Beschreibe die Startvorbereitungen, bis der Ballon hochsteigt.

Kräfte

Mit vereinten Kräften setzt die Football-Mannschaft die Straßenbahn in Bewegung und zieht sie durch die Straße. Welche Kraft muss jeder Spieler aufbringen? Wie lassen sich Kräfte messen? Welche Wirkungen können Kräfte haben?

Ein Unfall mit dem Auto kann schlimme Folgen haben: Welche Kräfte wirken hier? Warum sind sie so zerstörerisch? Wie können sich Insassen vor den Folgen des Crashes schützen?

Der Sprung vom Boot kann leicht schief gehen.
Warum treibt das Boot weg, wenn wir uns von ihm abstoßen?

Geschwindigkeit

Wenn die Straßenbahn von der Haltestelle abfährt, so beschleunigt sie. Die Geschwindigkeit wächst, bis sie zwischen den Haltestellen gleichförmig fährt. Danach bremst sie bis zum Stillstand ab.

Wie kann ein solcher Vorgang mathematisch erfasst und dargestellt werden?

Bewegungen – schnelle und langsame

Um uns herum ist vieles in Bewegung: Autos, Fahrräder, Fußgänger, der Zeiger der Uhr, vorbeiziehende Wolken, das fließende Wasser im Bach, ja selbst die Erde als Ganzes ist ständig in Bewegung.
Bei jeder Bewegung wird eine Strecke zurückgelegt, für die eine gewisse Zeit benötigt wird. Beim Schall ist diese Zeitdauer, wie wir aus Erfahrung wissen, sehr kurz: Wenn uns jemand aus einer größeren Entfernung etwas zuruft, müssen wir nicht erst eine Weile warten, bis wir die Worte hören. Das macht es uns schwer zu bestimmen, wie schnell sich der Schall fortbewegt.

Zentraler Versuch

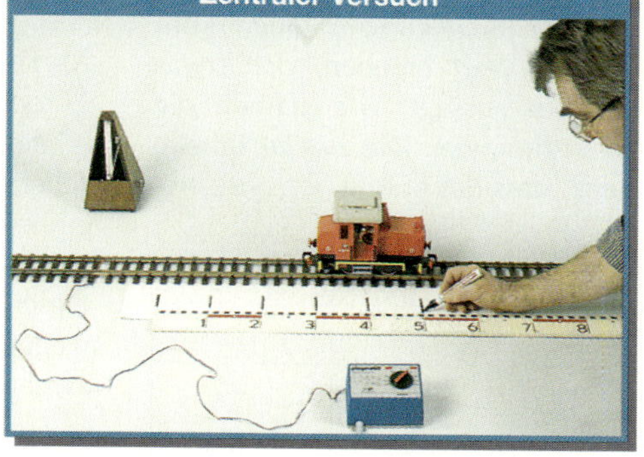

Wir betrachten deshalb Bewegungen, die langsamer ablaufen. Bei der Spielzeuglok im Foto oben z.B. kann die Geschwindigkeit so niedrig eingestellt werden, dass wir nach einer gewissen Anfahrtszeit im Sekundentakt die jeweilige Stellung der Lok markieren können.
Wir stellen fest: In der Zeitspanne von einer Sekunde legt die Lok jeweils gleich lange Strecken zurück. Eine solche Bewegung nennen wir eine **gleichförmige** Bewegung.
Je größer die Strecke ist, die während einer bestimmten Zeit, z.B. in einer Sekunde zurückgelegt wird, desto größer ist die Geschwindigkeit.

Im Alltag ist die gleichförmige Bewegung eher die Ausnahme: Der PKW, der vor dem Zebrastreifen abbremst, unsere Lok beim Anfahren, der Schlitten, der am Hang immer schneller wird, das alles sind **ungleichförmige** Bewegungen, also Bewegungen mit sich ändernden Geschwindigkeiten.

Wird die Bewegung im Laufe der Zeit langsamer, so heißt sie **verzögert,** wird sie immer schneller, so heißt sie **beschleunigt.**

> Bei einer gleichförmigen Bewegung werden in gleichen Zeitabständen gleiche Strecken zurückgelegt.

Aufgaben

1 Handelt es sich bei den folgenden Beispielen eher um gleichförmige oder um ungleichförmige Bewegungen: PKW auf Autobahn, LKW beim Anfahren an der Ampel, Schiff auf hoher See, Flugzeug bei der Landung, Skater in der Halfpipe?

2 Finde weitere Beispiele für gleichförmige bzw. ungleichförmige Bewegungen, z.B. bei verschiedenen Sportarten.

3 Angenommen, die Markierungen bei der Lok werden während der Anfahrtszeit gemacht. Was kannst du in dem Fall über die Abstände der Markierungsstriche sagen? Woran kannst du also erkennen, ob sich die Lok gleichförmig oder ungleichförmig bewegt?

4 Welche Lok war schneller?

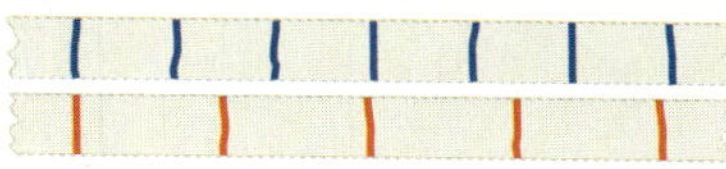

Die Geschwindigkeit bei der gleichförmigen Bewegung

Wir stellen bei der Lok ein schnelleres Tempo ein und markieren wieder nach einer gewissen Anfahrtszeit ihren jeweiligen Ort im Sekundentakt. Die Markierungsstriche liegen jetzt zwar weiter auseinander, aber ihre Abstände untereinander sind wieder gleich, d.h. auch hier liegt eine gleichförmige Bewegung vor.

In der unten stehenden Tabelle sind beide Bewegungen der Lok im Ganzen dargestellt. Mit t ist hier die Zeit gemeint, die jeweils seit dem Start verstrichen ist, s ist die zugehörige Wegstrecke. Hier können wir ablesen, welche Wegstrecke s nach einer bestimmten Zeit t zurückgelegt worden ist. Dem Anfangspunkt der Messung wurden dabei die Werte $t = 0$ s und $s = 0$ cm zugeordnet.

Tragen wir die Messwerte in ein Schaubild oder Diagramm ein, so erhalten wir das **Zeit-Weg-Diagramm** der Bewegung. Für beide Bewegungen ergibt sich eine Ursprungsgerade. Die steilere Gerade zeigt die schnellere Bewegung.

Aus der Mathematik wissen wir, dass eine solche Gerade ein Zeichen dafür ist, dass die betreffenden Größen proportional zueinander sind: In der doppelten Zeit wird die doppelte Wegstrecke zurückgelegt, in der dreifachen Zeit die dreifache Wegstrecke usw.

Anders ausgedrückt: Der Quotient aus Strecke und Zeit müsste bei jeder der Bewegungen einen konstanten Wert ergeben, der etwas darüber aussagt, wie schnell die Bewegung war. Die zweite Tabelle zeigt, dass das zutrifft.

	1. Bewegung	2. Bewegung
t	s	s
0 s	0 cm	0 cm
1 s	10 cm	13 cm
2 s	20 cm	26 cm
3 s	30 cm	39 cm
4 s	40 cm	52 cm
5 s	50 cm	65 cm

	1. Bewegung	2. Bewegung
t	$\frac{s}{t}$	$\frac{s}{t}$
0 s	–	–
1 s	10 $\frac{cm}{s}$	13 $\frac{cm}{s}$
2 s	10 $\frac{cm}{s}$	13 $\frac{cm}{s}$
3 s	10 $\frac{cm}{s}$	13 $\frac{cm}{s}$
4 s	10 $\frac{cm}{s}$	13 $\frac{cm}{s}$
5 s	10 $\frac{cm}{s}$	13 $\frac{cm}{s}$

Definition/Einheiten

Geschwindigkeit

Die Einheit ist $\frac{m}{s}$ oder $\frac{km}{h}$.
Das Formelzeichen ist v.

Umrechnung der Einheiten:

$\frac{km}{h} \rightarrow \frac{m}{s}$: Zahlenwert durch 3,6

$200 \frac{km}{h} = (200 : 3{,}6) \frac{m}{s} = 55{,}6 \frac{m}{s}$

$\frac{m}{s} \rightarrow \frac{km}{h}$: Zahlenwert mal 3,6

$10 \frac{m}{s} = (10 \cdot 3{,}6) \frac{km}{h} = 36 \frac{km}{h}$

Den Quotienten $\frac{s}{t}$ nennen wir **Geschwindigkeit,** abgekürzt v. Es gilt also: $\boldsymbol{v = \frac{s}{t}}$.

Als Einheiten verwendet man meist $\frac{m}{s}$ oder $\frac{km}{h}$. Aber es ist natürlich erlaubt und in vielen Fällen praktischer, andere Längen- bzw. Zeiteinheiten zu benutzen.

In unserem Beispiel beträgt die Geschwindigkeit für die erste Bewegung der Lok 10 $\frac{cm}{s}$, für die zweite Bewegung 13 $\frac{cm}{s}$.

Für gleichförmige Bewegungen nennen wir den Quotienten aus der zurückgelegten Wegstrecke s und der dafür benötigten Zeit t die Geschwindigkeit v:
$v = \frac{s}{t}$

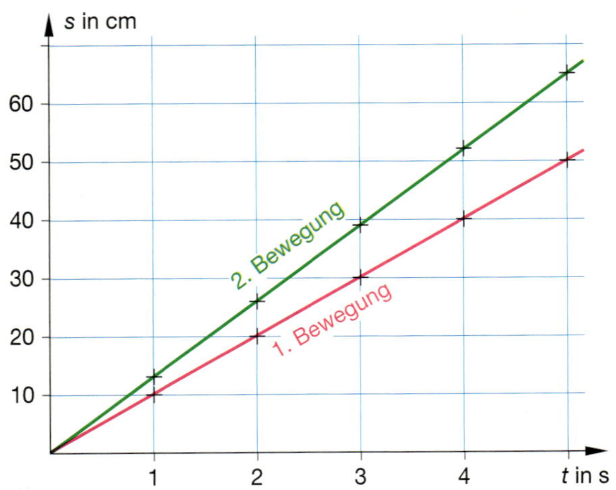

Aufgaben

1 Eine Schülerin braucht für den 1,2 km langen Schulweg zu Fuß $\frac{1}{4}$ Stunde, mit dem Fahrrad beträgt ihre Bestzeit 3 min 10 s. Berechne jeweils ihre Geschwindigkeit in $\frac{m}{s}$ und in $\frac{km}{h}$.

2 Eine Klasse macht eine Wanderung. Zuerst geht es zwei Stunden lang in gleichmäßigem Tempo durch den Wald. Nach 9 km gibt es eine Pause von 15 min. Für den anschließenden 2 km langen Aufstieg braucht die Gruppe eine Stunde.

a) Fertige ein Zeit-Weg-Diagramm der Wanderung an.

b) Berechne die Geschwindigkeit für jeden Abschnitt.

3 Wandle jeweils um: **a)** in $\frac{m}{s}$: 1 $\frac{km}{h}$; 20 $\frac{cm}{s}$; 10 $\frac{mm}{min}$;
b) in $\frac{km}{h}$: 50 $\frac{m}{s}$; 3 $\frac{km}{s}$; 150 $\frac{m}{min}$.

Die Geschwindigkeit bei ungleichförmigen Bewegungen

Ein LKW, der für eine 300 km lange Strecke fünf Stunden braucht, fährt nicht ständig mit der gleichen Geschwindigkeit. Da gibt es langsame Berganfahrten sowie schnellere Fahrten auf flachen Strecken. In diesem Fall lässt sich allenfalls eine **mittlere Geschwindigkeit** des LKW auf der Gesamtstrecke angeben:

$v = \frac{s}{t} = \frac{300\text{ km}}{5\text{ h}} = 60\ \frac{\text{km}}{\text{h}}.$

Sicher beträgt die Geschwindigkeit auf der Strecke manchmal mehr, manchmal weniger als $60\ \frac{\text{km}}{\text{h}}$. Es ist z. B. möglich, dass der Fahrer sich beim Passieren einer Geschwindigkeitskontrolle an irgendeiner Stelle (Höchstgeschwindigkeit $70\ \frac{\text{km}}{\text{h}}$) einen Strafzettel einhandelt, da sein Tacho zu diesem Zeitpunkt $90\ \frac{\text{km}}{\text{h}}$ anzeigt. Wir sprechen in diesem Fall von der **Momentangeschwindigkeit** des LKW. Die Polizei hat besondere Messinstrumente, mit denen sie diese im Straßenverkehr ermitteln kann.

Bei ungleichförmigen Bewegungen ist die Geschwindigkeit nicht konstant. Es lässt sich nur eine mittlere Geschwindigkeit für die gesamte Strecke angeben oder die Momentangeschwindigkeit zu einem bestimmten Zeitpunkt.

Eisschnelllauf – Rechnen mit Formeln

Streifzug

In sehr strengen Wintern wird in den Niederlanden der traditionelle „Elf-Steden-Tocht" (Elf-Städte-Lauf) veranstaltet: Auf einem Netz von unzähligen kleinen und großen zugefrorenen Kanälen legen Eislaufbegeisterte, Jung und Alt, Profis wie Amateure eine 200 km lange Rundstrecke zurück, die elf Ortschaften miteinander verbindet.
Die Profis durchlaufen diese Strecke fast ohne Pause in möglichst gleich bleibendem Tempo. Nicht einmal zum Essen und Trinken halten sie an.

Berechnen wir einmal die mittlere Geschwindigkeit des Gewinners vom Jahr 1997. Er startete um 5.30 Uhr morgens und lief um 12.19 Uhr ins Ziel ein. Für die *mittlere Geschwindigkeit* erhalten wir:

$v = \frac{s}{t} = \frac{200\text{ km}}{409\text{ min}} = 0{,}49\ \frac{\text{km}}{\text{min}} \approx 29\ \frac{\text{km}}{\text{h}}.$

Angenommen, er könnte mit dieser Geschwindigkeit bis zum offiziellen Ende des Wettbewerbs (24.00 Uhr) weiterfahren. Welche Strecke hätte er dann zurückgelegt?
Dazu müssen wir die Formel für die Geschwindigkeit so umformen, dass wir die *Strecke s* berechnen können. Multiplikation der Gleichung $v = s/t$ auf beiden Seiten mit t ergibt:

$s = v \cdot t = 29\ \frac{\text{km}}{\text{h}} \cdot 18{,}5\text{ h} = 536{,}5\text{ km}.$

Auf einer Teilstrecke von 50 km bläst ein kräftiger Gegenwind. Auch die Schnellsten erreichen hier „nur" eine Geschwindigkeit von $20\ \frac{\text{km}}{\text{h}}$. Wie lange brauchen sie für diese Strecke?

Eine Gleichung, mit der die *Zeit t* berechnet werden kann, erhalten wir, wenn wir die Gleichung $s = v \cdot t$ auf beiden Seiten durch v dividieren:

$t = \frac{s}{v} = \frac{50\text{ km}}{20\text{ km/h}} = 2{,}5\text{ h}.$

Sind also zwei der drei Größen bekannt, so lässt sich die dritte jeweils wie folgt berechnen:

- **Geschwindigkeit:** $v = \frac{s}{t}$
- **Strecke:** $s = v \cdot t$
- **Zeit:** $t = \frac{s}{v}$

Aufgaben

1 Eine Gruppe Jugendlicher nimmt zum ersten Mal am Eislaufwettbewerb teil. Um eine Auszeichnung zu erhalten, müssen sie spätestens um 24.00 Uhr ins Ziel einlaufen.
a) Wann müssen sie bei einer mittleren Geschwindigkeit von $16\ \frac{\text{km}}{\text{h}}$ starten?
b) Diese Geschwindigkeit halten die Jugendlichen 7,5 Stunden lang durch. Dann machen sie eine Pause (1 h). Mit welcher Geschwindigkeit müssen sie den Rest der Strecke fahren, um die Zeit wieder „einzuholen"?
c) 20 km vor dem Ziel stürzt ein Teil der Gruppe. Es dauert 15 Minuten, bis alle weiterfahren können. Die Gruppe erhöht das Tempo auf $28\ \frac{\text{km}}{\text{h}}$. Reicht es noch?
d) Fertige ein Zeit-Weg-Diagramm für die Fahrt an.
Maßstab für die Zeit t: 1 cm ≙ 1 h
Maßstab für die Strecke s: 1 cm ≙ 20 km

Geschwindigkeit im Straßenverkehr

Die vielen Vorschriften – manchmal stören sie uns schon. Warum darf in Wohngebieten nur „Tempo 30" gefahren werden, warum auf dem Parkplatz vor dem Einkaufszentrum sogar nur „Tempo 10"?
Warum sind Geschwindigkeitsbeschränkungen für den Stadtverkehr und für Landstraßen nötig? Welchen physikalischen Hintergrund haben sie? Und wie verhalten wir uns als Verkehrsteilnehmer – als Fußgänger, Radfahrer oder Fahrer eines PKW – richtig?

Kind gerettet– Auto kaputt!

HANNOVER. In der Kaiserstraße sprang ein Kind, das seinem Ball nachlief, vor ein Auto. Nur der Tatsache, dass der Fahrer die zulässige Höchstgeschwindigkeit eingehalten hat und reaktionsschnell bremste, ist es zu verdanken, dass das Fahrzeug gerade noch rechtzeitig zum Stehen kam. Durch die Vollbremsung fuhr ein zweites Fahrzeug, das den Sicherheitsabstand nicht eingehalten hatte, auf das erste Fahrzeug auf. Es entstand erheblicher Sachschaden.

Warum „Tempo 30"?

Im Regelfall werden diese Schilder in Wohngebieten angebracht. Hier parken oft viele Autos am Straßenrand. Bäume und Sträucher behindern die Sicht. Menschen sind unterwegs, betreten zwischen den Autos die Fahrbahn, nutzen die Straße als Gehweg. Kinder spielen selbstvergessen und ohne auf den Verkehr zu achten; oft genug laufen sie einem Ball hinterher, der auf die Fahrbahn kullert.
All das sollte der Fahrzeugführer im Auge behalten. Sobald er eine Gefahr bemerkt, muss er rechtzeitig reagieren. Wenn er mit „Tempo 30" fährt, hat er eine Geschwindigkeit von $v = 30\ \frac{km}{h} = 8{,}3\ \frac{m}{s}$. Er legt also in jeder Sekunde einen Weg von über acht Metern zurück – das ist etwa die Strecke von zwei hintereinander geparkten Autos, hinter denen ein unaufmerksamer Fußgänger auf die Fahrbahn treten könnte! Bei höheren Geschwindigkeiten vergrößert sich entsprechend die Strecke, die der Fahrer im Auge behalten muss – was aber meist nicht ausreichend zu gewährleisten ist. Deshalb „Tempo 30".

Rechenbeispiel

Ein Fußgänger, der mit $5\ \frac{km}{h}$ geht, möchte eine 8 m breite Straße überqueren. Wie weit muss ein Fahrzeug, das sich mit $60\ \frac{km}{h}$ nähert, mindestens entfernt sein, damit der Fußgänger die andere Straßenseite erreicht hat, bevor das Auto seinen Weg kreuzt?

Geg.: Fußgänger $v_1 = 5\ \frac{km}{h} = 1{,}4\ \frac{m}{s}$; $s_1 = 8$ m

Fahrzeug $v_2 = 60\ \frac{km}{h} = 16{,}7\ \frac{m}{s}$

Ges.: s_2

Lösung: In derselben Zeit, in der sich das Fahrzeug nähert, muss der Fußgänger die Straße überquert haben. Also ist $t_1 = t_2$.
Aus $t = \frac{s}{v}$ folgt $\frac{s_1}{v_1} = \frac{s_2}{v_2}$.
Die Umstellung nach s_2 ergibt

$$s_2 = \frac{s_1 \cdot v_2}{v_1} = \frac{8\ \text{m} \cdot 16{,}7\ \text{m/s}}{1{,}4\ \text{m/s}} = 95{,}4\ \text{m}$$

Das Fahrzeug muss fast 100 Meter entfernt sein!

Aufgaben

1 **a)** Zeichne ein Zeit-Weg-Diagramm für Fahrzeuge, die mit folgenden Geschwindigkeiten gleichförmig fahren:
$10\ \frac{km}{h}$; $30\ \frac{km}{h}$; $50\ \frac{km}{h}$; $70\ \frac{km}{h}$; $100\ \frac{km}{h}$.
(Hinweis: Einheit der Zeit-Achse Sekunden, der Weg-Achse Meter)
b) Entnimm dem Diagramm die Strecken, die in 2,5 s zurückgelegt werden, sowie die Zeiten, die die Fahrzeuge für 20 m benötigen.
c) Welche Schlussfolgerungen für das Verhalten von Autofahrern und Fußgängern im Straßenverkehr kannst du aus den Ergebnissen ziehen?

2 Eine 10 m breite Fahrbahn mit Mittelstreifen soll in normalem Schritttempo ($4\ \frac{km}{h}$) von links nach rechts überquert werden. Als Höchstgeschwindigkeit für Fahrzeuge sind $80\ \frac{km}{h}$ erlaubt.
a) Wie weit müssen die ankommenden Fahrzeuge auf der linken Seite (vordere Fahrspur) und wie weit die auf der rechten Seite (Fahrspur jenseits des Mittelstreifens) mindestens entfernt sein, damit ein gefahrloses Überqueren der Fahrbahn für einen Fußgänger möglich ist?
b) Berechne den Fall auch für einen älteren Menschen, der nur mit $2{,}5\ \frac{km}{h}$ gehen kann.

3 Warum schalten Fußgängerampeln mindestens 3–4 s eher auf Rot, bevor die Fahrspur für die quer dazu fahrenden Fahrzeuge freigegeben wird?

Der Anhalteweg eines Fahrzeugs

Eine Gefahr in acht Metern Entfernung zu erkennen ist das Eine – das Fahrzeug auch rechtzeitig zum Stehen zu bringen das Andere. Wie lang ist der Weg, den das Fahrzeug vom Erkennen der Gefahr bis zum völligen Stillstand zurücklegt, und wovon ist er abhängig?

Der Reaktionsweg s_R

Selbst wenn ein aufmerksamer Fahrer ein Hindernis bemerkt, dauert es noch eine gewisse Zeit, bis er schließlich reagiert und die Bremse betätigt. Diese Zeitdauer ist die **Reaktionszeit t_R.** Sie liegt normalerweise im Bereich von einer Sekunde, kann aber auch länger sein, wenn der Fahrer unaufmerksam oder ermüdet ist. *Alkohol verlängert die Reaktionszeit erheblich!*

In der Reaktionszeit bewegt sich das Fahrzeug mit seiner ursprünglichen Geschwindigkeit weiter. Die Länge des dabei zurückgelegten **Reaktionsweges s_R** lässt sich also mit $s_R = v \cdot t_R$ berechnen:

Bei einer Geschwindigkeit von $50\ \frac{km}{h} = 13{,}9\ \frac{m}{s}$ und einer Reaktionszeit von 1 s beträgt s_R etwa $13{,}4\ \frac{m}{s} \cdot 1\ s \approx 14\ m$.

Für eine schnelle Überschlagsrechnung gibt es eine

Faustformel Reaktionsweg:

s_R = Tachoanzeige · 3 : 10.

Für $50\ \frac{km}{h}$ wären das $\frac{50 \cdot 3}{10} = 15\ (m)$.

Der Bremsweg s_B

Durch das Betätigen des Bremspedals führt das Fahrzeug eine verzögerte Bewegung aus, die sich nicht mehr mit unseren Gleichungen für die gleichförmige Bewegung berechnen lässt, denn die Geschwindigkeit des Fahrzeuges nimmt ja ab. Wie schnell das Abbremsen geschieht und wie lang die Strecke bis zum Stillstand ist, hängt vom Fahrzeugtyp und von den Fahrbahnverhältnissen ab.

Es gibt aber eine **Faustformel Bremsweg,** die für die meisten Bremsvorgänge gilt:

s_B = (Tachoanzeige : 10)²

Für $50\ \frac{km}{h}$ wären das

$(50 : 10)^2 = (5)^2 = 25\ (m)$.

Der Anhalteweg s_A

Die Summe von Reaktionsweg und Bremsweg ergibt den Anhalteweg vom Erkennen der Notwendigkeit zum Bremsen bis zum Stillstand des Fahrzeugs:

$s_A = s_R + s_B$.

Er ist bei $50\ \frac{km}{h}$ 40 Meter lang.

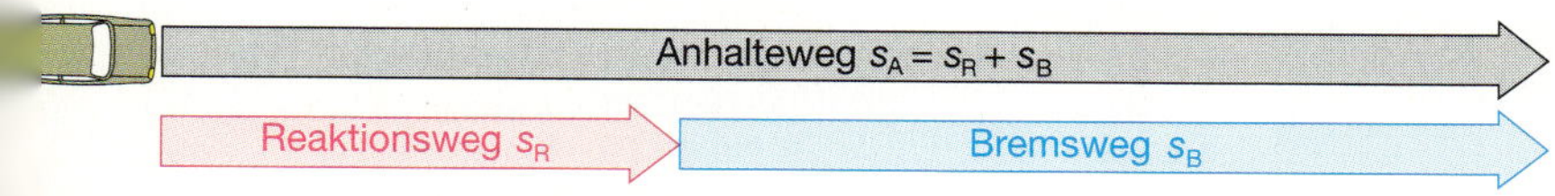

Auch Radfahrer und Fußgänger können viel zur Sicherheit im Straßenverkehr beitragen.

- **Verantwortungsbewusstes Überqueren der Straße:** Wenn keine Ampeln in der Nähe sind, dann muss auf ausreichende Entfernung zu den ankommenden Fahrzeugen geachtet werden. Der Fußgänger sollte einkalkulieren, dass er bei normalem Gehtempo für 1 m Fahrbahnbreite etwa 1 s benötigt. Wenn er dann die erlaubte Höchstgeschwindigkeit durch 3 teilt und mit der Zeit für die Straßenüberquerung multipliziert, kennt er die Strecke, die das Auto entfernt sein sollte – vorausgesetzt der Fahrer hält sich an die Geschwindigkeitsbegrenzung.
- **Vorsicht bei unübersichtlichen Situationen:** Besondere Aufmerksamkeit erfordert das Betreten der Fahrbahn, wenn Büsche die Sicht einschränken oder man zwischen parkenden Fahrzeugen auf die Fahrbahn tritt, weil dadurch die Fahrer die Gefahr zu spät bemerken und nicht mehr rechtzeitig bremsen könnten.
- **Vorsicht bei schlechten Fahrbahnverhältnissen:** Bei nasser, rutschiger Straße oder sogar Glatteis ist der Bremsweg erheblich länger.

4 **a)** Berechne die Reaktionswege für die Geschwindigkeiten $10\ \frac{km}{h}$, $30\ \frac{km}{h}$, $50\ \frac{km}{h}$, $80\ \frac{km}{h}$, $100\ \frac{km}{h}$ und $130\ \frac{km}{h}$ nach der Gleichung für s_R und nach der Faustformel.
b) Vergleiche jeweils deine Ergebnisse.

5 Berechne den Anhalteweg für die Geschwindigkeiten $10\ \frac{km}{h}$, $30\ \frac{km}{h}$ und $100\ \frac{km}{h}$ mithilfe der beiden Faustformeln.

6 Der Fahrer eines PKW erhält einen Anruf auf seinem Handy. Er benötigt 4 s, um das Handy zu greifen und einzuschalten. Während dieser Zeit achtet er nicht auf den Verkehr.
a) Welche Strecke hat er dabei bei einer Geschwindigkeit von $85\ \frac{km}{h}$ zurückgelegt?
b) Welche Schlussfolgerung ziehst du aus dem Ergebnis?

7 Beim Telefonieren während der Fahrt ist der Fahrer abgelenkt. Deshalb erhöht sich seine Reaktionszeit auf das Doppelte bis Dreifache. Um wie viele Meter erhöht sich dadurch der Anhalteweg bei „Tempo 100"?

8 Bei nasser Fahrbahn verdoppelt sich der Bremsweg etwa, bei Glatteis ist er mindestens sechsmal so lang. Berechne den Anhalteweg für $30\ \frac{km}{h}$ und für $80\ \frac{km}{h}$.

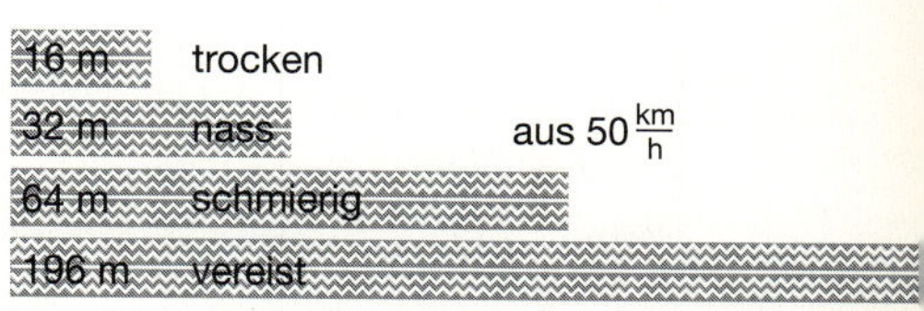

Pinnwand

ABSTAND IST DER BESTE SCHUTZ

Kolonnenfahrt

„Bei der Rückreisewelle aus dem Osterwochenende gab es auf der A 99 zwischen Adorf und Bstadt 15 Kilometer Stau."
Staus lassen sich meist nicht vermeiden. Auffahrunfälle dabei schon, wenn alle Fahrer aufmerksam sind und die nötigen Sicherheitsabstände einhalten. Unter normalen Bedingungen gilt die

Faustregel Kolonnenfahren: Sicherheitsabstand = halber Tachowert

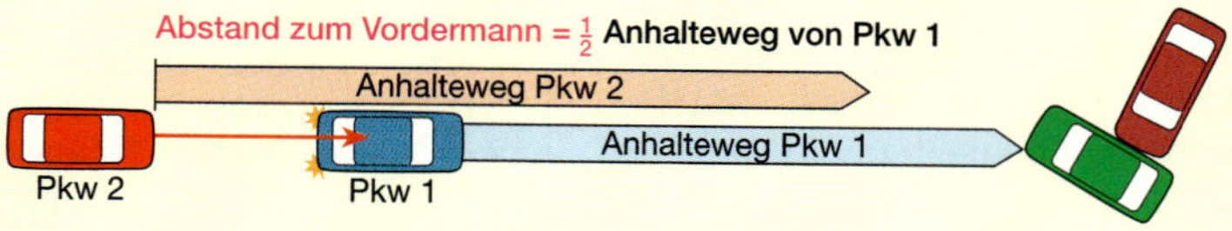

Bei 100 km/h sollte man also mit 50 m Abstand zum Vordermann fahren. Hinter dieser Regel steckt, dass beim Bremsen des Vordermannes meist beide Fahrzeuge einen etwa gleichlangen Bremsweg haben, aber das nachfolgende Fahrzeug erst nach der Reaktionszeit zu bremsen beginnt, also ca. 1 s später als der Vordermann. Bei 100 km/h legt das Fahrzeug also noch 30 m zurück, bis es bremst. Eine gewisse Sicherheitsreserve für langsamere Reaktionszeit und unterschiedliche Fahrzeugtypen steckt also noch in der Faustformel.

Bremswege (bei 40 km/h und trockener Straße)

Krafträder (alle Bremsen)	12,3m
Personenkraftwagen	14,7m
Omnibusse	18,3m
Lastkraftwagen	20,0m
Traktoren (30 km/h)	13,8m

§ 12 Abs. 1 StVO

Der Fahrzeugführer muss die Fahrgeschwindigkeit den Verkehrsbedingungen, Fahrbahn-, Sicht- und Witterungsverhältnissen anpassen. Er darf unter Beachtung der Eigenschaften und Ladung des Fahrzeugs nur so schnell fahren, dass er es ständig beherrscht, seine Pflichten nach den Grundregeln dieser Verordnung erfüllen und – soweit erforderlich – rechtzeitig und gefahrlos anhalten kann.

§ 12 Abs. 4 StVO

Der Fahrzeugführer ist verpflichtet, zu dem vor ihm fahrenden Fahrzeug einen angemessenen Sicherheitsabstand einzuhalten. Der Vorausfahrende hat starkes Bremsen zu vermeiden, wenn dafür nicht zwingende Gründe vorliegen; das gilt insbesondere beim Fahren in Kolonnen.

Wenn es dunkel wird ...

... sind zwar die Geschwindigkeitsbeschränkungen nicht außer Kraft, aber sollte man auf einer finsteren Landstraße, auf der 80 km/h erlaubt sind, auch mit dieser Geschwindigkeit fahren?
Das eingeschaltete Fernlicht hat eine Reichweite von maximal 250 m. Taucht dort ein Hindernis auf, dann muss innerhalb dieser Strecke das Fahrzeug zum Stehen gebracht werden. Fährt das Fahrzeug die zulässige Geschwindigkeit, dann beträgt der Anhalteweg etwa 80 m.
Das ist zwar für das Fernlicht ausreichend; aber wenn nur mit Abblendlicht gefahren werden kann, dann kann die Situation schon kritisch werden.

Fahren mit eingeschränkter Sicht: **Anhalteweg kleiner als die Sichtweite!**

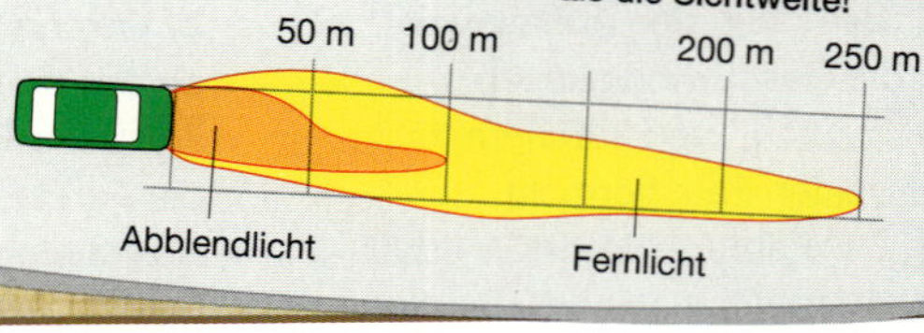

Kraftwirkungen

Beim Volleyball-Spiel ist der Ball ständig in Bewegung: Er wird schneller oder langsamer oder in eine andere Richtung umgelenkt – aber nur, wenn die Spieler ihn berühren.
Diese Beeinflussung des Balles durch die Spieler wird in der Physik mithilfe des Begriffes „Kraft" beschrieben. Woran erkennen wir, dass Kräfte ausgeübt werden? Welche Wirkungen haben sie?

Bewegungsänderungen

Da ein Volleyball sehr schnell ist, untersuchen wir das Verhalten anhand eines langsameren Medizinballes.

- Um einen ruhenden Ball in Bewegung zu versetzen, müssen wir ihn mit der Kraft unserer Muskeln anstoßen. Der Ball wird dabei schneller. Wir sagen:

Kräfte können Körper beschleunigen.

- Aber auch zum Abbremsen des Balls ist Kraft nötig. Wir spüren es, wenn wir versuchen, den Ball zu fangen. Dabei wird er langsamer und kommt schließlich zur Ruhe.

Kräfte können die Bewegung eines Körpers verzögern.

- Ein scharf geworfener Ball bewegt sich geradeaus. Um die Richtung zu ändern, muss ein Spieler seitlich dagegen schlagen – dann fliegt er in eine andere Richtung.

Zur Änderung der Bewegungsrichtung sind Kräfte nötig.

Warum kommt jeder bewegte Ball schließlich einmal zur Ruhe?
Auch hier sind es Kräfte, die ihn abbremsen und zum Anhalten zwingen. Zwischen Ball und Luft wirken Reibungskräfte, die immer auftreten, wenn sich zwei Körper berühren und gegeneinander bewegen.

Beim Fahrradfahren spüren wir die Reibung als „Gegenwind". Außerdem drehen sich die Achsen der Räder in den Lagern und verursachen Reibungskräfte, ebenso die Reifen auf dem Asphalt, sodass wir treten müssen, wenn wir nicht langsamer werden wollen. Ohne Reibung könnten wir uns – wenn wir einmal in Fahrt sind – ewig so weiter bewegen, weil uns keine Kräfte zum Anhalten bringen!
Um einen Körper gegen Reibungskräfte in Bewegung zu halten, benötigen wir ständig Kraft.

Kräfte können
- Körper beschleunigen,
- Körper verzögern,
- die Bewegungsrichtung von Körpern ändern.

Aufgaben

1 In welchen Situationen wird beim Weitsprung, Sprint, Skifahren, Segeln eine Bewegungsänderung hervorgerufen?
2 Gib Beispiele an, wo Reibung und Luftwiderstand einen Körper zum Stillstand bringen.
3 Wie kann man die Bewegung beim Fahrradfahren beschleunigen bzw. verzögern?

Formänderungen

Wenn wir seitlich gegen einen großen Sitzball drücken, rollt er weg. Wenn wir dagegen von oben darauf drücken, dann bewirkt unsere Kraft keine Bewegungsänderung. Aber Folgen hat unser Einwirken schon: Der Ball wird zusammengedrückt.

Durch Kräfte können Körper ihre Form ändern.

Dabei hängt es von den Eigenschaften des Körpers ab, ob diese Verformung zurückgeht, wenn die Kraft nicht mehr wirkt, oder bestehen bleibt.

Zentraler Versuch

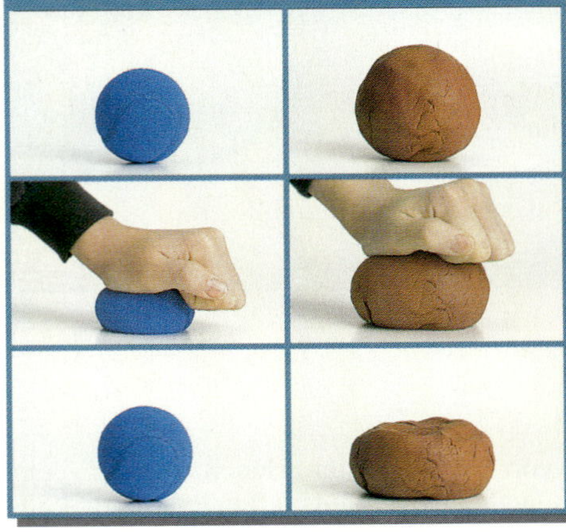

Da der Gummiball im Versuch seine ursprüngliche Form wieder annimmt und rund wird, wenn die Kraft nicht mehr auf ihn wirkt, liegt eine **elastische Verformung** vor.

Die Knetkugel dagegen behält die veränderte Form bei, wenn die Hand nicht mehr darauf drückt. Diese Verformung wird als **plastisch** bezeichnet.

Elastische Verformung tritt bei Körpern aus Gummi und einigen Kunststoffen auf und bei bestimmten Stofffasern (Elastan, Lycra); aber auch Körper aus Stahl, Glas oder Holz können elastisch verformt werden. Überschreitet allerdings die einwirkende Kraft bestimmte Grenzen, dann kann der Körper sich plastisch verformen (genutzt wird das beim Verformen von Stahlblechen) oder er geht kaputt (die Fensterscheibe ...).

Kräfte können Körper
- zeitweilig verformen (elastisch),
- dauerhaft verformen (plastisch).

Aufgaben

1 Beschreibe die Formänderungen
a) beim Spannen eines Bogens,
b) beim Biegen einer Eisenstange,
c) beim Ziehen an einem Strumpf,
d) beim Ziehen an einem dünnen Wollfaden.

2 Wo hast du schon plastische und elastische Formänderungen in deiner Umgebung beobachtet? Nenne je drei Beispiele.

3 Nenne Beispiele für Verformungen in der Industrie und im Haushalt.

Streifzug

Federn überall

Federn finden wir nicht nur beim Geflügel. Der Begriff „Feder" bezeichnet auch viele Körper, die elastisch verformbar sind und in der Technik Anwendung finden.

Da gibt es die **Biege-** oder **Blattfedern,** die sich in elektrischen Schaltern befinden, wo sie Kontakte öffnen oder schließen. Sehr starke Blattfedern halten Eisenbahnwaggons oder LKW beim Fahren ruhig.

In Schneckenform aufgewickelt setzen sie mechanische Uhren oder aufziehbare Spielzeugautos in Bewegung.

Im Kugelschreiber befindet sich eine **Schraubenfeder,** die die Mine zurück ins Gehäuse drückt. Im Sessel, in der Couch, in der Bettmatratze werden ebenfalls Spiralfedern verwendet. Auch die Federungen am PKW und am Motorrad bestehen aus dicken Schraubenfedern.

Als Drittes gibt es die **Stofffedern.** Das sind Federn, bei denen die elastischen Eigenschaften des Materials im Vordergrund stehen. Zu nennen sind hier die Gummifüße an Kühlschränken, Geschirrspülern oder Waschmaschinen, die das Vibrieren dämpfen sollen, oder die Gummiaufhängungen bei Motor, Getriebe und Auspuff am PKW.

Kraft braucht Partnerschaft

Wenn wir eine Bootspartie unternehmen, drücken wir uns beim Losfahren vom Steg ab; beim Rudern „stoßen" wir uns am Wasser ab. Und wenn wir unseren Freunden in einem zweiten Boot begegnen, können wir uns nach einem kleinen Schwatz von ihrem Boot wieder abschieben.
Bei all diesen Beispielen sehen wir, dass immer zwei Partner beim Wirken einer Kraft beteiligt sind. Ohne den Steg, das Wasser, das andere Boot könnten wir uns nicht in Bewegung versetzen.

Kein Körper kann eine Kraft auf sich selbst ausüben, sondern nur auf einen zweiten Körper. Für das Auftreten von beobachtbaren Kraftwirkungen, egal ob Bewegungs- oder Formänderung, sind also stets mindestens zwei Körper erforderlich.

Das Beispiel der Boote in Abb. 1 macht deutlich, dass „Kraft ausüben" keine einseitige Sache ist. Drückt sich das Mädchen im einen Boot am anderen ab, dann wird auch das zweite Boot weggeschoben. An beiden Booten ist die beschleunigende Wirkung der Kraft zu erkennen. Drücken wir uns am Steg ab, werden wir ebenfalls beschleunigt. Den Steg allerdings können wir nicht wegschieben, denn der ist fest mit der Erde verbunden! Unsere Hand drückt mit ihrer Muskelkraft auf den Steg. Der Steg wirkt auf uns zurück und gibt uns die erwünschte Geschwindigkeit in die entgegengesetzte Richtung.

Wirkungen von Körpern aufeinander durch Kräfte können nicht nur bei der direkten Berührung auftreten.

1 Hier wirken immer zwei Kräfte in unterschiedliche Richtungen

2 Rudern erfordert Kraft – nur eine?

Auch über größere Entfernungen können Kräfte wirken. Das kennen wir von den Magnetkräften, wenn eine Kugel aus Stahl von einem Magneten über eine größere Entfernung und ohne direkten Kontakt angezogen wird.
Gleichzeitig zieht aber auch die Kugel den Magneten an – also auch hier wieder zwei Körper, die beteiligt sind, und zwei Kräfte, die entgegengesetzt wirken.

Kräfte treten immer zwischen mindestens zwei Körpern auf, die gegenseitig auf sich einwirken. Wenn ein Körper auf einen anderen eine Kraft ausübt, dann wirkt dieser mit einer gleich großen, entgegengesetzten Kraft auf ihn zurück.

Aufgaben

1 **a)** Stell dir vor, du willst von einem Ruderboot, das nicht festgemacht ist, auf den Steg springen. Was passiert wohl? Erkläre.
b) Warum sieht die Sache anders aus, wenn das Boot am Steg festgemacht ist?

2 Welche Funktion haben die Startblöcke beim Sprint? Vergleiche das mit dem Versuch, auf Glatteis schnell loszulaufen.

3 Der als „Lügenbaron" bekannte Münchhausen behauptete, er hätte sich selbst an seinem Zopf aus dem Sumpf gezogen. Was meinst du dazu?

4 Warum muss man ein Gummiband an beiden Seiten festhalten, wenn man es auseinander ziehen will?

5 Kein Körper kann eine Kraft auf sich selbst ausüben. Was ist aber, wenn du mit deiner Hand auf deinen Bauch drückst?

... und wenn keine Kräfte wirken?

„Bitte festhalten!" steht in der Straßenbahn – und wir alle haben bereits die Erfahrung gemacht, wie berechtigt das ist. Der Halt ist wichtig beim Anfahren, beim Abbremsen oder wenn die Bahn in die Kurve fährt.
Aber was zwingt unseren Körper zu diesem Verhalten? Wieso spüren wir diese Wirkungen nicht, wenn die Straßenbahn mit gleichbleibender Geschwindigkeit geradeaus fährt?

Zentraler Versuch

- Im Foto rechts fällt die Kugel hinten vom Wagen, wenn wir ihn anschieben. Um einen Körper in Bewegung zu versetzen, ist eine Kraft erforderlich. Diese Kraft wirkt aber nicht auf die Kugel, weil sie nur lose auf dem Wagen liegt. Sie bleibt auf ihrem ursprünglichen Platz in Ruhe, während der Wagen unter ihr wegfährt.
Die zweite Kugel zeigt ein anderes Verhalten: Da sie am Wagen befestigt ist, wird die beschleunigende Kraft auf sie übertragen.
- Auch zum Anhalten ist eine Kraft nötig. Diesmal rollt die lose Kugel nach vorn entsprechend der Bewegung, die sie innehatte: Sie bewegt sich weiter geradeaus, während der Wagen und die an ihm befestigte Kugel stehen bleiben.
- Bei Kurvenfahrten hat die Kraft, welche die Richtungsänderung des Wagens bewirkt, keinen Einfluss auf die lose Kugel. Da sie sich weiter geradeaus bewegt, rollt sie seitlich vom Wagen herunter.

Die Eigenschaft jedes Körpers, in Ruhe oder in geradliniger Bewegung zu bleiben, wird als **seine Trägheit** bezeichnet. Die Trägheit eines Körpers bewirkt, dass der Körper, wenn keine Kräfte auf ihn einwirken, entweder in Ruhe bleibt oder er sich ständig mit gleichbleibender Geschwindigkeit geradlinig weiter bewegt.

Die Erfahrung zeigt aber das Gegenteil: Ein Fahrrad kommt schließlich zum Stillstand, wenn wir nicht mehr in die Pedale treten. Müsste es nicht aufgrund seiner Trägheit ewig weiter rollen?
Bei dieser Argumentation vergessen wir aber, dass ständig Kräfte auf das Fahrrad wirken: Reibungskräfte in den Achsen, zwischen Reifen und Straße, Luftwiderstand usw. Sie wirken der Bewegung des Rades und des Fahrers entgegen und bremsen beide ab. Um sie zu überwinden, muss eine Kraft in Bewegungsrichtung aufgebracht werden. Nur wenn diese so groß ist wie die Reibungskraft, dann bewegt sich das Fahrrad mit konstanter Geschwindigkeit.

Ein Körper bleibt in Ruhe oder geradliniger Bewegung mit konstanter Geschwindigkeit, solange er nicht durch Kräfte gezwungen wird, seinen Bewegungszustand zu ändern.
Reibungskräfte verzögern jeden bewegten Körper.

Aufgaben

1 Ein leerer und ein voller Einkaufswagens verhalten sich beim Anschieben, Anhalten oder beim Ändern der Schieberichtung unterschiedlich.
Beschreibe und erkläre.

2 Lege einen Tennisball o. Ä. auf ein Buch.
Beobachte und beschreibe die Bewegung des Balles,
a) wenn du das Buch langsam bzw. ruckartig anschiebst;
b) wenn du es gleichmäßig über die Tischplatte ziehst;
c) wenn du es langsam oder ruckartig anhältst;
d) wenn du mit dem Buch eine „Kurvenfahrt" ausführst.

3 Warum rutscht im Foto links das Auto ohne ABS geradlinig in das Hindernis hinein?

Streifzug

Verkehrssicherheit

Gut festgemacht

„Gurtmuffel“ sind doppelt dumm dran: Zum einen riskieren sie eine Geldstrafe, zum anderen ihr Leben. Denn schon bei einer Geschwindigkeit von 50 $\frac{km}{h}$ entspricht ihr Aufprall auf das Lenkrad bei einem Frontalzusammenstoß einem Fall aus 10 m Höhe. Bei 100 $\frac{km}{h}$ wären das sogar rund 40 Meter! Die Kräfte, die bei einem Aufprall mit 100 $\frac{km}{h}$ auftreten, sind so groß, als wollte man gleichzeitig 20 Menschen in die Höhe stemmen!

Ohne **Sicherheitsgurt** würde unser Körper wegen seiner Trägheit mit dieser Geschwindigkeit auf das Lenkrad treffen und es verformen; das Lenkrad aber würde zurückwirken und seinerseits den Brustkorb des Fahrers verformen. Quetschungen und Brüche wären die Folge von Zusammenstößen, wenn nicht durch den etwas dehnbaren Gurt der Mensch ebenfalls abgebremst werden würde, weil er durch Gurt und Sitz fest mit dem Auto verbunden ist.

Voraussetzung ist allerdings ein richtig angelegter, straff sitzender Gurt, der über drei Punkte des Körpers führt: links und rechts am Becken, einmal an der Schulter. Ein zu lockerer Gurt kann auch schwere Verletzungen verursachen, wenn der Körper mit seiner hohen Geschwindigkeit plötzlich gegen den Gurt knallt.

Für Kinder gibt es spezielle Sitze, damit der für sie viel zu weite und zu hoch liegende Erwachsenengurt ihren Körper richtig festhalten kann.

Gut abgefedert

Eine weitere wirksame Sicherheitsmaßnahme ist der **Airbag:** Ein großer Ballon, der sich zusammengefaltet im Lenkrad, beim Beifahrersitz hinter dem Armaturenbrett oder in den seitlichen Türen befindet und bei einem Aufprall in einer Zehntelsekunde mit Luft gefüllt wird.

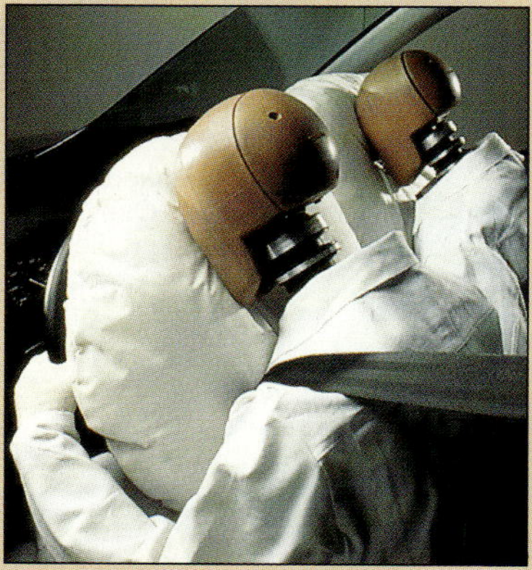

Durch mechanische oder elektrische Signale wird eine kleine Sprengladung zur Zündung gebracht und der Airbag mit 35 bis 70 Litern Luft gefüllt. Die Insassen des PKW können so nicht mehr gegen Lenkrad oder Armaturenbrett geschleudert werden und sich verletzen, da sie durch das Luftkissen sanft abgebremst werden.

Gut behütet

Auch bei Fahrradunfällen sterben in Deutschland täglich zwei Menschen; die Zahl der Toten steigt von Jahr zu Jahr. Viele von ihnen könnten noch am Leben sein, wenn sie einen Helm getragen hätten. Was bewirkt ein solcher Helm und wie ist er aufgebaut?

Eine harte Außenschale dient der größeren Haltbarkeit des Helms und schützt den Kopf und die weiche Innenschale des Helms vor spitzen Gegenständen. Die zwischen den beiden Schalen liegende Dämmschicht soll harte Aufpralle abfedern. Sie besteht aus Hartschaum.
Die Dämmschicht darf nicht zu weich sein, weil sonst der Kopf bis zur Hartschale durchschlägt. Aber auch eine zu harte Schicht kann den Kopf nicht schützen. Nur ein Material, das sanft abbremst, ist wirklich hilfreich.

Ein Riemen sorgt dafür, dass der Helm immer in der richtigen Position bleibt und nicht vom Kopf rutscht. Fahrradhelme sollen sorgfältig aufgesetzt und zugeschnallt werden. Sie müssen in der Größe passen, sonst schützen sie nicht.

**Wie stark jemand ist, kann man z. B. beim Tauziehen oder beim Expanderziehen feststellen – aber eine Messung ist das nicht. Denn wir können nicht sagen, wie groß die Kraft ist, mit der gezogen wird.
Diese Aussage ist erst dann möglich, wenn wir ein Messverfahren und eine Einheit für die Größe „Kraft" haben. Außerdem sollten wir Kräfte auch grafisch darstellen können.**

Wie groß ist eine Kraft?

Kräfte werden in der Einheit Newton (1 N) angegeben – nach dem englischen Physiker ISAAC NEWTON (1643–1727), der um 1700 wichtige Theorien und mathematische Methoden für die Mechanik und die Optik entwickelt hat.
Das Formelzeichen *F* ist abgeleitet vom englischen Wort für Kraft: force.
Eine Kraft von 1 N ist nicht sehr groß. Sie ist etwa nötig, um eine Tafel Schokolade anzuheben.
Deshalb benutzt man zur Beschreibung größerer Kräfte die Einheiten Kilonewton (kN) und Meganewton (MN).
Zur Messung einer Kraft nutzt man ihre verformende Wirkung: Bei einem Expander dehnt eine größere Kraft eine Schraubenfeder stärker aus als eine kleine. Wenn wir wissen, um wie viel eine bestimmte Kraft eine Feder verlängert, dann können wir andere Kräfte messen, indem wir die Verlängerungen dieser Feder durch diese Kräfte bestimmen.
Je größer die Kraft ist, desto mehr wird die Feder ausgedehnt. Dies ist das Messprinzip eines **Federkraftmessers.**
Durch die Verwendung von unterschiedlich starken Federn kann man Federkraftmesser für verschieden große Kräfte herstellen.

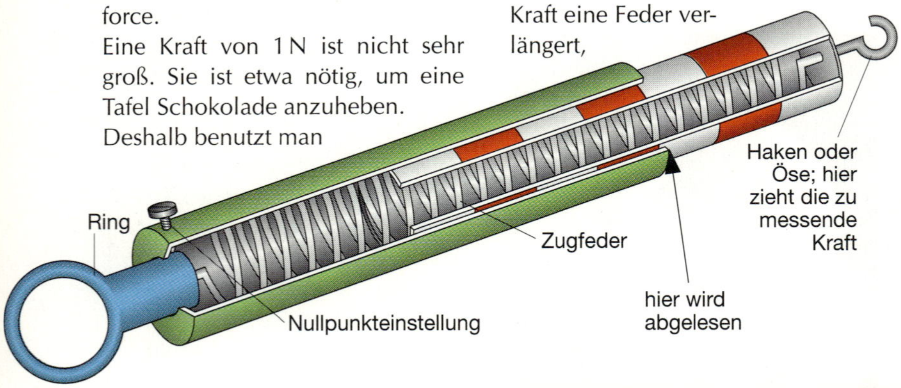

Wichtig bei der Arbeit mit dem Federkraftmesser:
- Vor der Messung den Nullpunkt exakt einstellen.
- Den aufgedruckten Messbereich nicht überschreiten.

Definition / Einheiten

Kraft

Die Einheit ist 1 N (Newton).
Das Formelzeichen ist *F*.

Weitere Einheiten:

Millinewton: 1 mN = $\frac{1}{1000}$ N
Kilonewton: 1 kN = 1000 N
Meganewton: 1 MN = 1000 kN
= 1 000 000 N

Aufgaben

1 Lies die Federkraftmesser im Bild unten ab.

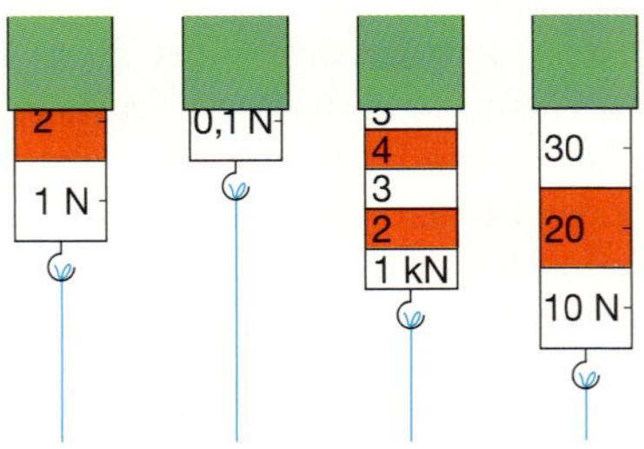

2 **a)** Rechne in N um:
4 kN; 0,73 MN; 3076 kN; 765 mN.
b) Rechne in kN um:
0,64 N; 400 MN; 645 N; 0,53 MN.

3 Wie viele Menschen (Schubkraft jeweils ca. 500 N) sind nötig, um dieselbe Schubkraft zu erreichen wie
a) der Motor eines PKW (5 kN),
b) eine Lok (0,2 MN),
c) das Space Shuttle (20 MN)?

Kraft hat eine Richtung

Wovon hängt es ab, welche Folgen ein und dieselbe einwirkende Kraft für den Körper hat? Die Abb. 1 zeigt Beispiele:

- **Von der Größe:** Eine kleine Kraft drückt den Saftkarton weniger zusammen als eine große.

- **Vom Angriffspunkt,** also der Stelle, an der die Kraft einwirkt: Bei derselben Kraft wird der Tetrapack einmal geschoben, wenn die Kraft unten angreift; greift sie dagegen oben an, dann kippt der Karton um.

- **Von der Richtung:** Wirkt die Kraft von oben, wird der Karton verformt; wirkt sie dagegen seitlich ein, dann wird er beschleunigt.

Die Wirkung einer Kraft ist abhängig
- von ihrer Größe,
- von ihrer Richtung,
- von ihrem Angriffspunkt.

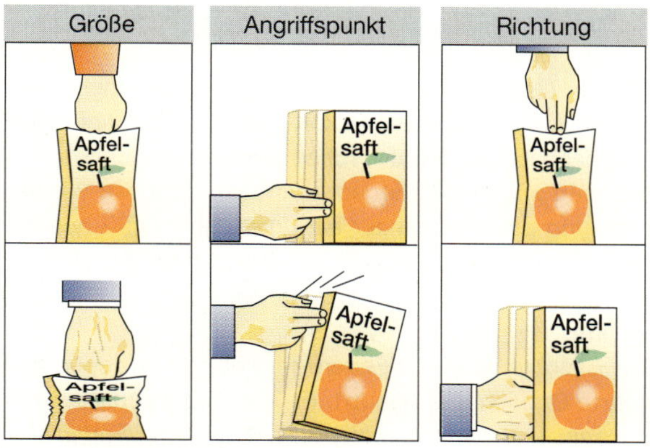

1 Wirkungen derselben Kraft

Kraftdarstellung durch Pfeile

Wenn wir die Temperatur eines Körpers angeben, dann nennen wir den Zahlenwert und die Einheit dieser Größe, z. B. 14 °C. Damit ist die Größe Temperatur vollständig erfasst. Für die Beschreibung der Kraft reicht die Angabe $F = 3$ N nicht aus, da sie nichts über die Richtung und den Angriffspunkt der Kraft aussagt. Deshalb stellen wir Kräfte als Pfeile dar, an deren Richtung wir die Richtung der jeweiligen Kraft erkennen können. Das Pfeilende (Angriffspunkt) liegt meist an der Stelle, an der die Kraft jeweils am Körper angreift.
Die Länge des Pfeils sagt etwas über die Größe der Kraft aus. Sie lässt sich sogar zahlenmäßig erfassen, wenn wir einen entsprechenden Maßstab (z. B. 1 cm ≙ 2 N) festlegen. In unserem Beispiel gehört zu einer Pfeillänge von 6,3 cm eine Kraft von 12,6 N.

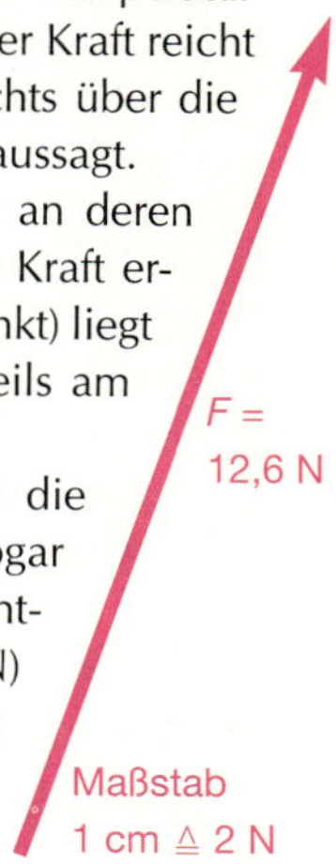

Kräfte werden durch Pfeile dargestellt.

2 Kraftdarstellung durch Pfeile

4 Beschreibe, was mit dem Schwamm passiert, wenn nacheinander die Kräfte F_1, F_2, F_3, und F_4 auf ihn wirken.

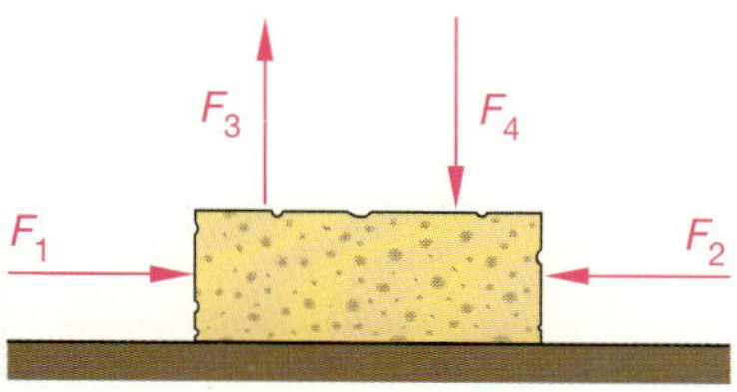

5 Zeichne folgende Kräfte in dein Heft: 0,8 mN; 1,5 N; 108 kN; 83 MN. Wähle jeweils geeignete Maßstäbe.

6 **a)** In welche Richtung wirkt die Muskelkraft, wenn du einen Einkaufskorb anhebst bzw. dein Fahrrad schiebst, mit dem Fahrrad bergauf fährst oder einen waagerecht geworfenen Ball auffängst?
b) Fertige jeweils eine Skizze an und zeichne die Kraftpfeile ein.

7 Ein Kunstspringer steht
a) am Ende,
b) in der Mitte des Brettes.
Vergleiche die Verformungen.
c) Wie ändert sich das Ergebnis, wenn eine leichtere Springerin seinen Platz einnimmt?

8 Nenne weitere Beispiele, bei denen die Wirkung einer Kraft von ihrer Größe, ihrer Richtung oder ihrem Angriffspunkt abhängt.

Streifzug

Ein physikalisches Gesetz – von der Beobachtung zur Formel

Eine Feder wird stärker gedehnt, wenn die auf sie wirkende Kraft größer wird. Diese Gesetzmäßigkeit ist uns bereits bekannt. Um aber eine Skala für einen Federkraftmesser anfertigen zu können, müssen wir eine Gleichung finden, mit der wir die Verlängerung der Feder bei einer bestimmten Kraft berechnen können.
Für die Untersuchung nehmen wir mithilfe einer hängenden Schraubenfeder und Körpern, deren Gewichtskräfte wir vorher bestimmt haben, eine Messreihe auf.

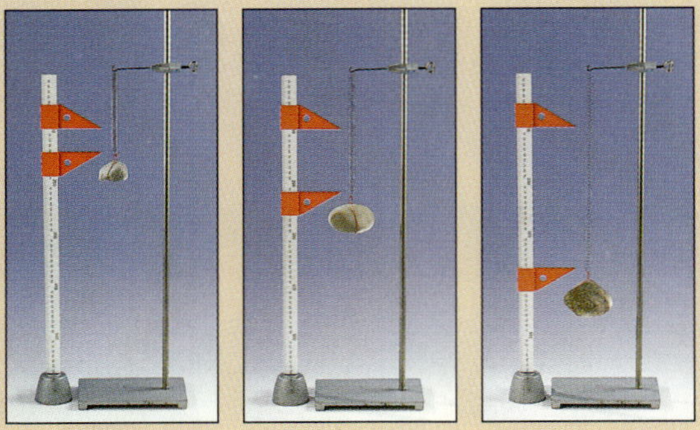

Messung	0	1	2	3	4	5
F	0 N	1,2 N	1,8 N	3,3 N	6,5 N	7,7 N
s	0 cm	4,3 cm	6,1 cm	11,6 cm	22,1 cm	27,0 cm

Die Analyse der Tabellenwerte zeigt den bekannten Zusammenhang „Je größer die Kraft, desto größer die Dehnung". Um mehr über den Zusammenhang zwischen Zugkraft und Federdehnung herauszufinden, zeichnen wir die Messwerte in ein Diagramm ein:

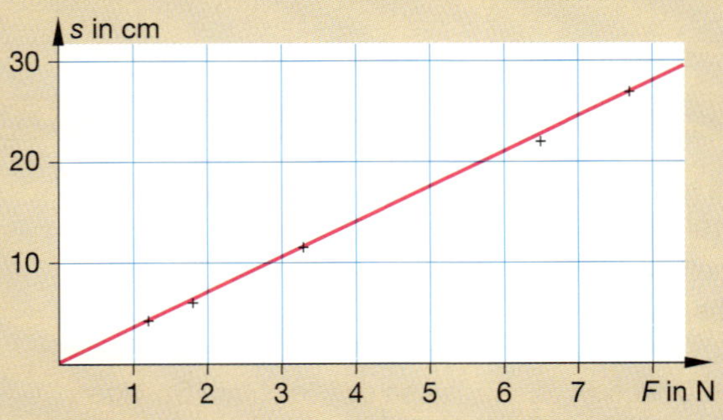

Die Messwertpunkte liegen ziemlich exakt auf einer Ursprungsgeraden, was auf Proportionalität zwischen Kraft und Verlängerung hindeutet.

Wenn der Quotient s/F nahezu konstante Werte ergeben würde, wäre das ein weiteres Zeichen für Proportionalität. Prüfen wir:

Messung	1	2	3	4	5
$\frac{s}{F}$	$3{,}6\ \frac{\text{cm}}{\text{N}}$	$3{,}4\ \frac{\text{cm}}{\text{N}}$	$3{,}5\ \frac{\text{cm}}{\text{N}}$	$3{,}4\ \frac{\text{cm}}{\text{N}}$	$3{,}5\ \frac{\text{cm}}{\text{N}}$

Wir haben nun für unsere Feder alle Kennzeichen von Proportionalität festgestellt:

- Eine Vergrößerung der Kraft bewirkt eine entsprechende Verlängerung der Feder;
- die Messwerte liegen auf einer Ursprungsgeraden;
- die Quotienten zusammengehöriger Messwerte sind gleich groß.

(Die Abweichungen entstehen durch Messfehler beim Ermitteln der Gewichtskräfte und der Federdehnungen.)

> Für die elastische Verformung einer Feder gilt:
> Die Verlängerung s ist proportional zur einwirkenden Kraft F: $s \sim F$

Dieses Gesetz wurde bereits 1655 vom englischen Naturforscher ROBERT HOOKE (1635–1703) gefunden und nach ihm als **Hooke'sches Gesetz** bezeichnet.
Nehmen wir andere Federn, dann ist nach wie vor die Dehnung proportional zur einwirkenden Kraft – nur hat der Quotient s/F einen anderen Zahlenwert. Wie groß er ist, wird allein von den Eigenschaften der Feder bestimmt.
Zur Beschreibung von Federn wird allerdings der umgekehrte Quotient F/s benutzt. Er wird **Federkonstante D** genannt und gibt an, welche Kraft auf eine Feder einwirken müsste, um sie um 1 m zu verlängern. Die Einheit von D ist $1\ \frac{\text{N}}{\text{m}}$.
Mit Proportionalitäten lassen sich leider keine genauen Berechnungen anstellen. Aber mithilfe der Federkonstanten D kann die Proportionalität $s \sim F$ zu einer Gleichung gemacht werden: $F = D \cdot s$. Mit ihr können wir berechnen, dass z. B. an einer Feder ($D = 50\ \frac{\text{N}}{\text{m}}$) mit einer Kraft von 10 N gezogen werden muss, wenn sich die Feder um 20 cm verlängern soll.

> Für die elastische Verformung einer Feder gilt:
> Die Kraft F, die eine Feder (Federkonstante D) um das Stück s verlängert, berechnet sich nach der Gleichung: $F = D \cdot s$

Rechenbeispiel

Die Feder eines Kugelschreibers wird mit einer Kraft von 5 N um 1,4 cm zusammengedrückt.
Wie groß ist ihre Federkonstante?

Geg.: $F = 5\ \text{N}$; $s = 0{,}014\ \text{m}$
Ges.: D

Lösung: $D = \frac{F}{s} = \frac{5\ \text{N}}{0{,}014\ \text{m}} = 360\ \frac{\text{N}}{\text{m}}$

Die Federkonstante beträgt $360\ \frac{\text{N}}{\text{m}}$.

Geltungsbereich

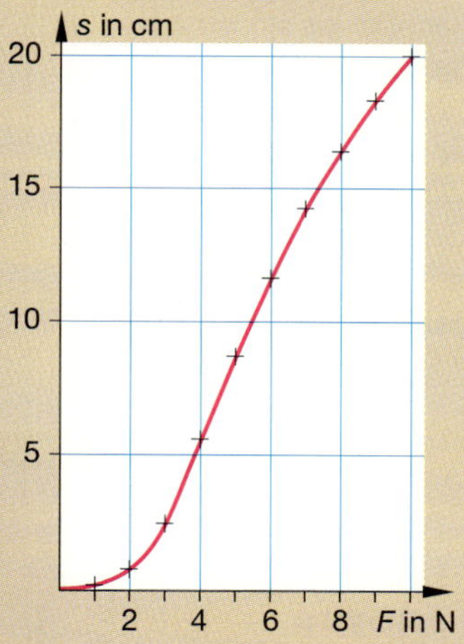

Gilt das Hooke'sche Gesetz für alle elastischen Verformungen?
Eine Untersuchung der Dehnung von Gummibändern oder Blattfedern zeigt, dass das nicht der Fall ist. Zwar führt eine größere Kraft auch zu einer stärkeren Verlängerung des Bandes, aber im Diagramm zeigt sich keine Ursprungsgerade. Auch einen konstanten Quotienten s/F gibt es nicht. Somit ist das Hooke´sche Gesetz nur für die untersuchten elastischen Schraubenfedern gültig, solange man sie nicht überdehnt und damit plastisch verformt. Man spricht vom **Geltungsbereich eines physikalischen Gesetzes.**

Zusammenfassung

Ausgehend von unserer Beobachtung untersuchten wir den Zusammenhang zwischen der Kraft F, die auf eine Feder wirkt, und der Verlängerung s, die dadurch auftritt. Wir haben ihn als proportional erkannt, den Proportionalitätsfaktor als Federkonstante D definiert und die Gleichung $F = D \cdot s$ gefunden, die allerdings nur für Schraubenfedern innerhalb bestimmter Grenzen gilt. So können wir ohne Einzelmessungen eine Skala für den Kraftmesser herstellen, indem wir die Skaleneinteilung berechnen.

Härte einer Feder

Von ein und derselben Kraft werden bei verschiedenen Federn unterschiedliche Verlängerungen hervorgerufen. Die eine Feder dehnt sich stärker aus, die andere kaum. Man bezeichnet diese Eigenschaft auch als die Härte (oder Steifigkeit) einer Feder.

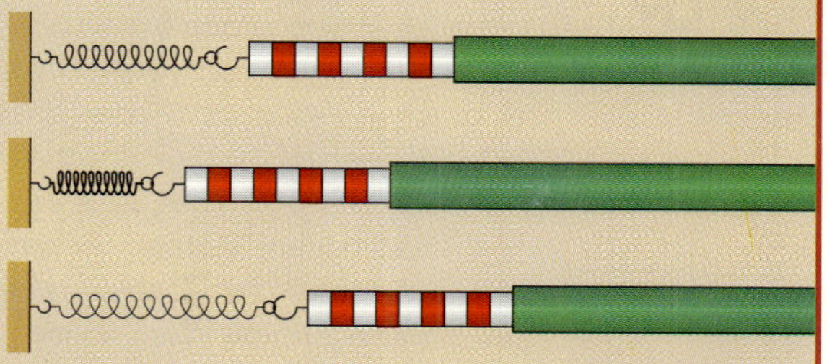

Je geringer die Verlängerung bei einer bestimmten Kraft, desto härter ist die Feder. Das heißt:
Eine Feder ist umso härter, je größer ihre Federkonstante ist.

Eine Feder mit der Konstanten $7\ \frac{\text{N}}{\text{cm}}$ wird sich bei einer Kraft von 30 N um 4,3 cm verlängern, während die härtere Feder mit $16\ \frac{\text{N}}{\text{cm}}$ nur um 1,9 cm länger wird.
Die Darstellung im Diagramm zeigt folglich auch für die härtere Feder einen steileren Anstieg als für die weichere, da die weiche Feder bei derselben Kraft eine viel größere Verlängerung hat als die harte.

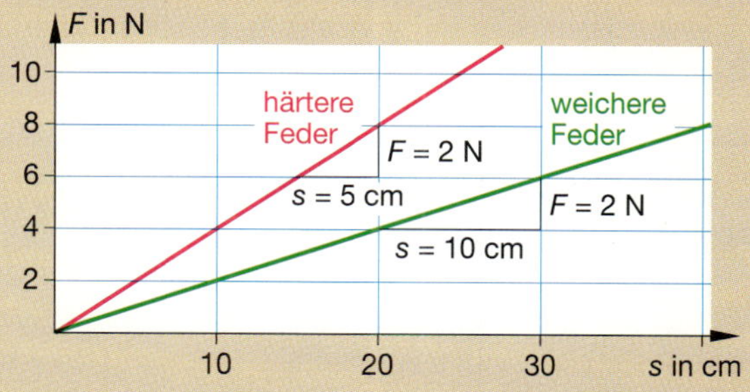

Aufgaben

1 Die Feder eines Kugelschreibers hat eine Konstante von $2\ \frac{\text{N}}{\text{cm}}$. Was kannst du über die Verlängerung der Feder bei 4 N und bei 50 N aussagen?

2 Vergleiche die Härte der Federn bei Kraftmessern für 1 N, für 0,1 kN und für 100 N.

Streifzug

Wie verformbar ist ein Mensch?

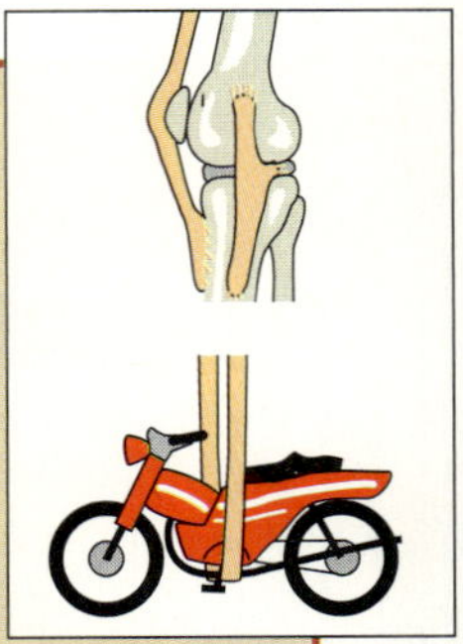

Kunstturnerinnen und Zirkusakrobaten verblüffen uns immer wieder durch ihre erstaunliche Gelenkigkeit. Aber was macht unseren Körper eigentlich so beweglich?

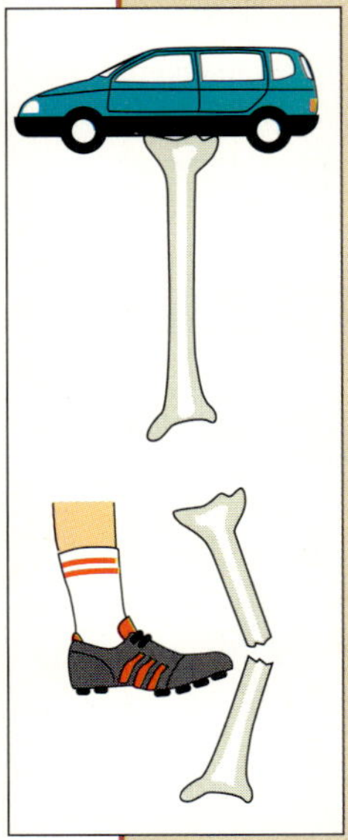

Das menschliche Skelett besteht aus etwa 200 Knochen; es stützt den Körper wie Pfosten ein Haus. Die Knochen sind enorm belastbar – stärker als Stahlbeton. Stahlstäbe der gleichen Festigkeit würden das Vierfache wiegen! Unsere Knochen sind elastisch verformbar, aber nur bis zu bestimmten Grenzen. Wirken Kräfte aus der falschen Richtung ein oder sind sie zu groß, dann können die Knochen brechen. Im Gegensatz zu anderen Gegenständen aber können sie sich nach einem Bruch selbst reparieren. Sie bilden neues Gewebe und wachsen so nach einiger Zeit, in der sie durch einen „Gips“ oder Schienen ruhig gestellt werden müssen, wieder zusammen.

Für die Beweglichkeit des Skeletts sorgen viele Gelenke, die wie Scharniere wirken. Damit nicht ein Knochen direkt auf einen anderen trifft, sind sie an den Berührstellen mit ganz glatten Knorpeln überzogen. Die Gelenkschmiere dazwischen vermindert die Reibung noch erheblich. Die Bänder halten das Gelenk zusammen; sie sind elastisch, halten aber ebenfalls erstaunliche Zugkräfte aus. Die Bänder und die Form des Gelenks lassen Bewegungen nur in bestimmten Richtungen zu. Deshalb können wir unser Knie zum Beispiel nur in einer Richtung beugen.

Über 600 Muskeln bewegen die Knochen. Sie ermöglichen das Laufen und Bücken, das Aufrechtstehen und Greifen, aber auch solche kleinen Veränderungen wie das Mienenspiel. Durch starke, unelastische Sehnen wird die Muskelkraft auf die Knochen übertragen.

Ein einzelner Muskel ist nur in der Lage, sich zusammen zu ziehen. Weil er sich zwar entspannen, aber von selbst nicht verlängern kann, muss ihn ein zweiter Muskel wieder auseinander ziehen. Bekannt sind der Bizeps im Oberarm, der den Arm beugt, und der Trizeps auf der Rückseite, der den Bizeps und damit auch den gesamten Arm wieder streckt.

Eine einzelne Muskelfaser kann zwar nur eine Kraft von etwa 0,0004 N aufbringen. Aber da die Muskeln aus tausenden von Fasern gebildet werden, können sie enorme Kräfte entwickeln.

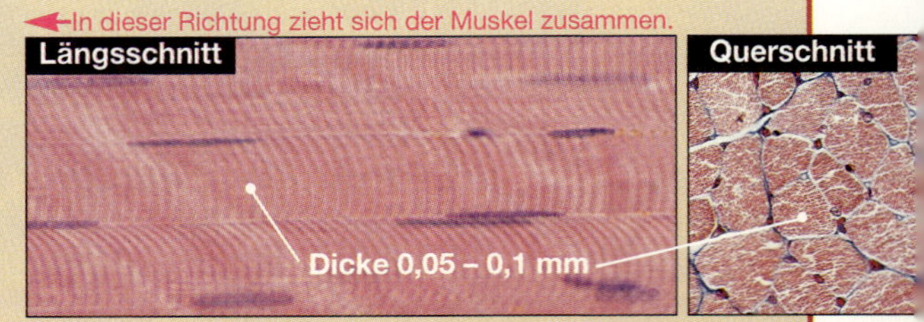

Versuche und Aufträge

Kraftwirkungen und Kraftmessung

V1 Lasst einen Medizinball rollen. Stoßt ihn dann aus unterschiedlichen Richtungen an und beobachtet seine Bewegung.

V2 Untersuche verschiedene Gegenstände auf plastische und elastische Verformbarkeit bzw. Zerstörbarkeit und ordne sie in einer Tabelle. Gibt es Körper, die mehrfach auftauchen?

V3 Lege ein Buch auf einen glatten Tisch und lasse einen schweren Ball gegen verschiedene Stellen des Buches rollen. Wie verhält sich das Buch? Begründe.

V4 Baue aus einer Kugelschreiberfeder, etwas Draht und selbst geklebten Papphülsen einen Federkraftmesser. Eiche ihn mit einer 100 g-Tafel Schokolade (entspricht 1 N) und bestimme die Gewichtskräfte einiger Körper.

V5 Nimm das *s*-*F*-Diagramm eines Gummibandes auf. Du benötigst dazu vier oder fünf gleich schwere Körper, die du an das Gummiband hängst (erst einen, dann zwei usw.). Miss dann die jeweilige Verlängerung und zeichne das Diagramm.

KRÄFTE BEI PFLANZEN

Die im Mittelmeergebiet heimische **Spritzgurke** füllt sich während der Reifezeit mit einer schleimigen Flüssigkeit und wird prall. Die Kraft wird schließlich so groß, dass sich die Gurke vom Stiel löst und durch den Rückstoß bis zu 6 m weit geschleudert wird. Aus dem vom Stiel hinterlassenen Loch an der Gurke werden dann die Samen verteilt.

Ähnlich funktioniert die Verteilung der Samen in einer im Südwesten der USA heimischen **Mistelart**. Die etwa 3 mm großen Samen sitzen in kleinen Beeren, die während des Wachstums in sich einen hohen Druck aufbauen. Ist die Beere reif, löst sie sich explosionsartig ab und katapultiert den Samen aus sich heraus – bis zu 15 m weit!

Bei ihrem Wassertransport zu den Blättern müssen die Bäume erstaunliche Leistungen vollbringen. Eine Birke pumpt an einem heißen Tag bis zu 400 l Wasser in ihre Blätter – das sind 40 Putzeimer voll! Ein Riesen-eukalyptus pumpt mehrere hundert Liter täglich durch Stamm, Äste und Zweige in Höhen von fast 100 m.

Das einheimische **Springkraut** hat seine Samen in länglichen Kapseln, die bei Reife so unter Spannung stehen, dass eine leichte Berührung reicht, um sie aufspringen zu lassen. Die Samen können dann bis zu 5 m weit geschossen werden.

Natur siegt über Asphalt

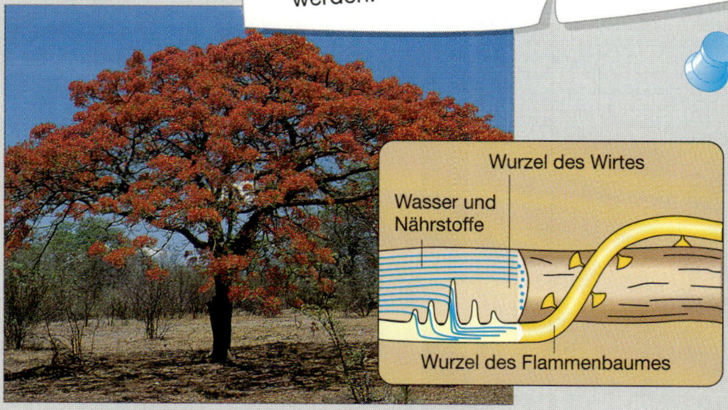

Der australische **Flammenbaum** ist ein Wasserdieb. Treffen seine Wurzeln auf die einer Nachbarpflanze, dann bilden sie zunächst kleine Saugnäpfe aus, die die andere Wurzel immer mehr umschließen. Daraus wird nach einiger Zeit eine Art hölzerner Keil, der sich in die fremde Wurzel bohrt und dort die wasserführenden Gefäße anzapft. Bis zu 100 m weit um den Baum können sich die Wurzeln ausbreiten. Auch die Telefongesellschaften Westaustraliens bekamen Probleme mit den Flammenbäumen: Ihre Kabel wurden Angriffsziele der räuberischen Wurzeln!

Die Gewichtskraft

Bungeespringen – ein tolles Erlebnis: drei bis fünf Sekunden im freien Fall in die Tiefe, gesichert und abgebremst durch ein starkes Gummiseil!

Wir wissen alle, dass Körper nach unten fallen, wenn sie nicht festgehalten werden. Was aber setzt diese Körper in Bewegung? Welche Kraft ist dafür verantwortlich? Wer übt sie auf die fallenden Körper aus?

Körper werden von der Erde angezogen

Beim Besteigen eines hohen Turmes spüren wir, dass wir schwer sind. Es bereitet uns Mühe, unseren eigenen Körper über die vielen Stufen hochzuschleppen.

Unser eigener Körper, die Eisenkörper im Bild rechts und die Bungeespringerin – sie alle werden von der Erde angezogen. Die stets wirkende Kraft, die die Erde auf alle Körper ausübt, heißt **Erdanziehungskraft** oder *Schwerkraft.* Sobald wir Körper anheben oder gehoben halten, müssen wir die Schwerkraft überwinden. Die Kraft, mit der ein Körper dabei an unserer Hand zieht bzw. auf sie drückt, ist die **Gewichtskraft.**

Die Eisenkörper im Bild rechts drücken mit ihrer Gewichtskraft auf das Brett. Wir erkennen dies an der Wirkung, dem Durchbiegen des Brettes. Die verschiedenen Eisenkörper wurden im Experiment jeweils auf das gleiche Brett gestellt. Wir sehen, dass das Brett sich durch die Einwirkung der Gewichtskraft umso stärker durchbiegt, je größer der Eisenkörper ist. Aus der Erfahrung wissen wir, dass der größere Eisenkörper auch der schwerere ist, er hat die größere Gewichtskraft.

Die Zeichnung unten zeigt, dass die Äpfel den Ast, an dem sie hängen, nach unten ziehen. Auch hier wirkt die Gewichtskraft. Der Treppenstufe sehen wir an, dass sie durch die Gewichtskraft der Frau durchgebogen wird.

Zentraler Versuch

Jeder Körper drückt mit seiner Gewichtskraft auf seine Unterlage bzw. zieht mit ihr an seiner Aufhängung.

Die Richtung der Gewichtskraft

Unser Körper ist an die Wirkung der Erdanziehungskraft gewöhnt. Die Richtung dieser Kraft empfinden wir als „unten", auf die Erdoberfläche zu.
Da die Gewichtskraft eine Folge der Erdanziehungskraft ist, stimmen die Richtungen beider Kräfte überein. Die Gewichtskraft ist also auch „nach unten" gerichtet.

Die Erde hat die Form einer Kugel. Betrachten wir die Richtung der Gewichtskraft von außerhalb der Erde aus, so sehen wir: Die Gewichtskraft hat an den unterschiedlichen Punkten der Erde jeweils eine andere Richtung. Wir stellen aber fest, dass die Richtungen der verschiedenen Gewichtskräfte eine Gemeinsamkeit aufweisen: Sie zeigen alle – unabhängig vom Ort – auf den Erdmittelpunkt.

Für alle Orte auf der Erdoberfläche gilt: Die Gewichtskraft ist stets zum Erdmittelpunkt hin gerichtet.

Aufgaben

1 Nenne jeweils fünf Beispiele, in denen ein Körper durch seine Gewichtskraft an einer Aufhängung zieht bzw. auf seine Unterlage drückt.
2 Australien liegt auf der Erdkugel „unter uns". Warum fallen die Australier nicht von der Erde herunter?
3 Ein Apfel fällt vom Ast ab und nach unten ins Gras, wenn er reif ist. Wie kannst du vorhersagen, an welcher Stelle er ins Gras fallen wird?
4 Welchen Winkel bildet ein Faden, an dem ein Körper hängt, mit einer Wasseroberfläche? Wo nutzt man dies?
5 Lies den Streifzug „Schwerelosigkeit" und begründe, warum Erdanziehungskraft und Gewichtskraft nicht das Gleiche ist.

Schwerelosigkeit

Streifzug

Auch wenn die Erdanziehung immer wirkt, gibt es Situationen, in denen wir sie nur noch teilweise oder gar nicht mehr spüren. In einem Fahrstuhl beim Beginn der Fahrt nach oben fühlen wir uns kurzzeitig etwas schwerer. Beim Anhalten dagegen etwas leichter. Durch die Bewegungsänderung wirkt auf unseren Körper jeweils eine weitere Kraft ein, wodurch sich unsere Gewichtskraft vorübergehend verändert.

Befänden wir uns in einem Raumschiff in der Erdumlaufbahn, so ist keine Gewichtskraft mehr vorhanden. Hier spricht man von Schwerelosigkeit.

Astronauten müssen auf die Schwerelosigkeit bei Raumflügen gut vorbereitet werden. Eine Möglichkeit dazu bietet ein Flugzeug, welches kurzzeitig so fliegt, als würde es ungebremst auf die Erde stürzen. Diese Situation ist im untenstehenden Bild dargestellt. Für einige Sekunden befinden sich die zukünftigen Astronautinnen in der Schwerelosigkeit und können sich mit diesem Zustand vertraut machen. Denn neben biologischen Veränderungen, die in unserem Körper in der Schwerelosigkeit geschehen, ist es nun z. B. auch unmöglich zu entscheiden, was „oben" und was „unten" ist.

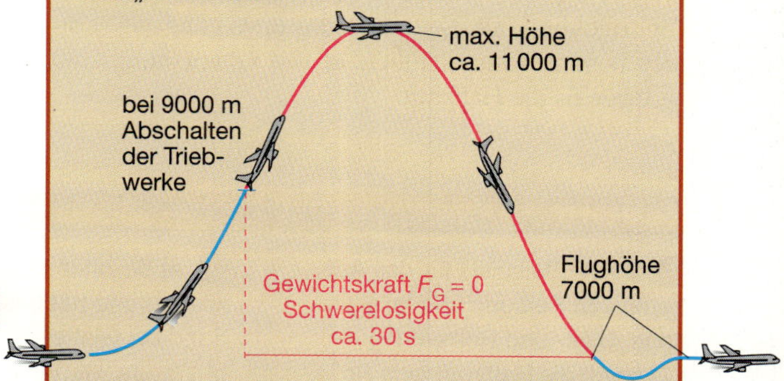

Reibung

Eisregen in der Nacht – am Morgen sind die Straßen spiegelglatt. Der Winterdienst ist im Einsatz, auch unser Gehweg ist schon gestreut. Doch nebenan findet der Fußgänger keinen Halt. Dort fehlt die Reibung zwischen Untergrund und Schuhsohlen.
Was ist Reibung, wie entsteht sie? Ist Reibung immer nur nützlich? Was würde uns fehlen, wenn es keine Reibung gäbe?

Im Foto rechts wird die Kraft gemessen, die zum Ziehen des Klotzes nötig ist. Je nach Bewegungszustand sind die notwendigen Zugkräfte unterschiedlich groß. Woher kommt das?

Zentraler Versuch

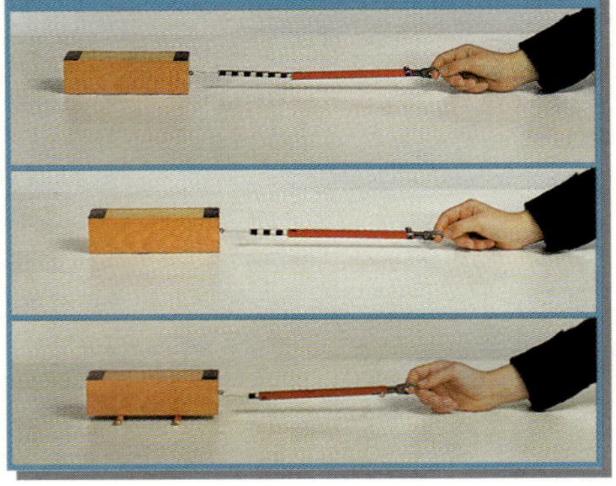

● Erst ab einer bestimmten Größe der Kraft setzt sich der Klotz in Bewegung. Sie ist nötig, um die Kraft zu überwinden, mit der er am Untergrund haftet. Sobald sich also zwei Köperoberflächen berühren, tritt eine **Haftkraft F_{Haft}** auf.

● Wenn der Körper in Bewegung ist, dann ist eine Kraft nötig, um ihn zu ziehen. Sie überwindet die **Gleitreibungskraft F_{Gleit}**, die die Bewegung des Körpers hemmt. Offensichtlich ist die Gleitreibungskraft geringer als die Haftkraft.

● Werden Rollen unter den Körper gelegt, ist die zum Bewegen nötige Kraft viel geringer. Sie überwindet nur die **Rollreibungskraft F_{Roll}**, die die kleinste der drei Reibungskräfte ist.

Die Reibungskräfte entstehen, weil selbst eine glatt erscheinende Oberfläche mikroskopisch betrachtet rau ist. Die Unebenheiten beider Oberflächen greifen ineinander und behindern die Bewegung der Körper. Es ist immer eine Kraft nötig, um die auftretenden Reibungskräfte zu überwinden.

Reibungskräfte hemmen die Bewegung von Körpern. Bei gleichen Oberflächen ist die Rollreibungskraft kleiner, die Haftkraft größer als die Gleitreibungskraft.
$F_{Roll} < F_{Gleit} < F_{Haft}$

Aufgaben

1 Suche Beispiele für das Auftreten von Reibung und teile sie nach Gleit- und Rollreibung ein. Wo spielt die Haftkraft eine Rolle?

2 Wo sich Achsen in Lagern drehen, wird häufig ein Schmiermittel wie Fett oder Öl eingesetzt. Aber auch Kugellager werden verwendet. Erläutere den Sinn beider Maßnahmen.

3 **a)** Welchen physikalischen Hintergrund hat das Streuen von Sand bei Glatteis?
b) Warum werden Ski gewachst?

4 **a)** Was hat ein Knoten im Seil bzw. das Weben von Stoffen mit Haftung zu tun?
b) Überlege, was ohne das Vorhandensein der Haftkraft geschehen würde.

5 Wie groß ist die Kraft, mit der ein 3 kg schwerer Schlitten mit einem 35 kg schweren Kind darauf auf vereistem Untergrund gezogen werden muss?

6 Welche Kraft ist nötig, um mittels zweier Bremsen ein 15 kg schweres Fahrrad mit einem 67 kg schweren Fahrer zum Stillstand zu bringen?

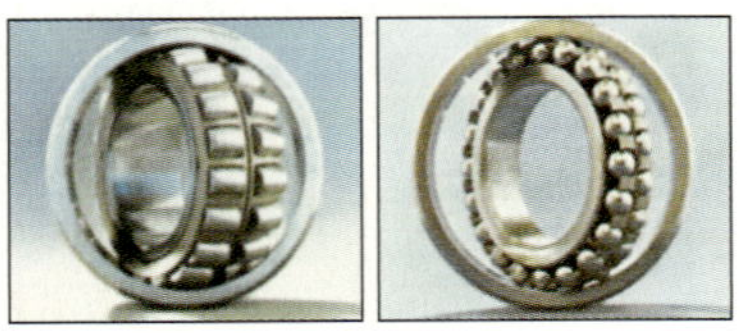

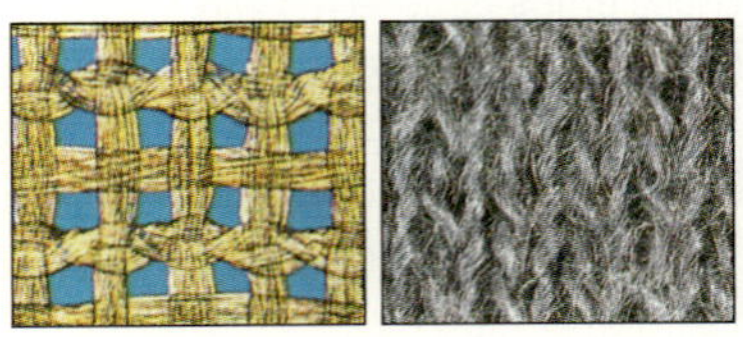

Die Größe der Reibungskraft

Werden verschieden schwere Körper mit gleicher Oberflächenbeschaffenheit über dieselbe Unterlage gezogen, dann zeigt sich, dass eine größere Gewichtskraft auch eine größere Zugkraft zum Bewegen des Körpers erfordert. Für die Größe der Reibungskraft ist es offenbar ausschlaggebend, mit welcher Kraft die beiden Körper aneinander gepresst werden. Diese Kraft, die senkrecht zur Berührungsfläche wirkt, wird **Normalkraft** F_N genannt. Werden Reibungskraft und Normalkraft miteinander verglichen, dann zeigt sich Proportionalität.

Zentraler Versuch

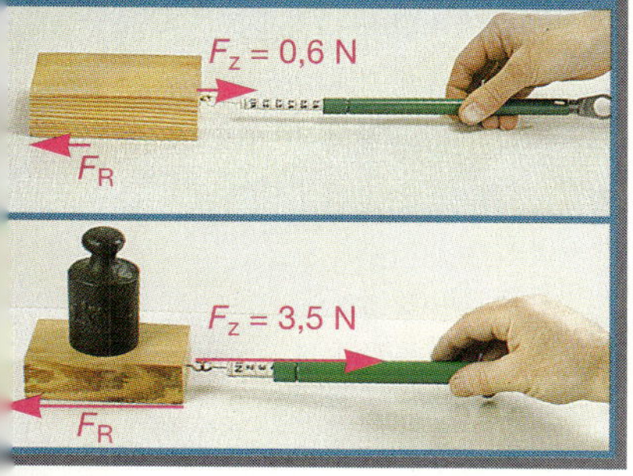

Körper	F_N	F_{Reib}	$\frac{F_{Reib}}{F_N}$
Klotz (500 g)	0,5 N	0,20 N	0,40
Klotz + 100 g (= 600 g)	0,6 N	0,25 N	0,42
Klotz + 200 g (= 700 g)	0,7 N	0,30 N	0,43

Eine andere Unterlage (z. B. eine Glasscheibe) für den Holzklotz bestätigt die Proportionalität, ergibt aber einen anderen Proportionalitätsfaktor. Die Größe des Faktors wird also nur von der Beschaffenheit der Berührungsflächen bestimmt. Der Proportionalitätsfaktor wird **Reibungszahl** μ (sprich: mü) genannt:

$$F_{Reib} = \mu \cdot F_N$$

Da die Kräfte bei Gleit- und Rollreibung sowie die Haftkraft bei gleichen Oberflächen unterschiedlich groß sind, gibt es für jede Reibungsart eigene Reibungszahlen.

> Die Reibungskraft ist das Produkt aus der Reibungszahl und der Normalkraft, mit der der Körper senkrecht auf die Unterlage drückt.

Stoffpaar	μ_{Haft}	μ_{Gleit}	μ_{Roll}
Stahl–Stahl	0,15	0,06	0,002
Stahl–Stahl (geschmiert)	0,11	0,03	0,001
Stahl–Eis	0,03	0,01	–
Holz–Holz	0,3–0,6	0,2–0,5	–
Bremsbelag–Stahl	–	0,6	–
Gummi–Asphalt (trocken)	0,8	0,5	0,02
Gummi–Asphalt (nass)	0,5–0,8	0,3–0,6	–
Gummi–Asphalt (vereist)	0,2	0,1	–

Reibung — Versuche und Aufträge

V1 Untersuche die Größe der Gleitreibungskräfte. Du benötigst ein Brett als geneigte Ebene, einen Winkelmesser, verschiedene Untergründe, die du auf dem Brett befestigen kannst (Papier, verschiedene Textilstoffe, Schleifpapier, Glas u. a.) sowie mehrere Klötze aus verschiedenen Materialien, die die Ebene herabgleiten sollen.
a) Befestige einen Untergrund auf dem Brett und lege jeweils einen Klotz auf das zunächst noch waagerechte Brett. Hebe das Brett an einem Ende nun soweit an, bis der Klotz zu rutschen beginnt. Miss den Winkel, den die Ebene mit der Waagerechten bildet.
b) Trage deine Messergebnisse in eine Tabelle ein.
c) Wiederhole die Messungen für die anderen Untergründe.
d) Fasse deine Ergebnisse zusammen.

V2 Untersuche mit dem Aufbau von V1 bei einem bestimmten Untergrund, welchen Einfluss die Gewichtskraft des gleitenden Klotzes auf die Gleitreibungskraft hat. Beschwere dazu den Körper mit kleinen Steinen o. Ä., die du mit Tesafilm auf dem Körper befestigst. Trage deine Ergebnisse wieder in eine Tabelle ein.

A3 a) Gehe vor wie bei V2, lasse nun aber denselben Klotz auf seinen verschieden großen Begrenzungsflächen herabgleiten. Ergänze deine Tabelle.
b) Welche Rolle spielt die Größe der Berührungsfläche für die Gleitreibung?

A4 a) Vergleiche nach dem Verfahren in den vorangegangenen Versuchen die Gleitreibungskräfte auf trockenem, nassem bzw. eingeöltem Glas als Unterlage. Was stellst du fest?
b) Erkläre deine Beobachtung.

A5 Ziehe einen gefüllten Getränkekasten o. Ä. über einen Kiesweg. Entferne dann einige Flaschen und wiederhole den Versuch. Was beobachtest du? Erkläre den Unterschied.

A6 a) Schiebe einen Bücherstapel über den Fußboden. Wovon hängt die Größe der Reibungskraft ab?
b) Wiederhole das Schieben mit einem untergelegten glatten Tuch bzw. mit Bleistiften als Rollen. Was fällt dir auf? Erkläre deine Beobachtung.

Pinnwand

Reibung ist bei vielen Vorgängen störend. Deshalb versuchen Techniker und Ingenieure Bedingungen zu schaffen, damit die Reibungskräfte besonders klein werden. Ganz verhindern lässt sich Reibung jedoch nie. Es gibt keine Bewegung ohne Reibung – außer im Vakuum!

Andererseits aber ist die Reibung für alle Bewegungen notwendig. In vielen Fällen sind wir auf die Reibung angewiesen; wir versuchen sogar, die Reibungskräfte gezielt zu vergrößern.

Wie entstehen Lawinen?

Fällt Schnee auf einen Berghang, dann bleibt er zunächst liegen, weil er auf dem rauen Untergrund haftet. Die nachfolgenden Schneeflocken verzahnen sich locker mit dieser ersten Schneeschicht. Gefährlich wird es, wenn sich diese Schneeschicht durch längeres Liegen-Bleiben, Sonneneinstrahlung oder warmes Wetter verdichtet, eine glatte Oberfläche bekommt und neuer Schnee darauf fällt. Dieser haftet längst nicht so gut an der unteren, älteren Schneeschicht, sodass schon eine kleine Erschütterung durch ein Tier, einen unvorsichtigen Skifahrer oder ein Geräusch ausreicht, dass die Hangabtriebskraft der oberen Schneeschicht größer wird als die Haftkraft zwischen ihr und dem Altschnee und die Schneemassen als Lawine donnernd zu Tal rasen.

Keine Fortbewegung ohne Reibung!

Wir bewegen uns nach vorne – beim Gehen oder beim Radfahren – indem wir eine Kraft auf den Erdboden ausüben, die nach hinten gerichtet ist, also entgegen der Bewegungsrichtung. Wegen der großen Trägheit der Erde können wir diese nicht nach hinten beschleunigen. Vielmehr übt die Erde eine Gegenkraft auf uns aus, die nach vorne gerichtet ist und uns beschleunigt. Dies klappt aber nur, wenn die Reibung – besser Haftung – zwischen Untergrund und uns groß ist, wie jeder weiß, der schon einmal versucht hat, auf Eis schnell loszulaufen.
Deshalb tragen Sprinter und Springer Schuhe mit vielen kleinen Nägeln („Spikes“) und Fußball-, Rugby- oder Hockeyspieler Schuhe mit Stollen, weil so die Haftkräfte zwischen Fuß und Untergrund selbst bei feuchtem Boden groß sind. Andererseits bringt diese gute Bodenhaftung aber auch Gefahren mit sich, wenn nämlich seitliche Kräfte auf den Fuß einwirken z. B. durch einen Gegenspieler. Dann kann der Fuß nicht zur Seite wegrutschen, sondern bleibt fest am Boden stehen. Stattdessen wird der Unterschenkel zur Seite gedrückt, was zu Knöchelbrüchen oder Bänderrissen führen kann.

Auch beim Schwimmen spielt die Reibung eine wichtige Rolle. Durch unsere Arm- oder Beinbewegungen versuchen wir, Wasser nach hinten zu schieben. Wegen der Reibung der Wasserteilchen untereinander und der Trägheit des zu verschiebenden Wasservolumens geht das aber nicht; vielmehr übt dieses Wasservolumen eine Gegenkraft auf uns aus, die uns nach vorne treibt. Wenn wir dann in Bewegung sind, tritt Gleitreibung zwischen dem Wasser und unserem ganzen Körper auf – was die Bewegung bremst. Deshalb tragen Wettschwimmerinnen besonders glatte Schwimmanzüge. Manche Schwimmer rasieren sich nicht nur Kopf- und Barthaare ab, um den Wasserwiderstand zu verringern, sondern auch sämtliche Körperhaare. Fische sondern Schleim ab, der sie glitschig macht, also die Reibung zwischen Wasser und Schuppen verringert.

Dass auch die Luft einen großen Widerstand bieten kann, weiß jeder Radfahrer. Fährt man mit Höchstgeschwindigkeit auf waagerechter Strecke, so wird die eingesetzte Kraft hauptsächlich zur Überwindung des Luftwiderstandes benötigt. Wird dieser verringert, z. B. durch besondere Kleidungsstoffe, Helme, Scheibenräder oder Rahmenprofile wie bei den Radprofis, dann kann mit dem gleichen Kraftaufwand schneller gefahren werden. Auch Ski- oder Eisschnellläufer tragen deshalb glatte, eng anliegende Kleidung.

REIBUNG

Bremsen geht nur mit Reibung!

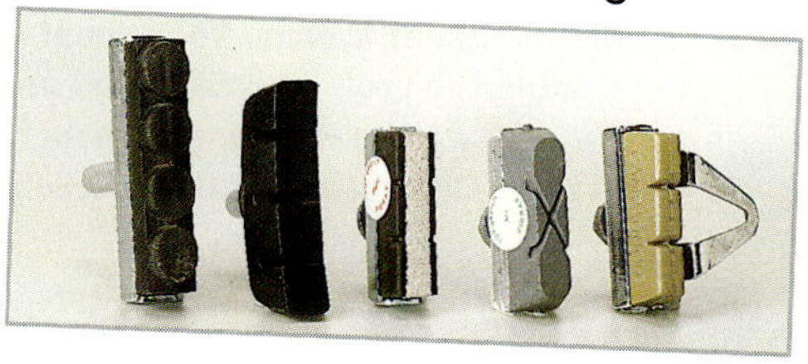

Beim Bremsen ist eine große Gleitreibungskraft zwischen den Bremsbelägen und den Bremsscheiben des Pkw bzw. den Felgen des Fahrrads von größter Wichtigkeit. Deshalb gibt es für die verschiedenen Felgenmaterialien unterschiedliche Bremsklötze. Wird die Reibungskraft durch einen Wasser- oder schlimmer noch Ölfilm verringert, wird der Bremsweg um ein Vielfaches länger. Deshalb niemals Felgen oder Bremsscheiben ölen!

Bei Regen kann man mit dem Fahrrad im Prinzip genauso fahren wie bei trockener Straße. Bei PKWs ist das anders. Da verliert der Reifen nämlich den Kontakt zur Straße, wenn auf ihr Wasser steht und die Fahrzeuggeschwindigkeit zu hoch ist. Bei diesem **Aquaplaning** kann das Wasser nicht mehr durch die Rillen im Reifenprofil zur Seite abfließen; es bildet sich vielmehr vor dem Reifen ein Wasserkeil, auf dem der Reifen „aufschwimmt“. Dadurch verliert er den Kontakt zur Straße – das Auto ist nicht mehr lenk- und bremsbar. Deshalb empfehlen Fachleute „Bei Regen Fuß vom Gas!“ und mindestens 4 mm Profiltiefe für die Reifen.

langsam

schnell

zu schnell

Luftwiderstand

Bei einem Auto, das mit 100 km/h gleichmäßig auf waagerechter Straße fährt, wird mehr als 1/3 der Motorkraft zur Überwindung des Luftwiderstandes benötigt; die Hälfte der Motorkraft wird zur Überwindung der Rollreibungskraft der Räder gebraucht; ein kleiner Teil geht für die Reibung in Kugellagern und Motor drauf; nur 1/5 der gesamten Motorkraft bleibt noch zum Beschleunigen übrig!

Klar, dass Autobauer versuchen, den Luftwiderstand der Fahrzeuge so klein wie möglich zu machen. Dazu dienen Tests im Windkanal. Dort sehen die Ingenieure am Verlauf der Strömungslinien, wie windschnittig die Karosserie schon ist und wo noch Ecken und Kanten abgerundet werden müssen.

Unnötig zu sagen, dass alle diese Maßnahmen, den Luftwiderstand zu senken, durch Ski- oder Gepäckträger zunichte gemacht werden. Dachaufbauten erhöhen den Luftwiderstand um 15–25 %, was einen entsprechend höheren Spritverbrauch bei gleicher Fahrweise zur Folge hat.

Wie kommen Fahrzeuge um die Kurve?

Relativ einfach ist das bei Schienenfahrzeugen wie Eisenbahn, Straßenbahn oder U-Bahn. Ihre Räder sind nicht symmetrisch und flach oder rundlich wie Auto- oder Fahrradreifen, sondern haben auf der Innenseite einen einige Zentimeter hohen Spurkranz. Kommt die Bahn z. B. zu einer Linkskurve, so stößt der Spurkranz des rechten Rades von innen gegen die äußere Schiene. Weil diese fest im Boden verankert ist, lässt sie sich nicht wegschieben sondern drückt das Rad nach links – die Bahn fährt um die Kurve.

Anders sieht das bei Autos aus. Sie werden um die Kurve gelenkt. Das heißt, dass bei einer Linkskurve die Vorderräder nach links eingeschlagen werden. In diesem Moment steht der Reifen also schräg zur Fahrtrichtung. Ist die Haftung zwischen Reifen und Straße groß, dann kann sich der Reifen nicht in der ursprünglichen Richtung weiterbewegen sondern übt eine Kraft auf die Straße aus. Weil die Straße sich aber nicht wegschieben lässt, drückt sie mit einer entsprechenden Gegenkraft zurück.

Diese Kraft kann in eine Komponente quer zur Bewegungsrichtung des Fahrzeugs zerlegt werden, die die Kurvenfahrt bewirkt, und in eine Komponente entgegen der Fahrtrichtung, die das Auto bremst.

Zusammensetzen und Zerlegen von Kräften

Mithilfe von Schleppern wird der Ozeanriese auf seinen Anlegeplatz im Hafenbecken gezogen, weil die Schlepper den Untergrund weniger aufwirbeln und manövrierfähiger sind. Ihre Kräfte wirken aus unterschiedlichen Richtungen auf das große Schiff ein. Wie verhält sich ein Körper, auf den mehrere Kräfte einwirken? Welche Rolle spielt es dabei,wie groß die Kräfte sind und welche Richtung sie haben? Lassen sich Kräfte aufteilen?

Zwei Kräfte – eine Wirkung

Im Bild rechts teilt sich die Gewichtskraft des Körpers auf zwei Federkraftmesser auf. Jeder Kraftmesser zeigt den Anteil seiner Kraft an, die zum Festhalten des Körpers erforderlich ist.
Natürlich reicht auch nur eine einzige Kraft zum Halten des Körpers aus. Auch sie hebt die Wirkung seiner Gewichtskraft auf, sodass er in Ruhe bleibt.
Die zwei Kräfte lassen sich also durch eine einzige Kraft mit derselben Wirkung ersetzen, der **Ersatzkraft F_E.**

Zentraler Versuch

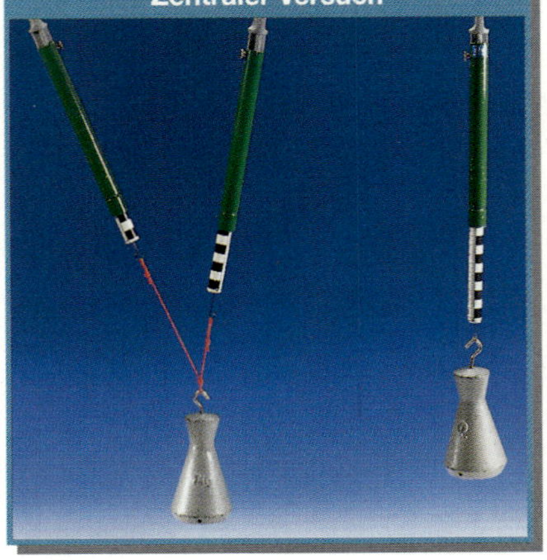

Sicher ist:
- Die Richtung der Ersatzkraft liegt zwischen den Richtungen der Einzelkräfte.
- Die Größe der Ersatzkraft ist größer als Null aber kleiner als die Summe der beiden Einzelkräfte.

Die genaue Ermittlung von Größe und Richtung der Ersatzkraft erfolgt durch **Kräfteaddition** in einem *Kräfteparallelogramm,* wie es die Grafik unten zeigt.

Lassen sich Größe und Richtung der Ersatzkraft auch ohne Versuch, nur mathematisch bestimmen?

Auf diese Weise lassen sich auch mehrere Kräfte schrittweise zu einer Ersatzkraft zusammensetzen.

Die Wirkung mehrerer Kräfte auf einen Körper kann durch eine einzige Kraft (Ersatzkraft) beschrieben werden.

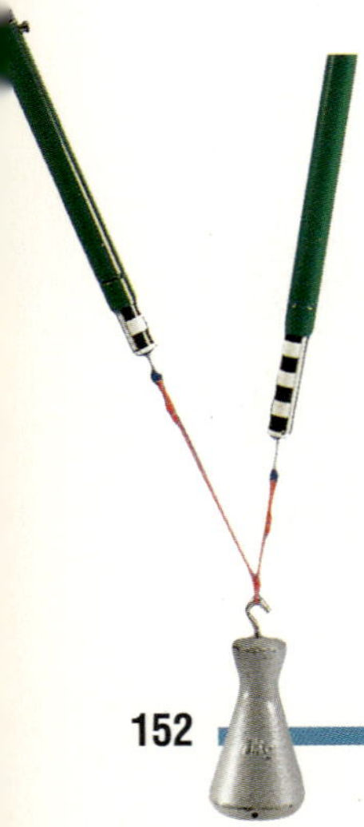

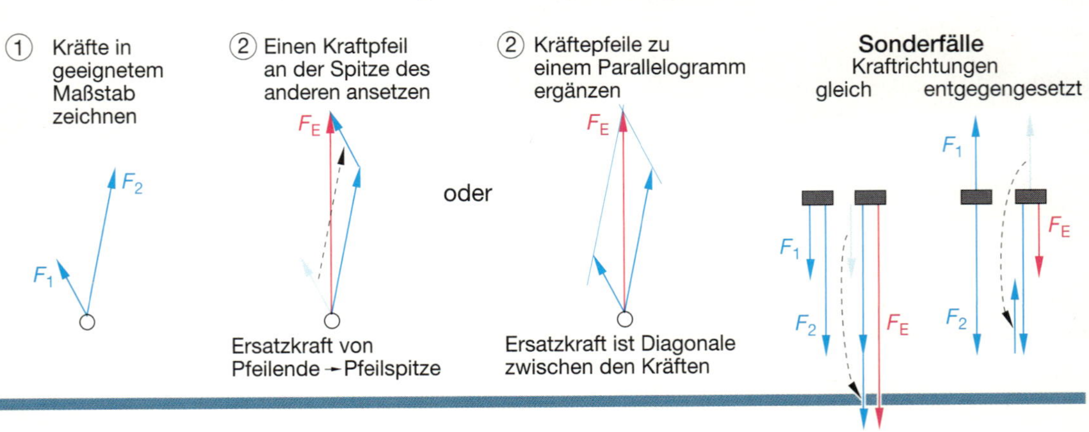

Mittels Kräfteaddition kann die Ersatzkraft natürlich auch für Kräfte mit gleicher und entgegengesetzter Richtung bestimmt werden:

Gleiche Richtung: An die Spitze der ersten Kraft wird der Pfeil für die zweite Kraft angesetzt. Dann ist die Länge des Pfeils der Ersatzkraft die *Summe* der beiden Einzelkräfte. Die Ersatzkraft hat die gleiche Richtung wie F_1 und F_2. Das geht auch bei mehreren Kräften.

Die beiden Teams ziehen in entgegengesetzte Richtungen. Es wird wohl die Mannschaft gewinnen, welche die größere Kraft aufbringen kann. Der „Kraftüberschuss“, den das stärkere Team gegenüber dem anderen hat, bewegt das Seil und die Mannschaften in eine Richtung.

Petra, Frank und Thomas bilden eine Mannschaft. Ihre Kräfte sind nicht gleich groß, aber beim Ziehen wirken sie in dieselbe Richtung. Deshalb addieren sich ihre Einzelkräfte zur Gesamtkraft des Teams.

Entgegengesetzte Richtung: Der zweite Pfeil läuft am ersten zurück. Es bleibt ein kleines Stück übrig, die *Differenz* der beiden Einzelkräfte. Sie gibt die Größe der Ersatzkraft an. Wenn F_1 größer ist als F_2, dann hat die Ersatzkraft dieselbe Richtung wie F_1, im umgekehrten Fall wie F_2.

Und wenn beide Mannschaften gleich stark sind, also zwei gleich große Kräfte entgegengesetzt auf denselben Körper wirken? Dann kommt es zum „Unentschieden“: Der Körper verhält sich so, als ob keine Kräfte an ihm angreifen würden – er bleibt in Ruhe. Dieser Zustand heißt **Gleichgewicht.** Die Ersatzkraft ist im Gleichgewichtsfall Null.

Aufgaben

1 Suche weitere Beispiele, wo zwei Kräfte auf denselben Körper wirken. Ordne sie den verschiedenen Fällen zu. Zeichne das Kräfteparallelogramm und ermittle die Ersatzkraft.

2 Die Kräfte F_1 = 30 N und F_2 = 50 N bilden einen Winkel von 0°, 30°, 45°, 90°, 120° und 180°.
a) Ermittle jeweils die Ersatzkraft. Wann ist sie am kleinsten, wann am größten?
b) F_3 ist 40 N. Konstruiere die Ersatzkraft, wenn zwischen den drei Kräften jeweils ein Winkel von 45° ist.

3 Was bedeutet der Ausdruck „Das Gleichgewicht halten“?

4 Setze das Abschleppen des Ozeanriesen mit je zwei Schleppern in Kräfteparallelogramme um. Unterscheide die Fälle **a)** beliebige, **b)** gleiche und **c)** entgegengesetzte Richtung.
d) Welche Wirkung hat der jeweilige Fall auf die Bewegung des Ozeanriesen?

5 Die Mitglieder der roten Mannschaft ziehen mit 286 N, 315 N und 290 N am Seil, die blaue Mannschaft mit 325 N, 255 N und 288 N.
a) Wer wird das Tauziehen gewinnen?
b) Begründe deine Antwort.
c) Überprüfe deine Antwort durch Konstruktion.

Versuche und Aufträge

V1 Befestigt an einem schweren Getränkekasten o. Ä. an einer Stelle zwei Seile. Haltet die Seile so, dass sie Winkel von 0°, 30°, 90° und 180° bilden.
a) Versucht jeweils, die Kiste zu ziehen, und vergleicht die dazu nötigen Kräfte.
b) Stellt den Versuch mittels Kraftpfeilen dar und ermittelt die Ersatzkräfte.

V2 Ein Bollerwagen wird an der Deichsel geschoben. Welchen Winkel zum Untergrund muss die Deichsel bilden, damit das Schieben besonders einfach bzw. ziemlich schwer ist? Erkläre.

A3 Besorge dir drei gleiche Schraubenfedern. Verbinde sie an einem Ende und befestige das andere Ende einer Feder an einem Nagel in der Wand. Diese Feder zeigt die Ersatzkraft an.
a) Spanne die beiden anderen Federn mit beliebigem Winkel. Miss den Winkel und die Verlängerungen der Federn. Trage die Werte in eine Tabelle ein.
b) Zeichne die Situation mit Kraftpfeilen.

Eine Kraft – mehrere Komponenten

Zwei oder mehrere Kräfte lassen sich zu einer Ersatzkraft zusammensetzen. Lässt sich auch eine Kraft in Teilkräfte zerlegen – zum Beispiel wenn wir wissen wollen, mit welcher Kraft wir einen Gepäckwagen an einer geneigten Ebene festhalten müssen, damit er nicht wegrollt?

Wenn ein Körper wie der Wagen im Foto rechts nach unten fällt, dann wird er aufgrund der Anziehungskraft der Erde immer schneller. Auf einer geneigten Ebene erhöht er ebenfalls beim Herabrollen seine Geschwindigkeit. Offensichtlich wirkt auch hier eine beschleunigende Kraft in Bewegungsrichtung. Die Anziehungskraft der Erde wirkt aber senkrecht nach unten!

Wenn die Größe der Teilkräfte, der so genannten *Komponenten* der Kraft, bestimmt werden soll, muss die Richtung bekannt sein, in welche die Komponenten wirken. Die Geraden, welche die Kraftrichtungen darstellen, heißen *Wirkungslinien.* Sie sind durch die jeweilige Situation vorgegeben. Im Foto oben verläuft die Wirkungslinie parallel zur Ebene, weil der Wagen nur in dieser Richtung rollen kann.

Zentraler Versuch

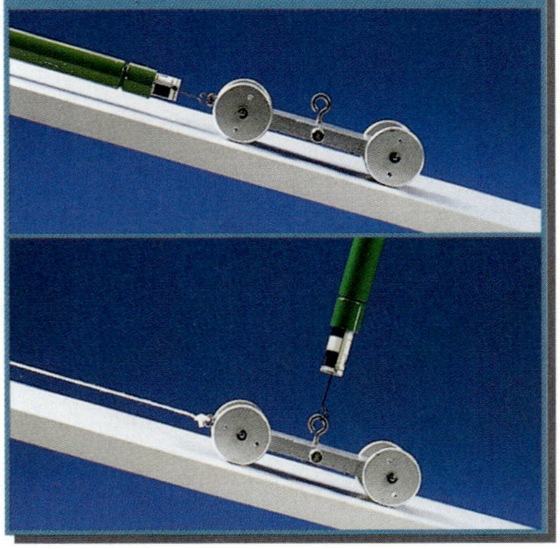

Nur ein bestimmter Anteil, nämlich die Komponente der Anziehungskraft parallel zur Oberfläche der geneigten Ebene bewirkt die Geschwindigkeitserhöhung. Es ist die **Hangabtriebskraft F_H.** Fassen wir die Anziehungskraft als Ersatzkraft auf, dann muss wegen der Kräfteaddition neben der Hangabtriebskraft noch eine zweite Kraft vorhanden sein. Diese zweite Komponente ergibt sich aus der Verbindung der Spitzen von F_G und F_H. Diese Komponente heißt **Normalkraft F_N** und ist senkrecht zur Unterlage gerichtet. Nur so kann sie keine weitere Beschleunigung oder Verzögerung des Wagens bewirken, sondern ihn nur gegen die Unterlage drücken und Reibung verursachen.

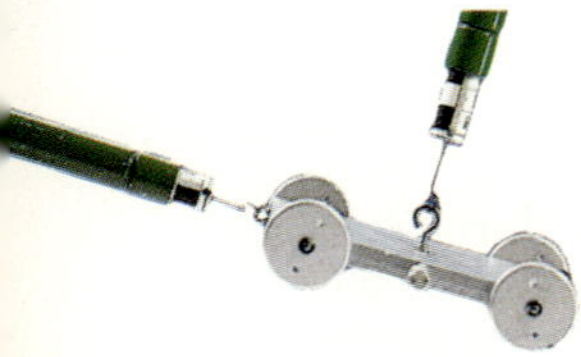

Wirkungslinien

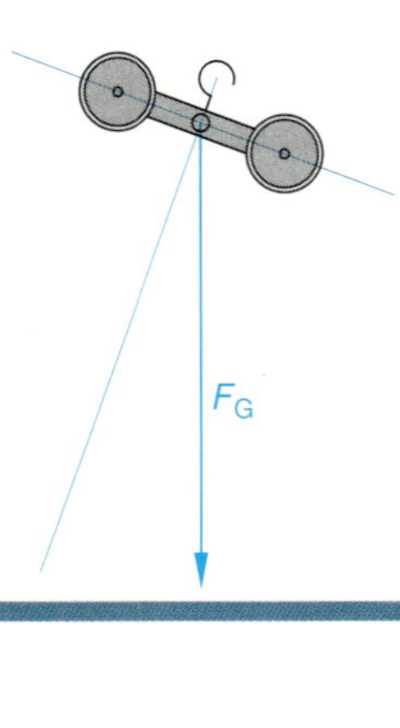

Zerlegung in Komponenten

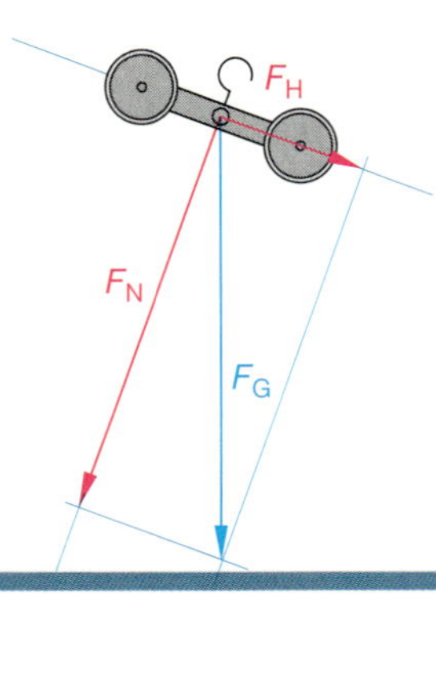

Eine Kraft lässt sich in Komponenten entlang von Wirkungslinien zerlegen. Die Zusammensetzung der Komponenten ergibt die ursprüngliche Kraft.

Aufgaben

1 Gegeben sind geneigte Ebenen mit den Neigungswinkeln 20°, 40° und 60°.
a) Ermittle die Hangabtriebskraft und die Normalkraft für einen 5 kg schweren Körper. Was stellst du fest?
b) Formuliere eine allgemeine Aussage.

2 Wie groß sind F_H und F_N, wenn die geneigte Ebene senkrecht bzw. parallel zur Erdoberfläche ist?

3 In der Mitte einer Wäscheleine hängt ein Wäschestück. Konstruiere die Verteilung der Gewichtskraft des Wäschestücks auf die beiden Teile der Leine, wenn diese
a) straff gespannt ist (Winkel 170°),
b) stark durchhängt (50°).
c) Übertrage deine Erkenntnisse auf das Verlegen von schweren Freilandleitungen für die Stromversorgung.

4 Erkläre das Ziehen eines Bollerwagens bei unterschiedlichen Deichselstellungen mithilfe von Skizzen, welche die Kraftzerlegung zeigen.

5 Zeichne die Wirkungslinien der Kraftkomponenten
a) bei einer Stehleiter,
b) bei einer Leiter, die an einen Baum gelehnt ist.

Wo sind die Wirkungslinien?

Wirkungslinien verlaufen immer entlang von Seilen, Stützmauern, Streben, Armen, Deichseln usw., sind also durch die jeweilige Anordnung vorgegeben.

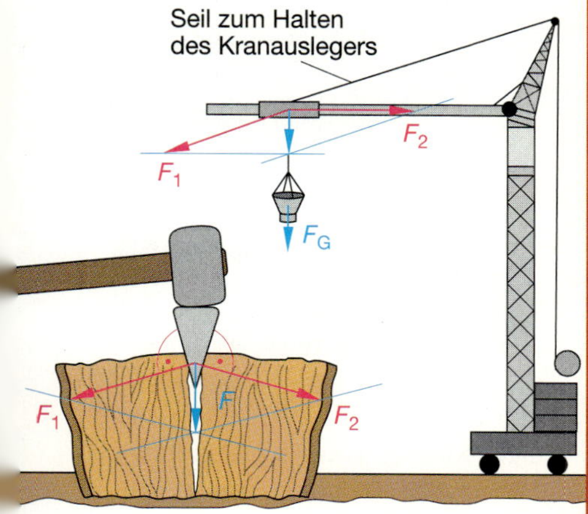

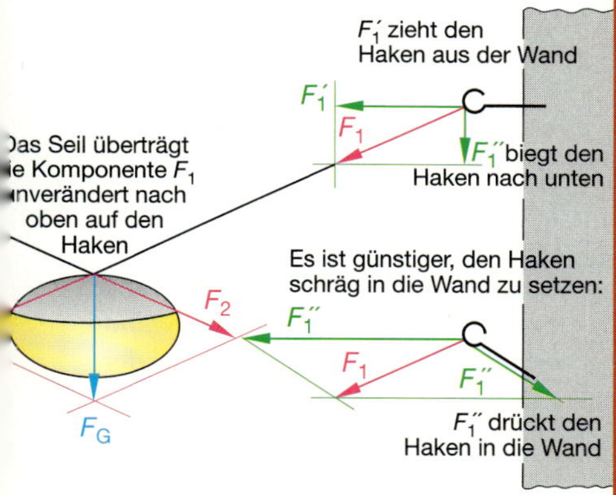

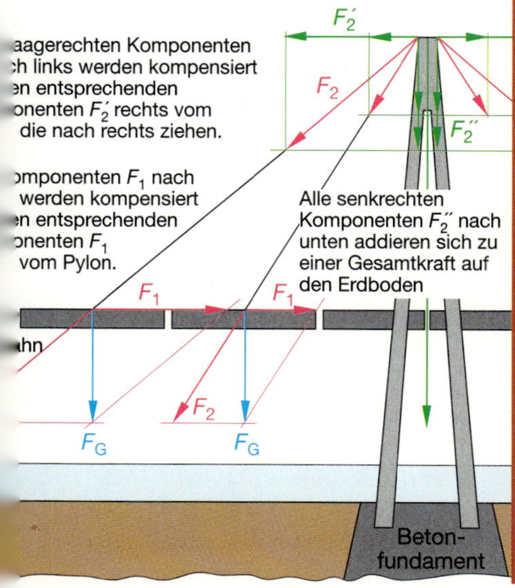

Segeln gegen den Wind

Streifzug

Der Wind weht meist nur aus einer Richtung – und trotzdem kann man mit dem Segelboot (fast) jeden gewünschten Kurs steuern. Wichtig ist dabei die Stellung des Segels und die Richtung der Kiellinie des Schiffes.

Wenn der Wind auf das Segel trifft, wird seine Kraft in zwei Komponenten zerlegt:

- Die eine (F_1) verläuft parallel zum Segel, sie hat für die Bewegung des Bootes keine Bedeutung.
- Entscheidend ist die Wirkung von F_2 senkrecht zum Segel, denn sie bestimmt die Bewegungsrichtung des Segels.

Wird der Winkel zwischen Wind und Segel verändert, dann ändert sich damit auch F_2. In diese Richtung würde sich das Segel und durch die Kraftübertragung mittels Mast und Seilen auch das Boot bewegen.

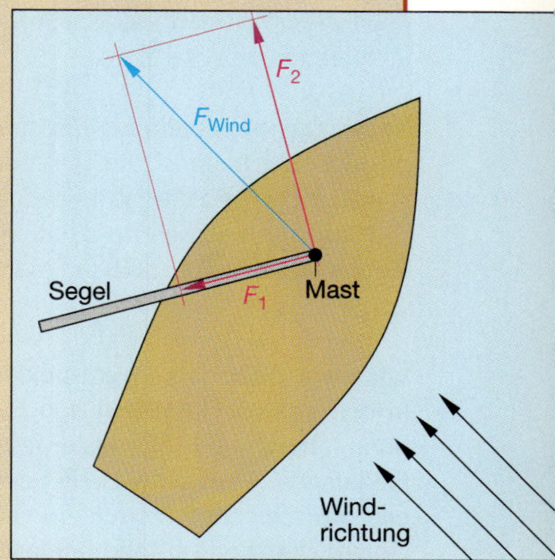

Einen entscheidenden Einfluss auf die Fahrtrichtung des Bootes hat jedoch die Stellung des Kieles, also die Kiellinie des Schiffes, denn nur in diese Richtung kann es leicht vorangleiten. F_2 wird durch den Kiel nochmals in zwei rechtwinklige Komponenten zerlegt:

- F_3 wirkt senkrecht zur Kiellinie. In diese Richtung kann sich das Schiff nicht bewegen, weil der lange und tiefe Kiel auf den großen Widerstand des Wassers trifft.
- F_4 wirkt parallel zur Kiellinie – und das ist die Kraft, die letztendlich das Segelboot vorantreibt.

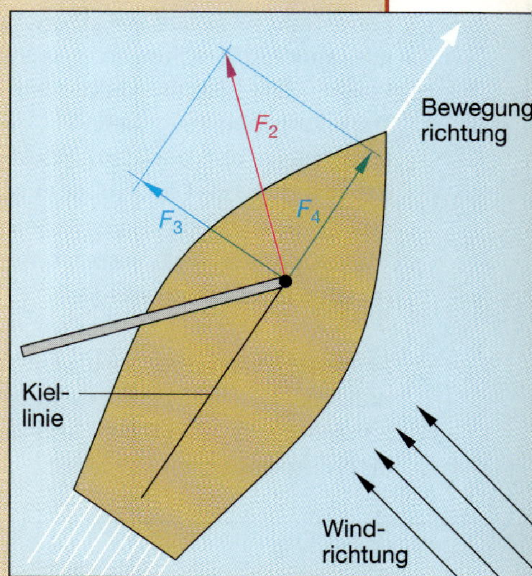

Bei einer bestimmten Stellung von Segel und Kiel kann das Boot sogar „gegen den Wind" segeln, d. h. mit dem kleinstmöglichen Winkel von 22° zwischen Wind und Fahrtrichtung. Um dabei ein anvisiertes Ziel zu erreichen, muss der Skipper einen Zick-Zack-Kurs einschlagen – er „kreuzt" mit seinem Boot **gegen den** Wind.

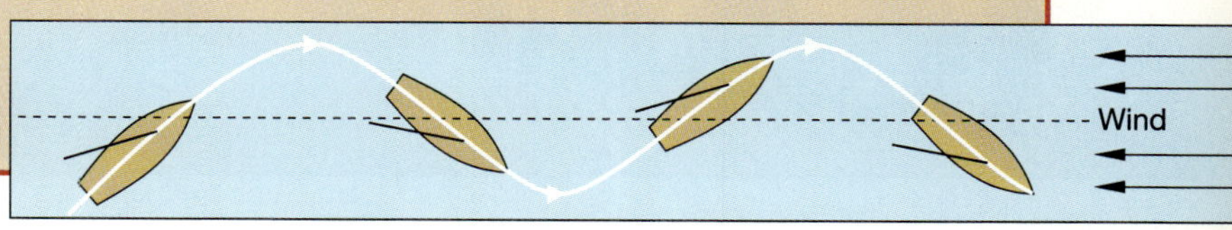

Verkehrsentwicklung – Verkehrsprobleme

Damit Menschen über Entfernungen zueinander kommen können oder Güter von einem Ort zu einem anderen gelangen, müssen sie sich bewegen oder bewegt werden. Alle diese Bewegungen bilden den Verkehr.

Welche physikalischen Bedingungen liegen dem Verkehr zugrunde? Welche Verkehrsmittel und welche Verkehrswege gibt es? Wie groß ist der Verkehr heute und welche Probleme sind damit verbunden?

Vor etwa 6000 Jahren entstanden in den großen Flusstälern von Euphrat, Tigris und Nil erste feste Siedlungen. Dort entwickelte sich eine vielschichtige Produktion von Gütern, für die Rohstoffe herangeschafft werden mussten und die zum Tausch gegen die Produkte aus anderen Siedlungen geeignet waren. Die damit verbundenen Transportprobleme ließen sich nicht mehr nur auf dem Rücken der Händler oder im Einbaum auf den Flüssen bewältigen. Neue Transportmittel und Verkehrswege mussten erschlossen werden.

Schwere Lasten über weite Entfernungen zu bewegen bedeutet zunächst, sie anzuheben und auf einen beweglichen Untersatz zu stellen. Dann können sie samt diesem Transportmittel in jede gewünschte Richtung bewegt werden. Zu diesem Bewegen ist Kraft erforderlich. Sie wird hauptsächlich benötigt, um die Reibung zwischen Last und Untergrund zu überwinden. Um möglichst wenig Kraft einzusetzen, muss die Reibung klein gehalten werden. Dies gelingt dadurch, dass Transportmittel und Verkehrsweg aufeinander abgestimmt werden. (Siehe Rad–Schiene, Autoreifen–glatter, harter Straßenbelag, Magnetschwebetechnik.)

In den alten Kulturen wurden für den Transport leichter Lasten zu Lande Tragtiere eingesetzt. Für sie waren nur Trampelpfade erforderlich. Mit der Erfindung des Rades vor ca. 5500 Jahren war gegenüber dem Lastentransport auf Schlitten ein Mittel gefunden, die Reibung wesentlich zu verringern. Aber die einfachen Karren des Anfangs waren bis zu ihrer Weiterentwicklung in Form der schweren Kaufmannswagen im 17. Jahrhundert noch immer Transportmittel, die zur Überwindung der Reibung einen erheblichen Kraftaufwand erforderten. Erst die Erfindung der Eisenschiene als neuer Transportweg an Stelle von Straßen – schon die Römer hatten Fernstraßen mit eingemeißelten Spurrinnen gebaut – brachte einen deutlichen Fortschritt.

Die Reibung ist beim Transport zu Wasser wesentlich geringer als beim Landtransport: Etwa zeitgleich mit der Erfindung des Rades wird der Transport von Gütern zu Wasser dadurch verbessert, dass große, aus Holzplanken gebaute Schiffe eingesetzt wurden. Sie können mit Segeln auch auf breiten Flüssen und vor allem auch auf dem offenen Meer verkehren. Wenn es flussauf gehen sollte, musste getreidelt werden: Das Schiff wurde von Menschen oder Tieren vom Ufer aus gezogen.

Zu den alten Verkehrsmitteln Tragtier, von Tieren gezogenen Wagen und Schiffen mit den Verkehrswegen gepflasterte Straße (bestenfalls!) bzw. Fluss oder Meer sind seit etwa 200 Jahren neue Verkehrsmittel hinzugekommen: Eisenbahnen (Dampf, Diesel, elektrisch), Autos, motorisierte Schiffe und Flugzeuge mit den dazugehörigen Verkehrswegen Schienen, Asphaltstraßen, Kanäle Luftkorridore und Rohrleitungen für Erdgas und Erdöl.

Infolge dieser verbesserten Transportmittel ist der Verkehr bis heute gewaltig angestiegen. Von der Erstellung der Transportmittel (z. B. Autos) und dem Bau der Verkehrswege leben ganze Industrien.

Die Folgen allerdings sind auch offenkundig:

- Die Gewinnung der für den Verkehr benötigten Energien erzeugt schädliche Abgase in Mengen, die die Lebensbedingungen auf der Erde negativ verändern.
- Jeder neue Verkehrswegebau wandelt natürliche Umwelt in versiegelte, überbaute, künstliche Landschaft um.
- Zu oft legt der Verkehr sich selbst lahm – siehe Staus.

Der moderne Autoverkehr auf der Basis kleiner Verbrennungsmotoren erzeugt bei der Verbrennung der Treibstoffe sehr große Mengen des Treibhausgases Kohlenstoffdioxid (CO_2). Dieses Gas kann durch keinen Katalysator reduziert werden. Deshalb ist es vordringliche Aufgabe, für diesen Bereich des Verkehrs Antriebe zu entwickeln, die kein CO_2 freisetzen.

Aber auch beim Betrieb der elektrisch betriebenen Eisenbahnen entsteht CO_2, weil der elektrische Strom zum großen Teil aus Kraftwerken kommt, die Kohle verfeuern. Deren Abgase bestehen zum überwiegenden Teil aus Kohlenstoffdioxid.

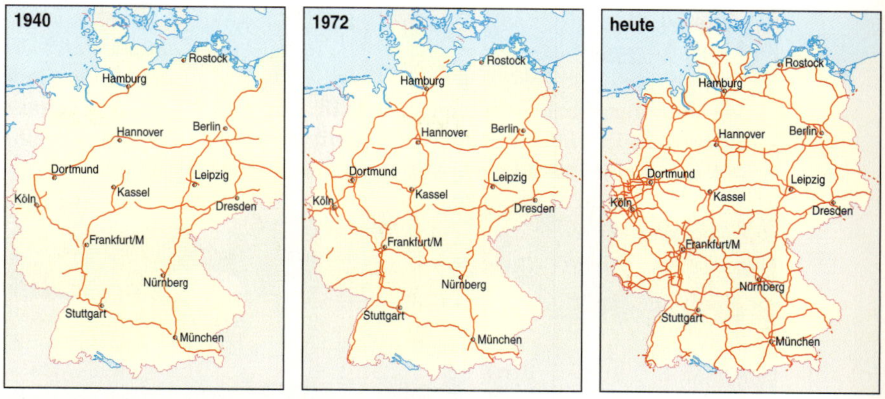

Entwicklung des Autobahnnetzes in Deutschland

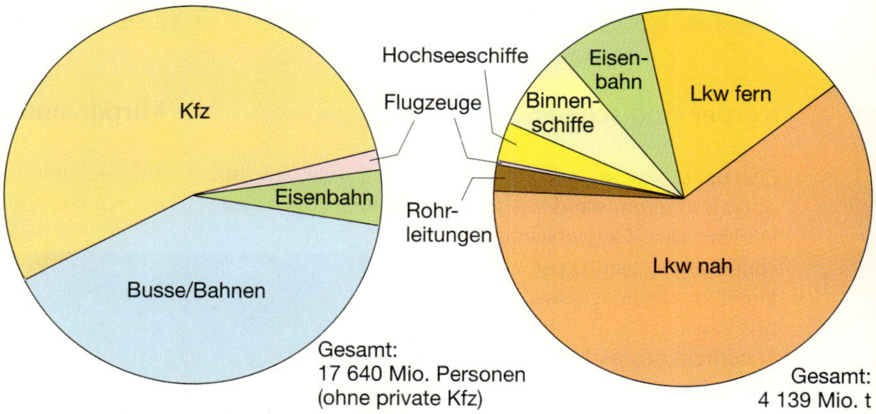

Personenverkehr in Deutschland

Güterverkehr in Deutschland

Aufgaben

1 Eine zweispurige Autobahn ist für beide Richtungen etwa 32 m breit. Das gesamte Autobahnnetz in Deutschland ist etwa 6500 km lang.

a) Berechne, welche Fläche (in km^2) dadurch der land- bzw. forstwirtschaftlichen Nutzung entzogen wird.

b) Stelle die gleiche Rechnung für die Eisenbahn an. Trassenbreite ca. 13 m, Länge des Schienennetzes etwa 12 500 km.

c) Kommentiere die Ergebnisse als Umweltproblem.

2 Berechne den CO_2-Ausstoß je Tonne beförderter Güter auf der Straße und auf der Bahn, wenn der Straßenverkehr zu knapp 80 % und die Bahn mit knapp 8 % beteiligt sind.

Luftverunreinigung in Deutschland

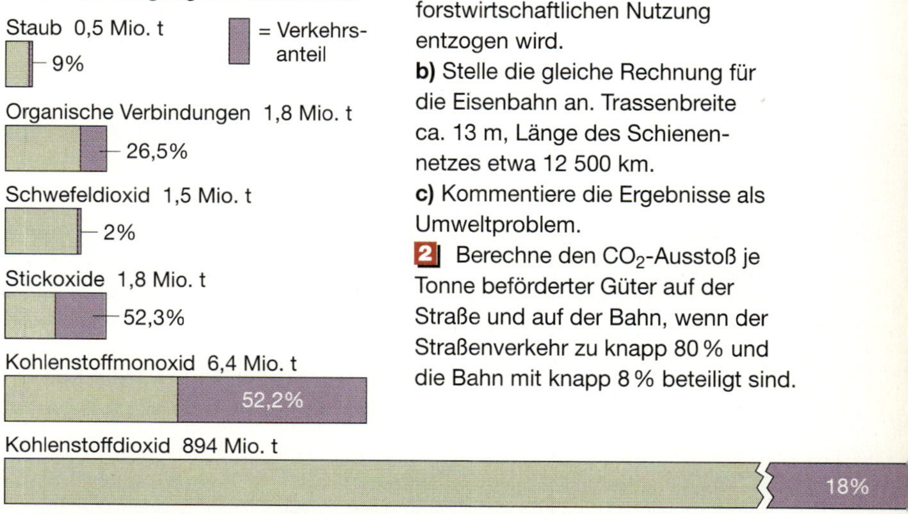

Maßstabsgetreu wäre der gesamte Balken für CO_2 etwa 6,7 m lang

Die Masse

Mit dem Tennisball oder dem Handball 5 m weit zu werfen, ist einfach. Schwieriger wird es schon mit der kleinen Stoßkugel. Mit der großen Stoßkugel der Männer die 5 m-Marke zu übertreffen, ist für die Kinder nicht mehr zu schaffen.
Warum können wir einen leichten Körper weiter werfen als einen schweren? Welche Körpereigenschaft verbirgt sich dahinter?

Körper sind schwer

Die Bälle bzw. Kugeln, mit denen die Kinder im Bild oben hantieren, werden von der Erde angezogen. Das Wirken der Gewichtskraft spüren wir, wenn wir sie anheben wollen. Dies ist uns bekannt.
Natürlich ist das keine Besonderheit der Bälle oder Kugeln. Bei allen anderen Gegenständen ist dies ebenso. Wenn wir einen Eimer mit Wasser anheben wollen, so fassen wir kräftig zu, weil wir wissen, dass er schwer ist. Auch die beiden Eisenquader im Bild rechts sind schwer. Natürlich ist der größere der beiden Eisenkörper auch der schwerere.

Ganz gleich, welchen Körper wir auch betrachten, wir kommen immer zum gleichen Ergebnis:
Alle Körper sind schwer.

Zentraler Versuch

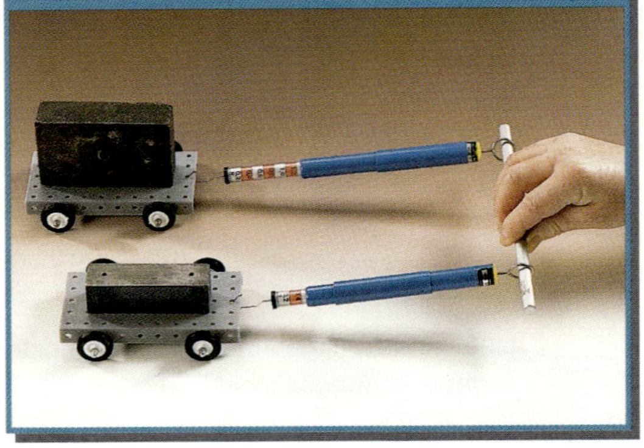

Körper sind träge

Im Bild unten werden beide Wagen gleichzeitig beschleunigt. Die dafür benötigte Kraft ist für beide Wagen aber unterschiedlich. Für den Wagen mit der größeren Last benötigen wir die größere Kraft, um ihn in Bewegung zu versetzen. Entsprechendes gilt für das Abbremsen.
Nun wird auch klar, warum es schwieriger ist, die Eisenkugel fünf Meter weit zu stoßen: Weil sie schwerer ist, benötigen wir eine größere Kraft, um sie genauso weit zu werfen wie einen leichten Ball.
Jeder Körper setzt einer Bewegungsänderung einen Widerstand entgegen. Wir benötigen eine Kraft, um ihn abzubremsen, ihn zu beschleunigen oder seine Bewegungsrichtung zu ändern. Diese Körpereigenschaft kennen wir schon. Wir haben sie Trägheit genannt.

Alle Körper sind schwer, weil sie von der Erde angezogen werden.

Jeder Körper ist träge. Er setzt der Änderung seines Bewegungszustandes einen Widerstand entgegen.

Trägheit und Schwere sind Grundeigenschaften aller Körper. Jeder Körper ist schwer und auch träge. Beides sind Eigenschaften, die wir mit der neuen physikalischen Größe **Masse** beschreiben wollen.

Die Masse eines Körpers gibt an, wie schwer bzw. wie träge er ist.

Wir bestimmen Massen

„400 g Mehl, 100 g Zucker..." sind Angaben aus Kochbüchern. Das „g" steht für Gramm und ist eine Einheit für die Masse. Die Basiseinheit ist das Kilogramm (kg). Zur Bestimmung von Massen, also beim „Wiegen" benutzen wir eine Balkenwaage (Abb. 1). Auf die eine Waagschale legen wir den Körper, dessen Masse wir bestimmen wollen. Auf die andere Waagschale legen wir so lange Wägestücke, bis sich die Waage im Gleichgewicht befindet.

1 ***Massenbestimmung mit einer Balkenwaage.*** *Zum Wiegen benötigt man stets mehrere Wägestücke, die in einem Wägesatz zusammengestellt sind.*

Nun haben wir auf beiden Seiten die gleiche Masse, denn keine Seite ist schwerer. Wir müssen nur noch alle Massen der Wägestücke addieren, dann erhalten wir die Masse des Körpers.
Wir haben also die Masse des zu wiegenden Körpers mit uns bekannten Massen, den Wägestücken, verglichen.

Definition/Einheiten

Masse

Die Einheit ist 1 kg (Kilogramm).
Das Formelzeichen ist m.

Weitere Einheiten:

Tonne:	1 t	= 1000 kg
Gramm:	1 g	$= \frac{1}{1000}$ kg
Milligramm:	1 mg	$= \frac{1}{1000}$ g
		$= \frac{1}{1\,000\,000}$ kg

Aufgaben

1 Zwei Kinder sitzen auf einer Wippe im gleichen Abstand zur Mitte. Welche drei Möglichkeiten zum Einstellen der Wippe gibt es dabei? Welche Schlussfolgerung kannst du dann jeweils bezüglich der Massen der Kinder ziehen? Begründe.

2 Nenne Beispiele, wo bei verschiedenen Körpern unterschiedliche Trägheit aufgrund unterschiedlicher Massen zu beobachten ist.

3 Welche Wägestücke des Wägesatzes unten werden zum Einstellen des Gleichgewichts benötigt, wenn Körper folgender Massen auf der Balkenwaage liegen: 138 g; 25 g; 69 g; 11 g; 8 g; 113 g

4 Warum sind alle Wägestücke des Wägesatzes unten, die als erste Ziffer eine „2" aufgedruckt haben, doppelt vorhanden?

Das Urkilogramm

Streifzug

Auch wenn man die Balkenwaage schon lange kannte und benutzte, so war das Wiegen früher doch recht schwierig – es gab keine einheitlichen Wägestücke. Jedes Land, jede Stadt hatte eigene Wägesätze. Zum Verzollen musste die Ware an jeder Grenze neu abgewogen werden, da jede Stadt oder jedes Land für sich eine andere Norm bestimmt hatte. Und Wiegen bedeutet wie jeder Messvorgang Vergleichen mit einer Norm.

Eine solche Norm ist eine Festlegung. So wie für jede physikalische Größe eine Einheit vereinbart werden muss, ist es auch notwendig festzulegen, was diese Einheit bedeutet, also eine Norm für sie aufzustellen.

Erst im Jahre 1875 begann man, übereinstimmende Maßeinheiten zu vereinbaren. Auf einer Konferenz in Paris wurden für die ersten Maßeinheiten einheitliche Werte festgelegt. Seit dieser Zeit existiert das Urkilogramm in Paris, von dem jedes Land, welches das internationale Einheitensystem (**SI** = **S**ystème **I**nternational d' Unités) anerkennt, eine Kopie besitzt. Das deutsche Urkilogramm befindet sich in Braunschweig. Kopien hiervon erhält jedes Eichamt und jedes Werk, welches Wägestücke oder Waagen herstellt. Mit diesem „Normkilogramm" eichen sie die Waagen bzw. vergleichen sie die hergestellten Wägestücke. Außerdem werden alle Waagen regelmäßig von den Eichämtern überprüft. Damit ist gewährleistet, dass die Waagen genau messen.

Masse und Gewichtskraft

Bei den Exkursionen auf dem Mond hatten die Astronauten einen großen Tornister auf dem Rücken. In ihm befanden sich all die Geräte, die für sie zum Leben notwendig waren. Diese Tornister waren schwer. Ihre Masse betrug etwa 80 kg. Und trotzdem waren die Astronauten in der Lage, auf dem Mond mit dem Gepäck noch zu springen. Warum geht das auf dem Mond, nicht aber auf der Erde?

Wenn wir den Tornister auf dem Mond auf eine Balkenwaage stellen, so erhalten wir als Masse wieder 80 kg. Die Masse ist die gleiche wie auf der Erde.

Anders verhält es sich mit der Gewichtskraft. Das Bild rechts zeigt, dass der Federkraftmesser für den gleichen Körper unterschiedliche Gewichtskräfte angibt. Die Gewichtskraft ist auf jedem Himmelskörper anders.

Die Astronauten konnten sich so leicht bewegen, weil ihre Gewichtskraft auf dem Mond viel geringer ist als auf der Erde.

Hängen verschiedene Wägestücke an einem Federkraftmesser, so erkennt man, dass ein Körper mit doppelter (dreifacher) Masse am gleichen Ort auch die doppelte (dreifache) Gewichtskraft hat. Masse und Gewichtskraft sind also proportional: $F_G \sim m$.

Beide Größen sind deshalb so eng miteinander verknüpft, weil die Anziehung der Körpermasse durch die Erde die Ursache für die Gewichtskraft des Körpers ist.

Um aus der Masse die Gewichtskraft berechnen zu können, benötigen wir einen Proportionalitätsfaktor. Dieser wird mit g bezeichnet und auch **Ortsfaktor** genannt, da er ortsabhängig ist. Mit seiner Hilfe wird aus der Proportionalität $F_G \sim m$ die Gleichung:

$\boldsymbol{F_G = m \cdot g}$.

Da die Unterschiede der Gewichtskräfte eines Körpers an verschiedenen Orten der Erde gering sind, können wir sie vernachlässigen und für die Erde den einheitlichen Ortsfaktor $9{,}81\ \frac{N}{kg}$ als Mittelwert nehmen. Oft reicht für Überschlagsrechnungen der gerundete Wert $10\ \frac{N}{kg}$.

Für den Mond gilt ein anderer Wert: $1{,}62\ \frac{N}{kg}$, also etwa $\frac{1}{6}$ des Erdwertes.

Mithilfe der Gleichung $F_G = m \cdot g$ können wir auch die Masse berechnen, wenn wir für einen Körper mit dem Federkraftmesser die Gewichtskraft bestimmt haben. Die meisten Waagen nutzen diese Methode der Massebestimmung.

Zentraler Versuch

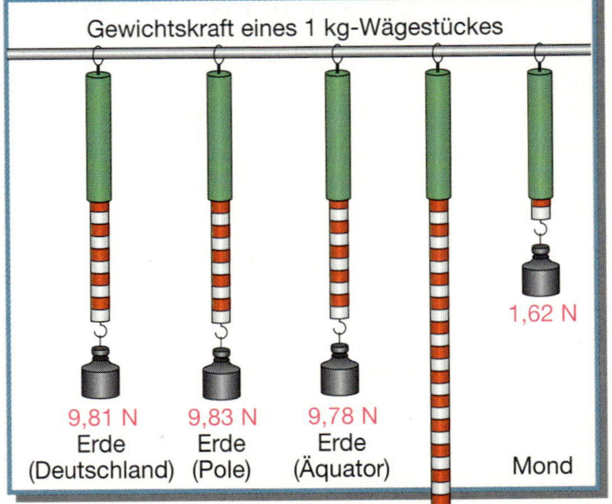

Rechenbeispiel

1. Mit welcher Kraft kannst du einen Spaten in die Erde drücken, wenn du dich darauf stellst?

Geg.: $m = 45\,kg$; $g = 9{,}81\ \frac{N}{kg}$
Ges.: F_G

Lösung: $F_G = m \cdot g$

$F_G = 45\ kg \cdot 9{,}81\ \frac{N}{kg}$

$F_G = 441{,}45\ N$

Deine Gewichtskraft beträgt rund 440 N. Mit ihr drückst du den Spaten in den Boden.

2. Wie groß ist die Masse einer Schultasche?

Geg.: $F_G = 65{,}5\,N$; $g = 9{,}81\ \frac{N}{kg}$
Ges.: m

Lösung:
Aus $F_G = m \cdot g$ folgt

$m = \frac{F_G}{g} = \frac{65{,}5\ N}{9{,}81\ N/kg}$

$m = 6{,}68\ kg$

Die Schultasche hat eine Masse von rund 6,7 kg.

Die Masse ist vom Ort unabhängig, die Gewichtskraft dagegen ist ortsabhängig.

Die Gewichtskraft lässt sich berechnen als Produkt aus der Masse m und dem ortsabhängigen Faktor g: $F_G = m \cdot g$
Der Ortsfaktor hat auf der Erde den Wert $g = 9{,}81\ \frac{N}{kg}$.

Aufgaben

1 Berechne für folgende Massen die zugehörigen Gewichtskräfte:
1 Stück Butter (250 g);
1 Tafel Schokolade (100 g);
LKW (7,5 t); Gewichtheber (120 kg);
Schülerin (42 kg).

2 Berechne die Massen der Körper, die folgende Gewichtskräfte haben: PKW (12 kN); 1 Tüte Mehl (9,8 N); Blauwal (1,3 MN).

3 Begründe, warum zum Start der gleichen Raumsonden vom Mond aus viel weniger Treibstoff notwendig wäre als zum Start von der Erde.

4 Haben zwei Körper gleicher Masse auch auf dem Mond die gleiche Gewichtskraft?

5 Um den bemannten Flug zum Mars zu meistern, ist eine Raumstation im Orbit um die Erde als Montage- und Startbasis geplant. Welche Vorteile hat diese im Vergleich zum Start von der Erde aus?

6 Wie groß ist der Fehler (in Prozent), wenn du dich mit einer für Deutschland geeichten Personenwaage am Äquator bzw. am Pol wiegst? Werte dein Ergebnis.

Die Personenwaage

Streifzug

Wiegen wir uns mit einer Personenwaage, so nutzen wir den Zusammenhang zwischen Gewichtskraft und Masse. Unsere Gewichtskraft wirkt auf das Trittbrett der Waage. Über ein Gestänge wird diese Kraft auf eine Feder übertragen. Je größer die Gewichtskraft ist, desto stärker wird die Feder gedehnt. Über einen Hebelmechanismus wird ein Zahnrad gedreht, an dem eine Drehscheibe befestigt ist. Geschickterweise kann man auf ihr gleich die Masse in kg ablesen.

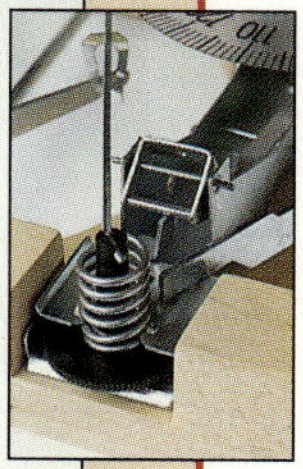

Da hier die Masse über die Gewichtskraft bestimmt wird, gibt diese Waage nur für die Erde die richtigen Werte an. Auf dem Mond würde sie falsche Massen anzeigen.

Natürlich kann man mit der Personenwaage auch andere Dinge wiegen, z. B. einen Koffer, aber auch den Hund oder die Katze. Da diese nicht allein auf der Waage stehen bleiben, stellt man sich am besten einmal mit und einmal ohne das Tier auf die Waage. Mit dieser ***Differenzwägung*** kann dann die Masse von Hund oder Katze bestimmt werden.

Wie genau nehmen wir es mit Zahlen?

Streifzug

Wenn du das Rechenbeispiel 2 nachrechnest, so wirst du feststellen, dass dein Taschenrechner das Ergebnis 6,6768603 kg ausgibt.

Anders als in der Mathematik müssen wir aber in der Physik stets beachten, dass unsere Größen Messwerte und somit fehlerbehaftet sind. Ein Ergebnis genauer anzugeben als die Werte, aus denen es gewonnen wurde, ist nicht sinnvoll.
Am Beispiel dieser Aufgabe wollen wir dies verdeutlichen:

- Der Federkraftmesser hat als kleinste Skaleneinteilung 1 N. Der Wert 65,5 N in der Rechnung ist also nur geschätzt. Die tatsächliche Gewichtskraft liegt aber mit Sicherheit zwischen 65,0 und 66,0 N.
- Unsere gegebenen Größen F_G bzw. g hatten drei Stellen. Das richtige Ergebnis ist dann sinnvollerweise nur dreistellig: 6,68 kg.

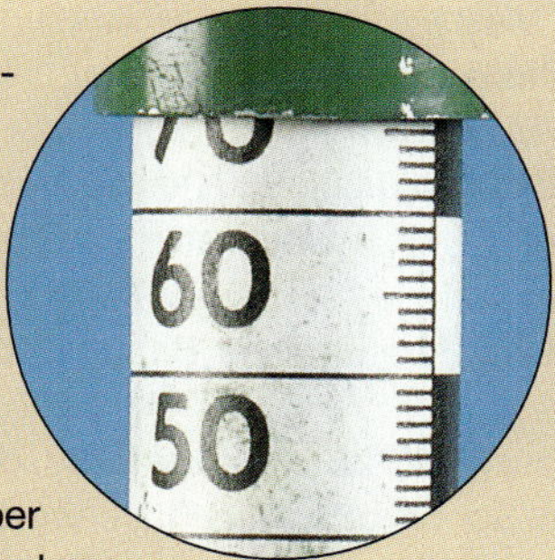

66,0 : 9,81 =

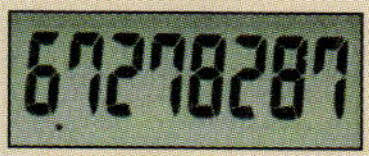

65,0 : 9,81 =

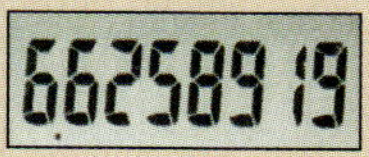

Als allgemeine Regel gilt:
Das Ergebnis darf nur mit so vielen Stellen angegeben werden, wie bei den gegebenen Größen mindestens vorhanden sind.

Versuche und Aufträge

Masse und Gewichtskraft

V1 Benutze alle Waagen bei euch zu Hause und vergleiche ihre Genauigkeit. Als Körper zum Wiegen kannst du z. B. eine Getränkepackung, ein Glas Wasser und einen Bleistift o. Ä. nehmen. (Achtung! Beachte die Angaben auf der Waage und stelle keinen Körper mit einer für die Waage zu großen Masse darauf – sie könnte dadurch zerstört werden.)

V2 Wiege verschiedene Gegenstände mit den Waagen bei euch zu Hause ab (z. B. Schultasche, Koffer, aber auch dich selbst oder deinen Hund).

V3 Überprüfe die Masseeinteilung für Mehl und für Zucker auf einem Messbecher durch Wiegen.

V4 Baue dir eine einfache Balkenwaage zum Aufhängen. Du benötigst einen Holzstab, der in der Mitte und im gleichen Abstand von der Mitte an den Enden eingekerbt wird, festen Zwirn und zwei gleiche Deckel aus Kunststoff als Waagschalen. Die Deckel werden am Rand an drei Punkten durchstochen und mit je drei Fäden an den äußeren Kerben befestigt.
Als Wägestücke nimmst du die Riegel einer Schokoladentafel. Miss zunächst in der Einheit „1 Schoko“.
a) Teste nun die Genauigkeit deiner Waage, indem du berechnest, welcher Masse „1 Schoko“ entspricht.
b) Wiege nun Gegenstände dir bekannter Masse ab.

V5 Verkürze bei deiner selbst gebauten Waage den Abstand zwischen der Mitte des Holzstabes und der Aufhängung der Waagschale für die Schokostücke auf die Hälfte. Teste auch diese Waage und beschreibe den Unterschied.

Streifzug

Alle Körper ziehen einander an

Die Erdanziehungskraft wirkt nicht nur auf uns, wenn wir auf dem Boden stehen. Sie wirkt genauso, wenn wir uns mit einem Flugzeug in der Luft befinden. Mit zunehmender Höhe nimmt die Kraftwirkung durch die Erde zwar ab, sie wirkt aber unendlich weit – auch im Weltall. Diese Kraft wird **Gravitationskraft** genannt.

Da jeder Planet eine Masse hat, wirken zwischen allen Planeten Gravitationskräfte. Die Sonne mit ihrer unvorstellbar großen Masse von $2 \cdot 10^{30}$ kg =
2 000 000 000 000 000 000 000 000 000 000 kg
übt die stärkste Kraft im Planetensystem auf alle Körper aus. Eine Kraft von $3{,}5 \cdot 10^{22}$ N ist dafür verantwortlich, dass unsere Erde auf ihrer Bahn um die Sonne gehalten wird.
Sich gegenseitig anzuziehen ist aber keine besondere Eigenschaft der Sonne bzw. der Planeten. Da die Ursache für die Anziehungskraft einzig und allein die Masse ist, ziehen sich alle Körper gegenseitig an, denn jeder Körper besitzt eine Masse.
Im Vergleich zur Masse von Himmelskörpern sind die Massen von Gegenständen auf der Erde aber verschwindend klein. Deshalb sind die hier auftretenden Anziehungskräfte extrem gering.

Auch wenn wir vor einem großen Schiff mit einer Masse von 100 000 t stehen, beträgt die Anziehungskraft zwischen dem Schiff und uns weniger als ein tausendstel Newton. Selbst die Anziehungskraft zwischen zwei solchen Riesenschiffen, die unmittelbar nebeneinander liegen, übersteigt noch nicht die Muskelkraft eines Menschen.

Wie du von der Erde angezogen wirst, so ziehst du also auch deinen Banknachbarn oder deine Mitschülerin neben dir an. Allerdings ist die Anziehungskraft so gering, dass du sie nicht spürst.

WÄGEN GESTERN UND HEUTE

Schon im 6. Jahrtausend v. Chr. baute man in Mesopotamien einfache Waagen aus Holz. In ägyptischen Bildern sind Balkenwaagen dargestellt, welche sehr genaue Messungen erlaubten.

Für die Masse von Diamanten oder Brillanten wurde eine besondere Einheit festgelegt, das Karat: 1 Karat = 200 mg.

Der größte, je gefundene Diamant ist der Cullinan mit 3106 Karat. Er wurde in 105 Stücke zerteilt, von denen die größten in Zepter, Krone und Ring der englischen Könige eingesetzt wurden.

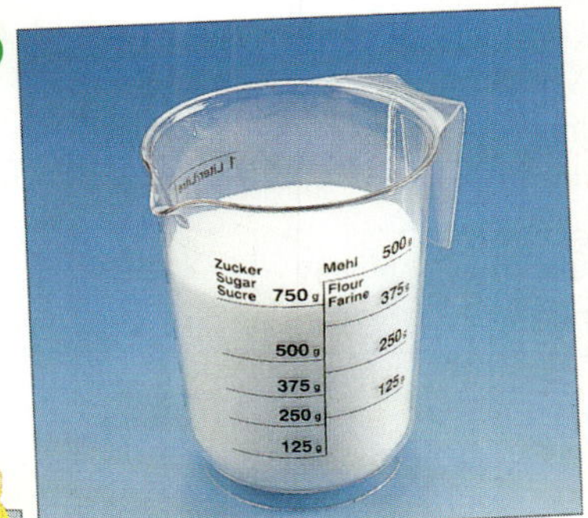

Mit der Spezialisierung bei allen Arbeiten in der Jungsteinzeit (vor etwa 10 000 Jahren) entwickelte sich auch der Handel. Um Waren tauschen zu können, war es notwendig, die Menge der Ware zu bestimmen. Eine Methode dazu ist die Volumenmessung z. B. mit einem Messbecher. Früher wurde ein solches Messinstrument *Scheffel* genannt.

Aber nicht alle Waren lassen sich so mengenmäßig bestimmen. Bei Goldklumpen oder Steinsalzstücken ist dies nicht möglich, da zwischen den Stücken viel Luft mitgemessen würde. Dies war der Grund für die Entwicklung von Waagen.

Wa
kön
not
der
Ein
die
B. m
be
ma
Me
Sch
Nic
sic
be
ein
mö
den

Laufgewichtswaage

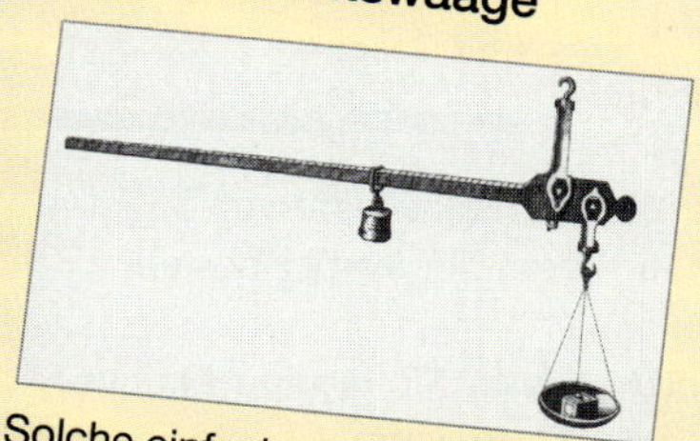

Solche einfachen, in der Hand zu haltenden Waagen gibt es seit Jahrhunderten. Heute finden wir sie noch auf Märkten.

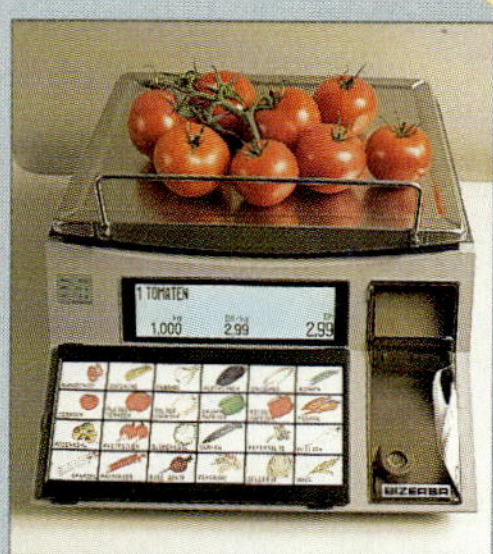

Sackwaage und Küchenwaage sind Beispiele für Federwaagen. Sie arbeiten nach dem gleichen Prinzip wie ein Federkraftmesser, nur dass ihre Skalen schon in g oder kg geeicht sind.

Die modernen elektronischen Waagen in Supermärkten haben keine Federn mehr, sondern Messstreifen, die verbogen werden. Die Verbiegung wird in elektrische Signale umgewandelt und weiter verarbeitet.

Die Dichte

Das Bad soll renoviert werden. Neue Fliesen und Deckenplatten sind nötig und werden gekauft. Den großen Stapel Deckenplatten kann Petra leicht tragen; am sehr viel kleineren Paket Fliesen dagegen hat Frank schwer zu schleppen. Groß ist also nicht immer gleich schwer und klein nicht immer gleich leicht!

Welche Eigenschaft der Körper ist dafür verantwortlich, ob eine bestimmte Menge Stoff (Volumen) schwer oder leicht ist? Wie kann man diese Größe messen?

Wir betrachten Masse und Volumen

Bei den Deckenplatten und den Fliesen haben wir hier zwei Größen, die unterschiedlich sind: die Masse und das Volumen. Wir müssen also Masse und Volumen beachten.
Für unsere Fliesen ergibt sich folgende Tabelle:

Anzahl der Pakete	Masse m	Volumen V	$\frac{m}{V}$
1	8,2 kg	3,9 dm^3	2,1 $\frac{kg}{dm^3}$
2	16,4 kg	7,8 dm^3	2,1 $\frac{kg}{dm^3}$
3	24,6 kg	11,7 dm^3	2,1 $\frac{kg}{dm^3}$
4	32,8 kg	15,6 dm^3	2,1 $\frac{kg}{dm^3}$

Für die Deckenplatten aus Styropor ergeben sich folgende Werte:

Anzahl der Stapel	Masse m	Volumen V	$\frac{m}{V}$
1	425 g	25 dm^3	0,017 $\frac{kg}{dm^3}$
2	850 g	50 dm^3	0,017 $\frac{kg}{dm^3}$
3	1275 g	75 dm^3	0,017 $\frac{kg}{dm^3}$
4	1700 g	100 dm^3	0,017 $\frac{kg}{dm^3}$

Für beide Stoffe stellen wir fest, dass der Quotient aus Masse und Volumen jeweils gleich ist. Für Körper eines Stoffes sind Masse und Volumen somit proportional zueinander. Dies gilt für alle Körper, deren Stoff überall gleichartig (homogen) ist.

Dichte als Stoffeigenschaft

Ein Stück Styropor ist also leichter als ein gleich großes Stück einer Fliese, d. h. 1 dm^3 Styropor hat eine kleinere Masse als 1 dm^3 Fliesen. Dies ist eine Eigenschaft der Stoffe Styropor bzw. Keramik.

Jeder Stoff hat bei einem bestimmten Volumen (z. B. 1 dm^3) eine andere Masse. Diesen Wert der Masse pro dm^3 Volumen bezeichnet man als **Dichte** des Stoffes.

Definition / Einheiten

Dichte

Die Einheit ist 1 $\frac{kg}{dm^3}$.
Das Formelzeichen ist ρ (rho).

Weitere Einheiten:
- für Feststoffe: $1 \frac{kg}{dm^3} = 1 \frac{g}{cm^3}$
- für Flüssigkeiten: $1 \frac{kg}{l} = 1 \frac{g}{cm^3}$
- für Gase: $1 \frac{g}{l}$

Die Dichte lässt sich als Quotient aus Masse und Volumen berechnen. Sie ist eine rein stoffabhängige Größe, d. h. jeder Stoff hat seinen eigenen Wert für die Dichte. Deshalb lässt sich aus dem Zahlenwert für die Dichte mithilfe von Tabellen der Stoff bestimmen, aus dem der Körper besteht.

Natürlich besitzen nicht nur feste Stoffe eine Dichte. Auch für Flüssigkeiten und Gase kann sie bestimmt werden. Für Flüssigkeiten ist dies einfach, bei Gasen bereitet jedoch die Bestimmung der geringen Masse Schwierigkeiten.

Die Dichte gibt eine Eigenschaft des Stoffes an, aus dem der Körper besteht. Sie wird als Quotient aus Masse m und Volumen V eines Körpers berechnet:
$\rho = \frac{m}{V}$

Aufgaben

1 Ein Schmuckring der Masse 3,4 g hat ein Volumen von 0,32 cm^3. Berechne die Dichte. Aus welchem Material besteht der Ring vermutlich?

2 Berechne die Masse von 7,5 Liter Wasser.

3 Berechne die Massen deiner Schulbücher.

4 **a)** Welches Volumen haben ein Goldbarren bzw. ein Silberbarren der Masse 1 kg?
b) Nenne Alltagsgegenstände, die ein ähnliches Volumen besitzen, und schätze deren Masse.

5 Ein Fahrradrahmen aus Stahl hat ein Volumen von 1,5 dm^3. Ein Rahmen aus Aluminium hat das Volumen 2,5 dm^3. Berechne die Massendifferenz. Vergleiche die Gewichtskräfte.

6 Der Inhalt einer 120 l-Hausmülltonne hat im Schnitt eine Masse von 15 kg. Im Müllauto wird der Müll auf eine Dichte von 500 $\frac{g}{l}$ komprimiert. Wie viele 120 l-Mülltonnen können in ein Müllauto mit 20 m^3 Laderaum geleert werden?

Stoff	Dichte bei 20 °C
Aluminium	2,7 $\frac{g}{cm^3}$
Messing	8,5 $\frac{g}{cm^3}$
Gold	19,3 $\frac{g}{cm^3}$
Silber	10,5 $\frac{g}{cm^3}$
Papier	0,9 $\frac{g}{cm^3}$
Steingut	2,4 $\frac{g}{cm^3}$
Mauerwerk	1,6 $\frac{g}{cm^3}$
Beton	2,3 $\frac{g}{cm^3}$
Eisen	7,8 $\frac{g}{cm^3}$
Styropor	0,017 $\frac{g}{cm^3}$
Wasser	1,0 $\frac{kg}{l}$
Öl	0,81 $\frac{kg}{l}$
Benzin	0,70 $\frac{kg}{l}$
Luft	1,3 $\frac{g}{l}$
Wasserstoff	0,089 $\frac{g}{l}$
Kohlenstoffdioxid	2,0 $\frac{g}{l}$
Helium	0,18 $\frac{g}{l}$

Rechenbeispiel

Ein Quader aus einem unbekannten Stoff ist 5,0 cm breit, 9,0 cm lang und 7,0 cm hoch. Seine Masse beträgt 2480 g.

a) Berechne die Dichte des Quaders.
b) Aus welchem Stoff besteht er?

Geg.: $m = 2480$ g
$a = 5{,}0$ cm
$b = 9{,}0$ cm
$c = 7{,}0$ cm

Ges.: ρ

Lösung:

$V = a \cdot b \cdot c$
$= 5{,}0\ \text{cm} \cdot 9{,}0\ \text{cm} \cdot 7{,}0\ \text{cm}$
$= 315\ \text{cm}^3$

$\rho = \frac{m}{V} = \frac{2480\ \text{g}}{315\ \text{cm}^3} = 7{,}87\ \frac{\text{g}}{\text{cm}^3}$

Die Dichte des Stoffes beträgt rund 7,9 $\frac{g}{cm^3}$.

Der Quader besteht vermutlich aus Eisen ($\rho = 7{,}8\ \frac{g}{cm^3}$).

Dichten im Universum

Streifzug

Im Weltall finden wir die verschiedensten Werte für die Dichte:
Die kleinsten Werte besitzen die weiten Räume zwischen den Sternen. Hier herrschen Zustände, die wir auf der Erde als höchstes Vakuum bezeichnen würden. Trotzdem sind sie nicht leer. In jedem m^3 befinden sich noch einige wenige Gas- oder Staubteilchen. Viele Millionen km^3 haben aber noch nicht einmal die Masse von 1 g. Die größte bekannte Dichte besitzen Neutronensterne mit $\rho \approx 10^{15}\ \frac{g}{cm^3}$.

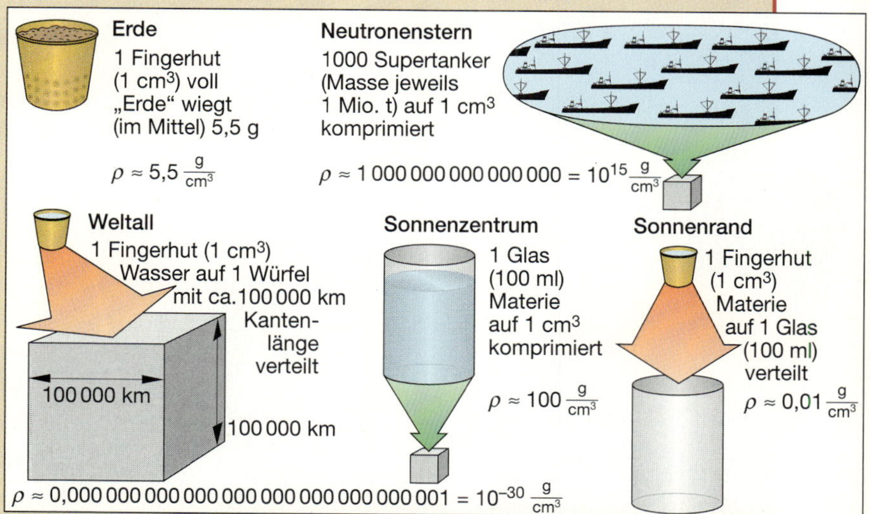

Volumenbestimmung unregelmäßiger Körper

Oft muss das Volumen von Körpern bestimmt werden, für die es keine einfachen oder gar keine Formeln gibt. Für solche unregelmäßigen Körper wendet man zur Volumenbestimmung eines der beiden im Bild dargestellten Verfahren an.
Wir nutzen dabei die Volumenmessung von Flüssigkeiten mit dem Messzylinder und die Grundeigenschaft aller Körper, sich gegenseitig zu verdrängen.

- Im linken Bildteil ist das **Differenzverfahren** dargestellt. Hier wird das Volumen des Wassers ohne den Körper (oberer Messzylinder) und mit dem vollständig eingetauchten Körper (unterer Messzylinder) gemessen. Die Differenz der beiden Volumina entspricht dem Volumen des eingetauchten Körpers, denn so viel Wasser hat er verdrängt.

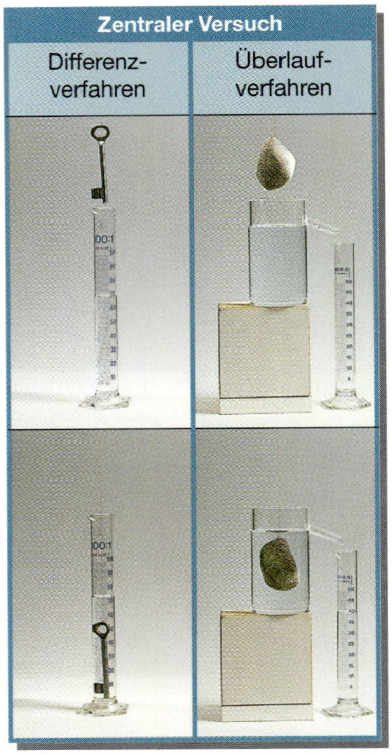

- Im rechten Bildteil sehen wir das **Überlaufverfahren.** Das Glas mit dem Überlauf ist bis zum seitlichen Ausfluss gefüllt. Wird nun der Körper vollständig eingetaucht, so läuft das von ihm verdrängte Wasser in den Messzylinder. Das Volumen dieser Wassermenge ist gleich dem Volumen des Körpers. Das Überlaufverfahren eignet sich oft besser, da größere Körper nicht in die schmalen Messzylinder hineinpassen.

Beim Ablesen am Messzylinder muss stets waagerecht auf die Skala geblickt werden. Gemessen wird an der Fläche der Flüssigkeitssäule, nicht an deren Rand.

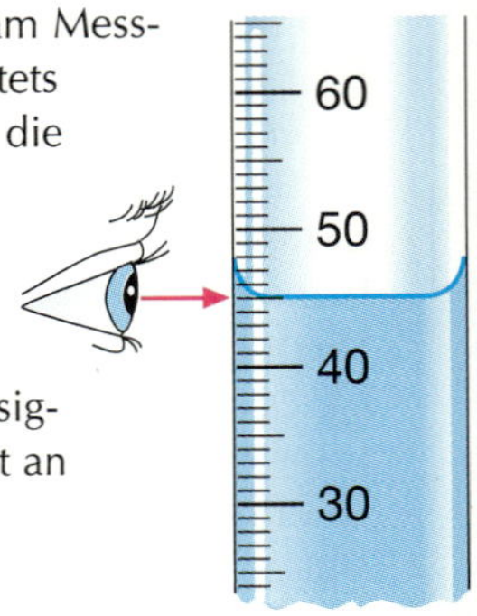

Definition / Einheiten

Volumen

Die Einheit ist $1\,m^3$.
Das Formelzeichen ist V.

Weitere Einheiten:

Kubikdezimeter: $1\,dm^3 = \frac{1}{1000}\,m^3 = 1000\,cm^3$

Kubikzentimeter: $1\,cm^3 = \frac{1}{1000}\,dm^3 = 1000\,mm^3$

Kubikmillimeter: $1\,mm^3 = \frac{1}{1000}\,cm^3$

- für Flüssigkeiten und Gase:

Liter: $1\,l = 1\,dm^3 = 1000\,cm^3$

Milliliter: $1\,ml = \frac{1}{1000}\,l = 1\,cm^3$

Hektoliter: $1\,hl = 100\,l$

Kräfte

Prüfe dein Wissen

A1 a) Beantworte zu den Merkzettel-Begriffen folgende Fragen: Was bedeutet der Begriff? Wie und in welcher Einheit wird diese Größe gemessen? Gibt es Formeln dafür? Gibt es sonst noch Wissenswertes über diesen Begriff?
b) Wenn du die Fragen nicht auf Anhieb beantworten kannst, dann lies die entsprechenden Seiten im Buch noch einmal gründlich durch.
c) Notiere auf der Vorderseite von Karteikarten den Begriff, auf der Rückseite die Erläuterung.

A2 a) Erstelle eine Übersicht für die Wirkungen einer Kraft. Unter welcher Bedingung kommt es zur jeweiligen Kraftwirkung?
b) Welche Winkel müssen Kraftrichtung und Bewegungsrichtung jeweils zueinander haben, damit ein Ball beschleunigt oder verzögert oder aus seiner Bewegungsrichtung abgelenkt werden kann?
c) Welche Formänderungen sind in der Grafik dargestellt? Begründe.

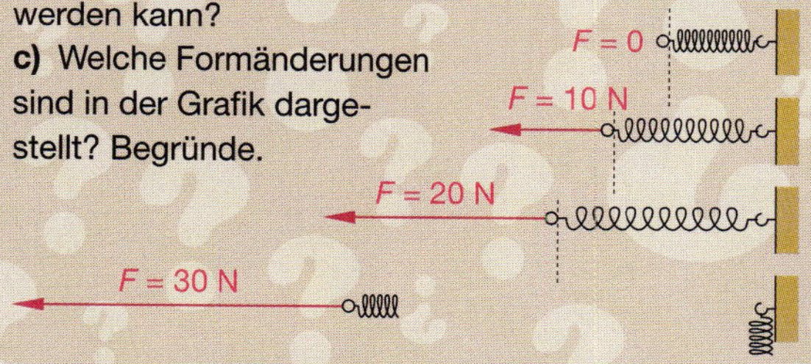

A3 a) Beschreibe den Bau eines Federkraftmessers.
b) Erläutere, was bei der Messung mit einem Federkraftmesser alles zu beachten ist.
c) Vergleiche die beiden Graphen rechts.
d) Lies jeweils zwei Wertepaare ab und berechne die Federkonstante. Was stellst du fest?

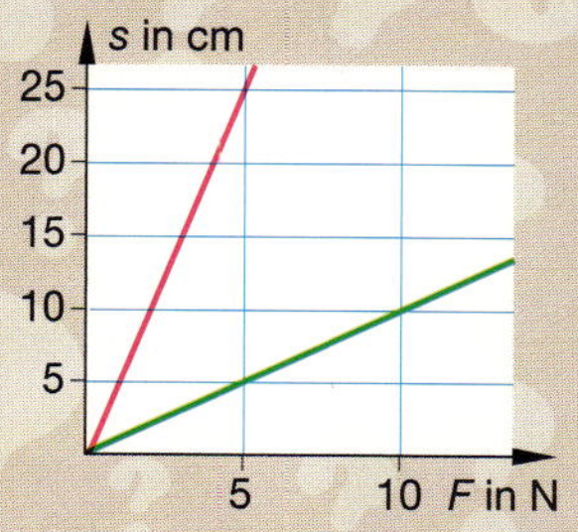

A4 a) Wenn eine Kraft entgegen der Bewegungsrichtung wirkt, wird der Körper abgebremst. Was geschieht, wenn die Kraft über den Stillstand des Körpers hinaus weiter wirkt?
b) Wirkt eine Kraft in Bewegungsrichtung auf einen Körper, wird er beschleunigt. Warum fährt dann ein PKW auf der Autobahn mit konstanter Geschwindigkeit, obwohl durch den Motor dauernd eine Kraft in Bewegungsrichtung wirkt?

A5 a) Wodurch entsteht die Gewichtskraft?
b) Berechne deine Gewichtskraft auf der Erde (Pol, Äquator), auf der Sonne, auf dem Mond. Stelle die Gewichtskräfte mit Kraftpfeilen dar. Vergiss den Maßstab nicht. Gib auch jeweils deine Masse an.
c) Beschreibe die Veränderung deiner Gewichtskraft bei einer Fahrstuhlfahrt.
d) Astronauten, die im Raumschiff die Erde umkreisen, haben keine Gewichtskraft mehr. Wirkt auf sie keine Erdanziehungskraft mehr?
e) Welche Masse würde eine Personenwaage während der verschiedenen Phasen einer Fahrstuhlfahrt jeweils anzeigen?
f) Würde eine Balkenwaage das gleiche Beobachtungsergebnis wie die Personenwaage in Aufgabe e) liefern? Begründe.

A6 a) Was geschieht, wenn eines der Kinder bzw. beide am Seil ziehen? Begründe.
b) Was geschieht, wenn nur ein Kind auf einem Skateboard steht und das andere auf der Straße? Begründe.
c) Was geschieht, wenn sich ein Kind mit seiner Muskelkraft
- von einer Wand
- von einem auf der Wäscheleine hängenden Laken abdrückt?

A7 Ein Pkw fährt auf trockener Straße mit einer Geschwindigkeit von 45 $\frac{km}{h}$. Berechne den Anhalteweg
a) für eine Reaktionszeit von 0,8 s;
b) für eine doppelt so lange Reaktionszeit.
c) Erkläre, warum der Anhalteweg bei nasser oder vereister Straße deutlich länger ist als bei trockener.

Die wichtigsten Begriffe

Druck

Druck herrscht überall: unter Wasser, in der Luft, in den Tiefen der Erde, in einem aufgeblasenen Luftballon, in der Wasserleitung, in der Colaflasche, … . Gibt es Druck aber auch im Weltall oder in Räumen, in denen nichts mehr drin ist, nicht einmal Luft? Wie können wir den Zustand, den wir Druck nennen, beschreiben und wie sein Zustandekommen erklären? Wie messen wir Drücke?

Was nicht schwimmt, geht im Wasser unter – nur im Wasser? Was sind die Bedingungen für „Schwimmen" und „Sinken"? Gibt es Vergleichbares auch in Luft? Was hat der Druck mit Schwimmen und Sinken zu tun?

Mit dem Presslufthammer geht das Aufreißen der Straße viel leichter als mit einer Spitzhacke. Die nötige Druckluft wird von einem Kompressor in einiger Entfernung erzeugt. Wie entsteht Druckluft? Verliert sie ihre Kraft auf dem Weg vom Kompressor zum Presslufthammer? Wovon hängt die Kraft ab, mit der der Stahlmeißel in den Beton getrieben wird?

Kolbendruck

Den Begriff „Druck“ kennen wir aus vielen Bereichen: Wer freut sich nicht, wenn im Sommer ein kräftiges Hochdruckgebiet und damit Sonne im Wetterbericht verkündet wird? Das Wasser in den Wasserleitungen und das Gas in den Gasleitungen stehen unter Druck. Und ohne den richtigen Druck in den Schläuchen könnte die Feuerwehr nicht den Brand löschen.
Was aber ist „Druck“? Was geschieht im Inneren der Körper, in denen ein Druck herrscht? Welche Wirkungen ruft der Druck hervor?

Druck in Flüssigkeiten

Im Bild rechts sehen wir, dass durch die Kraft auf den Kolben die abgeschlossene Flüssigkeitsmenge die Gefäßwand nach außen drückt.
Wir wissen, dass zur Verformung eines Körpers eine Kraft notwendig ist. Die Flüssigkeit wirkt also mit einer Kraft auf die Gefäßwände ein. Diesen Zustand der Flüssigkeit bezeichnet man mit dem Begriff **Druck.** Man sagt: In der Flüssigkeit herrscht ein Druck. Erzeugt wird dieser Druck durch die Kraft auf den Kolben. Wir erkennen den Druck an der Kraftwirkung auf die Gefäßwände.

Zentraler Versuch

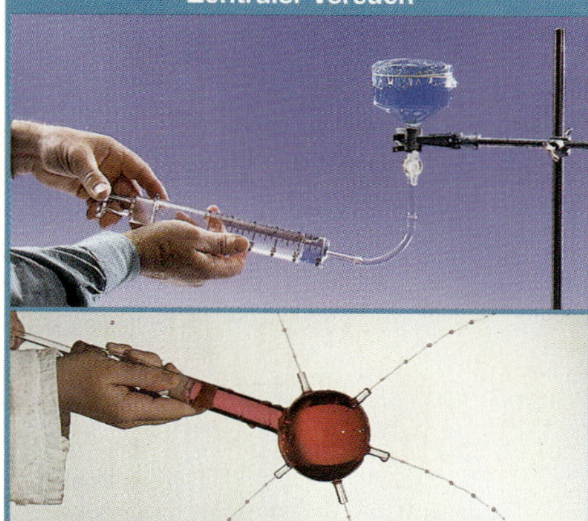

Die Kugelspritze im unteren Foto zeigt uns, dass die Kraft des Kolbens zwar nur in eine Richtung wirkt, das Wasser aber nach allen Seiten gleichmäßig heraus spritzt. Daraus können wir folgenden Schluss ziehen:
Wenn durch die Kraftwirkung auf den Kolben im Inneren von abgeschlossenen Flüssigkeiten ein Druck entsteht, so herrscht in der Flüssigkeit an allen Stellen der gleiche Druck.

Im Teilchenbild können wir uns das so vorstellen:
In einer Flüssigkeit sind die Teilchen gegeneinander verschiebbar. Sie füllen den Raum bis an die Gefäßwände vollständig aus. Das Volumen einer Flüssigkeit kann man deshalb durch äußere Kräfte nicht verkleinern. Flüssigkeiten sind inkompressibel.
Wenn nun durch das Verschieben des Kolbens der für die Teilchen verfügbare Raum plötzlich verkleinert wird, so drücken die Teilchen die Gefäßwand nach außen, um den für sie notwendigen Platz zu erhalten und üben somit Kräfte auf die Gefäßwände aus. Die Summe dieser Kräfte verformt die Gefäßwände. An dieser Wirkung ist der Druck erkennbar.

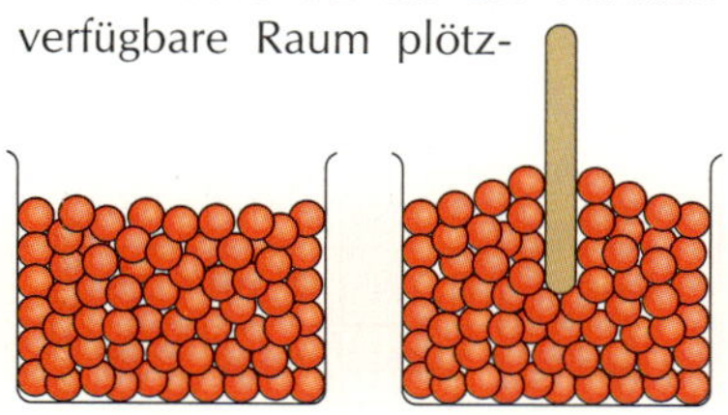

Wird eine abgeschlossene Flüssigkeitsmenge durch einen Kolben zusammen gepresst, so üben die Teilchen eine Kraft senkrecht auf alle Gefäßwände aus – in der Flüssigkeit herrscht ein Druck.
Der Druck ist überall in der Flüssigkeit gleich groß.

Aufgaben

1 Erläutere im Teilchenbild, warum bei einem Wasserrohrbruch nur noch wenig Wasser aus dem Wasserhahn läuft.
2 Impfnadeln sind heute äußerst dünn. Der Einstich ist kaum zu spüren. Warum schmerzt die Impfstelle hinterher dennoch stark?
3 Erläutere die Funktionsweise einer Wasserspritzpistole.
4 Was passiert, wenn ein Fahrradreifen mit Wasser gefüllt würde?

Druck, Kraft und Fläche

Die auf der vorhergegangenen Seite genannten Eigenschaften des Druckes

- sich allseitig auszubreiten
- an allen Stellen gleich groß zu sein

lassen sich auch für seine Messung nutzen:
Um den Druck in einer Flüssigkeit zu ermitteln, ist es nur notwendig, den Druck an einer einzigen Stelle zu messen. Auch eine Verbindung vom Messgerät, dem **Manometer,** zur Flüssigkeit über ein im Prinzip beliebig langes Rohr ist ausreichend.
Wird der Druck in der Flüssigkeit erhöht, so erhöht sich der Druck im Manometer ebenfalls. Die Flüssigkeit im Manometer drückt dann auf die Membran, die verformt wird. Die Stärke der Verformung ist abhängig von der Größe der wirkenden Kraft und damit direkt vom Druck. Die Membran bewegt dabei über das Gestänge ein Zahnradsegment. Dieses Zahnradsegment dreht über das kleine Zahnrad den Zeiger weiter. Die Teile sind so aufeinander abgestimmt, dass eine kleine Auslenkung der Membran eine große Bewegung des Zeigers ergibt.

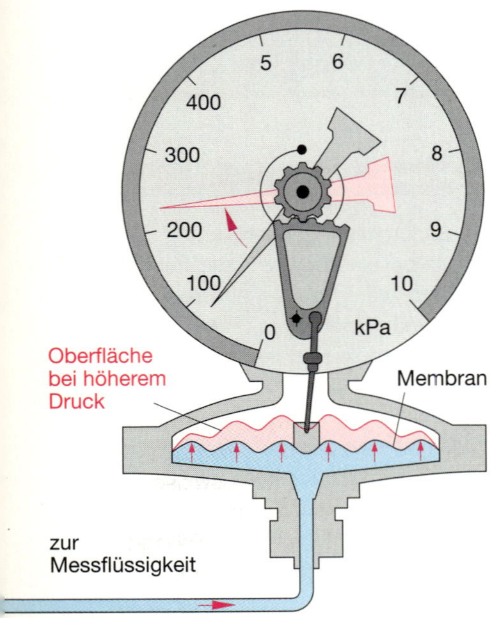

Um das Manometer eichen zu können, also zur Festlegung, was die **Einheit des Druckes 1 Pa** (Pascal) bedeutet, müssen wir wissen, von welchen physikalischen Größen der Druck wie abhängt.

Im Experiment erzeugen wir durch die Gewichtskraft der Wägestücke auf den linken Kolbenprober ① einen Druck in der Flüssigkeit. Durch die nun auf alle Gefäßwände wirkenden Kräfte werden die anderen Kolben nach oben gedrückt. Um deren Aufwärtsbewegung zu verhindern, legen wir auf sie so viele Wägestücke, dass jeder Kolben wieder in Ruhe ist. Dann herrscht Gleichgewicht zwischen der Gewichtskraft der Wägestücke und der Kraft, die durch den Druck in der Flüssigkeit auf die Kolben wirkt.
Der Druck ist in der gesamten Flüssigkeit gleich groß. Trotzdem liegen auf den Kolben unterschiedlich viele Wägestücke, um dieses Kräftegleichgewicht zu erzeugen. Die Messwerte in der Tabelle zeigen auch die Ursache dafür: Jeder der Kolben besitzt eine andere Grundfläche. Der Quotient aus der wirkenden Kraft und der Fläche, auf die die Kraft wirkt, ist in allen Fällen gleich. Deshalb wird er als Maß für den Druck verwendet. Für die Einheit des Druckes wurde festgelegt:
$1\ \text{Pa} = 1\ \frac{\text{N}}{\text{m}^2}$.

Zentraler Versuch

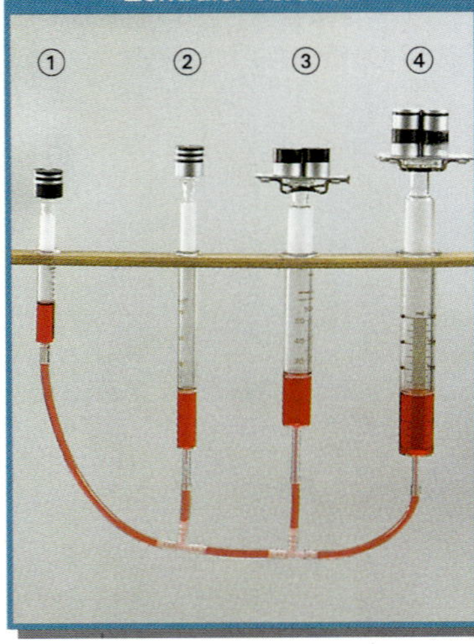

	Kraft	Fläche	$\frac{F}{A}$
Kolben ②	1,0 N	2 cm²	$0{,}5\ \frac{\text{N}}{\text{cm}^2}$
Kolben ③	2,0 N	4 cm²	$0{,}5\ \frac{\text{N}}{\text{cm}^2}$
Kolben ④	3,4 N	7 cm²	$0{,}49\ \frac{\text{N}}{\text{cm}^2}$

Definition / Einheiten

Druck

Die Einheit ist 1 Pa (Pascal).
$1\ \text{Pa} = 1\ \frac{\text{N}}{\text{m}^2}$
Das Formelzeichen ist p.

Weitere Einheiten:

Hektopascal:	1 hPa =	100 Pa
Kilopascal:	1 kPa =	1000 Pa
Bar:	1 bar =	100 kPa

Somit kann der Druck neben der direkten Messung mit einem Manometer auch über die Berechnung aus wirkender Kraft und Fläche bestimmt werden.

Betrachten wir nun den den Druck erzeugenden Kolben ① in unserem Experiment. Auch für ihn erhalten wir als Quotient aus wirkender Kraft und der Fläche, auf die die Kraft einwirkt, den gleichen Zahlenwert. Der erkannte Zusammenhang gilt somit für jeden der vier Kolben.

	Kraft	Fläche	$\frac{F}{A}$
Kolben ①	0,9 N	1,8 cm²	$0{,}5\ \frac{\text{N}}{\text{cm}^2}$

Der Druck lässt sich bestimmen als Quotient aus der auf eine Fläche senkrecht wirkenden Kraft und der Größe dieser Fläche:
$p = \frac{F}{A}$

Streifzug

Druck in der Medizin

Im Ruhezustand schlägt unser Herz zwischen 60 und 80 mal pro Minute. Mit jedem Herzschlag pumpt es Blut durch unseren Körper. Während der *Systole*, dem Zusammenziehen des Herzmuskels, wird vom Muskel auf die gesamte Gefäßwand der linken Herzkammer eine Kraft ausgeübt. Dadurch steigt der Druck des Blutes im Herzen und in allen Arterien an – wir spüren den Pulsschlag: Das Blut wird durch die engen Kapillargefäße gepresst. Danach nimmt der Druck in den Arterien wieder ab. Wenn sich der Herzmuskel entspannt, wird das Herz wieder mit Blut gefüllt. Während diese Phase, der *Diastole*, ist der Druck im Blut geringer.

Beim Blutdruckmessen werden die Druckwerte während der Systole und der Diastole ermittelt. Dafür wird der Oberarm oder das Handgelenk mit einer Manschette versehen. Wird die Manschette mit Luft aufgeblasen, so entsteht in ihr ein Druck. Die Wand der Manschette drückt den Arm zusammen. Wenn die Druckkraft groß genug ist, wird der Blutfluss unterbrochen. Dann wird die Luft langsam abgelassen. Bald ist der Puls wieder zu hören. Zu diesem Zeitpunkt ist der Druck in der Manschette etwa gleich dem Blutdruck. Auf dem an der Manschette angeschlossenen Manometer kann der Blutdruck der Systole abgelesen werden. Ist der Puls dann nicht mehr zu hören, fließt das Blut wieder ungehindert unter der Manschette hindurch. Jetzt kann der Druck während der Diastole abgelesen werden.

Der Blutdruck kann uns aber auch in Gefahr bringen. Wenn eine Ader platzt, so fließt Blut in das angrenzende Gewebe. Dies geschieht so lange, bis dieses Gewebe so gedehnt ist, dass der Druck im Gewebe eine gleich große Gegenkraft zur Kraft des Blutes auf das Gewebe aufbringt – die Blutung kommt zum Stehen, das Blut gerinnt. Nach Abheilung der Wunde wird das Blutgerinsel vom Körper abgebaut – der blaue Fleck verschwindet langsam wieder.
Platzt eine Ader im Gehirn, so wird durch das austretende Blut das Gehirn immer mehr zusammengedrückt und stirbt wegen mangelnder Durchblutung in diesen Regionen ab. Deshalb muss bei einer Blutung im Gehirn schnellstens dafür gesorgt werden, dass das Blut abfließen kann.

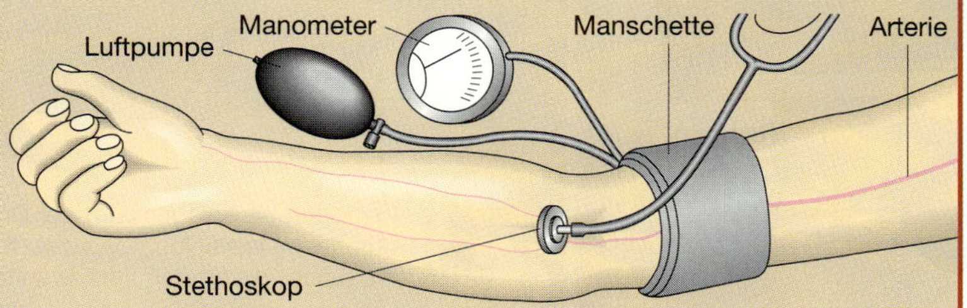

Rechenbeispiel

Auf den Kolben einer Luftpumpe ($A = 5\ \text{cm}^2$) wirkt eine Kraft von 70 N. Unter welchem Druck strömt die Luft in den Reifen?

Geg.: $F = 70\ \text{N}$; $A = 5\ \text{cm}^2 = 0{,}0005\ \text{m}^2$

Ges.: p

Lösung: $p = \frac{F}{A} = \frac{70\ \text{N}}{0{,}0005\ \text{m}^2}$
$= 140\,000\ \text{Pa}$
$= 140\ \text{kPa}$

Die Luft strömt unter einem Druck von 140 kPa in den Reifen.

Aufgaben

1 Der Kolben einer Spritze hat einen Durchmesser von 1 cm. Auf ihn wirkt eine Kraft von 15 N. Mit welchem Druck wird das Serum gespritzt?

2 In einer Wasserleitung herrscht ein Druck von 6,5 bar. Welche Kraft ist erforderlich, um einen geöffneten Wasserhahn mit der Hand zuzuhalten, wenn seine Öffnung 2 cm Durchmesser hat?

3 In einem Quader mit den Kantenlängen 3 cm, 4 cm und 5 cm wird eine Flüssigkeit mit dem Druck 5 bar eingeschlossen. Welche Kräfte wirken auf die Begrenzungsflächen?

4 Die Pumpe eines Springbrunnen erzeugt für eine hohe Fontäne im Wasser einen Druck von 20 bar. Wie groß darf die Öffnung, durch die das Wasser austritt, höchstens sein, damit du sie durch die Wirkung deiner Gewichtskraft allein durch Darauf-Stellen abdichten kannst?

5 Der Druck in einer Arterie liegt normalerweise bei etwa 120 mm Quecksilbersäule $\hat{=}$ 0,16 bar. Welche Kraft ist nötig, um die Arterie mit einem Finger ($A \approx 4\ \text{cm}^2$) abzudrücken?

Hydraulische Anlagen

Bei der Herleitung der Gleichung zur Berechnung des Druckes haben wir festgestellt: Bei gleichem Druck in der Flüssigkeit war für das Kräftegleichgewicht am Kolben mit der kleineren Querschnittsfläche eine kleinere Kraft notwendig als am Kolben mit der größeren Querschnittsfläche. Aus der Kenntnis dieses Zusammenhanges zwischen Kraft und Fläche beim Druck entstand eine sehr wichtige Art von Kraft umformenden Maschinen – die **hydraulischen Anlagen.**

Durch hydraulische Anlagen werden Kräfte übertragen und verändert. Für die Kraft am Arbeitskolben gilt:
$F_A = F_P \cdot \frac{A_A}{A_P}$

Die auf den Arbeitskolben wirkende Kraft lässt sich leicht berechnen: Der Druck in der Hydraulikflüssigkeit ist der Quotient aus der Kraft auf den Pumpkolben und seiner Fläche:

$p = \frac{F_P}{A_P}$.

Der gleiche Druck herrscht am Arbeitskolben. Deshalb gilt (wegen $p = \frac{F_A}{A_A}$ für den Arbeitskolben):

$$\frac{F_P}{A_P} = \frac{F_A}{A_A} \Rightarrow F_A = F_P \cdot \frac{A_A}{A_P}$$

Die Kraftwirkung am Arbeitskolben ist immer mit einer Bewegung des Arbeitskolbens verbunden. Um ihn eine bestimmte Strecke zu verschieben, muss der Pumpkolben einen viel größeren Weg zurücklegen (Goldene Regel der Mechanik).

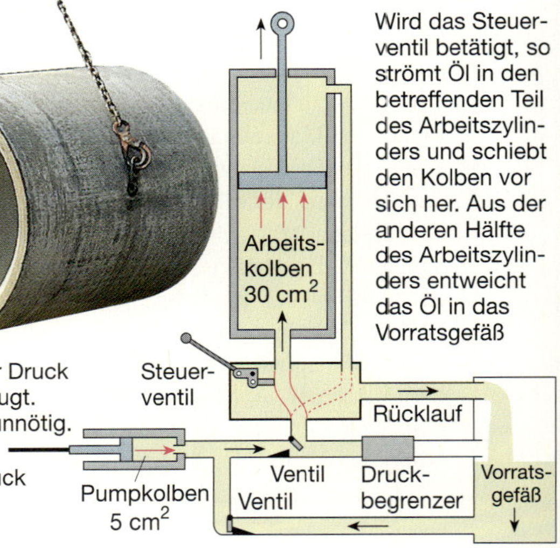

Wird das Steuerventil betätigt, so strömt Öl in den betreffenden Teil des Arbeitszylinders und schiebt den Kolben vor sich her. Aus der anderen Hälfte des Arbeitszylinders entweicht das Öl in das Vorratsgefäß

In modernen Anlagen wird der Druck durch eine Kreiselpumpe erzeugt. Sie macht die beiden Ventile unnötig.

Ein kleiner Pumpkolben, der vom Motor des Baggers angetrieben wird, erzeugt den Druck im Öl der gesamten Hydraulik-Anlage. Über feste Metallrohre und biegsame Schläuche wird die Kraft des Pumpkolbens auf die verschiedenen Arbeitskolben übertragen.

Aufgaben

1 Beschreibe den Aufbau einer Hebebühne und erläutere ihre Funktionsweise.

2 Stelle eine Gleichung für die Wege der Kolben an hydraulischen Anlagen auf.

3 Kolben hydraulischer Anlagen sind meist kreisförmig. Entnimm die Verhältnisse der Kolbenflächen beim Bagger dem Bild und bestimme die Kraftverstärkung.

4 **a)** Warum wird bei hydraulischen Anlagen Öl und nicht Wasser benutzt?

b) Werden Bagger in Wasserschutzgebieten eingesetzt, so wird teures Rapsöl für die Hydraulik benutzt. Begründe diese Maßnahme.

5 Der Arbeitskolben einer Hebebühne hat einen Durchmesser von 20 cm, der Pumpkolben von 3 cm. Mit welcher Kraft muss der Pumpkolben heruntergedrückt werden, um ein Fahrzeug der Masse 1,5 t anzuheben?

6 Bei einem hydraulischen Wagenheber hat der Pumpkolben den Durchmesser 1 cm. Er wird mit einem einseitigen Hebel heruntergedrückt (Hebelarmlängen 5 cm und 50 cm). Am Hebel wirkt eine Kraft von 100 N. Welche Fläche muss der Arbeitskolben haben, wenn zum Anheben des Fahrzeugs eine Kraft von 7 kN notwendig ist?

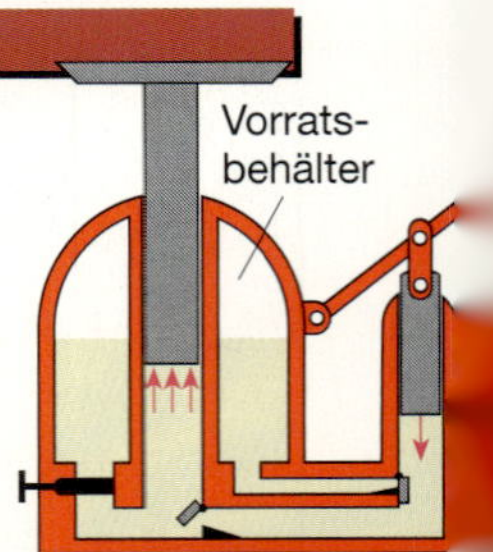

HYDRAULISCHE ANLAGEN

Hydraulische Anlagen besitzen gegenüber anderen Kraft umformenden Einrichtungen wie Hebeln oder Getrieben zwei wesentliche Vorteile: Neben der möglichen sehr großen Kraftvergrößerung kann der Druck und damit die Kraftwirkung über Rohrleitungen und Schläuche auch über größere Strecken „transportiert" werden.
Die Anwendungsmöglichkeiten für hydraulische Anlagen sind deshalb äußerst vielfältig. Man erkennt ihren Einsatz meist sofort an dem typischen Gestänge mit den geschliffenen Arbeitskolben und den flexiblen Schläuchen.

Bremsanlage Pkw

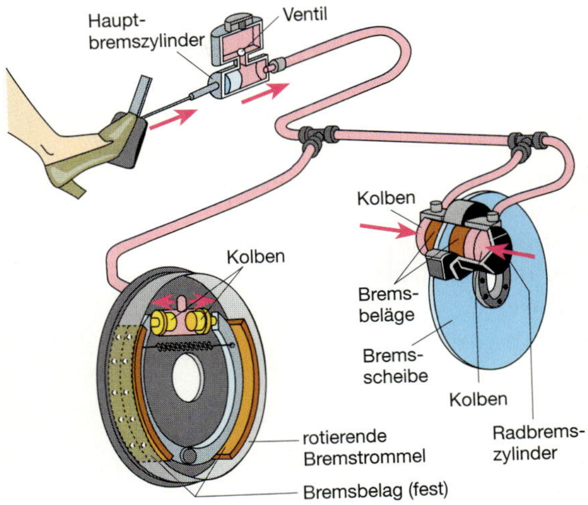

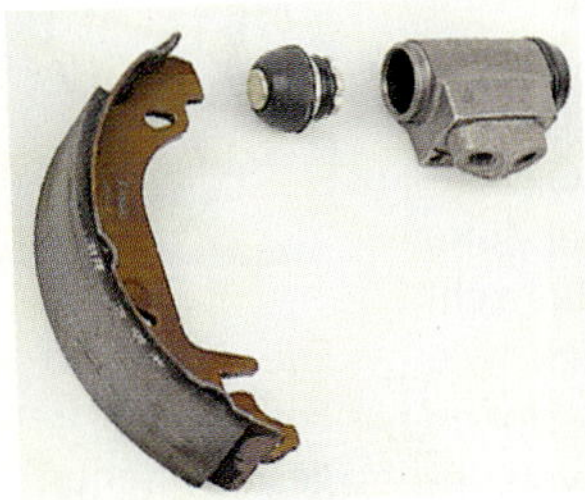

Bei der Bremsanlage eines Pkw wird durch den Tritt auf das Bremspedal über den Pumpkolben ein Druck in der Bremsflüssigkeit erzeugt. Die Bremsflüssigkeit wirkt mit einer dem Verhältnis der beteiligten Kolbenflächen entsprechenden Kraft auf die Kolben der Bremszylinder und damit auf die Bremsklötze, die mit großer Kraft gegen Bremsscheiben oder -trommeln gepresst werden. Durch die Reibung zwischen ihnen und den Bremsbelägen wird die Bewegung des Fahrzeugs verzögert.

Rettungsgerät Feuerwehr

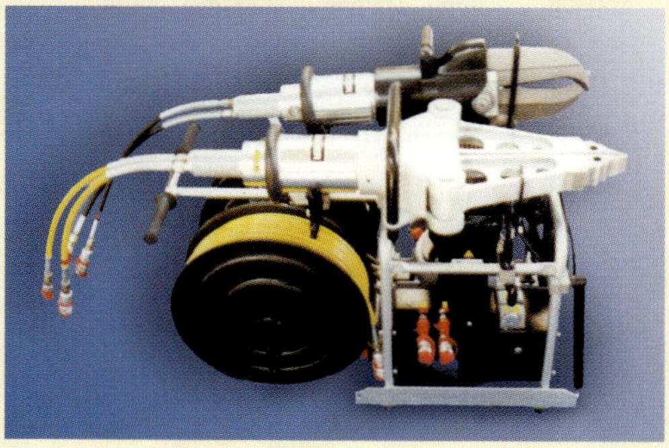

Bei Verkehrsunfällen sind zum Bergen von Unfallopfern aus deformierten Fahrzeugen oft sehr große Kräfte erforderlich. Das hydraulische Rettungsgerät der Feuerwehr zerschneidet die Karosserie mühelos.

Mit Hydraulik werden die Ladeflächen von Autotransportern gehoben oder gesenkt oder die Visiere bzw. Auffahrrampen an Fähren bewegt.

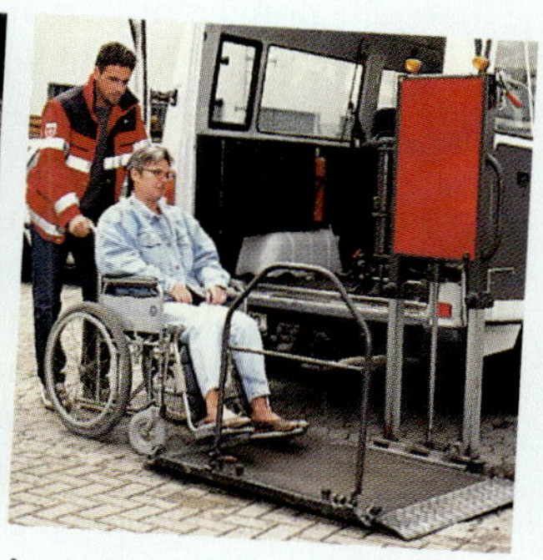

Auch die Rampe zum Auffahren für Rollstuhlfahrer wird über eine Hydraulik bewegt.

Druck in Gasen

In einem Gas können sich die Teilchen völlig frei bewegen. Sie stoßen dabei auch gegen die Gefäßwände und üben somit Kräfte auf die Gefäßwände aus. Dieser Wirkung haben wir bisher als Ursache den Kolbendruck zugeschrieben. In Gasen herrscht somit stets ein Druck, auch ohne einen drückenden Kolben. Dies gilt natürlich auch für Flüssigkeiten. Jedoch ist dort der Kolbendruck gegenüber dem Innendruck stets so groß gewesen, dass wir den Innendruck vernachlässigen konnten.

Wenn wir eine Luftmenge in einer Papiertüte locker einschließen, so verändert sich die Tütenform danach nicht weiter. Die Tüte muss sich demzufolge im Kräftegleichgewicht befinden. Ursache dafür sind die Gasteilchen außerhalb der Tüte. Im Gas außen herrscht der gleiche Druck wie innen. Deshalb stoßen von außen und von innen im Mittel gleich viele Teilchen gleich heftig gegen die Tüte.

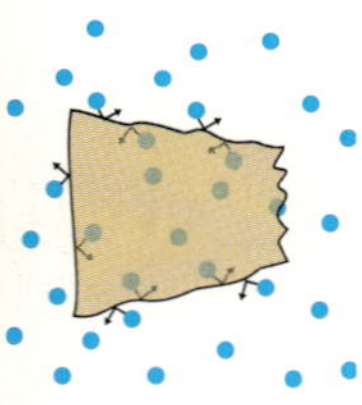

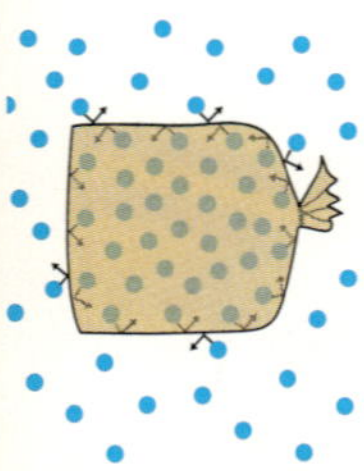

Anders als Flüssigkeiten lassen sich Gase aber zusammenpressen (komprimieren), d. h. die gleiche Anzahl von Teilchen lässt sich auch in einem kleineren Raum unterbringen. Werden nun mehr Teilchen in die Tüte hinein gepustet, so wird die Tüte prall und fest. Im Inneren der Tüte sind dann pro Volumenanteil mehr Teilchen als außerhalb. Deshalb stoßen die Teilchen jetzt häufiger gegen die Wände, sie üben eine größere Kraft auf die Innenseite der Tüte aus, während sich an dem Zustand außen nichts verändert hat. Der Druck in der Tüte ist also größer als der Außendruck. Makroskopisch bemerken wir dies am Ausbeulen der Tüte.

Wie ändern sich Druck und Volumen einer bestimmten Luftmenge, wenn die Luft komprimiert wird?

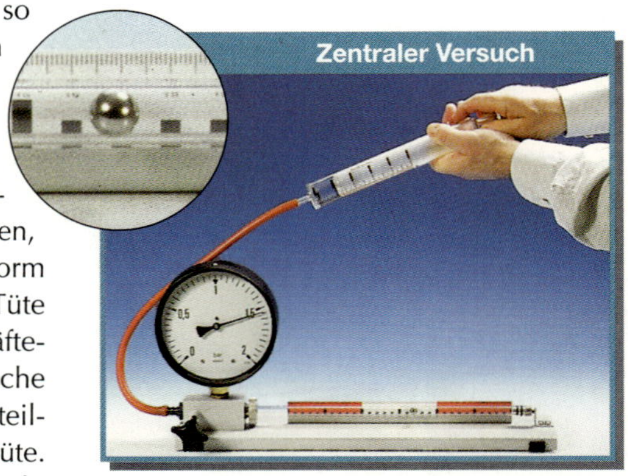

Die Kugel in der Glasröhre des Fotos oben trennt die beiden eingeschlossenen Gasmengen. Wenn sich die Kugel nicht bewegt, so ist die Summe aller auf sie einwirkenden Kräfte Null. Dann herrscht in beiden Gasmengen der gleiche Druck, der vom Manometer angezeigt wird. Das Volumen der rechten Gasmenge können wir mithilfe der Skala genau messen.

Wird nun der Kolben in den Zylinder hinein geschoben, so vergrößert sich der Druck auf der rechten Seite. Die Teilchen des Gases haben dort weniger Raum für ihre Bewegung zur Verfügung. Sie stoßen öfter an ihre Begrenzungen, also auch gegen die Kugel. Dadurch wird die Kugel verschoben, bis der Druck in beiden Gasvolumen wieder ausgeglichen ist, sodass von beiden Seiten in der gleichen Zeit wieder gleich viele Teilchen gegen die Kugel prallen.

Aus den Messwerten erkennen wir nicht nur, dass mit steigendem Druck in der Gasmenge das Volumen abnimmt, sondern auch, dass das Produkt aus dem Druck in der abgeschlossenen Gasmenge und dem zugehörigen Volumen für alle Wertepaare gleich ist. Beide Größen sind umgekehrt proportional zueinander. Im Diagramm erkennen wir diesen Zusammenhang an dem charakteristischen fallenden Kurvenverlauf.

Dieser Zusammenhang heißt nach seinen Entdeckern ROBERT BOYLE (1627–1691) und EDMÉ MARIOTTE (1620–1684) **Boyle-Mariotte'sches Gesetz.**

> Für eine abgeschlossene Gasmenge gilt:
> Das Produkt aus Druck und Volumen ist stets konstant.
> $p_1 \cdot V_1 = p_2 \cdot V_2 = \text{konstant}$

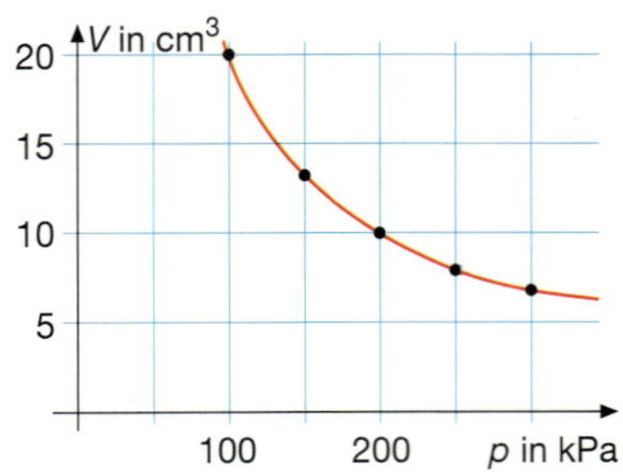

Druck p	100 kPa	150 kPa	200 kPa	250 kPa	300 kPa
Volumen V	20 cm³	13,3 cm³	10 cm³	8 cm³	6,7 cm³
$p \cdot V$	$2 \cdot 10^3$ kPa·cm³	$2 \cdot 10^3$ kPa·cm³	$2 \cdot 10^3$ kPa·cm³	$2 \cdot 10^3$ kPa·cm³	$2 \cdot 10^3$ kPa·cm³

Rechenbeispiel

Die Druckluftflasche eines Tauchers hat ein Volumen von 5,0 Litern. Der Druck in der Flasche beträgt 200 bar. Wie viel Liter Atemluft kann der Taucher in 20 m Wassertiefe aus der Flasche entnehmen, wenn dort zum Atmen ein Druck von 3 bar notwendig ist?

Geg.: $V_1 = 5{,}0$ l; $p_1 = 200$ bar; $p_2 = 3$ bar

Ges.: V_2

Lösung: Aus $p_1 \cdot V_1 = p_2 \cdot V_2$ folgt

$$V_2 = \frac{p_1 \cdot V_1}{p_2} = \frac{200\ \text{bar} \cdot 5{,}0\ \text{l}}{3\ \text{bar}} = 330\ \text{l}$$

Der Taucher kann 325 Liter Luft aus der Flasche entnehmen, denn 5 Liter verbleiben in der Flasche. (Diese Luftmenge reicht für einen Tauchgang von etwa 15 min.)

Aufgaben

1 Für Schweißarbeiten werden Druckgasflaschen mit Sauerstoff benötigt. Ihr Innenvolumen beträgt 25 Liter. Der Innendruck 15 000 kPa. Beim Schweißen tritt der Sauerstoff unter einem Druck von 200 kPa aus.
a) Wie viel Liter Sauerstoff können zum Schweißen aus der Flasche entnommen werden?
b) Wie viel Liter Sauerstoff mit einem Druck von 1000 hPa wurden vorher in die Flasche gepumpt?

2 Weit abgelegene Häuser haben meist eine eigene Wasserversorgung durch einen Brunnen. Das Wasser des Brunnens wird in einen Druckbehälter als Speicher gepumpt. Erkläre die Funktionsweise des Druckbehälters.

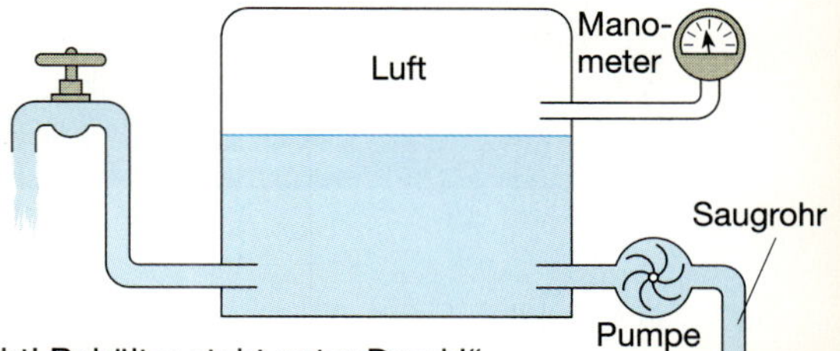

3 Auf Spraydosen steht: „Vorsicht! Behälter steht unter Druck!"
a) Beschreibe die Funktionsweise der Spraydose mithilfe der Abbildung rechts.
b) Warum sind Spraydosen nie vollständig gefüllt?
c) Warum kann man nach Beenden des Sprühens zum Reinigen der Düse den Kopf nach unten halten und kurz drücken?
d) Was kann geschehen, wenn die Düse zu oft gereinigt wird bzw. wenn beim Reinigen das Ventil zu lange gedrückt wird?

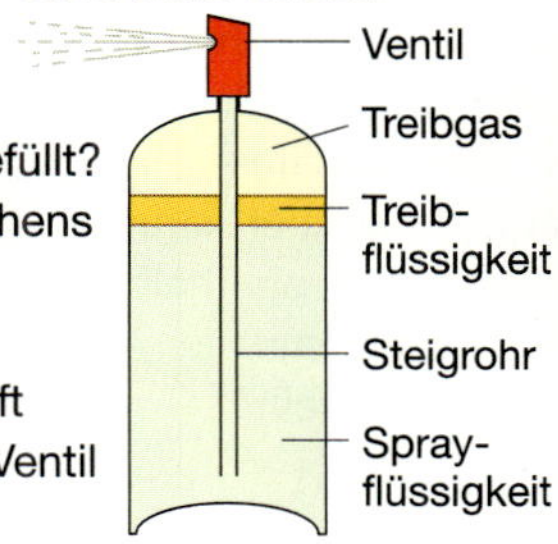

Kolbendruck

Versuche und Aufträge

V1 a) Blase zwei Luftballons verschieden stark auf und verbinde sie über ein Rohr miteinander. Halte dabei die Ballons stets zu. Gib jetzt die Verbindung über das Rohr frei. Beobachte und erläutere den nun folgenden Vorgang.
b) Ziehe Schlussfolgerungen über den Druck in den Ballons und vergleiche sie mit Beobachtungen beim Aufpusten.

V2 Gesetz von Boyle-Mariotte am Fahrradreifen:
a) Lasse die Luft vollständig aus dem Schlauch ab und pumpe ihn wieder auf. Zähle die Kolbenbewegungen und berechne den Druck im Reifen.
b) Kontrolliere den Druck mit einem Manometer und führe eine Fehlerbetrachtung durch.

V3 Druck in der Wasserleitung: Nutze einen Wasserhahn im Garten, der einen dünnen Ansatz zum Aufstecken eines Schlauches besitzt.
a) Dichte den Ansatz mit einer Gummihaut (z. B. alter Fahrradschlauch) ab. Baue alles so wie in der Skizze auf. (Leiste und Brett sind ein Hebel.) Drehe nun den Wasserhahn auf und entferne so lange Sand aus dem Eimer, bis Wasser aus dem Hahn austritt.
b) Schätze mithilfe der Masse des Eimers, dem Hebelgesetz und der Fläche des Wasserhahns den Wasserdruck ab.

V4 Verklebe eine leere Tintenpatrone oder verschließe sie wieder mit einer kleinen Kugel. Öffne sie nun am Boden. Gib etwas Backpulver hinein und anschließend einen Tropfen Wasser. Verschließe die Patrone wieder fest und stelle sie weg. Beobachte und erkläre.

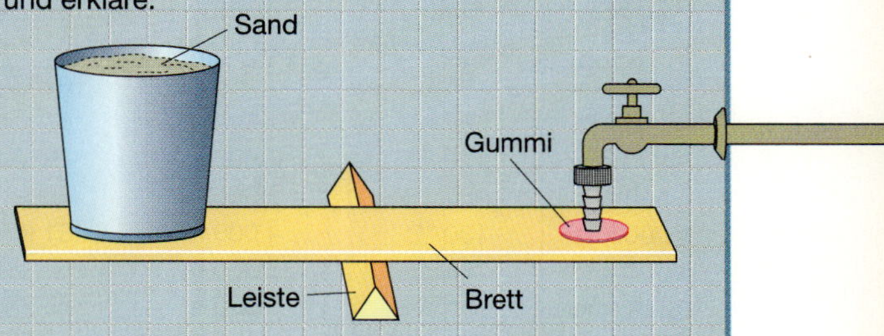

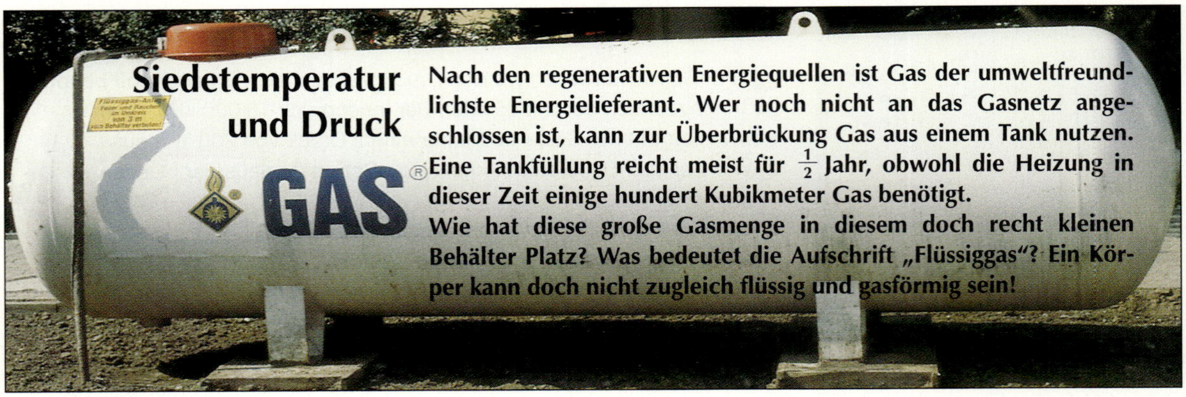

Siedetemperatur und Druck

Nach den regenerativen Energiequellen ist Gas der umweltfreundlichste Energielieferant. Wer noch nicht an das Gasnetz angeschlossen ist, kann zur Überbrückung Gas aus einem Tank nutzen. Eine Tankfüllung reicht meist für $\frac{1}{2}$ Jahr, obwohl die Heizung in dieser Zeit einige hundert Kubikmeter Gas benötigt.
Wie hat diese große Gasmenge in diesem doch recht kleinen Behälter Platz? Was bedeutet die Aufschrift „Flüssiggas"? Ein Körper kann doch nicht zugleich flüssig und gasförmig sein!

Die letzte Frage lässt sich sehr leicht beantworten: In dem Behälter befindet sich der Brennstoff „Gas" im flüssigen Zustand. Wie aber kann ein Gas weit oberhalb seiner Verdampfungstemperatur flüssig sein?

Zentraler Versuch

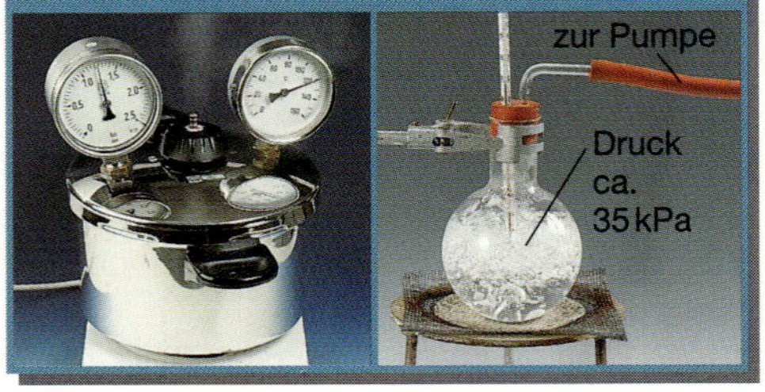

Im Foto rechts ist die Situation nachgebildet: Im Topf herrscht eine wesentlich höhere Temperatur als die normale Siedetemperatur von Wasser (100 °C). Durch den höheren Druck im Topf kann das Wasser aber nicht verdampfen, es bleibt flüssig. Die Siedetemperatur hat sich erhöht. Die Tabelle unten zeigt, wie weit die **Siedetemperaturerhöhung** bei Überdruck gehen kann. Wird das Ventil am Topf geöffnet, so strömt Wasserdampf aus, denn hinter dem Ventil hat das Wasser bei normalem Luftdruck eine höhere Temperatur als seine Siedetemperatur von 100 °C, weshalb es sofort verdampft.

Im Teilchenbild lässt sich dies verstehen: Zunächst treten bei 100 °C Teilchen aus der Flüssigkeit in die Luft darüber aus. Weil der Topf verschlossen ist, sammeln sich immer mehr Teilchen in diesem Gasvolumen an. Sie trommeln nicht nur gegen die Topfwände, sondern auch auf die Flüssigkeitsoberfläche. Einige tauchen wieder in die Flüssigkeit ein, andere verhindern, dass weitere Teilchen die Flüssigkeit verlassen können. Erst wenn die Flüssigkeitstemperatur so weit gestiegen ist, dass die Bewegungsenergie der Flüssigkeitsteilchen ausreicht, um die Flüssigkeit gegen die von oben drückenden Gasteilchen doch verlassen zu können, siedet die Flüssigkeit.

Wenn hoher Druck über einer Flüssigkeit zu einer Erhöhung der Siedetemperatur führt, welche Auswirkung hat dann eine Druckverminderung? Das zweite Experiment, bei dem der Druck im Glaskolben verringert wird, zeigt eine **Siedetemperaturerniedrigung.**

Weil im Hochgebirge der Luftdruck mit steigender Höhe abnimmt und dann geringer ist als am Meer, siedet Wasser in großen Höhen schon bei Temperaturen weit unter 100 °C.

Die Siedetemperatur eines Stoffes hängt ab von dem Druck, der über der Flüssigkeit herrscht.

Druck	Siede-temperatur
10 kPa	46 °C
50 kPa	81 °C
200 kPa	120 °C
500 kPa	152 °C
1 000 kPa	180 °C
5 000 kPa	264 °C
10 000 kPa	311 °C
20 000 kPa	366 °C

Höhe über NN	Druck	Siede-temperatur
0 m	101 kPa	100,0 °C
1 000 m	89 kPa	96,6 °C
2 000 m	79 kPa	93,2 °C
3 000 m	70 kPa	89,8 °C
4 000 m	61 kPa	86,6 °C
5 000 m	54 kPa	83,4 °C
6 000 m	48 kPa	80,3 °C
7 000 m	42 kPa	77,2 °C

Aufgaben

1 Erläutere, warum bei heißem Automotor der unter hohem Druck stehende Kühlwasserkreislauf nicht geöffnet werden darf.

2 Der Druck in der Venusatmosphäre ist 95mal so groß wie auf der Erde. Kann es auf der Venus (Temperatur 450 °C) flüssiges Wasser geben? Begründe.

3 Erkläre die Siedetemperaturerniedrigung bei verringertem Druck im Teilchenbild.

Wasser unter Druck

Streifzug

Schnellkochtopf

Den Zusammenhang zwischen der Siedetemperatur einer Flüssigkeit und dem auf sie wirkenden Druck nutzt man häufig in der Technik. Aber auch im Haushalt gibt es eine einfache Anwendung: Wird in einem dicht verschlossenen Topf Wasser zum Sieden gebracht, erhöht sich der Druck im Topf. Dadurch steigt die Siedetemperatur des Wassers bis auf 120 °C an und folglich auch die Temperatur der Speisen, die im Wasser liegen. Sie sind deshalb in viel kürzerer Zeit gar.

Mit einem solchen Schnellkochtopf lässt sich Energie und Zeit sparen. Die Kochzeit beträgt meist nur etwa $\frac{1}{4}$ der Garzeit im normalen, offenen Topf. Durch die verkürzte Zubereitungszeit werden die Speisen weniger ausgelaugt und es bleiben auch mehr Vitamine erhalten. Im Schnellkochtopf gibt es mehrere Einsätze, in denen die Speisen übereinander gestapelt werden können. Das wenige Wasser erzeugt genügend Dampf, um alle Speisen zu erhitzen. Damit der Druck im Topf nicht gefährlich hoch werden kann, besitzt der Topf ein Überdruckventil auf dem Deckel. Je höher der Druck im Topf ist, um so weiter wird der Stift vom Ventil heraus gedrückt. An diesem Stift sind Rillen als Markierungen angebracht. Meist müssen zwei sichtbar sein, damit der richtige Druck im Topf herrscht. Steigt der Druck zu weit an, wird über das Ventil etwas Dampf abgelassen. Ab welchem Druck und damit ab welcher Temperatur dies geschieht, lässt sich bei den meisten Töpfen einstellen.

Meerwasserentsalzungsanlagen

Neben der Problematik der zur Neige gehenden Energievorräte steht die Menschheit vor einer weiteren sehr ernsten Schwierigkeit – der ausreichenden Versorgung mit Trinkwasser. Für viele Länder, vor allem in Wüstengebieten, wird es immer schwieriger, genügend Trinkwasser zu bekommen. Dabei liegen viele dieser Länder am Meer. Aber Meerwasser kann erst als Trinkwasser genutzt werden, wenn das darin gelöste Salz entfernt wurde. Dies ist schwierig und energieaufwändig. Eine sehr gute Lösung ist in der Grafik rechts dargestellt.

Eine Pumpe in dem oben abgeschlossenen Behälter pumpt die Luft über dem Wasser heraus. Dadurch wird das Wasser in den Behälter hineingesaugt. Gleichzeitig verringert sich der Druck über der Wasseroberfläche, sodass die Siedetemperatur des Wassers auf Meerwassertemperatur sinkt. Das Meerwasser beginnt zu sieden. Eine Pumpe saugt den entstehenden Wasserdampf ab. Da nur Wasser verdampft, das Salz aber zurückbleibt, entsteht im Kondensator, wo der abgepumpte Dampf bei normalem Luftdruck wieder verflüssigt wird, reines Wasser. Nach Zugabe von etwas Meerwasser wegen der Mineralstoffe entsteht daraus gutes Trinkwasser.

Die gesamte Anlage wird mit elektrischer Energie betrieben, die von Windrädern geliefert wird. Dadurch ist sie besonders umweltfreundlich und kann auch unabhängig vom elektrischen Versorgungsnetz betrieben werden.

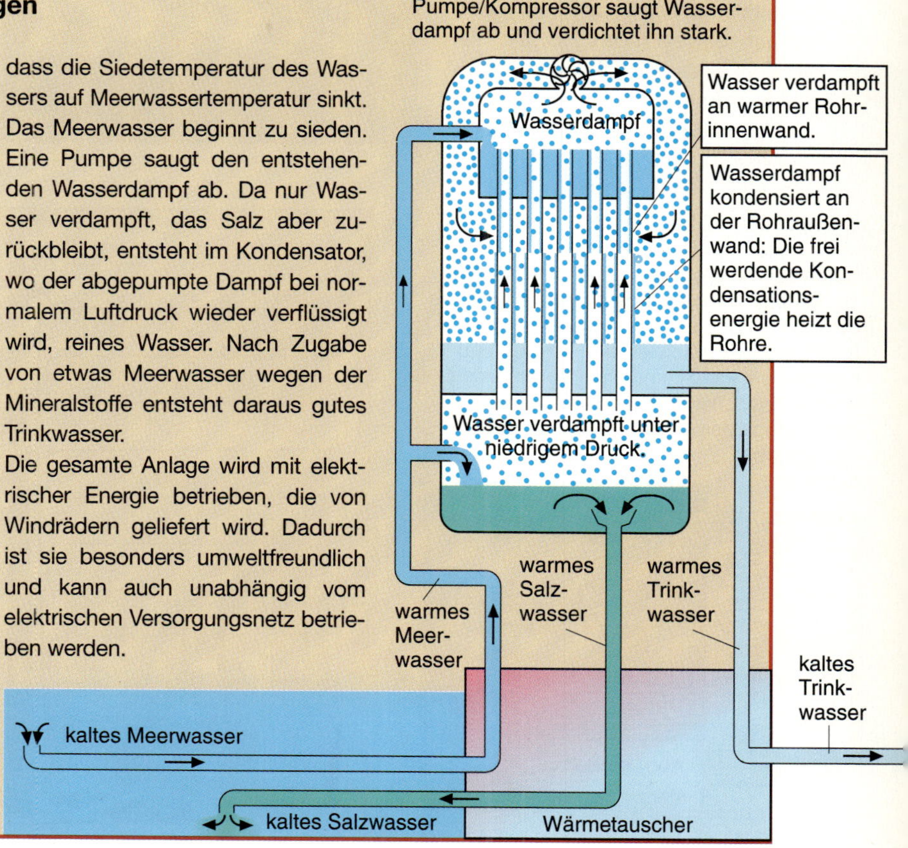

Der Kühlschrank – eine Wärmepumpe

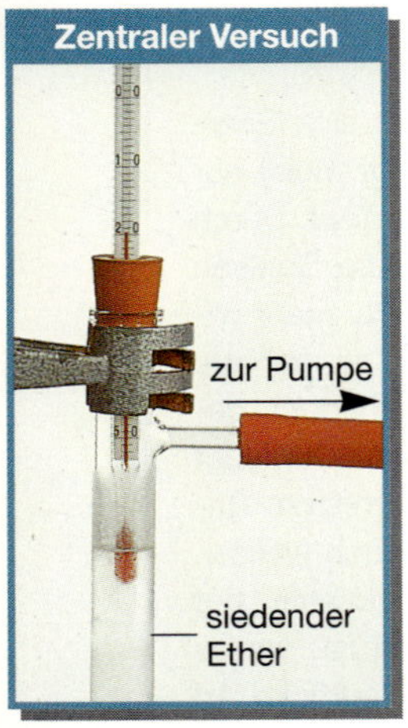

Ether siedet wie Wasser unterhalb seiner Siedetemperatur (35 °C bei Normaldruck), wenn der immer vorhandene Etherdampf über der Flüssigkeit abgepumpt und so der Druck dort verringert wird. Die für das Sieden erforderliche Energie kommt zunächst aus dem Ether selbst. Durch diesen Energieentzug sinkt seine Temperatur bis auf etwa –20 °C. Dann siedet der Ether bei gleichbleibender Temperatur weiter; denn jetzt entzieht er die zum Sieden nötige Verdampfungsenergie der Umgebungsluft.

Der Etherversuch ist umkehrbar: Wird Butan, das Gas im Feuerzeug, zusammengepresst, dann steigt zunächst seine Temperatur, weil sich die Teilchen des Butangases jetzt auf engerem Raum heftiger bewegen als vorher. An den kalten Gefäßwänden kann das Butangas Energie durch dauernde Stöße der Teilchen gegen die Wände an diese abgeben und kondensieren. Die vormals zum Verdampfen erforderliche Verdampfungsenergie wird beim Kondensieren wieder frei und als Wärmeenergie an die kältere Umgebung abgegeben. Durch das Verflüssigen unter Druck erfolgte also ein Energietransport vom Butan in die Umgebung.

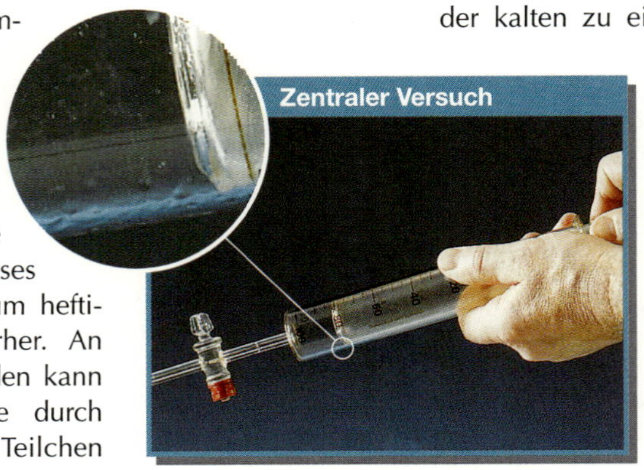

Werden die Vorgänge „Sieden durch verringerten Druck“ und „Kondensieren unter höherem Druck“ mit der gleichen Flüssigkeit nacheinander ausgeführt, so entsteht ein Kreislauf. Durch ihn wird die Umgebungstemperatur an der Stelle der Druckerniedrigung („Sieden“) geringer und an der Stelle der Druckerhöhung („Komprimieren“) höher.

Es findet also ein ständiger Energietransport von der kalten zu einer warmen Stelle des Kreises statt. Dies scheint dem Naturgesetz, dass Energie von selbst nur von warm nach kalt strömt, zu widersprechen. Aber von selbst geht es ja auch gar nicht: Energie muss für den Betrieb der Pumpe und des Kompressors in das System hineingesteckt werden. Der Energietransport von kalt nach warm gelingt nur, wenn dazu Energie aufgewendet wird.

Kompressorkühlschrank

Durch den Kreislauf des Kühlmittels, das im Verdampfer unter niedrigem Druck siedet und dessen Dampf im Kondensator unter hohem Druck wieder verflüssigt wird, wird laufend Energie vom kalten Innenraum in die bereits warme Zimmerluft transportiert. Die elektrische Pumpe des Kompressors hält diesen Energiestrom aufrecht.

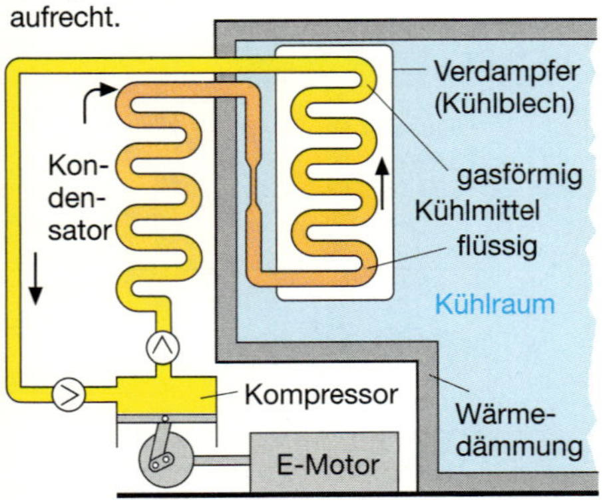

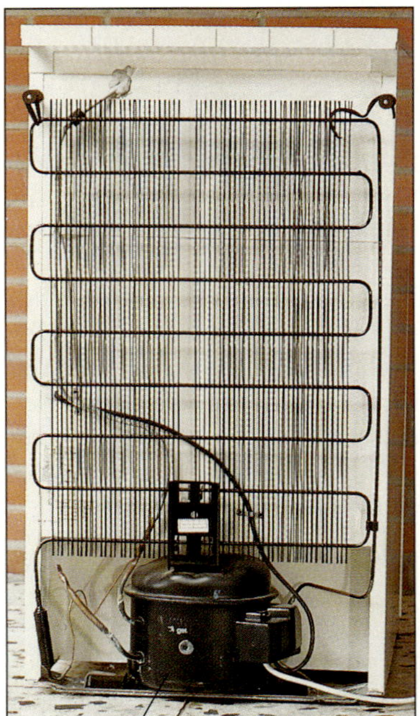
Kompressor und Motor

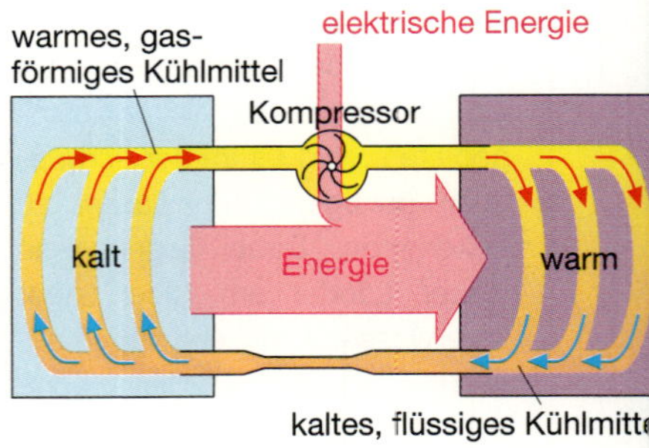

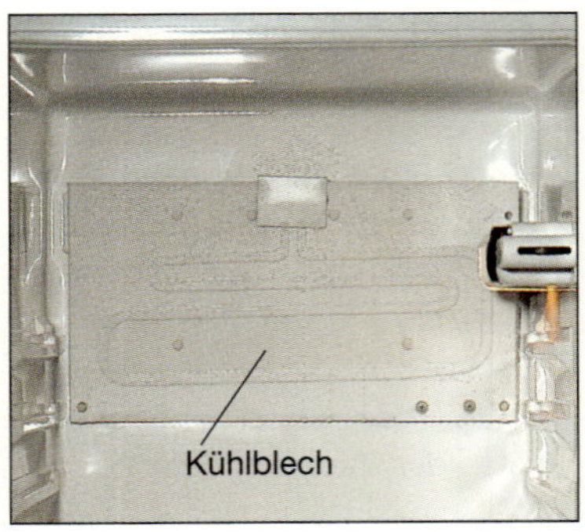

- Im **Kühlschrank** und in der **Wärmepumpe** übernimmt ein elektrisch betriebener Kompressor das Abpumpen und Zusammenpressen des Dampfes der Kühlflüssigkeit.
- Beim Kühlschrank nimmt die Kühlflüssigkeit Energie über den Verdampfer auf, der sich im Inneren des Kühlschrankes befindet. Die Wärmepumpe entzieht der Umgebung über Rohrschlangen oder „Wärmezäune“ Wärmeenergie bei niedriger Temperatur.
- Die Verflüssigung des Dampfes durch Energieabgabe geschieht im Kondensator. Beim Kühlschrank sind das die Kühlschlangen an der Rückwand, bei der Wärmepumpe ist das ein zweiter Wärmetauscher.
- Ein dünnes Rohr und ein Ventil schließen den Kreislauf. Sie trennen den Bereich, in dem das zirkulierende Kühlmittel flüssig ist, von dem Bereich, in dem er sich in gasförmigem Zustand befindet.

Kompressorkühlschrank und Wärmepumpe sind physikalisch gleiche Geräte. Mit ihnen lässt sich Wärmeenergie von einem Ort niedriger Temperatur zu einem Ort höherer Temperatur transportieren. Durch Druckänderungen eines zirkulierenden Stoffes entsteht ein Kreisprozess von Sieden – Kondensieren – Sieden ... .

Wärmepumpe

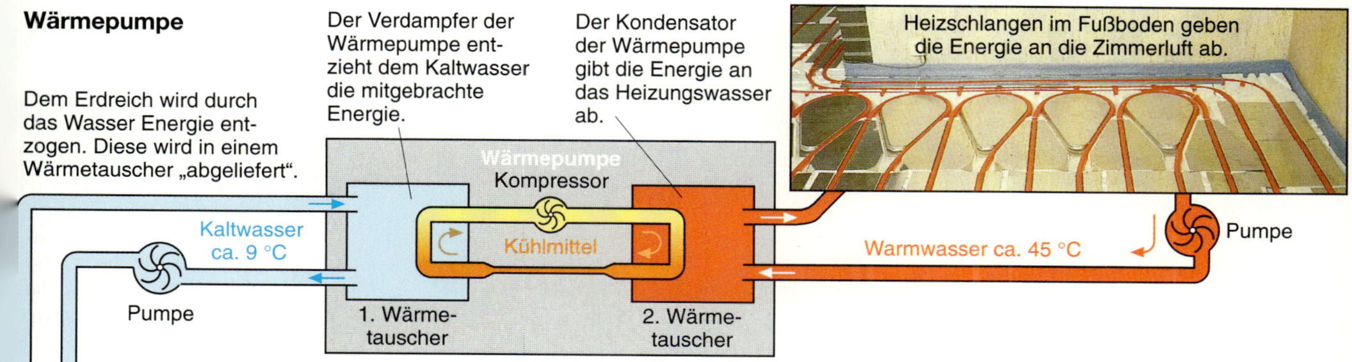

Energiebilanz

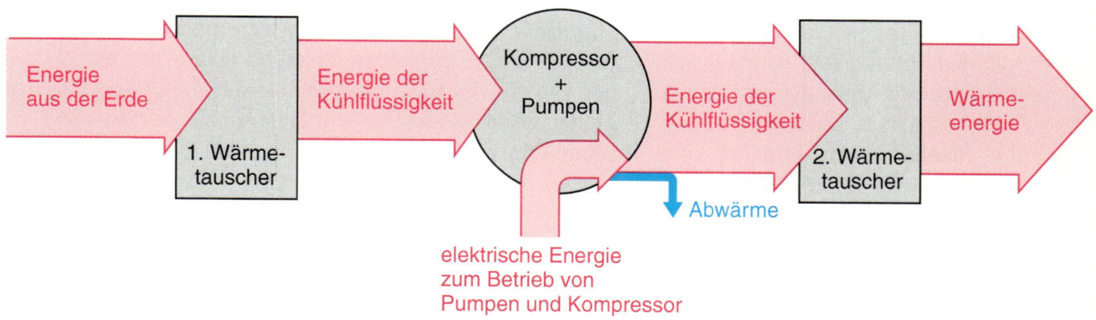

Aufgaben

1 Zeichne im Teilchenbild und erläutere durch Beschriftungen:
a) die Oberfläche einer verdampfenden Flüssigkeit und ein zweites Mal die gleiche Oberfläche, wenn der Dampf abgepumpt wird;
b) ein Gas, das nicht unter Druck steht, und eines, das kräftig zusammengepresst wird;
c) den Kreislauf des Kühlmittels im Kühlschrank.

2 Weshalb ist es nicht sinnvoll, eine Kühltruhe in einem Keller aufzustellen, in dem auch Obst und Getränke kühl gelagert werden sollen?

3 **a)** Vergleiche den Energietransport im Kühlmittelkreislauf des Kühlschrankes mit dem Energietransport im Stromkreis.
b) Erkläre auch auf zeichnerischem Wege.

4 Ein Raum, der im Winter mit einer Wärmepumpe beheizt wird, soll im Sommer mit ihr gekühlt werden.
a) Begründe, warum das zumindest theoretisch möglich ist.
b) Zeichne eine Einrichtung, mit der die theoretische Möglichkeit praktisch realisierbar wäre.
b) Zeichne das Energiefluss-Schema vom Erdreich zum Zimmer.

Schweredruck in Flüssigkeiten

Beim Tauchen spüren wir den Druck auf die Ohren. Arbeiter, Forscher oder U-Boote, die tief unter der Wasseroberfläche agieren, müssen sich durch dicke Panzerungen gegen den Druck im Wasser schützen. Fische dagegen kommen offenkundig ohne solchen Schutz aus.
Woher kommt die Kraft, die diesen Druck unter Wasser erzeugt? Wie kann man den Druck in Wasser bestimmen und wie groß ist er? Weshalb muss der Taucher einen so festen „Anzug" tragen, Fische dagegen nicht?

Entstehung des Schweredruckes

Die Membran an der Trichteröffnung im Foto rechts wird

- umso stärker eingedrückt, je tiefer der Trichter eingetaucht wird;
- in gleicher Tiefe von den Seiten, von oben und von unten gleich stark eingedrückt.

Im Wasser nimmt der Druck also mit der Eintauchtiefe zu; die Druckkräfte sind in einer bestimmten Wassertiefe in alle Richtungen gleich groß.

Mit dem Manometer können wir den Druck in Abhängigkeit von der Tiefe bestimmen. Das Ergebnis zeigt die Tabelle. Eintauchtiefe h und Druck p sind proportional: $\mathbf{p \sim h}$.

h	p	$\frac{p}{h}$
10 cm	1001 Pa	100,1 $\frac{\text{Pa}}{\text{cm}}$
20 cm	1997 Pa	99,9 $\frac{\text{Pa}}{\text{cm}}$
30 cm	3004 Pa	100,1 $\frac{\text{Pa}}{\text{cm}}$
40 cm	3998 Pa	100,0 $\frac{\text{Pa}}{\text{cm}}$

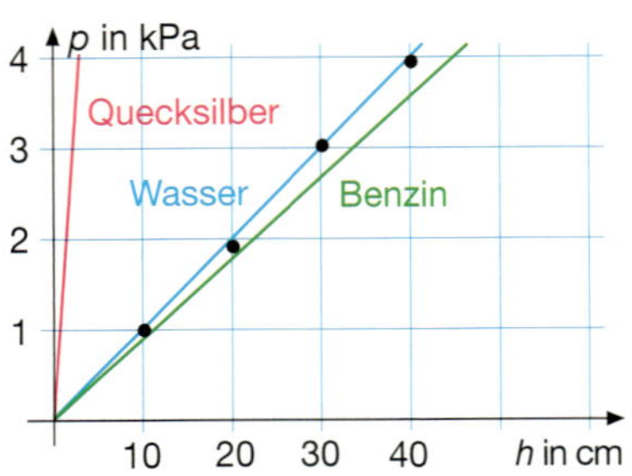

Zentraler Versuch

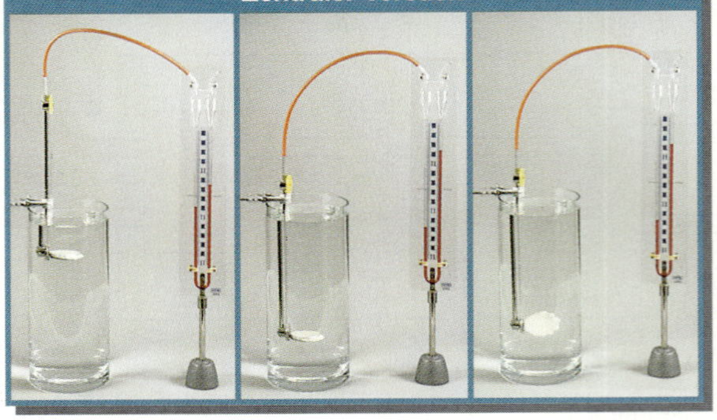

Das U-Rohr-Manometer
In der Luft des linken U-Rohr-Schenkels herrscht der zu messende Druck. Die Luft übt daher eine Kraft auf die linke Flüssigkeitsoberfläche aus. Diese Kraft verschiebt die Flüssigkeitssäule nach rechts. Die unterschiedlichen Flüssigkeitsstände in den beiden Schenkeln sind um so größer, je größer der Druck im linken Schenkel ist.

Um die Entstehung des Druckes zu verstehen, schneiden wir in Gedanken eine Wassersäule aus und ermitteln die Gewichtskraft, mit der sie auf die untere Begrenzungsfläche drückt. Die Eigenschaft der Wassersäule, schwer zu sein, bewirkt ja gerade den Druck im Wasser. Er wird deshalb **Schweredruck** genannt.

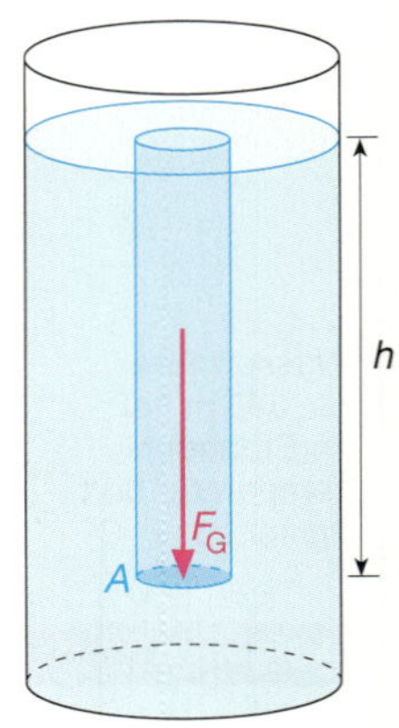

Für die Gewichtskraft der Wassersäule gilt: $F_G = m \cdot g$. Sie hat das Volumen $V = A \cdot h$ und die Masse $m = \rho \cdot V$. Es gilt deshalb für den Schweredruck p

$$p = \frac{F_g}{A} = \frac{m \cdot g}{A} = \frac{\rho \cdot V \cdot g}{A} = \frac{\rho \cdot A \cdot h \cdot g}{A}$$

$$\mathbf{p = \rho \cdot g \cdot h}$$

Der Schweredruck in einer Flüssigkeit hängt also nur ab von der Art der Flüssigkeit (Dichte ρ als spezifische Größe der Flüssigkeit) und der Eintauchtiefe h. Von der Fläche A, auf der die Wassersäule steht, ist er unabhängig. Die Formel bestätigt auch die in der Messreihe gefundene Proportionalität zwischen Eintauchtiefe und Schweredruck, denn ρ und g sind Konstanten und ergeben zusammen der Proportionalitätsfaktor zu $p \sim h$.

Je steiler die Geraden im Diagramm links verlaufen, desto mehr nimmt der Schweredruck mit der Tiefe zu. Für unterschiedliche Flüssigkeiten gilt: Je dichter die Flüssigkeit, desto größer der Schweredruck in gleicher Tiefe.

Wenn die senkrecht nach unten gerichtete Gewichtskraft den Schweredruck hervorruft, weshalb wird die Membran auch seitlich oder sogar von unten eingedrückt, wenn wir sie entsprechend halten?

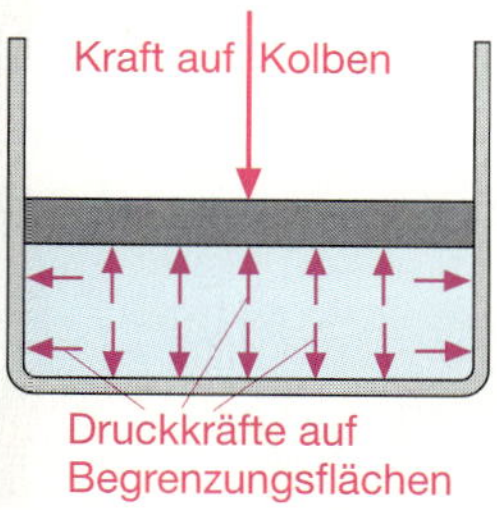

In einer allseitig eingeschlossenen Flüssigkeit wird eine Kraft, die auf einen die Flüssigkeit zusammendrückenden Kolben wirkt, gleichmäßig auf alle Begrenzungsflächen übertragen. An jeder Stelle in der Flüssigkeit ist deshalb der vom Kolben erzeugte Druck gleich groß ist.

Eine Flüssigkeit in einem oben offenen Gefäß wird von keinem Kolben zusammengedrückt. Aber jede obere Wasserschicht lastet auf den jeweils darunter liegenden wie ein drückender Kolben. Dadurch stellen sich in den unteren Wasserschichten Druckverhältnisse ein, wie sie vom Kolbendruck her bekannt sind. Die Weitergabe der Gewichtskraft der Teilchen an die unter ihnen liegenden und ihre Verschiebbarkeit gegeneinander führen dazu, dass in einer Flüssigkeit der Schweredruck an einer Stelle immer zu allen Seiten vorhanden und gleich groß ist.

In jeder Flüssigkeit herrscht ein Schweredruck.
- Er entsteht durch die Gewichtskraft der Flüssigkeit.
- Er nimmt proportional zur Eintauchtief zu.
- Die Druckkräfte in der Flüssigkeit sind in einer bestimmten Tiefe in allen Richtungen gleich groß.

Rechenbeispiel

Wie groß ist der Schweredruck in 10 m Wassertiefe?

Geg.: $h = 10\ \text{m} = 100\ \text{dm}$; $\rho = 1\ \frac{\text{g}}{\text{cm}^3} = 1\ \frac{\text{kg}}{\text{dm}^3}$
Ortsfaktor $g = 9{,}81\ \frac{\text{N}}{\text{kg}}$

Ges.: Schweredruck p

Lösung: $p = \rho \cdot h \cdot g$

$= 1\ \frac{\text{kg}}{\text{dm}^3} \cdot 100\ \text{dm} \cdot 9{,}81\ \frac{\text{N}}{\text{kg}}$

$= 981\ \frac{\text{N}}{\text{dm}^2} = 98\,100\ \frac{\text{N}}{\text{m}^2} = 98\,100\ \text{kPa}$

$= 0{,}981\ \text{bar} \approx 1\ \text{bar}$

In 10 m Wassertiefe beträgt der Schweredruck etwa 1 bar.

Aufgaben

1 Berechne den Druck, dem die Titanic nach ihrem Untergang in 3775 m Tiefe ausgesetzt war. Vergleiche diesen Druck mit dem, der in einem Autoreifen herrscht (ca. 2,0 bar). (Dichte von Meerwassers $\rho = 1{,}02\ \frac{\text{kg}}{\text{dm}^3}$)

2 Welche Kraft wirkt auf ein Handflächen großes Stück (ca. 1 dm^2) einer U-Bootwand in 350 m Tiefe?

3 Treten wir am Strand auf den Sand, von dem gerade das Wasser der letzten Welle abläuft, so können wir beobachten, wie seitlich vom Fuß das restliche Wasser aus dem Sand gedrückt wird. Die Kraft des Fußes hat aber nur senkrecht gewirkt.
a) Erkläre diese Beobachtung.
b) Erkläre an diesem Beispiel auch das Zustandekommen der nach oben gerichteten Druckkräfte.

Versuche und Aufträge

V1 a) Bohre in eine große Plastikflasche mit einer heißen Stricknadel Löcher an den angegebenen Stellen. Fülle die Flasche über einer Wanne mit Wasser und beobachte.
b) Erläutere deine Beobachtungen mit den Eigenschaften des Schweredruckes.
c) Berechne den Druck an den verschiedenen Löchern.

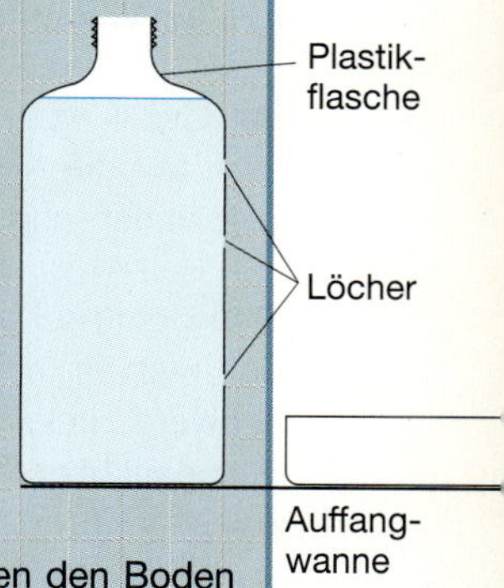

V2 Schneide von einem Filmdöschen den Boden ab und drücke in den Deckel eine Münze.
a) Setze den Deckel lose auf und tauche die Dose mit dem Deckel voran unter Wasser. Beobachte, wie das Wasser allmählich eindringt, bis der vom Döschen unter Wasser gedrückte Deckel abfällt.
b) Weshalb fällt er genau in dem beobachteten Moment ab?
c) Gib den Druck in Pa an, den das Wasser im Moment des Abfallens auf den Deckel ausübt.

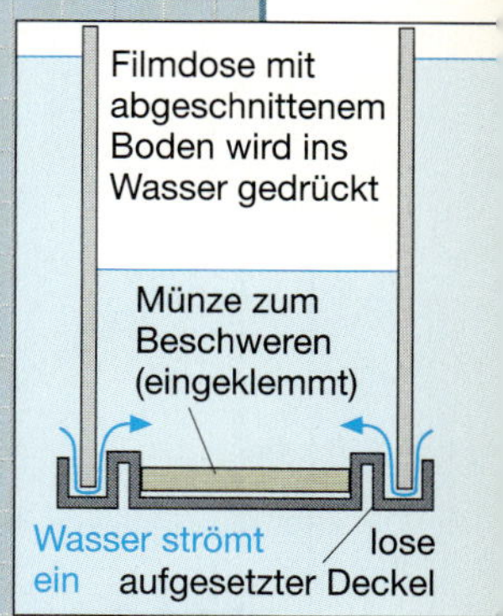

V3 Verschließe ein Wasserglas mit einem lose aufgelegten Papierdeckel und drücke es umgekehrt unter Wasser. Was beobachtest du? Erläutere deine Beobachtung.

Druck und Gefäßform

„Viel Wasser im großen Gefäß – großer Druck am Boden; wenig Wasser im kleinen – kleiner Druck am Boden", so meinen viele. Der Hebelarm aber zeigt etwas Anderes: In allen Gefäßen herrscht bei gleichen Wasserständen auch immer ein gleich großer Druck am Boden. Diese Erscheinung wird in der Physik als **hydrostatisches Paradoxon** (griech. „das Unerwartete") bezeichnet.

Zentraler Versuch

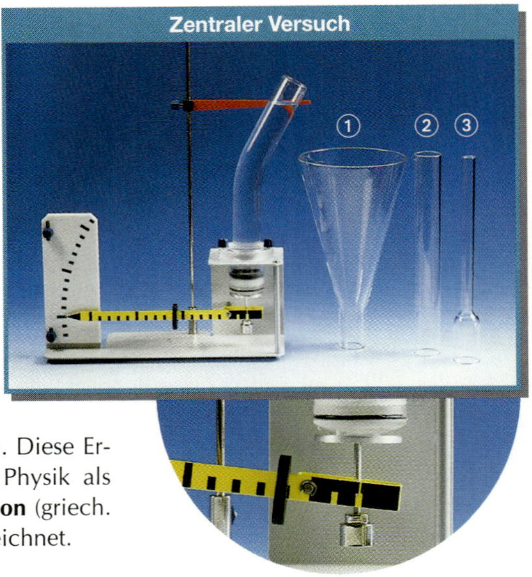

Tatsächlich ist es doch mehr als verwunderlich, dass die größere Menge Wasser im Gefäß ① (mit einer größeren Gewichtskraft als im Gefäß ②!) mit der gleichen Kraft auf die Membran drückt wie jene in der schmalen Röhre ②.

Den Schlüssel zur Erklärung finden wir in der Formel für den Schweredruck, in der die Grundfläche nicht enthalten ist:
$p = \rho \cdot g \cdot h$.

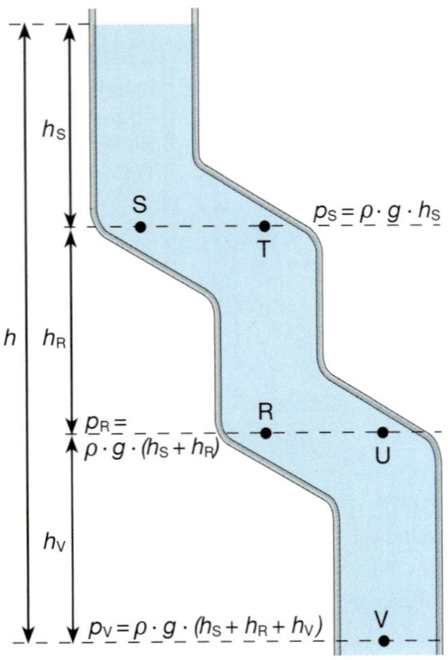

In dem gestuften Rohr im Bild links herrscht an der Stelle S ein Druck $p_S = \rho \cdot g \cdot h_S$. In der Horizontalen ändert sich der Druck von S zu T nicht, so dass in T der Druck ebenso groß ist wie in S. Erst von T zu R ändert er sich wieder, weil die Höhe größer wird:
$p_R = \rho \cdot g \cdot (h_S + h_R)$.
Entsprechendes gilt für die Punkte U und V:
$p_V = \rho \cdot g \cdot (h_S + h_R + h_V)$.
Die Summe der Teilhöhen ist gleich der Höhe h, dem Abstand zwischen Oberfläche und dem Punkt V. Somit gilt
$p_V = \rho \cdot g \cdot h$,
d. h. die Teilsäulen können ersetzt werden durch eine einzige senkrechte Säule mit der Höhe h. Der Schweredruck in einer Flüssigkeit hängt also nur ab von dem Abstand des Messpunktes von der Oberfläche – und natürlich von der Dichte der Flüssigkeit.

Der Schweredruck in einer Flüssigkeit ist unabhängig von der Gefäßform.
Er hängt nur ab von der Höhe des Flüssigkeitsstandes.

Aufgaben

1 Höhlenforschern versperrt manchmal ein unterirdischer Wasserlauf das weitere Vordringen. Dann müssen sie durch den schmalen, gebogenen Siphon zur anderen Seite hindurchtauchen.

a) Welchem Druck ist ein Höhlenforscher an der tiefsten Stelle des Siphons ausgesetzt?
b) Übertrage das Ergebnis von a) auf einen Fisch unter einem Korallenriff in 56 m Meerestiefe und 1,5 m unter dem Riff. Zeichne auch.

2 BLAISE PASCAL, ein französischer Philosoph, Mathematiker und Naturforscher (1623–1662), hat – so wird berichtet – mit einigen wenigen Gläsern Wein ein ganzes Fass zum Bersten gebracht – sehr zur Verblüffung seiner Zeitgenossen. Begründe, warum diese Anordnung tatsächlich zu einer erheblichen Erhöhung des Druckes im Fass führt.

3 Ein Schlauch ist an einem geschlossenen Wasserhahn auf einem Rohbau befestigt. Er ist noch mit Wasser gefüllt. Mit seinem freien Ende wird er in den vierten Stock gebracht. Plötzlich spritzt das Wasser aus einer brüchigen Stelle gleich vor dem Wasserhahn.
a) Begründe, wie das Malheur passieren konnte.
b) Berechne den Druck bei einer Stockwerkshöhe von 2,58 m und einer Deckenstärke von 0,18 m.

Verbundene Gefäße

Zentraler Versuch

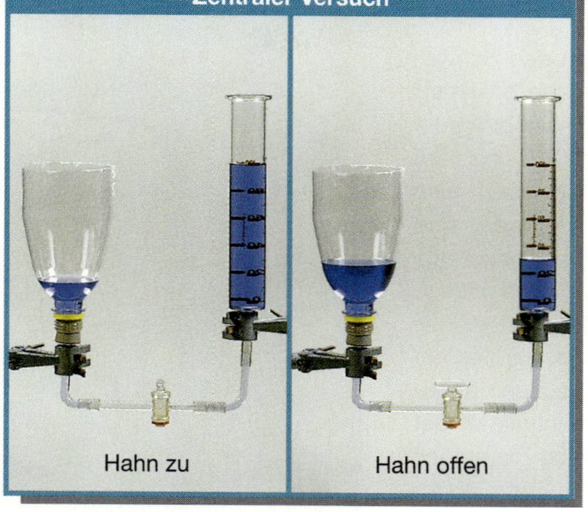

Wird der Hahn zwischen den beiden Gefäßen im Foto rechts geöffnet, strömt Wasser aus dem kleinen Gefäß so lange in das große, bis sich die Flüssigkeitsoberflächen auf gleicher Höhe einstellen.

Die Erklärung für diesen Niveauausgleich finden wir durch folgende Überlegung: Ein gedachter Probekörper befinde sich in der Mitte des Verbindungsrohres. Auf ihn wirken die Kräfte F_1 und F_2.

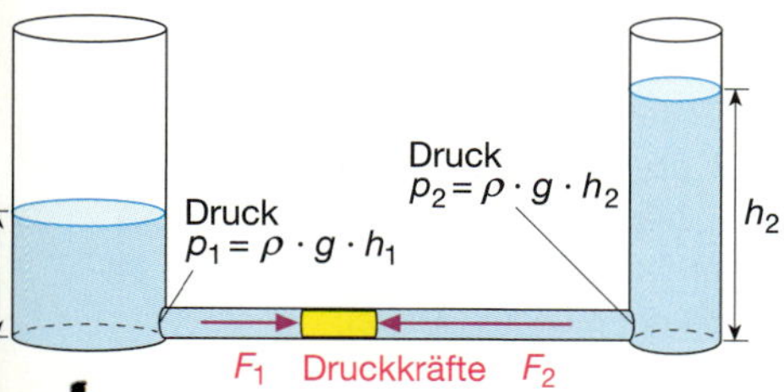

Weil in unserer Anordnung $h_1 < h_2$ ist, ist auch $F_1 < F_2$. Der Körper wird sich also so lange nach links bewegen, bis die beiden auf ihn wirkenden Kräfte gleich groß sind. Dies tritt ein, wenn die Wasserstände bei $h_1 = h_2$ ausgeglichen sind.

Das Ergebnis unseres Versuches lässt sich verallgemeinern: Wenn zwei oder mehrere Gefäße miteinander verbunden sind, gleichen sich die Flüssigkeitsstände zwischen ihnen so lange aus, bis sie in allen Gefäßen gleich sind. Voraussetzung ist allerdings, dass sich in den Gefäßen gleiche Flüssigkeiten befinden und die Gefäßdurchmesser nicht zu eng sind. Sind die Flüssigkeiten unterschiedlich, so müssen die Faktoren $\rho_1 \cdot h_1$ und $\rho_2 \cdot h_2$ gleich sein, damit $F_1 = F_2$ ist.

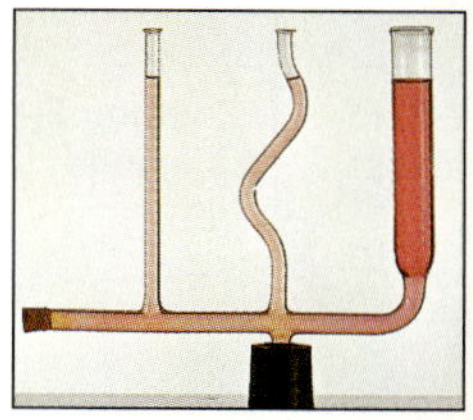

Das Foto rechts zeigt, dass das Ergebnis unserer Überlegungen richtig ist: Unabhängig von der Form der Gefäße stellt sich bei verbundenen Gefäßen ein gleiches Flüssigkeitsniveau ein.

In verbundenen Gefäßen stehen Flüssigkeiten immer gleich hoch. Die Oberflächen sind waagerecht und auf gleicher Höhe.

Aufgaben

1 **a)** Beschreibe die Wasserversorgung dieses Hauses im tropischen Afrika.
b) Regenwasser fließt zunächst in das linke Fass hinein und wird von dort in das rote Fass rechts oben gepumpt. Wie hoch sind die Wasserstände in den anderen drei unteren Fässern verglichen mit dem im linken Fass? Begründe deine Antwort.

c) Könnte auch das Dachgeschoss so mit Wasser versorgt werden, dass man sich dort duschen kann? Begründe deine Antwort.
d) Schätze ab, wie hoch der Wasserdruck an einem Waschbecken im Erdgeschoss bei vollem bzw. fast leerem oberen Fass ist.

2 Zwei Gefäße sind am Boden verbunden. Eines ist mit Wasser ($\rho = 1\,\frac{kg}{dm^3}$), das andere mit Benzin ($\rho = 0{,}88\,\frac{kg}{dm^3}$) gefüllt.
a) In welchem der beiden Gefäße wird die Flüssigkeit höher stehen?
b) Berechne die Füllhöhe des Gefäßes mit dem Benzin, wenn das Wassergefäß 36 cm hoch gefüllt ist.

3 **a)** Beschreibe den rechts fotografierten Versuch.
b) Welche Anwendungen oder Beispiele fallen dir dazu ein?

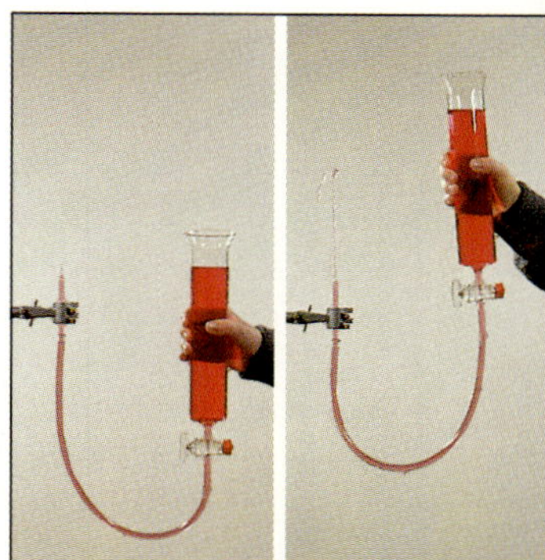

4 Mit einer Schlauchwaage lässt sich das Niveau von A so nach B übertragen, dass die Verbindungslinie AB waagerecht verläuft. Begründe. Nenne mögliche Anwendungen.

Streifzug

Staudämme

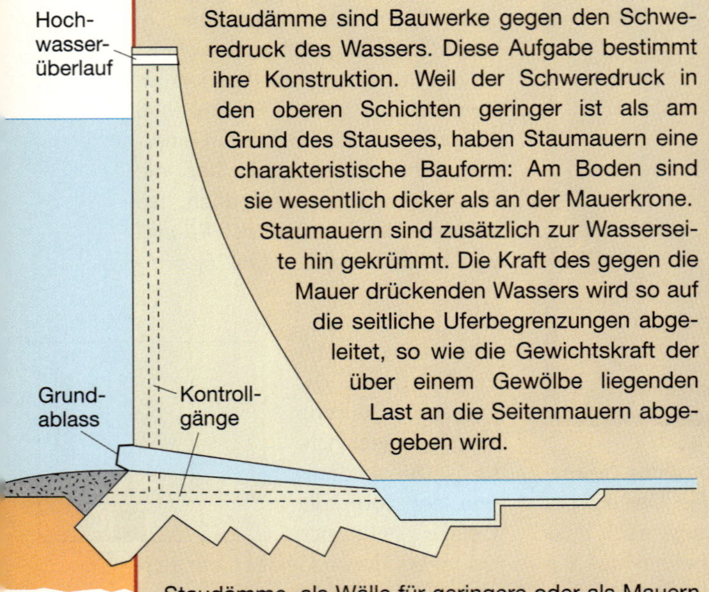

Staudämme sind Bauwerke gegen den Schweredruck des Wassers. Diese Aufgabe bestimmt ihre Konstruktion. Weil der Schweredruck in den oberen Schichten geringer ist als am Grund des Stausees, haben Staumauern eine charakteristische Bauform: Am Boden sind sie wesentlich dicker als an der Mauerkrone. Staumauern sind zusätzlich zur Wasserseite hin gekrümmt. Die Kraft des gegen die Mauer drückenden Wassers wird so auf die seitliche Uferbegrenzungen abgeleitet, so wie die Gewichtskraft der über einem Gewölbe liegenden Last an die Seitenmauern abgegeben wird.

Staudämme, als Wälle für geringere oder als Mauern für größere Stauhöhen ausgeführt, stauen z. T. riesige künstliche Seen auf. Der größte auf der Erde ist der Staudamm von Itaipu zwischen Brasilien und Paraguay, der einen See von der $2\frac{1}{2}$-fachen Größe des Bodensees staut. In China wird es bald einen noch größeren Stausee geben.

Die Ausdehnung solcher Seen hat jedoch keinen Einfluss auf die Dicke des Stauwerkes. Weil der Schweredruck nur von der Höhe der darüber liegenden Wassersäule abhängt und nicht von ihrer Fläche, hängt der Querschnitt des Stauwerkes an seiner Basis nur von der Tiefe des Stausees am Damm oder an der Mauer ab. Deshalb ist die höchste Staumauer der Erde, der Hoover-Damm mit 220 m (zum Vergleich: Kölner Dom 157 m) in Nevada, USA auch das Stauwerk mit der dicksten Mauer.

Versuche und Aufträge

Schweredruck

V1 Fülle einen Luftballon vollständig mit Wasser. Befestige ein Kunststoffrohr an seiner Öffnung.
a) Halte das Rohr zu und tauche den Ballon bis auf den Boden eines Eimers. Öffne nun das Rohr und beobachte.
b) Erkläre deine Beobachtungen.

V2 Bohre in einen Gartenschlauch, der an einem Ende mit einem Stopfen verschlossen ist, kurz über dem Stopfen ein Loch; setze einen Trichter auf das obere Ende. Gib dem oberen Teil unterschiedliche Formen. Miss die Höhen und erkläre die Spritzweiten des Wassers.

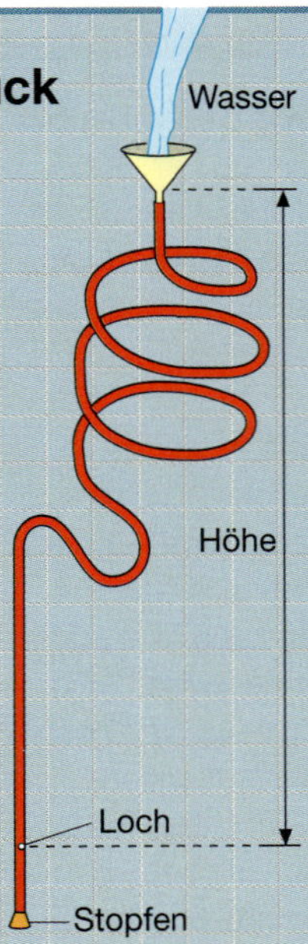

V3 Mit nebenstehendem Gerät kannst du in einem Eimer oder in der Badewanne die allseitige Richtung der Druckkräfte in Wasser nachweisen.
a) Erkläre die Wirkungsweise des Gerätes.
b) Ergründe auch die Druckverhältnisse unter einem Überhang.

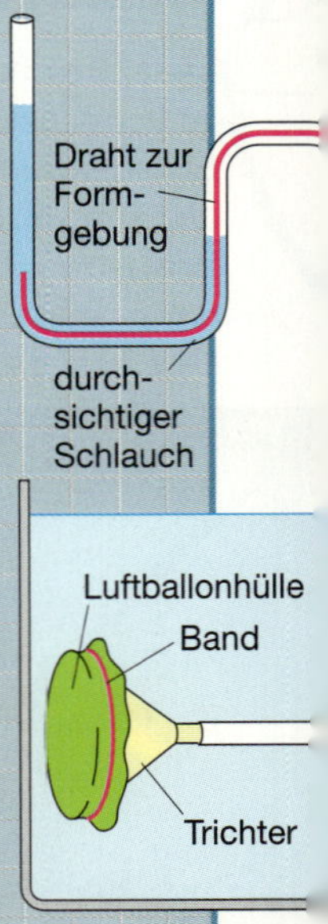

Streifzug

Trinkwasserversorgung

Die Großstadt Bremen entnahm ihr Trinkwasser bis 1935 ausschließlich der Weser. Als diese infolge der Kaligewinnung im Einzugsbereich ihres thüringischen Oberlaufes zunehmend versalzte, musste eine neue Quelle für das Trinkwasser der Stadt gefunden werden. Sie lag nicht vor den Stadttoren sondern über 200 km entfernt im Harz. 1934 wurde eine Wasserleitung von der Sösetalsperre im Südharz bis an die Weser gebaut.

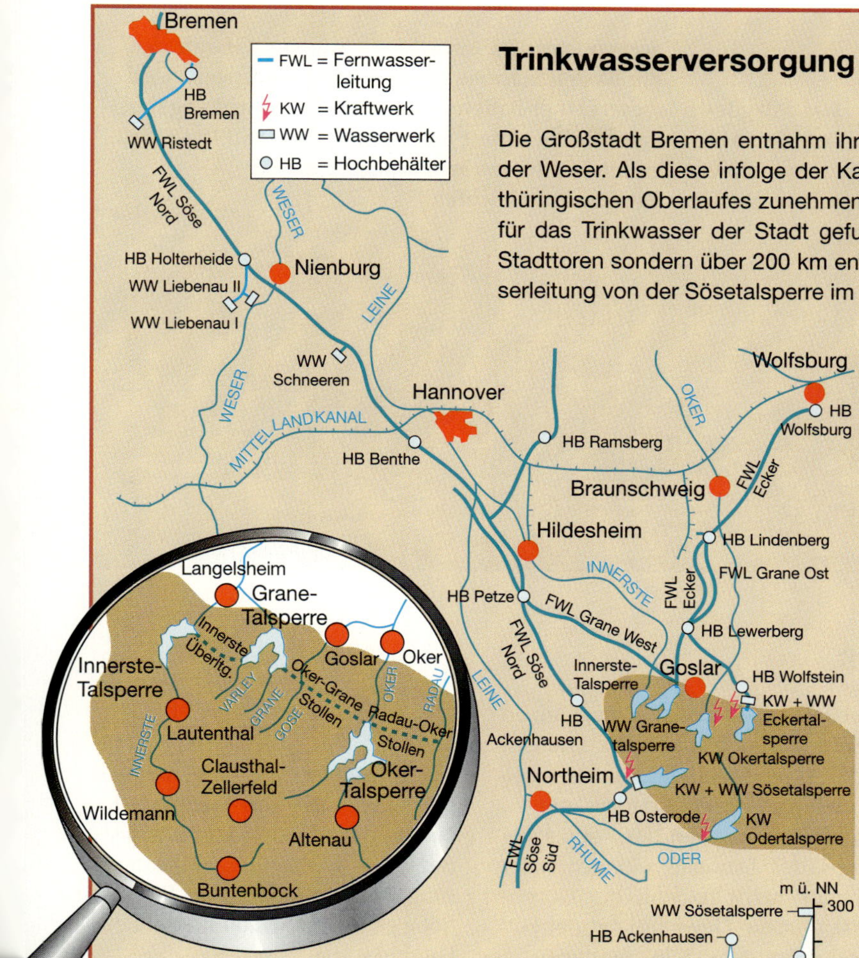

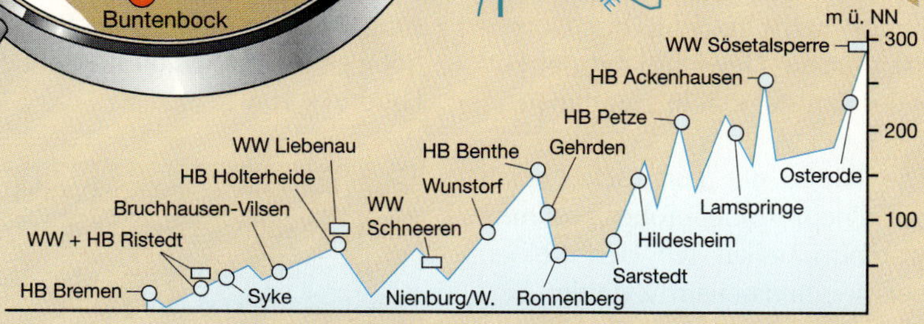

Weil der Wasserstand im Hochbehälter höher liegt als die Zapfstellen in den Wohnungen, fließt das Wasser von selbst aus der Leitung. Nur in sehr hohen Hochhäusern muss gepumpt werden.

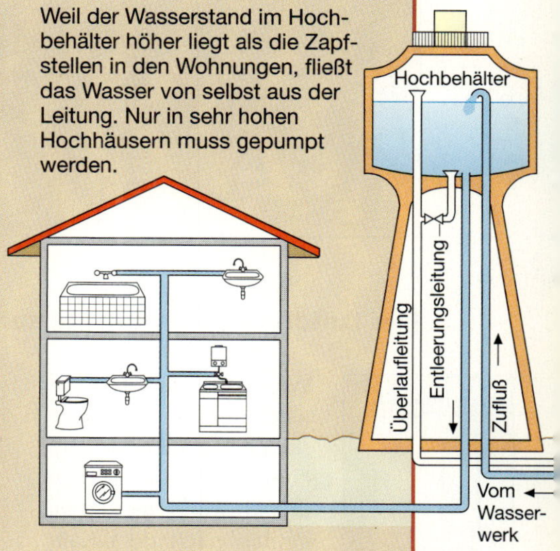

Im Harz entstanden im Laufe der Jahre drei weitere Talsperren an den Nordharzabflüssen Innerste, Grane und Oker. Diese drei Talsperren sind untereinander durch Stollen verbunden. Talsperren, Hochbehälter in der Leitung und Endverbraucher bilden ein großes verbundenes Gefäß. In ihm sorgen die Höhenunterschiede des Wassers in den Nachbargefäßen für den erforderlichen Druck und damit für das natürliche Fließen des Wassers ohne Pumpen. Nur im Sommer wird bei hoher Wasserentnahme an der Sösetalsperre gepumpt.

Die Stollen zwischen den drei Westharztalsperren sind die Verbindungsröhren dieser großen Wasserreservoirs. Sie liegen auf unterschiedlichem Niveau, sodass von der Oker- zur Granetalsperre freies Fließen des Wassers möglich ist. Zwischen Innerste- und Granetalsperre muss dagegen gepumpt werden. Ein Stollen vom Flüsschen Radau zapft dessen Wasser für das ganze System an. Auch von hier gelangt das Wasser im natürlichen Gefälle zur Granetalsperre.

Mehrere kleine Kraftwerke am Fuße der Talsperren wandeln die Lageenergie des aufgestauten Wassers in elektrische Energie um.

Die Wasserwerke mischen Wasser aus umliegenden Quellen dem Harzwasser bei, bereiten es auf und versorgen die umliegenden Regionen mit Trinkwasser.

Neben der Trinkwasserversorgung dienen die Harztalsperren auch dem Hochwasserschutz des Umlandes. Sie sammeln das Wasser der starken Schnee- oder Regenfälle und geben es verzögert als Trinkwasser wieder ab.

Schweredruck in Luft

Otto von Guericke, Bürgermeister von Magdeburg, schrieb 1663 zu seinem Experiment: „Mit dem Lederring als Zwischenlage wurden nun diese Halbkugeln aufeinandergepasst und die Luft rasch ausgepumpt. Da sah ich, mit wie viel Gewalt sich die beiden Schalen gegen den Ring pressten! Und diesergestalt hafteten sie unter der Einwirkung des Luftdruckes so fest aneinander, dass 16 Pferde sie gar nicht oder nur mühsam auseinander zu reißen vermochten.“

Der Luftdruck und seine Messung

Wie von Geisterhand wird der verschlossene stabile Metallkanister im Foto links zusammengedrückt, wenn der Dampf in ihm nach dem Kaltwasserguss kondensiert. Woher kommt diese große Kraft?

In kondensierter Form nimmt das Wasser ein wesentlich geringeres Volumen ein als der Dampf, aus dem es entstanden ist. Im Kanister gibt es dadurch einen Raum, in dem weniger Wasserteilchen vorhanden sind als zuvor. Von außen kann Luft in diesen Raum nicht einströmen, weil der Kanister verschlossen ist.
Die den Kanister umgebende Luft ist schwer. Sie hat deshalb eine Gewichtskraft. Und aufgetürmt ist sie über dem Kanister auch, wie das Wasser über einem Stein am Meeresgrund. Die mehrere Kilometer hohe, nach oben nicht abgeschlossene Luftsäule über dem Kanister erzeugt einen Schweredruck am Boden. Die Luft drückt die Wand des Kanisters also mit ihrer Gewichtskraft zusammen. Weil innen wegen des Kondensierens des Dampfes ein geringerer Druck herrscht, fehlt die Gegenkraft für die Gewichtskraft der Luft – der Kanister kracht zusammen.

Die Größe des Luftdruckes kann mit einem Kolbenprober bestimmt werden: Ziehen wir den Kolben bei verschlossenem Zylinder heraus, so entsteht innen ein Vakuum – von dort drückt nichts auf den Kolben. Von der anderen Seite aber drückt nach wie vor die Außenluft auf ihn. Am Kraftmesser lesen wir ab, dass das mit 80 N geschieht. Die Kolbenfläche ist 8 cm² groß. Der Luftdruck ergibt sich daraus zu

$$p_{\text{Luft}} = \frac{80\ \text{N}}{8\ \text{cm}^2} = 10\ \frac{\text{N}}{\text{cm}^2} = 1\ \text{bar}.$$

Als Schweredruck ist der Luftdruck abhängig von der Höhe der Luftsäule über dem Messpunkt. Als Bezugspunkt für die Höhenmessung des Luftdruckes wird Meereshöhe genommen. Dort herrscht ein Luftdruck von ca. 1 bar.

Zentraler Versuch

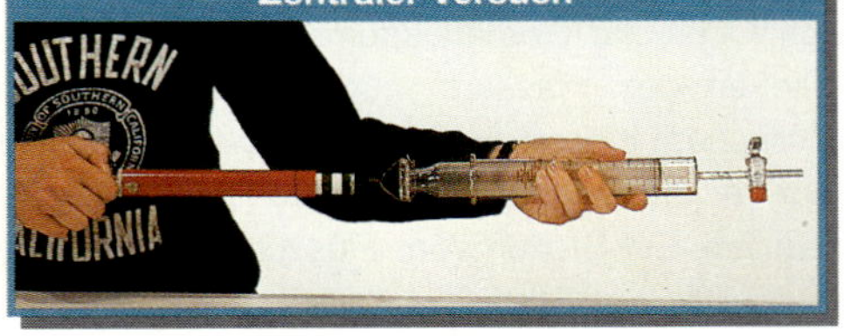

> Der Druck der uns umgebenden Luft beträgt normalerweise
> $1\ \text{bar} = 1000\ \text{hPa} = 10^5\ \frac{\text{N}}{\text{m}^2}$.
> Der Luftdruck ist auf gleicher Höhe gleich groß. Er nimmt mit zunehmender Höhe ab.

Aufgaben

1 Berechne für Meereshöhe die Höhe der Wassersäule, deren Gewichtskraft der Kraft des Luftdruckes das Gleichgewicht hält.

2 Bei nicht ganz dichten Thermoskannen ist ein leichtes Zischen zu hören, wenn eine heiße Flüssigkeit in ihr langsam abkühlt. Wie kommt das Zischen zustande?

Die Beobachtung, die bei dem Experiment im Foto links gemacht werden kann, kennt jeder: Heben wir ein Glas verkehrt herum aus dem Abwaschwasser, so bleibt das Glas so lange gefüllt, wie die Öffnung unter Wasser bleibt, obwohl doch die Wasseroberfläche außerhalb viel tiefer liegt. Auf die Wasserfläche außen drückt die Luft und das Wasser wird in das Glas gedrückt. Erst wenn die Wassersäule im Glas so hoch ist, dass ihre Gewichtskraft der Gewichtskraft der Luft das Gleichgewicht hält, wird beim weiteren Hochziehen das Wasser vom Glasboden abreißen.

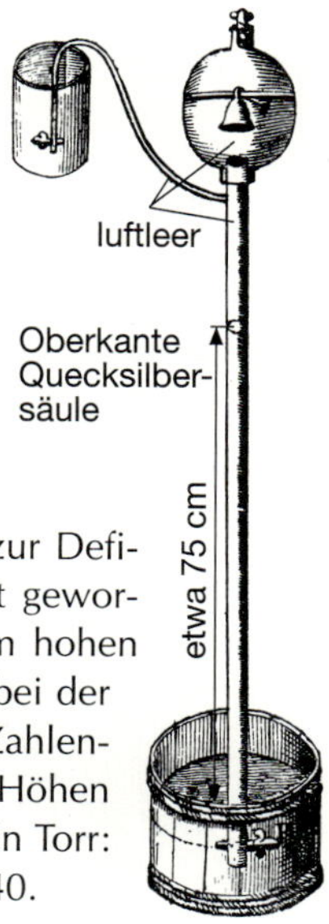

Ein ähnliches Experiment haben VIANI und TORRICELLI 1643 mit Quecksilber durchgeführt. Sie stellten fest, dass die Säule um eine mittlere Höhe von 760 mm schwankt. Bei schönem Wetter war sie höher, bei schlechtem etwas niedriger. Die Gewichtskraft der Quecksilbersäule hält der Gewichtskraft der Luft das Gleichgewicht. Die Höhe der Säule ist ein sehr genaues Maß für die Druckkraft, die von der Luft auf das Quecksilber im Gefäß ausgeübt wird. Mit diesem Verfahren kann also der Luftdruck gemessen werden.
Das Versuchsergebnis von VIANI und TORRICELLI ist zur Definition einer heute nicht mehr zulässigen Druckeinheit geworden: Als 1 Torr bezeichnete man den Druck einer 1 m hohen Quecksilbersäule bei 0 °C auf Meereshöhe. Nur noch bei der Blutdruckmessung begegnen wir dieser Einheit: Die Zahlenwerte für den Blutdruck, den der Arzt misst, sind die Höhen einer entsprechenden Quecksilbersäule, also Angaben in Torr: z. B. 120 : 80 oder 100 : 60 oder gefährlich hoch 200 : 140.

Versuche und Aufträge — Luftdruck

V1 Lege auf ein randvolles Glas Wasser ein festes Papier. Halte es mit der flachen Hand fest und drehe das Glas um. Nimm die Hand weg. Erkläre deine Beobachtung.

V2 Schiebe den Kolben einer Einmalspritze ohne Nadel ganz hinein. Halte dann die Öffnung, auf die die Nadel gesteckt wird, mit dem Finger zu und zieh den Kolben wieder heraus. Erkläre deine Beobachtung.

A3 a) Jedes Barometer ist als Höhenmesser verwendbar. Erkläre diese zweite Verwendung. Beschreibe die Veränderungen, die an dem Barometer vorgenommen werden müssen, um es als Höhenmesser verwenden zu können.
b) Gehe mit einem Barometer in den Keller eines Hochhauses und in das oberste Stockwerk. Vergleiche die Barometerstände. Begründe die unterschiedlichen Anzeigen.
c) Je höher man steigt, desto dünner wird die Luft in der Atmosphäre. Welchen Einfluss hat dies auf die Skala eines als Höhenmessers geeichten Barometers?

Aufgaben

1 **a)** Rechne die Druckeinheit Torr in die heute gebräuchliche Einheit bar um. ($\rho_{Hg} = 13{,}59 \frac{g}{cm^3}$)
b) Rechne die Blutdruckwerte eines Patienten von 120 : 80 in bar um.

2 Welche Kraft übt der Luftdruck von 1 bar auf eine Fläche von 1 dm^2 (etwa Handflächengröße) auf den menschlichen Körper aus?

3 Ein gleiches Volumen Wasser enthält unter hohem Druck die gleiche Teilchenzahl wie unter geringem. In Luft dagegen befinden sich bei hohem Druck viel mehr Teilchen in einem gleichen Volumen als bei niedrigem Druck. Im Schaubild symbolisiert jeder Punkt und jedes Quadrat eine gleiche Teilchenzahl (in Wasser viel mehr als in Luft).

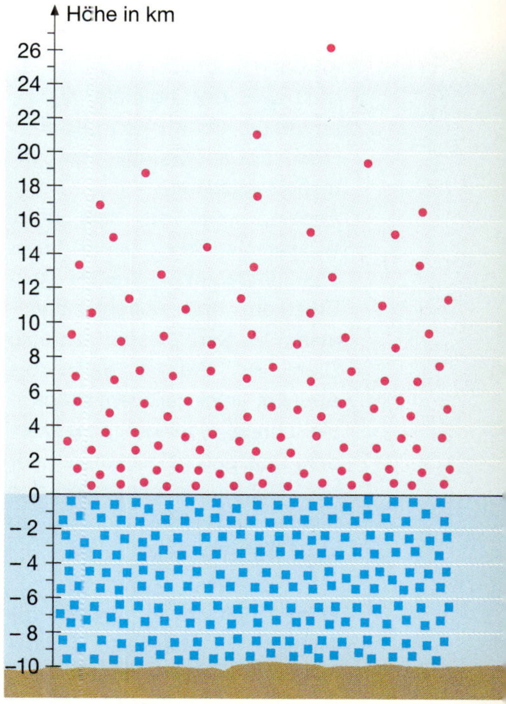

a) Zähle die Punkte in den einzelnen Schichten aus und übertrage die Zahlenwerte in ein Höhen (*y*-Achse)-Teilchen (*x*-Achse) Diagramm
b) Schließe auf die Druckdiagramme für Wasser bzw. Luft.
c) Vergleiche die Änderungen der Schweredrucke in beiden Stoffen.

Streifzug

Atmen und Tauchen

Wenn um einen offenen Luftballon die ihn außen umgebende Luft abgepumpt wird, bläht er sich auf: Die Außenluft drückt gegen die Innenwand des Ballons. Da es keine oder nur eine geringe Gegenkraft vom Unterdruckbereich her gibt, nimmt sein Volumen zu. Umgekehrt verhält es sich, wenn der Luftdruck von außen wieder erhöht wird.
In nebenstehendem Foto wird der Druck der in der Plastikflasche eingeschlossenen Umgebungsluft des Ballons dadurch geändert, dass die Flasche zusammen gedrückt bzw. wieder losgelassen wird. Der Umgebungsluft wird also ein kleineres und dann wieder ein größeres Volumen zur Verfügung gestellt.
Vergleichbar arbeitet die Lunge: Die Lungenbläschen sind über die Luftröhre mit der Außenluft verbunden; deshalb herrscht in ihnen normaler Luftdruck. Das Körperinnere ist ein abgeschlossenen Raum. Beim Atmen wird sein Volumen durch Muskelbewegung des Brustkorbs oder des Zwerchfells abwechselnd vergrößert und verkleinert. Beim Vergrößern strömt infolge des Unterdruckes im Körper Luft in die Lunge. Bei Volumenverringerung entsteht ein Überdruck – die Luft strömt aus der Lunge.

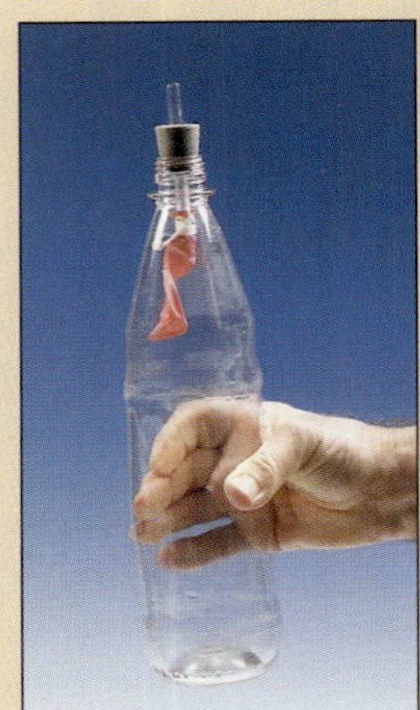

Ausatmen:
Volumen verkleinern
Luft strömt aus

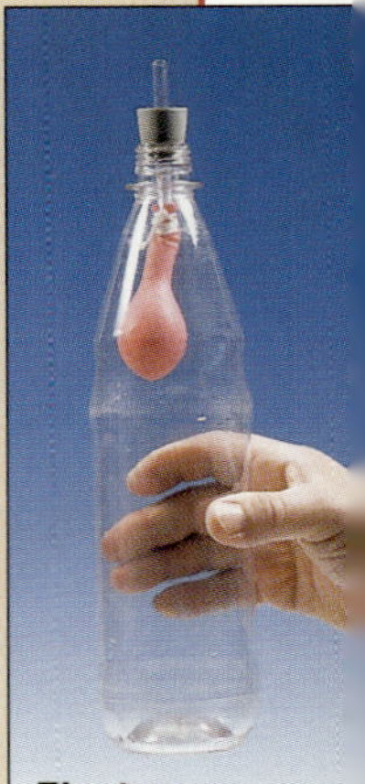

Einatmen:
Volumen vergröße
Luft strömt ein

Bei allen Landlebewesen ist der Körperinnendruck ungefähr so groß wie der normale äußere Luftdruck. So können sie ohne Hilfsmittel am Grunde des Luftmeeres existieren.
Anders, wenn sie sich unter Wasser begeben: Dann presst das umgebende Wasser den Brustkorb von außen zusammen. Gegen diesen äußeren Druck im Wasser muss die Atemluft unter gleichem Druck in die Lunge hineingebracht werden. Dies gelingt mit einem offenen Rohr und ohne sonstige technischen Hilfen nur bis zu einer Tiefe von etwa 1,5 m.

Schnorcheln: Das Wasser drückt so stark auf den Brustkorb, dass er schon in 1,5 m Tiefe nicht mehr ausgedehnt werden kann, sodass Luft in die Lunge strömen könnte.

Tauchen mit Gerät: Atemluft kommt aus der Flasche. Der Wasserdruck wird durch den höheren Druck in der Flasche ausgeglichen.

Beim Tieftauchen muss die Atemluft in stählernen Luftflaschen mitgenommen werden. Ein Druckanpassungsgerät lässt die Luft genau mit dem Druck in die Lunge einströmen, der im Wasser außerhalb in der jeweiligen Tiefe herrscht.

Ab ca. 15 m Tiefe, also etwa ab 1,5 bar Druck, nimmt unser Blut mehr Stickstoff auf als unter Normaldruck. Beim Auftauchen, also bei Druckverringerung, perlt der Stickstoff wieder gasförmig aus. Durch dieses Überangebot an Stickstoff entsteht ein rauschartiger Zustand, die *Taucherkrankheit,* die u. A. das Urteilsvermögen stark einschränkt. Deshalb können Taucher aus größeren Tiefen nicht schnell und „in einem Zug“ auftauchen, sondern nur langsam und mit Stopps in bestimmten Tiefen.

Aufgaben

1 Eine leere, verschlossene und an einem Stein angebundene Flasche wird in der Tiefe des Meeres zerdrückt. Ist sie offen, sinkt sie unbeschädigt bis auf den tiefsten Grund. Erkläre.

2 Weshalb muss beim Tauchen der Druck der eingeatmeten Luft gleich dem Wasserdruck sein?

Auftrieb in Flüssigkeiten und Gasen

Im Wasser ist die Freundin viel leichter auf den Arm zu nehmen als außerhalb des Wassers. Ein unter Wasser gedrückter und dort losgelassener Ball schießt mit viel Schwung aus dem Wasser heraus.

Wie kommt es zu der dafür erforderlichen Kraft gegen die Gewichtskraft? Wo und unter welchen Bedingungen tritt sie auf? Wie misst man sie? Kann man die Größe dieser Kraft berechnen? Und was hat das alles damit zu tun, dass manche Körper schwimmen und andere sinken?

Die Auftriebskraft in Flüssigkeiten

Auf jeden in eine Flüssigkeit eingetauchten Körper wirkt eine Kraft, die der Gewichtskraft entgegen gerichtet ist. Diese Kraft heißt **Auftriebskraft F_A.** Sie kann auf experimentellem Wege oder durch theoretische Herleitung bestimmt werden.

Experimentelle Herleitung

Bei der linken Waage hält der Kraftmesser der Gewichtskraft des Steins das Gleichgewicht.
Nach dem Eintauchen wirkt die Auftriebskraft nach oben auf den Stein; er wird leichter. Jetzt genügt eine kleinere Kraft am Kraftmesser für das Gleichgewicht.

Zentraler Versuch

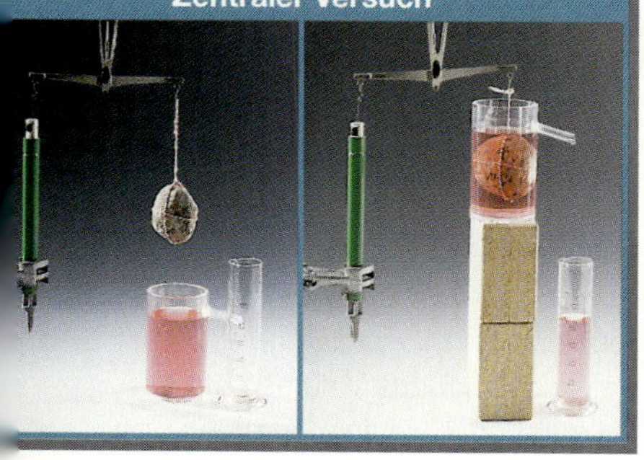

Der Unterschied der beiden Kraftmesser-Anzeigen ist die Auftriebskraft F_A. Sie ist genaus so groß wie die Gewichtskraft des übergelaufenen Wassers.

Theoretische Herleitung

Wir denken uns einen Quader in eine Flüssigkeit eingetaucht und betrachten die Kräfte, die das Wasser wegen des Schweredrucks auf die Begrenzungsflächen des Quaders ausübt:
Die seitlich auf den Körper wirkenden Kräfte heben sich gegenseitig auf. Wegen des größeren Druckes in der Tiefe h_2 gegenüber dem Druck in der Tiefe h_1 sind die an diesen Stellen auf den Körper wirkenden Kräfte unterschiedlich. Die Differenz der Kräfte F_1 auf die Deckfläche und F_2 auf den Boden ist die Auftriebskraft F_A, die auf den Körper wirkt: $F_A = F_2 - F_1$.

Wegen $p = \frac{F}{A}$ und $p = \rho \cdot g \cdot h$ gilt
$F_1 = p_1 \cdot A = \rho \cdot g \cdot h_1 \cdot A$ und $F_2 = p_2 \cdot A = \rho \cdot g \cdot h_2 \cdot A$
$F_A = F_2 - F_1 = \rho \cdot g \cdot A \cdot (h_2 - h_1) = \rho \cdot g \cdot A \cdot h$
$F_A = \rho \cdot g \cdot V$
Gewichtskraft der Flüssigkeit : $F_{Fl} = \rho \cdot g \cdot V$
Also $\mathbf{F_A = F_{Fl}}$

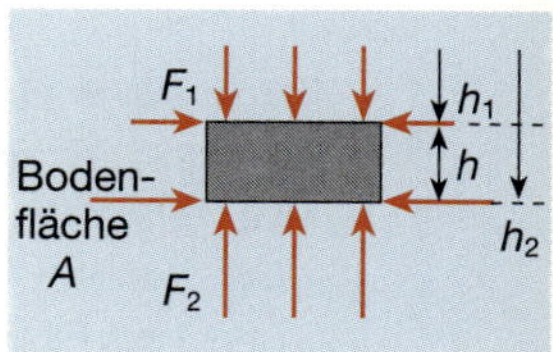

Damit ist die Größe der Auftriebskraft nur aus dem Wissen über den Schweredruck hergeleitet. Nach einer solchen allgemeinen Herleitung muss ein Experiment zeigen, dass die Überlegung sich in der Realität auch bewährt, d. h. zu identischen Ergebnissen führt. Das Experiment links zeigt, dass dies der Fall ist. Andere Probekörper und andere Flüssigkeiten führen zum gleichen Ergebnis.

ARCHIMEDES von Syrakus (285–212 v. Chr.) hat diesen Sachverhalt als erster formuliert. Deshalb spricht man auch vom **Archimedes'schen Gesetz.** Die Legende berichtet, dass ihm diese Erkenntnis beim Baden gekommen sei.

Die Auftriebskraft eines Körpers ist gleich der Gewichtskraft der von ihm verdrängten Flüssigkeit.
Die Auftriebskraft ist der Gewichtskraft des Körpers entgegen gerichtet.

Streifzug

Methoden der Erkenntnisgewinnung

Wir haben den Satz des ARCHIMEDES auf zwei verschiedenen Wegen gefunden:

Bei der **experimentellen Herleitung** haben wir
- *beobachtet;*
- nachgedacht, gefragt und daraus eine *Vermutung* – wissenschaftlich: eine *Hypothese – formuliert;*
- die Hypothese *experimentell überprüft;*
- und zum Schluss ein *Gesetz formuliert;*
- das Ergebnis auf andere Körper und Flüssigkeiten übertragen, also *verallgemeinert.*

Dabei haben wir von dem Einzelfall des untersuchten Körpers in der Flüssigkeit „Wasser" auf alle anderen Flüssigkeiten geschlossen, dass für alle Körper und alle Flüssigkeiten das Gesetz auch gilt. Es gibt keinen Anlass anzunehmen, dass dies nicht so ist.

Bei der **theoretischen Herleitung** haben wir:
- das Wissen über den Schweredruck *angewandt;*
- es – mathematisch – *fortentwickelt;*
- mit dem Ergebnis haben wir eine *Prognose aufgestellt;*
- und daraus ein Gesetz *formuliert;*
- dann haben wir im *Experiment geprüft,* ob die Prognose sich bestätigt und damit das Gesetz gilt.

Beide Wege sind die in den Naturwissenschaften gängigen Verfahren, zu Erkenntnissen zu gelangen:
- Der erste Weg ist das **induktive Verfahren.** Bei ihm schließt man von vielen Einzelbeobachtungen und Experimentalergebnissen auf ein allgemeines Gesetz.
- Beim zweiten Weg, dem **deduktiven Verfahren,** wird aus vorhandenem Wissen und seiner meist mathematischen Weiterentwicklung ein allgemeines Gesetz formuliert. Es gilt aber erst dann, wenn es sich im Experiment bewährt hat.

Im induktiven Verfahren wird von vielen Einzelfällen auf eine allgemein gültige Aussage geschlossen.
Im deduktiven Verfahren wird eine theoretisch hergeleitete Voraussage im Experiment auf ihre Gültigkeit in der Realität überprüft.

Auftrieb in Gasen

Auch Gase unterliegen einem Schweredruck. Gibt es dann auch in ihnen einen Auftrieb?

Zentraler Versuch

Die Balkenwaage – zunächst im Gleichgewicht – senkt sich auf die Seite des größeren Körpers, wenn die Luft abgepumpt wird. Der große Körper hatte ein größeres Luftvolumen verdrängt als der kleine. Diese Luftmenge besaß eine größere Gewichtskraft als die kleine Menge Luft. Nach ARCHIMEDES erfährt deshalb der große Körper eine größere Auftriebskraft als der kleine. Der Auftrieb entfällt, wenn die umgebende Luft abgepumpt ist. Deshalb senkt sich die Waage auf der Seite des großen Körpers.

Die Auftriebskraft in Luft ist viel geringer als in Wasser, da bei gleichem Volumen die Gewichtskraft der verdrängten Luft ja viel kleiner ist als die von Wasser.

Auch in Gasen erfahren Körper eine Auftriebskraft.

Aufgaben

1 Berechne nach dem Satz des ARCHIMEDES die Auftriebskraft deines Körpers
a) in Süßwasser ($\rho = 1\ \frac{kg}{dm^3}$),
b) in Meerwasser ($\rho = 1{,}02\ \frac{kg}{dm^3}$),
c) in Luft ($\rho = 1{,}3\ \frac{kg}{m^3}$).
d) Vergleiche die Ergebnisse.
Hinweis: Bei 60 kg Masse beträgt das Volumen etwa $V = 75\ dm^3$; für je 6 kg mehr oder weniger kommen 5 dm^3 dazu oder werden abgezogen.

2 Begründe, weshalb die Auftriebskraft in 5000 m Wassertiefe nicht größer ist als in 5 m Tiefe.

3 **a)** Durch Eintauchen eines an einem Kraftmesser hängenden Körpers von 1 dm^3 in eine Flüssigkeit wird deren Dichte bestimmt. Beschreibe das Verfahren.
b) Bestimme die Dichte der Flüssigkeiten, in denen mit diesem Körper folgende Auftriebskräfte gemessen werden: 8,63 N; 9,8 N; 133,42 N.
c) Welche Flüssigkeiten sind es vermutlich?

Schwimmen oder sinken?

Das Papierboot schwimmt an der Oberfläche des Wassers, der Stein sinkt nach unten. Den Wasser gefüllten Luftballon haben wir in der Schwebe zwischen Oberfläche und dem Grund des Wassers postiert.

Das Verhältnis der Gewichtskräfte der Körper zu den jeweiligen Auftriebskräften ist so unterschiedlich, dass die drei verschiedenen Körper im Wasser ganz unterschiedliche Verhaltensweisen zeigen: Einer *schwimmt,* der andere *schwebt,* der dritte *sinkt* oder *steigt.*

Die Auftriebskraft des steigenden Körpers bewegt ihn so lange aus der Oberfläche des Wassers heraus, bis der im Wasser verbleibende Teil nur noch ein so großes Volumen an Wasser verdrängt, dass seine Gewichtskraft gleich der Gewichtskraft des Körpers ist. Der Körper „schwebt" an der Oberfläche – er schwimmt. Da der Auftrieb in einer Flüssigkeit von ihrer Dichte abhängt ($F_A = \rho_{Fl} \cdot g \cdot V_{verdrängt}$), kann ein und derselbe Körper in einer Salzlösung schwimmen, in Wasser schweben und in Spiritus zu Boden sinken. Ihre Dichten sind ja unterschiedlich.

Das Verhältnis von Gewichtskraft zu Auftriebkraft bestimmt, ob ein Körper

steigt:	$F_G < F_A$ und $V_{Kör} = V_{Fl}$
schwebt:	$F_G = F_A$ und $V_{Kör} = V_{Fl}$
(schwimmt:	$F_G = F_A$ und $V_{Kör} > V_{Fl}$)
sinkt:	$F_G > F_A$ und $V_{Kör} = V_{Fl}$

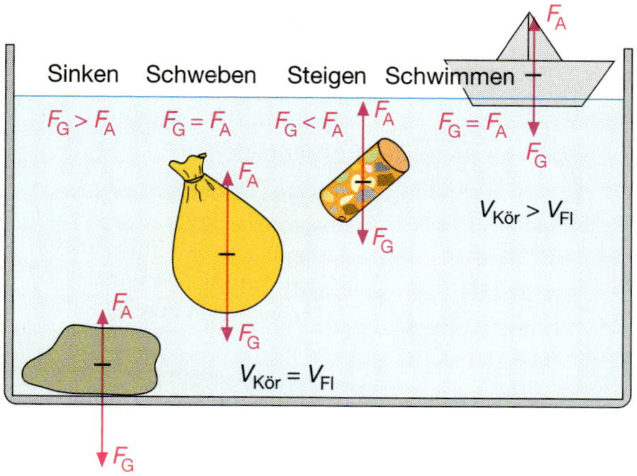

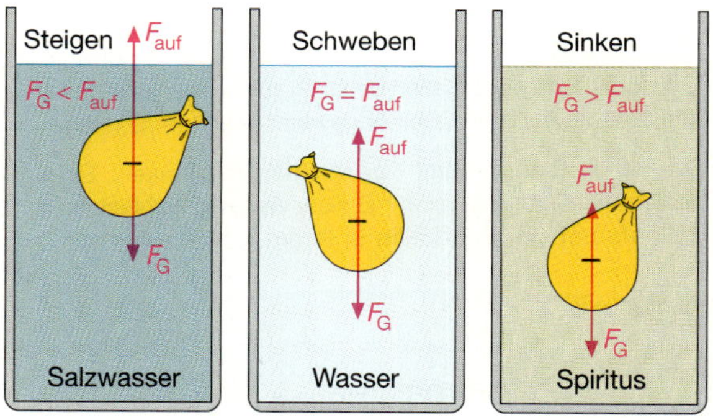

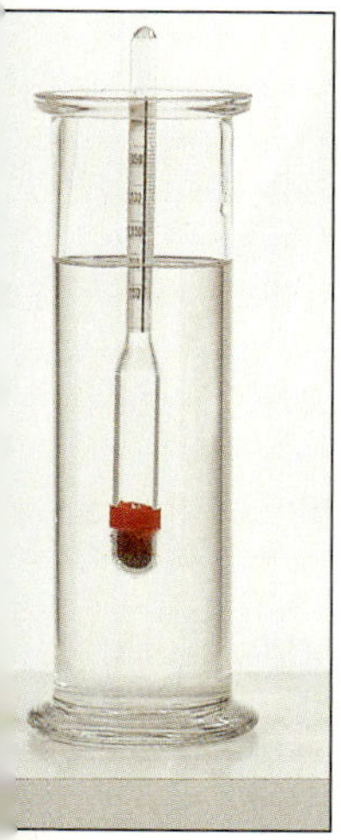

Die Eintauchtiefe eines schwimmenden Körpers hängt ab von der Dichte der Flüssigkeit, in der er schwimmt. Aus $F_A = F_G$ folgt

$$\rho_{Fl} \cdot g \cdot V_{verdrängt} = \rho_{Kör} \cdot g \cdot V_{Kör}$$

Für Zylinder oder Würfel gilt

$V = A \cdot h$ wobei $h \begin{cases}\text{Eintauchtiefe}\\ \text{Körperhöhe}\end{cases}$ ist.

Daraus ergibt sich

$$h_{eintauch} = \frac{\rho_{Kör}}{\rho_{Fl}} \cdot h_{Kör} \text{ oder } \boldsymbol{h_{eintauch}} \sim \frac{1}{\rho_{Fl}}$$

Die Eintauchtiefe eines Normkörpers kann also als Maß für die Dichte einer Flüssigkeit dienen. **Aräometer** sind solche Normkörper zur Dichtebestimmung.

Aufgaben

1 Gib die Dichte eines Körpers an, der in einer Flüssigkeit schwebt. Weshalb schwebt ein Wasser gefüllter Luftballon in Wasser ziemlich gut?

2 Süßwasser und Meerwasser haben unterschiedliche Dichten. Schiffe tauchen deshalb unterschiedliche tief ein. Darum gibt es an ihren Bordwänden verschiedene Markierungen für den Tiefgang. Wie ändert sich die Eintauchtiefe bei einer Fahrt von Süßwasser zu Meerwasser?

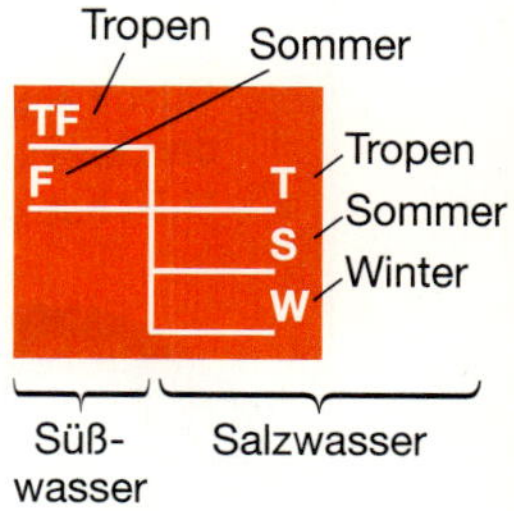

3 Die Eintauchtiefe eines Bootes mit senkrechten Wänden beträgt in Süßwasser 50 cm. Wie tief taucht es in Meerwasser (Dichte $\rho = 1{,}02\ \frac{kg}{dm^3}$) ein?

Pinnwand

AUFTRIEB IN NATUR UND TECHNIK

Mit heißer Luft in die Lüfte

Im Heißluftballon ist nicht mehr drin als heiße Luft. Sie ist nicht einmal fest eingeschlossen, denn am unteren Ende ist dieser Ballontyp offen. Dort befindet sich ein Brenner, der die Luft in der ca. 25 m hohen Hülle erhitzt. Die Ballons, die wir meist sehen, enthalten bis zu 3600 m³ Luft.

Durch das Erhitzen dehnt sich die Luft aus und strömt unten aus der Ballonhülle. Die Gewichtskraft des gesamten Ballons (also Hülle, Luftfüllung und Korb mit Insassen) wird deshalb kleiner, die Auftriebskraft durch das größere Volumen dagegen größer. Wird die Auftriebskraft schließlich größer als die Gewichtskraft, steigt der Ballon auf. Kühlt sich die Innenluft während der Fahrt ab, strömt kalte Luft von unten nach und erhöht die Gewichtskraft – der Ballon sinkt. Durch erneutes Aufheizen der Luft mit dem Brenner gewinnt er wieder an Höhe.

Ein Heißluftballon kann nur steigen und sinken. Eine seitliche Steuerung ist nicht möglich. Weshalb wohl erleben Ballonfahrer nur Windstille in ihrem luftigen Gefährt?

U-Boote und Fische

Um den Schwebezustand, bei dem Gewichts- und Auftriebskraft gleich groß sind, zu verändern, muss durch einen geeigneten Mechanismus das Verhältnis beider zueinander geändert werden.

Die meisten Fische besitzen eine Schwimmblase. In diese können sie ein Sauerstoff-CO_2-Gemisch über das Blut hineinlassen oder daraus abgeben. Andere Fische führen der Schwimmblase Luft über den Verdauungstrakt zu bzw. lassen sie darüber auch wieder heraus. Dadurch ist es ihnen möglich, die Auftriebskraft gezielt zu verändern und im Wasser auf- oder abzusteigen. Zum Ausgleich des Schweredruckes von außen muss in der Schwimmblase immer etwa der gleiche Druck herrschen wie in der Umgebung des Fisches.
Fische ohne Schwimmblase wie z. B. Flundern, Makrelen oder Haie erzeugen die für das Steigen notwendige Gegenkraft zur Gewichtskraft durch Bewegung des Körpers und der Flossen.

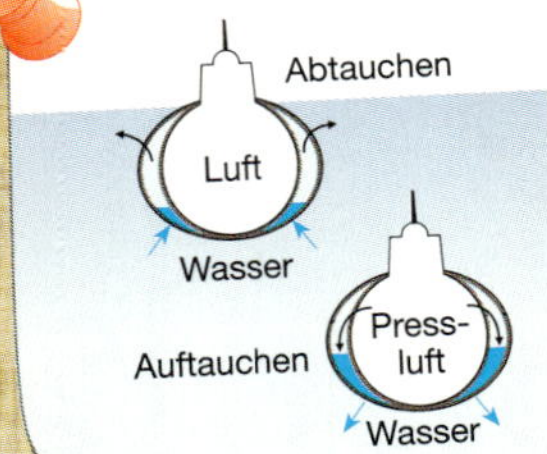

Beim U-Boot wird Wasser in spezielle Tanks eingelassen, damit es sinkt. Zum Aufsteigen wird dieses Wasser mit Pressluft aus den Tanks verdrängt.

Die PICCARDS – Höhen und Tiefen einer Forscherfamilie

AUGUSTE PICCARD stieg am 27.05.1932 zusammen mit PAUL KIPFER mit einem Ballon in die Stratosphäre bis in eine Höhe von knapp 16 km (Höhenrekord Ende des 20. Jahrhunderts: rund 35 km). Sie bewiesen damit, dass der Aufenthalt in solchen Höhen möglich ist – wenn sich der Mensch in einer Druckkabine aufhält, denn der Luftdruck beträgt in dieser Höhe nur noch 60 hPa statt der normalen 1000 hPa auf Meereshöhe. Heutzutage fliegen Langstreckenflugzeuge in diesen Höhen – mit Druckkabinen.

Sohn JAQUES PICCARD stellte 1960 den Tiefenrekord auf: Mit dem von Vater AUGUSTE konstruierten Tauchboot „Trieste" erreichte er im Marianengraben (im Pazifik westlich Guam) eine Tiefe von 11,5 km. Jeder Quadratzentimeter der Tauchkugel musste dabei der Gewichtskraft einer Wassersäule von 11,5 km Höhe standhalten, die eine Masse von 11,5 t hat. (Das entspricht elf Mittelklasseautos!)

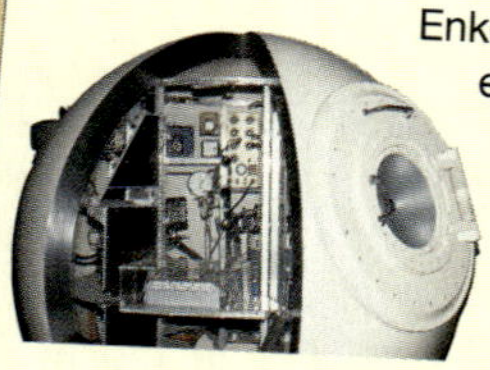

Enkel BERTRAND gelang es 1999 als erstem Menschen, die Erde in einem Ballon im Non-Stopp-Flug zu umrunden. Sein Ballon war eine Kombination aus einem geschlossenen Helium- und einem offenen Heißluft-Ballon. Die ganze Umrundung dauerte knapp 20 Tage. Die Reisehöhe des 55 m hohen Ballons betrug 10 000 m; der Aufenthalt war nur in einer Druckkabine möglich.

Druck

Prüfe dein Wissen

A1 a) Beantworte zu den Merkzettel-Begriffen folgende Fragen: Was bedeutet der Begriff? Wie und in welcher Einheit wird diese Größe gemessen? Gibt es Formeln dafür? Gibt es sonst noch Wissenswertes über diesen Begriff?
b) Wenn du die Frage nicht auf Anhieb beantworten kannst, dann lies die entsprechenden Seiten im Buch noch einmal durch.
c) Notiere auf den Vorderseiten von Karteikarten den Begriff, auf der Rückseite die Erläuterung.

A2 Beschreibe den Aufbau einer hydraulischen Hebebühne und erläutere die Funktionsweise ausführlich unter Nutzung des Teilchenbildes.

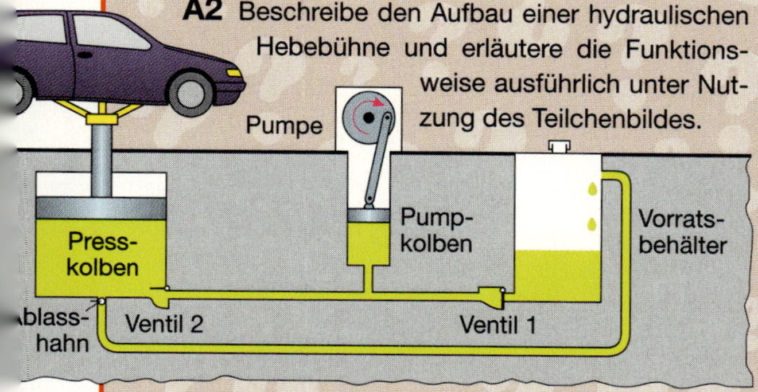

A3 Vergleiche das Verhalten von Flüssigkeiten und Gasen in abgeschlossenen Gefäßen, wenn auf einen Kolben im Gefäß eine Kraft wirkt.

A4 Bei einem Autokran wird der Ausleger über eine hydraulische Anlage bewegt. Der Pumpkolben hat eine Fläche von 0,3 cm^2, die zwei Arbeitskolben haben je 8 cm Durchmesser. Der Ausleger ist ein einseitiger Hebel, der Befestigungspunkt der Arbeitskolben ist $\frac{1}{3}$ vom Drehpunkt entfernt.
a) Bestimme den Druck in der Hydraulikflüssigkeit, wenn auf den Pumpkolben eine Kraft von 750 N wirkt.
b) Welche Last kann mit diesem Kran höchstens angehoben werden?
c) Erläutere, was passiert, wenn sich in einer hydraulischen Anlage Gaseinschlüsse befinden.

A5 Ein Fahrradschlauch hat einen Durchmesser von 3 cm und einen Umfang von 190 cm. In ihm herrscht ein Überdruck von 2 bar gegenüber dem Luftdruck.
a) Wie viel Liter Luft mit Normaldruck sind hineingepumpt worden?
b) Wie oft musste dafür die Pumpe (Durchmesser des Kolbens 2 cm, Länge des Kolbenweges 30 cm) betätigt werden?

A6 Der Baikalsee in Sibirien ist mit 1620 m der tiefste Süßwassersee der Erde. Berechne den Schweredruck an seiner tiefsten Stelle und vergleiche ihn mit dem Druck an einer gleich tiefen Stelle im Meer. (Dichte von Salzwasser $\rho = 1{,}02\ \frac{t}{m^3}$)

A7 Auf jede Wasseroberfläche wirkt der Luftdruck.
a) Was sagst du zu der Berechnung des Schweredruckes in Wasser unter Einbeziehung des Luftdruckes über der Wasseroberfläche?
b) Berechne den wahren Druck in 10 m Meerestiefe.
c) Begründe, warum ein Lebewesen, das an der Erdoberfläche lebt, im Wasser nur den Schweredruck des Wassers aber nicht den der Luft spürt?

A8 Luft hat auf Meereshöhe eine Dichte von 1,29 $\frac{g}{dm^3}$ und sie steht unter einem Druck von 1 bar. Berechne, wie hoch die Erdatmosphäre wäre, wenn die Luft in jeder Höhe so dicht liegen würde wie auf Höhe der Meeresoberfläche. Kommentiere dein Ergebnis.

A9 Flusspferde bewegen sich plump auf dem Lande und leichtfüßig im Wasser. Begründe ihre Leichtfüßigkeit im Wasser und rechne dazu: Masse 3000 kg; Durchmesser des Körpers 1,10 m; Länge 4,00 m.

A10 Ein Versuchsballon der NASA mit 140 m Durchmesser ist mit 1 436 026 m^3 Helium gefüllt ($\rho_{He} = 178\ \frac{g}{m^3}$). Berechne die Auftriebskraft, die dieser Ballon am Erdboden auf Meereshöhe hat. (Dichte der Luft auf Meereshöhe: $\rho = 1293\ \frac{g}{m^3}$).
Der Gewichtskraft von wie vielen PKW (mit je 750 kg Masse) entspricht diese Auftriebskraft?

Die wichtigsten Begriffe

Magnetismus

Magnete üben auf andere Körper aus Eisen oder bestimmten anderen Stoffen Kräfte aus, auch wenn sie diese nicht unmittelbar berühren.
Wo kommt diese Kraft her? Ist sie überall gleich stark? Kann man Magnete auch selbst herstellen?

Jedes Kind weiß, dass sich Magnete anziehen. Wie kann dann aber ein Magnet einen anderen Magneten schweben lassen?

Vor etwa 500 Jahren wurden in Europa die ersten Kompasse entwickelt, um Seefahrern die Orientierung auf hoher See zu ermöglichen. Wie ist ein Kompass aufgebaut? Warum kann er uns den Weg weisen?

Fahrschulschilder, Skihalter oder Gepäckträger lassen sich auch ohne Schrauben schnell und sicher auf dem Dach befestigen und genauso schnell und leicht wieder abmontieren. Was hält diese Teile auf dem Stahldach so fest, dass sie auch bei schneller Fahrt nicht wegfliegen?

Eigenschaften von Magneten

Alle Gegenstände fallen zu Boden, wenn sie nicht festgehalten werden. Die Büroklammer im Bild rechts aber fällt nicht. Wird sie vom Magneten gehalten? Können wir alle Gegenstände wie die Büroklammer schweben lassen?

Wovon hängt es ab, ob eine Büroklammer von einem Magneten angezogen wird oder nicht? Ziehen alle Bereiche eines Magneten eine Büroklammer gleich stark an oder manche mehr, manche weniger?

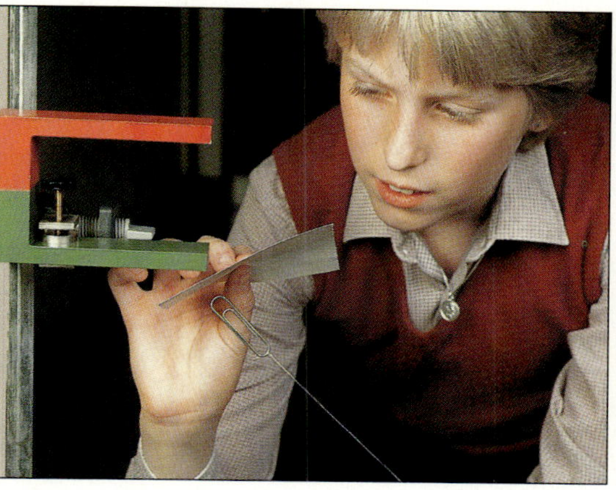

Magnetkräfte

Wer selber schon einmal mit den Magneten von einer Pinnwand und verschiedenen Gegenständen oder Münzen experimentiert hat, konnte feststellen, dass nicht alle Gegenstände oder Münzen vom Magneten angezogen werden.
Die magnetische Anziehung wirkt nur auf Gegenstände aus bestimmten Stoffen. Während heruntergefallene Stecknadeln schon angezogen werden, wenn der Magnet nur in ihre Nähe kommt, können wir Messingnägel oder Plastikbüroklammern nicht mit einem Magneten einsammeln.

Zentraler Versuch

Gegenstände, die Eisen, Nickel oder Cobalt enthalten, werden von Magneten angezogen.

Magnetpole

Die Büroklammer im Bild oben verharrt vor einem Ende des Magneten, weil die Gegenstände, die ein Magnet anzieht, von seinen Enden deutlich stärker angezogen werden. Das Nagelbüschel im Bild links und das große Bild auf der linken Seite zeigen deutlich, dass jeder Magnet (mindestens) zwei Stellen stärkster Anziehung hat. Diese Stellen nennen wir **Pole.** Sie liegen bei dem verwendeten **Stabmagneten** an den Enden. Die Form und die Größe eines Magneten haben nicht unbedingt etwas mit seiner Anziehungskraft zu tun.

Jeder Magnet hat zwei Pole. An den Polen ist die Anziehungskraft am größten.

Magnetkräfte und Magnetpole

Versuche und Aufträge

V1 Wie kannst du feststellen, ob dein Fahrradrahmen aus Eisen hergestellt ist?

V2 Welche Geldstücke werden von einem Magneten angezogen? Aus welchen Stoffen könnten sie bestehen?

V3 Notiere, wo zu Hause Magnete verwendet werden.

V4 Welche Gegenstände werden von Magneten angezogen, welche nicht? Fertige eine Tabelle an und stelle Gemeinsamkeiten der Gegenstände fest.

V5 In die Nähe eines beweglichen Magneten wird ein unmagnetischer Nagel aus Eisen gehalten. Der Magnet bewegt sich zum Nagel hin. Was schließt du daraus?

Es gibt nur zwei Pole

Werden Magnete horizontal frei drehbar aufgehängt, so stellen wir fest:
- Das Hin- und Herdrehen der Magnete hört nach einiger Zeit auf.
- Die Enden der Magnete zeigen bei jeder Wiederholung des Versuchs in Nord-Süd-Himmelsrichtung.
- Es zeigt immer der gleiche Pol der Magnete nach Norden.

Wir nennen ihn **Nordpol** (Zeichen N) und markieren ihn rot. Der nach Süden zeigende Pol erhält den Namen **Südpol** (Zeichen S) und wird grün markiert.
Genau dasselbe Verhalten zeigen die Magnetnadeln im Kompass.

Jeder Magnet hat einen Nordpol und einen Südpol. Bei frei beweglichen Magneten zeigt der Nordpol immer in die Himmelsrichtung Norden.

Magnetisches Kraftgesetz

Die anziehende Kraft, die ein Magnet auf andere eiserne Körper ausübt, ist an seinen Polen am größten. Wie wirken die Pole aufeinander? Ziehen sich auch die Pole gegenseitig an?

Nähern wir dem Nordpol eines drehbaren Magneten zunächst den Nordpol und dann den Südpol eines zweiten Magneten, so stellen wir fest: Die Magnete beeinflussen sich gegenseitig.
Im ersten Fall stoßen sich die Magnete ab, im zweiten Fall ziehen sie sich an. Eine Wiederholung durch Annäherung an den beweglichen Südpol liefert ebenfalls Abstoßung bei gleichen Polen und Anziehung bei ungleichen Polen.
Wird ein Stabmagnet in Längsrichtung an einem Kompass vorbeigeschoben, zeigt zunächst der Nordpol der Kompassnadel zum Südpol des Stabmagneten. Befindet sich der Magnet genau neben dem Kompass, steht die Kompassnadel parallel zum Magneten, da die ungleichen Pole sich jeweils anziehen. Wird der Stabmagnet weiterbewegt, folgt der Südpol der Kompassnadel dem Nordpol des Stabmagneten. Die Kompassnadel führt eine halbe Drehung aus.

Zentraler Versuch

Magnetisches Kraftgesetz
Gleiche Pole stoßen einander ab, ungleiche Pole ziehen einander an.

Aufgaben

1 Was passiert, wenn du einen Magneten in die Nähe eines Kompasses bringst?
2 In die Nähe einer frei beweglichen Magnetnadel wird ein Eisenstab gehalten. Warum dreht sich die Magnetnadel zum Eisenstab hin?
3 Wie kannst du nachprüfen, dass Kompassnadeln Magnete sind?
4 Wie gehst du vor, wenn du die Pole eines Magneten bestimmen willst
a) ohne einen zweiten Magneten;
b) mit einem zweiten Magneten?
5 Stelle einen Stabmagneten hochkant auf eine Waage (z. B. Briefwaage). Nähere dann einen zweiten Magneten so von oben, dass einmal gleiche Pole und einmal ungleiche Pole gegenüber sind. Was beobachtest du? Erkläre.
6 Zwei Stabmagnete werden zusammengehalten und in eine Kiste mit Nägeln getaucht. Beobachte und erkläre den Unterschied, wenn einmal gleiche und einmal ungleiche Pole nebeneinander liegen.
7 Ein nicht magnetischer Eisenstab und ein Magnet sehen völlig gleich aus. Wie kannst du ohne andere Hilfsmittel herausfinden, welches der Magnet ist?

Magnetisches Kraftgesetz

Versuche und Aufträge

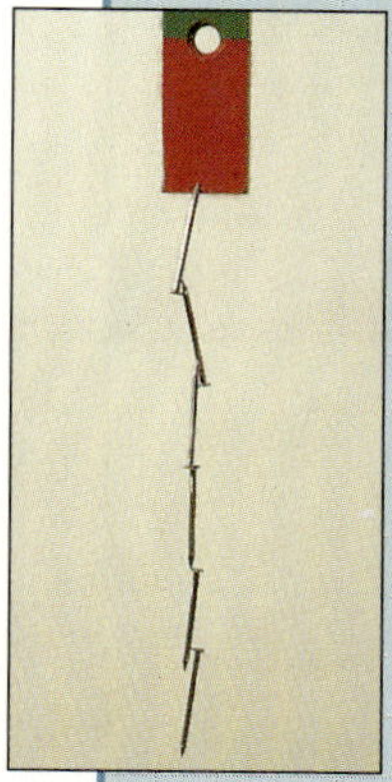

V1 Hänge an einen Stabmagneten Nagelketten aus kleinen Nägeln.
a) Was kannst du über die Haltekraft des Magneten an den verschiedenen Seitenflächen aussagen?
b) Notiere und begründe deine Beobachtungen.

V2 a) Lege eine Büroklammer an die Nullmarkierung eines Lineals. Nähere einen Stabmagneten vorsichtig von rechts der Büroklammer und beobachte, bei welchem Abstand sie merklich angezogen wird. Notiere die Ergebnisse in einer Übersicht.
b) Was kannst du über die anziehende Kraft aussagen?

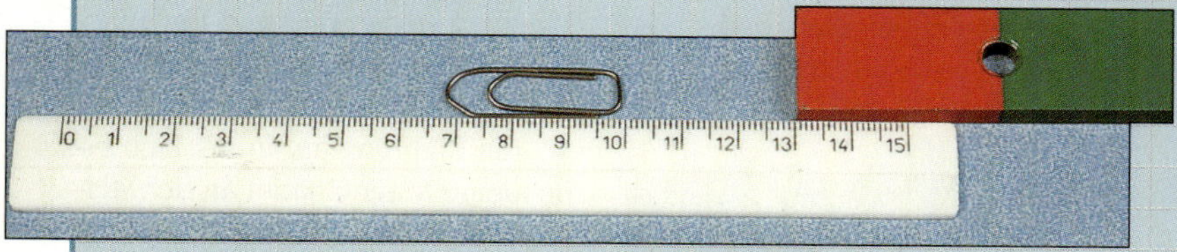

V3 Zwei ringförmige Magnete werden auf einen Stab gesteckt, auf dem sie leicht beweglich sind.
a) Erkläre warum der obere Magnet über dem unteren Magneten schwebt.
b) Was geschieht, wenn der obere Magnet anders herum auf den Stab gesteckt wird?

V4 a) Lege einen Magneten auf zwei runde Zahnstocher und nähere einen Nagel. Was kannst du beobachten?
b) Was geschieht bei der Annäherung eines zweiten Magneten?

Pinnwand

EINSATZMÖGLICHKEITEN VON MAGNETEN

Anwendung von Magneten

Magnetische Spielereien auf dem Schreibtisch

Schon Kleinkinder machen Erfahrungen mit Magneten

Magnetfeld und Feldlinien

An den Polen des Stabmagneten bilden die Eisenfeilspäne Büschel wie die Stacheln eines Igels. Das gibt einen Hinweis darauf, dass die magnetischen Kräfte nicht nur in einer Fläche, sondern in dem ganzen Raum um einen Magneten herum wirken. Diese Beobachtung führt uns zu einem neuen und für die gesamte Physik wichtigen Begriff, nämlich den des Feldes.

Schon die schwebende Büroklammer zeigte uns, dass magnetische Kräfte über Entfernungen wirken. Den Wirkungsraum um einen Magneten, in dem der Magnet die Ausrichtung einer Magnetnadel bestimmt, nennen wir **Magnetfeld.** Was ist besonders an ihm?

Nähern wir einer magnetisierten Stricknadel, die in einem Korken steckt und im Wasser schwimmt einen Stabmagneten von der Seite, so machen wir eine erstaunliche Beobachtung: Die Nadel schwimmt nicht direkt auf einen der beiden Pole zu, sondern auf einer gebogenen Bahn. Offensichtlich haben die magnetischen Kräfte, die ja für die Bahn verantwortlich sind, überall eine andere Richtung.
Um genauere Vorstellungen vom Feld zu bekommen, können wir viele Magnetnadeln in der Nähe eines Magneten aufstellen. Der Verlauf der vielen möglichen Bahnkurven wird noch deutlicher, wenn wir Eisenfeilspäne im Feld des Magneten verteilen. Jeder Eisenfeilspan verhält sich wie eine winzige Magnetnadel.

Zentraler Versuch

Deutlich erkennen wir eine Ordnung in Form von Linien, die von einem Pol zum anderen verlaufen (Bild 1 rechts). Wir nennen diese Linien **Feldlinien.** Der Vergleich der beobachteten Bewegung mit dem Feldlinienbild zeigt deutlich, dass die gebogenen Bahnen der Stricknadel beim Versuch entlang von Feldlinien verlaufen.

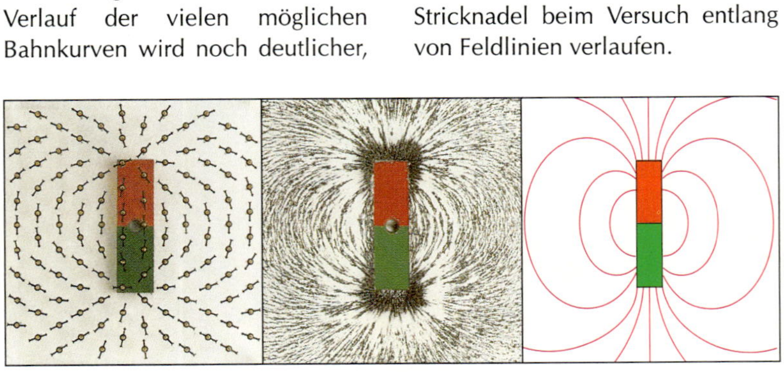

1 Feldlinien schneiden sich nie und haben keine Ecken

Die Feldlinien ermöglichen Aussagen über die Wirkung der magnetischen Kräfte auf andere Magnete. Sie zeigen
- die Richtung an, in der sich eine kleine Magnetnadel an der Stelle, durch die die Linie verläuft, ausrichten würde.
- die Bahn, auf der sich andere magnetische Körper bewegen würden.

Bei einem Hufeisenmagneten (Bild rechts oben) erkennen wir an den Polen besonders viele Feldlinien. Im Innenraum des Magneten sind die Feldlinien parallel. Dieses Feldlinienbild gibt Hinweise auf Besonderheiten des magnetischen Feldes in diesen Bereichen:
- Je mehr Linien auf engem Raum verlaufen, umso größer ist die magnetische Wirkung an dieser Stelle.
- Parallele Linien zeigen Raumbereiche, in denen die magnetischen Kräfte gleich groß sind und in die gleiche Richtung wirken. Wir sprechen von einem **homogenen** (gleichmäßigen) Feld.

Im Raum um einen Magneten gibt es ein magnetisches Feld, in dem die magnetischen Kräfte wirken.
Die Struktur des Magnetfeldes wird durch Feldlinien dargestellt.

Alle bisherigen Versuche und Abbildungen zeigen nicht die Struktur des Magnetfeldes im Raum, sondern nur in einer Ebene an.
Das Foto links verdeutlicht am Beispiel eines Stabmagneten, dass die Feldlinien eine räumliche Struktur haben.

Aufgaben

1 Welche Aufgabe haben die Eisenfeilspäne beim Auffinden des magnetischen Feldes?

2 Welche Besonderheit kann ein magnetisches Feld aufweisen und wodurch ist sie gekennzeichnet?

3 Was ist der Unterschied zwischen einem magnetischen Feld und einem Feldlinienbild?

4 Erkläre die Funktionsweise eines Kompasses.

Das Magnetfeld der Erde

Streifzug

Die Erde besitzt ein magnetisches Feld, das Ähnlichkeit mit dem Feld eines sehr großen Stabmagneten hat. Genau wie bei einem Stabmagneten ordnen wir auch dem Erdmagnetfeld einen Nord- und einen Südpol zu.

Eine Magnetnadel zeigt nicht genau den Weg zum geographischen Nordpol. Der magnetische Südpol der Erde liegt etwa 1500 km vom geographischen Nordpol entfernt. Deshalb weicht in Deutschland eine Kompassnadel um einen Winkel von etwa 6° aus der geografischen Nord-Süd-Richtung ab.

Dieser Winkel, der von Ort zu Ort verschieden ist, heißt Missweisung **(Deklination)**. Auf jedem Kompass befindet sich daher eine zusätzliche Markierung, auf die die Magnetnadel zeigen muss, wenn die Nordrichtung ermittelt werden soll.

Entsprechend dem Verlauf der Feldlinien stellt sich eine Magnetnadel an jedem Ort der Erde nicht nur in Nord-Süd-Richtung ein, sondern nimmt auch einen bestimmten Winkel zur Oberfläche der Erde ein. Dieser Neigungswinkel heißt **Inklination.**

Am Äquator ist die Inklination 0°. Nähern wir uns den magnetischen Polen, so wächst der Neigungswinkel bis auf 90°.

Das Erdmagnetfeld reicht weit über die Lufthülle hinaus. Es hat nicht nur große Bedeutung für die Orientierung des Menschen sondern auch für viele Tiere. Die Vögel zum Beispiel orientieren sich auf ihren Flügen zum Winterquartier und zurück an ihm.

Magnetisieren und Entmagnetisieren

Warum bilden die vom Magneten angezogenen Nägel Ketten?

Die rechte Abbildung zeigt, dass die Nägel auch nach dem Abnehmen vom Magneten weiterhin eine Kette bilden. Sind die Nägel selbst zu Magneten geworden?

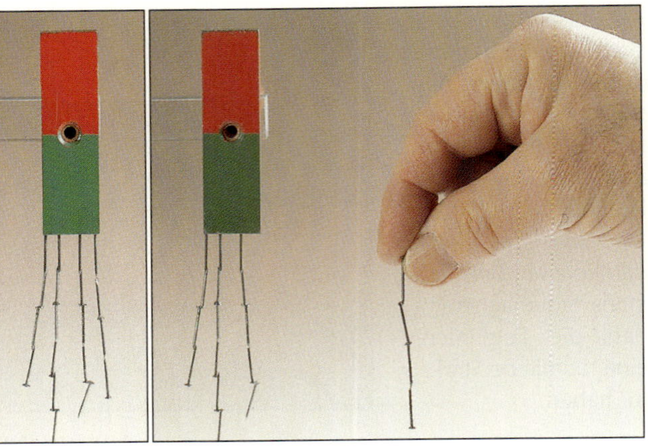

Streichen wir mit einem Pol eines Magneten mehrmals in der gleichen Richtung über ein Stück Eisendraht, so stellen wir fest, dass der Draht zu einem Magneten geworden ist.
Teilen wir den Eisendraht und untersuchen die Teilstücke, stellen wir fest:

- In der Mitte, wo der Draht zunächst unmagnetisch war, sind durch die Teilung zwei ungleiche Magnetpole entstanden.
- Nach der Teilung haben wir zwei Magnete mit je einem Nord- und einem Südpol.

Setzen wir die Teilung des Eisendrahtes in Gedanken immer weiter fort, erhalten wir schließlich – weil die Teilung sicherlich nicht beliebig oft durchgeführt werden kann – kleinste magnetische Einheiten, die wir **Elementarmagnete** nennen. Sie sind in Wirklichkeit natürlich nicht so groß und so gleichmäßig wie im Bild unten, ermöglichen jedoch die Beschreibung vieler magnetischer Erscheinungen. Deshalb spricht man vom *Modell der Elementarmagnete*.

Zentraler Versuch

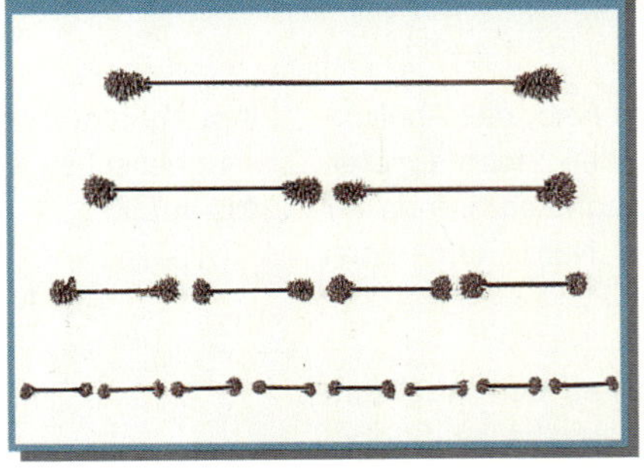

Mit diesem Modell können wir einige Beobachtungen erklären:

- Die Wirkung der ungeordneten Elementarmagnete hebt sich im Inneren auf. Dadurch ist außerhalb der Magnete keine magnetische Wirkung festzustellen.
- Zeigen alle Nordpole der Elementarmagnete in die gleiche Richtung, verstärken sich ihre Wirkungen an den Enden bzw. an den Bruchstellen.
- Ein Nagel kann seine magnetische Wirkung durch Ausglühen verlieren. Durch die Energiezufuhr wird die Teilchenbewegung im Nagel heftiger. Die Ordnung der Elementarmagnete geht verloren.

unmagnetisch

magnetisiert

Was beim Magnetisieren und Entmagnetisieren passiert, können wir durch Versuche mit einem Glasröhrchen, das mit Eisenfeilspänen gefüllt ist, veranschaulichen:

- Streichen wir mit einem Magneten an dem Glasröhrchen entlang, ordnen sich die Eisenfeilspäne. Es ist ein Magnet mit Nord- und Südpol entstanden.
- Durch kräftiges Schütteln des Glases geht die Ordnung verloren. Das Schütteln entspricht dem Hämmern oder Erhitzen einer magnetisierten Nadel. Durch beide Vorgänge verlieren die Stoffe ihre magnetische Wirkung, weil die Ordnung zerstört wird.

Magnetisieren bedeutet Ausrichten von Elementarmagneten. Entmagnetisieren ist eine Zerstörung der Ordnung.

Aufgaben

1 Wie musst du zwei Magnete aneinander legen, damit ein besonders starker bzw. ein schwacher Magnet entsteht? Erkläre.

2 Wie kannst du mit einem Schraubendreher eine kleine Schraube aus einer schlecht zugänglichen Stelle herausholen?

Magnetismus

Prüfe dein Wissen

A1 a) Beantworte zu den Merkzettel-Begriffen folgende Fragen: Was bedeutet der Begriff? Wie und in welcher Einheit wird diese Größe gemessen? Gibt es Formeln dafür? Gibt es sonst noch Wissenswertes über diesen Begriff?
b) Wenn du die Fragen nicht auf Anhieb beantworten kannst, dann lies die entsprechenden Seiten im Buch noch einmal gründlich durch.
c) Notiere auf der Vorderseite von Karteikarten den Begriff, auf der Rückseite die Erläuterung.

A2 a) Wie kann sich magnetische Kraft bemerkbar machen?
b) Welche Stoffe werden von Magneten angezogen?
c) Die magnetische Kraft wirkt auch durch Papier. Beweise diese Aussage durch einen Versuch.
d) Wie lässt sich die magnetische Wirkung zweier Magnete vergleichen? Beschreibe.
e) Wie kann man überprüfen, ob die Pole eines Stabmagneten gleich stark sind? Beschreibe mögliche Versuche zur Überprüfung.

f) Warum fällt die Büroklammer nach unten, wenn in den Zwischenraum Gegenstände aus bestimmten Materialien gehalten werden?

A3 a) Warum darf ein Kompassgehäuse nicht aus Eisen sein?
b) Wie kann ein Kompass Hinweise auf ein großes Eisenerzlager geben?
c) Wie heißt das magnetische Kraftgesetz?
d) Zwei Magnetpole stoßen sich ab. Um welche Pole kann es sich handeln? Wie ist es möglich, dass ein Magnet über einem anderen schwebt? Weshalb steigt der Schwebemagnet nicht beliebig hoch?

e) Zwei Stabmagnete liegen wie in der Zeichnung übereinander. Welche Pole liegen übereinander? Schwächen oder Verstärken sich die Magnete in ihrer magnetischen Wirkung?
f) Wie viele magnetische Pole erhalten wir, wenn ein Stabmagnet in der Mitte geteilt wird?

A4 a) Erkläre den Vorgang des Magnetisierens und Entmagnetisierens mithilfe der Modellvorstellung von den Elementarmagneten.
b) Weshalb verliert ein magnetischer Nagel seine magnetische Wirkung, wenn er hart auf den Tisch geschlagen wird?
c) Magnetisierte Stoffe verlieren bei hohen Temperaturen ihre magnetische Wirkung. Erkläre mithilfe der Elementarmagnete.
d) Warum kann ein Stahlnagel auch durch vielfaches Bestreichen mit einem Magneten nicht zu einem beliebig starken Magneten gemacht werden? Erkäre mithilfe der Elementarmagnete.

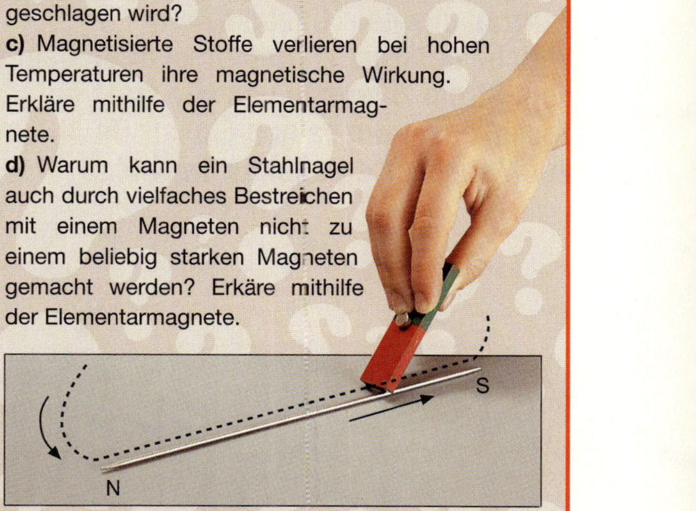

A5 Beschreibe die beiden Felder in der folgenden Abbildung. Wo sind die Felder besonders stark? Wo gibt es keine oder nur geringe Kräfte?

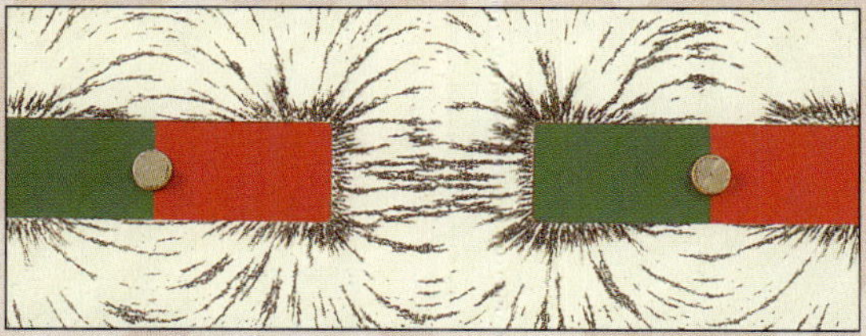

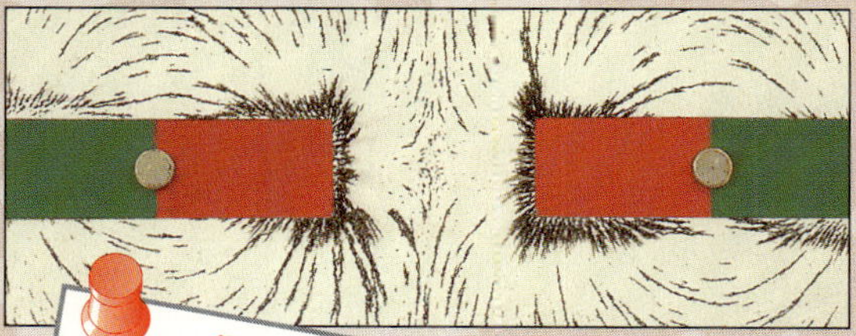

Die wichtigsten Begriffe

Der elektrische Stromkreis

Kraftvoll, dynamisch und ohne sichtbare Umweltbelastungen braust die E-Lok daher, vom elektrischen Strom aus der Oberleitung angetrieben. Für viele Elektrogeräte kommt der Strom aus Kraftwerken – bei Spielzeug aus Batterie oder Trafo und beim Fahrrad aus dem Dynamo.
Welche natürlichen Gegebenheiten liegen dem Strom zugrunde und wie sieht die Technik aus, die seinen Einsatz im Alltag der Menschen so effektiv macht?

In Elektrogeräten ruft der elektrische Strom ganz bestimmte Wirkungen hervor. Dazu müssen die Geräte in einen Stromkreis eingebaut sein. Welche Bestandteile hat ein Stromkreis? Was strömt in ihm und wie haben wir uns das Strömen vorzustellen? Wie kommen die Wirkungen des elektrischen Stromes zustande und wovon hängt es ab, wie groß die jeweilige Wirkung ist?

Strom birgt Gefahren!

Verwende daher für eigene Versuche außerhalb der Schule nur Taschenlampenbatterien, einen Eisenbahntrafo oder den Fahrraddynamo!

Der elektrische Strom, der die E-Lok genauso antreibt wie Radio, Waschmaschine und Lampen im Haushalt, wird in Kraftwerken erzeugt. Wie kommt er zu den Verbrauchern? Wie können Menschen und Elektrogeräte vor den Gefahren durch den elektrischen Strom geschützt werden?

Stromkreise

Die Ruhe des Stausees ist dahin, wenn wir unterhalb der Staumauer das tosende Strömen des Wassers beobachten, nachdem es im Turbinenhaus die riesigen Maschinen zur Stromerzeugung angetrieben hat. Wie wird das gemacht, die herabstürzenden Wassermassen zu nutzen zum Betrieb von Lampen, Herden oder anderen Elektrogeräten?

Ganz harmlos, wenngleich nicht ungefährlich, kommt das Erzeugnis des Wasserkraftwerkes als **elektrischer Strom** in unseren Häusern an. Er steht uns überall in der Wohnung zu vielfältigen Arbeiten oder unterhaltsamen Aktivitäten zur Verfügung.
Zwischen den vielen Kraftwerken und unseren Steckdosen liegt das Transportnetz für den Strom: Überlandleitungen, Umspannstationen, Erdkabel in den Städten und Stromleitungen in den Häusern.

1 Vom Wasserkraftwerk bis zum Elektrogerät:
Bequemer, sauberer, wirkungsvoller geht es nicht.

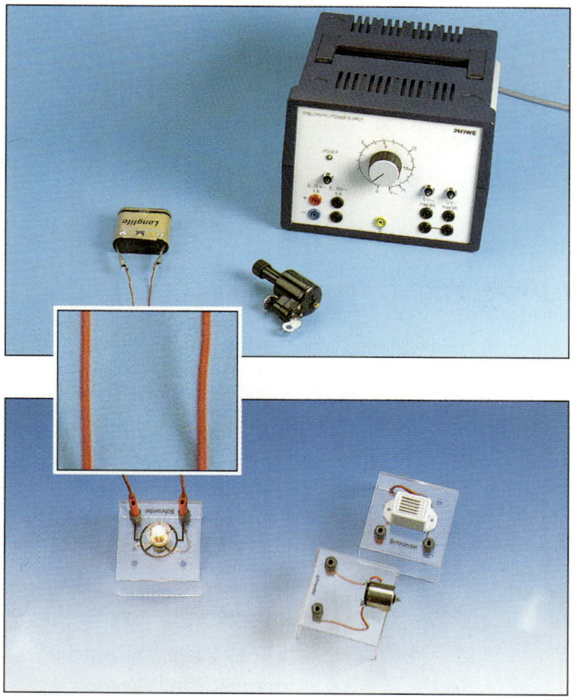

2 Der einfache Stromkreis: *Auch er hat ein „Kraftwerk" – eine Batterie, ein Netzgerät oder einen Fahrraddynamo – und Geräte, die den elektrischen Strom nutzen.*

Um die kleine Lampe in Abb. 2 zum Leuchten zu bringen, müssen wir sie mit zwei Kabeln, die von den beiden Polen einer Batterie ausgehen, am unteren Kontaktpunkt und dem Gewinde verbinden.
Das ist ähnlich wie bei der Stromversorgung im Großen: Zwischen der Batterie, die der Ursprung, die Quelle des elektrischen Stromes ist, und der Lampe, in der er genutzt wird, liegen die Kabel als Transportnetz des elektrischen Stromes.

Der landesweiten Stromversorgung und dem einfachen Stromkreis, den wir im Unterricht aufbauen werden, liegt das gleiche Schema zugrunde: An einer Stelle wird der „Strom" erzeugt, wird transportiert und an anderer Stelle genutzt.

ERZEUGUNG des ELEKTRISCHEN STROMES → TRANSPORT → NUTZUNG des ELEKTRISCHEN STROMES

Ströme und Kreisströme

Sand ist angeliefert worden. Auf der Straße kann er nicht liegen bleiben. Er muss schnell ein paar Meter weitergeschafft werden. Mit einem Förderband ist es kein Problem, den Sand vom Ausgangspunkt Ⓐ zum Zielpunkt Ⓑ zu befördern. In einem geraden, einem **linearen Strom** bewegen sich die Millionen von Sandkörnern von der Straße zum Haufen hinter dem Zaun.

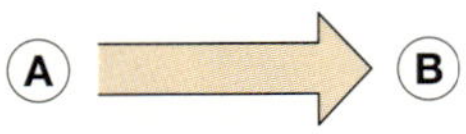

Das Förderband vollführt derweil einen Kreislauf: Jedes Teilstück des Bandes kehrt immer wieder zu seinem Ausgangspunkt zurück. Alle Bandstücke zusammen bewegen sich, „strömen" im Kreis von Ⓐ nach Ⓑ und wieder zurück. Sie vollführen zusammen eine **Kreisströmung.** Dabei transportieren sie den Sand linear vom Haufen auf der Straße (Ausgangspunkt Ⓐ) zum Haufen hinter dem Zaun (Zielpunkt Ⓑ).

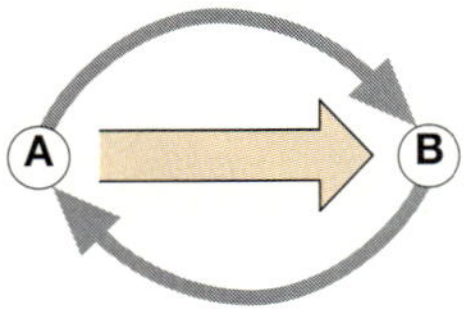

In dem unten fotografierten Aufbau wird Wasser bewegt: Die Pumpe treibt das Wasser im Kreis der Schläuche an. An dem Schaufelrad wird das Wasser gebraucht, um die kleine Last zu heben. Das Wasser wird aus dem Auffanggefäß wieder hochgepumpt. Es vollführt also eine Kreisströmung von der Pumpe über das Schaufelrad zurück zur Pumpe. Mit dem Wasser wird hierbei aber nichts transportiert – anders als das Förderband, das den Sand transportiert – oder doch?

Würde die Pumpe den Kreislauf nicht antreiben, könnte auch die Last nicht vom Schaufelrad gehoben werden. Die Bohrmaschine mit der Pumpe bewirkt das Drehen des Schaufelrades. Sie packt nicht selbst an der Achse des Rades an. Sie gibt ihre *Wirkung* weiter an das Wasser, das seine Wirkung weiterreicht an das Schaufelrad. Dieses erst hebt die Last.

Der Wasserstrom hat also doch etwas transportiert: Die Wirkung der Bohrmaschine (wissenschaftlich: deren **Energie**). Sie ist nur durch die Kreisströmung des Wassers vom Punkt Ⓐ (Bohrmaschine) zum Zielpunkt Ⓑ (Schaufelrad) gelangt. Die Energie der Bohrmaschine wurde also von der Kreisströmung des Wassers transportiert.

1 Ein Strom von Sandkörnern „fließt" von Ⓐ nach Ⓑ

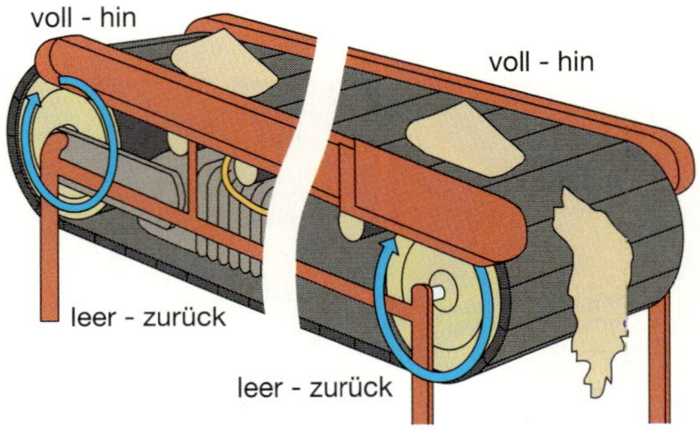

2 Das Förderband „strömt" im Kreis

> In einem Strom bewegen sich viele Elemente in der gleichen Richtung.
> In einem Kreisstrom vollführen sie alle einen Kreislauf. Dabei können sie etwas vom Ausgangspunkt Ⓐ zu einem Zielpunkt Ⓑ linear transportieren.

Zentraler Versuch

Aufgaben

1 **a)** Zeichne für die links dargestellte Wasserströmung von Pumpe und Schaufelrad das Strömungsschema und beschrifte es.
b) Vergleiche es mit dem Förderband.

2 Zeichne das Strömungsschema für einen linearen Transport. Finde eine weitere Kreisströmung dazu.

Elemente elektrischer Stromkreise

Versuche und Aufträge

Auf den folgenden Seiten werden Versuche vorgeschlagen, die du zu Hause selbst ausführen kannst. Dafür findest du hier einfache Bauanleitungen für eine elektrische Quelle, *den Batteriepack*, ein elektrisches Gerät, *die Lampe mit Fassung,* und die Transportwege der Elektrizität, *die Kabel*.

Bauanleitungen

a) Batteriepack: Aus den Batterien eines Rekorders kannst du dir diesen Batteriepack bauen.
Material: 4 Mignon-Zellen 1,5 V – 2 Streichholzschachteln – etwas Alufolie – 1 Gummiband

b) Lampenfassung: Von ihnen solltest du 3 oder 4 bauen.
Material: 1 Fahrradlampe 4,5 V – 1 Streichholzschachtel – 1 Stück Styropor in Steichholzschachtelgröße – etwas Alufolie (mit Tesafilm hinterklebt)

c) Kabel: Von ihnen wirst du etwa 10 Stück von ca. 15 cm Länge brauchen.
Material: Tesafilm oder ein anderes Klebeband – Alufolie

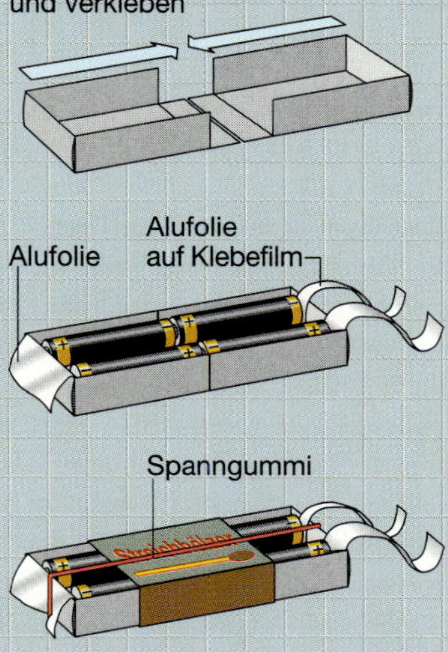

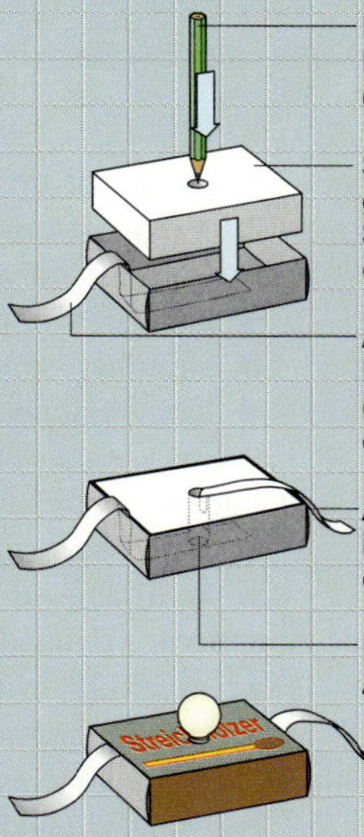

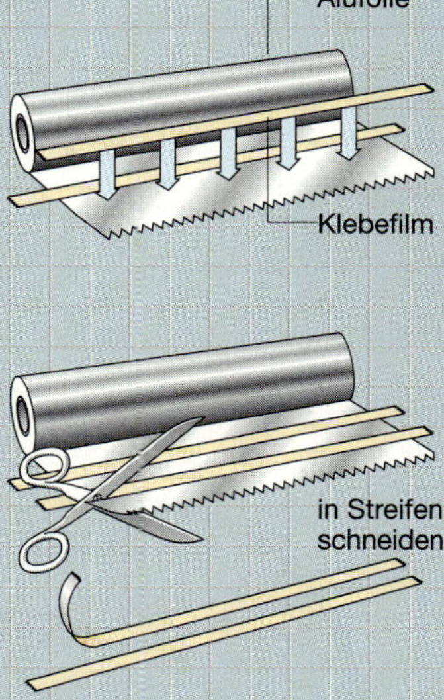

V1 Erprobe deine Geräte, indem du den Stromkreis von Seite 203 aufbaust. Gehe dabei in folgender Weise vor:
a) Ein Kabel an einem Anschluss des Batteriepacks mit einer Büroklammer befestigen.
b) Dieses Kabel in gleicher Weise an einem Anschluss der Lampenfassung anbringen.
c) Ein zweites Kabel von der Lampenfassung zum freien Anschluss am Batteriepack zurückführen.

Merke: Baue Stromkreise immer in dieser Weise ***im Kreis:*** *Beginne an der elektrischen Quelle und ende wieder bei ihr!*

V2 Erfinde aus dem Batteriepack und einer Lampenfassung mit Lampe eine Taschenlampe. (Benutze die Lampenfassung ohne das Schiebeteil der Streichholzschachtel. Verbinde damit Batteriepack und Lampe.)

A3 Lege dir eine Sammlung von Bildern oder Beschreibungen an, in denen Strömungsvorgänge dargestellt werden. Ordne sie nach dem folgenden Schema:

Bild oder Beschreibung	linear/Kreis (Schema)	Was wird transportiert?	Anfangspunkt	Endpunkt

Hier einige Vorschläge: Lavastrom, natürlicher Wasserkreislauf, Sandstrom in der Sanduhr, Strom des Wassers im Haus, Ölpipeline, Verkehrsstrom, Menschenstrom vom Bus ins Stadion und zurück.

Der elektrische Stromkreis

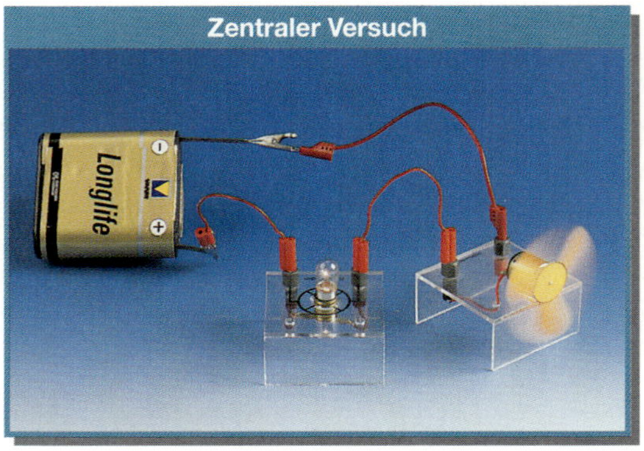

Damit der kleine Ventilator von der Batterie angetrieben wird und die Lampe leuchtet, müssen die Kabel vom Minuspol der Batterie zu einem Anschlusspunkt des Motors und von dessen zweitem Anschluss zur Lampe und dann von dort zum Pluspol der Batterie geführt werden.
Immer, wenn ein elektrisches Gerät betrieben werden soll, muss solch ein Kreis vorhanden sein. Man braucht immer eine Hin- und eine Rückleitung von der Batterie zum Gerät und zurück. Für die Nutzung des elektrischen Stromes müssen also die Bedingungen für eine Kreisströmung erfüllt sein.
Im elektrischen Stromkreis kann die Richtung auch umgedreht werden: Wenn die Kabel an den Polen der Batterie vertauscht werden, läuft der Ventilator anders herum.
Manche elekrischen Geräte arbeiten aber offenbar auch unabhängig von der Richtung: Die Lampe leuchtet immer gleich, unabhängig, welche Richtung die elektrische Strömung im Stromkreis hat.

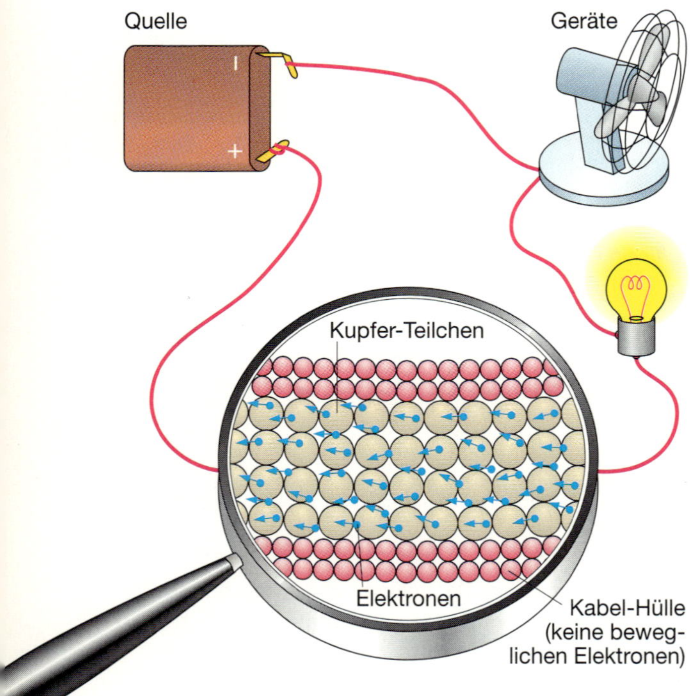

1 Der Elektronenstrom im Stromkreis

Aufgaben

1 Zeichne ein Bild des Stromkreises mit Lampe und Ventilator und gib die Stromrichtung im Stromkreis an.
2 Zeichne ein vereinfachtes Bild der Abb. 1 mit vertauschten Polen der Batterie.
3 Welche Wirkungen hat der elektrische Strom in den Elektrogeräten im Foto oben?

Was strömt im Stromkreis?

Erinnern wir uns an unsere bisherige Vorstellung vom Aufbau der festen Körper:

- Ein fester Körper besteht aus kleinsten Teilchen.
- Sie sind als massive, unteilbare Kugeln gedacht.
- Jedes Teilchen hat seinen festen Platz im Draht.

Wenn wir verstehen wollen, was im Stromkreis strömt und die unterschiedlichen Wirkungen in den Elektrogeräten hervorruft, müssen wir dieses Bild jetzt erweitern: Die kleinsten Teilchen selbst können nicht strömen, denn dann käme ja der ganze Draht in Bewegung. Die Wissenschaft hat aber festgestellt, dass in Metallen zwischen den sehr, sehr vielen kleinsten Teilchen noch etwas viel Winzigeres vorhanden ist, die so genannten **Elektronen.** Sie kommen in Bewegung, wenn der Minus- und der Pluspol einer Batterie mit den Drahtenden verbunden werden. Alle Elektronen driften dann zwischen den kleinsten Teilchen hindurch gemeinsam in die gleiche Richtung, nämlich vom Minus- zum Pluspol außerhalb der Batterie und vom Plus- zum Minuspol im Inneren. Sie starten – wie die Teile eines Förderbandes – alle im gleichen Moment, weil jedes Elektron mit seinen Nachbarn in Wechselwirkung steht und diese anschiebt. Durchströmt dieser Elektronenstrom ein Elektrogerät, z. B. die Lampe oder den Ventilator, so wird in ihm die Wirkung hervorgerufen, die wir von außen beobachten: Die Lampe leuchtet, der Ventilator dreht sich.

Im Stromkreis strömen Elektronen vom Minuspol der Batterie durch die Drähte und das Gerät zum Pluspol und innerhalb der Batterie vom Plus- zum Minuspol. Die Batterie treibt den Elektronenstrom an.

Was transportiert der Elektronenstrom?

Der Motor ist nicht nur dafür da, dass sich seine Achse um sich selbst dreht. Er soll etwas tun! Im Bild rechts z. B. bewirkt er das Hochziehen der Last, was vorher das Schaufelrad im Wasserstromkreis erledigt hatte.

Das kann der Motor aber nur, weil ihm der elektrische Strom die Wirkung der Batterie, also ihre Energie, überträgt. Die Batterie gibt ihre Energie für den Antrieb der Elektronenstömung ab. Dabei wird sie „leer" von Energie, sie erschöpft sich. Der Motor nimmt die elektrische Energie der Batterie auf und nutzt sie zum Heben der Last.

So wie die Strömung des Wassers Energie von der Pumpe zum Schaufelrad brachte, befördert im elektrischen Stromkreis der Elektronenstrom Energie von der Batterie zum Motor. Dabei ist die Batterie die **Quelle** der elektrischen Energie und der *Antrieb* für den Elektronenstrom. Das Gerät im Stromkreis ist ein **Wandler,** der elektrische Energie in andere Energieformen umwandelt. Jedes Elektrogerät wirkt für den Elektronenstrom dabei wie eine *Hemmung.* Ist diese Hemmung nicht da, wird der Elektronenstrom so heftig, dass sich die Quelle sehr schnell erschöpft.

Elektrogeräte werden oft als „Verbraucher" bezeichnet. Wie wir gesehen haben, werden die Elektronen, die das Gerät durchströmen, jedoch nicht verbraucht. Nur die Energie in der Batterie wird weniger. Aber im Gerät kommt sie als Wärme oder Licht oder Bewegung

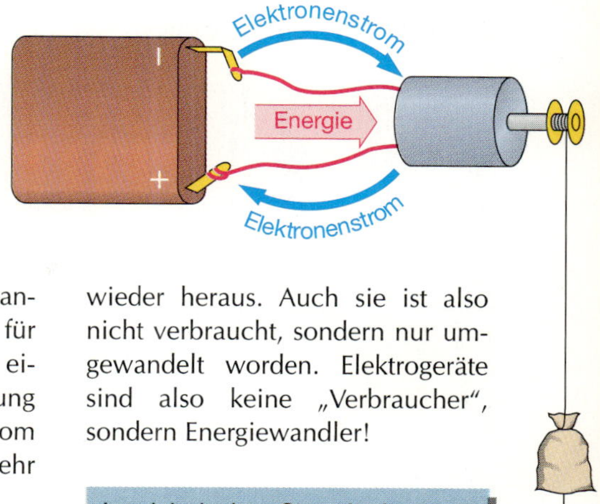

wieder heraus. Auch sie ist also nicht verbraucht, sondern nur umgewandelt worden. Elektrogeräte sind also keine „Verbraucher", sondern Energiewandler!

> Im elektrischen Stromkreis gelangt elektrische Energie von der Quelle zum Wandler, dem elektrischen Gerät.
> Der Elektronenstrom hat in der Quelle seinen Antrieb und im elektrischen Gerät seine Hemmung. Er ist das Transportmittel der elektrischen Energie.

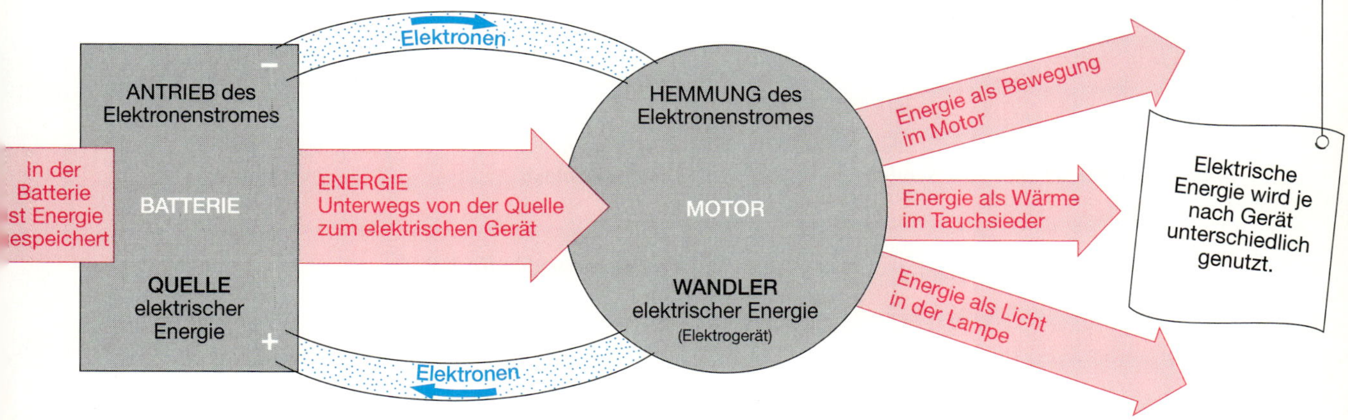

2 Stromkreis-Energie-Schema, auch Energiefluss-Schema genannt

Aufgaben

1 Eine Steckdose ist die Quelle elektrischer Energie im Zimmer. Zeichne und beschrifte für eine Tischlampe das Stromkreis-Energie-Schema von der Steckdose zur Lampe.

2 **a)** Vergleiche das Schema der Kreisströmung des Förderbandes (Seite 204) mit dem Stromkreis-Energie-Schema. Lege dazu eine Tabelle an und schreibe vergleichbare Begriffe nebeneinander.
b) Wie nennst du die Spalten?

3 **a)** Nenne für alle elektrischen Küchengeräte, die du kennst, die Wirkung, die der Elektronenstrom in ihnen hervorruft.
b) Bilde Oberbegriffe für Geräte mit ähnlichen Wirkungen.
c) Füge zu den Oberbegriffen auch andere Geräte hinzu, die nicht in der Küche vorkommen.

4 Begründe, weshalb ein Elektrogerät kein Energieverbraucher ist. Was ist es dann?

Schalter und Schaltungen

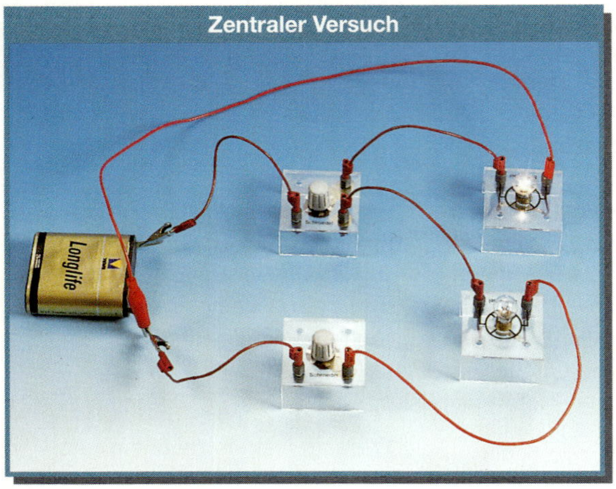

Der Strom der Elektronen kommt nur dann zum Stillstand, wenn die Quelle als Antrieb erschöpft ist oder sich eine Unterbrechung im Stromkreis befindet. Um den Elektronenstrom anzuhalten, wenn er nicht gebraucht wird, muss in den Stromkreis eine Lücke eingebaut werden – sinnvollerweise so, dass sie auch auf einfache Weise wieder geschlossen werden kann. Dies leisten **Schalter.**

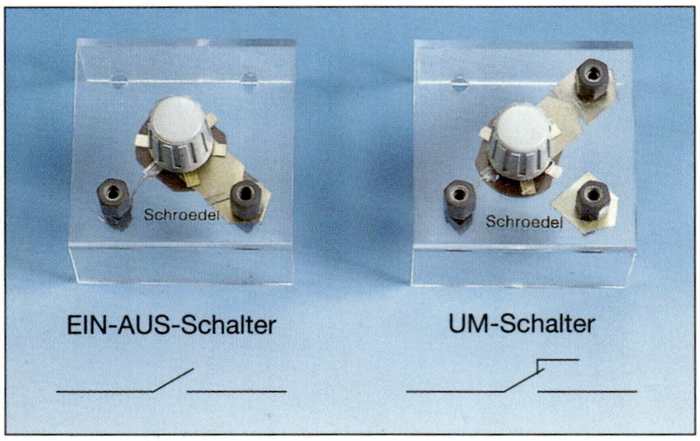

1 Vom wirklichen Schalter zum Symbol

Zeichnerische Darstellung von Schaltungen

Zur vereinfachten Darstellung elektrischer Schaltungen haben Techniker eine eigene „Schrift" entwickelt. Darin gibt es Symbole und Regeln für die einzelnen Bauteile und ihre Verknüpfungen. Sie sind in besonderen Vorschriften festgelegt. Unten sind die bisher gebrauchten Elemente von Schaltungen aufgeführt. Manche Symbole (z. B. die Schalter) sind direkt aus den Gegenständen entwickelt. Andere (z. B. alle Wandler) sind ziemlich frei erfunden.

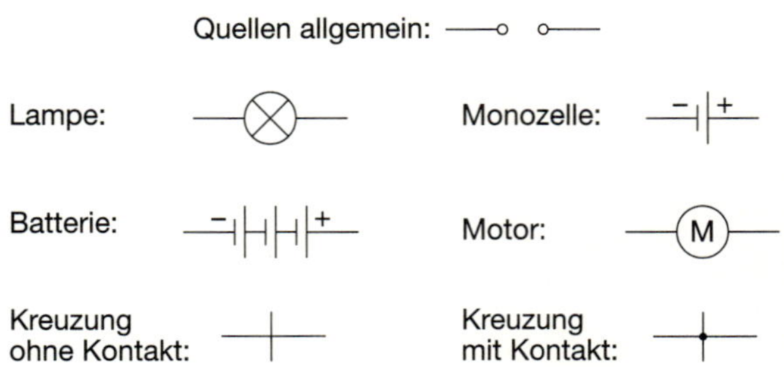

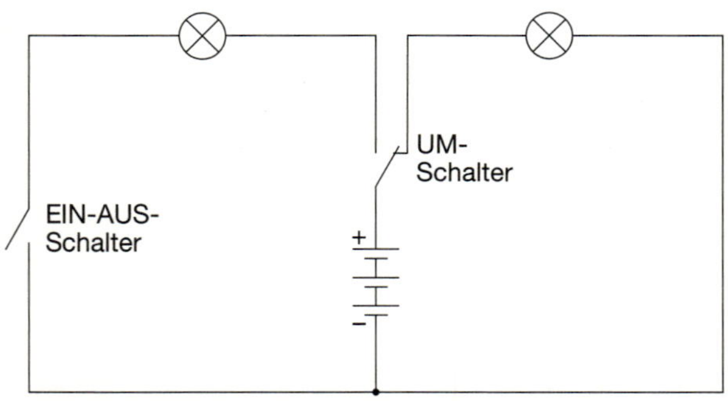

2 Die Schaltskizze des Fotos oben

Zeichenregeln für Kabel:

- Nur gerade Linien
- nur waagerecht *oder* senkrecht verlaufend
- Richtungswechsel nur rechtwinklig

Zeichenregeln für Wandler:

- Nur waagerechte *oder* senkrechte Kabelanschlüsse
- nur genormte Symbole

Aufgaben

1 Zeichne zu den Schaltungen auf den Seiten 203 und 206 die Schaltskizzen und füge einen Schalter hinzu. Begründe, warum ein UM-Schalter ungeeignet ist.

2 **a)** Verändere die Schaltskizze der Abb. 2 so, dass Lampen auch in den rechten und linken Kabeln liegen.

b) Füge dann einen Schalter so ein, dass immer alle leuchtenden Lampen mit diesem einen Schalter an- und ausgeschaltet werden können.

Streifzug

Schalter machen Logik

1. Mit einem einfachen EIN-AUS-Schalter im Stromkreis sagen wir: AN, wenn die Lampe leuchtet, und AUS, wenn sie nicht leuchtet. Diese beiden Zustände der Lampe können auch als JA bzw. NEIN oder RICHTIG bzw. FALSCH gedeutet werden. Je nachdem, was wir dem Zustand „Lampe leuchtet“ oder seinem Gegenteil „Lampe leuchtet nicht“ zuordnen, macht ihr Leuchten oder ihr Nicht-Leuchten eine Aussage.

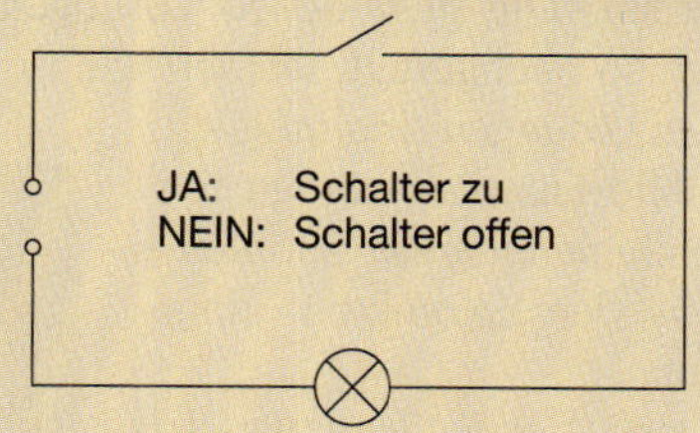

2. Sind zwei EIN-AUS-Schalter in einen unverzweigten Stromkreis eingebaut, leuchtet die Lampe nur,

wenn Schalter ① UND Schalter ② geschlossen sind.

Der Elektronenstrom fließt also nur, wenn zwei Bedingungen gleichzeitig erfüllt sind. Diese Schaltung heißt deshalb **UND-Schaltung.**

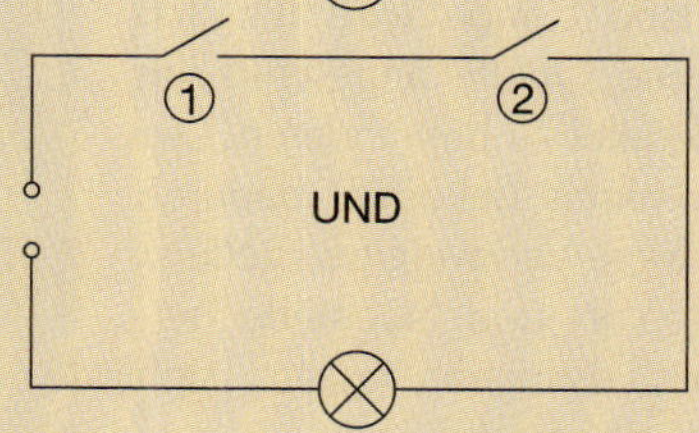

3. Sind zwei EIN-AUS-Schalter nebeneinander eingebaut, so leuchtet die Lampe nur,

wenn Schalter ① ODER Schalter ② geschlossen sind.

Der Elektronenstrom fließt hier also nur, wenn die eine ODER die andere Bedingung ODER beide gleichzeitig erfüllt sind. Diese Schaltung heißt deshalb **ODER-Schaltung.**

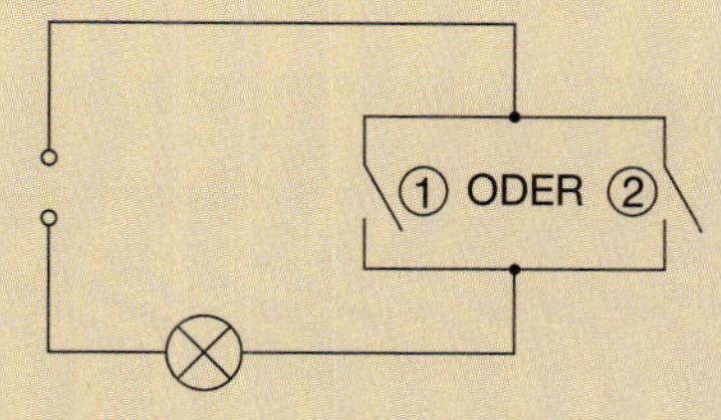

Merke: **Mit Schaltern können logische Aussagen getroffen werden.**

Anwendungsbeispiele für logische Schaltungen

Heckenschere mit Sicherheit

Das Scherblatt darf sich nur bewegen, wenn die rechte und die linke Hand an der Maschine sind. Deshalb muss jede Hand einen Schalter betätigen. Würde nur eine Hand den Motor einschalten, könnte die andere in das Scherblatt geraten.

Intelligente Deckenleuchte

Die Deckenleuchte eines Autos leuchtet, wenn eine oder mehrere Türen offen sind. Bei geschlossenen Türen leuchtet sie nicht. Die Schalter für die Leuchte finden sich als Druckschalter in den Türholmen. Sie sind geöffnet, wenn die Türen geschlossen sind.

Pfiffige Leuchtreklame

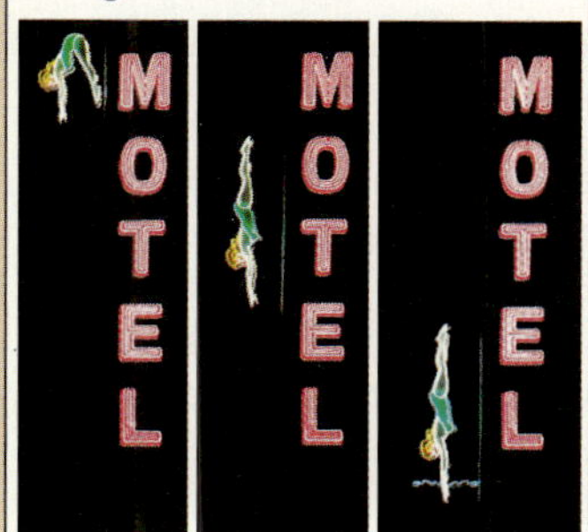

Oft werden verschiedenfarbige Leuchtröhren zeitlich versetzt eingeschaltet. Dann gehen sie gleichzeitig wieder aus. Danach beginnt der Vorgang von neuem. Der Betrachter soll dadurch das Bild am Ende voller Spannung erwarten.

Aufgaben

1 In den obigen Geräten ist je eine oder eine ähnliche der obigen drei Schaltungen eingebaut. Ordne ihnen die richtige Schaltung zu. Zeichne.

2 Welche Schalter zusammen ergeben eine ODER- bzw. eine UND-Schaltung, damit Lampe A bzw. B im Bild rechts leuchtet?

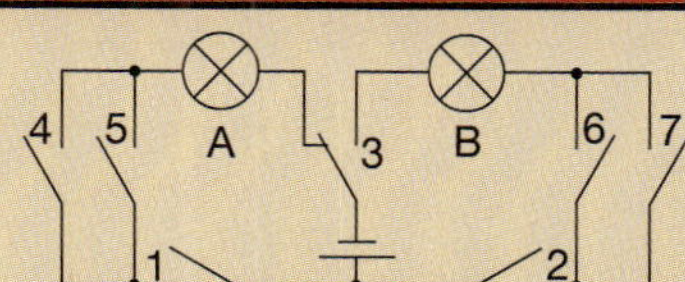

Lampen im Stromkreis

Für eine Partybeleuchtung soll eine Lichterkette gebaut werden. Die gefundenen Lösungen können im Versuch so nachgestellt werden wie in den beiden Fotos. Zwei Lösungen sind möglich:

- Alle Lampen werden einfach hintereinander – in Reihe – in den Stromkreis eingebaut.
- Jede Lampe wird für sich an die Quelle angeschlossen – parallel zu den anderen. Der Stromkreis bekommt dadurch mehrere Verzweigungsstellen.

Die Vor- und Nachteile beider Lösungen lassen sich schnell herausfinden:

Zentraler Versuch

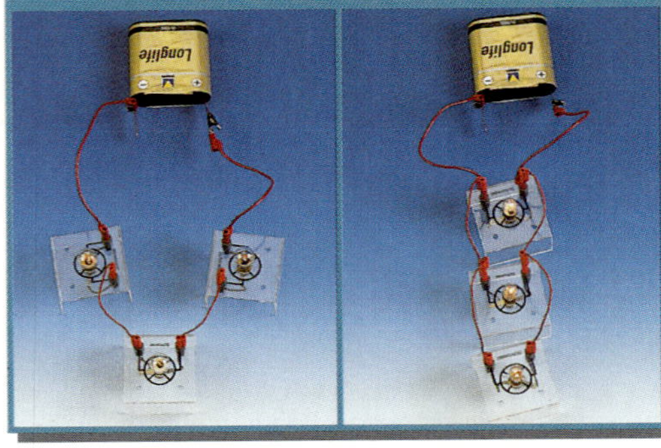

Bei der **Reihenschaltung** leuchten die Lampen nicht so hell wie bei der Parallelschaltung. Wird eine Lampe herausgedreht, leuchten auch die anderen nicht mehr.

Wird in der **Parallelschaltung** eine Lampe herausgedreht, leuchten die anderen mit gleicher Helligkeit weiter.

Für die Partybeleuchtung ist sicher die Parallelschaltung der Lampen die bessere Lösung. Hier leuchten alle Lampen gleich hell; und wenn mal eine defekt ist, leuchten die anderen weiter.

Reihenschaltung

Mehrere Wandler sind hintereinander an die Quelle angeschlossen.

- Alle Wandler fallen aus, wenn einer defekt ist.
- Je mehr Lampen im Stromkreis sind, desto schwächer leuchten sie.

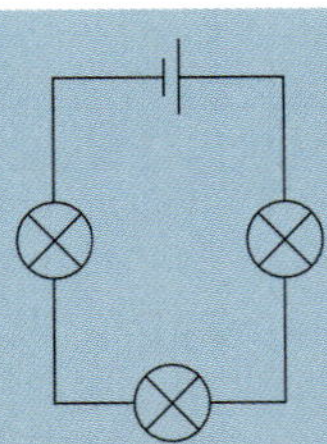

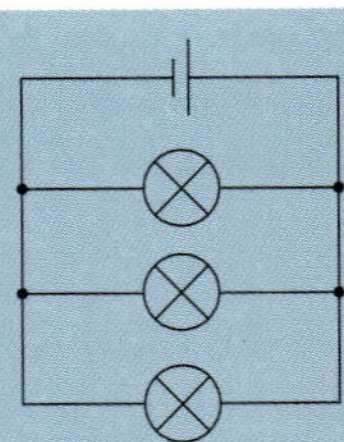

Parallelschaltung

Mehrere Wandler sind einzeln an die gleiche Quelle angeschlossen.

- Jeder Wandler arbeitet unabhängig von den anderen.
- Alle Lampen leuchten so hell wie eine einzelne Lampe im Stromkreis.

Aufgaben

1 **a)** Zeichne die Schaltskizzen für eine Reihen- und eine Parallelschaltung von je sechs Lampen.
b) Zeichne sinnvoll Schalter ein.

2 Vergleiche die Schaltung von Schaltern in der UND- und der ODER-Schaltung mit der Reihen- und der Parallelschaltung von Lampen. Erläutere.

3 Weshalb ist es nicht sinnvoll, die Steckdosen und Lampen in einer Wohnung in Reihe zu schalten? Was spricht für eine Parallelschaltung?

4 **a)** Erläutere, warum die beiden Lampen in Abb. 2 auf Seite 208 weder in Reihe noch parallel geschaltet sind, obwohl sie doch an der gleichen Quelle angeschlossen sind.
b) Wie liegen die beiden Schalter?

Versuche und Aufträge

Reihen- und Parallelschaltung

V1 Baue mit den Bauteilen von Seite 205 die folgende Schaltung auf und erläutere sie mit den Begriffen „in Reihe" und „parallel".

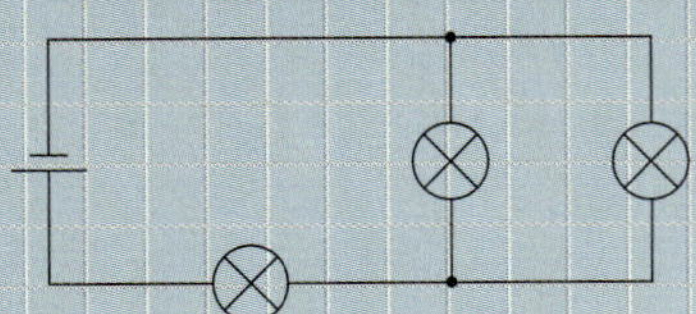

V2 Mit den Bauteilen von Seite 205 kannst du eine Reihen- und eine Parallelschaltung nachbauen, wenn du mindestens zwei Lampen hast.
a) Verdeutliche im Versuch die Vor- und Nachteile beider Schaltungsarten.
b) Begründe, weshalb die Reihenschaltung von den Material- und den Energiekosten her die günstigere Lösung ist.
c) Betreibe eine Lampe zunächst nur mit zwei Batterien. Achte dabei auf die Helligkeit. – Schließe dann zwei in Reihe geschaltete Lampen an den Batteriepack mit vier Batterien an. Welche Helligkeit stellst du jetzt fest?

Lampen: Wie es anfing – und wie es heute ist

Streifzug

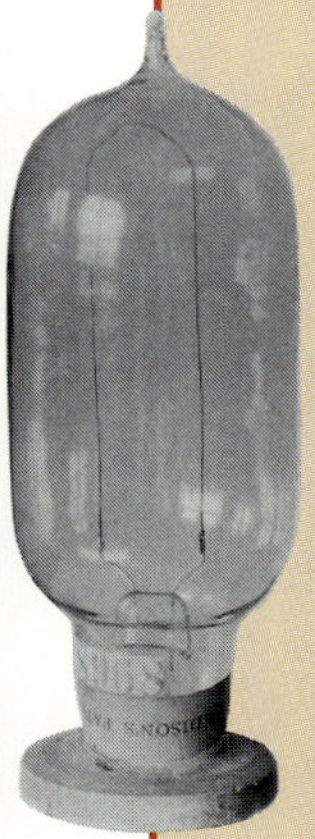

Das war ein aufregendes Wochenende in THOMAS ALVA EDISONS Erfinderlabor in Menlo-Park bei New York. Dort wurde intensiv an der Verbesserung der Glühlampe gearbeitet, die der nach Amerika ausgewanderte Deutsche HEINRICH GOEBEL 1854 erfunden hatte. Über 1600 verschiedene Naturfasern waren auf ihre Fähigkeit, in einem Stromkreis zu glühen, überprüft worden. Am 21.10.1879 war es endlich geglückt, einen verkohlten Faden eines ganz normalen Garns über 13 Stunden lang hell leuchten zu lassen. Vorher war der Glaskolben, in dem der Faden glühen sollte, stundenlang luftleer gepumpt worden. Erst nach Anlegen des Stromes war das gläserne Absaugrohr zugeschmolzen worden. Und erst nach 13 Stunden war der Glühfaden durchgebrannt! EDISON hatte höchstpersönlich den Strom nochmal leicht erhöht – und da war es dann geschehen!

Später entwickelte EDISONS Labor die noch heute gebräuchlichen Schraubsockel und Fassungen für Glühlampen, Kabel und Schalter. 1881 präsentierte er alles auf der internationalen Elektrizitätsausstellung in Paris. Damit begann die Versorgung der Städte in Amerika und Europa mit elektrischer Energie.

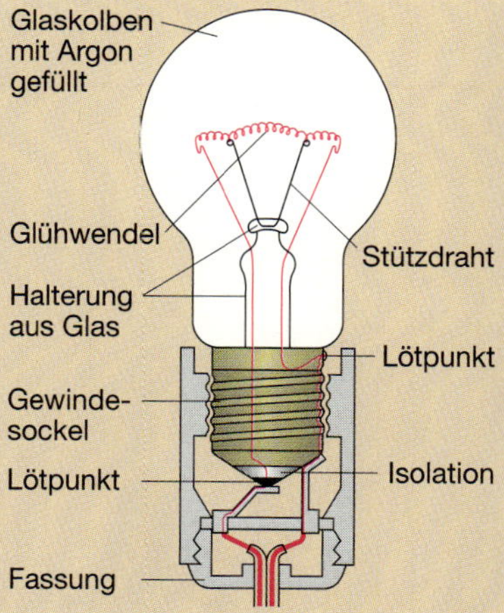

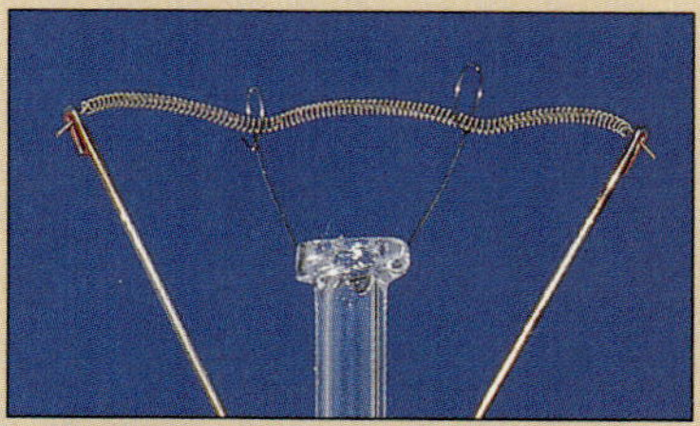

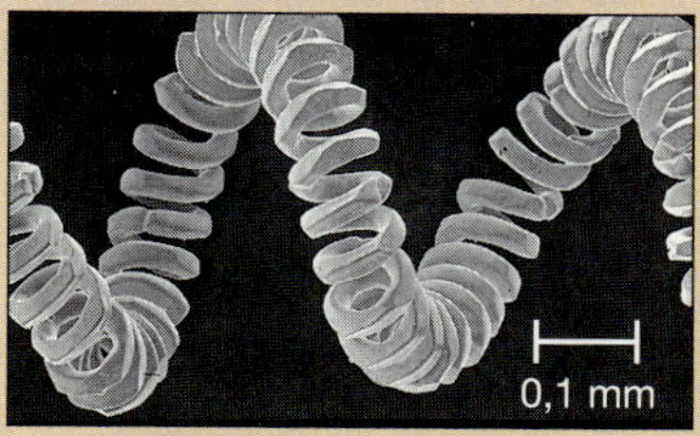

Die Glühfäden unserer heutigen Lampen bestehen seit ca. 100 Jahren nicht mehr aus verkohlten Naturfasern. Heute werden speziell entwickelte Glühdrähte aus dem Metall Wolfram verwendet.

Der feine Draht ist doppelt gewendelt, einmal in sich selbst und dann noch einmal im Ganzen. Er wird ca. 2500 °C heiß. Der Glaskolben ist heute mit dem Gas Argon gefüllt, das ein frühzeitiges Verglühen des Drahtes verhindert.

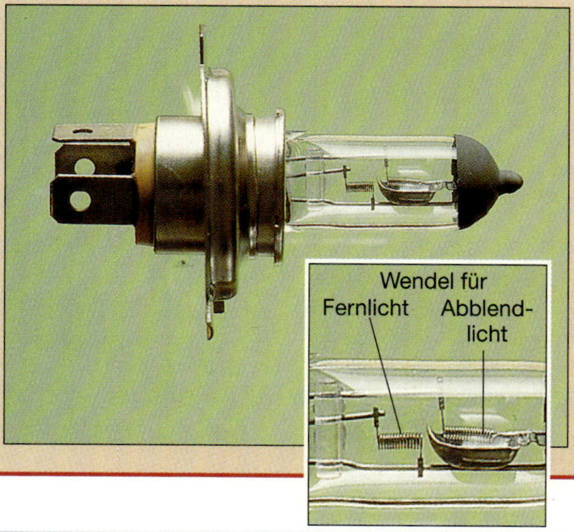

In den Lampen von Autoscheinwerfern gibt es zwei Glühdrähte. Von dem hinteren gelangt das Licht auf den gesamten Reflektor des Scheinwerfers, der es in die Ferne strahlt. Die vordere Glühwendel dient dem Abblendlicht: Der kleine Spiegel unter dieser Wendel lenkt das Licht gegen den oberen Teil des Reflektors. Von dort wird es auf die Straße reflektiert, nicht in die Ferne.

Aufgaben

1 **a)** Welche Schalterart ist für das Umschalten von Fern- auf Abblendlicht nötig?
b) Zeichne die Schaltskizze.

Versuche und Aufträge

Komplizierte Schaltungen

V1 Zerschlage eine in eine dicke Zeitung eingewickelte durchgebrannte Glühlampe mit einem Hammer. Kannst du in den Resten sehen, dass der Stromkreis in der Glühlampe geschlossen war? Die Reste des Glühdrahtes findest du sicher auch!

V2 In vielen Zimmern soll die Deckenleuchte von zwei Türen aus ein- und ausschaltbar sein.

a) Erfinde dazu eine passende Schaltung. (*Hinweis:* Die beiden Schalter sind keine EIN-AUS-Schalter, sondern UM-Schalter; zwischen ihnen läuft nicht eine, sondern zwei Leitungen.)

b) Baue die Schaltung auf. Aus Hülle und Schiebeteil einer Streichholzschachtel kannst du entsprechend der Grafik rechts mit Aluminiumfolie als Kabel einen UM-Schalter bauen.

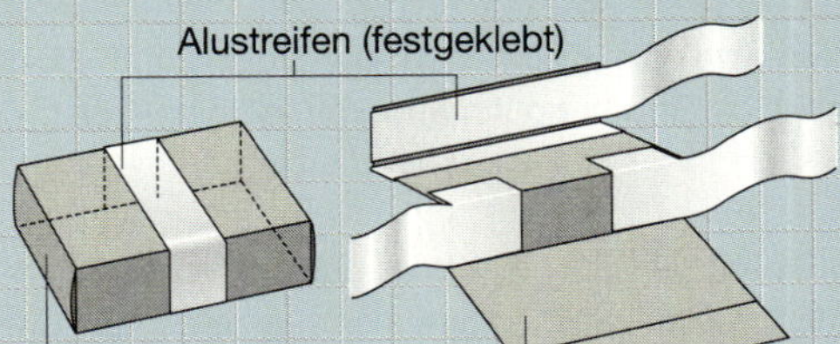

c) In zweistöckigen Häusern braucht man im Treppenhaus auf jeder Etage und im Erdgeschoss einen eigenen Schalter, damit die Beleuchtung von drei verschiedenen Stellen aus geschaltet werden kann. Wenn du in die unter a) gefundene Lösung den folgenden Kreuzschalter einbaust, ist auch dieses Problem zu lösen.

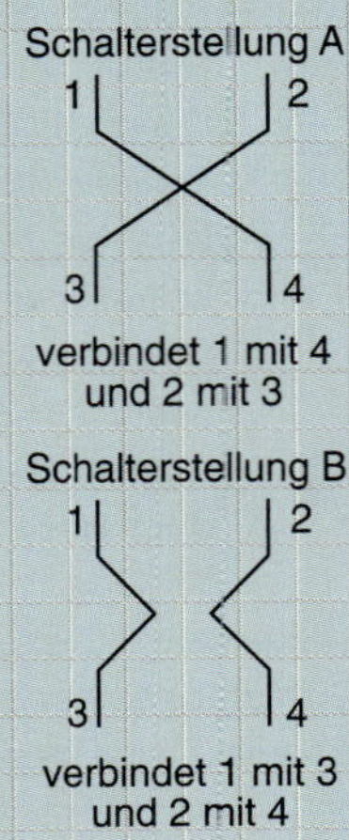

Streifzug

Schalter

Für die in unseren Wohnungen heute üblichen Kippschalter sind sehr unterschiedliche Verfahren entwickelt worden, den Stromkreis zu öffnen oder zu schließen.
Hier ein Beispiel: Links ist der Schalter ohne die übliche Verkleidung dargestellt, rechts der Schaltmechanismus im Inneren.

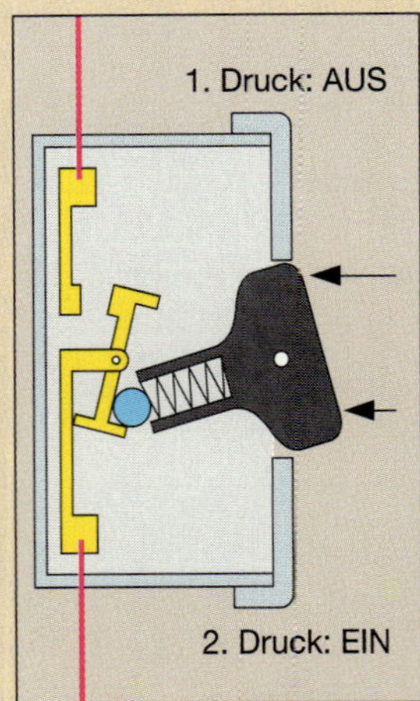

Die kleinen Druckschalter an Nachttischlampen schalten mit dem ersten Drücken auf den Knopf die Lampe an, mit dem zweiten aus, mit dem dritten wieder an usw. Durch jedes Drücken wird dabei ein Kontaktplättchen um 90° weitergedreht.

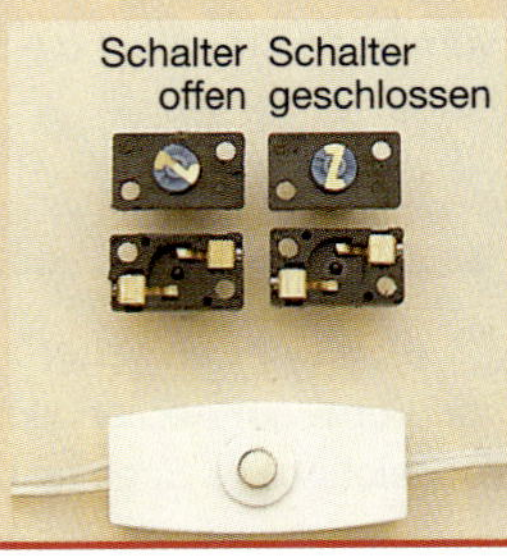

Der Schalter für die Leuchten im Kühlschrank- oder Auto-Innenraum schließt den Stromkreis, wenn die Tür geöffnet wird.
Der Druckschalter darunter öffnet ihn, wenn der Knopf losgelassen wird.

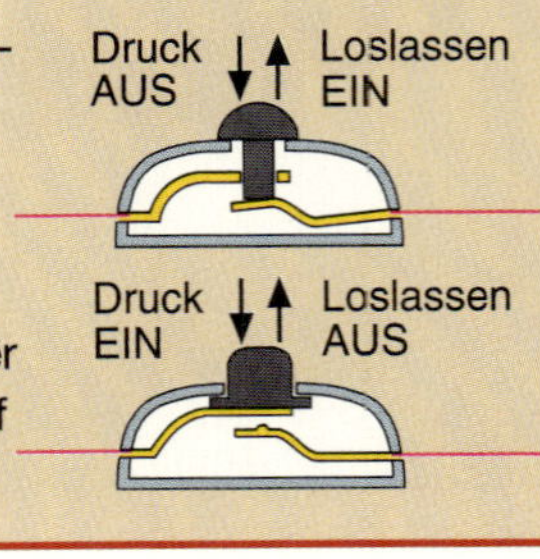

Die Wege des elektrischen Stromes

Kabel, in denen der Elektronenstrom fließen soll, müssen ihn gut leiten und sie dürfen ihn nicht aus sich selbst herauslassen. Sonst käme er nicht dort an, wo man ihn braucht – und sehr gefährlich wäre das obendrein.
Welche Stoffe leiten den Elektronenstrom gut? Wie ist ein guter elektrischer Leiter beschaffen und wie das Gegenteil zu ihm, der elektrischer Isolator, der den Strom der Elektronen nicht durchlässt?

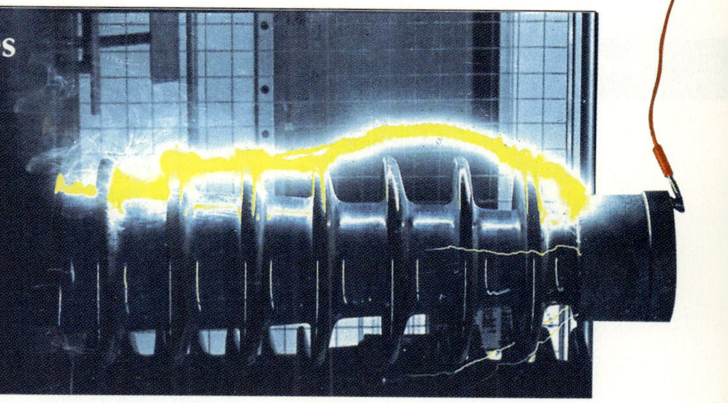

Elektrische Leiter und Nichtleiter

Zentraler Versuch

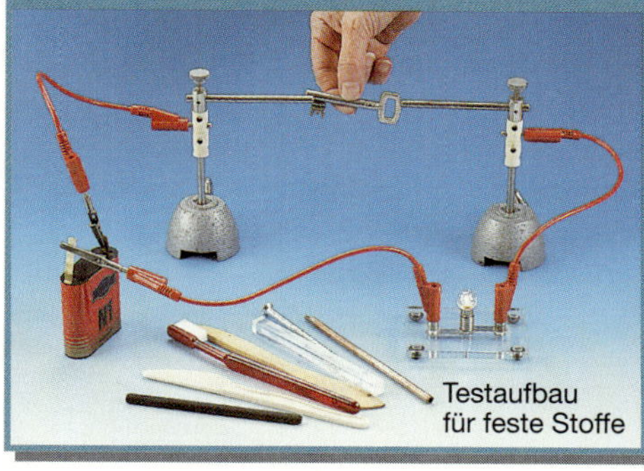

Testaufbau für feste Stoffe

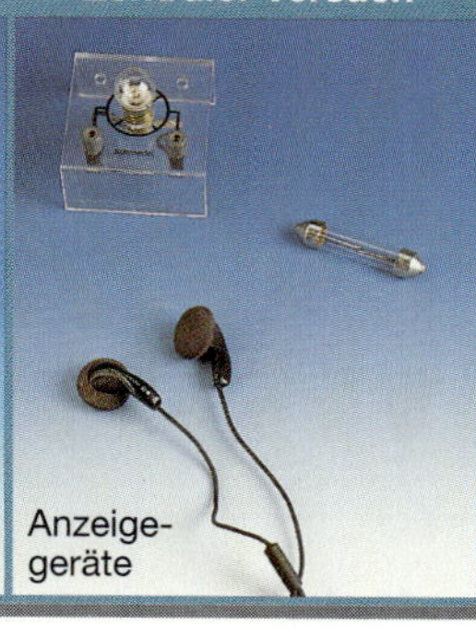

Anzeigegeräte

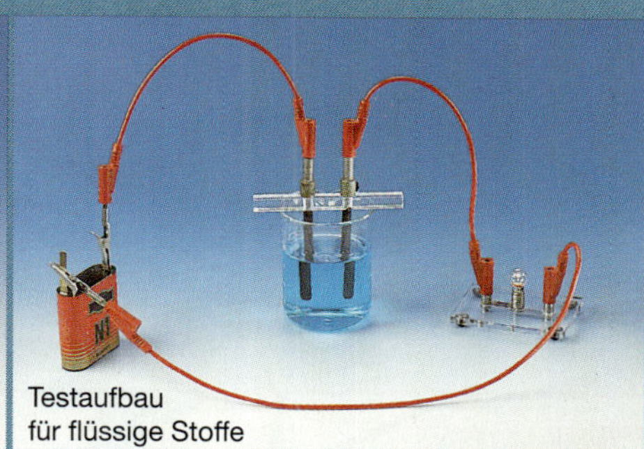

Testaufbau für flüssige Stoffe

Bei manchen Stoffen leuchtet die Lampe im Test nur schwach oder gar nicht. Sie müssen nicht gleich Isolatoren sein. Es könnte auch am Nachweisgerät „Lampe" liegen! So wie man Millimeter nicht mit dem Bandmaß misst sondern mit dem Geodreieck, brauchen wir auch für den Nachweis der elektrischen Leitfähigkeit von Stoffen unterschiedliche Geräte: Glimmlampe oder Kopfhörer zeigen weitaus feiner an als eine Lampe.
Stoffe können in gute und schlechte elektrische Leiter eingeteilt werden. Bei manchen können wir mit unseren Mitteln keinen Strom feststellen. Dies sind die Isolatoren. Dazu gehören z. B. die Stoffe, mit denen wir uns vor Gefahren im Umgang mit elektrischen Strömen schützen: Kunststoff, Porzellan und die Luft gehören dazu wie fast alle anderen Gase.
Aber Achtung: Die Glimmlampe ist z. B. mit einem Gas gefüllt, das unter den besonderen Bedingungen in ihrem Inneren elektrisch leitend ist!

Nur Metalle und Kohlenstoff enthalten frei bewegliche Elektronen, mit denen in ihnen ein elektrischer Strom entstehen kann. Sind viele Elektronen vorhanden, entsteht ein großer Strom. Sind es nur wenige, ist der Strom (an der gleichen Quelle) sehr schwach. (In Flüssigkeiten und Gasen strömen nicht nur Elektronen!)

Lampe leuchtet	Kopfhörer oder Glimmlampe reagieren	Keine Reaktion eines Anzeigegerätes
– Kupfer – Eisen – Aluminium – Kohle – Salzwasser	– Leitungswasser – feuchte Erde – Zitrone – Cola	– Gummi – Papier – destilliertes Wasser – Speiseöl
ELEKTRISCHE LEITER		ISOLATOREN

Feste, flüssige oder gasförmige Stoffe leiten den elektrischen Strom unterschiedlich gut.

Aufgaben

1 Gibt es in Isolatoren freie Elektronen? Begründe.
2 Schreibe auf, wo du in eurer Wohnung die leitenden Teile des Versorgungsnetzes sehen kannst und wo die isolierenden Teile zu finden sind.

Versuche und Aufträge

Leitfähigkeit verschiedener Stoffe

V1 Prüfe mindestens folgende Stoffe auf ihre Leitfähigkeit: Metalle, Glas, Radiergummi, Plastik, Papier, Bindfaden (feucht, trocken), Kartoffel (geschält, ungeschält), Bleistiftmine.
Leuchtet die Lampe nicht, dann benutze den Kopfhörer eines Walkmans: Wenn es beim Schließen des Stromkreises knackt, fließt Strom.
Trage die Ergebnisse in eine Tabelle wie auf Seite 213 ein und vergleiche die Leitfähigkeit der Stoffe.

V2 Prüfung von Fleisch: a) Stecke zwei Metallstifte in ein Stück Fleisch. Leitet es? Wie gut?
b) Verkürze die Teststrecke und befeuchte sie mit etwas Speichel. Wie gut leitet es jetzt?
c) Hältst du nach den Ergebnisssen der Versuche a) und b) den menschlichen Körper für elektrisch leitend? Begründe.

V3 Prüfe, ob destilliertes Wasser (findet beim Bügeln Verwendung), Regenwasser, Leitungswasser, Limonade, Essig oder Speiseöl den elektrischen Strom leiten.

V4 Prüfe die Leitfähigkeit einer starken Salzlösung.
a) Schreibe alle Beobachtungen an der Lampe und an den Elektroden auf.
b) Vertausche die Anschlüsse am Batteriepack.
c) Deute das Ergebnis unter dem Gesichtspunkt, dass der Strom im Stromkreis eine Richtung hat.

Streifzug

Kabel

Eine Telefonverbindung von Amerika nach Europa zu schaffen war der Traum aller Zeitungsreporter, Schiffsmanager und sonstiger Leute, die schnelle Nachrichten zwischen den Kontinenten hin- und herschicken mussten. Am 27.7.1866 knallten in New York die Sektkorken: Mit der Great Eastern, dem damals größten Schiff der Welt, waren mehr als 3700 km Kabel quer durch den Atlantik verlegt worden. Seitdem ist die Telefonverbindung zwischen Amerika und Europa nicht wieder abgebrochen.

Bei modernen Überlandleitungen, die auf hohen Masten über weite Strecken verlaufen, gibt es keine Probleme mit der Isolierung der Kabel gegen die Umgebung: Die Luft ist ein vorzüglicher Isolator. An den Befestigungspunkten der Masten allerdings muss sorgfältig darauf geachtet werden, dass es auch bei Regen keine elektrisch leitende Verbindung zum Metall der Masten hin gibt. Allerdings haben diese ziemlich dicken Kabel auch ein erhebliches Gewicht. Deshalb bestehen sie nicht nur aus dem leichten, gut leitenden Aluminium, sondern auch aus reißfesten Stahlseilen.

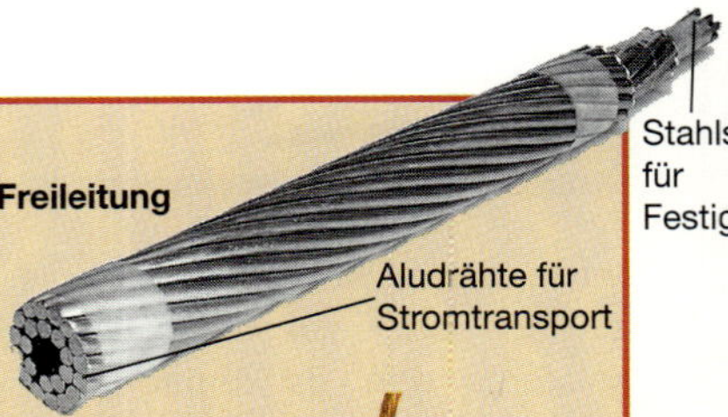

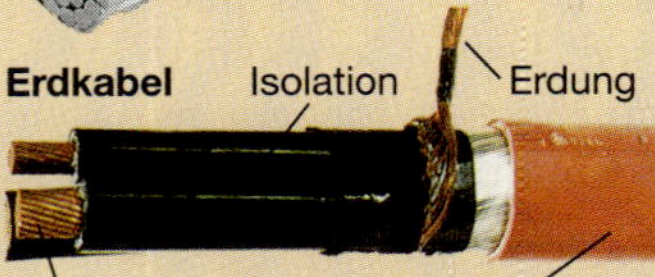

Telefonkabel müssen nur ganz kleine Ströme leiten. Es werden aber sehr viele Drähte benötigt. Deshalb muss der Mann von der Telefongesellschaft das komplizierte Farbsystem der Kabel sehr gut kennen, denn die richtigen Verbindungen hätten wir schon ganz gern!

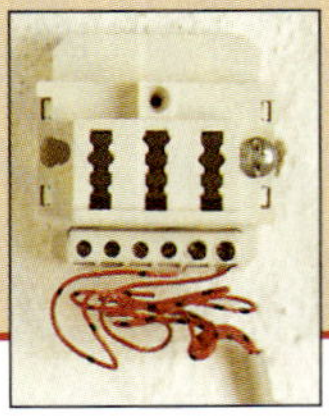

„Halbe“ Leitung – ganzer Stromkreis

Die Oberleitungen für die E-Loks der Bundesbahn oder für Straßenbahnen bestehen aus nur einem Draht, an dem der Stromabnehmer entlangstreift. Natürlich brauchen auch die Stromkreise, in denen die Motoren liegen, eine zweite Leitung, um geschlossen zu sein. Nur erkennen wir sie nicht auf den ersten Blick, denn es sind die Schienen! Weil sie aus massivem Stahl sind, können sie als zweite Leitung dienen und so eine Menge Material und Kosten sparen.

Auch bei der Autoelektrik werden Leitungen gespart: Ein Pol der Batterie wird über ein dickes Kupferkabel mit der Metallkarosserie verbunden, die somit als Leitung praktisch überallhin zur Verfügung steht. Elektrogeräte, die direkt am Motor angebracht sind wie z. B. Anlasser oder Kühlerventilator, brauchen daher nur noch eine Leitung zurück zur Batterie. Weil die Gehäuse von Lampen meist aus nicht leitendem Kunststoff bestehen, werden die Lampenfassungen über einen kurzen Draht mit der Metallkarosserie verbunden. Früher, als auch die Lampengehäuse aus Metall bestanden, war diese zweite Leitung unnötig.

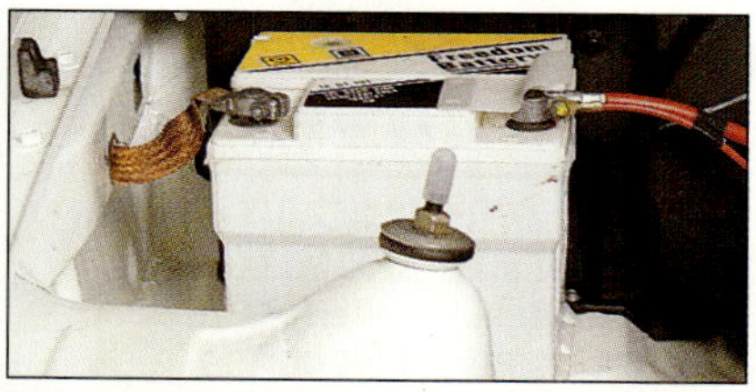

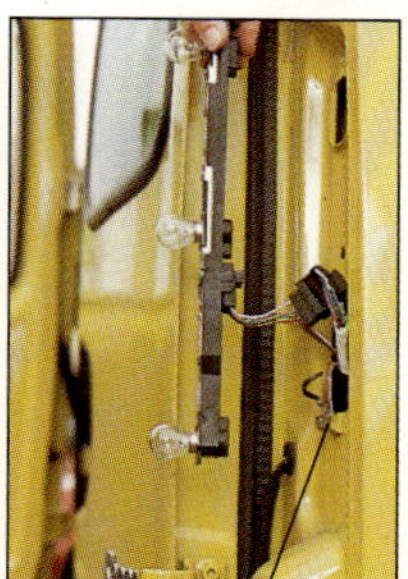

Kontakt mit Karosserie

Zentraler Versuch

Genau so lässt sich die zweite Leitung bei Fahrrädern sparen. Das folgende Bild zeigt, dass – zumindest bei älteren Fahrrädern, deren Rahmen und Schutzbleche aus Metall bestehen – nur eine Leitung vom Dynamo zu einer Lampe verlegt ist. Wird die Lampe bei einem solchen Fahrrad abgeschraubt, dann leuchtet das Birnchen trotz einer intakten Verbindung mit dem Dynamo nicht. Das gleiche Ergebnis ist zu beobachten, wenn der Dynamo nicht am Metallrahmen befestigt ist.

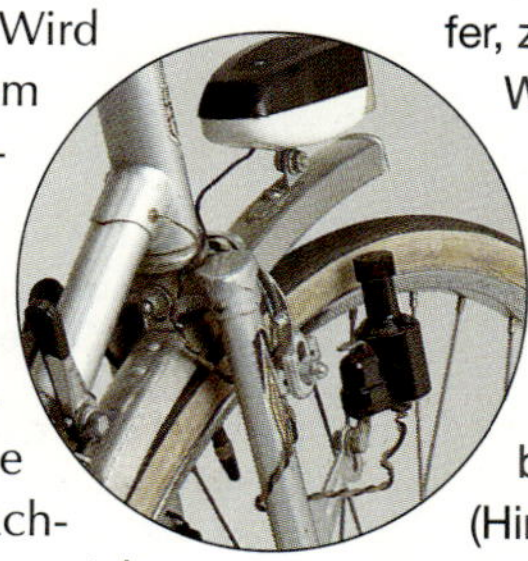

Ein Teil der Leitungen in Stromkreisen können Rahmen, Karosserie oder Schiene sein.

Aufgaben

1 Zeichne die beiden Stromkreise der Fahrradbeleuchtung mit verschiedenen Farben in eine Skizze des Rahmens ein.

2 **a)** Zur Verringerung des Gewichts werden bei modernen Fahrrädern Schutzbleche und Lampen bzw. ihre Halterungen aus Kunststoff gefertigt. Wie müssen die Lampen eines solchen Fahrrads mit dem Dynamo verbunden sein?
b) Wie sind bei deinem Fahrrad die Lampen verkabelt?

3 In China ist das Fahrrad das gängigste Verkehrsmittel. Von den mehr als einer Milliarde Chinesen besitzen ungefähr 700 Millionen ein Fahrrad. Jedes Kabel vom Dynamo zur Lampe besteht aus 2,5 g Kupfer, zum Rücklicht aus 5 g. Wie viele Tonnen Kupfer und wie viele Kilometer Kabel haben die Chinesen dadurch gespart, dass es nur eine Leitung vom Dynamo zur Lampe bzw. zum Rücklicht gibt? (Hinweis: Pro Fahrrad sind etwa 2 m Kabel nötig.)

4 Wie lässt sich überprüfen, ob eine Lampe der Fahrradbeleuchtung noch in Ordnung ist oder ob ein Leitungsschaden vorliegt? Beschreibe genau und erkläre deine Vorgehensweise.

Streifzug

Die Fahrradbeleuchtung

Für Fahrräder gibt es umfangreiche Sicherheitsvorschriften. Neben den Bremsen, den Schutzblechen oder der Anbringung von Kindersitzen sind vor allem auch die Beleuchtungseinrichtungen des Fahrrades genau vorgeschrieben. Danach gibt es Bestimmungen für die aktive Beleuchtung des Fahrrades – das sind Bauteile, die selbst Licht erzeugen – und für die passive Sicherheit durch Bauteile, die auftreffendes Licht zurückwerfen. Letzteres ist vor allem dann erforderlich, wenn die Eigenbeleuchtung durch Scheinwerfer oder Rücklicht ausfällt.

Wenn es keine aktive Beleuchtung gibt, muss mit passiven Bauteilen dafür gesorgt werden, dass Rad und Fahrer gesehen werden können. Dafür hat man allerlei verschiedenfarbige Rückstrahler entwickelt: rot für die Strahlung nach hinten, weiß oder gelb nach vorn bzw. zur Seite. Diese vielfältigen Reflektoren machen ein Fahrrad auch bei Dunkelheit aus allen Richtungen erkennbar. Radfahrer, die ihr Rad nicht so ausrüsten, riskieren nicht nur Geldstrafen, sondern leben über Gebühr gefährlich!

Batteriebeleuchtung mit Ladezustandsanzeige

Kein Dynamo erforderlich
Achtung: Batteriebeleuchtung ist nur für Rennräder bis 11 kg oder Geländeräder bis 13 kg erlaubt

Blink- oder Dauerleuchten mit Dioden

Das Blinken erregt Aufmerksamkeit; Leuchte darf nur am Körper getragen werden, nicht am Rad montiert sein

Halogenscheinwerfer mit Frontreflektor und Standlicht

Sehr helles Licht durch Halogenlampe, kein eigener Reflektor nötig

Dioden-Rücklicht mit Standlicht

Dank spezieller Speichertechnik Lichtabgabe auch im Stand; wegen der Diode (statt Glühlampe) geringerer Energieverbrauch

LAMPEN UND MEHR

Pinnwand

Leuchtstofflampen

In Leuchtstofflampen wird das Licht nicht mithilfe eines Glühdrahts erzeugt, sondern mithilfe einer Einrichtung (Elektroden), die Elektronen in die gasgefüllte Röhre entlässt. Die Elektronen stoßen auf die Gasteilchen, die daraufhin unsichtbares ultraviolettes Licht (auch im Sonnenlicht vorhanden) abstrahlen.

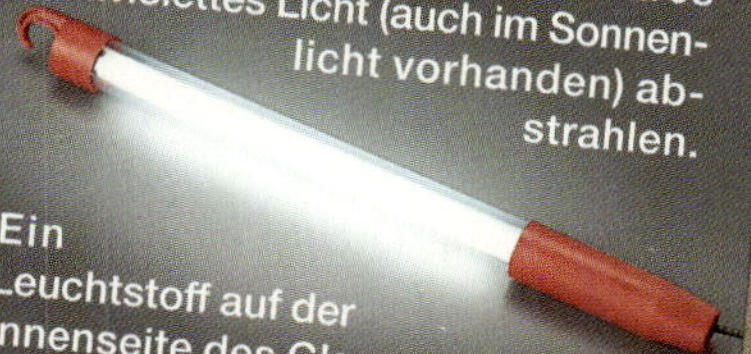

Ein Leuchtstoff auf der Innenseite des Glases wandelt das UV-Licht in für uns sichtbares Licht um.

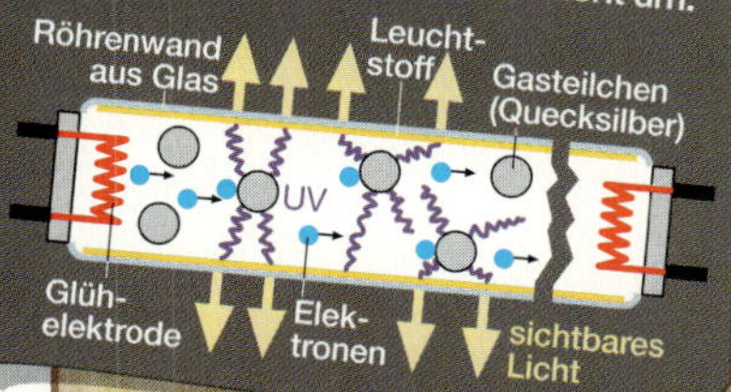

Halogenlampe, die Steigerung der Glühlampe

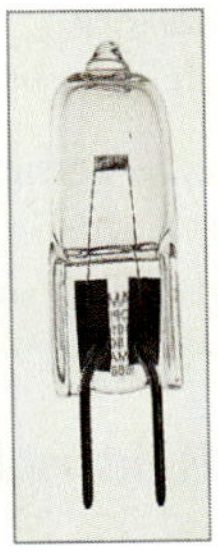

In der Halogenlampe ist die Glühwendel aus Wolfram von einem speziellen Gas unter hohem Druck umgeben. Dieses Gas verhindert, dass die Glühwendel verdampft. Die Wendel kann deshalb auf viel höhere Temperatur gebracht werden (über 3000 °C). Dadurch leuchtet sie heller, gibt mehr Licht ab und hat eine wesentlich längere Lebensdauer als die einfache Glühlampe.

Gasentladungslampe

Das sind kleine, sehr helle und langlebige Lampen für Autoscheinwerfer. In ihnen wird ein unter hohem Druck stehendes Gas elektrisch leitend gemacht. Dadurch leuchtet das Gas hell auf und sendet bläulichweißes Licht aus – viel mehr als vergleichbare Halogen- oder gar normale Glühlampen.

Im Großen werden solche Gasentladungslampen für Flutlichtanlagen auf Sportplätzen verwendet.

Lügendetektor

Das Bild zeigt Christer Petersen, den mutmaßlichen Mörder des schwedischen Ministerpräsidenten Olof Palme, beim Lügendetektor-Test 1994.
Die elektrische Leitfähigkeit des menschlichen Körpers ändert sich in Stresssituationen, weil der Betreffende dann schwitzt und dadurch seine Haut feucht wird.

Lügendetektor: Gerät, das kontinuierlich ablesbare Aufzeichnungen über den Verlauf der Herzströme, der Atemfrequenz, des Blutdrucks und der Hautfeuchtigkeit einer befragten Person macht. Der L. soll dadurch die Erregung anzeigen, die auftreten kann, wenn jemand versucht, das Wissen um einen Sachverhalt (z. B. eine kriminelle Handlung) zu verbergen oder zu verfälschen.
Die Sicherheit der mit dem L. erzielten Befunde ist strittig. In Deutschland ist sein Einsatz in Strafprozessen nach wie vor verboten. Zzt. prüfen Bundesgerichtshof und Bundesverfassungsgericht, ob eine Verwendung des L. als Entlastungsbeweis auf Antrag des Angeklagten zugelassen werden kann.

Ein berührungsfreier Schalter ist der **Reedschalter.** In ein Glasröhrchen sind zwei Metallzungen eingeschmolzen. Eine davon ist aus Eisen. Sie kann mit einem Magneten von außerhalb des Röhrchens bewegt werden. Dadurch kann ein Stromkreis berührungsfrei geschlossen oder geöffnet werden.

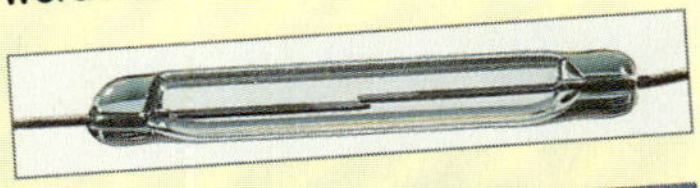

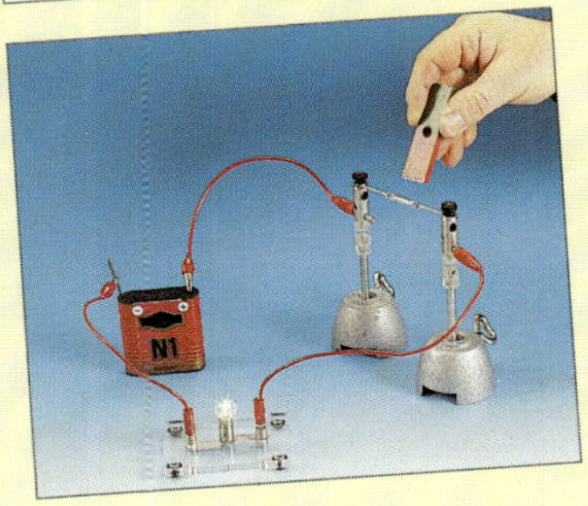

Stromwirkungen

Elektrischen Strom kann man nicht sehen, er wird erst durch seine Wirkungen erkennbar: Die Kochplatte eines Elektroherdes wird heiß; ein Druck auf den Schalter lässt das Licht im Zimmer aufleuchten oder die Klingel an der Tür läuten; die Uhr an der Wand geht nur mit einer Batterie. Überall im Haus, bei Freizeit und Hobbys begegnet uns elektrischer Strom in den verschiedensten Wirkungen.

Wie kommen die Stromwirkungen zustande? Wie funktionieren die Geräte, in denen sie genutzt werden? Was ist überhaupt der Grund dafür, dass diese Wirkungen auftreten?

Elektrischer Strom erzeugt Wärme

Entsprechende Versuche belegen, dass verschiedene Drähte unterschiedlich schnell aufglühen und auch unterschiedlich hell leuchten. Das Glühen bzw. Leuchten ist eine Erscheinung, die durch die Temperaturerhöhung des Drahtes hervorgerufen wurde.
Die Fotos rechts zeigen, dass die Temperatur eines Strom durchflossenen Drahtes abhängig ist von
- der Größe des Stromes;
- der Dicke des Drahtes.

Zentraler Versuch

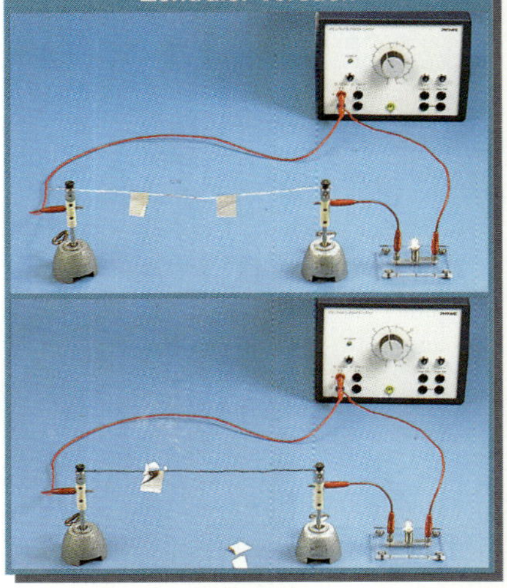

Wenn in Drähten ein elektrischer Strom fließt, so bewegen sich Elektronen in eine bestimmte Richtung. Bei dieser Bewegung stoßen sie immer wieder gegen die Teilchen des Drahtes, die dadurch zu stärkeren Schwingungen angeregt werden. Diese verstärkten Schwingungen werden äußerlich als Temperaturerhöhung beobachtet.

Elektrische Geräte, die die Wärmewirkung des Stromes ausnutzen, sind **Energiewandler.** Sie wandeln elektrische Energie in Wärmeenergie um.

Jeder Strom durchflossene Leiter erwärmt sich. Die Temperaturerhöhung hängt von der Dicke des Leiters und der Größe des elektrischen Stromes durch den Leiter ab.

Aufgaben

1 Schreibe alle Elektrogeräte im Haus auf, die elektrische Energie in Wärmeenergie umwandeln.
2 Bei welchen Elektrogeräten ist die Umwandlung elektrischer Energie in Wärmeenergie gewollt, bei welchen ein Nebeneffekt?
3 Beschreibe den Elektronenfluss durch eine Glühlampe und ihre Fassung.
4 Warum glüht die Wendel einer Glühlampe hell auf, die Zuleitung jedoch nicht?

Sicherungen und Schalter

Die Erwärmung von stromdurchflossenen Leitern wird bei Elektrogeräten auch zum Ein- bzw. Ausschalten des Stromes verwendet. Dies kann sowohl zur Einstellung einer bestimmten Temperatur als auch zum Schutz der elektrischen Geräte dienen.

Schutz vor zu großen Strömen in Elektrogeräten des Haushalts oder der Autos bieten **Schmelzsicherungen.** Sie bestehen aus einem dünnen Draht, der in einer Hülle aus Porzellan oder in einem Glaskolben liegt. Bei zu großen Strömen erhitzt sich der Draht so stark, dass er schmilzt und damit den Stromkreis, in den er eingebaut ist, unterbricht. Dadurch werden die Elektrogeräte vor Schaden geschützt.

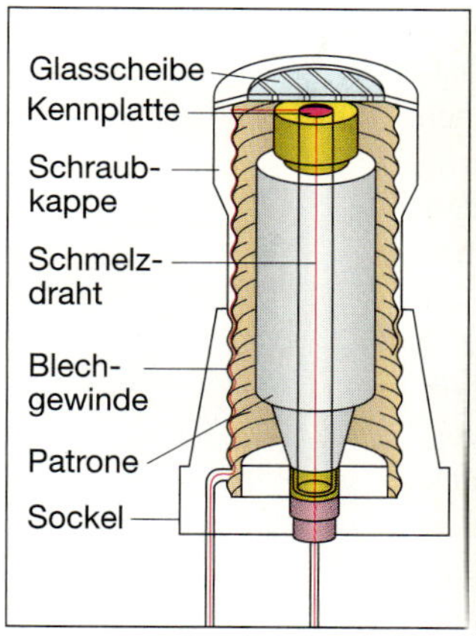

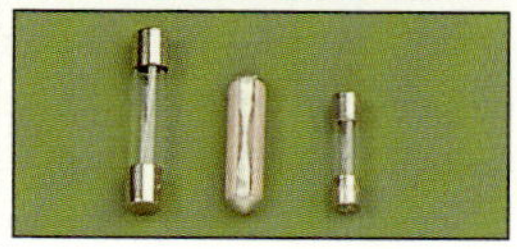

Bimetallstreifen als Schalter und Temperaturregler

Die **Regelung der Temperatur** geschieht in den meisten Fällen durch einen Bimetallstreifen. Dabei wird das unterschiedliche Verhalten verschiedener Metalle bei Temperaturänderungen ausgenutzt. Zwei Metalle, z.B. Messing und Eisen werden fest miteinander verbunden. Wenn sie anschließend erhitzt werden, dehnen sie sich unterschiedlich stark aus und der Bimetallstreifen krümmt sich in Richtung des Eisens, weil sich Eisen weniger stark ausdehnt.

Die Erwärmung des Bimetallstreifens geschieht entweder direkt durch die im Streifen fließenden Elektronen oder durch einen Heizdraht, der um das Bimetall gewickelt ist. Wegen der unterschiedlich starken Ausdehnung der Metalle verbiegt sich der Bimetallstreifen und unterbricht den Stromkreis. Kühlt er sich wieder ab, dann kehrt er in seine Ausgangslage zurück und schließt den Stromkreis wieder.

Eine genaue Einstellung der Temperatur ist beim Bügeleisen besonders wichtig. Denn die unterschiedlichen Stoffe unserer Kleidung dürfen nur bei bestimmten Temperaturen gebügelt werden – wie wir an der Beschriftung des Stellknopfes leicht sehen können: Für ein Kleidungsstück aus Seide muss die Temperatur des Bügeleisens geringer sein als für Leinen oder Wolle.

Das Ausschalten des Stromes bei einer bestimmten Temperatur wird mechanisch geregelt: Die am Stellknopf befestigte Schraube drückt das Kontaktblech, durch das der elektrische Strom fließt, bei der Einstellung für Leinen stärker auf den Kontakt als bei der Einstellung für Seide. Der mit dem Boden verbundene Bimetallstreifen muss sich im ersten Fall stärker krümmen, um das Kontaktblech zu heben und damit den Stromkreis zu unterbrechen.

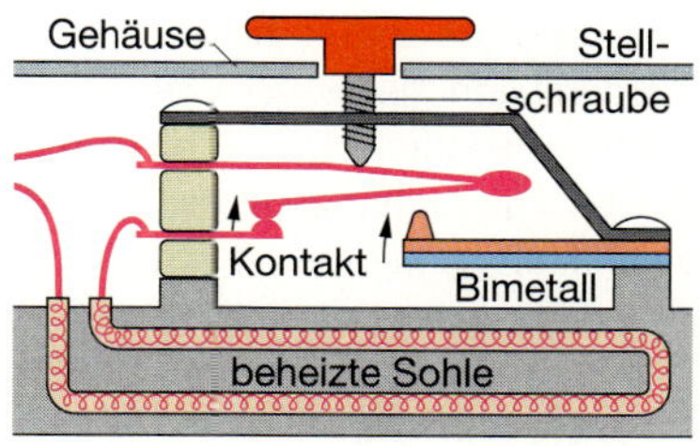

bei höheren Temperaturen

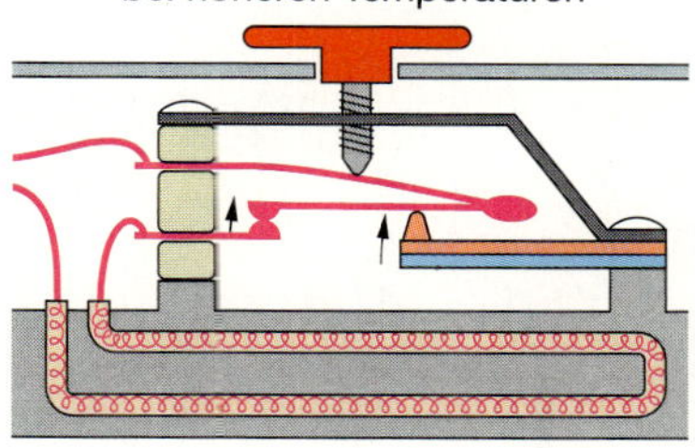

Schalter geschlossen

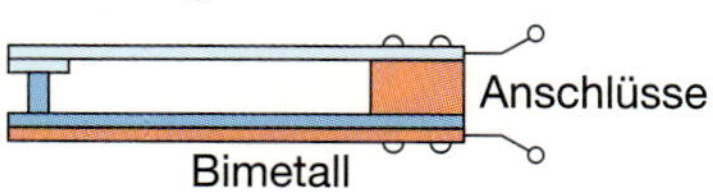

eingeschaltet

Schalter offen

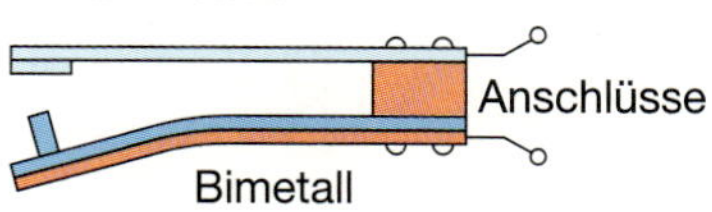

ausgeschaltet

Aufgaben

1 Erkläre die Wirkungsweise eines Bimetalls. Wie kann damit der elektrische Strom aus- und eingeschaltet werden?

2 Welche Geräte im Haushalt arbeiten mit einer Temperaturregelung?

3 Wo befinden sich im Haushalt und in den elektrischen Geräten die Sicherungen?

4 Welche dieser Sicherungen sind Schmelzsicherungen?

5 Welche Stromkreise im Auto sind durch Schmelzsicherungen abgesichert?

Elektrischer Strom erzeugt Licht

Fließt ein elektrischer Strom durch einen Draht, so wird dieser erwärmt. Dabei kann die Temperaturerhöhung zunächst zu einem Glühen und später sogar zu einem hellen Leuchten führen. Versucht man, den Draht so hell wie in einer Glühlampe aufleuchten zu lassen, so schmilzt er und unterbricht damit den Stromkreis. Was muss verändert werden, damit auch ein so dünner Draht wie in Glühlampen sehr hell aufleuchtet, ohne zu schmelzen?

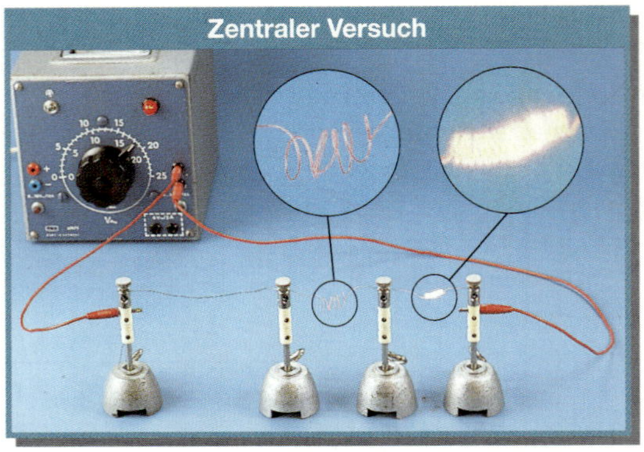

Die Wendelung des Drahtes bewirkt, dass dieser heißer werden kann als ein gerades Stück, da ein gewendelter Draht wesentlich weniger Wärme an die Umgebung abgibt. Die Lichterzeugung bei einer Glühlampe oder einer Halogenlampe ist also bei näherer Betrachtung keine weitere Wirkung des Stromes, sondern nur eine andere Erscheinungsform der Wärmewirkung.

Die Zuleitungen zur Wendel sind Drähte aus Kupfer, während die Wendel selber aus einem dünnen Wolframdraht besteht, der über 2500 °C heiß werden kann. Das Innere der Glühlampe ist luftleer oder mit einem Gas gefüllt, welches das Verdampfen des Wolframdrahtes verhindert.

Neben den Glühlampen gibt es noch andere elektrische Lichtquellen z. B. die **Leuchtstoffröhren.** Wir finden sie in vielen Klassenzimmern. Das Besondere dieser Lampen ist, dass sie Licht fast ohne Wärmeentwicklung abgeben, so genanntes *kaltes Licht.*

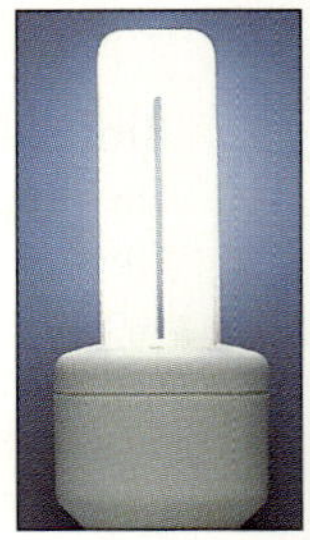

Energiewandler

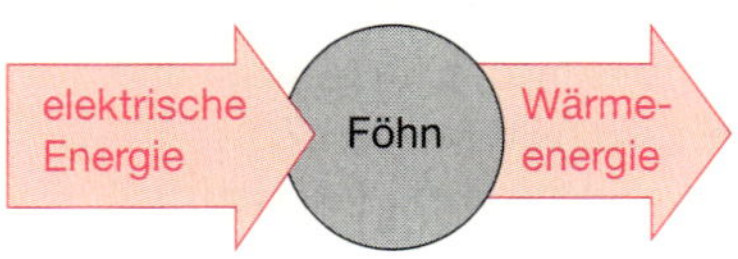

In Batterien ist *elektrische Energie* gespeichert; sie wird uns an den Batteriezungen zur Verfügung gestellt. Die vom Kraftwerk gelieferte *elektrische Energie* steht uns an den Steckdosen zur Verfügung.

Unsere Elektrogeräte wandeln diese Energie in andere Energieformen um. So wird elektrische Energie in einem Herd in **Wärmeenergie** umgewandelt, in Lampen in **Lichtenergie** und in allen Elektromotoren in **Bewegung** – genauer gesagt in **mechanische Energie.**

Elektrogeräte sind Energiewandler.

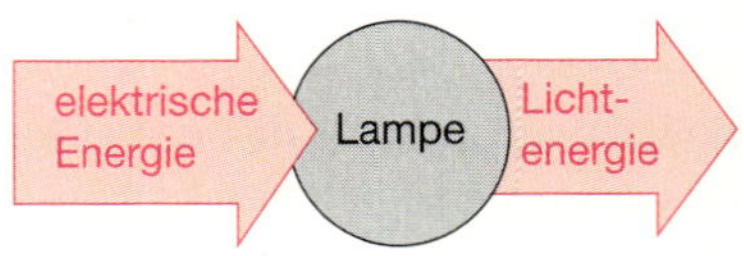

Aufgaben

1 **a)** In welche Form wird elektrische Energie in folgenden Geräten umgewandelt: Toaster; Handmixer; Brotschneider; Fernseher; Föhn; Taschenlampe?
b) Welche Energieform tritt zusätzlich auf?

2 Welche Arten von Glühlampen gibt es? Worin bestehen ihre Unterschiede?

3 Was muss bei Schmelzsicherungen geändert werden, damit sie erst bei großen Strömen ansprechen?

4 Zeichne und erkläre den Aufbau einer Glühlampe.

5 Zeichne das Energiefluss-Schema einer Glühlampe und eines Toasters. Vergleiche beide. Was unterscheidet sie?

Wärme- und Lichtwirkung

Streifzug

Die Bimetallsicherung

Bimetallsicherungen können immer wieder verwendet werden. Der Strom durchfließt eine Wendel, die um einen Bimetallstreifen gewickelt ist. Diese Wendel erhitzt das Bimetall unterschiedlich stark – je nachdem, wie groß der Strom ist. Übersteigt er einen Wert, der zu Schäden führen könnte, biegt sich der erwärmte Bimetallstreifen so weit zur Seite, dass die eingebaute Feder freigegeben wird. Sie springt zurück und unterbricht dadurch den Stromkreis. Ist der Schaden behoben, kann man den Stromkreis durch Drücken des Knopfes wieder schließen. Der Nachteil dieser Sicherung ist, dass sie erst anspricht, wenn das Bimetall durch den Strom so stark erwärmt wurde, dass es sich biegt. Das kann jedoch zu lange dauern und somit bereits zu Schäden in den Elektrogeräten führen. Deshalb ist in den modernen Sicherungsautomaten noch zusätzlich eine zweite, schnell reagierende Art von Sicherungen eingebaut.

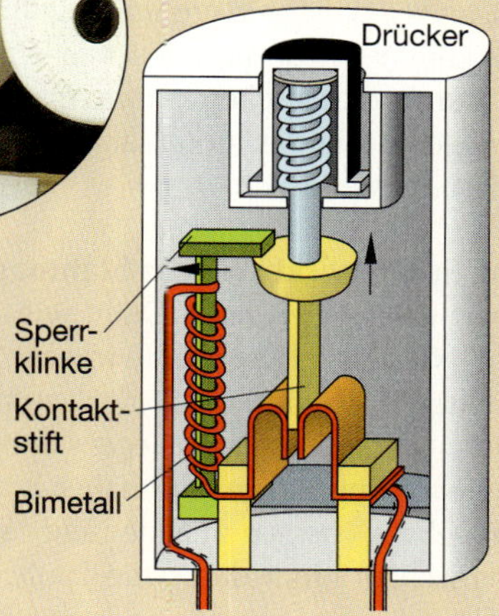

Automatische Temperaturregelung; Thermostate

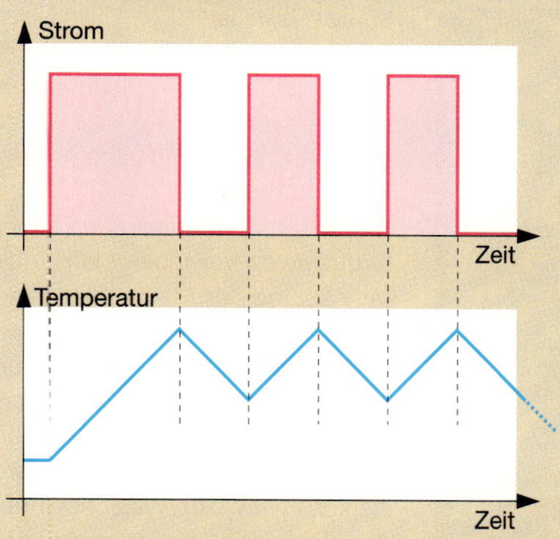

Viele Elektrogeräte brauchen eine bestimmte Betriebstemperatur: Der Backofen muss für einen Braten eine andere Temperatur halten als für einen Kuchen; für verschiedene Textilien werden beim Bügeln unterschiedliche Temperaturen verlangt; die Zimmertemperatur soll auf einem konstanten Wert gehalten werden.

Die Regelung der Temperatur geschieht durch Ein- und Ausschalten des elektrischen Stromes mithilfe eines Bimetalls. Ist die gewünschte Höchsttemperatur erreicht, öffnet das Bimetall den Stromkreis, es wird nicht weiter geheizt; fällt die Temperatur unter einen vorgegebenen Wert, wird der Stromkreis automatisch wieder geschlossen, es wird wieder geheizt. Weil die Temperatur bei dieser Regelung zwischen zwei Werten („Temperaturpunkten") hin und her springt, spricht man von einer **Zwei-Punkt-Regelung.**

Kaltes Licht

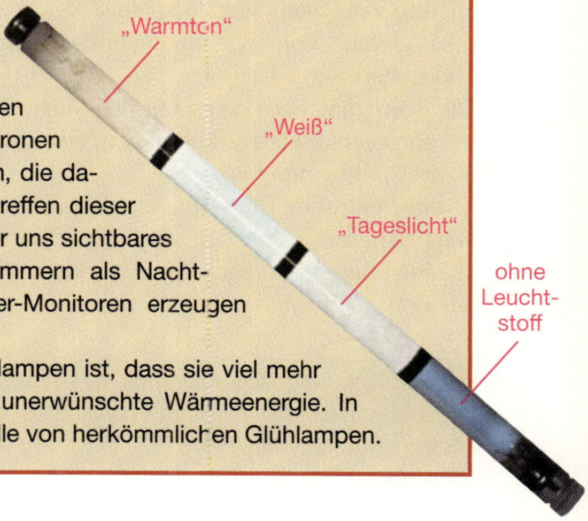

Bei den in vielen Schulzimmern vorhandenen **Leuchtstoffröhren** beruht die Lichtaussendung auf Prozessen, die sich in den Füllgasen abspielen: Die am einen Ende der Glasröhre ausgesendeten Elektronen stoßen auf ihrem Weg zum anderen Ende mit Gasatomen zusammen, die daraufhin für uns nicht wahrnehmbares Licht aussenden. Erst das Auftreffen dieser Strahlung auf den Leuchtstoff an der Innenwand der Röhre erzeugt für uns sichtbares Licht. Auch **Glimmlampen,** die in Krankenhäusern oder Kinderzimmern als Nachtbeleuchtung dienen, oder die Bildschirme von TV- und Computer-Monitoren erzeugen kaltes Licht.

Der Vorteil von „kalten Lichtquellen" gegenüber herkömmlichen Glühlampen ist, dass sie viel mehr elektrische Energie in Lichtenergie umwandeln und viel weniger in unerwünschte Wärmeenergie. In immer mehr Haushalten findet man daher „Energiesparlampen" anstelle von herkömmlichen Glühlampen.

Der Elektromagnet

Auf Schrottplätzen müssen häufig sperrige Eisenteile von einem Ort zu einem anderen transportiert werden. Die Teile werden nicht von einer Klaue erfasst, sondern hängen unten an einer dicken Platte. Es sieht so aus, als wäre dies ein großer Magnet.
Wie kommt es zur magnetischen Wirkung? Wie gelingt es, durch elektrischen Strom magnetische Kräfte zu erzeugen? Gibt es noch andere Verwendungen für Elektromagnete?

Eine Spule wirkt wie ein Stabmagnet

Wenn wir einen langen Draht wie den Faden auf einem Nähgarnröllchen aufwickeln, erhalten wir eine Drahtspule. Fließt durch den aufgewickelten Draht Strom, werden eiserne Gegenstände wie von einem Magneten angezogen. Wir haben einen **Elektromagneten** gebaut, dessen magnetische Wirkung mit dem elektrischen Strom durch die Spule an- und abschaltbar ist.
Wir wollen die Eigenschaften dieser Art von Magnet genauer untersuchen:

Die beiden Wagen mit den Eisenstangen bewegen sich beim Einschalten des elektrischen Stromes auf die Spule zu.

Von den Wagen mit den Magneten wird einer angezogen, der andere abgestoßen.

Zentraler Versuch

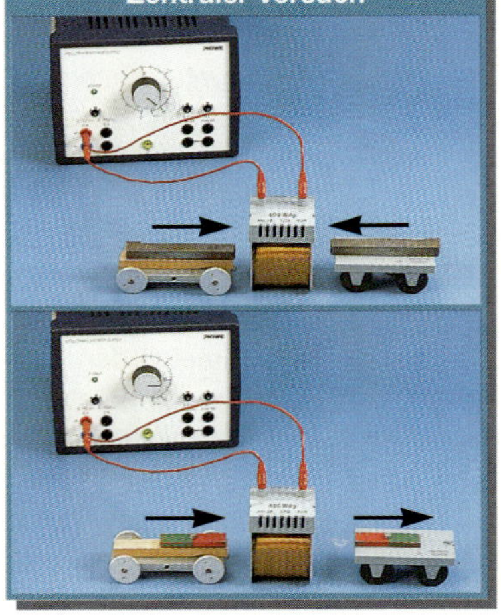

Sobald der Strom durch die Spule fließt, wirkt sie wie ein Stabmagnet. An einem Ende ist ein magnetischer Nordpol; am anderen Ende befindet sich ein magnetischer Südpol. Die Wagen mit den Magneten werden nach dem magnetischen Kraftgesetz angezogen oder abgestoßen, weil sich ungleiche bzw. gleiche Pole von Spule und Magneten gegenüberstehen.
Die Bewegung der Wagen mit den Magneten erfolgt in die entgegengesetzten Richtungen, wenn wir

die Spule umdrehen;

die elektrischen Anschlüsse (Pluspol und Minuspol) vertauschen;

eine Spule mit umgekehrter Wicklungsrichtung verwenden.

> Eine Strom durchflossene Spule ist ein an- und abschaltbarer Magnet, dessen Pole sich bei Umkehr der Stromrichtung vertauschen.

Änderung der magnetischen Wirkung

Die beweglichen Magnete werden aus einer größeren Entfernung angezogen bzw. kräftiger (weiter) abgestoßen, wenn der Strom durch die Spule größer ist.

Die magnetische Wirkung einer Spule kann auch dadurch gesteigert werden, dass der Innenraum der Spule mit einem Eisenkern gefüllt wird.

Mit unserem Modell der Elementarmagnete verstehen wir diese Verstärkung der Magnetkraft durch den Eisenkern. An den gleichen Enden wie bei der Spule bilden sich auch beim Eisenkern Nord- und Südpol aus. Die magnetische Wirkung der Spule wird dadurch stärker, weil zur Magnetwirkung der Spule die des magnetisierten Kerns hinzukommt.

Die magnetische Wirkung einer Spule wird auch größer, wenn bei gleicher Länge der Spule mehrere Windungen übereinander gewickelt werden. Die Spule mit der größeren Anzahl Windungen auf gleicher Länge hat die größere Magnetkraft.

> Die magnetische Wirkung einer Spule ist stärker,
> - je größer der elektrische Strom ist, der durch die Spule fließt;
> - je größer die Windungszahl bei gleicher Spulenlänge und gleichem elektrischem Strom ist;
> - wenn im Innenraum der Spule ein Eisenkern vorhanden ist.

Das Magnetfeld einer Spule

An den Enden jeder stromdurchflossenen Spule bildet sich ein Nord- und ein Südpol aus.

Die Spule zeigt Wirkungen auf magnetisierbare Gegenstände und auf andere Magnete.

Die Wirkungen sind vergleichbar mit den Wirkungen, die von einem Stabmagneten ausgehen.

Dabei wirken die magnetischen Kräfte über Entfernungen, denn die Spule zieht Gegenstände bereits an, wenn sie sich in der Nähe befinden.
Dies alles weist darauf hin, dass eine Strom führende Spule wie ein Stabmagnet von einem magnetischen Feld umgeben ist.

Um Vorstellungen vom Magnetfeld einer Spule zu bekommen, können wir viele kleine Magnetnadeln außen um die Spule und – das ist der Unterschied zum Stabmagneten – im Inneren der Spule aufstellen. Verwenden wir wieder Eisenfeilspäne, ergibt sich das Bild des Magnetfeldes schneller und deutlicher.

Versuche und Aufträge

V1 Aus einem etwa 5 cm langen Eisennagel und ca. 2 m lackiertem dünnen Kupferdraht kannst du durch Wickeln des Drahtes eine Spule herstellen. Verbinde die beiden Drahtenden mit den Polen einer Taschenlampenbatterie. Prüfe durch Anhängen von Büroklammern die magnetische Kraft der Spule.

V2 Wie verhält sich der Elektromagnet aus V1, wenn zur Vereinfachung des Wickelvorgangs der Draht doppelt genommen wird?

A3 Zwei Spulen (wie in V1) werden gegenüber aufgehängt und mit einer Batterie verbunden. Beschreibe was passiert.

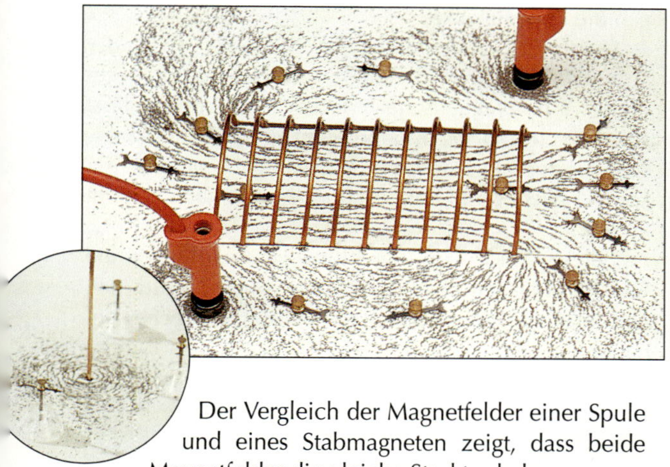

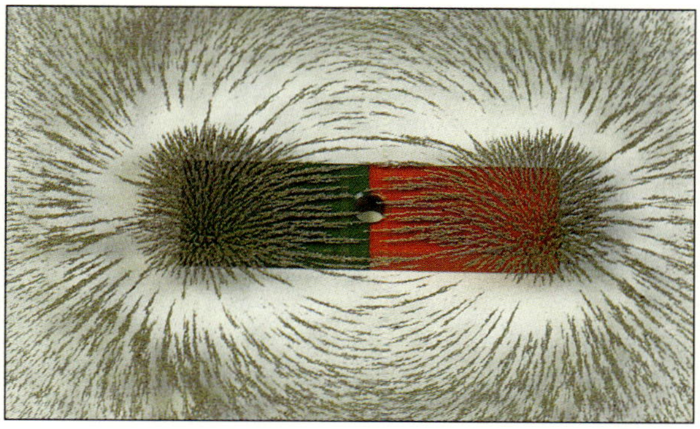

Der Vergleich der Magnetfelder einer Spule und eines Stabmagneten zeigt, dass beide Magnetfelder die gleiche Struktur haben.
Auch im Innenraum der Spule gibt es ein Feld: Die Eisenfeilspäne ordnen sich – außer ganz an den Spulenenden – parallel an. Dies ist ein Hinweis dafür, dass das Magnetfeld im Innenraum der Spule **homogen** (gleichmäßig) ist.

Wenn wir die Spule zu einem langen Draht auseinander ziehen, erkennen wir die kreisförmige Anordnung der Eisenfeilspäne um den Draht. Das heißt, dass jeder Strom durchflossene Draht von einem ringförmigen Magnetfeld umgeben ist.

Spule und Stabmagnet haben das gleiche äußere Magnetfeld.
Im Innenraum einer Spule bildet sich ein homognes Magnetfeld.

Aufgaben

1 Welche Gemeinsamkeiten bzw. Unterschiede gibt es zwischen einem Stabmagneten und einer Strom durchflossenen Spule?

2 Warum baut man Kräne nicht mit Dauermagneten? Begründe.

3 Beschreibe das Bauprinzip eines Elektromagneten.

4 Nenne Alltagssituationen, in denen ein Elektromagnet verwendet wird.

5 Beschreibe verschiedene Möglichkeiten, wie du herausfinden könntest, dass eine Strom durchflossene Spule einen Nord- und einen Südpol hat
a) ohne einen anderen Magneten;
b) mit einem anderen Magneten.

6 Nenne verschiedene Möglichkeiten, um die magnetische Wirkung einer Spule zu erhöhen.

7 Nenne Beispiele für die Verwendung von Dauermagneten und begründe jeweils, warum ein Elektromagnet ungeeignet wäre.

Anwendungen von Elektromagneten

Früher befanden sich an den Haustüren „Türklopfer“ aus Metall, mit denen ein Klopfzeichen erzeugt wurde. Auch mit einer Glocke verbundene Seile waren übliche Hilfsmittel, um Besucher anzumelden.
Wenn wir heute Eintritt in ein Haus verlangen, drücken wir den Klingelknopf – der Wohnungsinhaber meldet sich mit der Sprechanlage – kurze Zeit darauf hören wir das Summen des Türöffners, sodass wir eintreten können.
Die elektrische Klingel, ein Türgong und der Türöffner enthalten alle als Hauptbestandteile einen Elektromagneten.

Der Türgong

Beim Druck auf die Klingeltaste ertönt „Ding“, wenn wir sie drücken, und „Dong“, wenn wir sie wieder loslassen. Das Bild unten zeigt, wie das funktioniert:

- Wenn der Klingelknopf gedrückt wird, fließt durch den geschlossenen Stromkreis Strom. Eine Spule im Gong wird dadurch zu einem Elektromagneten. Die Spule zieht den beweglichen Eisenstab an.
- Der Eisenstab bewegt sich durch die Spule und stößt gegen das Klangrohr, das „Ding“ erzeugt. Dabei wird eine Feder zwischen der Spule und einem Ende des Eisenstabes zusammengedrückt.
- Wenn wir den Klingelknopf loslassen, wird der Stromkreis unterbrochen. Die Spule übt keine magnetische Kraft mehr auf den Eisenstab aus. Weil die zusammengedrückte Feder wieder ihre ursprüngliche Form annehmen will, bewegt sich der Eisenstab zum gegenüberliegenden Klangrohr, das „Dong“ erzeugt.

Der elektrische Türöffner

Beim elektrischen Türöffner wird durch einen Elektromagneten eine Sperre an der Halteplatte nach unten gezogen. Drückt der Schließriegel der Tür nun gegen den Schnäpper, so gibt die Halteplatte nach, der Schnäpper klappt seitlich weg und die Tür geht auf.

Die Türklingel

Bei manchen Anlagen ertönt beim Drücken des Klingelknopfes ein schrilles Klingeln. Dieses hält so lange an, wie der Klingelknopf gedrückt wird.

- Wenn der Klingelstromkreis geschlossen wird, fließt der Strom über eine Blattfeder und einen Unterbrecherkontakt durch die Spulen der Klingel. Deshalb zieht der Elektromagnet die Blattfeder an.
- Der an der Blattfeder befestigte Klöppel schlägt gegen die Klingelglocke.
- Durch die Krümmung der Blattfeder wird der Stromkreis am Unterbrecherkontakt selbstständig geöffnet. Die magnetische Wirkung der Spulen lässt sofort nach und der Klöppel geht in seine Ausgangsstellung zurück. Dabei schließt er den Unterbrecherkontakt wieder und der beschriebene Vorgang beginnt erneut.

Auf diese Weise kann der Klöppel ständig gegen die Glocke schlagen. Die elektrische Klingel wird wegen ihrer Funktionsweise auch **Selbstunterbrecher** genannt.

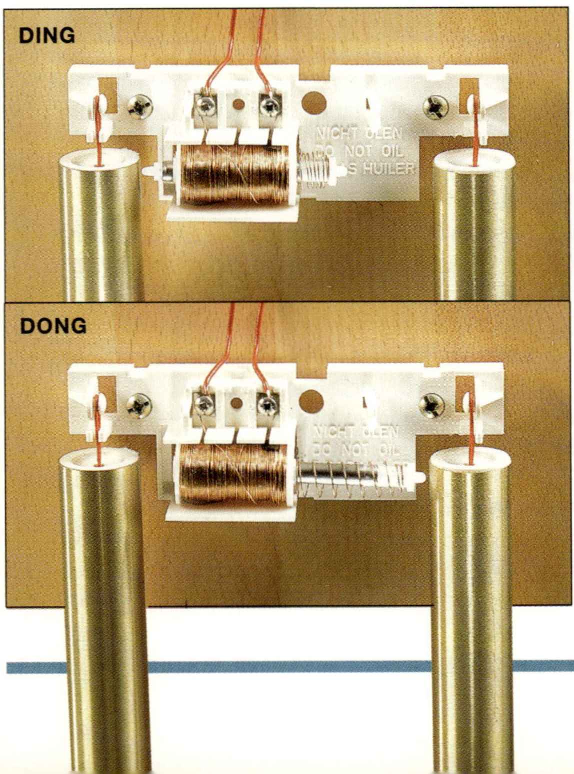

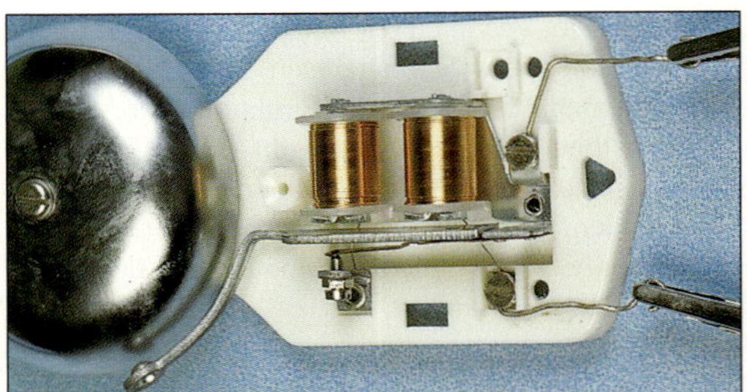

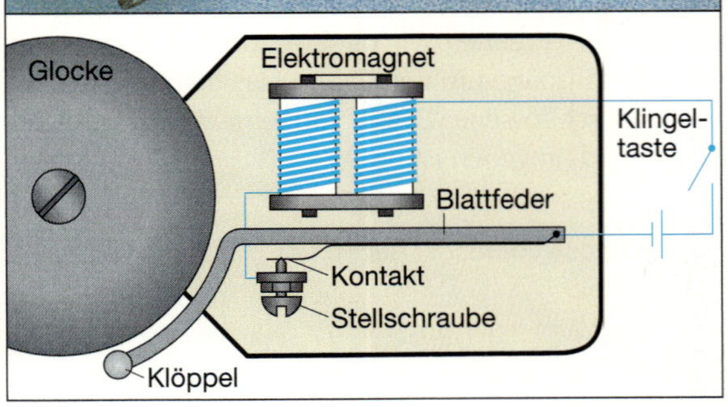

Das Relais

Zum Anlassen eines Autos wird der Zündschlüssel im Zündschloss gedreht. Dadurch wird ein Schalter geschlossen und der Automotor durch einen starken Elektromotor (Anlasser) in Bewegung gesetzt. Dieser benötigt allerdings sehr große Ströme. Damit ein so großer Strom nicht über lange, dicke Leitungen von der Batterie durch das Zündschloss zum Anlasser fließen muss, verwenden die Autohersteller ein **Relais.**

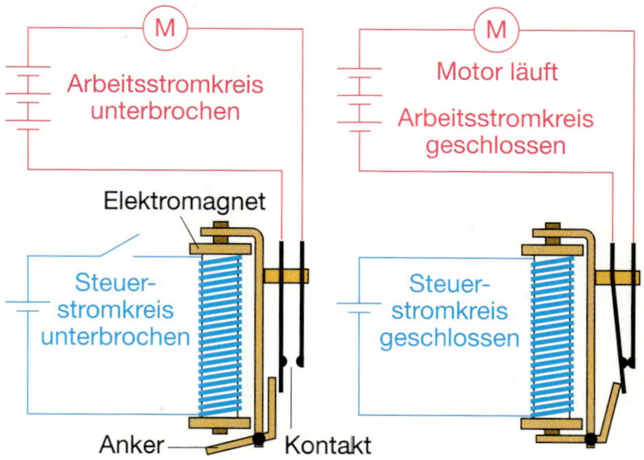

1 Relais mit Arbeitskontakt

Wird der Zündschalter geschlossen, fließt ein kleiner Strom über dünne Kabel durch einen Elektromagneten im Relais. Der Elektromagnet wirkt auf einen Eisenanker und zieht diesen an. Dadurch wird an einem Kontakt ein zweiter Stromkreis, der Arbeitsstromkreis geschlossen. Durch ihn können große Ströme fließen. Der Vorteil des Relais ist, dass die Ströme im Steuerstromkreis klein und seine Leitungen daher lang sein können; der Arbeitsstromkreis kann also mithilfe eines Relais aus fast beliebiger Entfernung geschaltet werden.

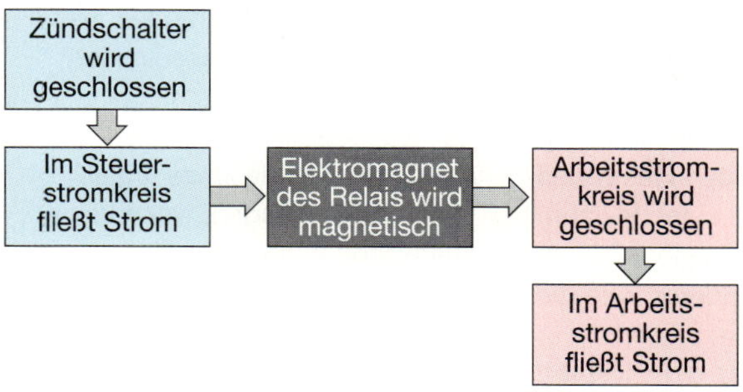

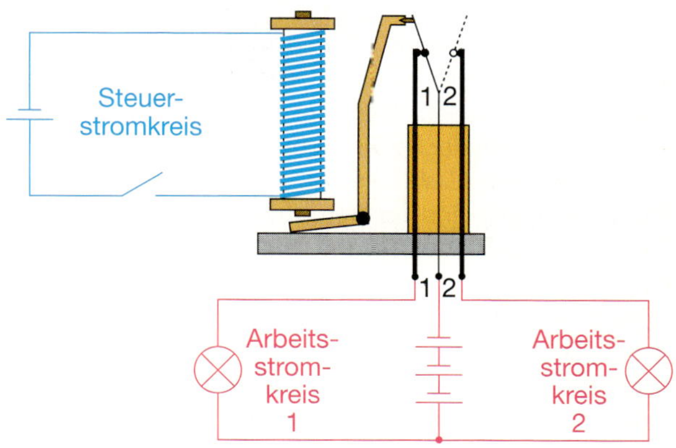

2 ***Umschaltrelais.*** *Es hat – im Gegensatz zu dem einfachen Relais in Abb. 1 – zwei Kontakte: Fließt kein Strom durch die Spule des Relais, so ist durch den Ruhekontakt der Arbeitsstromkreis 1 geschlossen. Fließt durch die Spule Strom, öffnet der Ruhekontakt und der Arbeitskontakt wird geschlossen; es fließt Strom im Arbeitsstromkreis 2. Ein Umschaltrelais findet im Auto beim Umschalten Abblendlicht–Fernlicht Verwendung.*

Ein Relais ist ein elektromagnetischer Schalter, bei dem durch kleine Ströme im Steuerstromkreis große Ströme im Arbeitsstromkreis geschaltet werden.

Aufgaben

1 Welcher Klingeltyp ist vorteilhafter, wenn der Klingelknopf einmal klemmen sollte? Begründe.

2 Beschreibe die Funktionsweise einer Klingel. Warum spricht man hier von „Selbstunterbrechung"?

3 Beschreibe die Funktionsweise eines Relais. Erkläre die Begriffe Steuerstromkreis und Arbeitsstromkreis.

4 Welche Vorteile bietet ein Relais als Schalter?

5 Entwirf eine Schaltung für eine Alarmanlage mit einem Relais. Der wertvolle Gegenstand ist mit einem Draht gesichert, der reißt, wenn jemand den Gegenstand entfernt.

6 Entwirf die Schaltung eines Feuermelders. Verwende einen Temperaturfühler (z.B. Bimetallstreifen), ein Relais und eine optische (z. B. Lampe) oder akustische Anzeige (z. B. Klingel).

7 Wie könnte der Umschaltvorgang von Abblendlicht zu Fernlicht und zurück funktionieren? Zeichne eine Schaltskizze. Verwende für die Schaltung ein Umschaltrelais und für Abblendlicht und Fernlicht je eine Glühlampe.

Auch Flüssigkeiten leiten – chemische Stromwirkung

Salzlösungen, verdünnte Säuren und Laugen leiten den elektrischen Strom. Sie heißen **Elektrolyte.** In ihnen sind freie Elektronen wie in den Metallen nicht vorhanden, denn alle Elektronen sind hier an die kleinsten Teilchen gebunden. Wie kommt dann trotzdem eine Stromleitung zustande?

Zentraler Versuch

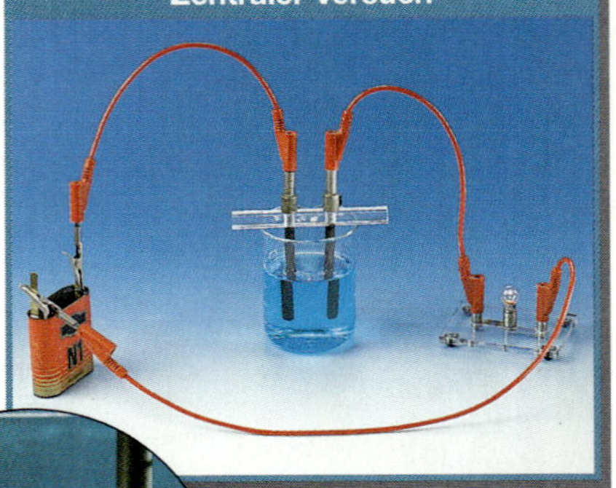

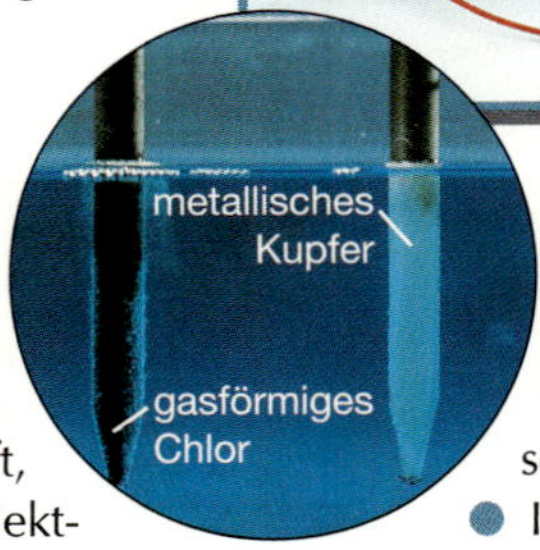

Das Foto rechts zeigt, dass in einem Elektrolyten (z. B. in wässriger Lösung von Kupferchlorid) eine chemische Reaktion abläuft, wenn durch ihn ein elektrischer Strom fließt. Denn es steigen an einem der beiden Kohle- bzw. Metallstäbe Gasblasen auf. Dieser Vorgang im Inneren der Flüssigkeit heißt **Elektrolyse.** Die beiden Kohlestäbe bzw. Metallplatten werden *Elektroden* genannt. Die am Pluspol der elektrischen Quelle angeschlossene Elektrode heißt *Anode,* die am Minuspol angeschlossene *Katode.*
Wird die Salzlösung durch Leitungswasser ersetzt, in welches einige Kristalle des Salzes Kaliumpermanganat gegeben wurden, so sehen wir:

- Die Lampe leuchtet.
- Aus dem Salzwasser steigen am Minuspol Gasblasen auf.
- Die entstehende violette Färbung wandert zu dem am Pluspol angeschlossenen Kohle-/Metallstab.

Daraus können wir folgern:

- Es fließt Strom, der Stromkreis ist also geschlossen.
- In der Flüssigkeit wird Stoff transportiert.

Der violette Fleck Kaliumpermanganat wandert stets zur positiven Anode. Die kleinsten Teilchen, aus denen der Elektrolyt besteht, verhalten sich also wie Elektronen.
Aber während sich in Strom durchflossenen Metalldrähten Elektronen vom Minuspol der Quelle zum Pluspol bewegen, geschieht in Elektrolyten etwas anderes, wie die Grafik unten zeigt:
Elektronen treten aus dem Kohle-/Metallstab der Katode aus und werden von den Teilchen der Flüssigkeit „huckepack" durch die Flüssigkeit zur Anode transportiert. Dort verlassen sie die Mikroteilchen, gehen in den festen Leiter über und bewegen sich innerhalb des Leiters allein weiter.

Ein elektrischer Strom fließt also immer dann, wenn Elektronen durch eine Quelle zu einer gerichteten Bewegung veranlasst werden: Im Metall die freien Elektronen, im Elektrolyten die von den Teilchen „huckepack" transportierten Elektronen.

> Elektrolyte, d. h. Salzlösungen, verdünnte Säuren und Laugen leiten den elektrischen Strom.
> In ihnen werden Elektronen durch die Teilchen des Elektrolyten vom Minuspol zum Pluspol transportiert.

Aufgaben

1 Wie lassen sich im zentralen Versuch oben die Pole der elektrischen Quelle wiederfinden, wenn die Beschriftung unleserlich ist? Zeichne und erläutere.

2 Was ließe sich über die elektrische Quelle im zentralen Versuch oben sagen, wenn keine chemische Wirkung an den Elektroden zu sehen wäre?

3 Eine Anwendung der chemischen Stromwirkung ist das Überziehen von billigem Metall (meist Stahl) mit einer dünnen Schicht aus edleren Metallen.
a) Nenne Beispiele, wo dieses Vernickeln, Verkupfern, Versilbern oder Vergolden angewendet wird.
b) Beschreibe, wie das Verfahren funktioniert.

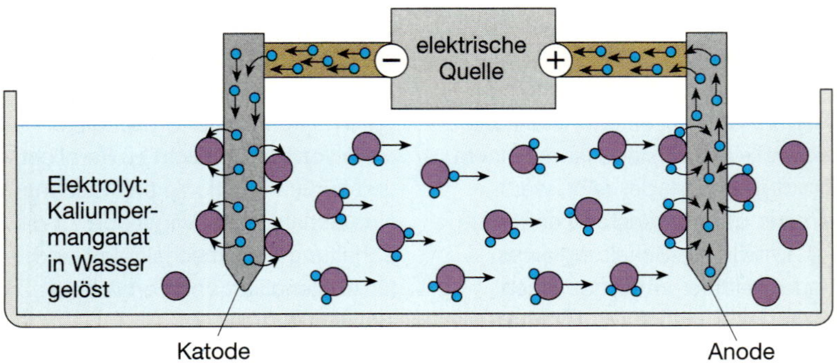

Rostschutz und Silberlöffel

Streifzug

Beim **Galvanisieren** werden durch die chemische Wirkung des elektrischen Stromes aus Metallsalz-Lösungen (Elektrolyten) dünne metallische Schichten auf elektrisch leitenden Teilen abgeschieden. Diese wenige Tausendstel Millimeter dünnen Schichten können den behandelten Teilen ein völlig neues Aussehen geben oder sie zuverlässig vor Rost schützen.

Beim Galvanisieren werden die zu behandelnden Teile als Katode ⊖ in eine wässrige Lösung (galvanisches Bad) des abzuscheidenden Metalls gehängt. Zum Beispiel wird ein Gegenstand, der mit Kupfer beschichtet werden soll, in eine Kupfersulfatlösung getaucht; soll er mit Silber überzogen werden, ist es eine Silbernitratlösung. Bei der Elektrolyse fließt ein Strom durch das Bad, indem die Metallteilchen des Elektrolyten Elektronen aufnehmen und diese zur Anode ⊕ mitnehmen. Dadurch scheidet sich das gewünschte Metall auf dem Gegenstand ab. Es bildet dort eine gleichmäßige Schicht. Die Schichtdicke richtet sich nach der Stärke des elektrischen Stromes und der Zeitdauer der Behandlung; sie kann daher sehr genau gesteuert werden.

Autokarosserien aus Stahl werden mit einer dünnen Metallschicht, z. B. Zink beschichtet, damit der Stahl nicht rostet. Der Vorteil gegenüber einem Anstrich mit einem Pinsel liegt darin, dass keine Lufteinschlüsse zwischen der Karosserie und der aufgetragenen Zinkschicht entstehen können, die zur Rostbildung führen. Denn das Zink aus der Lösung bedeckt jede noch so kleine Ecke der Karosserie.

Neben dem Galvanisieren in einem Tauchbad ist noch eine andere Technik üblich. Dabei wird Zink durch extrem kleine Düsen auf die Karosserie aufgesprüht.

Aufgaben

1 Erkundige dich bei einem Geldinstitut über die Grundmaterialien und die Beschichtungen, aus denen die Euromünzen bestehen.

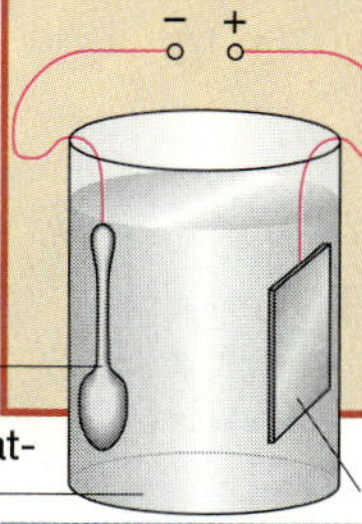

2 Beschreibe den in der Abbildung links gezeigten Vorgang des Galvanisierens.

3 **Verkupfern:** (Bei diesem Versuch sollte ein Erwachsener anwesend sein, da Kupfersulfat giftig ist!) Verbinde den Minuspol der Batterie mit dem Schlüssel und den Pluspol mit einer etwa 8 cm langen unisolierten Spule aus Kupferdraht und tauche beides in eine Kupfersulfatlösung aus zwei Teelöffeln Kupfersulfat (aus der Apotheke) und 0,1 l destilliertem Wasser.

Vorsicht – Spannung

Auf allen Elektrogeräten werden Informationen über das Gerät selbst, den Hersteller, Sicherheitsprüfungen usw. gegeben. Unter den vielen Angaben ist eine besonders wichtig: die Zahl vor dem V. Sie gibt an, ob wir das Gerät mit einer Batterie (1,5 V bis 4,5 V), einem Akku (meist 9 V), einem Netzteil (12 V bis 24 V) oder an der Steckdose betreiben dürfen/sollen. Warum ist es notwendig, diese Informationen zu haben – warum kann man nicht jedes Elektrogerät an jede elektrische Quelle anschließen? Was verbirgt sich hinter dem „V"? Sind Gefahren mit der Nutzung elektrischer Energie verbunden? Welche? Wie entstehen sie? Wie kann man sie vermeiden?

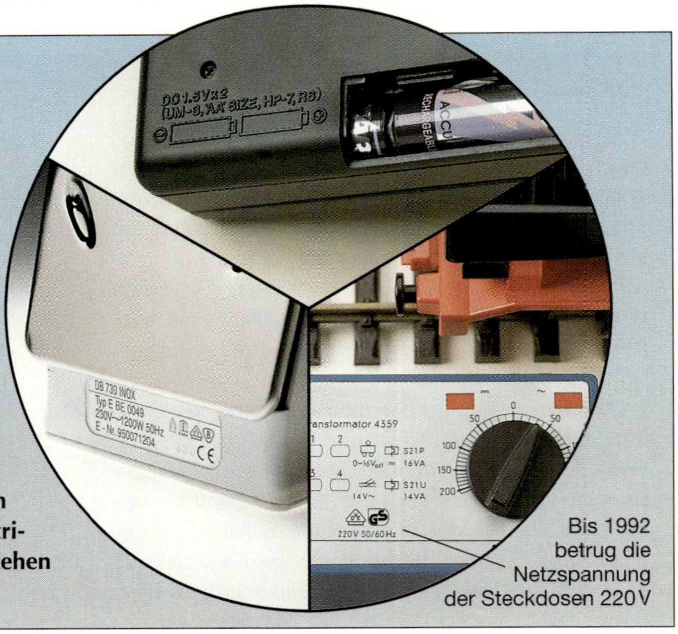
Bis 1992 betrug die Netzspannung der Steckdosen 220 V

Nennspannung von Geräten und Quellen

Wenn wir einen Toaster an eine Flachbatterie anschließen, so wird er nicht funktionieren; schließen wir die Glühlampe eines Fahrrades an die Steckdose an, so wird sie durchbrennen. **(Vorsicht! Nicht ausprobieren!)**
Der Grund für dieses unterschiedliche Verhalten ist einfach: Jede Quelle schiebt die Elektronen von der Quelle zum Gerät und wieder zurück, wenn der Stromkreis geschlossen ist. Wie stark die Elektronen angetrieben werden, hängt von der Quelle ab. Die *Stärke des Antriebs* wird durch den physikalischen Begriff **Spannung** gekennzeichnet. Die Einheit der Spannung ist **1 Volt (1 V).**

Definition/Einheiten

Spannung

Die Einheit ist 1 V (Volt).
Das Formelzeichen ist *U*.

Weitere Einheiten:

Kilovolt:	1 kV	= 1000 V
Millivolt:	1 mV	$= \frac{1}{1000}$ V

Zentraler Versuch

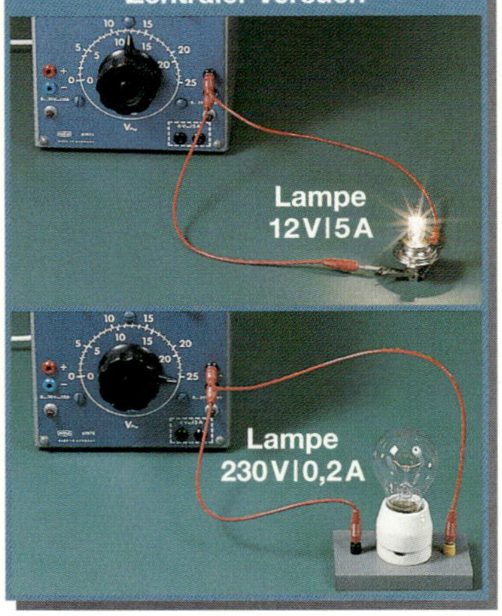

Je größer die Spannung (die Voltzahl) einer elektrischen Quelle ist, desto größer ist der Antrieb für die Elektronen in einem geschlossenen Stromkreis und damit auch die Wirkung des elektrischen Stroms in dem betreffenden Gerät.

Jedes Elektrogerät benötigt zum optimalen Betrieb eine bestimmte **Nennspannung.** Der Toaster hat eine hohe Nennspannung (230 V); schließen wir ihn an eine elektrische Quelle mit geringer Spannung (4,5 V) an, so kann er nicht funktionieren, weil der Antrieb viel zu gering ist. Zwar bewegen sich nach wie vor Elektronen durch die Heizdrähte; aber sie können die Drähte nicht so stark erhitzen, dass diese zum Glühen kommen und das Brot rösten.
Hat die Quelle dagegen eine hohe Nennspannung (wie die Steckdose mit 230 V), die Fahrrad-Glühlampe dagegen eine niedrige (meist 4,5 V), so werden die Elektronen so stark angetrieben und der Strom folglich so groß, dass der Glühfaden sofort durchbrennt.

Jedes Elektrogerät hemmt den Elektronenfluss auf ganz bestimmte Weise. Nur eine passende elektrische Quelle liefert den gerade notwendigen Antrieb, damit sich der richtige Strom durch das Gerät einstellt.

Die Nennspannungen von elektrischer Quelle und Elektrogerät müssen stets übereinstimmen.

Gefahren durch elektrischen Strom

In den Leitungen bewegen sich Elektronen von der elektrischen Quelle durch das Elektrogerät zur Quelle zurück. Im Gerät wird der Elektronenstrom gehemmt und elektrische Energie in Wärmeenergie, mechanische Energie oder andere Energieformen umgewandelt. Schäden an den Zuleitungskabeln oder an den Leitungen innerhalb des Gerätes können zum Ausfall oder zur Zerstörung des Gerätes führen, aber auch zu ernsthaften Gefahren für den Benutzer!

Es gibt drei unterschiedliche Arten von Schäden:

- Ist die Zuleitung an einer Stelle unterbrochen, so ist der Stromkreis nicht mehr geschlossen, das Gerät kann nicht mehr funktionieren.
- Ist der Schaden in der Zuleitung so, dass der Stromkreis nicht unterbrochen wird, der Elektronenstrom das Elektrogerät aber umgehen kann, so kommt es zu einem **Kurzschluss.** Die Elektronen können jetzt ungehemmt fließen. Das hat zur Folge, dass die elektrische Energie fast ausschließlich an der Schadstelle in Wärmeenergie umgewandelt wird. Um diese Überhitzung – oft sind Brände die Folge – zu verhindern, unterbricht eine **Sicherung** den Elektronenstrom.
- Berührt die Strom führende Zuleitung an der Bruchstelle das metallische Gerätegehäuse, so kann ein Mensch beim Berühren des Gehäuses über seinen Körper und die Erde einen zusätzlichen Stromkreis schließen, was enorme Gefahren birgt. Man nennt diesen Fall **Erdschluss.**

Ursachen für Kurzschlüsse sind in vielen Fällen durchgescheuerte Ummantelungen (Isolierung) an den Zuleitungen. Dies kann durch unsachgemäße Behandlung der Geräte und Zuleitungen oder durch Alterung hervorgerufen werden. Vorsichtsmaßnahmen sind also angebracht!

Energie aus Batterien

Streifzug

In einer Batterie ist die Energie in Form von chemischer Energie gespeichert. Sie wird beim Anschluss an einen Stromkreis in elektrische Energie und im Gerät in andere gewünschte Energieformen umgewandelt. Dabei nimmt die in der Batterie gespeicherte chemische Energie laufend ab. Das erkennt man daran, dass zur Energieabgabe chemische Prozesse ablaufen müssen, in deren Verlauf die Zellen zerfressen und schließlich unbrauchbar werden.
Verbrauchte Batterien sind Sondermüll! Sie dürfen nicht in die Haushaltsmülltonne geworfen werden, sondern müssen getrennt entsorgt werden.

Gefahren für den Menschen

Wenn der menschliche Körper Teil eines Stromkreises ist, kann dies schreckliche Folgen haben: Verbrennungen, Schock bis hin zum Tod. Daher ist es lebensnotwendig, beim Umgang mit elektrischem Strom Umsicht und Vorsicht walten zu lassen. Was aber geschieht im menschlichen Körper, wenn er Teil eines elektrischen Stromkreises wird?

Das Blut in unseren Adern ist ein guter elektrischer Leiter. Unsere Haut leitet den Strom ebenfalls; wenn sie feucht ist, leitet sie sogar gut, weil der Schweiß auf der Haut salzhaltig ist.
Schließt ein Mensch mit seinem Körper nun einen elektrischen Stromkreis, so bilden die Adern ein sehr verzweigtes Netz von Wegen, die die Elektronen nehmen können. Der elektrische Strom erzeugt im Körper Wärme, was dazu führen kann, dass das Blut gerinnt oder Giftstoffe freigesetzt werden. Außerdem ziehen sich durch den elektrischen Strom auch die Muskeln krampfartig zusammen. Das ist einer der Gründe, warum ein Mensch bei einem Stromunfall die Hände, mit denen er die Strom führenden Leitungen festhält, nicht mehr öffnen kann. Führt die Strombahn über das Herz, so können Herzrhythmusstörungen auftreten. In allen Fällen sind schwere gesundheitliche Schäden die Folge.

Lehrerversuch

Die Gefahr entsteht daraus, dass Strom durch den Körper fließt. Ein Vogel, der auf einer Stromleitung sitzt, ist nicht gefährdet; er berührt ja nur eine Leitung, es gibt also keinen geschlossenen Stromkreis und somit fließt auch kein Strom durch seinen Körper. Würde er mit einem Bein oder einem Flügel die andere Leitung berühren, so würde im gleichen Moment der Stromkreis durch ihn geschlossen und er wäre unweigerlich sofort tot.

Die Auswirkungen eines Stromunfalls für einen Menschen hängen von der Größe des elektrischen Stromes ab, denn je stärker der Strom, desto größer seine Wirkung. Aber auch die Einwirkungsdauer spielt eine Rolle: Je länger die Stromwirkung (z. B. das Entstehen von Giftstoffen oder die Herzrhythmusstörungen) anhalten, umso schlimmer sind die Folgen.

Wird ein Mensch Teil eines Stromkreises, so fließt ein elektrischer Strom durch seinen Körper. Daraus resultieren vielfältige Gefahren.

Was muss bei einem Stromunfall beachtet werden?

In der Schule:
1. Den dafür vorgesehenen roten Notausschalter (Pilzdruckschalter) betätigen, um den Stromkreis zu unterbrechen
2. Den Verunglückten nicht berühren, solange der Stromkreis nicht sicher unterbrochen ist
3. Sofort Hilfe holen
4. Erste-Hilfe-Maßnahmen einleiten

Im Haushalt:
1. Den Stromkreis, in dem sich der Geschädigte befindet, mit Hilfe der Sicherung ausschalten
2. Sofort Hilfe rufen: Notruf 112
3. Erste-Hilfe-Maßnahmen einleiten, z. B. Herzdruckmassage und Atemspende

Erkundige dich, wo in eurem Haushalt der Sicherungskasten ist und welche der Sicherungen zu welchem Stromkreis gehört.

Aufgaben

1 Zur Überprüfung, ob an einer Steckdose Spannung anliegt, wurden früher so genannte *Phasenprüfer* verwendet. Der Phasenprüfer wurde in einen Pol der Steckdose gesteckt. Die Glimmlampe im Phasenprüfer leuchtete auf, wenn man das andere Ende des Prüfers berührte.
a) Wieso kann ein Strom fließen, wenn nur ein Pol der Steckdose berührt wird?
b) Zeichne den Weg der fließenden Elektronen auf.
c) Wieso sind Phasenprüfer heutzutage verboten?

2 Welche Auswirkungen hat der elektrische Strom auf den menschlichen Körper? Warum können dadurch schwerste Verletzungen entstehen?

Schutzmaßnahmen

Glücklicherweise haben Elektrotechniker Schutzmaßnahmen erfunden, um uns vor den Gefahren, die der Umgang mit elektrischem Strom mit sich bringt, zu schützen.

Manche elektrischen Geräte (Elektroherd oder Waschmaschine) benötigen einen großen Antrieb und damit die im Haushalt übliche Nennspannung von 230 V. Andere elektrische Geräte (Akkubohrer, Zahnbürste, Rasierer, Handstaubsauger oder Walkman) benötigen nur einen geringeren Antrieb. Deshalb sind unterschiedliche Schutzmaßnahmen notwendig bzw. möglich.

Netzunabhängige Geräte: Immer häufiger werden elektrische Geräte so konstruiert, dass sie beim Betrieb nicht mit dem Stromnetz des Haushaltes verbunden sind. In solchen netzunabhängigen Geräten ist eine wiederaufladbare Batterie, ein *Akku* eingebaut. Das Netz wird somit nur zum Aufladen des Akkus benötigt. Netzunabhängige elektrische Geräte können aber nur solche sein, die mit einer geringen Nennspannung auskommen.

Schutzkleinspannungen: Das Kraftwerk stellt uns wegen der vielfältigen Anwendungen 230 V an den Steckdosen zur Verfügung. Viele elektrische Geräte benötigen aber diese 230 V gar nicht. Mithilfe eines zusätzlichen Gerätes, einem *Transformator,* wird die Spannung von 230 V auf die notwendigen 12 V oder 24 V verringert. Dies reicht z. B. in medizinischen Geräten, bei elektrischen Zahnbürsten, bei Halogenlampen und bei elektrischem Spielzeug wie der Modelleisenbahn. Hier ist der Kontakt mit Strom führenden Leitungen über die Schienen für jeden Spieler, Gleisbauer oder Hobbybastler sofort gegeben, aber wegen der Kleinheit der Spannung gefahrlos.

Schutzisolierung: Elektrische Geräte wie Handmixer, Bohrmaschine oder Föhn, die weder mit Batterien noch mit Kleinspannungen auskommen, werden schutzisoliert. Das heißt alle Teile, die gefährliche Spannungen besitzen, sind in ein Kunststoffgehäuse eingeschlossen, so dass sie nicht berührt werden können.

Der Umgang mit elektrischem Strom birgt Gefahren. Deshalb verwendet man – wenn immer es geht – Batterien oder Akkus (bei netzunabhängigen Geräten) oder Schutzkleinspannungen von 12 V oder 24 V. Elektrogeräte, die hohe Spannung benötigen, sind schutzisoliert – sofern dies technisch möglich ist.

Vorsichtsmaßnahmen

- Berühre keine elektrischen Leitungen.
- Berühre elektrische Anlagen nie mit beiden Händen gleichzeitig.
- Bastle nicht an angeschlossenen elektrischen Geräten herum.
- Mache nie Versuche an der Steckdose.
- Reinige elektrische Geräte nie mit Wasser.
- Betätige nie elektrische Geräte von der Badewanne aus.
- Ziehe elektrische Zuleitungen nie am Kabel, sondern stets am Stecker aus der Steckdose.
- Defekte elektrische Geräte dürfen nur von einem Fachmann repariert werden.
- Beim Kauf von neuen elektrischen Geräten ist auf das VDE-Zeichen zu achten.
- Verlege elektrische Zuleitungen nie unter Teppichen oder durch Türritzen.
- Sind Kleinkinder im Haushalt, so sichere die Steckdosen mit Kindersicherungen.
- Halte von herabhängenden oder abgerissenen Überlandleitungen weiten Abstand.

Aufgaben

1 Welche netzunabhängigen Geräte sind in eurem Haushalt vorhanden?

2 Notiere die angegebenen Nennspannungen bei deinem elektrischen Spielzeug.

3 Warum wird eine Klingel nicht an 230 V angeschlossen?

4 **a)** Wo ist in eurem Haushalt der Sicherungskasten? Auf den Sicherungen sollte stehen, welche Stromkreise damit unterbrochen werden können. Schreibe das auf.
b) Zeichne die Schaltskizze für eure Wohnung mit den verschiedenen Stromkreisen.

5 Jede Modelleisenbahn bezieht ihren Strom aus der Steckdose mit 230 V. Wie wird erreicht, dass das Berühren der beiden Strom führenden Schienen trotzdem ungefährlich ist?

Der Erdschluss

Bei jedem Kraftwerk ist ein Pol der Quelle mit der Erde verbunden, wodurch eine Leitung gespart wird. Der elektrische Strom fließt trotzdem im Kreis, nämlich vom Kraftwerk über Leitungen zum Elektrogerät und über die Erde (bei der Bahn über die in der Erde verlegten Schienen) wieder zum Kraftwerk zurück.
Erde bzw. Schienen als Leitung zu verwenden birgt aber auch Gefahren, weil in bestimmten Situationen der menschliche Körper den Stromkreis schließen kann: Im Freien z. B. beim Drachensteigen, wenn sich der Drachen in der Hochspannungs- oder Oberleitung verheddert und über die feuchte Schnur, den Menschen und die Erde der Stromkreis geschlossen wird; oder wenn man beim Spielen/Klettern an die Oberleitung der Bahn fasst und Kontakt zum Erdboden hat.
Gegen derartige Erdschluss-Unfälle gibt es keinen Schutz – außer Vorsicht!

Viele elektrische Großgeräte (Herd, Waschmaschine) besitzen notwendigerweise Gehäuse aus Metall und können daher nicht schutzisoliert werden. Berührt man nun ein Elektrogerät, bei dem das Strom führende Kabel Kontakt mit dem Metallgehäuse hat, so wird der Stromkreis über den Körper und die Erde geschlossen. Ein solcher Erdschluss ist für den Menschen lebensgefährlich, da diese Elektrogeräte viel Energie benötigen und daher direkt an der Steckdose mit 230 V betrieben werden; folglich werden auch die Ströme durch den Körper sehr groß.

> Ein Stromkreis kann auch durch den Kontakt mit dem Erdboden geschlossen werden. Man nennt dies dann einen Erdschluss.
> Erdschlüsse sind lebensgefährlich.

Schutzerdung

Ein wirksamer Schutz vor Erdschluss-Unfällen im Haushalt ist möglich durch die Kombination von Schutzleiter, Drei-Leiter-System des Haushalts und Schuko-Stecker.

Der Schutzleiter

Er ist ein zusätzliches drittes Kabel, das sowohl in den Großgeräten als auch in den Zuleitungskabeln enthalten sein muss. Der Schutzleiter des Kabels wird im Elektrogerät mit dem Gehäuse und am Hausanschluss mit der Rückleitung (Erde) verbunden. Wenn nun ein Strom führendes Kabel defekt ist und das Gehäuse berührt, so wird der Stromkreis über den Schutzleiter geschlossen – es kommt zu einem Kurzschluss, da die Pole der elektrischen Quelle direkt miteinander verbunden sind. Im Normalfall trennt die Sicherung das defekte Gerät sofort vom Netz; es kann jetzt gefahrlos abgeschaltet, sein Netzstecker gezogen und alles zur Reparatur gebracht werden.

In jedem Elektrogerät, das nicht schutzisoliert werden kann, muss ein Schutzleiter eingebaut sein. Nicht schutzisolierte Geräte sind meist solche, die elektrische Energie in Wärmeenergie umwandeln, also Toaster, Elektroherde oder Waschmaschinen; aber auch sehr helle Lampen mit Metallgehäuse haben einen Schutzleiter. Bei allen ist eine Schutzisolierung wegen der entstehenden Hitze, die den Kunststoff schmelzen lassen würde, nicht möglich.

> Der Schutzleiter bei Elektrogeräten dient dem Schutz des Menschen. Er hat stets eine grün-gelbe Ummantelung und darf nur an der mit ⏚ gekennzeichneten Stelle angeschlossen werden.

1 Ein Erdschluss konnte in den 60er Jahren noch vorkommen. Heute bewahrt uns der Schutzleiter davor.

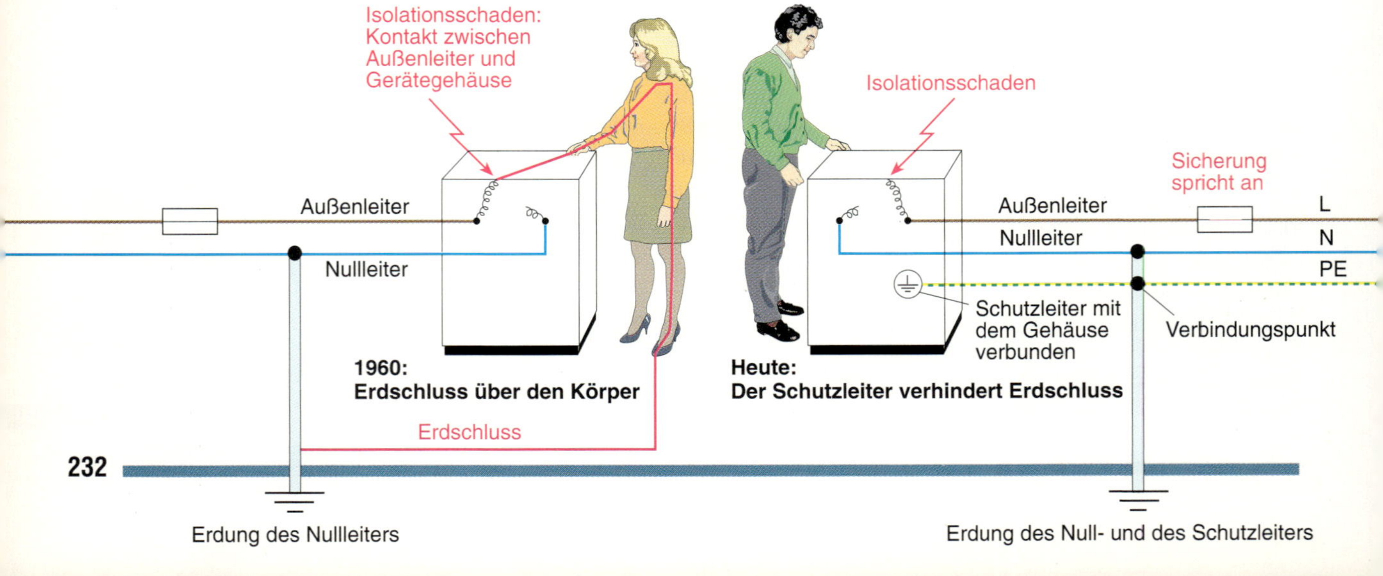

Das Drei-Leiter-System im Haushalt

Von den Verteilerdosen in jedem Raum einer Wohnung gehen jeweils drei verschiedenfarbige Leitungen zu den Deckenlampen und den Steckdosen. Der Schutzleiter ist grün-gelb ummantelt. Er wird mit **PE** (engl. protection earth) abgekürzt. Ein zweites Kabel hat eine blaue Ummantelung. Das ist der **Nullleiter** (im Innenbereich) oder **Neutralleiter** (im Außenbereich); die Abkürzung für diesen Leiter ist **N.** Er ist mit der Erde verbunden. Das dritte Kabel, der **Außenleiter,** hat eine braune oder schwarze Ummantelung und wird mit **L** (engl. leader) bezeichnet. Dieses Kabel führt bei Berührung zu einem Erdschluss. Alle drei Kabel müssen am Hausanschluss und am Sicherungskasten richtig angeschlossen sein, damit der Schutz vor Unfällen immer gewährleistet ist.

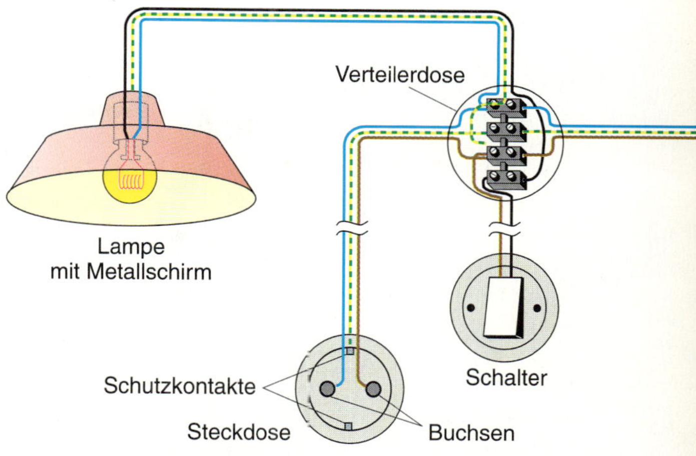

2 Anschluss von Deckenlampe und Steckdose

Der Schukostecker

Der Name Schukostecker ist eine Abkürzung für die Bezeichnung **Schu**tz**ko**ntaktstecker. Am Elektrogerät ist das grün-gelbe Kabel am Gehäuse angeschlossen. Über eine ebenfalls grün-gelb ummantelte Leitung im Anschlusskabel wird der Schutzleiteranschluss mit dem außen liegenden Schutzkontakt des Steckers verbunden. In der Schukosteckdose wird diese Verbindung über die beiden federnden Schutzkontakte zum Neutralleiter am Hausanschluss weitergeführt.

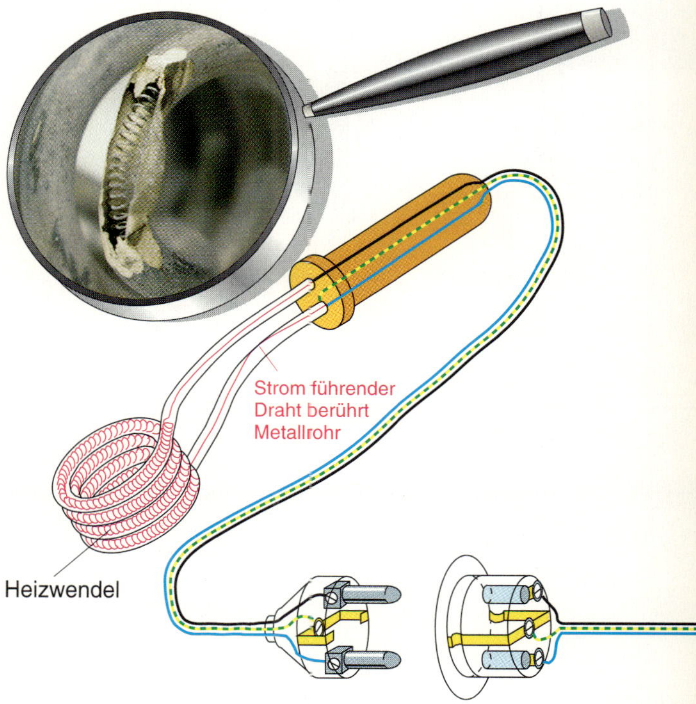

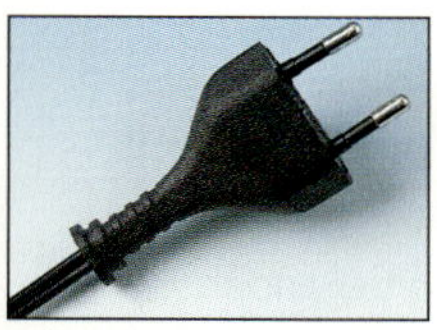

Neben Schukosteckern gibt es noch die zweipoligen Eurostecker, die keinen Schutzleiter haben. Sie dürfen nur an schutzisolierten Geräten angebracht sein.

Es gibt die verschiedensten Formen von Steckern in der Welt, mit und ohne Schutzleiter. Bei Reisen ins Ausland sollte man wissen, welche Form die Steckdosen dort haben, und die entsprechenden Zwischenstecker mitnehmen.

Aufgaben

1 Erkläre anhand von Abb. 3 die Verteilung der drei Leitungen im Elektrogerät und in der Steckdose.

2 Wenn man durch Erdschluss einen Stromkreis schließt, kann das sehr gefährlich für den Menschen sein. Erkläre das Zustandekommen eines Erdschlusses in Abb. 1 und an einem selbst gewählten Beispiel.

3 Welchen Weg nimmt der Strom bei einem Erdschluss im Haus?

4 Welchen Leiter dürfte man berühren – vorausgesetzt sie sind nach VDE richtig verlegt – N, L oder PE?

5 Welche Bedeutung haben blaue und welche braune Leitungen?

6 Warum müssen Schalter in den L-Leiter gelegt werden und nicht in den N-Leiter?

7 Welche lebensgefährlichen Verwechslungen können bei der Reparatur eines Schukosteckers eintreten?

8 Weshalb bieten Sicherungen keinen absoluten Schutz?

9 Welche Elektrogeräte können auch ohne Schukostecker betrieben werden? Begründe

Die Versorgung mit elektrischer Energie

Vom Kraftwerk zum Elektrogerät

Elektrische Energie soll zu jeder Zeit und an jedem Ort ausreichend zur Verfügung stehen. Das erfordert ein weit verzweigtes Transportnetz und viele Verteilerstationen. Denn der Großteil der elektrischen Energie für Deutschland wird in weniger als 100 Großkraftwerken erzeugt, aber von Millionen von „Endverbrauchern" im gesamten Bundesgebiet genutzt. Wie ist dieses Netz gebaut?

Gleich hinter dem **Kraftwerk** beginnen die *Hochspannungsleitungen,* mit denen elektrische Energie über weite Strecken transportiert werden kann. Die **Freiluft-Schaltanlagen** sind die Knoten im Versorgungsnetz, wo die Energie entweder zu einem anderen Knoten weitergeleitet oder auf den Bereich dieses Knotens verteilt werden kann. Dazu wird sie zu so genannten **Umspannwerken** weitertransportiert.
Von diesen Umspannwerken beziehen die Eisenbahn, Fabriken, Kaufhäuser und andere Großunternehmen ihre Energie direkt. Zu den „normalen" Endverbrauchern wie Wohnungen, kleinen Gewerbebetrieben und landwirtschaftlichen Betrieben kommt die Energie über weitere Zwischenstationen, den **Netzstationen.** Hier wird die Spannung auf die 230 V für die Elektrogeräte der Endverbraucher reduziert.

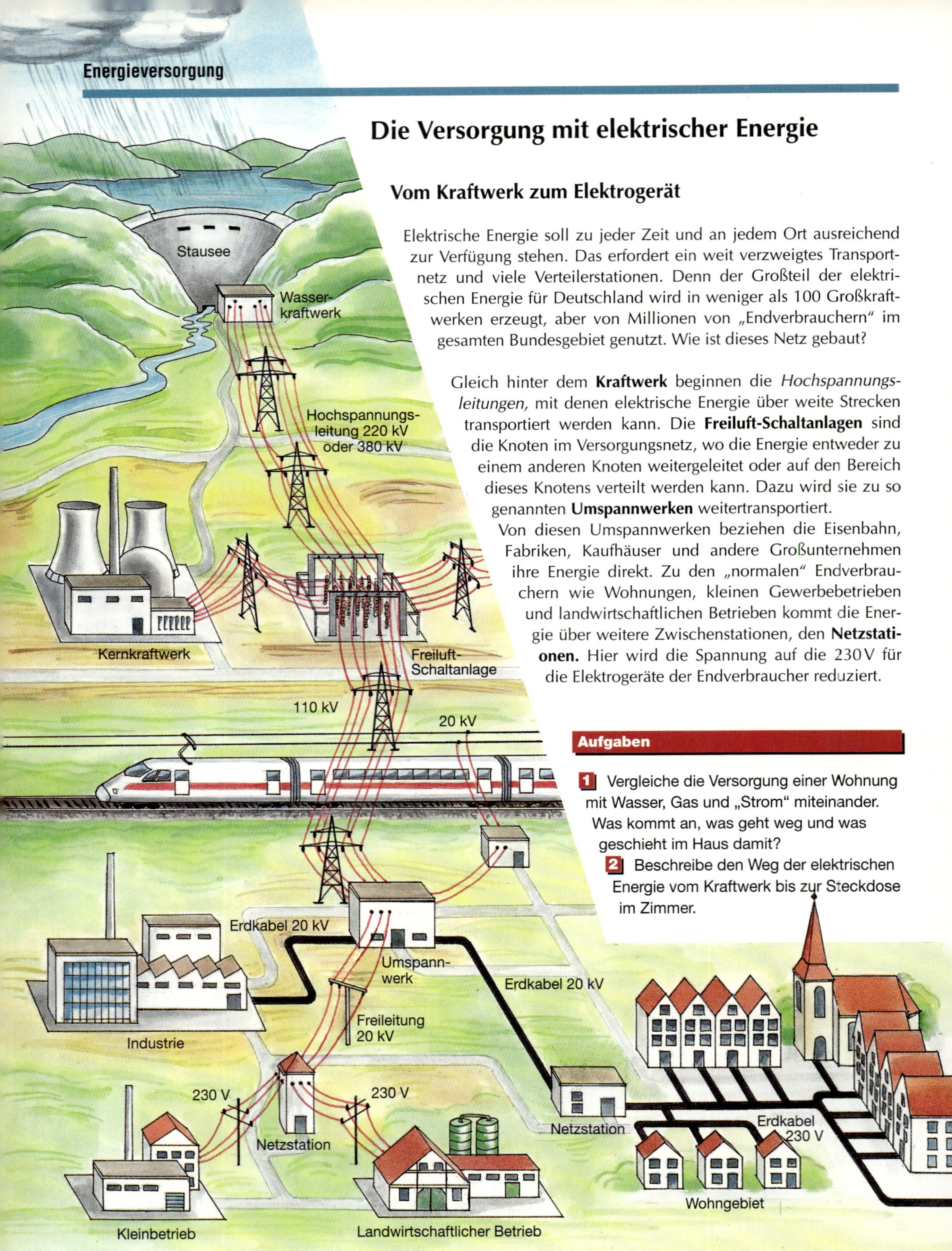

Aufgaben

1 Vergleiche die Versorgung einer Wohnung mit Wasser, Gas und „Strom" miteinander. Was kommt an, was geht weg und was geschieht im Haus damit?

2 Beschreibe den Weg der elektrischen Energie vom Kraftwerk bis zur Steckdose im Zimmer.

Die elektrische Energie kommt meist über ein Erdkabel von der nächsten Netzstation ins Haus. Die erste Station im Haus ist der **Hausanschlusskasten.** Er enthält die Hauptsicherung, die so genannte *Panzersicherung,* für das gesamte Haus. Von dort aus führen Leitungen zu den **Abzweigkästen,** die die Stromkreise für jeden einzelnen Haushalt trennen. Diese Abzweigkästen sind mit Plomben versiegelt, damit man nicht in die Energieversorgung einer anderen Familie eingreifen kann. Vom Abzweigkasten gehen Leitungen zur **Zählertafel** im jeweiligen Haushalt. Der Zähler zeigt an, wie viel elektrische Energie von diesem Haushalt dem Netz entnommen wurde; dies ist die Grundlage für die Stromrechnung.

Von der Zählertafel führen mehrere Leitungen zur **Unterverteilung.** Hier befinden sich die Sicherungen für die verschiedenen Stromkreise der Wohnung. Da der Bedarf an elektrischer Energie in den verschiedenen Räumen der Wohnung unterschiedlich ist, sind verschiedene Stromkreise geschaltet. In den meisten Wohnungen werden beispielsweise die Herde und die Waschmaschinen in eigene Kreise gelegt, da diese Elektrogeräte einen sehr hohen Energiebedarf haben; manche Herde haben sogar mehrere Stromkreise für Herdplatten und Backrohr.

Die Leitungen für die weitere Verteilung der elektrischen Energie gehen vom Sicherungskasten zu **Abzweigdosen** und von dort zur letzten Station, den Steckdosen oder den Anschlüssen für Lampen und andere fest installierte Geräte.

Der Vorteil dieser getrennten Kreise ist, dass bei einem Fehler in einem Elektrogerät, der einen Kurzschluss zur Folge hat, nur die Energiezufuhr in diesem speziellen Stromkreis unterbrochen wird, während alle anderen Räume weiterhin mit elektrischer Energie versorgt werden können.

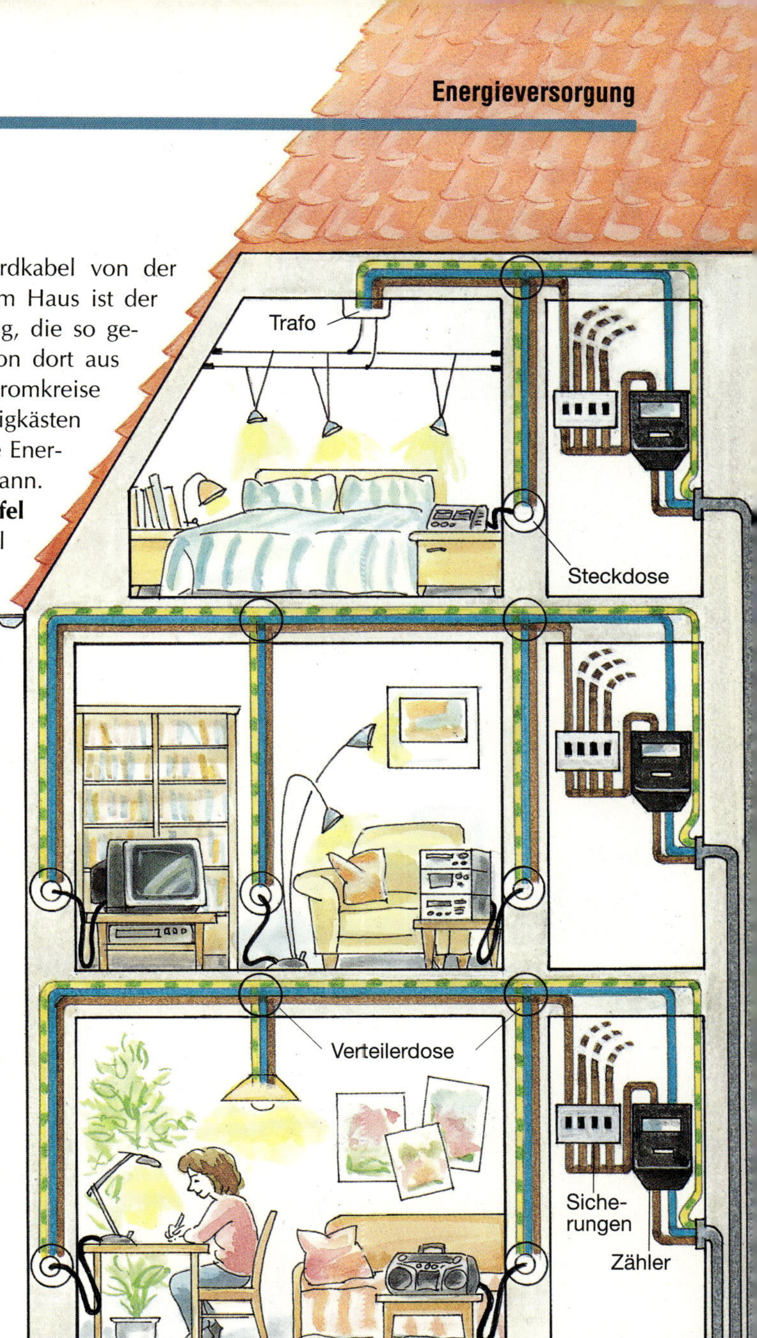

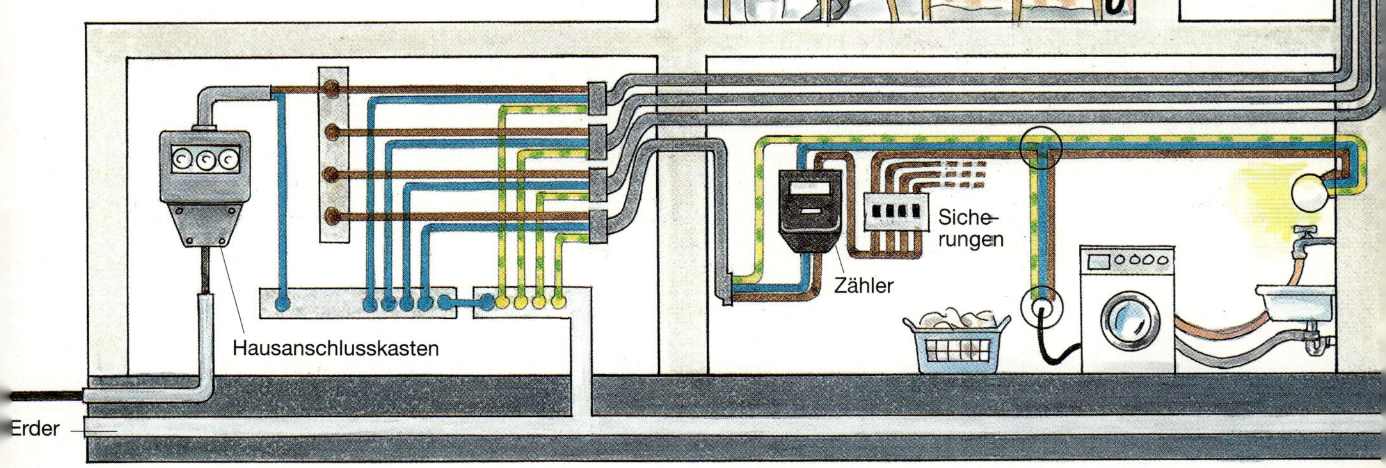

Wo kommt elektrische Energie her?

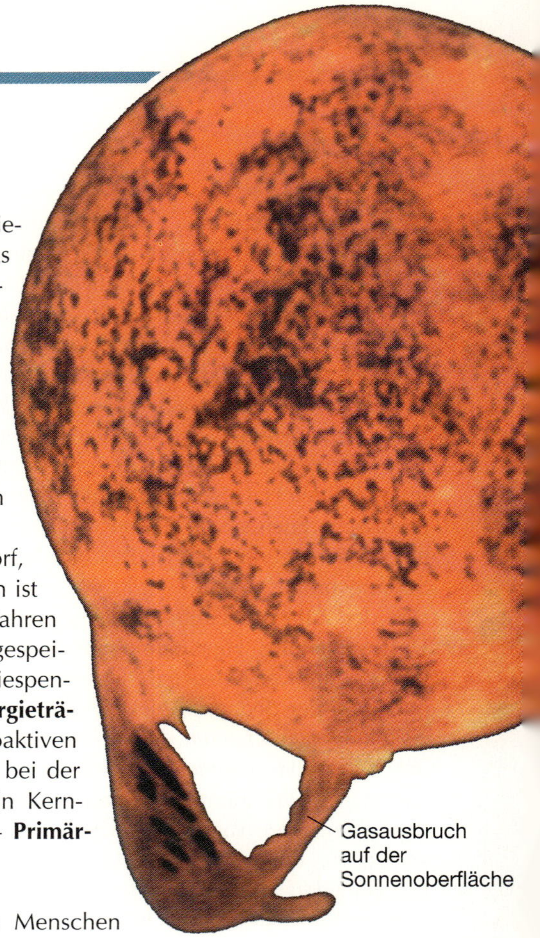
Gasausbruch auf der Sonnenoberfläche

Das Wort Energie stammt vom griechischen Wort „energeia", das Tatkraft bedeutet. Energie ist unsichtbar und kann nur an ihren Wirkungen erkannt werden. Sie ist nötig, um beispielsweise etwas in Bewegung zu versetzen, zum Leuchten zu bringen oder zu erwärmen. Doch woher kommt die von den Menschen genutzte Energie?
Sie steckt in Rohstoffen wie Torf, Kohle, Erdgas und Erdöl. In ihnen ist die im Laufe von Millionen von Jahren eingestrahlte Sonnenenergie gespeichert. Man bezeichnet die energiespendenden Rohstoffe als **fossile Energieträger.** Sie sind – wie auch die radioaktiven Stoffe Uran oder Plutonium, die bei der Erzeugung elektrischer Energie in Kernkraftwerken eingesetzt werden – **Primärenergieträger.**

Diese Energieträger stehen den Menschen aber nicht unbegrenzt zur Verfügung. Sie werden verbraucht und sind dann unwiderruflich weg. Der Mensch hat immer mehr Möglichkeiten der Umwandlung von Primärenergie in elektrische Energie erfunden. Die vielen Arten von Kraftwerken geben Zeugnis davon.

Das Bewusstsein, dass sich die Energieträger erschöpfen und dadurch immer kostbarer werden, ließ den Menschen nach zusätzlichen, vielleicht sogar unerschöpflichen Energiequellen suchen – und er wurde fündig: Die Natur stellt uns mit Wind, Sonne und Wasser eine schier unerschöpfliche Menge an Energie zur Verfügung. Man nennt diese Energien **regenerative Energien,** weil sie sich immer wieder erneuern.

In Windkraftanlagen, Solar- und Gezeitenkraftwerken werden diese Energien in nutzbare elektrische Energie umgewandelt. Der Anteil so erzeugter elektrischer Energie ist jedoch noch verschwindend gering. Lediglich knapp 5 % der insgesamt erzeugten elektrischen Energie werden durch regenerative Energien bereitgestellt. Dabei ist der Anteil der Wasserkraft im Vergleich zu den anderen mit 4 % enorm hoch.

Genaue Berechnungen zeigen, dass die auf Deutschland auftreffende Sonnenenergie 80-mal größer ist als der heutige Bedarf an elektrischer Energie. Die Nutzung der Sonne als Energiequelle ist also zwingend notwendig. Sonnenernergie ist sauber, da sie bei der Umwandlung in elektrische Energie keine Schadstoffe oder Abgase freisetzt. Zudem steht sie noch Millionen Jahre zur Verfügung. Das eigentliche Problem ist die Speicherung der Sonnenenergie. Hierfür gibt es heutzutage erst unzulängliche Verfahren.

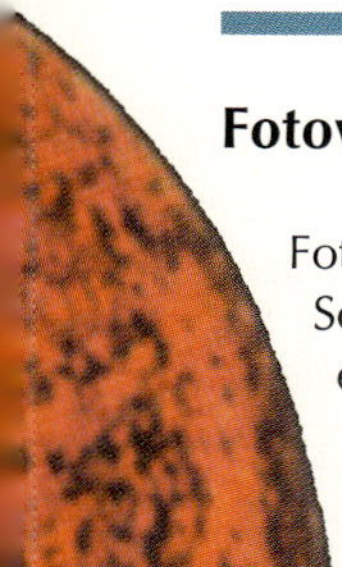

Fotovoltaik – Strom von der Sonne

Fotovoltaik ist die direkte Umwandlung von Sonnenenergie, die als Licht zu uns kommt, in elektrische Energie mithilfe von **Solarzellen.** Die erzeugte elektrische Energie kann sofort in Elektrogeräten genutzt oder für spätere Zwecke in Akkus gespeichert werden.

Solarzellen bestehen aus Silicium und haben in der Regel eine Größe von 10 cm x 10 cm. Silicium ist das zweithäufigste Element der Erdkruste, weil es der Hauptbestandteil aller Arten von Sand ist.

Da die Energie, die eine einzelne Solarzelle liefert, für den Betrieb elektrischer Geräte zu gering ist, werden in der Regel 20–50 Solarzellen zu *Modulen* zusammengeschaltet. Für die normalerweise benötigten 230 V Nennspannung wären sehr große Flächen nötig. Deshalb eignen sich Solarzellen zur Energieversorgung von Geräten, die mit Kleinspannungen betrieben werden können, und zum Laden von Akkus. Sie werden eingesetzt als Energiequellen für

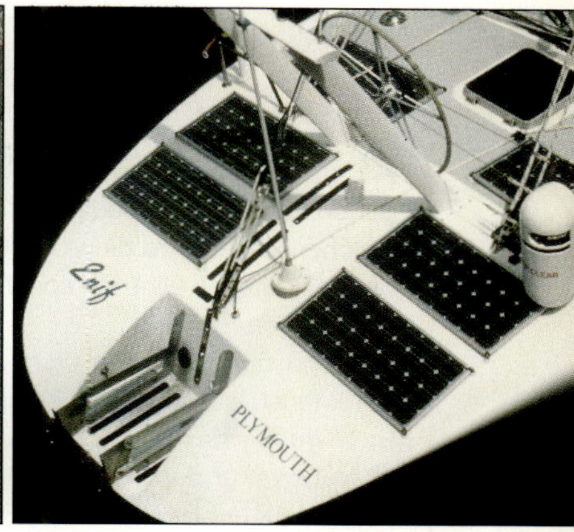

Taschenrechner, Notrufsäulen, Parkautomaten, elektrische Weidezäune, Berghütten und Satelliten.

Bei Solarzellen können zurzeit nur 10 %–20 % der „eingefangenen" Sonnenenergie in nutzbare elektrische Energie umgewandelt werden. Deshalb und wegen des immensen Platzbedarfes können Fotovoltaikanlagen „normale" Kraftwerke nicht ersetzen. Aber einen Beitrag zur Energieversorgung können sie allemal leisten. Außerdem sind sie sehr umweltfreundlich. Deutschland beteiligt sich intensiv an der Erforschung und Verbesserung der solaren Energiegewinnung.

Energiesparmaßnahmen

Streifzug

Elektrische Energie ist teuer. Daher sollte sie sinnvoll und sparsam eingesetzt werden. Im Haushalt gibt es viele Möglichkeiten, elektrische Energie einzusparen:

Jeder Platte den richtigen Topf

Elektrisches Kochen
- Der Boden des Kochtopfes darf nicht kleiner sein als die verwendete Kochplatte, da sonst Wärme verloren geht.
- Wenn die Kochtemperatur erreicht ist, kann die Wärmeerzeugung durch die Kochplatte gedrosselt werden.
- Nur so viel Wasser erhitzen, wie man zum Kochen wirklich braucht.

Die richtige Lampe am richtigen Platz

Beleuchtung
- In Bereichen, in denen man sich nur kurz aufhält, z. B. in Fluren und Treppenhäusern, braucht man nur wenig Licht, am Arbeitsplatz hingegen viel.
- Je näher die Lampe über dem Arbeitsplatz hängt, desto schwächer darf sie sein.
- Energiesparlampen geben etwa fünfmal so viel Licht ab wie Glühlampen bei gleicher Energiezufuhr und haben eine deutlich längere Lebensdauer.
- Licht nur dann einschalten, wenn es auch benötigt wird.

Waschen und Kühlen
Ein Großteil der elektrischen Energie wird für Waschen und Kühlen eingesetzt.
So lässt sich sparen:
- Gefrierschrank regelmäßig abtauen;
- keine zu tiefen Temperaturen einstellen;
- Türen nicht offen stehen lassen;
- Waschmaschine richtig voll machen;
- mit möglichst niedriger Temperatur waschen.

Türen schließen und Temperaturen richtig einstellen

Achte stets darauf, Energie zu sparen, denn sie ist nicht unerschöpflich!

Prüfe dein Wissen

Der elektrische Stromkreis

A1 a) Beantworte zu den Merkzettel-Begriffen folgende Fragen: Was bedeutet der Begriff? Wie und in welcher Einheit wird diese Größe gemessen? Gibt es Formeln dafür? Gibt es sonst noch Wissenswertes über diesen Begriff?
b) Wenn du die Fragen nicht auf Anhieb beantworten kannst, dann lies die entsprechenden Seiten im Buch noch einmal gründlich durch.
c) Notiere auf der Vorderseite von Karteikarten den Begriff, auf der Rückseite die Erläuterung.

A2 Eine Lampe wird von einem Fahrraddynamo zum Leuchten gebracht.
a) Zeichne die Schaltskizze; beschrifte sie mit den Begriffen „Quelle", „Antrieb", „Hemmung", „Wandler".
b) Zeichne das Stromkreis-Energie-Schema.
c) Zeichne das Strömungsschema des natürlichen Wasserkreislaufes und vergleiche mit dem Stromkreis-Energie-Schema. (Beachte: Ein Fluss transportiert nicht nur Wasser!)

A3 Begründe den Aufbau des abgebildeten Kabels.
a) Warum werden unterschiedliche Materialien verwendet? Beantworte auch im Elektronenmodell.
b) Weshalb hat jedes Gerätekabel mindestens zwei Leitungen?
c) Was geschieht, wenn das Strom führende Kabel einer Heckenschere vom metallenen Messer durchtrennt wird?
d) Wie ändert sich die Stromstärke beim Durchtrennen des Strom führenden Kabels in den beiden Adern und im Gerät? Welche Folgen hat das?

A4 In der folgenden Schaltskizze sind gleiche Lampen über einen Umschalter mit einer elektrischen Quelle verbunden. Bei jeder Schalterstellung leuchten zwei Lampen.

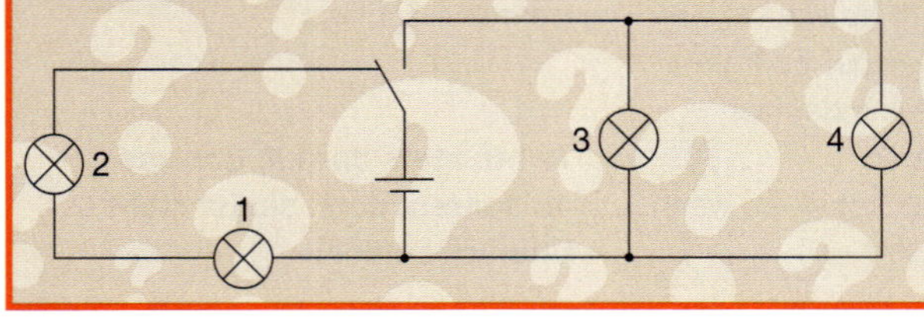

a) Leuchten die Lampen in beiden Schalterstellungen gleich hell? Begründe.
b) Welche Veränderungen treten ein, wenn
- Lampe 1 oder Lampe 2 defekt ist;
- Lampe 3 oder Lampe 4 defekt ist?

c) Wenn Lampe 1 defekt ist, wird sie durch ein Kabel überbrückt. Vergleiche die Helligkeiten der drei verbliebenen Lampen bei beiden Schalterstellungen.

A5 In der folgenden Schaltskizze gelangt der Strom über verschiedene Schalter zu den Lampen.

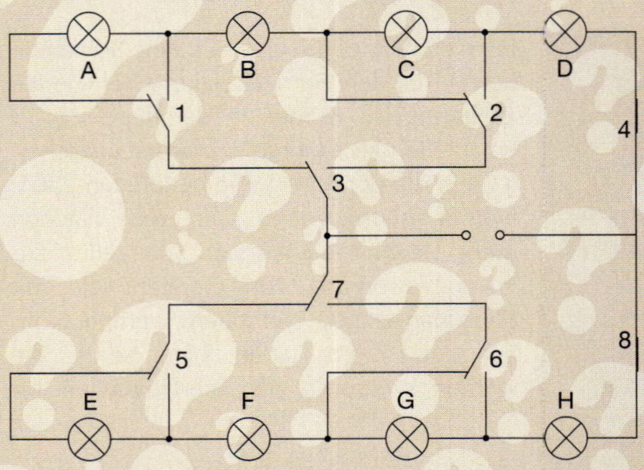

a) Die Schalter 4 und 8 sind geschlossen. Um welche Art von Schaltern handelt es sich bei ihnen? Welche Art von Schaltern sind alle anderen?
b) Wenn die Schalter so stehen wie eingezeichnet, dann leuchten alle Lampen. Welche Schalter musst du betätigen,damit
- nur die Lampe A ausgeht;
- nur die Lampen A und B ausgehen;
- nur die Lampen A, B und C ausgehen;
- nur die Lampen E, F, G und H ausgehen?

c) An welcher Stelle müsste ein Schalter eingefügt werden, mit dem alle Lampen gleichzeitig ausgeschaltet werden können?
d) Welche Schalter haben zusammen die Wirkung einer UND-Schaltung? Gibt es auch eine ODER-Schaltung? Begründe deine Antwort.

A6 a) Zähle alle vorgeschriebenen Beleuchtungseinrichtungen (aktive und passive) am Fahrrad auf und begründe sie.
b) Erkläre, warum bei Fahrrädern normalerweise nur jeweils ein Kabel zu Scheinwerfer bzw. Rücklicht verlegt werden muss. Was ist bei Kunststoff-Schutzblechen zu berücksichtigen?

Die wichtigsten Begriffe

A7 a) Welche Wirkungen kann der elektrische Strom haben?
b) Ordne die nachfolgenden Geräte diesen Wirkungen zu: Leuchtstoffröhre, Klingel, Lötkolben, Fernsehbildschirm, Tauchsieder, Elektromotor, Modelleisenbahn, Kaffeemaschine, Bohrmaschine, Föhn.
c) Was passiert mit der elektrischen Energie in den oben genannten Geräten? Was also sind diese Elektrogeräte?
d) Zeichne für die vier Wirkungen des elektrischen Stromes je ein Energiefluss-Schema.

A8 Ein Sicherungsautomat ist eine Kombination aus einem Bimetall-Schalter und einem elektromagnetischen Schalter. Beschreibe die Wirkungsweise
a) des Bimetall-Schalters;
b) des elektromagnetischen Schalters.

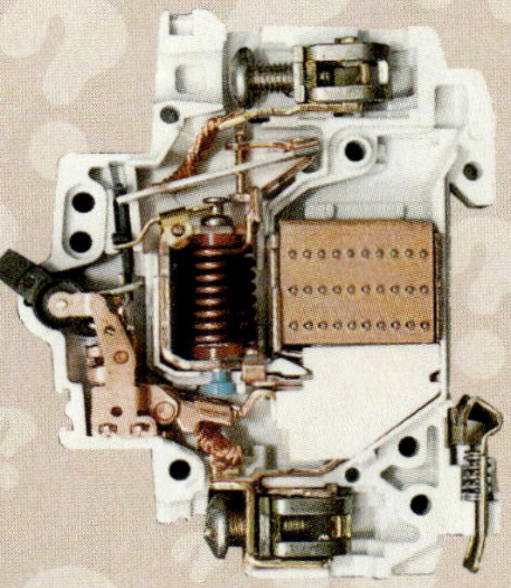

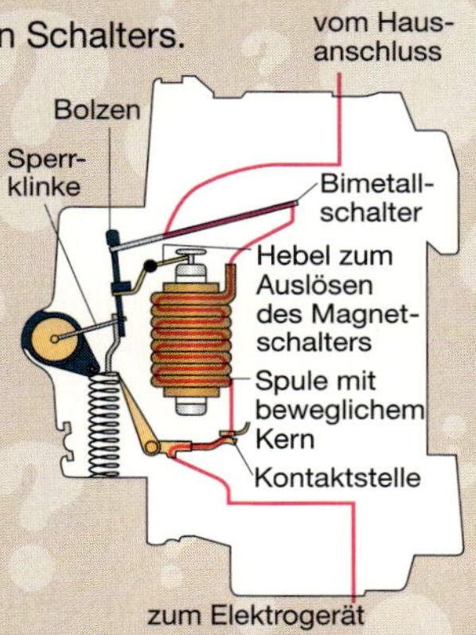

c) Solche Sicherungsautomaten sind für eine ganz bestimmte Stromstärke ausgelegt.
- Der Bimetall-Schalter unterbricht den Stromkreis, wenn diese Stromstärke einige Minuten lang bestanden hat.
- Der elektromagnetische Schalter unterbricht sofort, wenn die Stromstärke den zulässigen Wert deutlich übersteigt.

Warum sind derartig unterschiedliche Ansprechzeiten und Auslöse-Stromstärken zweckmäßig?

A9 a) Beschreibe, wie diese Schaltung funktioniert.

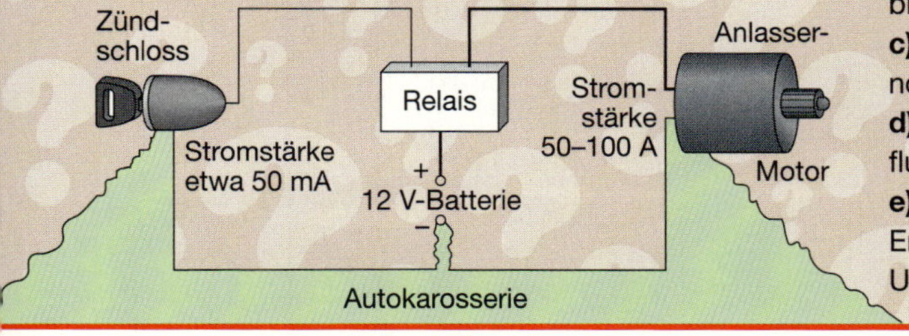

b) Vergleiche die Stromstärken in den beiden Stromkreisen. Worin besteht der Vorteil des Relais?
c) Wie muss die Spule des Relais gebaut sein, damit durch einen kleinen Strom eine möglichst große Kraftwirkung auf den Schaltmechanismus des Anlasserstromkreises erreicht wird?

A10 a) Was ist ein Erdschluss?
b) Warum ist er für uns Menschen gefährlich?
c) Welche Maßnahmen sind im Haus getroffen worden, um uns vor den Gefahren eines Erdschlusses zu schützen?
d) Auch ohne Erdschluss birgt der elektrische Strom Gefahren. Unter welchen Umständen treten diese Gefahren auf? Durch welche technischen Maßnahmen vermeidet man sie?

A11 Elektrische Energie wird uns von den Kraftwerken zur Verfügung gestellt.
a) Welche Arten von Kraftwerken kennst du?
b) Beschreibe, wie die Energie von einem Kraftwerk bis in dein Zimmer transportiert wird.
c) Woher bekommen die Kraftwerke ihrerseits die notwendige Energie?
d) Zeichne für jede Art der Kraftwerke das Energiefluss-Schema.
e) Mit Ausnahme der Kernkraftwerke haben alle Energieformen der Kraftwerke einen gemeinsamen Ursprung. Welcher ist das?

Ladung – Stromstärke – Spannung

In der Kugel entstehen laufend „Blitze", die sich vom Finger lenken lassen. Das Lexikon sagt dazu: „Blitze sind Funkenentladungen zwischen unterschiedlich geladenen Wolken oder zwischen Wolken und Erde, bei denen Stromstärken von bis zu 1 000 000 Ampere erreicht werden."

Womit sind die Wolken geladen? Was sind überhaupt Ladungen? Wo ist bei einem Blitz der Stromkreis, denn ein Strom kann doch nur in einem geschlossenen Stromkreis fließen?! Wie passt das alles zu unserer Vorstellung von den Elektronen, die den elektrischen Strom bilden?

Die Wirkung, die ein Elektrogerät hat, hängt ab von der Energie, die es aufnimmt und in anderer Form wieder abgibt. Wie hängt die aufgenommene elektrische Energie von den Stromkreisgrößen Spannung der Quelle und Stromstärke durch das Gerät ab? Die Stromstärke stellt sich ein im Wechselspiel zwischen dem Antrieb, den die Quelle den Elektronen erteilt, und der Hemmung, die das Gerät den Elektronen entgegenstellt. Wie lässt sich die Eigenschaft „Hemmung" physikalisch exakt beschreiben? Welcher Zusammenhang besteht zwischen der Stromstärke und der Spannung der Quelle?

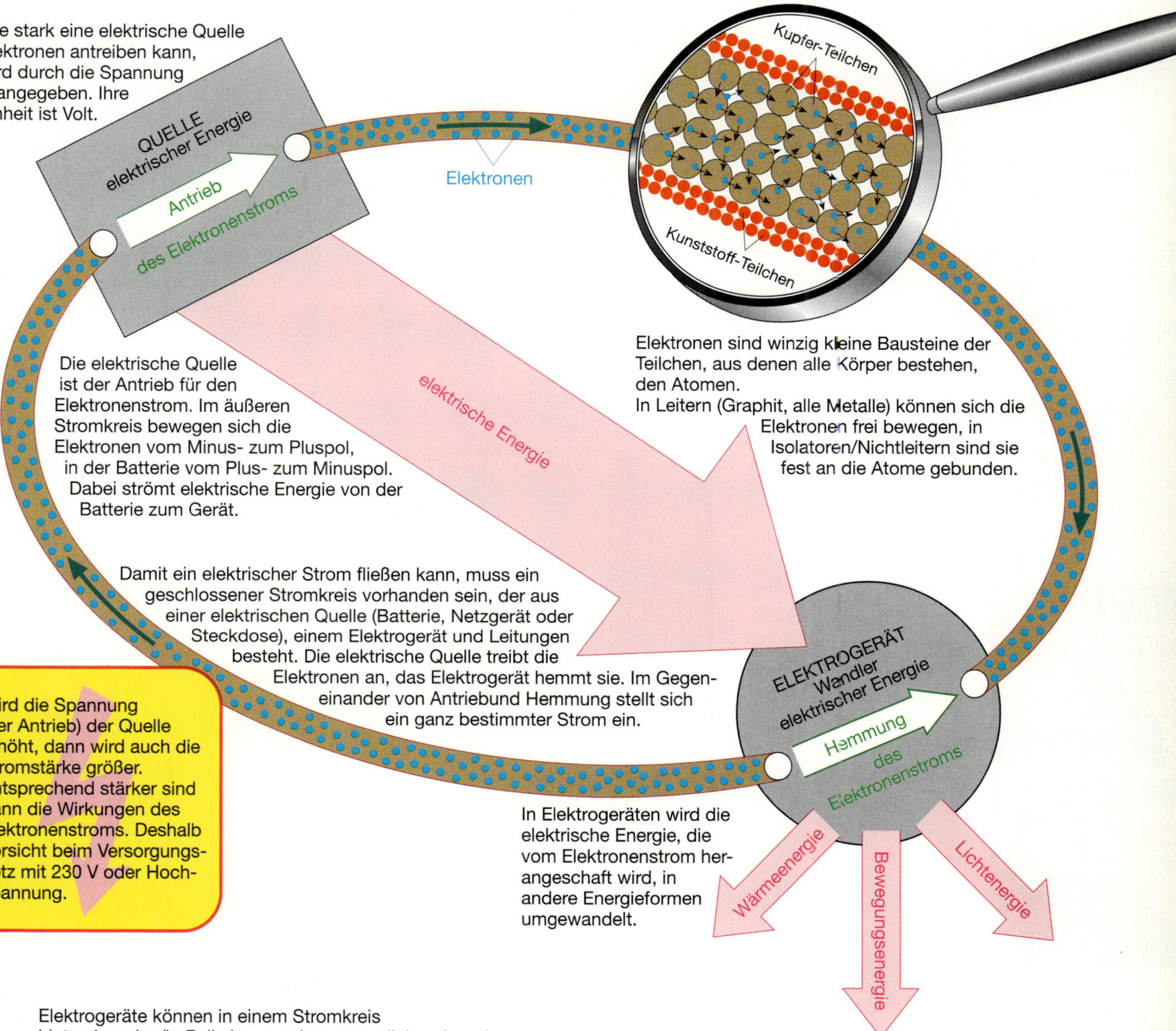

Wie stark eine elektrische Quelle Elektronen antreiben kann, wird durch die Spannung *U* angegeben. Ihre Einheit ist Volt.

Die elektrische Quelle ist der Antrieb für den Elektronenstrom. Im äußeren Stromkreis bewegen sich die Elektronen vom Minus- zum Pluspol, in der Batterie vom Plus- zum Minuspol. Dabei strömt elektrische Energie von der Batterie zum Gerät.

Elektronen sind winzig kleine Bausteine der Teilchen, aus denen alle Körper bestehen, den Atomen.
In Leitern (Graphit, alle Metalle) können sich die Elektronen frei bewegen, in Isolatoren/Nichtleitern sind sie fest an die Atome gebunden.

Damit ein elektrischer Strom fließen kann, muss ein geschlossener Stromkreis vorhanden sein, der aus einer elektrischen Quelle (Batterie, Netzgerät oder Steckdose), einem Elektrogerät und Leitungen besteht. Die elektrische Quelle treibt die Elektronen an, das Elektrogerät hemmt sie. Im Gegeneinander von Antriebund Hemmung stellt sich ein ganz bestimmter Strom ein.

Wird die Spannung (der Antrieb) der Quelle erhöht, dann wird auch die Stromstärke größer. Entsprechend stärker sind dann die Wirkungen des Elektronenstroms. Deshalb Vorsicht beim Versorgungsnetz mit 230 V oder Hochspannung.

In Elektrogeräten wird die elektrische Energie, die vom Elektronenstrom herangeschaft wird, in andere Energieformen umgewandelt.

Elektrogeräte können in einem Stromkreis hintereinander (in Reihe) oder parallel zueinander geschaltet werden.

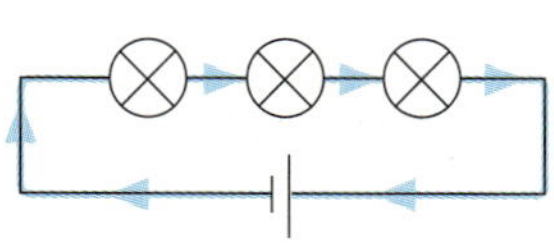

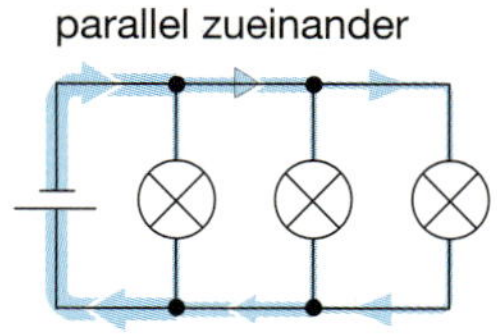

Reihenschaltung

Der Elektronenstrom wird nacheinander von jeder Lampe gehemmt. Insgesamt ergibt sich eine stärkere Hemmung als bei nur einer Lampe.
Daher leuchten alle Lampen weniger hell als eine einzelne.
Für den Elektronenstrom wird die Hemmung mit jeder weiteren in Reihe geschalteten Lampe größer.

Parallelschaltung

Jede Lampe ist für sich direkt mit der elektrischen Quelle verbunden. Deshalb leuchtet jede Lampe so hell als würde sie alleine an der Quelle betrieben.
In den Leitungen zwischen Batterie und erstem Verzweigungspunkt bzw. letztem Vereinigungspunkt ist der Strom so groß wie in allen Zweigen zusammen.

Die wichtigsten Begriffe

- elektrische Energie
- elektrische Quelle
- Elektronen
- Leiter und Nichtleiter
- Reihen- und Parallelschaltung
- Schaltskizze
- Stromkreis
- Stromwirkungen
- Wandler elektrischer Energie

Elektrische Ladung

Du hast sicher schon einmal an der Türklinke einen „Schlag“ bekommen. Beim Ausziehen eines Pullovers hörst du oft ein Knistern. Im Dunkeln können wir dabei kleine Blitze beobachten. Mithilfe einer geriebenen Folie können wir uns eine neue Frisur zulegen.

Was steckt hinter diesen alltäglichen Erscheinungen? Welche Ursachen haben sie? Sind Elektronen mit im Spiel, obwohl keine Stromkreise zu sehen sind? Welche Eigenschaft der Körper zeigt sich hier? Können wir diese Eigenschaft durch eine physikalische Größe beschreiben?

Elektrische Kräfte

Berühren wir einen mit einem Seidentuch geriebenen Glasstab oder einen mit einem Stück Fell geriebenen Kunststoffstab mit einer Glimmlampe, so leuchtet sie auf. Dies zeigt uns, dass Elektronen im Spiel sind, denn die Glimmlampe zeigt ja das Fließen von Elektronen an. An den Stäben leuchtet die Glimmlampe aber an entgegengesetzten Enden auf. Berühren wir den Stab ein zweites Mal an der gleichen Stelle, so ist kein Aufblitzen mehr zu erkennen.

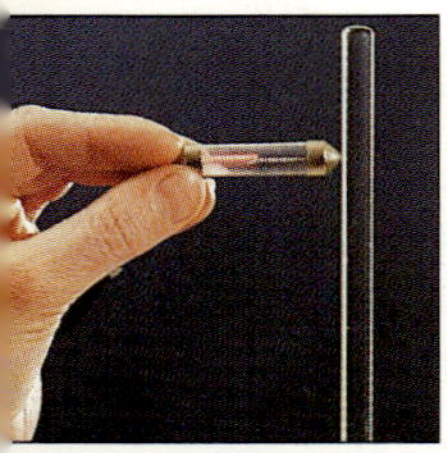

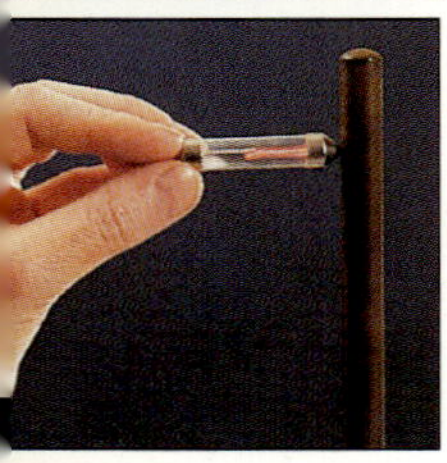

Berühren wir mit einer Glimmlampe die Pole einer elektrischen Quelle, so leuchtet immer der Teil der Glimmlampe, der den negativen Pol der Quelle berührt. Daraus können wir folgern, dass der Kunststoffstab Elektronen aufnimmt, der Glasstab dagegen Elektronen abgibt.

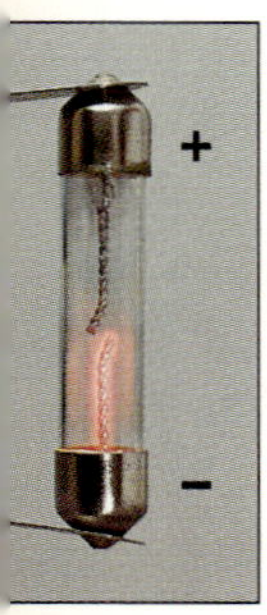

Wir erklären uns diese Beobachtung so: Durch das Reiben des Glasstabes mit dem Seidentuch werden Elektronen vom Glasstab an das Seidentuch abgegeben. Das Tuch hat danach mehr Elektronen als im Normalzustand, der Glasstab weniger. Wir sprechen von *Elektronenüberschuss* oder von *Elektronenmangel* eines Körpers. Die Körper selbst nennen wir **geladen,** wenn sie Elektronenüberschuss oder Elektronenmangel haben. Den mit Elektronen beladenen Körper bezeichnen wir als negativ geladen ⊖, den mit Elektronenmangel nennen wir positiv ⊕ geladen.

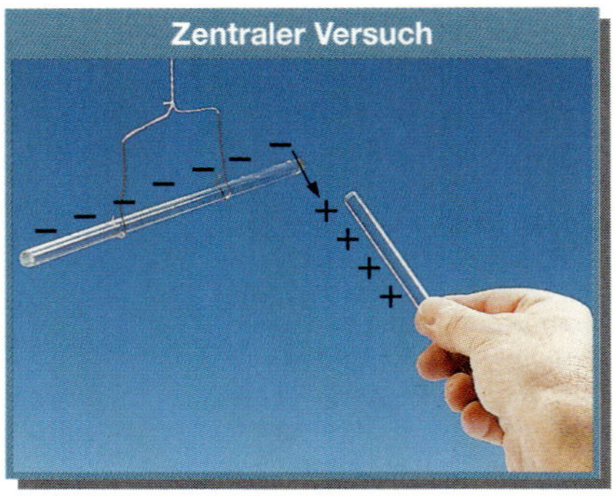

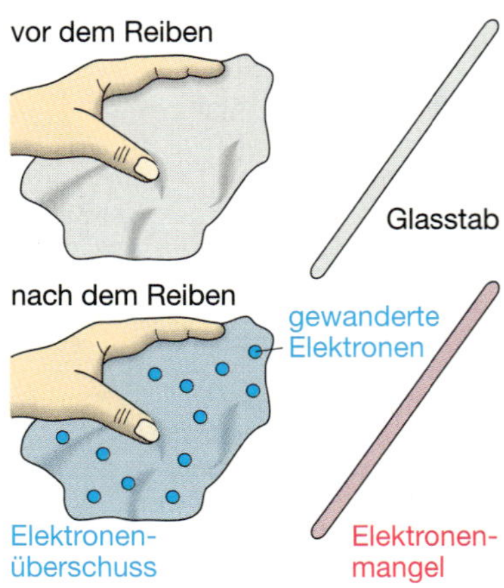

Welche Eigenschaften haben geladene Körper? Der mit Elektronen aufgeladene, frei bewegliche Kunststoffstab wird

- von einem zweiten negativ geladenen Kunststoffstab abgestoßen;
- von einem positiv geladenen Glasstab angezogen.

Geladene Körper üben also Kräfte aufeinander aus, auch ohne sich zu berühren. Dies zeigt, dass die geladenen Körper unterschiedliche Qualitäten oder Eigenschaften haben, die durch eine neue physikalische Größe beschrieben werden müssen.

Werden unterschiedlich geladene Körper wieder zusammen gebracht, so beeinflussen sie sich danach nicht mehr. Wir sagen die Körper sind elektrisch **neutral.**

Körper sind negativ geladen, wenn sie zusätzliche Elektronen aufgenommen haben (Elektronenüberschuss).
Körper sind positiv geladen, wenn sie Elektronen abgegeben haben (Elektronenmangel).
Nicht geladene Körper sind elektrisch neutral.
Gleich geladene Körper stoßen sich ab, verschieden geladene Körper ziehen sich an.

Die elektrische Ladung

Wird eine Metallkugel mithilfe eines geladenen Kunststoffstabes aufgeladen und berührt sie eine zweite, ungeladene Metallkugel, so stoßen sich beide Kugeln ab. Wie ist das zu verstehen?

- Die eine Kugel wurde durch den Stab aufgeladen. Die Elektronen haben sich im Metall der Oberfläche gleichmäßig verteilt.
- Die zweite Kugel hat bei der Berührung Elektronen übernommen, die sich im Metall frei bewegen können.
- Beide Kugeln sind nun gleich geladen und stoßen sich ab.

Berühren wir die erste Kugel mehrmals nacheinander jeweils mit einer neuen ungeladenen Kugel, so wird die abstoßende Wirkung geringer. Die Ladung der Ausgangskugel wird immer kleiner, da die Anzahl der Elektronen auf der Ausgangskugel jedes Mal geringer wird. Schließlich ist sie so klein, dass keine Kraftwirkung mehr erkennbar ist. Die Kraftwirkung geladener Körper aufeinander wird offensichtlich von der Anzahl „überschüssiger" Elektronen bestimmt.

Die Eigenschaft von Körpern, mehr oder weniger geladen zu sein, wird mit einer neuen Größe, der elektrischen **Ladung** Q, beschrieben. Ihre Einheit ist das **Coulomb (C)**, benannt nach dem französischen Physiker CHARLES AUGUSTE DE COULOMB (1736–1806), der viele Erkenntnisse über elektrische Ladungen und Kräfte gewonnen hat.

Zentraler Versuch

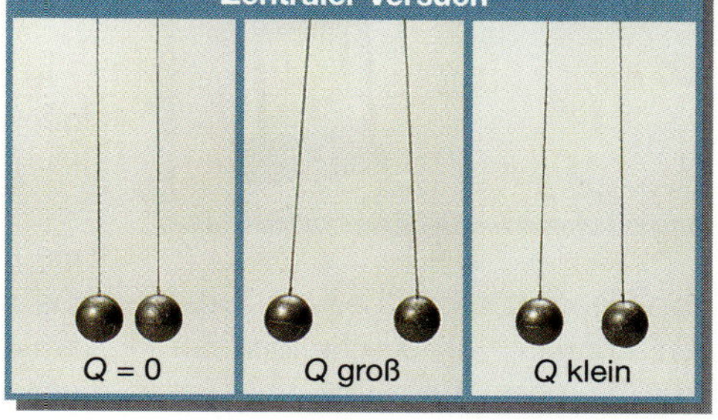

Die Kraftwirkung hängt auch vom Abstand der beiden Körper ab: Bringen wir zwei gleich geladene Körper nah zueinander, so werden sie stark abgestoßen. Entfernen wir sie voneinander, wird die Abstoßung geringer.

Definition / Einheiten

Ladung

Die Einheit ist 1 C (Coulomb).
Das Formelzeichen ist Q.

Die elektrische Ladung ist eine Eigenschaft der Körper.

Das Elektroskop

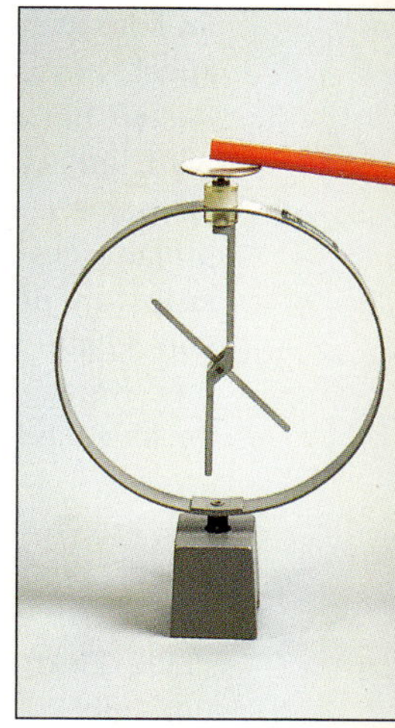

Die abstoßende Wirkung gleich geladener Körper wird bei einem Elektroskop zur Messung ihrer Ladung genutzt.

Wird am oberen Ende des Metallstabes ein geladener Kunststoffstab entlanggestreift, so dreht sich der bewegliche Metallstab aus der Ruhelage. Dies kommt daher, dass die Elektronen sich gleichmäßig auf Stab und Halterung verteilt haben. Beide sind danach negativ geladen. Deshalb stoßen sie sich ab. Je größer die Ladung des entlangstreifenden Körpers, desto größer der Ausschlag.

Mit einem Elektroskop können nur die Ladungen von Körpern verglichen werden. Eine Messung ist nicht möglich, da es nicht in Coulomb geeicht werden kann. Unabhängig davon, ob der Körper positiv oder negativ geladen ist, zeigt das Elektroskop bei gleicher Größe der Ladung einen gleich großen Ausschlag. Es zeigt nicht an, ob es sich um eine positive oder eine negative Ladung handelt.

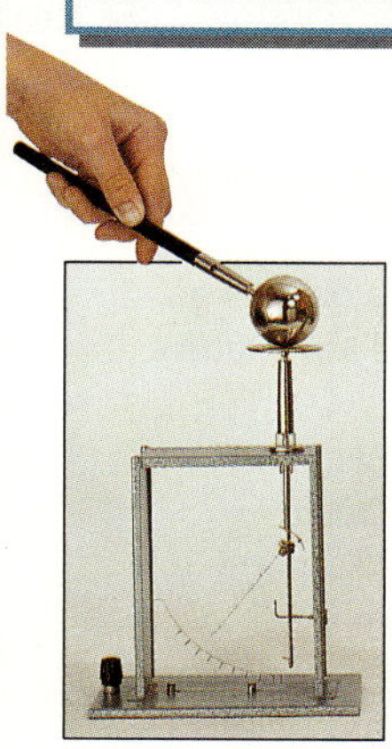

Aufgaben

1 Wie kann man feststellen, ob ein Körper elektrisch geladen ist?

2 Links ist eine andere Form eines Elektroskops dargestellt. Erkläre seine Funktionsweise.

3 Wie lässt sich herausfinden, ob ein Elektroskop positiv oder negativ geladen ist?

4 Wenn eine Metallplatte elektrisch geladen werden soll, muss sie mithilfe eines elektrisch nicht leitenden Stoffes gehalten werden, z. B. mit einem Holzgriff oder Kunststoffgriff. Warum ist das bei einer Glasplatte oder einer Kunststoffplatte nicht nötig? Begründe.

5 Zwei Metallkugeln hängen an Seidenfäden und berühren sich. Die eine Kugel wird negativ geladen.
a) Was ist zu beobachten?
b) Erkläre die Beobachtung.

Ändern der Ladung eines Körpers

Im Foto rechts pendelt eine Metallkugel zwischen zwei geladenen Platten hin und her. Das Pendeln wird im Laufe der Zeit immer langsamer; der Ausschlag des Elektroskops an der negativen Platte zeigt immer weniger Ladung an. Wie das?

Zentraler Versuch

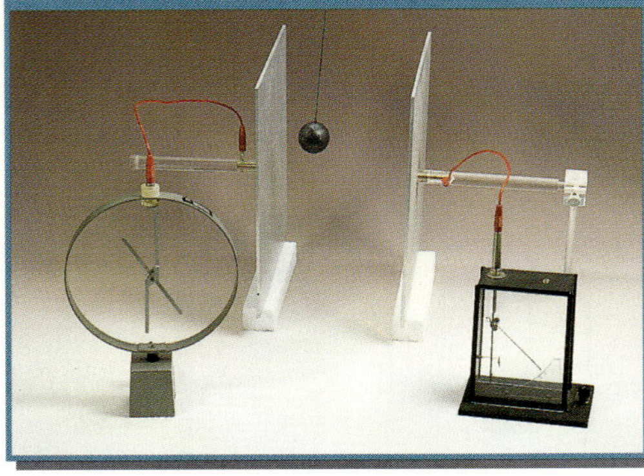

Die Kugel nimmt bei jedem Berühren der negativ geladenen Platte Elektronen auf und gibt sie an die positiv geladene Platte ab. Wegen des großen Elektronenmangels dieser Platte gibt die Kugel sogar mehr Elektronen ab als sie zuvor aufgenommen hat. Sie ist dadurch positiv geladen und wird deshalb von der negativ geladenen Platte angezogen. Die Kugel schwingt zurück und nimmt beim Berühren der negativ geladenen Platte wieder Elektronen auf. Das geht so lange weiter, bis fast alle überschüssigen Elektronen von der negativen Platte abgeführt sind. Der Ladungsausgleich wird durch die Kugel portionsweise vorgenommen.

Mithilfe der physikalischen Größe Ladung können wir Veränderungen des elektrischen Zustandes von Körpern einfacher beschreiben:

Die Ladung von Körpern mit Elektronenmangel ist positiv, die von Körpern mit Elektronenüberschuss negativ. Den Elektronenübergang von einem Körper zu einem anderen können wir beschreiben als Abgabe oder Aufnahme von Ladung durch einen Körper. In dem Maß, in dem sich die Ladung eines Körpers erhöht, verringert sich die Ladung des anderen mitbeteiligten Körpers.

Ladung kann man weder erzeugen noch vernichten. Man kann sie nur trennen.
Wenn ein Körper seine Ladung verändert, so werden Elektronen und damit Ladung abgegeben oder aufgenommen. Die abgegebene Ladung des einen Körpers ist gleich der aufgenommenen Ladung des anderen Körpers.

Luft und Erde als Leiter

Oft können wir Funken zwischen zwei geladenen Körpern überspringen sehen. Werden die Körper danach auf ihren Ladungszustand überprüft, so sind sie elektrisch neutral. Es hat über die Luft ein Ladungsausgleich stattgefunden. Die Luft wird hierbei für kurze Zeit zu einem Leiter.
Ein Ladungsausgleich findet auch dann statt, wenn sich eine Flamme, Feuchtigkeit (also fein verteiltes Wasser oder Wasserdampf) zwischen geladenen Körpern befindet oder der Abstand zwischen diesen sehr klein ist.

Eine Entladung erfolgt auch, wenn eine metallische Leitung zur Erde vorhanden ist oder wir den geladenen Körper mit der Hand berühren und über die Füße eine Verbindung zur Erde haben. Die Erde hat nämlich die erstaunliche Eigenschaft, beliebig viele Elektronen aufnehmen zu können.

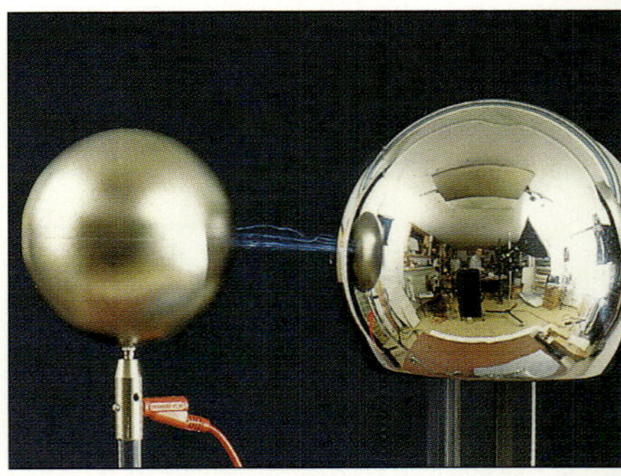

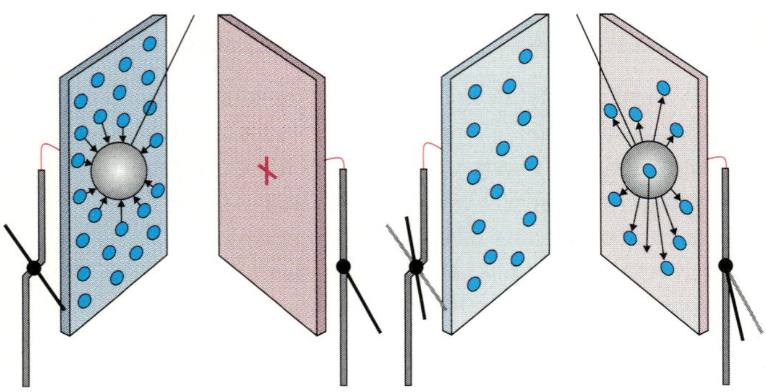

Aufgaben

1 Warum gibt es beim Berühren eines geladenen Metallkörpers ein kurzes Aufblitzen und kein Dauerleuchten?

2 **a)** Eine Kunststoff-Folie wird mit einem Wolltuch gerieben. Verändern sich dabei die Körper?
b) Wie ist die Aufladung nicht leitender Körper durch Reiben mit einem anderen Körper zu erklären?

3 Wann sagt man, dass ein Körper elektrisch positiv geladen ist? Wann ist er elektrisch negativ geladen?

Der Bandgenerator

Streifzug

Mit einem Bandgenerator können Körper sehr stark aufgeladen werden. So funktioniert das Gerät:
Im unteren Teil streift ein Endlosband über einer Kunststoffrolle an einer geerdeten Metallschneide entlang; dadurch gehen Elektronen auf das Band über. Am oberen Ende ist ein Metallrechen, der die vom Band hoch transportierten Elektronen abnimmt und einer Kugel zuführt. Durch die Elektronenabgabe wird dieser Bandteil, der sich dann wieder nach unten bewegt, positiv geladen. Er zieht deshalb unten an der Metallschneide weitere Elektronen aus der Erde an, die auf den dort nach oben laufenden Bandteil „aufspringen". Durch das Drehen des Bandes wird die Ladung der Kugel immer größer.

Das Mädchen steht auf einer Styroporplatte, weshalb sie vom Boden (Erde) isoliert ist. Über Hand und Arm wird ihr ganzer Körper vom Bandgenerator negativ aufgeladen – auch jedes einzelne Haar. Wegen der Abstoßungskräfte sträuben sich die Haare.

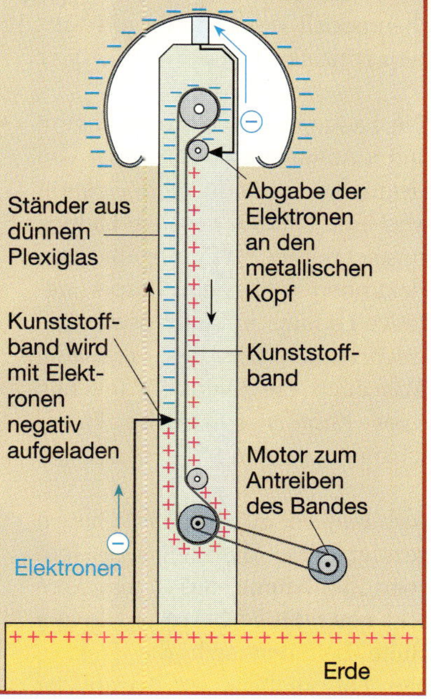

Elektrische Ladung

Versuche und Aufträge

V1 a) Reibe einen aufgeblasenen Luftballon an einem Wollpullover und bringe ihn danach an den Ärmel. Beschreibe und erkläre deine Beobachtung.
b) Reibe zwei Luftballons, die jeweils an Fäden befestigt sind, an einem Pullover. Hänge dann beide nebeneinander auf. Beobachte und erkläre.
c) Vergleiche die Ergebnisse von a) und b).

V2 a) Sicher hast du schon bemerkt, dass Papier an einer Folie auch ohne Klebstoff „klebt". Das kannst du auch erreichen, indem du eine auf Papier liegende Folie mit einem Wolltuch reibst. Ziehe dann die Folie vom Papier ab und hänge Papier und Folie nebeneinander auf. Beobachte.
b) Lege zwei Folienstreifen nebeneinander auf das Papier und reibe sie mit einem Wolltuch. Ziehe dann beide Streifen ab und hänge sie nebeneinander auf. Beobachte.
c) Vergleiche die Ergebnisse von a) und b) und erkläre sie.

V3 Schneide eine Zeitungsseite wie einen Kamm in schmale Streifen, sodass die Streifen etwa 15 cm lang sind. Lege die Zeitung dann auf eine trockene, kunststoffbeschichtete Tischplatte. Streiche mit einem Stück Fell fest über die Zeitung. Sie muss fest an der Tischplatte kleben. (Gegebenenfalls sind Fell und Zeitung auf der Heizung zu trocknen.) Ziehe die Zeitung von der Tischplatte ab. Wie verhalten sich die Zeitungsstreifen, wenn du die Zeitung hochhältst? Erkläre.

V4 Baue das Elektroskop entsprechend der Abbildung rechts nach. Überprüfe damit verschiedene Körper auf ihre elektrische Ladung, z. B. eine mit einer Kleiderbürste geriebene Postkarte, eine Zeitungsseite, einen am Pullover geriebenen Füllfederhalter, einen Kamm aus Kunststoff, eine mit einem Seidentuch geriebene Glasplatte.

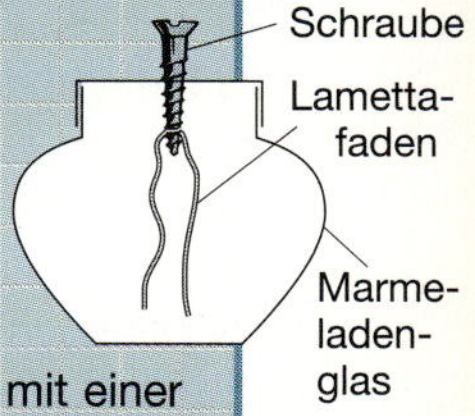

V5 Nimm eine Dose aus durchsichtigem Kunststoff, säubere und trockne sie. Lege Prüfteilchen wie Papierschnitzel, Holundermark, Watteteilchen, Teeblätter in die Dose und verschließe sie. Reibe dann mit der trockenen Hand über den Deckel. Beobachte und erkläre.

Atombau und Ladung

Wie viele Elektronen hat ein Körper? Wie können wir uns im Teilchenmodell die Ladung von Körpern vorstellen?

Die Ladung eines Körpers kommt durch Aufnahme oder Abgabe von Elektronen zustande. Dem Elektron wird eine kleinste negative Ladung zugeschrieben. Bei Abgabe von Elektronen fehlt dem Körper negative Ladung, er bleibt positiv geladen zurück. Dies lässt vermuten, dass auch die kleinsten Teilchen eines Körpers elektrische Eigenschaften haben.

Forschungen in der Physik haben gezeigt, dass die kleinsten Teilchen, die **Atome,** aus einem *Kern* und einer *Hülle* bestehen. In der Hülle befinden sich die Elektronen. Entsprechend der Anzahl der Elektronen ist die Hülle mehr oder weniger negativ geladen. Da das Atom aber nach außen neutral ist, muss der Atomkern eine gleich große positive Ladung haben.
Sind z. B. sieben Elektronen in der Hülle vorhanden, so hat der Atomkern eine positive Ladung, die siebenmal entgegengesetzt so groß ist wie die Ladung eines Elektrons.
In einem Körper ist im neutralen Zustand also die negative Ladung (durch die Elektronen) genau so groß wie die positive Ladung (durch die Atomkerne).

Jede elektrische Ladung ist also ein Vielfaches der Ladung eines Elektrons. Die Größe der Ladung des Elektrons wird deshalb **Elementarladung** genannt. Es gibt keine kleinere Ladung.

Mit dieser Vorstellung vom Atombau können wir die Experimente erklären:
- Durch Reiben eines Glasstabes mit einem Tuch werden einige Elektronen aus den Hüllen der sich an der Oberfläche befindenden Atome herausgelöst. Diese gehen auf das Tuch über und lagern sich zusätzlich in den Atomhüllen an. Damit hat der Glasstab insgesamt weniger Elektronen als vorher, das Tuch mehr. Was der Glasstab an (negativer) Ladung abgibt, bekommt das Tuch dazu. Sie haben beide eine gleich große, aber entgegengesetzte Ladung.
- In Metallen sind nicht alle Elektronen an die Hülle gebunden, einige können sich frei zwischen den Atomen bewegen. Durch Berühren des negativen Pols einer elektrischen Quelle fließen Elektronen auf das Metall. Dadurch wird die Anzahl der Elektronen erhöht. Die vorher elektrisch neutrale Kugel hat jetzt eine negative Ladung. In beiden Fällen – Kugel und Glasstab – wird die negative Ladung des Körpers verändert, die positive Ladung bleibt gleich. Überwiegt die negative Ladung, ist der Körper negativ geladen; überwiegt die positive, ist er positiv geladen.

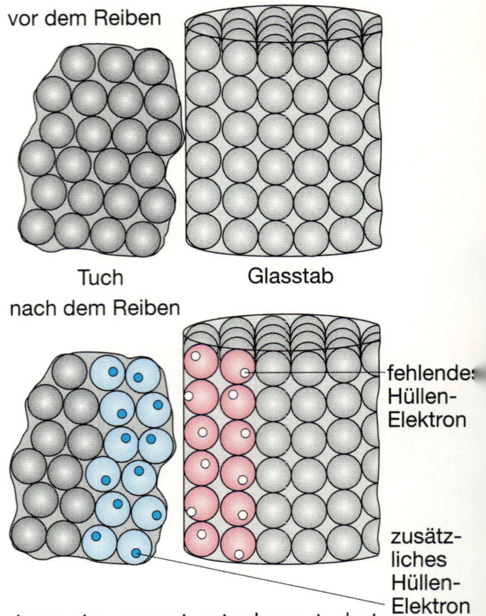

> Atome bestehen aus einem Kern mit positiver Ladung und aus einer Hülle, in der sich die Elektronen mit negativer Ladung aufhalten.
> Die positive Ladung des Kerns und die negative Ladung der Hülle sind entgegengesetzt gleich; das Atom ist elektrisch neutral.

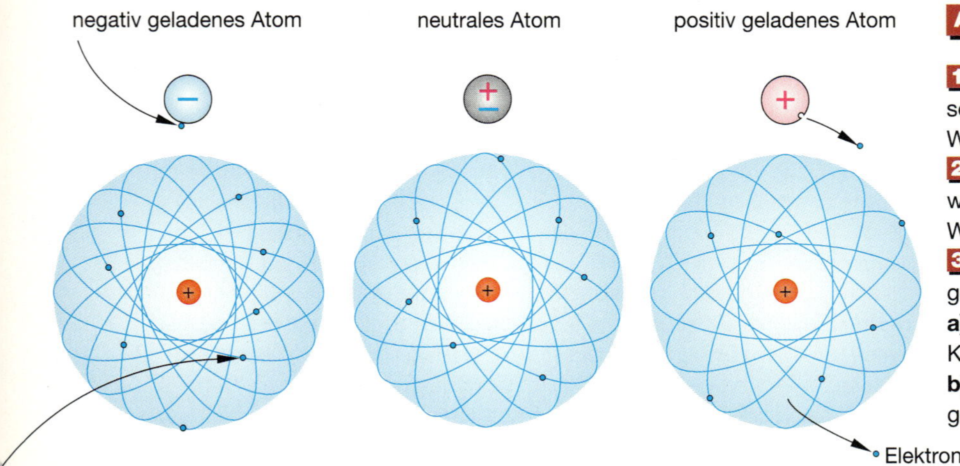

Aufgaben

1 Ein neutrales Atom hat in seiner Hülle acht Elektronen. Welche Ladung hat der Kern?
2 Ein neutrales Atom nimmt ein weiteres Elektron in seiner Hülle auf. Wie ist das Atom dann geladen?
3 Eine Metallkugel ist positiv geladen worden. Wie hat sich
a) die Anzahl der Elektronen der Kugel,
b) die Ladung der Atomkerne
geändert?

Influenz – eine Bewegung wie durch Geisterhand

Nähern wir der Blechdose im Foto rechts einen geladenen Kunststoffstab – ohne sie zu berühren –, so spreizt sich der Lamettafaden ab. Entfernen wir den Stab, so klappt er wieder zurück. Nehmen wir dagegen einen elektrisch neutralen Stab, so ist keine Bewegung des Fadens zu beobachten. Wie ist dies zu erklären?

Da die Wirkung durch einen geladenen Körper hervorgerufen wird, müssen elektrische Kräfte beteiligt sein. Das Abspreizen des Fadens zeigt die abstoßende Wirkung gleich geladener Teile an. Wie kommt die Ladung auf diese Teile, wo wir doch gar keine Ladung zu- oder abgeführt haben?

Zentraler Versuch

Elektronen sind in Metallen frei beweglich. Beim Nähern des geladenen Kunststoffstabes (mit Elektronenüberschuss) werden die Elektronen der Metallbüchse und des Lamettafadens von dem negativ geladenen Stab abgestoßen. Sie sammeln sich an der dem Stab abgewandten Seite der Büchse. Da sich gleich geladene Körper abstoßen, kommt es zu dem beobachteten Abspreizen des Lamettafadens. Beim Entfernen des Stabes wandern die Elektronen wieder zurück. Jeder Punkt der Büchse und des Lamettafadens wird wieder elektrisch neutral.
Diese Form der Ladungstrennung durch berührungsloses Verschieben der Elektronen heißt **Influenz.** In der Grafik unten ist noch einmal gezeigt, was dabei geschieht.

Ähnliches ist auch bei Nichtleitern zu beobachten: Papierschnitzel werden z. B. von einem geriebenen Füllfederhalter angezogen oder Holundermark-Kügelchen von einer geladenen Metallkugel.
Dabei werden die Elektronen aber nur innerhalb der einzelnen Atome oder Moleküle verschoben nicht räumlich von diesen getrennt, denn Elektronen sind in Isolatoren ja nicht frei beweglich.

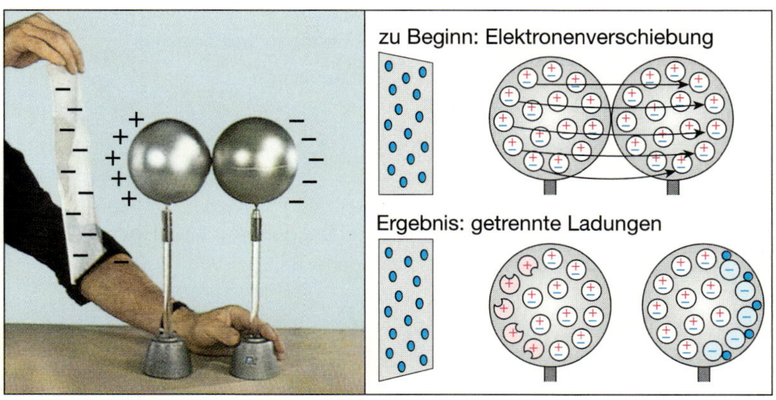

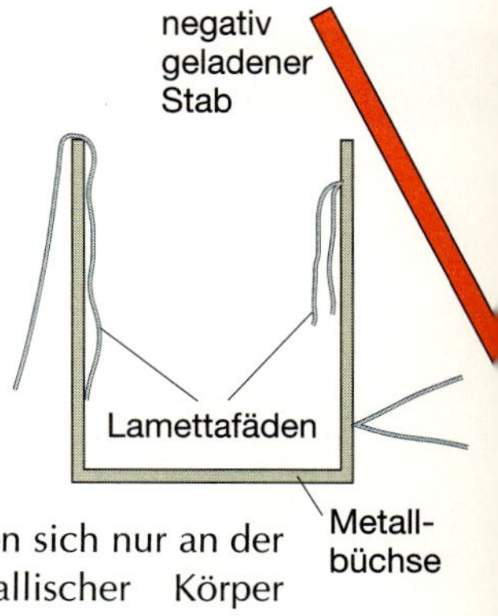

Beobachten wir den Teil des Lamettafadens, der sich im Inneren der Büchse befindet, so stellen wir kein Abspreizen fest. Daraus schliessen wir, dass die Elektronen sich nur an der Oberfläche metallischer Körper verschieben, nicht im Inneren.

Jetzt wird auch klar, warum die Struwwelpetra-Frisur bei dem Mädchen auf Seite 242 wenig haltbar ist. Beim Wegnehmen der Folie „erlischt“ die Ladungsverschiebung. Die Haare sind wieder überall neutral; es gibt keine Abstoßung mehr.

> Influenz ist das Trennen von Ladungen innerhalb eines Körpers durch andere geladene Körper, ohne dass sich die Körper berühren.

Aufgaben

1 Bringen wir einen geladenen Körper in die Nähe eines Elektroskops, ohne dass dieses berührt wird, so schlägt es aus. Wird der Körper wieder entfernt, so geht der Ausschlag wieder zurück. Erkläre.

2 Bewegt sich eine leicht bewegliche Metallnadel, wenn ihr ein positiv geladener Stab genähert wird? Begründe deine Antwort.

3 Ein Elektroskop wird durch Influenz aufgeladen. Durch Berühren mit dem Finger geht der Ausschlag zurück. Was geschieht, wenn der Finger wieder weggenommen wird?

4 **a)** Warum lassen sich mit einem geriebenen Kamm aus Kunststoff Papierschnippsel hoch heben?
b) Funktioniert das auch mit einem Metallkamm?

Streifzug

Fotokopiergerät

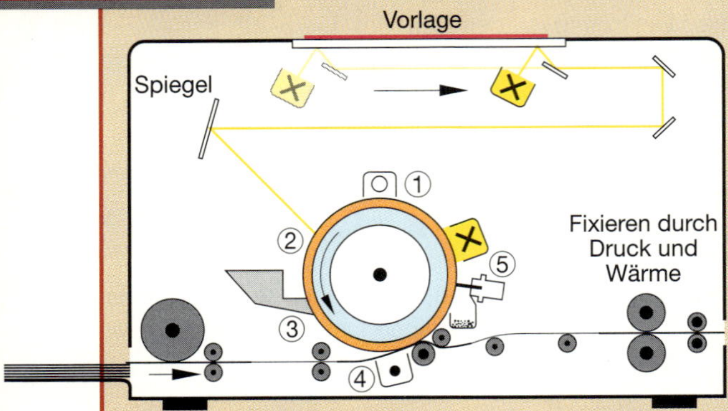

Arbeiten in der Schule oder in vielen Betrieben sind ohne Fotokopiergeräte nicht mehr denkbar. Doch wie funktioniert ein solches Gerät?

Ohne elektrisch geladene Teilchen und ihre Eigenschaften geht nichts: Das zu kopierende Original wird auf eine Schicht abgebildet, wobei die hellen und dunklen Stellen des Originals auf der Schicht unterschiedlich elektrisch geladene Bereiche erzeugen. Dieses „Ladungsbild" wird dann mittels Farbpartikeln in ein sichtbares Papierbild umgewandelt.

Aus dem optischen Bild der Vorlage wird ein Ladungsbild

Das Herz jedes Kopierers ist eine Alutrommel, die außen mit einer lichtempfindlichen Halbleiterschicht versehen ist. Anders als Isolatoren (z. B. Kunststoff, Glas), in denen sich Elektronen nicht oder nur wenig bewegen können, oder Metalle, in denen sie fast völlig frei beweglich sind, verhalten sich Halbleiter wie z. B. Selen im Dunklen wie ein Isolator, im beleuchteten Zustand wie ein Metall. Das zu kopierende Original wird auf die zunächst negativ geladene Selenschicht abgebildet (① und ②). Weil die hellen Stellen elektrisch leitend werden, kommt es durch das Abfließen von Elektronen über die geerdete Metallschicht zu einem Ladungsausgleich. Diese Stellen werden elektrisch neutral. An den dunklen Stellen bleiben die Ladungen erhalten. Es ist ein unsichtbares „Ladungsbild" entstanden: Alle hellen Stellen sind gar nicht oder nur wenig geladen, alle dunklen Stellen sind geladen.

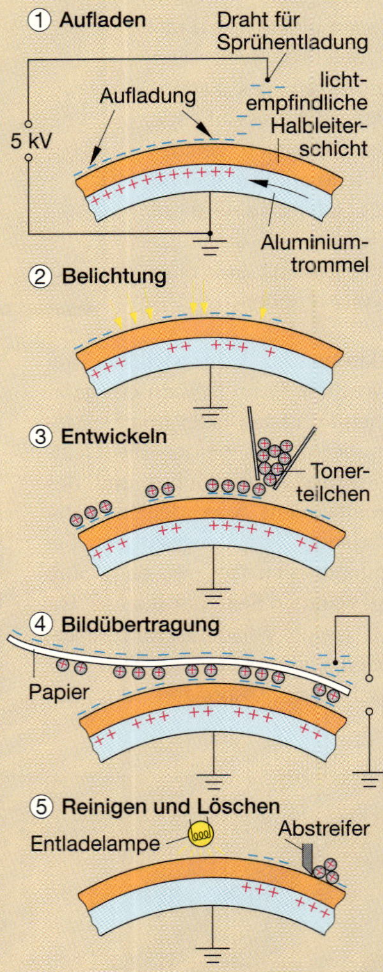

Das Ladungsbild wird sichtbar

Um das unsichtbare Ladungsbild sichtbar zu machen wird ein feines Pulver aus Kunstharz, Kohlenstoff und Farbstoff (Toner genannt) mit sehr kleinen Kügelchen aus Glas, Eisen oder Kunststoff (Träger) vermischt. Durch Reibung zwischen den Tonerpartikeln und den Trägerkügelchen werden die Tonerpartikel positiv geladen, sodass sie von den negativ geladenen Stellen der Selenschicht angezogen werden: negative Bereiche werden schwarz, neutrale Bereiche bleiben ohne Farbstoff hell. Auf der Selenschicht der Trommel entsteht ein sichtbares Bild (③). Dieses muss auf das Papier übertragen werden. Dazu wird das Kopierpapier an der sich drehenden Trommel vorbeigeführt. Weil das Papier stärker negativ geladen ist als die Trommel, werden die Farbpartikel durch elektrische Kräfte zum Papier gezogen (④).
Die Abbildung soll dauerhaft beständig sein – auch ohne dass das Papier geladen ist. Dazu wird das Papier mit dem „Tonerbild" zwischen beheizten Platten hindurchgeführt. Dabei schmelzen die Kunststoffpartikel und verbinden die Farbpartikel fest mit dem Papier. Die Kopie ist fertig.
Für eine Kopie in guter Qualität sind noch viele technische Details notwendig. Dazu gehören eine Reinigungseinheit, eine „Ladungslöschlampe" (⑤) sowie Walzen, Elektromotoren und optische Teile.

Das Trocken-Kopierverfahren oder die Xerografie (vom Griechischen xeros = trocken, graphein = schreiben) wurde 1937 von dem amerikanischen Physiker und Patentanwalt C. F. CARLSON (1906–1968) erfunden.

Das elektrische Feld

Wird der Bandgenerator in Betrieb gesetzt, so bewegen sich die Watteflocken auf den im Foto eingezeichneten gekrümmten Bahnen. Offensichtlich wirken die elektrischen Kräfte nicht nur genau auf der Verbindungslinie zwischen den geladenen Kugeln, sondern auch seitlich davon!

Zentraler Versuch

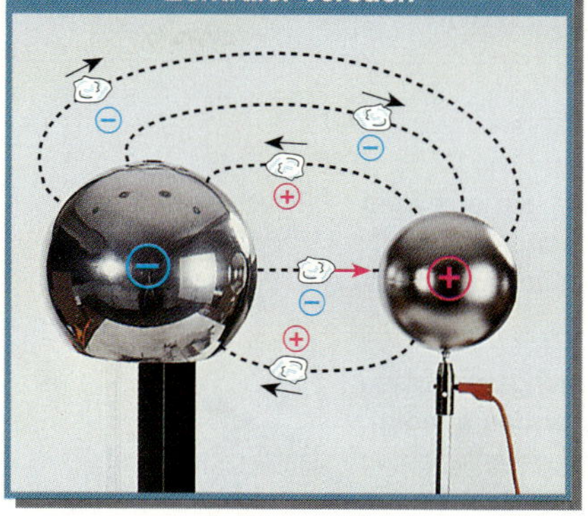

Zur Erklärung dieser unerwarteten Krümmung reicht das elektrische Kraftgesetz nicht aus. Mit ihm verstehen wir nur, dass die negativ geladenen Watteflocken von der negativ geladenen Kugel abgestoßen und von der positiv geladenen angezogen werden und umgekehrt. Die beobachteten gekrümmten Bahnen verstehen wir nicht.

Solche gekrümmten Bahnen kennen wir von den magnetischen Kräften. Dort haben wir gesagt, dass der Raum um einen Magneten von einem *magnetischen Feld* erfüllt ist. Entsprechend sagen die Physiker, dass im Raum um geladene Körper ein **elektrisches Feld** besteht, das Kräfte auf andere geladene Körper ausübt. Wie beim Magnetfeld wird auch beim elektrischen Feld seine Struktur durch **Feldlinien** dargestellt.

Die Struktur von Magnetfeldern kann durch Eisenfeilspäne sichtbar gemacht werden. Die Struktur von elektrischen Feldern lässt sich durch Papierfähnchen oder in Öl schwimmende Grießkörner darstellen, denn beides richtet sich längs der Feldlinien aus. Beispiele für elektrische Felder zeigt das Bild unten.

Für die Feldlinien gilt:

- Feldlinien sind gedachte Linien, die die Kraftrichtung auf geladene Körper darstellen.
- Die Größe der Kraft wird durch die Anzahl der Feldlinien veranschaulicht: Je größer die Kraft, desto mehr Feldlinien werden gezeichnet. Die Dichte der Feldlinien kennzeichnet also die Stärke der elektrischen Kräfte an den verschiedenen Stellen des Feldes.
- Da die Richtung der Kraft in jedem Punkt des Feldes eindeutig ist, können sich Feldlinien nicht schneiden.
- Die Feldlinien besitzen einen Anfang (⊕-Ladung) und ein Ende (⊖-Ladung).
- An *jedem* Ort des Feldes wirkt eine Kraft auf geladene Teilchen. Sie kann nach Größe und Richtung überall gleich sein *(homogenes Feld)* oder von Ort zu Ort verschieden *(inhomogenes Feld)*.

Die Bewegung der Watteflocken im Foto ist mithilfe des Feldbegriffes leicht zu beschreiben: Die geladenen Wattekügelchen bewegen sich im Feld längs der Feldlinien. In jedem Punkt des Feldes wirkt auf die Watteflocken eine Kraft, die die Bewegung verursacht.

Weitere Eigenschaften elektrischer Felder:

- Elektrische Felder werden durch metallische Körper abgeschirmt; sie durchsetzen Nichtmetalle (Glas, Beton, Holz usw.) ungestört.
- Elektrische Felder sind auch im leeren Raum vorhanden.

> Das elektrische Feld beschreibt die Kraftwirkung (nach Größe und Richtung) in der Umgebung eines geladenen Körpers auf andere geladene Körper.

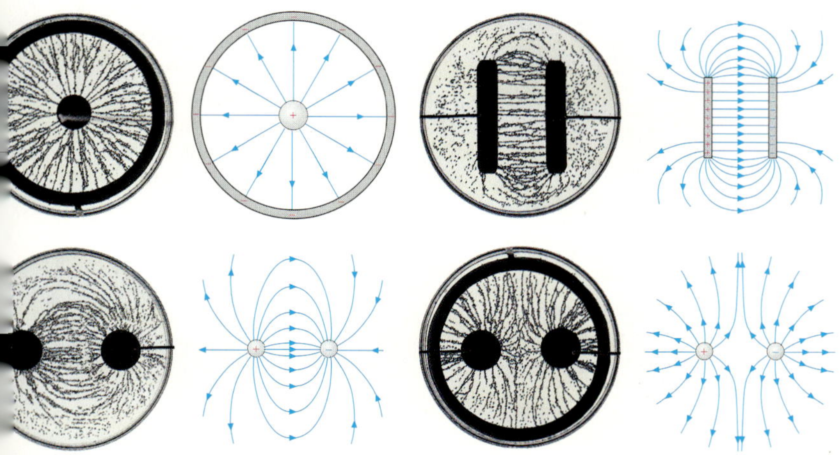

Der Feldbegriff ist eine zweite Möglichkeit, elektrische Erscheinungen zu beschreiben: Im Feld üben nicht mehr zwei Ladungen Kräfte aufeinander aus, sondern die eine Ladung erzeugt das Feld, das dann am Ort der zweiten Ladung eine Kraft auf diese ausübt.
Die beiden Beschreibungsweisen „Kraftgesetz“ und „Feld“ sind gleichberechtigt, dürfen aber nie vermengt werden.

Pinnwand

ELEKTRISCHE LADUNGEN

Entstaubungsanlagen

Früher waren die schwarzen Wolken, die aus dem Schornstein austraten, das Kennzeichen jedes Kraftwerkes. Leider war in der Folge die Umgebung dick mit Ruß und Flugasche bedeckt.

Heute ist dies nicht mehr erlaubt, die Rauchgase müssen gereinigt werden. Der Elektrofilter, der das erledigt, besteht aus mehreren großen, geerdeten, senkrechten Metallplatten. Zwischen ihnen sind senkrecht Drähte gespannt. Zwischen den Drähten und den Platten liegt eine Spannung von ca. 50 kV. Von den Drähten werden die Staub- und Rußteilchen im Rauchgas negativ aufgeladen, weshalb sie von den positiv geladenen Platten angezogen und festgehalten werden. Das Rauchgas ist jetzt sauber.
Durch Hämmer, die gegen die Platten schlagen, wird die Staubschicht von Zeit zu Zeit abgelöst. Der Staub wird dann in den Brennerraum zurückgeführt und in die Schlacke, die beim Verbrennen der Kohle entsteht, eingeschmolzen. Die Schlacke wird z. B. beim Straßenbau verwendet.

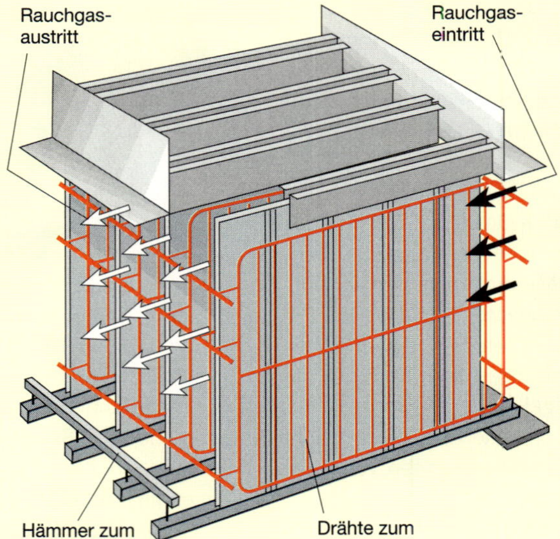

Rohrleitungen aus Polymer-Werkstoffen – korrosionsbeständig, aber bei brennbaren Flüssigkeiten nicht ungefährlich!

Die einzelnen Stationen bei der Produktion von Chemikalien sind durch unzählige Rohre verbunden. Durch sie werden die Reaktionsflüssigkeiten transportiert. Kunststoffrohre sind als Rohrmaterial sehr gut geeignet, weil sie von den Chemikalien nicht angegriffen werden. Doch können sie von den strömenden Flüssigkeiten sehr stark elektrisch aufgeladen werden. Dies kann dann zu einem „elektrischen Durchschlag" der Rohrwand führen. Dabei entstehen an der Durchschlagstelle feine Löcher, durch die Flüssigkeit in feinen Sprühstrahlen nach außen treten kann.
Deshalb werden Metallrohre verwendet, die aber mit einem besonderen Überzug gegen die aggressiven Flüssigkeiten geschützt werden müssen. Doch auch dies hat seine Tücken. Bei

diesen Rohren werden Dichtungen aus dem Kunststoff Teflon verwendet – auch dies führt zu Aufladungen. Eine Erdung ist deshalb unabdingbar.

Schlagwettergefahr durch Förderbänder

In Bergwerken muss sehr darauf geachtet werden, dass keine Funken entstehen, da diese die gefürchteten Schlagwetter (Explosionen der untertage entstehenden Gasgemische) auslösen könnten. Die Förderbänder aus Kunststoff können sich aber durch Reibung aufladen wie ein Bandgenerator. Ihre Ladung kann so groß werden, dass es zu einem Ladungsausgleich durch einen Funken kommt. Deshalb sind die Förderbänder alle geerdet.

Streifzug

Blitz und Blitzschutz

Der Blitz war schon immer ein Naturschauspiel besonderer Art. Wie entstehen Blitze?

Durch die Bewegung von aufsteigenden Wassertröpfchen und herunterfallenden Hagelkörnern erfolgt eine Ladungstrennung in den Gewitterwolken. Eine sehr häufig anzutreffende Verteilung der Ladung ist im Bild unten dargestellt. Die große Ladung der Gewitterwolken erzeugt durch Influenz am Erdboden eine ebenso große, entgegengesetzte Ladung. Wie bei einem Funken kann nun der Ladungsausgleich durch die Luft erfolgen: Es entsteht ein Kanal in der Luft, in welchem sich Elektronen und andere geladene Teilchen von der Gewitterwolke zur Erde bewegen. Durch den Strom wird die Luft so heiß, dass sie Licht aussendet. Der Ladungsausgleich zwischen Erde und Wolke dauert nur 0,000 04 s, während ein Blitz etwa 0,1–0,2 s leuchtet.

Trifft ein Blitz einen Menschen, ein Tier oder eine Pflanze, so werden sie durch die großen elektrischen Ströme verbrannt, getötet, zerstört. Dabei können Temperaturen bis zu 30 000 °C auftreten.

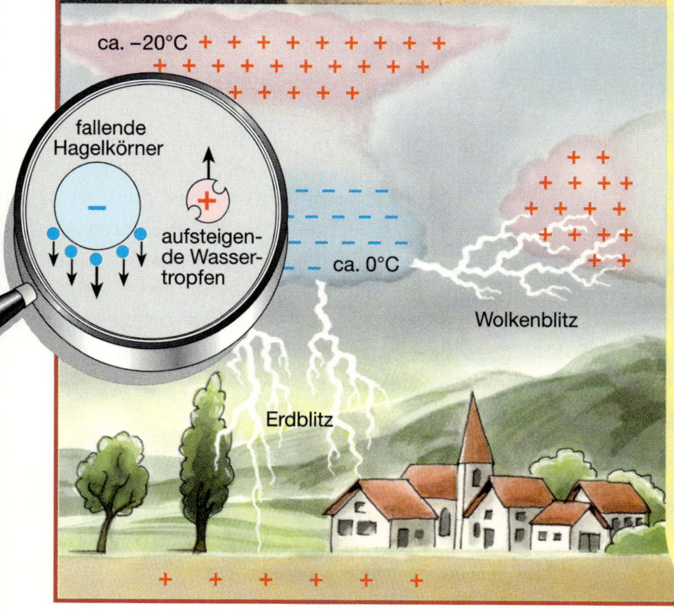

Blitzableiter

Wird dem Blitz ein besonders einfacher Weg zur Erde in Form eines dicken Drahtes angeboten, so kann der Ladungsausgleich gefahrlos erfolgen. Bei kleineren Häusern genügt ein Draht auf dem Dachfirst und eine Spitze am Schornstein; große Gebäude werden von einem „Drahtkäfig“ umspannt.

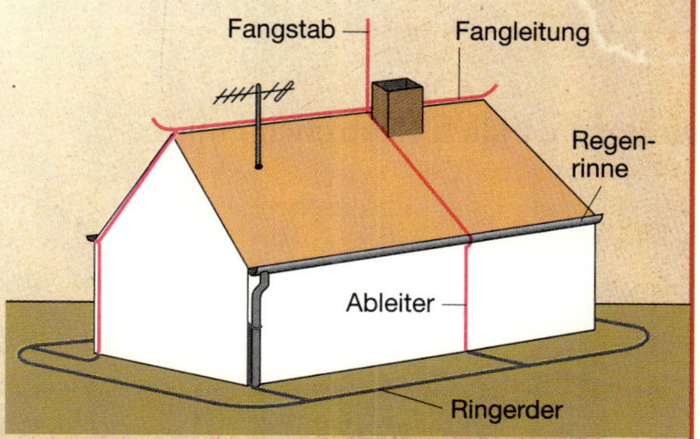

Schutzmaßnahmen

Befindest du dich bei Gewitter im Haus, solltest du dich von Wasserhähnen fern halten, da die zwangsläufig geerdeten Wasserleitungen vom Blitz auch als „Bahn“ genutzt werden können.

Beim Aufenthalt im Freien während eines Gewitters sind folgende Vorsichtsmaßnahmen zu beachten:

- Weit entfernt halten von metallischen Türmen, Fahnenstangen usw.
- Nie unter einen Baum stellen (auch nicht unter Buchen!).
- Auf freiem Feld oder Wiesen nicht aufrecht gehen oder stehen. Besser sich hinlegen oder hinducken mit geschlossenen Beinen, möglichst in eine Mulde.
- Vom Fahrrad absteigen und das Rad zur Seite legen.
- Alle metallischen Gegenstände wie Schirme, Kameras etc. von sich entfernen.
- Nicht von außen an ein Auto anlehnen. Im Inneren des Autos ist man durch die metallische Karosserie geschützt.
- Nicht im See baden.
- Wenn möglich sehr nassen Untergrund meiden.

Die elektrische Stromstärke

Eine Nebelschlussleuchte am PKW erhöht die Verkehrssicherheit. Denn sie strahlt wesentlich heller als die normalen Rückleuchten.

Sind es unterschiedliche Stromstärken, die die unterschiedlichen Wirkungen hervorrufen? Welche Möglichkeiten gibt es, Stromstärken zu messen? In welcher Einheit werden sie angegeben? Wie stellen wir uns die Stromstärke im Elektronenbild vor?

Strömen wirklich Elektronen im Kreis?

Das Fließen eines elektrischen Stromes haben wir z.B. an der Lichtwirkung erkannt. So leuchtet eine Glimmlampe an dem Drahtende, welches mit dem Minuspol einer elektrischen Quelle verbunden ist. In einem Experiment schalten wir zwei Glimmlampen in Reihe, unterbrechen aber den Stromkreis zwischen den beiden Glimmlampen.

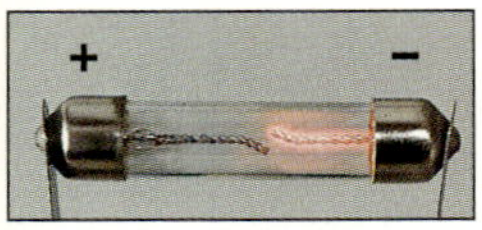

① Berühren wir die Glimmlampe ① mit einer isolierten Metallkugel, so leuchtet sie an der der Kugel abgewandten Seite auf.

② Berühren wir nun mit dieser Kugel die Glimmlampe ②, so leuchtet diese an der der Kugel zugewandten Seite kurz auf.

Dieser Vorgang kann laufend wiederholt werden;

- je schneller wir dies tun, umso häufiger leuchten die Glimmlampen auf;
- je größer die Kugel, umso heller leuchten die Glimmlampen.

Wie können wir diese Beobachtungen erklären? Das Aufblitzen der Glimmlampe zeigt einen Stromfluss, also die Bewegung von Elektronen an. Im Fall ① müssen sich Elektronen zur Kugel bewegt haben; somit müssen sich mehr Elektronen auf der Kugel befinden als vorher. Wir sagen, die Kugel ist *geladen* worden. Die mit Elektronen beladene Kugel kann Elektronen wieder abgeben, wenn sie an das andere Ende des offenen Stromkreises gehalten wird (Fall ②). Das kurze Aufleuchten zeigt uns dies an. Ein erneutes Berühren mit derselben Kugel ruft kein weiteres Aufblitzen hervor. Es stehen offensichtlich keine „überschüssigen" Elektronen mehr zur Verfügung, die einen Stromfluss bewirken könnten. Wir sagen: Die Kugel ist *entladen.*

Zentraler Versuch

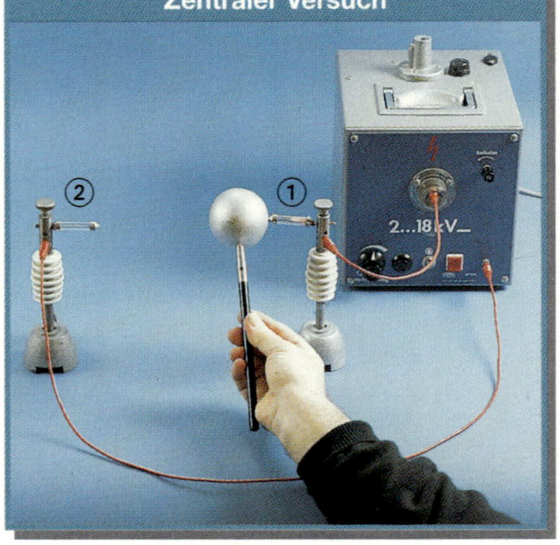

Eine größere Kugel nimmt mehr Elektronen auf. Das stärkere Aufleuchten der Glimmlampen zeigt es uns an. Die Kugel kann „mehr" oder „weniger" geladen werden. Auf diese Weise können bei einer Bewegung mehr oder weniger Elektronen übertragen werden.

Wir haben den unterbrochenen Stromkreis durch „manuellen" Transport der Elektronen „geschlossen". Werden die beiden Glimmlampen durch einen Draht verbunden, leuchten beide ohne Unterbrechung auf. Im geschlossenen Stromkreis werden laufend Elektronen vom Minus- zum Pluspol geschoben. Es fließt ein gleichmäßiger ununterbrochener elektrischer Strom.

Unsere aufgestellte Vermutung über die Elektronenbewegung bei elektrischem Stromfluss erweist sich als anwendbar. Sie ist von Wissenschaftlern vielfältig bestätigt worden. Wir können also sagen:

Elektrischer Strom ≙ strömende Elektronen

Die Wirkungen des elektrischen Stromes werden durch die Bewegung der Elektronen in den Drähten der Elektrogeräte (Wandler) hervorgerufen.

Wie viele Elektronen strömen?

Den elektrischen Strom in einem Stromkreis können wir uns wie fließendes Wasser in einer Anordnung von Pumpe und Turbine vorstellen, die durch Rohre miteinander verbunden sind. Das in dieser Anordnung enthaltene Wasser wird durch die Pumpe in Bewegung gesetzt und treibt dadurch die Turbine an. Die Wassermenge im Kreislauf ändert sich nicht. Es gibt keine Anhäufungen, keine Verdünnungen, aber auch keine Staus des Wassers.

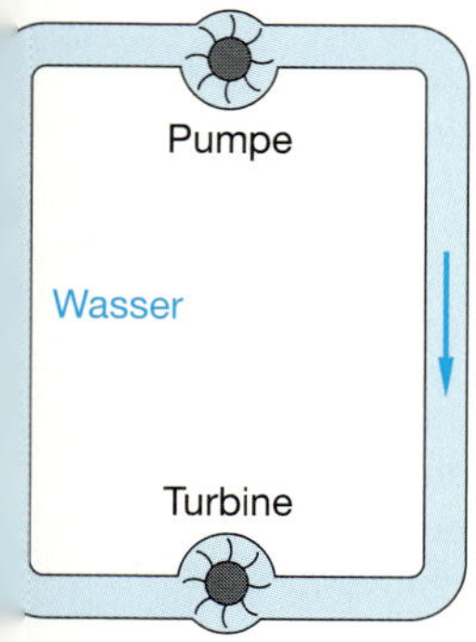

Wie viel Wasser strömt, können wir uns beim Füllen eines Gefäßes mit Wasser verdeutlichen: Je geringer der Wasserhahn aufgedreht ist, desto länger ist die Zeit zum Füllen des Glases. Aus der Füllmenge und der dafür benötigten Zeit können wir eine Größe für die Wasserstromstärke ermitteln, z.B. Liter pro Sekunde. Bedenken wir, dass Wasser aus kleinsten Teilchen besteht, so sind in einem Liter Wasser 15 Quadrillionen Wasserteilchen enthalten.

Im elektrischen Stromkreis fließen Elektronen. Sie werden durch die Quelle angetrieben. Eine entsprechende Wirkung, z.B. das Aufleuchten einer Lampe, kann man sofort nach Schließen des Stromkreises wahrnehmen.
Eine Möglichkeit zur Bestimmung der Größe der **elektrischen Stromstärke** wäre das Zählen der Elektronen, die in einer bestimmten Zeit an einer Stelle des Stromkreises vorbeiströmen. Werden viele Elektronen in einer Sekunde durch einen Querschnitt des Leiters geschoben, so sprechen wir von einer großen Stromstärke, im umgekehrten Fall von kleiner Stromstärke.

Einzelne Elektronen rufen bei ihrer Bewegung im elektrischen Stromkreis keine wahrnehmbare Wirkung hervor. Erst die Bewegung von sehr vielen Elektronen führt zu beobachtbaren Wirkungen. Deshalb beziehen wir uns auf sehr große Portionen von Elektronen, wenn wir Wirkungen des elektrischen Stromes beschreiben. Wenn 6 240 000 000 000 000 000 Elektronen (das sind 6,24 Trillionen Elektronen) in jeder Sekunde an einer Stelle des Stromkreises vorbeifließen, sprechen wir von einer Stromstärke von **1 Ampere (1 A).** Das ist die Stromstärke, die etwa bei einem einfachen Haartrockner bei Stufe 1 oder bei einem fast voll aufgedrehten Deckenfluter auftritt.

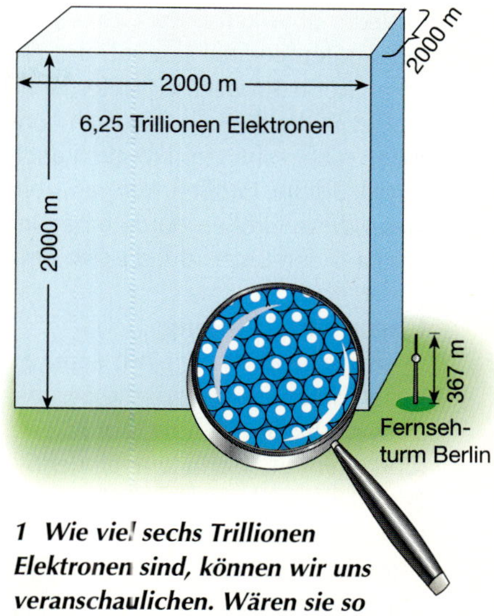

1 Wie viel sechs Trillionen Elektronen sind, können wir uns veranschaulichen. Wären sie so groß wie Stecknadelköpfe, so würden sie einen Würfel von 2 km Kantenlänge füllen.

> Die elektrische Stromstärke gibt an, wie viele Elektronen in einer bestimmten Zeit an einer Stelle des Stromkreises vorbeiströmen.

Aufgaben

1 Wie viel Elektronen fließen pro Sekunde, wenn eine Stromstärke von 0,5 A gemessen wird?

2 12,48 Trillionen Elektronen fließen pro Sekunde. Welche Stromstärke wird gemessen?

3 Wie unterscheiden sich die Stromstärken,
a) wenn 12 Trillionen Elektronen in zwei Sekunden
b) wenn 18 Trillionen Elektronen in drei Sekunden
durch den Querschnitt eines elektrischen Leiters fließen?

Messung der Stromstärke

Zu jeder physikalischen Größe gehört eine Vorschrift, die genau angibt, wie diese Größe gemessen werden kann. Bei der Temperatur geschah das z. B. durch die Festlegung der beiden Fixpunkte 0 °C und 100 °C. Die physikalische Größe Stromstärke ist festgelegt durch die Anzahl der Elektronen, die pro Sekunde an einer Stelle des Stromkreises vorbeifließen. Praktisch können wir mit dieser Definition aber nichts anfangen, denn wir können die Elektronen nicht sehen und folglich auch nicht zählen.

Physikalische Größen können aber auch durch Verknüpfung anderer physikalischer Größen definiert werden, wenn diese Größen durch eine eindeutige Messvorschrift festgelegt sind. Das ist bei der Stromstärke möglich, indem aus den unterschiedlichen Stromwirkungen Messverfahren entwickelt werden.

Chemische Wirkung

Da die Elektronen eine Ladung haben, kann die elektrische Stromstärke auf die Ladung zurückgeführt werden, wenn ein eindeutiges Messverfahren für die transportierte Ladung angegeben werden kann. Das Foto rechts zeigt eine solche Möglichkeit.

Beim Stromfluss durch einen Elektrolyten entstehen Gase, die aufgefangen werden können. Ein Vergleich der z. B. nach zehn Minuten entstandenen Gasmengen bei unterschiedlichen Stromstärken zeigt, dass auch die Gasvolumina unterschiedlich sind. Bei kleiner Stromstärke (langsam rotierender Ventilator) ist weniger Gas entstanden als bei großer Stromstärke (schnell rotierender Ventilator). Die Größe des abgeschiedenen Gasvolumens kann also als Maß für die Stromstärke dienen. Weil in den zehn Minuten, während denen eine bestimmte Stromstärke bestand, eine ganz bestimmte Ladung von den Elektronen transportiert wurde, ist das Gasvolumen aber auch ein Maß für die insgesamt transportierte Ladung.

Zentraler Versuch

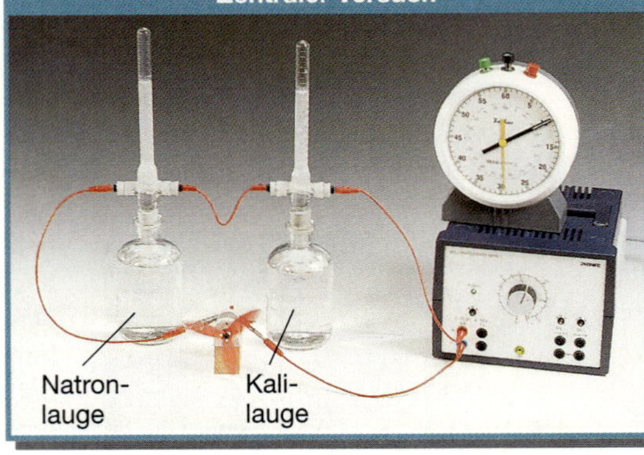

Aber ist diese Messvorschrift auch eindeutig und überall und zu jeder Zeit nachvollziehbar? Dazu sind im Bild an verschiedenen Stellen des Stromkreises *Knallgas-Zellen* eingebaut, die verschiedene Elektrolyte in unterschiedlicher Konzentration enthalten. Trotzdem ist die entstandene Gasmenge überall gleich. Das Verfahren ist also eindeutig und zur Festlegung der physikalischen Größe Ladung geeignet.

Genau so sind die Wissenschaftler auch im vorigen Jahrhundert vorgegangen und haben festgelegt, dass eine Ladung von 1 C transportiert worden ist, wenn 0,19 cm^3 Gas abgeschieden worden sind (bei 20 °C und Normaldruck).

Damit lässt sich nun die elektrische Stromstärke festlegen: Da jedes Elektron eine ganz bestimmte Ladung hat, kann aus der insgesamt transportierten Ladung auf die Zahl der in dieser Zeit bewegten Elektronen geschlossen werden. Die Messung der Stromstärke wird also auf eine Ladungs- und Zeitmessung zurückgeführt: Die elektrische Stromstärke ist definiert als Quotient aus der durch die fließenden Elektronen bewegten Ladung Q und der Dauer t des Stromflusses:

$$\boldsymbol{I = \frac{Q}{t}}$$

Damit ist die Einheit der Stromstärke durch die Einheiten von Ladung und Zeit festgelegt:

$$\mathbf{1\,A = \frac{1\,C}{1\,s} = 1\,\frac{C}{s}}.$$

Demnach fließt ein Strom von 1 A, wenn in jeder Sekunde eine Ladung von 1 C transportiert wird. Die Einheit Ampere ist nach dem französischen Physiker ANDRÉ MARIE AMPÈRE (1775–1836) benannt.

Diese Definition der elektrischen Stromstärke war lange Zeit gültig, obwohl das Verfahren recht umständlich ist. Heute gilt eine andere Messvorschrift, die eine direkte Messung der Stromstärke ermöglicht, aber komplizierter ist. Diese Messungen werden für Deutschland an der Physikalisch-Technischen Bundesanstalt (PTB) in Braunschweig durchgeführt. Alle in Deutschland hergestellten Messgeräte werden auf der Grundlage dieser Messvorschrift geeicht.

Definition/Einheiten

Stromstärke

Die Einheit ist 1 A (Ampere) = 1 $\frac{C}{s}$.

Das Formelzeichen ist I.

Weitere Einheiten:

Milliampere: 1 mA = $\frac{1}{1000}$ A

Mikroampere: 1 µA = $\frac{1}{1\,000\,000}$ A

Wärmewirkung

Jeder Strom durchflossene Draht erwärmt sich und jeder Draht dehnt sich bei Erwärmung aus. Dies lässt sich zur Stromstärkemessung nutzen.

Die Helligkeit der Glühlampe dient uns wieder als Maß für die Stromstärke. Wir erkennen, dass beim Glimmen der Lampe der Draht fast gestreckt ist, während er bei hellem Leuchten durchhängt. Um dies besser sichtbar zu machen, wird der Draht durch ein angehängtes Wägestück gespannt. Die Stellung des Wägestücks vor einer Skala kann somit als Maß für die Stromstärke dienen.

Zentraler Versuch

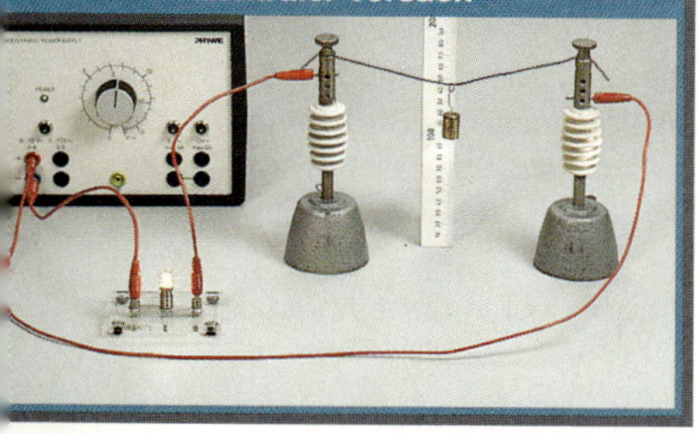

Verringert sich die Stromstärke, so wird der Draht weniger erwärmt, er zieht sich zusammen, der „Zeiger" geht hoch. Unsere Versuchanordnung ist also eine Messeinrichtung für die Stromstärke. Doch welche Stellung des Messkörpers entspricht welcher Stromstärke in Ampere?

Unsere Messanordnung muss noch geeicht werden. Dazu vergleichen wir ihre Anzeige mit der Anzeige bei der chemischen Messung. Wir bauen eine Knallgaszelle in den Versuchsaufbau ein und messen die bewegte Ladung pro Zeit für jeweils eine Stellung des Wägestücks. Daraus ergibt sich eine Zuordnung von Stellung des Wägestücks zur Stromstärke in Ampere. Tragen wir die Werte in eine Grafik ein, so können wir jedem Wert an der Messlatte einen Stromstärkewert in Ampere zuordnen. Damit ist die Eichung fertig.

Unsere Messanordnung ist schwer handhabbar. Deshalb wird eine technisch elegantere Lösung genutzt, wie sie im Bild unten dargestellt ist.

Dieses Messgerät, *Hitzdrahtinstrument* genannt, wurde früher häufig verwendet. Mit ihm können allerdings kleine Stromstärken nicht oder nur sehr schlecht gemessen werden. Außerdem ist dieses Messinstrument sehr träge, d. h. es dauert beim Einschalten oder bei Änderung der Stromstärke ziemlich lange, bis die vorhandene Stromstärke angezeigt wird.

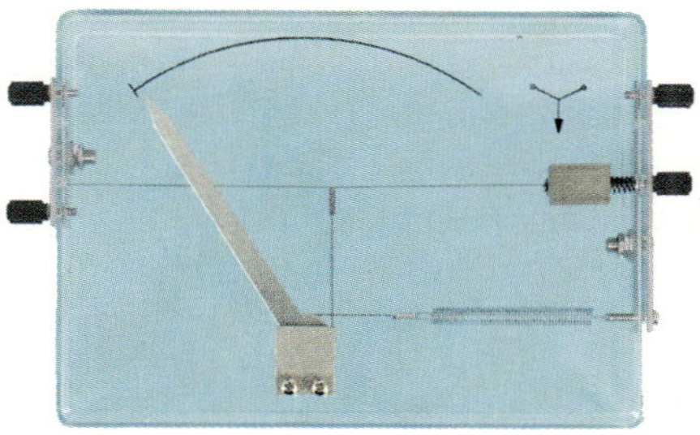

Magnetische Wirkung

Befinden sich zwei Weicheisenstäbe in einer Strom durchflossenen Spule, so werden sie magnetisch. Da gleiche magnetische Pole an den gleichen Enden entstehen, stoßen sich die Stäbe ab. Weil die Stärke der Magnetisierung und damit die Stärke der Pole von der Stromstärke in der Spule abhängt, ist der Abstand der Stäbe ein Maß für die Stromstärke. Damit die Stäbe wieder von selbst in die Ausgangslage gehen, wenn die Stromstärke null ist, wird die Spule schräg gestellt. So kommt es zu einer rückstellenden Kraft.

Zentraler Versuch

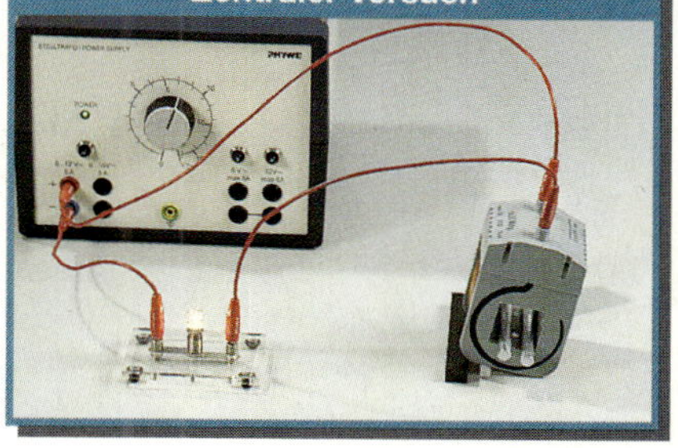

Genau wie das Hitzdrahtinstrument kann auch diese Messeinrichtung geeicht werden. Das entsprechende Gerät heißt *Weicheiseninstrument.* Es ist allerdings schwierig zu handhaben. Eine technisch elegante Lösung besteht aus zwei Weicheisenblechen, die gegeneinander drehbar gelagert sind und sich in der Spule befinden (Bild unten). Weicheiseninstrumente sind sehr robust, d. h. bei Überlastung gehen sie nicht sofort kaputt.

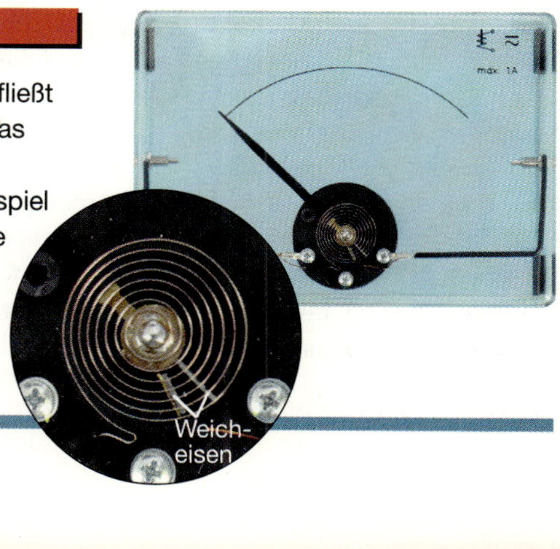

Aufgaben

1 Durch einen Elektronenstrom wird in 10 s eine Ladung von 50 C bewegt. Wie groß ist die Stromstärke?

2 Eine Versuchsanordnung liefert 38 cm^3 Gas in 20 s. Wie groß waren bewegte Ladung und Stromstärke?

3 Durch eine Knallgaszelle fließt ein Strom von 2 A. Wie viel Gas entsteht in 2 min?

4 Beschreibe an einem Beispiel der Stromstärkemessung, wie die Messvorschrift für eine physikalische Größe gefunden werden kann.

Die Einheit der elektrischen Stromstärke

Um die Anzahl der Elektronen zu messen, die an einer Stelle des Stromkreises vorbeiströmen, muss das Messgerät in den Kreis eingebaut werden. Dazu trennen wir an dieser Stelle den Kreis auf und überbrücken die Lücke mit dem Messgerät. Die Elektronen fließen jetzt auch durch das Messgerät. Die Stromstärke kann abgelesen werden.

Zentraler Versuch

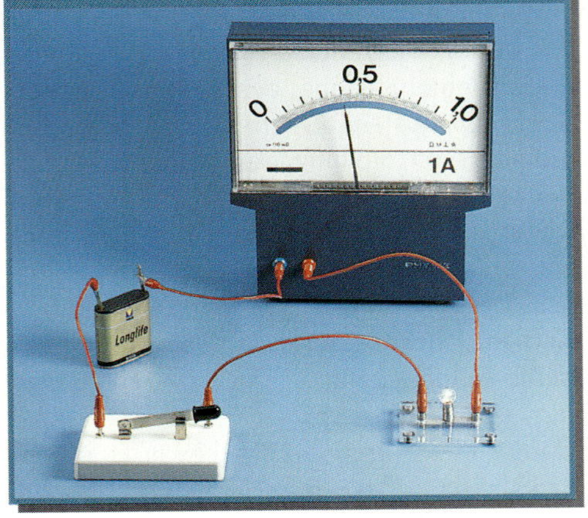

> Definition / Einheiten
>
> **Stromstärke**
>
> Die Einheit ist 1 A (Ampere).
> Das Formelzeichen ist *I*.
>
> Weitere Einheiten:
> Milliampere: 1 mA = $\frac{1}{1000}$ A
> Mikroampere: 1 μA = $\frac{1}{1\,000\,000}$ A

Das Formelzeichen für die elektrische Stromstärke ist *I*, die Einheit **Ampere (A).** Sie wurde nach dem französischen Physiker ANDRÉ-MARIE AMPÈRE benannt, der von 1775 bis 1836 lebte.

Das Schaltzeichen für das Strommessgerät ist: —(A)—

> Das Strommessgerät („Strommesser") wird in Reihe mit den elektrischen Geräten geschaltet.

Aufgaben

1 Am Strommessgerät werden 36 mA abgelesen. Rechne um in A.

2 **a)** Bei einem Tauchsieder wird eine Stromstärke von 0,44 A gemessen. Wie viel mA sind das?
b) Wie muss das Strommessgerät geschaltet sein? Zeichne.

3 Aufschrift auf einer Fahrradlampe: 6 V | 0,3 A.
Was bedeuten diese Angaben?

Das Drehspulmessgerät

Die elektromagnetische Wirkung einer Spule wird stärker, wenn die Stromstärke erhöht wird. Diesen Zusammenhang nutzt man beim Drehspulmessgerät.

Eine drehbar gelagerte Spule befindet sich in einem Magnetfeld. Fließt durch die Spule ein elektrischer Strom, so wird sie zu einem Elektromagneten. Die Pole des Magneten üben Kräfte auf die entstandenen Pole des Elektromagneten aus.

Die Spule wird so ausgerichtet, dass bei Stromfluss die entgegengesetzten Pole sich infolge der anziehenden Kräfte aufeinander zu bewegen können. Je größer die elektrische Stromstärke wird, desto stärker wird der Elektromagnet aus seiner Ruhestellung herausgedreht. Das hat zur Folge, dass der Ausschlag des an der Spule befestigten Zeigers größer wird.

Der magnetischen Kraft wirkt eine mechanische in Form einer Spiralfeder entgegen. Es stellt sich ein Gleichgewicht ein. Durch die Spiralfeder erfolgt auch ein Zurückgehen des Zeigers auf die Ausgangslage Null, wenn kein Strom mehr fließt.

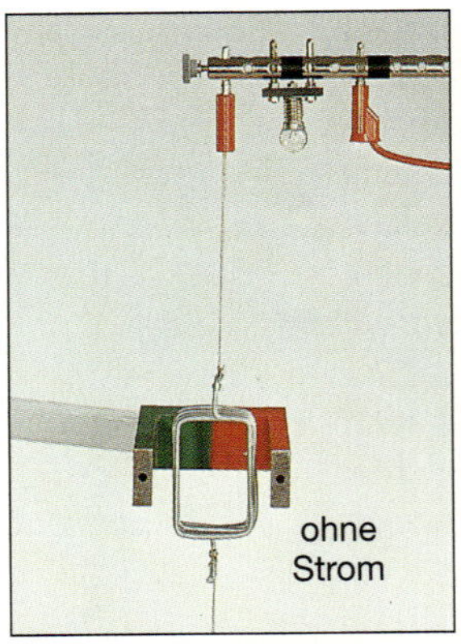

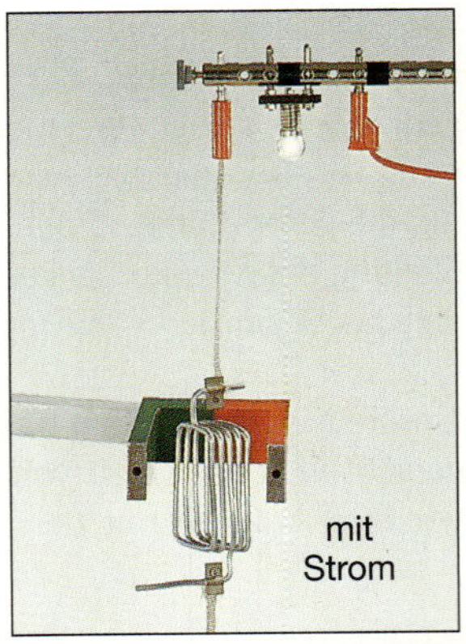

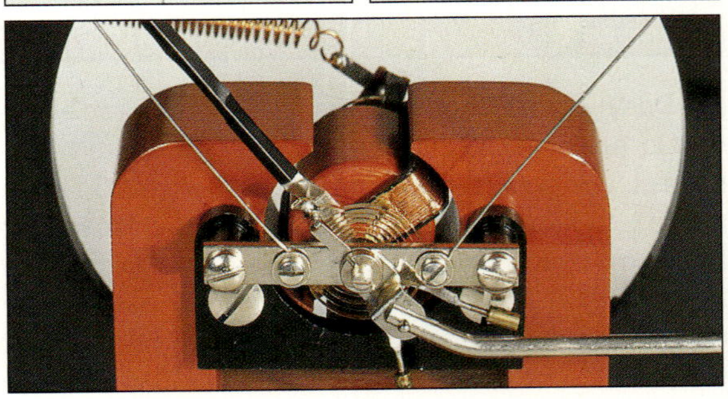

Pinnwand

Es gibt analog und digital anzeigende Strommessgeräte. Bei den analogen Messgeräten werden die Messwerte kontinuierlich auf einer Skala angegeben. Die digitalen Messgeräte geben die Messwerte in Ziffern an.
Um genau ablesen zu können, haben die analogen Messgeräte jeweils doppelte Skalen. In unserem Fall 5er und 15er, oft auch 3er und 10er.

Analogmessgerät

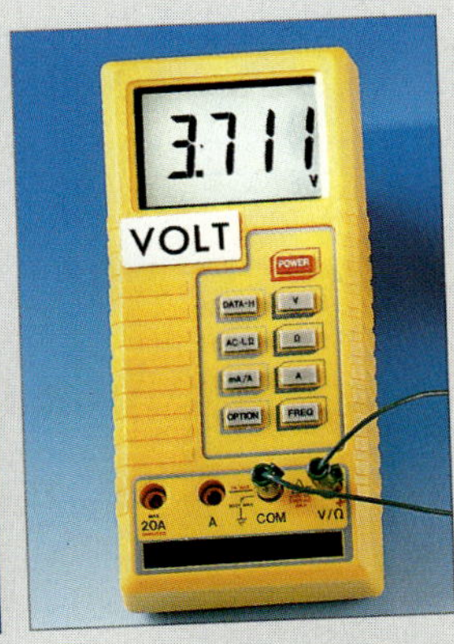

Digitalmessgerät

Wie schnell fließen Elektronen?

Wenn der Schalter in einem geschlossenen Stromkreis betätigt wird, leuchtet die Glühlampe sofort auf. Die Elektronen bewegen sich aber sehr langsam. Die Geschwindigkeit der Elektronen beträgt in einem Kupferdraht von $1\,mm^2$ Querschnitt bei einer Stromstärke von 1 A etwa $0{,}1\,\frac{m}{s}$. D. h. sie legen einen Weg von 360 m in einer Stunde zurück.
Wenn es nach der Elektronengeschwindigkeit ginge, müssten wir auf eine Nachricht bei einem Telefongespräch über 10 km Entfernung über 3 Jahre warten, denn so lange bräuchte ein Elektron für diese Strecke!
Doch der Strom der Elektronen verhält sich wie das Wasser in der geschlossenen Anlage mit Pumpe und Turbine. Wenn die Pumpe in Betrieb gesetzt wird, bewegt sie das gesamte Wasser. Die Turbine beginnt zeitgleich sich zu drehen. Genauso hören wir beim Telefonieren den Anrufer fast zeitgleich sprechen.

Regeln für den Umgang mit Strommessern

- Schalte das Strommessgerät nie allein in einen elektrischen Stromkreis, sondern immer in Reihe mit dem Gerät, dessen Stromstärke gemessen werden soll.
- Stelle immer zuerst den größten Messbereich ein.
- Prüfe, ob Gleich- oder Wechselstrom anliegt. Stelle den entsprechenden Bereich ein: = oder ~ bzw. DC (Gleichstrom) oder AC (Wechselstrom).
- Bei Gleichstrom ist die mit + gekennzeichnete Buchse zum Pluspol der elektrischen Quelle hin anzuschließen.
- Prüfe die Null-Einstellung und korrigiere notfalls.
- Der Messbereich wird schrittweise verringert, bis ein sichtbarer Ausschlag erfolgt (Vorsicht!). Bei einem einzelnen Messwert sollte die Anzeige in der zweiten Hälfte der Skala liegen.
- Die zu nutzende Skala des Messgerätes wird durch den eingestellten Messbereich bestimmt.
- Blicke senkrecht auf die Skala (Spiegelbild des Zeigers darf nicht zu sehen sein).

Gerät	Stromstärke
LED, Glimmlampe	0,003 A
Transistorradio	0,02 bis 0,05 A
Taschenlampe	0,1 bis 0,5 A
Sparlampe	0,03 bis 0,1 A
Glühlampe	0,1 bis 5 A
Kühlschrank	0,07 bis 0,2 A
Föhn, Staubsauger	5 bis 6 A
Geschirrspüler Waschmaschine	10 A bis 16 A
Straßenbahn	100 bis 400 A
Anlassstrom beim PKW	350 A
Aluminiumherstellung	10 000 A
Gewitterblitz	20 000 A
Elektro-Schmelzofen (Edelstahlherstellung)	bis 100 000 A

Stromstärke bei Reihen- und Parallelschaltung

Die Luft, die ein Föhn hinauspustet, kann unterschiedlich warm eingestellt werden. Erwärmt wird sie mithilfe von Heizdrähten, durch die je nach Wärmeabgabe unterschiedlich große Ströme fließen müssen.
Wie können unterschiedliche Stromstärken erreicht werden? Wie verhalten sich die Stromstärken bei Reihen- und Parallelschaltung?

Wir betrachten zuerst eine Glühlampe (6 V | 0,1 A) im einfachen Stromkreis. Der Elektronenstrom ist an allen Stellen gleich groß – egal an welcher Stelle wir messen. Eingeschaltete Strommesser zeigen immer 0,1 A an.

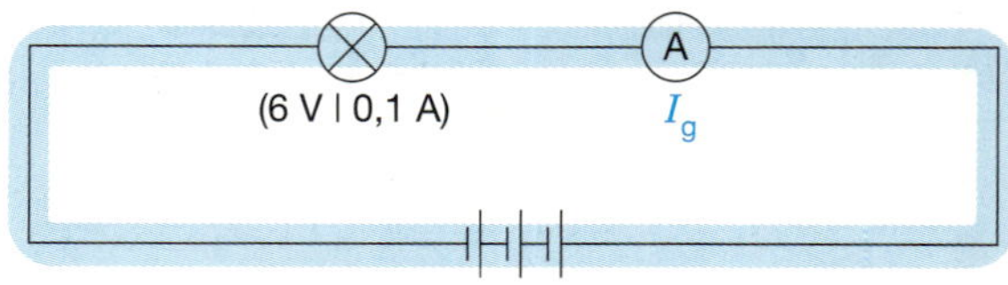

Reihenschaltung

Vergleichen wir die Helligkeit der Lampen in dieser Schaltung mit der Helligkeit einer einzelnen Lampe bei gleicher elektrischer Quelle, so stellen wir fest: Die Lampen leuchten schwächer. Die elektrische Stromstärke muss geringer sein als bei der einzelnen Lampe, aber trotzdem an allen Stellen – vor der Lampe 1, zwischen der Lampe 1 und der Lampe 2, nach der Lampe 2 – gleich groß. Man liest an allen drei Messgeräten 0,05 A ab.

Zentraler Versuch

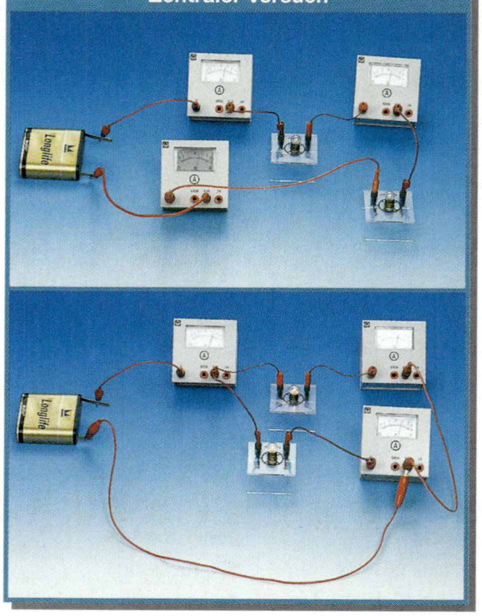

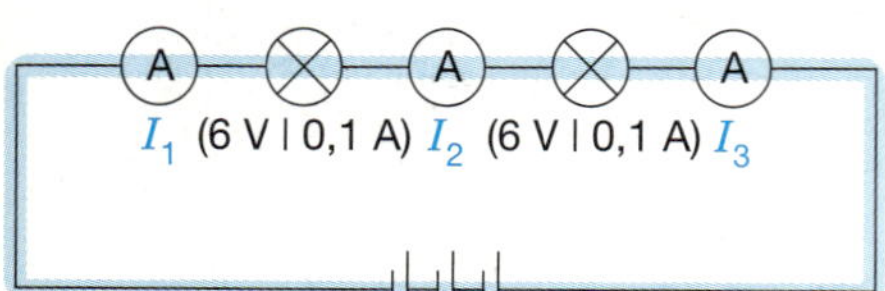

Daraus schließen wir, dass die Portionen von Elektronen gleichmäßig durch den Stromkreis geschoben werden. An allen Stellen fließen gleich viel Elektronen pro Sekunde an einer Stelle vorbei. Es gehen auch keine Elektronen verloren.

Werden mehrere Geräte hintereinander geschaltet, so wird der Elektronenstrom bei gleichem Antrieb mehrmals, also stärker gehemmt; die Messinstrumente zeigen eine geringere Stromstärke an als bei nur einer Lampe.

In einer Reihenschaltung ist die elektrische Stromstärke an allen Stellen gleich groß: $I_1 = I_2 = I_3$

Parallelschaltung

Werden die beiden Lampen parallel an die Batterie angeschlossen, so leuchten beide genau so hell wie die einzelne Lampe. Die Stromstärke müsste jeweils 0,1 A betragen. Dies zeigen auch die beiden Messgeräte an.

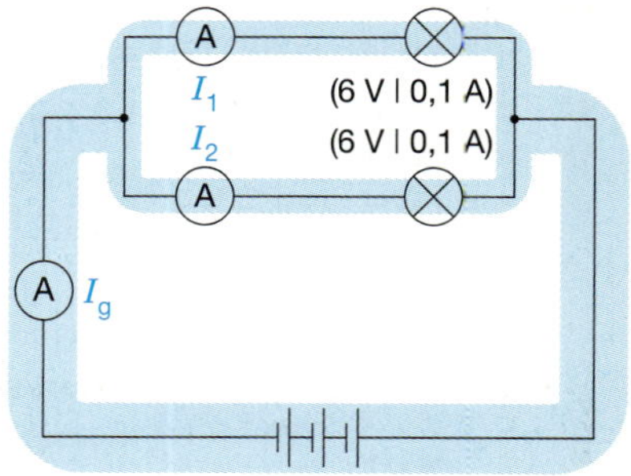

Die Stromstärke vor der Verzweigung muss so groß sein wie die Stromstärken in den beiden Zweigen zusammen, da die Elektronen sich am Verzweigungspunkt teilen und keine Elektronen verloren gehen. Die Stromstärke nach der Vereinigung müsste die Summe aus den beiden Teilströmen sein. Denn die Elektronenströme kommen an diesem Punkt wieder zusammen und fließen gemeinsam weiter. Tatsächlich messen wir davor und dahinter 0,2 A.

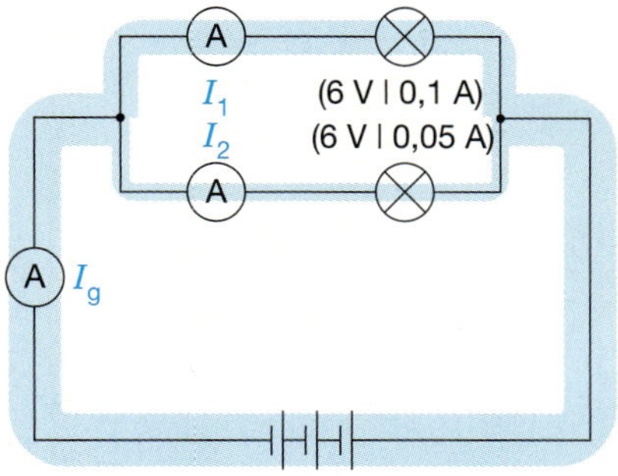

Welche Stromstärken werden gemessen, wenn unterschiedliche Lampen parallel liegen?
Bei den Teilstromstärken 0,1 A und 0,05 A wird eine Gesamtstromstärke von 0,15 A gemessen. Die Gesamtstromstärke ist auch hier gleich der Summe der Teilstromstärken.

Am Verzweigungspunkt teilt sich der Elektronenstrom auf. Ein Teil fließt über den einen, der zweite über den anderen Zweig. Die Messung der Stromstärke zeigt, dass auch hier keine Elektronen verloren gehen. Die Anzahl der bewegten Elektronen pro Sekunde vor und nach der Verzweigung ist gleich, da die Gesamtstromstärke gleich der Summe der Teilstromstärken ist. Da zwei Wege für die Elektronen zur Verfügung stehen, ist die „Hemmung" kleiner, es können insgesamt mehr Elektronen bei gleichem Antrieb bewegt werden als bei nur einem Weg (unverzweigter Stromkreis). Durch Parallelschalten von Elektrogeräten wird die Gesamtstromstärke vergrößert.

> In einer Parallelschaltung ist die elektrische Stromstärke I_g vor und nach den Verzweigungen gleich der Summe der Teilstromstärken I_1 und I_2:
> $I_g = I_1 + I_2$

Jetzt verstehen wir, wie unterschiedliche Heizstufen bei einem Föhn erreicht werden können: Es werden zwei gleiche Heizwendeln verwendet. Die Gesamtstromstärke I_g ist bei Heizstufe 2: $I_1 + I_1 = 2\ I_1$. Im Vergleich zur Heizstufe 1 wird die doppelte Stromstärke gemessen. Es wird die doppelte Wärmeenergie abgegeben. Der Luftstrom wird stärker erwärmt.

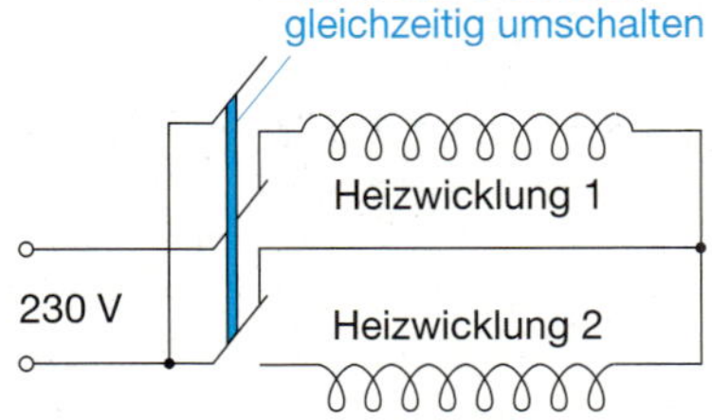

Aufgaben

1 Das Messgerät 1 zeigt 0,2 A an. Welche Werte zeigen die Messgeräte 2 und 3 an?

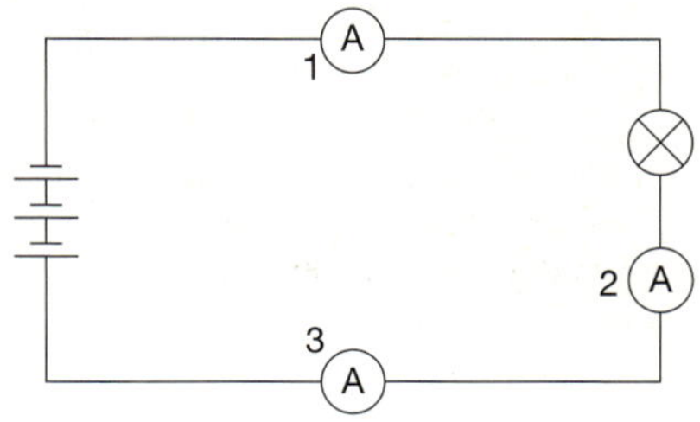

2 **a)** Der Motor einer Küchenmaschine (0,4 A) und eine Kaffeemaschine (2,5 A) sind parallel geschaltet. Wie groß ist die Gesamtstromstärke an der gemeinsamen Steckdose?
b) Fertige eine Schaltskizze an.

3 Die Weihnachtsbaumbeleuchtung besteht aus zwölf in Reihe geschalteten Kerzen. Durch die erste Kerze fließt ein elektrischer Strom von 0,1 A. Wie groß ist die Stromstärke durch die elfte Kerze? Begründe.

4 Zeichne die Schaltskizze für eine dritte mögliche Heizstufe des Föhns bei Nutzung zweier gleicher Wendeln (Reihenschaltung der Wendeln). Wird der Luftstrom dabei stärker oder schwächer erwärmt als durch Heizstufe 1? Begründe.

Rechenbeispiel

1. An den Strommessern werden die angegebenen Stromstärken gemessen. Welche Stromstärke wird vom Messgerät 3 (I_3) angezeigt?

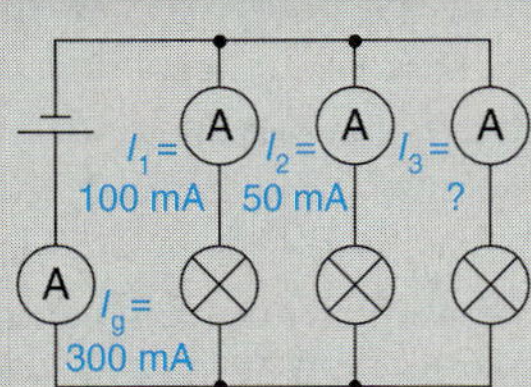

Lösung:
Im verzweigten Stromkreis gilt $I_g = I_1 + I_2 + I_3$.
Da I_g, I_1, I_2 bekannt sind, ist die Formel nach I_3 umzustellen: $I_g - I_1 - I_2 = I_3$

$I_3 = 300\ mA - 100\ mA - 50\ mA = 150\ mA$

Das Messgerät zeigt die elektrische Stromstärke von 150 mA an.

2. In einem Stromkreis wird eine Glühlampe betrieben. Mit einem Strommesser wird die elektrische Stromstärke vor der Glühlampe am Messgerät 1 gemessen. Wie groß ist sie nach der Glühlampe?

Geg.: $I_1 = 100\ mA$
Ges.: I_2

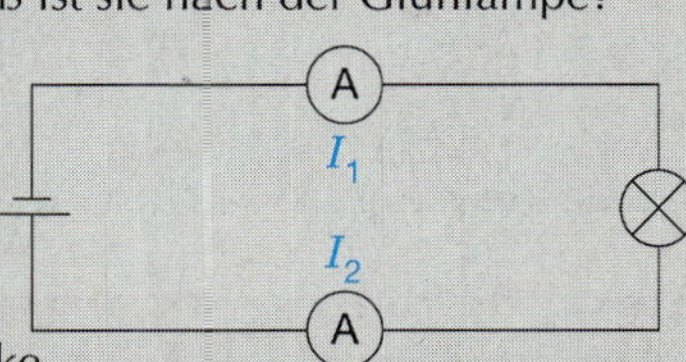

Lösung:
Es gilt $I_1 = I_2$, denn die Stromstärke ist im unverzweigten Stromkreis an allen Stellen gleich: $I_2 = 100\ mA$

Nach der Glühlampe werden ebenfalls 100 mA gemessen.

Streifzug

Reihen- und Parallelschaltung im Haushalt

Halogenleuchten

In vielen Wohnungen, in Bildergalerien oder in Wartezimmern werden Halogenleuchten verwendet. Damit sind besondere Effekte zu erzielen.

Betrachten wir diese Leuchten genauer, so erkennen wir, dass die einzelnen Lampen zwischen dicken Drähten aufgehängt sind. Schließt man eine einzelne 12 V-Lampe an eine elektrische Quelle von 12 V an, so leuchtet die Lampe und es wird eine Stromstärke von 3 A gemessen.

Dem Aufbau der kompletten Leuchte ist zu entnehmen, dass alle Lampen parallel geschaltet sind. Zu- und Rückleitung sind jeweils die Aufhängungsdrähte oder die gebogenen Metallrohre der Leuchte.
Schalten wir vier Lampen an, so fließt durch jede einzelne ein Strom von 3 A. Da die Gesamtstromstärke im verzweigten Stromkreis gleich der Summe der Einzelstromstärken ist, ergibt sich eine Gesamtstromstärke von
$4 \cdot 3\ \text{A} = 12\ \text{A}$.
Damit die Leitungen sich nicht zu stark erwärmen, müssen sie einen großen Querschnitt haben.

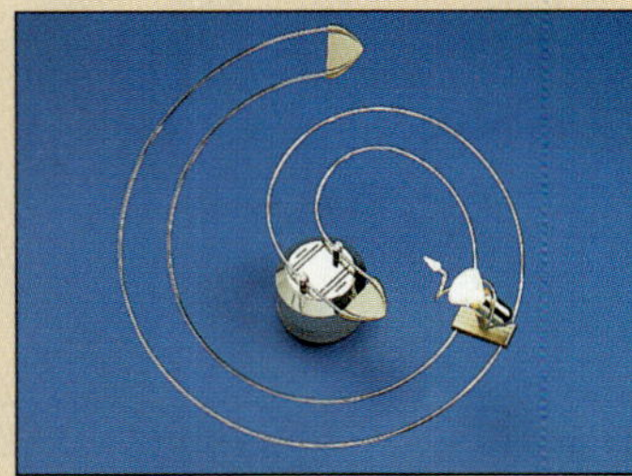

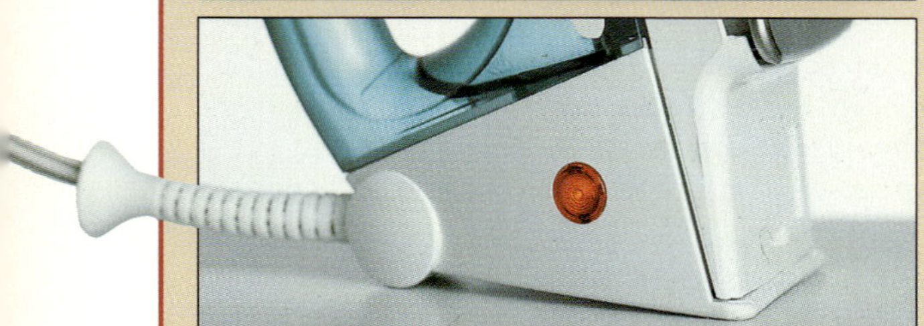

Die Signallampe am Bügeleisen

Wird der Strom, der durch ein Bügeleisen fließt, gemessen, so zeigt das Messgerät z. B. 1 A an. Die rote Signallampe (6 V), die den Betriebszustand anzeigt (Bügeleisen angeschaltet), brennt aber bei Stromstärken über 0,1 A durch. Wie kann sie trotzdem im Bügeleisen Verwendung finden?

Folgende Schaltung kann dieses Problem lösen: Der für die Heizwendel notwendige Strom wird geteilt, indem die Signallampe zu einem Teil der Heizwendel parallel geschaltet wird. Dieser Teil wird dabei so gewählt, dass durch die Signallampe gerade die für die normale Helligkeit notwendige Stromstärke fließt.

Damit durch die Glühlampe nur 0,1 A fließen, müssen durch den Heizwendelabschnitt 0,9 A fließen:
$I_g - I_1 = I_2 = 1\ \text{A} - 0{,}1\ \text{A} = 0{,}9\ \text{A}$.
Auf diese Weise kann eine 6 V-Lampe in einem Stromkreis von 230 V betrieben werden.

Jedes Mal, wenn das Bügeleisen aufgeheizt wird, leuchtet die Lampe. Über einen Bimetallschalter wird die Temperatur geregelt, die vorher eingestellt wurde.

Aufgaben

1 Funktioniert das Bügeleisen noch, wenn die Signallampe durchgebrannt ist? Begründe.
2 Welche Bedeutung hat die Signallampe für den Bügelnden?

Stromstärke und Schaltungen

Versuche und Aufträge

V1 Schließe an eine elektrische Quelle nacheinander mehrere gleiche Glühlampen an. Nutze deine selbst gebauten Experimentiergeräte von früher.

a) Beobachte.

b) Erkläre deine Beobachtung.

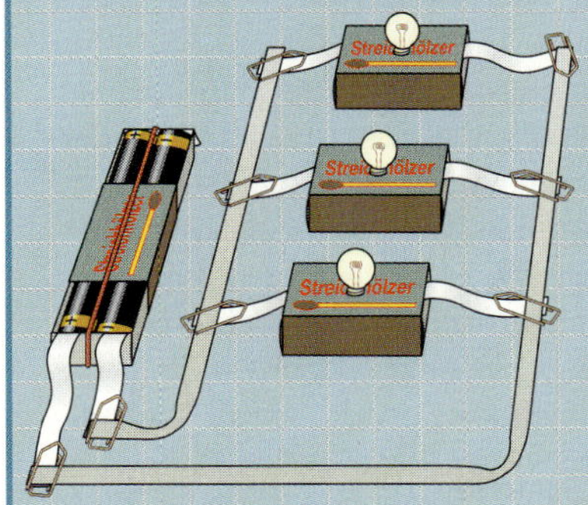

V2 Untersuche die Glühlampen, die in einer Fahrradbeleuchtung Verwendung finden.

a) Schließe die Lampen einzeln an eine Batterie an. Beobachte die Helligkeit.

b) Für die Scheinwerferlampe wird eine Stromstärke von 0,3 A und für die Rücklichtlampe von 0,1 A angegeben. Welche Gesamtstromstärke muss von dem Dynamo geliefert werden, wenn beide Lampen mit voller Helligkeit leuchten sollen?

c) Baue die Schaltung nach und beobachte wieder die Helligkeit.

V3 Schalte die Rücklichtlampe und die Scheinwerferlampe in Reihe. Was beobachtest du? Erkläre.

V4 Baue ein Strommessgerät. Wickele dazu aus dünnem Kupferdraht (∅ = 0,4 mm) über eine leere Hülse (Pappe auf Bleistift gerollt und geklebt) eine Spule von 200 Windungen (Länge: 10 mm). Wickele dann eine Feder aus dem vierfach gelegten Kupferdraht auf einen Bleistift mit zehn Wicklungen. Das ergibt eine „weiche" Feder. Hänge an diese eine M5 Eisenschraube und lasse sie zu einem Drittel in die Spule eintauchen.

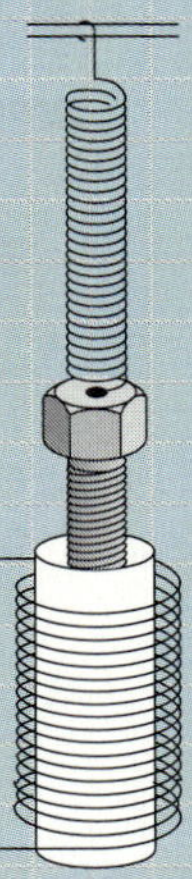

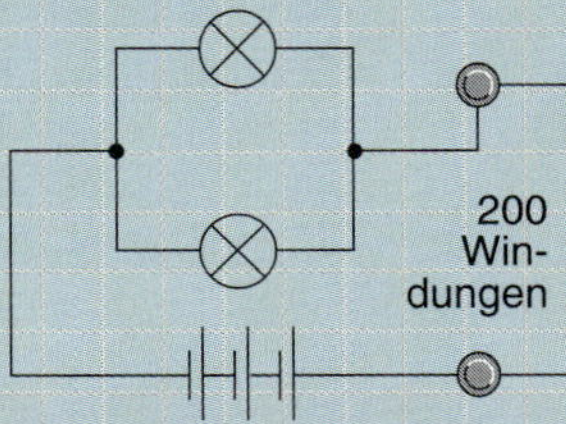

a) Die Spule wird in Reihe mit parallel geschalteten Glühlampen (0,2 A bzw. 0,3 A) gelegt. Beobachte die Schraube, wenn unterschiedliche Lampen leuchten.

b) Beschreibe und begründe.

V5 Nimm die Spule mit 200 Windungen aus V4.

a) Schalte sie in Reihe mit einer Glühlampe. Vergleiche die Helligkeit mit und ohne Spule.

b) Schalte die Spule parallel zur Lampe. Vergleiche wieder die Helligkeit. Nutze die magnetische Wirkung als Stromstärkenanzeige.

c) Erkläre.

V6 Baue die folgende Schaltung auf.

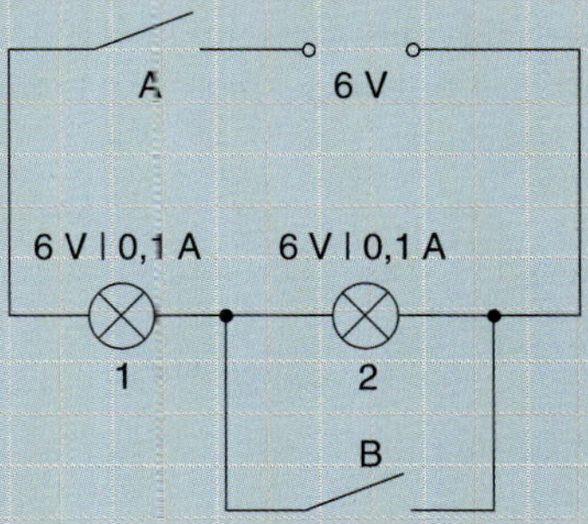

a) Überlege, wie die Helligkeit der Lampen 1 und 2 beim Schließen des Schalters A sein wird. Begründe. Überprüfe.

b) Ändert sich die Helligkeit, wenn zusätzlich der Schalter B geschlossen wird? Begründe. Überprüfe.

V7 Baue die unten dargestellte Anordnung auf. Wickle dir dazu Spulen aus Kupferdraht (∅ = 0,8 mm) mit 50, 20 und 10 Windungen.

a) Prüfe, wie sich die Lage des Wägestücks ändert, wenn nacheinander die Spulen 1, 2, 3 parallel in den Stromkreis geschaltet werden.

Achtung: Bei Flachbatterie nur kurz Stromkreis schließen!

b) Diese Anordnung kann zur Messung der Stromstärke genutzt werden. Das technische Gerät heißt Hitzdrahtmessinstrument. Begründe diesen Namen.

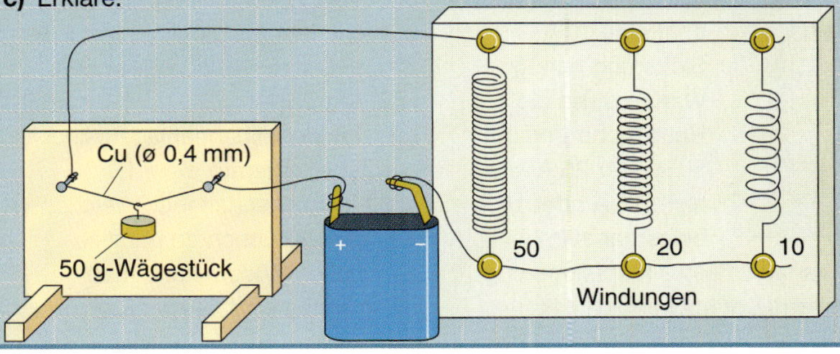

Streifzug

Belastbarkeit von Stromkreisen

In unseren Haushalten werden immer mehr elektrische Geräte eingesetzt, die uns das Leben erleichtern oder unser Informations- und Unterhaltungsbedürfnis befriedigen sollen. Alle benötigen elektrische Energie.

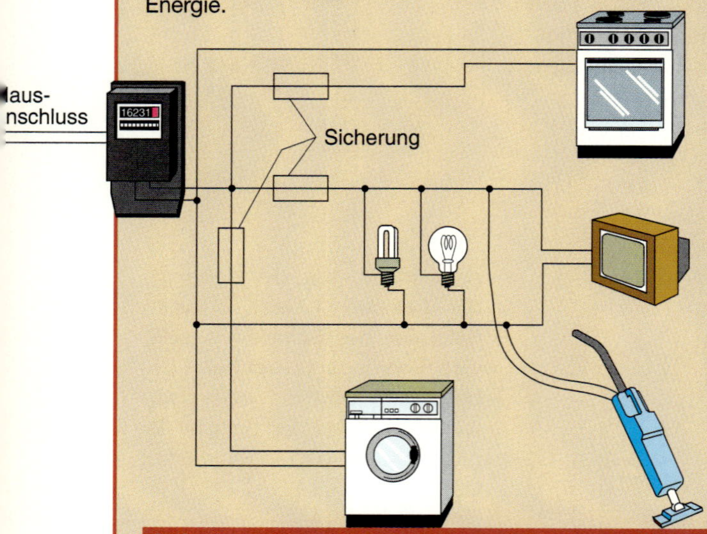

Die Schaltung der Steckdosen und Lampen in unseren Haushalten sind Parallelschaltungen.
Wenn also viele elektrische Geräte angeschlossen sind, können in den gemeinsamen Zuleitungen sehr hohe Stromstärken auftreten. Wir wissen aber auch, dass bei großen Stromstärken die Wärmeentwicklung in den Leitungen sehr beträchtlich sein kann.

Um Brände zu vermeiden, werden die Hausanlagen mit Sicherungen versehen, die bei Überschreiten der zulässigen elektrischen Stromstärke den Stromkreis unterbrechen. Früher genügte eine Absicherung mit 6 A. So waren auch die Leitungen ausgelegt, d. h. relativ dünne Leitungen reichten aus. Heute benötigen Geräte wie Waschmaschinen oder Herde große Stromstärken. Sie haben daher einen eigenen Stromkreis und sind in der Regel mit 16 A abgesichert. Deshalb sind in jeder Wohnung mehrere Stromkreise installiert, die einzeln abgesichert sind.

Aufgaben

1 Die Sicherungen in den Wohnungen und Häusern haben verschiedene Aufschriften, z. B. 10 A, 16 A, 25 A usw. Das bedeutet, dass der Stromkreis unterbrochen wird, wenn die Gesamtstromstärke diesen Wert überschreitet. Begründe, warum der Stromkreis für den Elektroofen mit mindestens 16 A abgesichert ist, für das Wohnzimmer aber eine 10 A-Sicherung genügt. Warum muss die Hauptsicherung mit 50 A oder 25 A und nicht 16 A oder 10 A belastbar sein? Warum ist eine Hauptsicherung überhaupt notwendig?

2 In einer Wohnung sind an einen Stromkreis eine Sparlampe (0,1 A), eine Halogenlampe (1,2 A), ein Kühlschrank (0,2 A) und ein Fernsehapparat (0,8 A) angeschlossen. Der Stromkreis ist mit 10 A abgesichert. Kann man noch einen Staubsauger (5 A) betreiben, ohne dass die Sicherung anspricht? Begründe.

3 An einem Stromkreis ist eine elektrische Doppelkochplatte angeschlossen, die eine Stromstärke von 12 A benötigt. Es soll noch ein Toaster an diesen Stromkreis angeschlossen werden, der 5 A braucht. Ist dies möglich, wenn der Stromkreis mit 16 A abgesichert ist? Begründe.

4 Bei Modellbahnanlagen sind die Zubehörgeräte wie z. B. elektrisch zu schaltende Weichen, Signale und Leuchten parallel geschaltet. Warum kann man nicht unbegrenzt Glühlampen für Beleuchtungszwecke anschließen, wenn die elektrische Quelle mit einer Höchststromstärke von 1,2 A belastet werden darf? Begründe.

5 In der abgebildeten Schaltung sind eine Glimmlampe und ein Motor in Reihe geschaltet. Schließt man den Motor direkt an eine Spannung von 230 V an, so fließt eine Stromstärke von 0,5 A. Die Glimmlampe leuchtet bei 10 mA. Was zeigt das Strommessgerät bei geöffnetem Schalter und leuchtender Glimmlampe? Was passiert, wenn der Schalter geschlossen wird? Begründe.

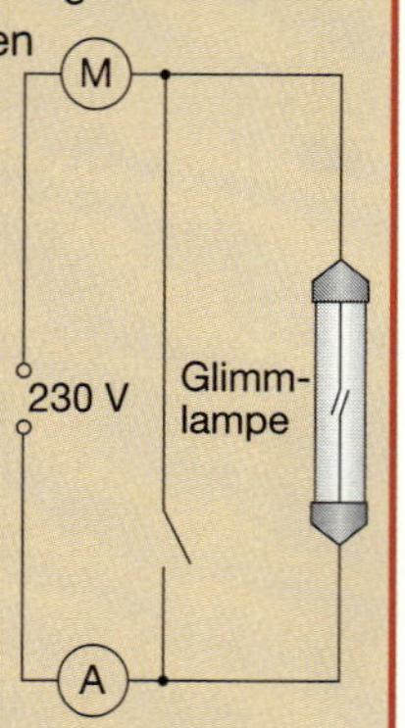

Batterien und Akkumulatoren

Streifzug

Überall brauchen wir Batterien, um verschiedene Geräte elektrisch zu betreiben. Doch sie haben nur eine begrenzte Nutzungsdauer. Je nachdem, welche elektrischen Stromstärken auftreten, sind sie nach kürzerer oder längerer Zeit „leer“. Die gespeicherte chemische Energie ist zunächst in elektrische und dann in andere Energieformen umgewandelt worden. Schalten wir z. B. die Taschenlampe nicht aus, so sind die Batterien nach wenigen Stunden „leer“.

Die Batterien unterscheiden sich im Aussehen, in ihrer Spannung und in der so genannten Batterie-Kapazität. Sie wird in Amperestunden (Ah) angegeben.

Batterietyp	Spannung	Kapazität	max. Strom
Flach	4,5 V	1,5 Ah	2 A
Stab	3 V	0,4 Ah	1,5 A
Mono	1,5 V	5 Ah	5 A
Mignon	1,5 V	0,6 Ah	2 A
Block	9 V	0,25 Ah	0,4 A
LR 43 Knopf	1,5 V	80 mAh	
CR 1616 Knopf	3 V	50 mAh	

Was sagt diese Größe aus? Sie gibt an, wie viele Stunden die volle Stromstärke bei der angegebenen Spannung zur Verfügung steht. Die Angabe der Kapazität einer Batterie erlaubt Aussagen über die in der Batterie gespeicherte Energie.

In der Tabelle sind die Kenngrößen verschiedener Batterien angegeben. So kann man beispielsweise mit einer Flachbatterie eine helle Lampe (4 V | 0,3 A) fünf Stunden, eine schwächer leuchtende Lampe (4 V | 0,1 A) 15 Stunden lang betreiben. Eine kleine Taschenlampe (0,3 A) kann mit einer Mignon-Zelle nur zwei Stunden leuchten, mit einer Mono-Batterie mehr als 13 Stunden. Für die Berechnung gilt:

Betriebszeit = Kapazität : Stromstärke

Das Laden von Akkumulatoren

Für die Herstellung neuer Batterien werden wertvolle Rohstoffe benötigt. Diesen Bedarf kann man vermindern, wenn man Akkumulatoren verwendet. Sie haben den Vorteil, dass sie im Vergleich zu Batterien mehrfach verwendbar sind. Dazu wird ihnen nach dem Gebrauch wieder Energie zugeführt, die Kapazität wird wieder auf den „vollen“ Wert gebracht. So können wir diese elektrischen Quellen länger nutzen. Dies spart nicht nur Geld, sondern entlastet auch sehr die Umwelt. Es fällt weniger „Sondermüll“ an.

Akkumulatoren lädt man, indem eine elektrische Quelle mit der Nennspannung des Akkus angeschlossen wird. Dadurch kann elektrische Energie im Akkumulator in chemische Energie gewandelt und als solche gespeichert werden. Der Akku wird wieder zu einer elektrischen Quelle. Ist schließlich die Spannung am Akku genau so groß wie am Ladegerät, so fließt kein Strom mehr; es erfolgt auch kein Energietransport mehr. Der Akkumulator ist aufgeladen.

NiCd Akku (Micro)	1,2 V	180 mAh
NC Akku (Mignon)	1,2 V	1000 mAh
Bleiakku	6 V	3,4 Ah
NiMH-Akku	9 V	120 mAh

Die Ladegeräte haben unterschiedliche Ladestromstärken, deshalb kann der Akku schnell oder „normal“ aufgeladen werden. So kann der NiCd Akku von 1,2 V mit einer Kapazität von 180 mAh in 18 Stunden mit einer Stromstärke von 10 mA sehr schonend geladen werden.

„Verbrauchte“ Batterien bzw. Akkus müssen entsorgt werden, sie gehören nicht in den normalen Müll. Sie werden gesondert gesammelt.

Die elektrische Spannung

In Walkman, CD-Player oder Mobiltelefon sind Batterien oder Akkus die Lieferanten der benötigten elektrischen Energie. Je nach Gerät haben die Quellen eine Spannung von 1,5 V; 4,5 V oder 9 V.

Wie erzeugen die elektrischen Quellen den Antrieb für die Elektronen?
Wie kommt es zu den unterschiedlichen Spannungswerten der Quellen?

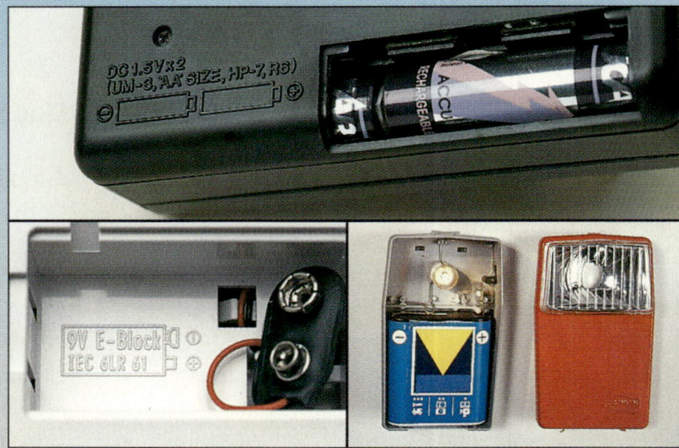

Die Einheit der Spannung

Damit der elektrische Strom in einem Gerät die gewünschte Wirkung erzielen kann, müssen die Elektronen von der Quelle durch den Stromkreis und das Gerät „gepumpt" werden. Am Minuspol der Quelle treten dabei laufend Elektronen aus der Quelle in den Leiter über, am Pluspol kehren sie in die Quelle zurück. Durch welche Vorgänge werden die Elektronen von Batterien oder Akkus angetrieben?

Zentraler Versuch

Einen Hinweis gibt uns die Tatsache, dass „verbrauchte" Batterien nicht einfach in den Hausmüll geworfen werden dürfen, sondern gesondert entsorgt werden müssen, da sie umweltschädliche Chemikalien enthalten. Gibt es so etwas wie die Umkehrung der chemischen Stromwirkung – dass also eine chemische Reaktion einen elektrischen Strom bewirkt?

Die erste Entdeckung in dieser Richtung machte LUIGI GALVANI (1737–1798) am Ende des 18. Jahrhunderts. Ihm zu Ehren wurden die Vorläufer unserer heutigen Monozellen *galvanische Elemente* genannt. Endgültig geklärt wurden die Vorgänge durch seinen Landsmann ALESSANDRO VOLTA (1745–1827). Er machte im Prinzip den oben dargestellten Versuch:
Werden eine Zink- und eine Kupferelektrode in eine leitende Flüssigkeit (Elektrolyt) getaucht und ein Elektrogerät, z. B. ein Lämpchen angeschlossen, so leuchtet es. Offensichtlich fließt ein elektrischer Strom.

Beim Kontakt der beiden Metalle mit dem Elektrolyt werden durch chemische Reaktionen unterschiedlich viele Elektronen in den Metallen zurückgelassen. Es gilt:

- Je unedler ein Metall ist, desto größer ist seine Neigung, positive Ionen zu bilden, die in den Elektrolyt übergehen; die entstehenden Elektronen bleiben im Metall.

Weil Zink unedler ist als Kupfer, werden in der Zinkplatte mehr Elektronen freigesetzt als in der Kupferplatte. Die Zinkelektrode hat also Elektronenüberschuss im Vergleich zur Kupferelektrode. Deshalb wird das Zink zum Minuspol, das Kupfer zum Pluspol.

Welche Spannung sich zwischen zwei Elektroden einstellt, hängt von deren Material ab. Aus allen Möglichkeiten wurde die Kombination Kupfer-Zink als „Normalelement" und die zwischen ihnen entstehende Spannung als Einheitswert **1 Volt** festgelegt.

Heutige Monozellen (z. B. in Taschenlampen) bestehen aus einer Zink- und einer Kohleelektrode mit einem Elektrolyt dazwischen; sie haben eine Spannung von 1,5 V.

Elektrische Quellen im Verbund

Die handelsüblichen Monozellen haben Nennspannungen von 1,5 V. Sie unterscheiden sich lediglich durch ihre äußere Form. Was ist zu tun, wenn eines der Elektrogeräte einen Antrieb von 4,5 V benötigt? Auch dafür gibt es Batterien, die bekannten Flachbatterien. Untersucht man sie, so stellt man fest, dass sie eine Kombination mehrerer Monozellen sind.
Zwei oder mehrere Elektrogeräte (z. B. Glühlampen) können parallel oder in Reihe an eine elektrische Quelle angeschlossen werden. Lassen sich auch Monozellen in Reihen- oder in Parallelschaltung miteinander verbinden und ändert das den Antrieb der Elektronen?

Zentraler Versuch

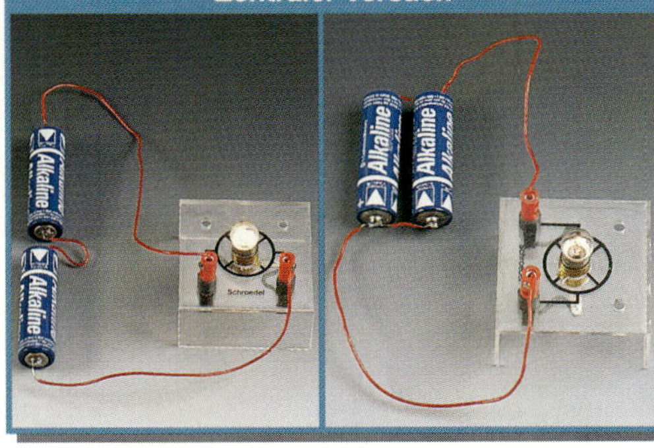

Reihenschaltung

Werden Monozellen so hintereinander geschaltet, dass der Pluspol der ersten mit dem Minuspol der zweiten Zelle verbunden wird und deren Pluspol mit dem Minuspol der dritten usw., so durchfließen die Elektronen jede Zelle und gelangen dann erst in den angeschlossenen Stromkreis. Dabei werden sie von jeder Zelle erneut angetrieben. Bei vier hintereinander geschalteten Zellen erhalten sie den vierfachen Antrieb im Vergleich zu einer. Die Gesamtspannung beträgt dann 4 · 1,5 V = 6 V.

Das Bild links zeigt, dass eine handelsübliche Flachbatterie (Nennspannung 4,5 V) aus einer Reihenschaltung dreier Monozellen mit je 1,5 V besteht. Entsprechendes gilt für die Starterbatterien von Autos, die meist 12 V haben.

Parallelschaltung

Bei einer Parallelschaltung von Monozellen fließen die Elektronen jeweils nur aus einer Zelle heraus. Sie erhalten dadurch auch nur den Antrieb dieser einen Zelle.

Dennoch kann eine Parallelschaltung von Batterien Sinn machen: Um ein Elektrogerät zu betreiben, ist ein bestimmter Elektronenstrom nötig. Bei einer Parallelschaltung muss jede der Monozellen nur einen Teil der insgesamt benötigten Elektronen liefern. Deshalb können sie den Antrieb für die Elektronen über längere Zeit aufrecht erhalten.

Die Erzeugung elektrischer Energie durch chemische Prozesse ist nur eine von mehreren Möglichkeiten. Es gibt auch andere elektrische Quellen (E-Werk, Solarzellen), die die Energie durch andere Vorgänge erzeugen. Wir werden sie später noch kennenlernen.

> Die Gesamtspannung bei einer Reihenschaltung von Monozellen ist die Summe der Einzelspannungen.

> Parallel geschaltetet Monozellen haben die gleiche Spannung wie eine Monozelle.

Definition / Einheiten

Spannung

Die Einheit ist 1 V (Volt).
Das Formelzeichen ist *U*.

Weitere Einheiten:

Millivolt:	1 mV	$= \frac{1}{1000}$ V	
Mikrovolt:	1 µV	$= \frac{1}{1000}$ mV	$= \frac{1}{1\,000\,000}$ V
Kilovolt:	1 kV	= 1000 V	
Megavolt:	1 MV	= 1000 kV	= 1 000 000 V

Aufgaben

1 Was geschieht, wenn ein 3,5 V-Lämpchen an
a) eine 1,5 V-Monozelle
b) eine 9 V-Blockbatterie
angeschlossen wird?

2 In das Batteriefach eines CD-Players werden vier Monozellen eingelegt. Versehentlich wird eine Monozelle falsch herum eingesetzt.
a) Warum funktioniert der CD-Player nicht richtig?
b) Wie hoch ist die Gesamtspannung an den Buchsen des Batteriefachs?

Energiewandler

Batterien und andere elektrische Quellen liefern den Antrieb für die Elektronen im Stromkreis. Wird der Stromkreis durch ein Elektrogerät geschlossen, so strömen die Elektronen im Kreis und transportieren elektrische Energie von der Quelle zum Gerät. Bei Batterien oder Akkus wurde die Energie vorher in Form von chemischer Energie gespeichert. Beim Fahrraddynamo stammt die Energie aus der Bewegung des Rades.

Elektrische Quellen sind also **Wandler** bestimmter Energieformen in elektrische Energie.

Durch die Energieabgabe zersetzen sich die Elektroden einer Batterie im Laufe der Zeit. Wenn die Elektroden aufgelöst sind, ist kein Antrieb für die Elektronen mehr möglich. Umgangssprachlich sagt man „Die Batterie ist leer." – was richtig ist, wenn man die zuvor in ihr gespeicherte Energie meint.

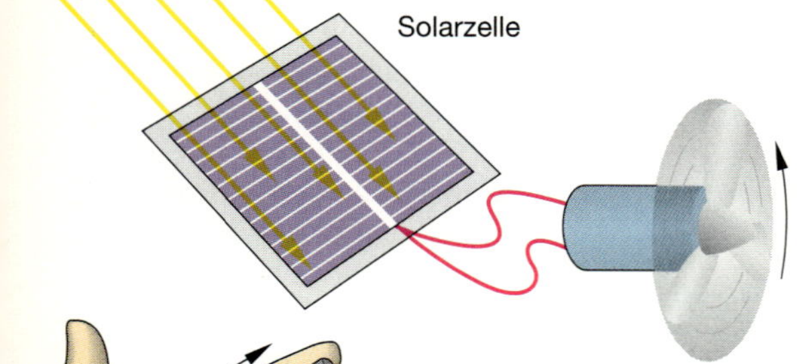

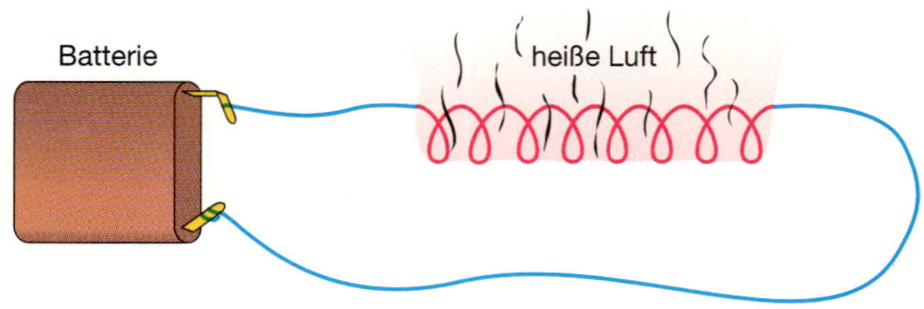

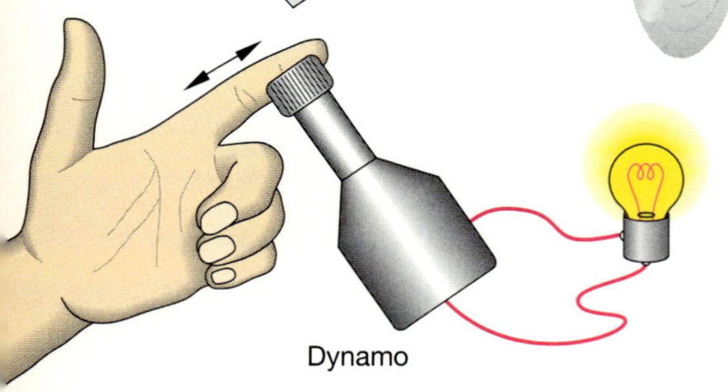

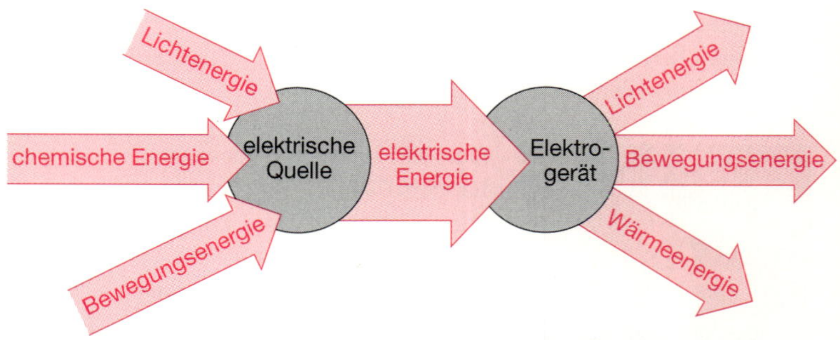

Jede elektrische Quelle ist ein Energiewandler. Sie wandelt Lichtenergie, chemische Energie oder Bewegungsenergie in elektrische Energie um.

Energiebilanz

Bei fast allen elektrischen Geräten tritt bei der Umwandlung elektrischer Energie in die gewünschte Energieform immer auch Wärmeenergie auf. Dies ist in den meisten Fällen wie bei einem Ventilator oder bei einer Glühlampe unerwünscht, denn an dieser Energie ist man nicht interessiert; sie kann auch später nicht mehr genutzt werden. Wegen der entstehenden Wärmeenergie ist die nutzbare Energie immer geringer als die tatsächlich zugeführte Energie.

Wie viel der aufgewendeten Energie in die gewünschte Energieform umgewandelt wird, gibt der **Wirkungsgrad** an. Er ist der Quotient aus nutzbarer und zugeführter Energie, also eine Zahl ≤ 1, die oft auch in Prozent ($\leq 100\,\%$) angegeben wird.

Keine Quelle oder Elektrogerät hat einen Wirkungsgrad von etwa 1; bei allen Umwandlungen geht Energie „verloren". Die Tabelle rechts gibt einige Beispiele.

Wandler	Wirkungsgrad
Fahrraddynamo	0,5
Solarzelle	0,005 – 0,15
Kraftwerksgenerator	0,95
E-Motor	0,75 – 0,9
Glühlampe	0,05
Energiesparlampe	0,15

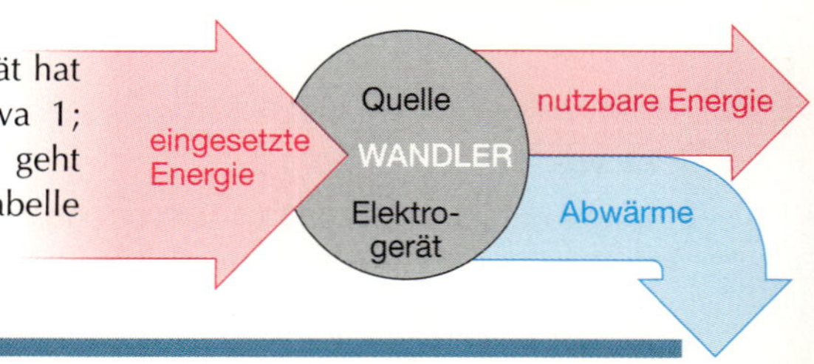

Von der Voltasäule zur Brennstoffzelle

Streifzug

Die erste Batterie wurde von ALESSANDRO VOLTA (1745–1827) gebaut. Er griff dabei auf eine Entdeckung LUIGI GALVANIS (1737–1798) zurück. Auf verschiedene Weisen brachte dieser zwei unterschiedliche Metalle mit tierischem Gewebe zusammen. Ihm fiel auf, dass die Glieder der toten Tiere zu zucken begannen. Chemische Stoffe in den Nerven und Muskeln lösen bei Berührung mit zwei unterschiedlichen Metallen elektrochemische Reaktionen aus. Aus diesen Erkenntnissen entstand die erste elektrische Zelle, das **galvanische Element.** VOLTA benutzte bei seiner Entwicklung der ersten Batterie drei Scheiben aus Zink, Pappe bzw. Leder und Kupfer. Die Pappe war mit einer Salzlösung getränkt. Bei der dabei ablaufenden chemischen Reaktion gibt die Kupferscheibe Elektronen an die durchtränkte Pappe ab, die von der Zinkscheibe aufgenommen werden.

Alle heute gängigen Zellen oder Batterien haben im Prinzip den gleichen Aufbau wie die Voltasäule. Je nach Verwendungszweck werden allerdings unterschiedliche Elektrodenmaterialien und Elektrolyte verwendet.

Brennstoffzellen

Während heutzutage fast die gesamte elektrische Energie auf dem Umweg über mechanische Energie (Turbinen) gewonnen wird, müssen in Satelliten andere Energiequellen eingesetzt werden. Eine ganz neue Entwicklung sind die Brennstoffzellen.

In ihnen kann chemische Energie mit einem hohen Wirkungsgrad direkt in elektrische Energie umgewandelt werden. Dabei läuft die Reaktion zwischen Wasserstoff und Sauerstoff, die eigentlich explosionsartig erfolgt (Knallgasreaktion), kontrolliert ab. Mit Einsetzen der Reaktion steht die elektrische Energie ohne zeitliche Verzögerung zur Verfügung.

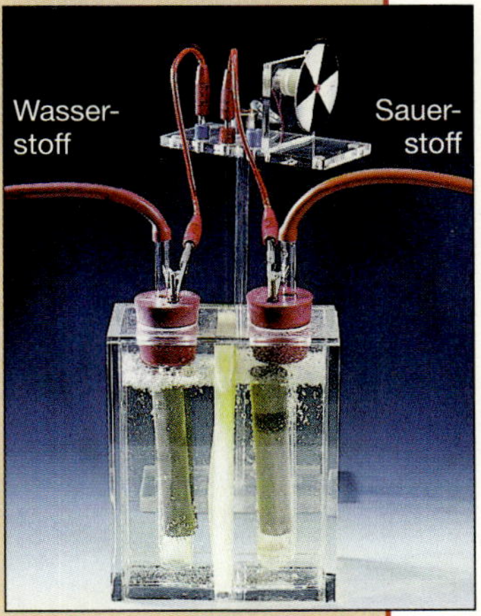

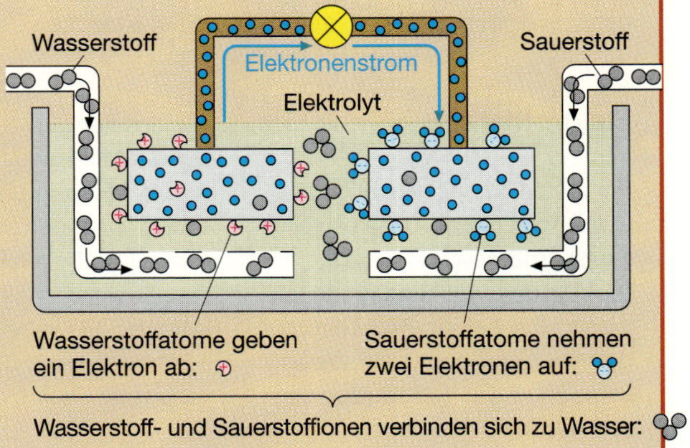

	Zink–Kohle	Alkali–Mangan	Zink–Silberoxid	Lithium	Nickel–Cadmium-Akku
Spannung	1,5 V	1,5 V	1,55 V	3 V	1,2 V
Minuspol	Zink	Zink	Zink	Lithium	Cadmium
Pluspol	Kohle	Mangandioxid	Silberoxid	Mangandioxid	Nickelhydroxid
Elektrolyt	Ammoniumchlorid	Kalilauge	Kalilauge	Lithiumverbindung in organisch. Lösungsmittel	Kalilauge
Eigenschaften	Spannung sinkt bei Belastung allmählich ab; preiswert	auslaufsicher; hohe Leistung; langlebig; teuer	Spannung bleibt sehr lange konstant; sehr langlebig; teuer	sehr lange lagerfähig; Spannung bleibt sehr lange konstant; teuer	wieder aufladbar; erspart hunderte von Monozellen; umweltgefährdend wegen Schwermetallen
Verwendung	Radios, Taschenlampen, Spielzeug	Blitzgeräte, Kameras, Cassettenrecorder	Hörgeräte, Rechner, Kameras	Uhren, Rechner, Herzschrittmacher	Videokameras, Werkzeug, Blitzgeräte

Streifzug

Elektrische Quellen in Natur und Medizin

Elektrische Fische

Im Mittelmeer und im Atlantischen Ozean lebt ein „elektrischer Fisch", der schwarze Zitterrochen. Schwarze Zitterrochen können elektrische Spannungen von 70–220 V erzeugen. Das reicht aus, um andere Fische zu töten oder Menschen zu gefährden. Insgesamt gibt es etwa 200 verschiedene elektrische Fische.

Wie erzeugen die Fische die Spannung?
Die elektrischen Organe sind aus scheibenförmigen, umgewandelten Muskelzellen aufgebaut. Dabei handelt es sich nur um eine Erweiterung der normalen Muskelfunktion. Jedesmal, wenn ein Impuls eine Nervenbahn durchläuft und einen Muskel in Bewegung setzt, ist dies ein elektrischer Vorgang, bei dem ein ganz schwacher Strom mitwirkt. Bei elektrischen Fischen haben manche Muskeln die Fähigkeit sich zusammenzuziehen verloren. Die elektrische „Entladung" geschieht unter Kontrolle des Gehirns und hat wegen der guten Isolierung der Nerven keine Wirkung auf den Fisch selbst.

Obwohl der schwarze Zitterrochen einer der größten Rochen ist (1,8 m Länge), hat er nur ein kleines Maul und sehr kleine Zähne. Er wäre ohne seine elektrischen Fähigkeiten kaum ein erfolgreicher Raubfisch.

Wie beim Zitterrochen wird auch beim Zitteraal, der nur in Südamerika heimisch ist, durch die zu elektrischen Organen umgebildeten Muskeln Spannung erzeugt. Im Gegensatz zu anderen Vertretern elektrischer Fische kann der Zitteraal eine Spannung bis zu 500 V erzeugen. Er kann aber auch Impulse mit geringen Spannungen produzieren, die ihm helfen, sich in den trüben Gewässern des Amazonas ohne Sicht zu orientieren.

Elektrotherapie

Bevor die Menschen überhaupt verstanden haben, dass es elektrische Ströme gibt, wussten sie bereits, dass die Berührung gewisser Fische ein Kribbeln auf der Haut und sogar ein Zusammenziehen der Gliedmaßen hervorrufen kann.

Da elektrische Fische für den Verkauf gefangen wurden, erlitten die Fischer häufig „elektrische Schläge". Die Römer glaubten, dass Zitterrochen eine giftige Substanz absondern, die das Blut gerinnen lässt. Sie verwendeten den Zitterrochen zur Behandlung von Gicht und Kopfschmerzen, indem sie den Fisch gegen die entsprechenden Körperteile drückten.

Die Wirkung elektrischer Ströme auf die Muskulatur wird heutzutage in der Medizin genutzt. Der Herzschlag wird normalerweise von einem Gewebestück in der rechten Herzkammer gesteuert. Das Strom leitende Gewebe, das das Zusammenziehen des Herzmuskels veranlasst, kann defekt sein, was zu Herzrhythmusstörungen oder Herzversagen führt. In solchen Fällen hilft ein **Herzschrittmacher.** Er wird in die Brust eingesetzt und gibt über eine Elektrode elektrische Impulse, deren Takt eingestellt werden kann, an das Herz ab. Das Herz schlägt dann in diesem Rhythmus.

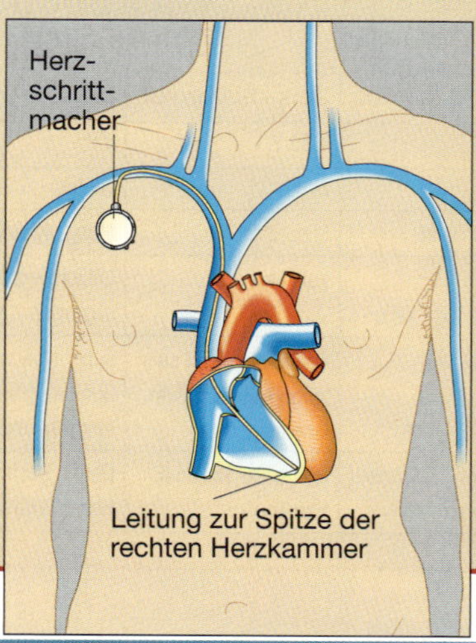

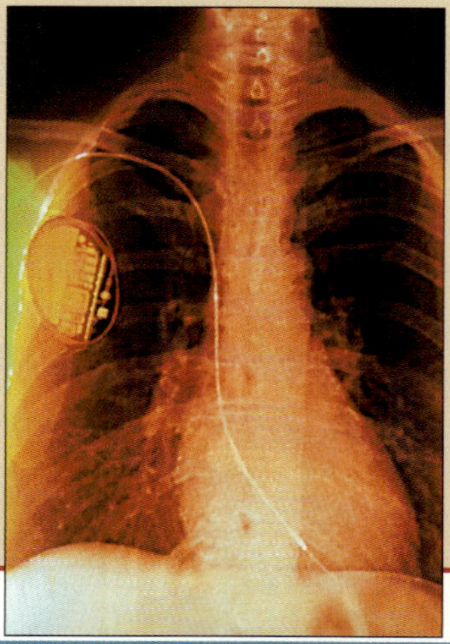

Pinnwand

KONTAKTSPANNUNG

Der Mund als Batterie

Wenn sich zwei verschiedene Metalle berühren, so gehen einige Elektronen aus dem einen Metall in das andere über. Dadurch erhält ein Metall Elektronenüberschuss und wird zu einem Minuspol, das andere Metall hat Elektronenmangel und wird zu einem Pluspol. Zwischen beiden Polen entsteht eine Spannung, die Kontaktspannung.
Eine schmerzliche Begegnung mit der Kontaktspannung erleben Menschen mit plombierten Zähnen oder Goldzähnen, wenn diese mit anderen Metallen z. B. einem Silberlöffel oder dem Aluminium der Verpackung von Schokolade in Berührung kommen. Die Nerven in den Zähnen reagieren auf diese Kontaktspannung und melden einen stechenden Schmerz an das Gehirn.

Das Thermoelement

Werden zwei verschiedene Metalldrähte z. B. aus Kupfer und Konstantan zusammengelötet oder fest miteinander verdrillt, so entsteht zwischen ihren freien Enden eine Kontaktspannung. Ein angeschlossener Spannungsmesser zeigt, dass diese Spannung um so größer wird, je höher die Temperatur der Kontaktstelle gemacht wird: Je Kelvin Temperaturerhöhung etwa 0,06 mV. (Bei anderen Metallkombinationen ergeben sich andere Zahlenwerte.) Ein solches Thermoelement lässt sich technisch nutzen:

- **Temperaturmessung:** Dazu wird ein Thermoelement auf die zu messende Temperatur gebracht, während ein zweites, in Reihe geschaltetes Thermoelement auf einer bekannten Temperatur (z. B. der eines Eis-Wasser-Gemisches) gehalten wird. Aus dem bekannten Zusammenhang zwischen Spannung und Temperatur kann der Temperaturunterschied zwischen den beiden Kontaktstellen ermittelt werden oder ein angeschlossenes Messgerät wird gleich mit einer Kelvinskala versehen.

- Durch Reihen- bzw. Parallelschalten vieler Thermoelemente entsteht ein **Thermogenerator,** der Wärmeenergie in elektrische Energie wandelt. Mit ihm kann z. B. ein Kleinmotor betrieben werden.

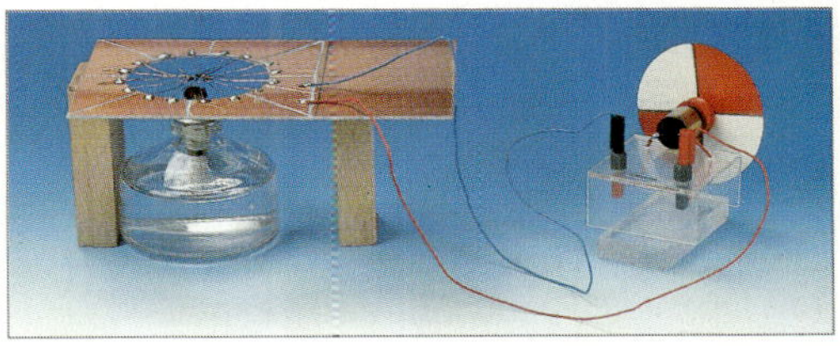

Versuche und Aufträge

Batterie und Batterietester im Eigenbau

V1 Batterie: Fülle ein breites Glas mit Essig als Elektrolyt. Tauche einen Zink- und einen Kupferstreifen hinein. Befestige je ein Kabel an der Kupfer- bzw. Zinkelektrode. Die anderen Kabelenden verbindest du mit den Anschlüssen einer Leuchtdiode oder eines Taschenlampen- oder Fahrrad-Lämpchens. Erkläre die Funktionsweise der Batterie.

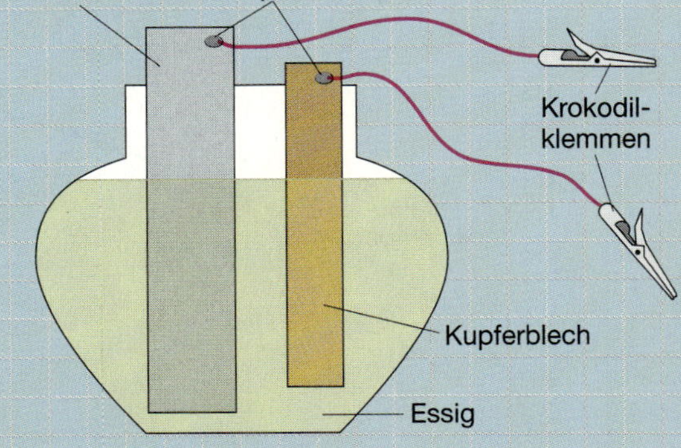

V2 a) Batterietester: Wickle den isolierten Kupferdraht etwa 20 mal um den Taschenkompass. Verbinde dann die Drahtenden mit der selbstgebauten Batterie aus V1. Wie weit wird die Kompassnadel ausgelenkt?
b) Teste auch eine frische und eine ältere Flachbatterie. Vergleiche den Ausschlag der Kompassnadel jeweils. Vergleiche auch mit dem Ausschlag in a).
c) Beschreibe die Funktionsweise des Batterietesters. Welche physikalische Größe prüft er?

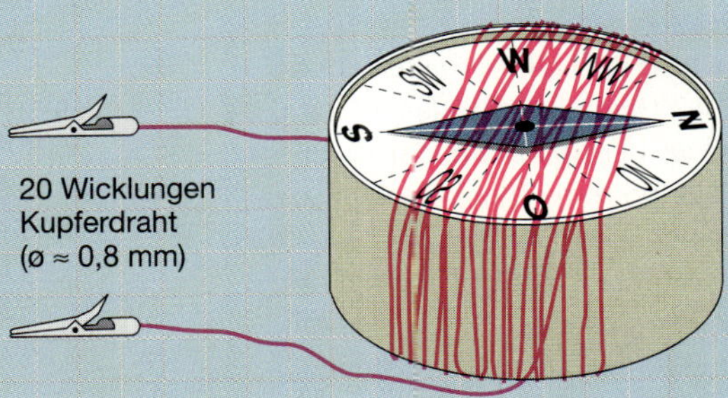

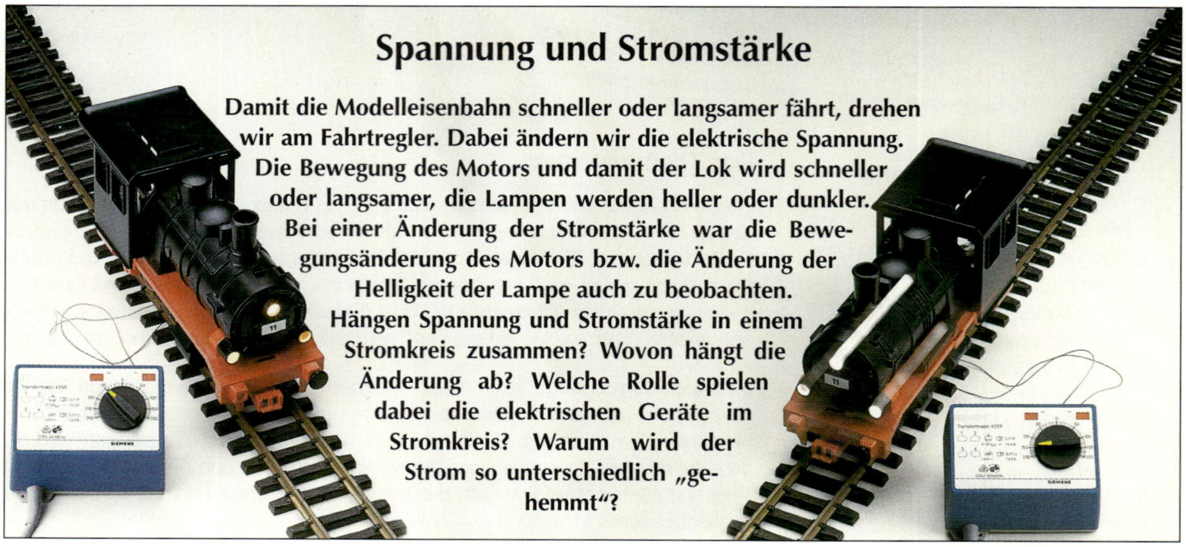

Spannung und Stromstärke

Damit die Modelleisenbahn schneller oder langsamer fährt, drehen wir am Fahrtregler. Dabei ändern wir die elektrische Spannung. Die Bewegung des Motors und damit der Lok wird schneller oder langsamer, die Lampen werden heller oder dunkler. Bei einer Änderung der Stromstärke war die Bewegungsänderung des Motors bzw. die Änderung der Helligkeit der Lampe auch zu beobachten. Hängen Spannung und Stromstärke in einem Stromkreis zusammen? Wovon hängt die Änderung ab? Welche Rolle spielen dabei die elektrischen Geräte im Stromkreis? Warum wird der Strom so unterschiedlich „gehemmt"?

Kennlinien verschiedener Geräte

Elektrische Geräte sind in der Regel so gebaut, dass sie bei einer bestimmten Spannung, der Nennspannung, ihrem Zweck entsprechend funktionieren. Da die Spannung nicht in allen Ländern 230 V beträgt, können wir bei Reisen z. B. unseren Föhn nicht immer nutzen. Es gibt aber auch Geräte, die für geringere Spannungen gebaut sind, z. B. der Türgong, die Modelleisenbahn, der Autostaubsauger, das Blitzlicht des Fotoapparates. Durch Netzgeräte oder Batterien werden die notwendigen Spannungen von z. B. 6 V, 12 V, 18 V zur Verfügung gestellt.

Das jeweilige Gerät arbeitet nur dann einwandfrei, wenn die richtige Stromstärke vorhanden ist. Sie stellt sich ein im Wechselspiel zwischen dem Antrieb, den die Elektronen in der Quelle erhalten, und der Hemmung durch das Gerät. Zwischen der Spannung der Quelle und der Stromstärke besteht also bei einem vorgegebenen elektrischen Bauteil oder Elektrogerät ein Zusammenhang. (Unter Bauteil wollen wir die Elemente verstehen, aus denen die Elektrogeräte zusammengebaut sind, also z. B. Spulen, Lämpchen, Schalter usw.)

Zentraler Versuch

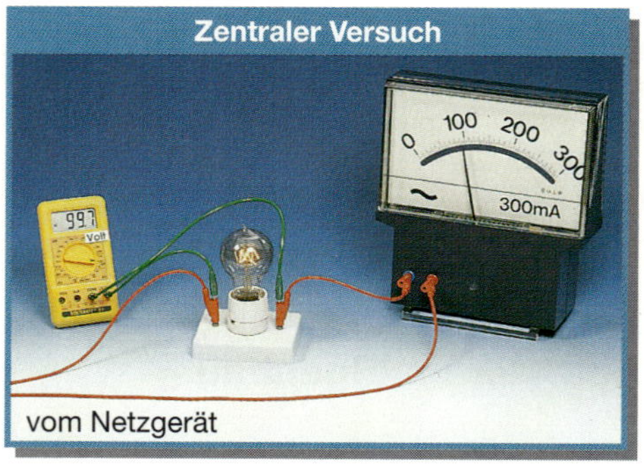

Zur Erfassung dieses Zusammenhangs bei zwei Lampen muss die Stromstärke in Abhängigkeit von der Spannung gemessen werden.

Die Spannung lässt sich durch Reihenschaltung mehrerer Batterien oder durch Verwendung eines regelbaren Netzgerätes verändern.

Die Messpunkte (Spannung | Stromstärke) ergeben ein Diagramm, die **Kennlinie** des betreffenden Bauteils. Sie gibt Auskunft über dessen elektrisches Verhalten in verschiedenen Betriebszuständen. Weil jede Messung mit Ablese- und anderen Fehlern behaftet ist, liegen die Messpunkte nicht exakt auf der gezeichneten Ideallinie.

Lampe mit	Kohlefaden	Metallfaden
U	I	I
0 V	0,00 A	0,00 A
30 V	0,08 A	0,16 A
60 V	0,16 A	0,23 A
90 V	0,28 A	0,27 A
120 V	0,38 A	0,31 A
150 V	0,49 A	0,36 A
180 V	0,62 A	0,39 A
210 V	–	0,43 A

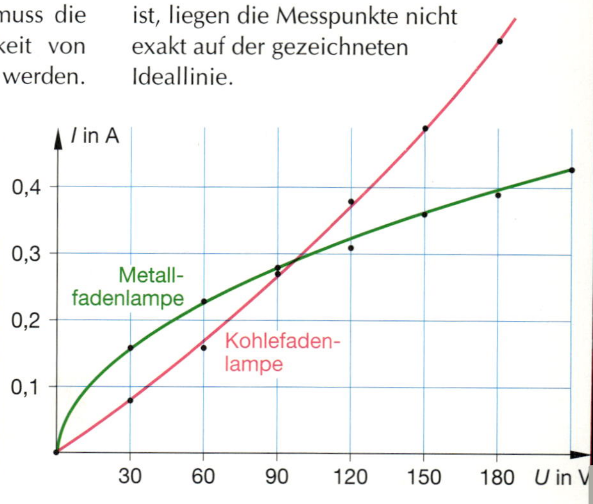

Die Kennlinien der beiden Lampen verlaufen sehr unterschiedlich:

- **Metallfadenlampe** (gewöhnlich im Haushalt verwendet): Wird die Spannung von 0 V auf 30 V vergrößert, so ändert sich die Stromstärke um ΔI = 0,16 A. Bei Änderung der Spannung von 30 V auf 60 ändert sich die Stromstärke um ΔI = 0,07 A, bei Änderung von 150 V auf 180 V ist ΔI = 0,03 A.
Bei gleichen Spannungsänderungen ΔU ist die Stromstärkeänderung ΔI bei geringen Spannungen also größer als bei höheren Spannungen. Die Kennlinie steigt mit größer werdender Spannung immer weniger.
- **Kohlefadenlampe:** Eine Änderung der Spannung von 0 V auf 30 V bewirkt ein ΔI = 0,08 A, eine Änderung von 30 V auf 60 V ein ΔI = 0,08 A, eine Änderung von 150 V auf 180 V ein ΔI = 0,13 A.
Bei niedrigen Spannungen wächst I also weniger stark als bei höheren Spannungen. Die Kennlinie steigt mit größer werdender Spannung immer mehr an.

Die Kennlinie ermöglicht Aussagen darüber, welche Spannung für ein Elektrogerät oder ein Bauteil benötigt wird, wenn die Stromstärke einen vorgegebenen Wert annehmen soll. Mit ihrer Hilfe können auch Wertepaare ermittelt werden, die vorher nicht gemessen wurden.

Rechenbeispiel

Wie groß ist die Stromstärke bei der Kohlefadenlampe, wenn eine Spannung von 130 V anliegt?

- In der Kennlinie suchen wir auf der waagerechten *U*-Achse den Wert *U* = 130 V.
- Von dort ziehen wir eine Parallele zur senkrechten *I*-Achse, die die Kennlinie schneidet.
- Von diesem Schnittpunkt zeichnen wir eine Parallele zur *U*-Achse. Ihr Schnittpunkt mit der *I*-Achse ergibt den gesuchten Wert *I* = 0,41 A.

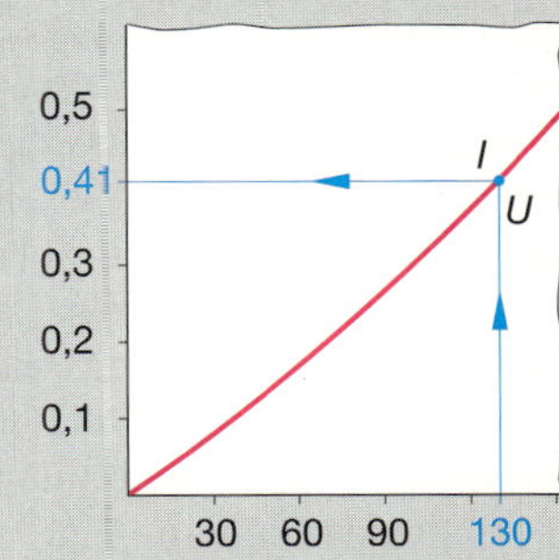

Für CD-Player ist die richtige Umdrehungszahl sehr wichtig. Dazu muss der Motor mit einer ganz bestimmten Stromstärke betrieben werden, die von der Spannung der Quelle abhängt. Auch die Geschwindigkeit von Straßenbahnen oder E-Loks wird durch Verändern der Spannung am Motor geregelt. Aus dessen Kennlinie lässt sich ablesen, welche Spannung anliegen muss, damit der Motor mit einer bestimmten Stromstärke „versorgt" wird und entsprechend schnell oder langsam läuft.

Die magnetische Kraft eines Elektromagneten hängt von der Stromstärke ab, mit der er betrieben wird. Aus der Kennlinie lässt sich ermitteln, welche Spannungen für bestimmte Kräfte nötig sind.

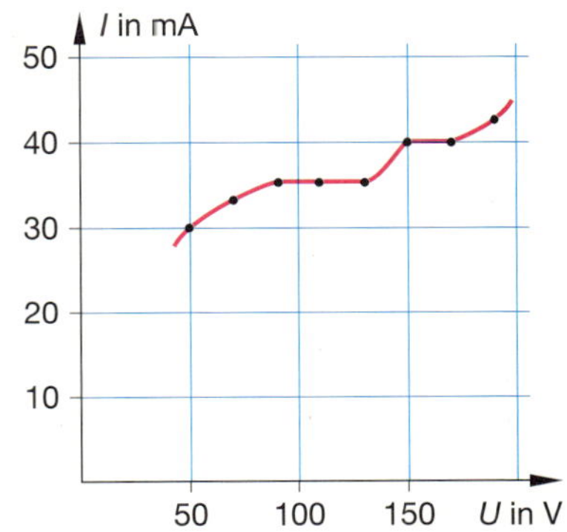

Für jedes Bauteil oder Elektrogerät gibt es einen ganz bestimmten Zusammenhang zwischen Spannung und Stromstärke.
Die Kennlinie erlaubt Aussagen über das Verhalten von Bauteilen oder Elektrogeräten in unterschiedlichen Betriebszuständen.

Aufgaben

1 Übertrage die Tabelle in dein Heft. Lies die fehlenden Werte aus der Grafik ab.

U	*I*
100 V	0,1 A
110 V	?
120 V	0,25 A
130 V	?
?	0,40 A
140 V	0,47 A
?	0,55 A

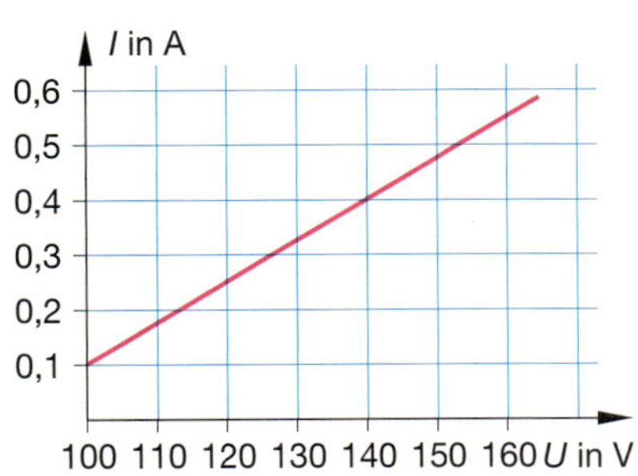

2 Bei einem Wasserkocher wurden folgende Spannungen und Stromstärken gemessen. Zeichne die Kennlinie und erläutere sie.

U	20 V	40 V	60 V	80 V	100 V	120 V	160 V	215 V
I	0,14 A	0,26 A	0,40 A	0,54 A	0,68 A	0,8 A	1,08 A	1,4 A

3 Für eine Leuchtdiode wurden die in der Tabelle angegebenen *U*-*I*-Werte gemessen.
a) Zeichne die Kennlinie der Diode.
b) Interpretiere die Kennlinie.

U	1,7 V	1,8 V	1,9 V	2,0 V	2,1 V	2,2 V	2,3 V
I	0 mA	0,5 mA	10 mA	10 mA	20 mA	30 mA	50 mA

Das Ohm'sche Gesetz

Eine genaue Betrachtung der Kennlinien von Metallfaden- und Kohlefadenlampe zeigt, dass keine einen linearen Verlauf hat. Bestenfalls der obere Teil der Kennlinie der Metallfadenlampe ließe sich als linear bezeichnen. Gibt es keine Stoffe, die einen mathematisch einfach zu erfassenden Zusammenhang zwischen Spannung und Stromstärke haben? Untersuchen wir verschiedene Drähte.

Die Messwert-Tabelle zeigt, dass die Stromstärke beim Konstantandraht im gleichen Maße steigt wie die Spannung. Wird die Spannung verdoppelt, verdoppelt sich auch die Stromstärke; wird die Spannung verdreifacht, steigt auch die Stromstärke um das Dreifache. Allgemein: Wird die Spannung um das *n*-fache vergrößert, erhöht sich auch die Stromstärke um das *n*-fache – ein Kennzeichen für die Proportionalität $I \sim U$.

Die Proportionalität zwischen Spannung und Stromstärke hat GEORG SIMON OHM 1826 durch viele Experimente an verschiedenen Drähten erkannt und in wissenschaftlichen Abhandlungen dargestellt. Ihm zu Ehren wird dieser Zusammenhang **Ohm'sches Gesetz** genannt.

Zentraler Versuch

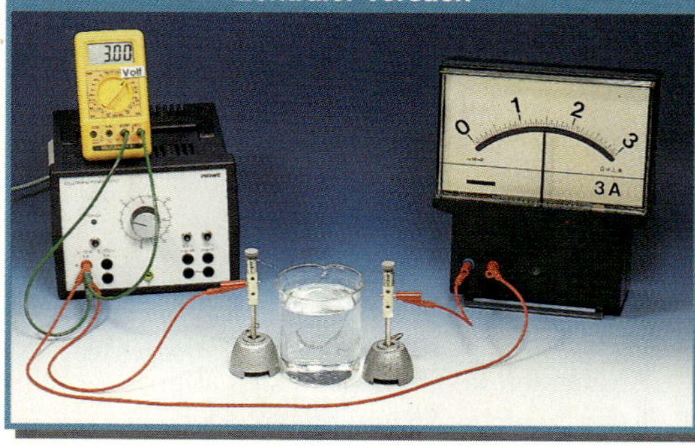

	U	I	$\frac{U}{I}$
Konstantan 1 m lang 0,3 mmØ	0,5 V	0,5 mA	1 $\frac{V}{mA}$
	1,0 V	1,2 mA	0,8 $\frac{V}{mA}$
	2,0 V	2,4 mA	0,8 $\frac{V}{mA}$
	3,0 V	3,6 mA	0,8 $\frac{V}{mA}$
	4,0 V	4,8 mA	0,8 $\frac{V}{mA}$
Eisen in Luft 1 m lang 0,3 mmØ	0,5 V	0,23 mA	2,17 $\frac{V}{mA}$
	1,0 V	0,42 mA	2,38 $\frac{V}{mA}$
	2,0 V	0,70 mA	2,86 $\frac{V}{mA}$
	3,0 V	0,90 mA	3,33 $\frac{V}{mA}$
	4,0 V	1,08 mA	3,70 $\frac{V}{mA}$
Eisen in Wasser 1 m lang 0,3 mmØ	0,5 V	0,23 mA	2,17 $\frac{V}{mA}$
	1,0 V	0,49 mA	2,04 $\frac{V}{mA}$
	2,0 V	0,98 mA	2,04 $\frac{V}{mA}$
	3,0 V	1,50 mA	2,0 $\frac{V}{mA}$
	4,0 V	1,75 mA	2,02 $\frac{V}{mA}$

Bilden wir den Quotienten aus zusammengehörigen Werten für Spannung und Stromstärke für Konstantan, so stellen wir fest, dass immer etwa der gleiche Wert 0,8 $\frac{V}{A}$ herauskommt (Tabelle). Dies ist eine weitere Möglichkeit, die Proportionalität zwischen I und U nachzuweisen. Das Ohm'sche Gesetz kann deshalb auch in der Form $\frac{U}{I}$ = konstant formuliert werden.

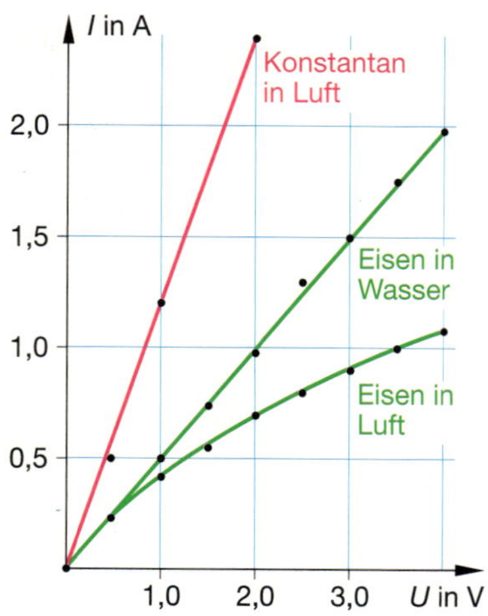

Die Proportionalität zwischen Spannung und Stromstärke und damit das Ohm'sche Gesetz kann somit in drei Formen angegeben werden:

- U *n*-fach $\Rightarrow$ I *n*-fach
- $\frac{U}{I}$ = konstant
- In einem *U*-*I*-Diagramm liegen alle Messpunkte auf einer Ursprungsgeraden.

Aus den im Bild links gemessenen Kennlinien lässt sich entnehmen, dass nicht bei allen Drähten uneingeschränkt Proportionalität zwischen Spannung und Stromstärke besteht. Proportionalität gilt nur für kleine Stromstärken. Bei größeren Stromstärken flacht die Kurve ab, weil die Wärmewirkung des elektrischen Stroms zunimmt – was an der Temperaturerhöhung zu erkennen ist.

Der Einfluss der Temperatur wird bestätigt durch die Kennlinien für Eisen in Wasser und in Luft. Im Wasser wird die Energie vom Draht abgeleitet; seine Temperatur bleibt nahezu konstant, es besteht Proportionalität zwischen I und U. In Luft geschieht diese Energieabgabe nicht so stark; die Temperatur steigt, das Ohm'sche Gesetz gilt nicht.

Für Metalle gilt die Proportionalität zwischen Spannung und Stromstärke also nur, wenn ihre Temperatur konstant bleibt. Konstantan und einige andere Stoffe machen eine Ausnahme. Für sie gilt das Ohm'sche Gesetz immer.

Für Metalldrähte gilt:
Die elektrische Stromstärke ist der angelegten Spannung proportional $I \sim U$, wenn die Temperatur konstant bleibt.

Der elektrische Widerstand

Werden verschiedene Bauteile immer an die gleiche elektrische Quelle angeschlossen, so ergeben sich in der Regel unterschiedliche Stromstärken. Der Fluss der Elektronen wird in den verschiedenen Bauteilen also unterschiedlich stark gehemmt.

Zentraler Versuch

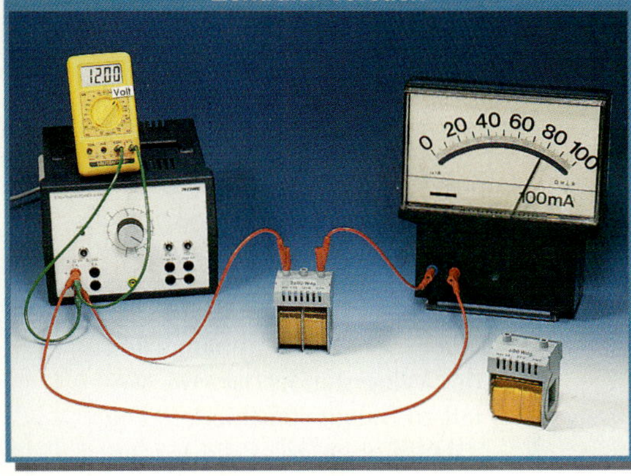

Diese Eigenschaft von Bauteilen oder Geräten, den Elektronenstrom zu hemmen, wird mit einer neuen physikalischen Größe beschrieben, dem **elektrischen Widerstand** mit dem Formelzeichen ***R***.

Lässt sich der Widerstand eines Bauteils oder Gerätes messen oder gar berechnen?

Rechenbeispiel

Wie groß ist der Widerstand einer Spule, wenn bei angelegten 9 V eine Stromstärke von 0,6 A gemessen wird?

Geg.: $U = 9\ \text{V}$; $I = 0{,}6\ \text{A}$

Ges.: R

Lösung: $R = \frac{U}{I} = \frac{9\ \text{V}}{0{,}6\ \text{A}}$

$= \frac{9}{0{,}6}\ \frac{\text{V}}{\text{A}} = 15\ \Omega$

Der Widerstand der Spule beträgt 15 Ω.

Werden wie im Bild links zwei verschiedene Spulen nacheinander an die gleiche Quelle angeschlossen, so ergibt sich z. B. für Spule I eine Stromstärke von 1,5 A, für Spule II 0,5 A. Das heißt, dass der Elektronenstrom in Spule II stärker gehemmt wird als in Spule I. Der Widerstand von Spule II ist also größer als der von Spule I. *Je kleiner die Stromstärke bei gleicher Spannung ist, um so größer ist der Widerstand des Bauteils.*

Die Größe des elektrischen Widerstandes eines Bauteils wird bestimmt, indem der Quotient aus angelegter Spannung und elektrischer Stromstärke gebildet wird: $\boldsymbol{R = \frac{U}{I}}$.

Die Einheit des elektrischen Widerstandes wird OHM zu Ehren in **Ohm** angegeben und mit dem griechischen Buchstaben Ω (Omega) abgekürzt. Ein Draht oder Bauteil hat den elektrischen Widerstand 1 Ω, wenn sich bei einer angelegten Spannung von 1 V eine Stromstärke von 1 A einstellt.

Bei Bauteilen, für die das Ohm'sche Gesetz gilt, wird der Elektronenstrom auch bei unterschiedlichen Spannungen immer gleich stark gehemmt. Ihr Verhalten beim Anlegen unterschiedlicher Spannungen lässt sich nicht nur durch eine Kennlinie beschreiben sondern viel einfacher durch eine der bekanntesten Gleichungen der Physik:

$\boldsymbol{U = R \cdot I}$ **mit *R* = konstant.**

Die physikalische Größe elektrischer Widerstand gibt an, wie stark der Elektronenstrom von einem Bauteil gehemmt wird.

Definition / Einheiten

Elektrischer Widerstand

Die Einheit ist 1 Ω (Ohm):
$1\ \Omega = 1\ \frac{\text{V}}{\text{A}}$

Das Formelzeichen ist *R*.

Weitere Einheiten:
Milliohm: $1\ \text{m}\Omega = \frac{1}{1000}\ \Omega$
Kiloohm: $1\ \text{k}\Omega = 1\,000\ \Omega$
Meg(a)ohm: $1\ \text{M}\Omega = 1\,000\ \text{k}\Omega$
$= 1\,000\,000\ \Omega$

Aufgaben

1 Ein Bauteil genügt dem Ohm'schen Gesetz. Bei einer Spannung von 20 V wird eine Stromstärke von 100 mA gemessen. Welche Stromstärke wird beim Anlegen einer Spannung von 60 V gemessen?

2 Wie groß ist der Widerstand des Konstantandrahtes (Tabelle links unten)?

3 Welche Bauteile mit den folgenden Kennlinien erfüllen das Ohm'sche Gesetz? Begründe.

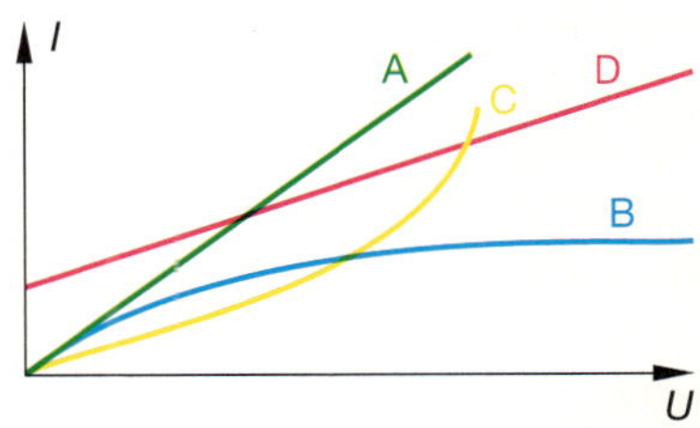

4 Bei einem Tischventilator (Betriebsspannung 230 V) wird eine Stromstärke von 80 mA gemessen. Wie groß ist der Widerstand dieses Ventilators?

5 Wie groß sind die Widerstände der Lampen (6 V | 0,1 A) und (6 V | 0,3 A)?

6 Für ein Relais wurden folgende Werte gemessen.

U	1 V	2 V	3 V	4 V	5 V
I	0,25 mA	0,55 mA	0,8 mA	1,1 mA	1,3 mA

a) Gilt das Ohm'sche Gesetz?
b) Begründe deine Meinung.

Elektrischer Widerstand und Temperatur des Leiters

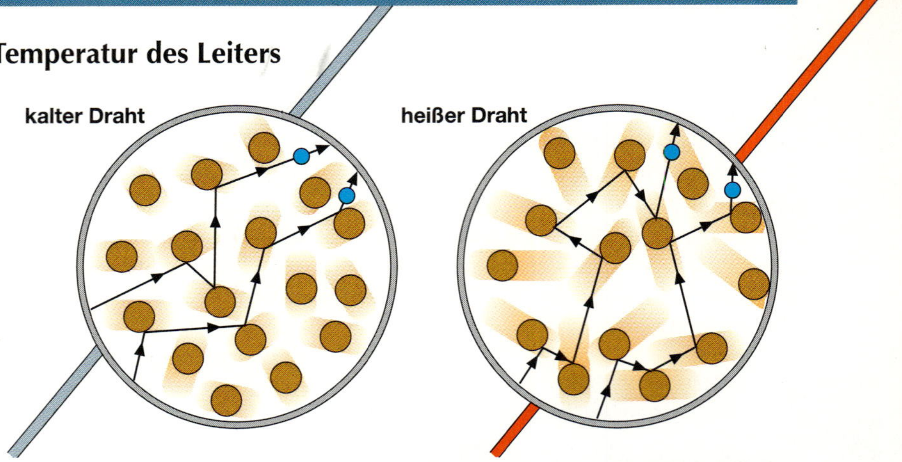

Wie lässt sich der Einfluss der Drahttemperatur auf den Widerstand des Drahtes im Teilchenbild verstehen?

In der Zeichnung rechts ist die Bewegung zweier Elektronen in einem Metalldraht dargestellt. Die Elektronen werden durch Zusammenstöße mit den Atomen in ihrer Bewegung mehrfach behindert. Diese Hemmung ist um so stärker und damit die Elektronenbewegung um so langsamer, je mehr Zusammenstöße stattfinden. Von der Anordnung der Atome im Metallgitter und ihren Wechselwirkungen mit den Elektronen hängt es ab, wie groß der Widerstand des Leiters ist. Damit wird zunächst einmal verständlich, warum verschiedene Metalle den elektrischen Strom unterschiedlich gut leiten.

Ermitteln wir den Widerstand von Drähten mit 1 m Länge und 1 mm^2 Querschnitt, so stellen wir fest, dass sich für jeden Draht ein charakteristischer Wert ergibt. Die folgende Tabelle gibt Beispiele.

Material	Widerstand
Silber	0,016 Ω
Kupfer	0,017 Ω
Aluminium	0,027 Ω
Platin	0,1 Ω
Konstantan	0,49 Ω
Drahtlänge 1 m, Querschnitt 1 mm^2	

Wie lässt sich der Einfluss der Temperatur des Leiters auf seinen Widerstand im Teilchenmodell erklären?

Die Atome schwingen um ihren Platz im Metallgitter und zwar um so heftiger, je höher die Temperatur ist. Dadurch stoßen die sich durch das Gitter bewegenden Elektronen bei höheren Leitertemperaturen öfter mit den Atomen zusammen als bei niedrigen Temperaturen. Sie werden bei höheren Temperaturen also stärker gehemmt. Deshalb ist der elektrische Widerstand von metallischen Leitern bei höheren Temperaturen größer als bei niedrigeren.

Material	*R* bei 20 °C	*R* bei 30 °C
Silber	1000 Ω	1038 Ω
Kupfer	1000 Ω	1039 Ω
Aluminium	1000 Ω	1047 Ω
Eisen	1000 Ω	1060 Ω

Zentraler Versuch

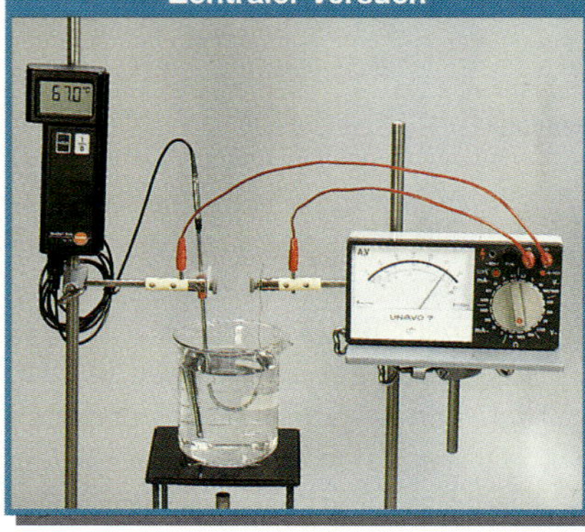

Die Temperaturabhängigkeit des Widerstandes ist von Metall zu Metall verschieden. Die Tabelle oben zeigt die Widerstände verschiedener Leiter bei unterschiedlichen Temperaturen. Ausnahmen machen einige Materialien wie Konstantan oder Nickelin (Legierung aus Chrom und Nickel). Ihr Widerstand ändert sich auch bei großen Temperaturschwankungen fast nicht.

Diese „Theorie" lässt sich in einem Versuch überprüfen: Ein Eisendraht befindet sich in einem Wasserbad (destilliertes Wasser). Dieses wird langsam erwärmt und der Drahtwiderstand direkt gemessen. Hier die Ergebnisse:

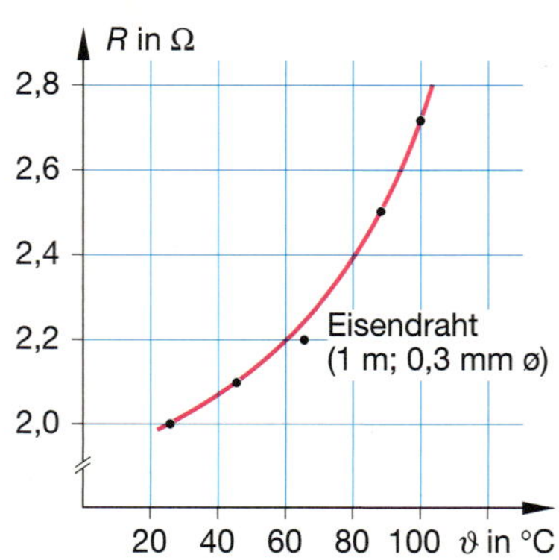

Die *I*-*R*-Kennlinie der Metallfadenlampe zeigt die Temperaturabhängigkeit des Glühfadens recht deutlich. Seine Temperatur ist um so höher, je größer die Stromstärke ist. Je höher die Temperatur, desto mehr Lichtenergie wird abgestrahlt.

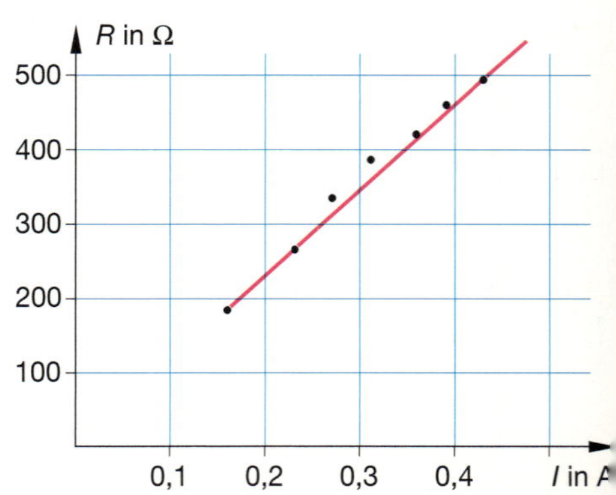

Rechenbeispiel

Mit der Formel $R = \frac{U}{I}$ kann aus zwei bekannten Größen die dritte berechnet werden.

1. Eine Warmhalteplatte hat den Widerstand 90 Ω. Welcher Strom fließt im Betrieb durch das Gerät?

Geg.: $U = 230\text{V}$; $R = 90\ \Omega$.

Ges.: I

Lösung: Aus $R = \frac{U}{I}$ folgt durch Umstellung

$$I = \frac{U}{R} = \frac{230\ \text{V}}{90\ \Omega} = \frac{230}{90}\ \frac{\text{V}}{\Omega} = 2{,}6\ \text{A}.$$

Die Warmhalteplatte hat eine Stromstärke von 2,6 A.

2. Ein Relais spricht bei einer Stromstärke von 40 mA an. Wie groß muss die anliegende Spannung sein, wenn das Relais einen Widerstand von 70 Ω hat?

Geg.: $R = 70\ \Omega$; $I = 40\ \text{mA}$

Ges.: U

Lösung: Aus $R = \frac{U}{I}$ folgt durch Umstellung

$$U = I \cdot R = 40\ \text{mA} \cdot 70\ \Omega$$

$$= 40 \cdot 70\ \frac{1}{1000}\ \text{A} \cdot \frac{\text{V}}{\text{A}} = 2{,}8\ \text{V}.$$

Für den Betrieb des Relais werden 2,8 V benötigt. Es genügen z. B. zwei Monozellen.

Aufgaben

1 Für einen Heizstrahler wurden 4,3 A, für einen Staubsauger 2,2 A und für einen Wäschetrockner 14 A bei einer Spannung von 230 V gemessen. Welches Gerät hat den kleinsten und welches den größten Widerstand? Begründe deine Antwort.

2 Durch die Spule eines Elektromagneten mit einem Widerstand von 3 Ω soll ein Strom von 2 A fließen, damit mit dem Magneten ein Ventil geschlossen werden kann.

a) Welche Spannung muss angelegt werden?

b) Welche elektrische Quelle könnte verwendet werden?

3 Bei Glühlampen ist der Widerstand im kalten und im heißen (Licht aussendenden) Zustand unterschiedlich.

	kalt	heiß
25 W	157 Ω	1940 Ω
100 W	37 Ω	490 Ω

a) Wie groß sind die Stromstärken, wenn die Glühlampe kalt (Einschalten) und heiß (Betriebszustand) ist? (Die Spannung beträgt jeweils 230 V.)

b) Erkläre, warum Glühlampen meistens beim sEinschalten „durchbrennen"?

Supraleitung

Streifzug

Aus der Zunahme des elektrischen Widerstandes bei Temperaturerhöhung des Leiters lässt sich umgekehrt schließen, dass der Widerstand bei Abkühlung immer geringer werden sollte. 1908 gelang HEIKE KAMMERLINGH-ONNES in Leiden (Holland) die Verflüssigung von Helium bei 2,45 K (Normaldruck). Damit konnte untersucht werden, wie groß der elektrische Widerstand bei sehr tiefen Temperaturen ist. Die erwartete Abnahme des Widerstands mit sinkender Temperatur wurde beobachtet. Aber 1911 fand ONNES etwas Besonderes: Bei Quecksilber sank der Widerstand bei 4,2 K sprunghaft auf null. ONNES taufte diese Erscheinung **Supraleitung,** die Temperatur **Sprungtemperatur.** Bei anderen Stoffen tritt Supraleitung bei anderen Sprungtemperaturen auf. 1986 gelang es dem Deutschen BEDNORZ und dem Schweizer MÜLLER, die Supraleitung an keramischen Stoffen bei Temperaturen über 77 K nachzuweisen. Beide erhielten 1987 dafür den Nobelpreis. Rekord 1999: 133 K (= –140 °C).
Supraleitende Stoffe mit einer Sprungtemperatur oberhalb 77 K sind deshalb interessant, weil 77,4 K (= –195,75 °C) die Siedetemperatur von flüssigem Stickstoff ist. Derartige Stoffe könnten mit flüssigem Stickstoff unter ihre Sprungtemperatur gekühlt, also supraleitend gemacht werden. Allerdings lassen sich diese supraleitenden keramischen Stoffe nicht zu Drähten üblicher Form und Elastizität verarbeiten.

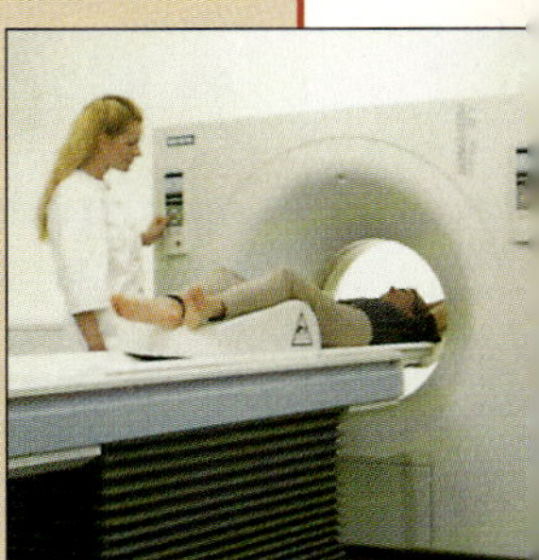

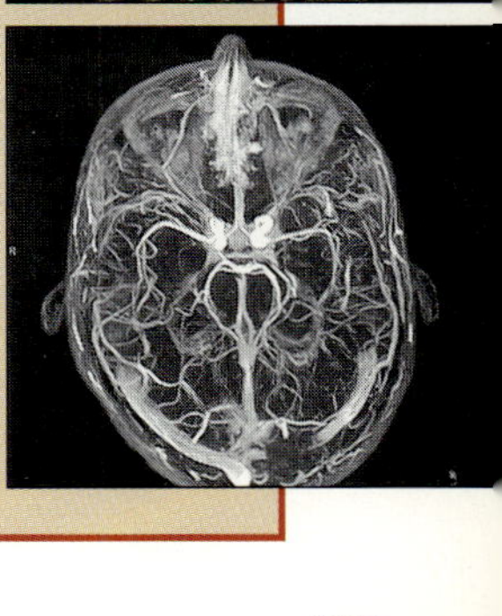

Aber durch die Entwicklung leistungsfähiger Heliumverflüssiger mit geringem Raumbedarf finden supraleitende Magnete zur Erzeugung starker Magnetfelder immer weitere Verbreitung. Denn die Leistungsfähigkeit von supraleitenden Elektromagneten ist immens, weil ja die Bewegung der Elektronen nicht mehr behindert wird. Supraleitende Magnete finden in der medizinischen Diagnostik z. B. bei Kernspintomografen zur Untersuchung des Gehirns Verwendung. Aber auch die großen Beschleuniger zur Untersuchung atomarer Prozesse z. B. beim DESY in Hamburg wären ohne supraleitende Magnete nicht denkbar.

Streifzug

Messung von Spannung und Widerstand mit dem Drehspulinstrument

Das Drehspulinstrument haben wir bislang zur Messung der Stromstärke benutzt. Da über das Ohm'sche Gesetz die Stromstärke mit der Spannung und dem Widerstand verknüpft ist, können wir das Instrument auch zur Messung dieser Größen verwenden.
Bei der **Stromstärkemessung** darf der zu messenden Strom nur ganz unwesentlich durch das Messgerät verändert werden, d. h. der Widerstand des Gerätes muss sehr klein sein. Deshalb Vorsicht: Wird ein Strommessgerät direkt, d. h. ohne ein weiteres Bauteil an eine elektrische Quelle angeschlossen, so wird ein sehr hoher Strom fließen, der in der Regel das Messwerk zerstört.

Spannungsmessung

Soll mit dem Drehspulinstrument die Spannung einer Quelle gemessen werden, so muss in den Stromkreis ein Widerstand eingeschaltet werden, der so groß ist, dass das Messwerk nicht zerstört wird. Er wird **Vorwiderstand** genannt und ist in den käuflichen Geräten fest eingebaut. Durch ihn wird bei direktem Anschluss an die Quelle die Stromstärke so beschränkt, dass der zulässige Maximalstrom bei Vollausschlag nicht überschritten wird. Wenn dieser Vorwiderstand dem Ohm'schen Gesetz folgt, kann sein Widerstand für den jeweiligen Messbereich berechnet werden.

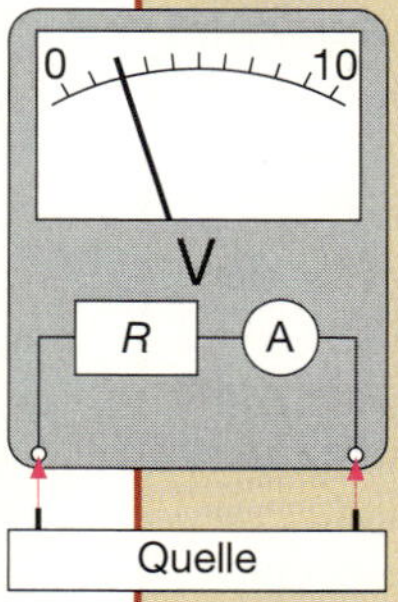

Maximalstromstärke für das Messwerk: 1 mA		
Messbereich	Spannungen bis 1 V	Spannungen bis 300 V
Vorwiderstand $R = \frac{U}{I}$	$R = \frac{1\,V}{1\,mA} = \frac{1\,V}{0{,}001\,A} = 1000\,\Omega$	$R = \frac{300\,V}{1\,mA} = \frac{300\,V}{0{,}001\,A} = 300\,k\Omega$

Wenn auf dem Messgerät 0,5 mA angezeigt wird, dann hat nach obiger Rechnung die Quelle eine Spannung von 0,5 V. Da Stromstärke und Spannung proportional sind, können die Spannungswerte ohne weitere Umrechnung direkt auf der Skala abgelesen werden.
Für Quellen mit höheren Spannungen müssen andere Vorwiderstände eingeschaltet werden. Dies geschieht bei den *Vielfach-Messgeräten* durch einen Umschalter. Bei Demonstrationsinstrumenten werden die Vorwiderstände zusammen mit den Skalen ausgewechselt. So kann immer das gleiche Messwerk verwendet werden.

- Messbereich 10 V: Vorwiderstand 10 kΩ
- Messbereich 100 V: Vorwiderstand 100 kΩ
- Messbereich 1000 V: Vorwiderstand 1 MΩ

Widerstandsmessung

Der elektrische Widerstand kann ebenfalls mit dem Drehspulinstrument unter Nutzung des Ohm'schen Gesetzes direkt gemessen werden. Dazu ist ein Stromkreis mit einer elektrische Quelle, dem Drehspulinstrument und dem zu messenden Widerstand nötig. Ist die Spannung der Quelle bekannt, lässt sich der Widerstand aus der Stromstärke ableiten. Als Quelle sind in die käuflichen Messgeräte Monozellen mit einer Spannung von 1,5 V eingebaut.

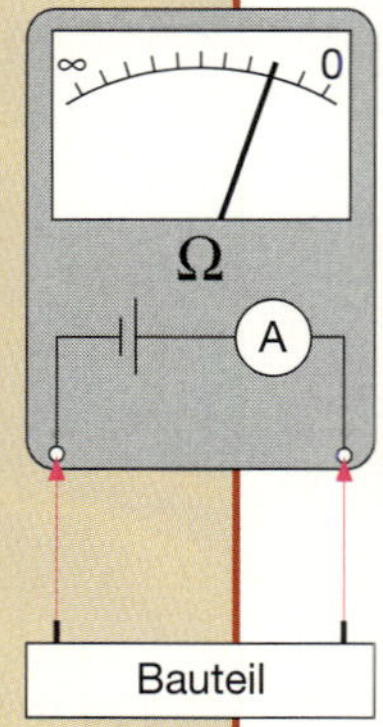

Das zu messende Bauteil hat einen Widerstand von	so fließt ein Strom $I = \frac{U}{R}$
100 Ω	$I = \frac{1{,}5\,V}{100\,\Omega} = 0{,}015\,A$
1000 Ω	$I = \frac{1{,}5\,V}{1000\,\Omega} = 0{,}0015\,A$
Isolator	$I = 0\,A$
sehr klein (Kurzschluss)	Vollausschlag

Die Widerstandswerte können auf der Skala direkt in Ohm abgelesen werden. Allerdings muss die Ω-Skala von rechts nach links gelesen werden, weil sie ja eigentlich eine *I*-Skala ist: Für große Widerstände ist *I* sehr klein, also steht der Zeiger weit links; bei kleinen Widerständen oder Kurzschluss der Buchsen ist *I* groß, also steht der Zeiger weit rechts.

Beim Einsatz des Drehspulinstrumentes ist zu beachten, in welcher Funktion es genutzt werden soll.

Strommessung	Spannungsmessung	Widerstandsmessung
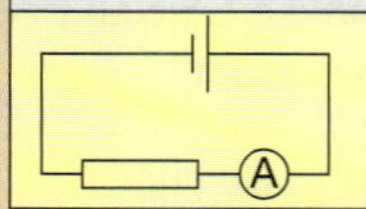	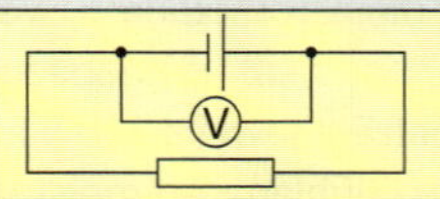	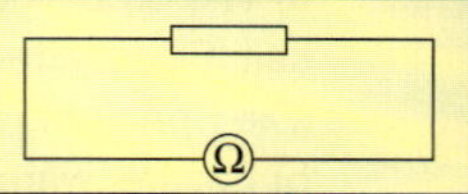

Pinnwand

DER MENSCHLICHE KÖRPER – EIN ELEKTRISCHER LEITER

Kontrolle des Körperfetts

Das richtige Gewicht ist eine wesentliche Voraussetzung für die Gesundheit. Dabei spielt das im Körper angelegte Fett eine besondere Rolle. Es darf nicht zu viel aber auch nicht zu wenig sein bezogen auf das Gesamtgewicht des Menschen. Bei Fettleibigkeit können Krankheiten entstehen oder einen komplizierten Verlauf nehmen. So sind Erkrankungen der Herzkranzgefäße, des Herz-Kreislaufes (hoher Blutdruck) und Diabetes (Zuckerkrankheit) davon abhängig, wo und wie viel Fett im Körper angelagert wird.

Die Menge des Körperfetts wird bestimmt durch Messung der Hautfaltendicke, durch Unterwassermessungen sowie durch Röntgenuntersuchungen. Dies sind sehr aufwändige Methoden. Eine einfachere Bestimmung des Körperfettgehalts basiert auf der Messung des elektrischen Widerstands des Körpers. Denn Fett leitet den elektrischen Strom nur sehr schlecht, flüssigkeitsgefülltes Muskelgewebe dagegen recht gut.

Zur Messung steigt der Mensch barfuß auf die Waage, die sein Gewicht misst. Gleichzeitig wird durch Elektroden ein Strom durch den Körper geschickt. Elektronisch wird der Widerstand bestimmt. Ein eingebauter Computer verarbeitet beide Messwerte und die vorher eingegebenen Angaben über Geschlecht, Alter und Größe und errechnet daraus den Körperfettanteil. Die Messung des Widerstandes ist so empfindlich, dass die unterschiedliche Verteilung des Flüssigkeitsgehaltes im Körper beim Liegen bzw. Stehen sowie unmittelbar nach den Mahlzeiten nachgewiesen werden kann.

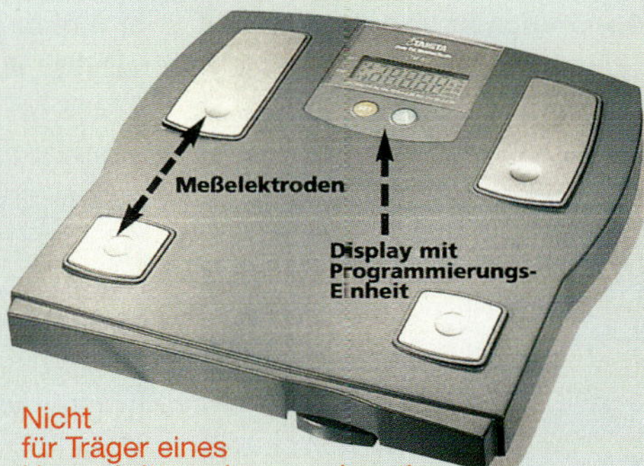

Nicht für Träger eines Herzschrittmachers geeignet!

Gesundheitliche Wirkungen von elektrischem Strom

Bei zu großen Strömen durch den menschlichen Körper kommt es zu gesundheitlichen Schäden oder gar zum Tod. Durch Untersuchungen wurde festgestellt, dass Stromstärken kleiner als 20 mA für den Menschen ungefährlich sind. Bei größeren Strömen wird es gefährlich, vor allem wenn der Strom längere Zeit durch den Körper fließt.

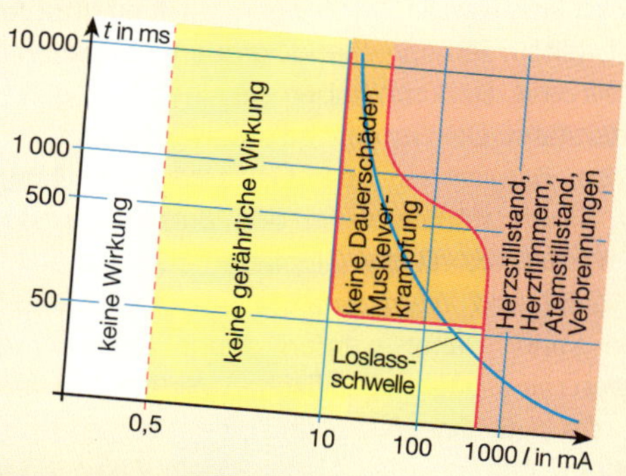

Lebensrettender elektrischer Strom

Der elektrische Strom durch den menschlichen Körper kann lebensrettend sein, wenn er gezielt eingesetzt wird. Beim Aussetzen des Herzschlages kann durch einen „Elektroschock" das Herz wieder zum Schlagen angeregt werden. Notarztwagen sind deshalb mit einer entsprechenden Einrichtung ausgerüstet.

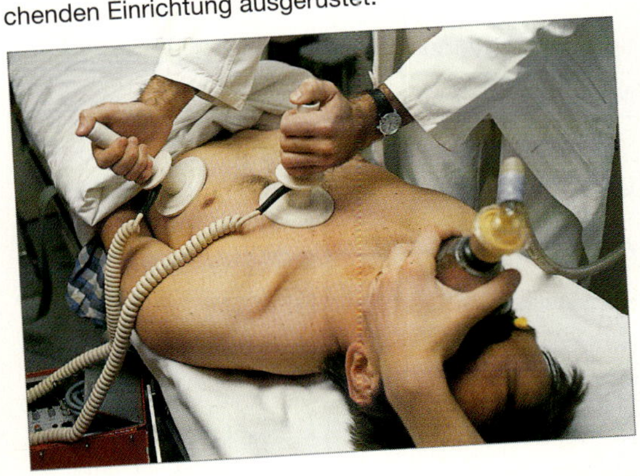

Streifzug

Wovon hängt der Widerstand von Drähten ab?

Der Widerstand von Drähten ist für Zuleitungen und Kabel ganz besonders wichtig. Sie sollen den Elektronenstrom möglichst wenig hemmen, d. h. ihr Widerstand soll sehr klein sein. So gibt es dicke Kabel, die den elektrischen Strom in unser Haus leiten, aber auch die dünnen Drähte für die Telefonleitungen. Die Kabel in unseren Versuchsaufbauten sind anders als die Drähte, die sich in Heizgeräten befinden.

Vermutlich hat der Widerstand eines Drahtes etwas damit zu tun, wie lang der Draht ist, welchen Querschnitt er hat und aus welchem Material er besteht, da durch diese Eigenschaften die Elektronen unterschiedlich stark in ihrer Bewegung gehemmt werden können. Deshalb wollen wir untersuchen, wie der elektrische Widerstand von diesen drei Größen Länge, Querschnitt und Material abhängt. Zur Messung benutzen wir das Widerstandsmessgerät.
Für die Untersuchung sind jeweils zwei der drei Größen konstant zu halten.

a) Abhängigkeit von der Länge l bei konstantem Querschnitt (A = 0,1 mm^2) und gleichem Material (Konstantan)

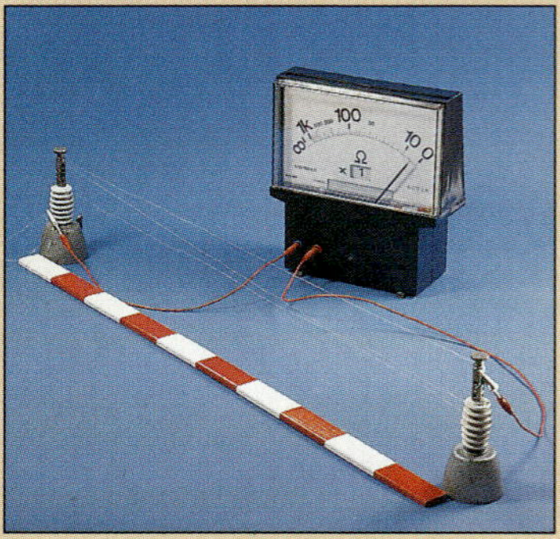

l	1 m	2 m	3 m
R	5 Ω	10 Ω	15 Ω

Je länger der Draht ist, um so größer wird der elektrische Widerstand: $R \sim l$

b) Abhängigkeit vom Querschnitt A bei konstanter Länge (l = 3 m) und gleichem Material (Konstantan)

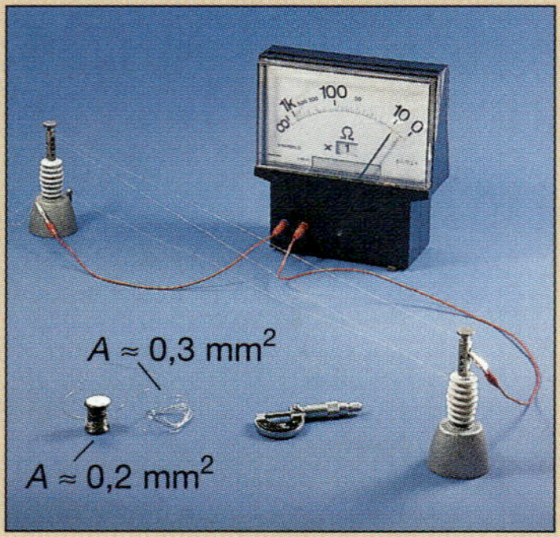

A	0,1 mm^2	0,2 mm^2	0,3 mm^2
R	15 Ω	8 Ω	5 Ω

Je größer der Querschnitt des Drahtes, um so kleiner wird der elektrische Widerstand: $R \sim \frac{1}{A}$

c) Abhängigkeit vom Material bei konstanter Länge (l = 3 m) und konstantem Querschnitt (A = 0,1 mm^2)

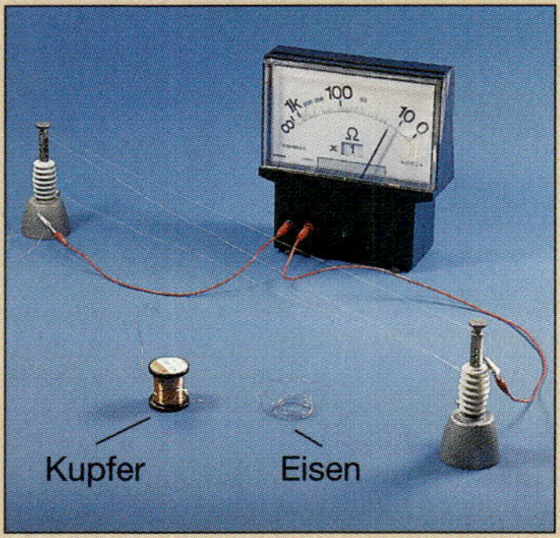

Material	Kupfer	Konstantan	Eisen
R	0,5 Ω	15 Ω	12 Ω

Der Widerstand ist je nach Material des Drahtes verschieden groß: R ~ Materialkonstante

Die drei Abhängigkeiten des elektrischen Widerstandes lassen sich in einer Formel zusammenfassen:

Spezifischer Widerstand	
Material	ρ
Gold	0,023 $\frac{\Omega\,mm^2}{m}$
Kupfer	0,017 $\frac{\Omega\,mm^2}{m}$
Aluminium	0,028 $\frac{\Omega\,mm^2}{m}$
Konstantan	0,49 $\frac{\Omega\,mm^2}{m}$
Wolfram	0,053 $\frac{\Omega\,mm^2}{m}$
Eisen	0,1 – 0,5 $\frac{\Omega\,mm^2}{m}$
Kohle	0,1 – 0,5 $\frac{\Omega\,mm^2}{m}$

$$R = \rho \cdot \frac{l}{A}$$

Die Materialabhängigkeit wird durch die Größe **spezifischer Widerstand** (ρ) ausgedrückt. Sie gibt an, wie groß der Widerstand eines 1 m langen Drahtes mit einem Querschnitt von 1 mm^2 des jeweiligen Materials ist. Die Einheit ist $\frac{\Omega\,mm^2}{m}$.

Damit wird klar, warum Zuleitungen meist aus Kupfer und mit einem entsprechend großen Querschnitt hergestellt sind. Dadurch haben sie einen sehr geringen Widerstand. Der Strom wird kaum gehemmt.
Anders bei Glühlampen oder Heizgeräten: In ihnen soll der Strom stärker als in den Zuleitungen gehemmt werden, damit der Glühfaden oder die Heizwendel glüht und Wärmeenergie oder Lichtenergie abgeben kann. Daher werden dünne Drähte aus Materialien mit großem spezifischen Widerstand verwendet. So z. B. bei den Glühlampen Legierungen mit Wolfram und bei den Heizwendeln Eisen oder Konstantan.

Pinnwand

BAUTEIL WIDERSTAND

In elektrischen Schaltungen z. B. für Radios, für Fernseher aber auch beim Experimentieren braucht man Leiter, deren elektrischer Widerstand einen fest vorgegebenen Wert hat. Solche Leiter oder spezielle Bauteile bezeichnet man als Widerstände und meint damit das Bauteil und nicht die physikalische Größe. Es gibt verschiedene technische Ausführungen:

Festwiderstände: Widerstände, die weitgehend dem Ohm'schen Gesetz genügen, werden aus Drähten aus Speziallegierungen (Konstantan, Manganin, Nickelin) hergestellt.

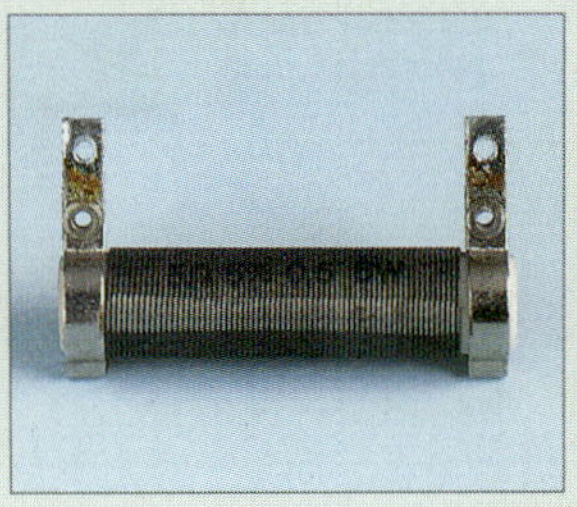

Schichtwiderstände: Leitfähige Schichten aus Kohle, Chrom-Nickel-Legierungen, Gold, Platin oder Zinnoxyd sind auf ein Keramikröhrchen aufgebracht. Nuten zwingen die Elektronen, spiralförmig um das Röhrchen herumzulaufen, weshalb sie einen viel längeren Weg zurücklegen müssen. Nach außen werden die Widerstände durch eine Lackschicht oder eine Glasur geschützt.

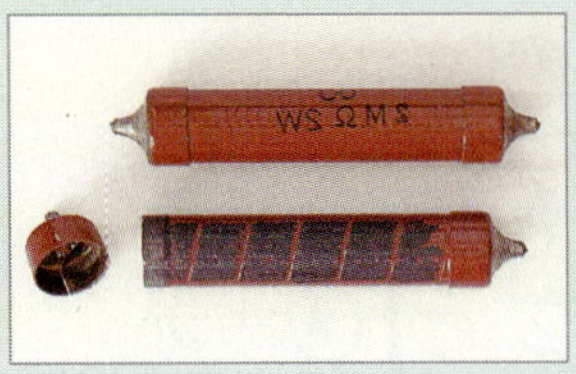

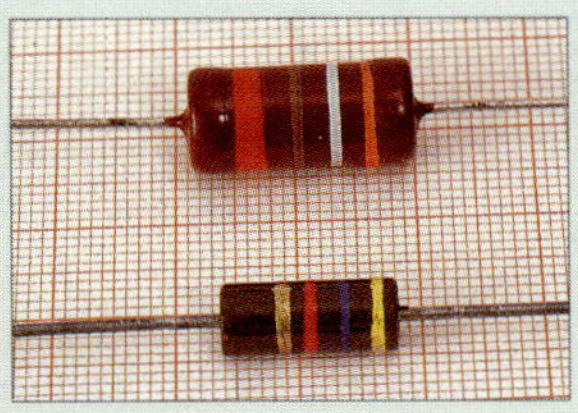

Ein Widerstand mit einstellbarem Widerstand

Oft wird in einer Schaltung ein Widerstand benötigt, dessen Widerstandswert nicht genau vorgegeben werden kann. Dann werden Dreh- oder Schiebewiderstände verwendet. Bei ihnen ist ein isolierter Konstantandraht auf ein nicht leitendes Keramikrohr gewickelt. Über den Draht gleitet ein Schleifer. Längs der Schleiferbahn ist die Isolierung entfernt. Durch den Schleifer, der das zweite Ende des Bauteiles Widerstand darstellt, kann die wirksame Länge des Widerstandsdrahtes verändert werden.

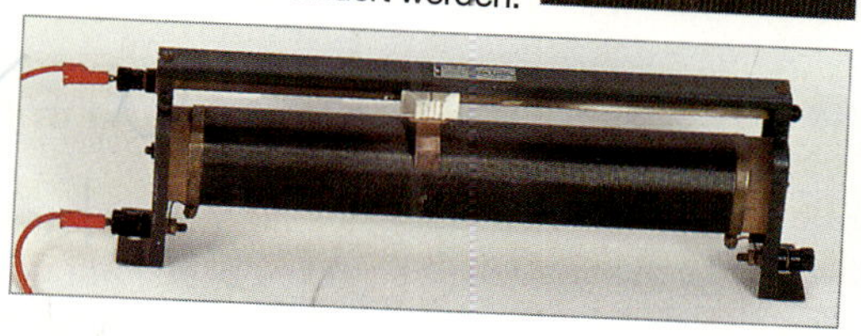

Gold in elektrischen Schaltungen

In der HiFi- oder der Computertechnik wird Gold für Leitungen oder Kontakte verwendet. Denn wegen des geringen spezifischen Widerstands von Gold bleibt der Widerstand gering. Das ist wichtig, weil die Ströme in HiFi-Anlagen oder Computerbauteilen sehr klein sind.

Der Farbcode für Widerstände

In elektronischen Schaltungen sind die Widerstände so klein, dass eine lesbare Beschriftung nicht machbar ist. Deshalb wurde ein Farbcode eingeführt. Aus der Farbe der ersten drei Ringe ist die Größe des elektrischen Widerstands ablesbar. Der vierte Ring gibt an, mit welcher Genauigkeit dieser Wert bei der Produktion vermutlich erreicht wurde.

	1. Ring	2. Ring	3. Ring	4. Ring
schwarz	0	0		
braun	1	1	0	±1%
rot	2	2	00	±2%
orange	3	3	000	
gelb	4	4	0 000	
grün	5	5	00 000	
blau	6	6	000 000	
violett	7	7	usw.	
grau	8	8		
weiß	9	9		
gold			:10	±5%
silber			:100	±10%

Kirchhoff'sche Gesetze

Zuhause schalten wir oft viele Elektrogeräte gleichzeitig ein. Während die Musik über die Stereoanlage läuft, wird gleichzeitig gekocht, am Computer gearbeitet, Licht benötigt. Alle Elektrogeräte sind dabei an das gleiche Stromnetz angeschlossen und viele davon liegen im gleichen Stromkreis. Jedes Gerät benötigt aber zu seinem Betrieb unterschiedlich viel Energie. Die vom Netz gelieferte Energie muss sich folglich auf die Geräte aufteilen.
Wie geschieht diese Aufteilung der Energie, d. h. welche Spannung und welche Stromstärke wird von der Quelle den einzelnen Elektrogeräten zur Verfügung gestellt? Welcher Zusammenhang besteht zwischen Stromstärke, Spannung und Widerständen in verzweigten und unverzweigten Kreisen? Lässt sich der Widerstand einer Schaltung aus den Einzelwiderständen berechnen?

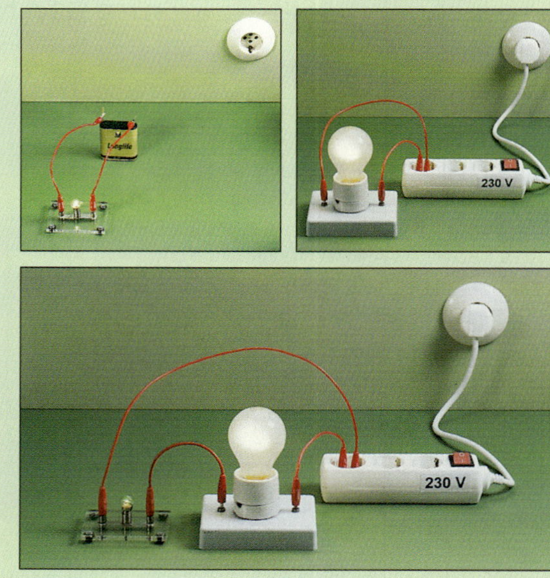

Stromstärke, Spannung und Widerstand in Parallelschaltungen ...

Die Abbildung unten zeigt, dass sich die von der Quelle gelieferte Energie auf die beiden Lämpchen mit den Widerständen R_1 bzw. R_2 aufteilt. Beide Lämpchen liegen an derselben Spannung U der Quelle. Die Energieumsetzung in den beiden Lämpchen hängt also von der Stromstärke durch jeden Zweig ab. Diese wiederum stellt sich nach dem Ohm'schen Gesetz in Abhängigkeit von den beiden Einzelwiderständen ein. Für die Zweigstromstärken gilt: $I_1 = \frac{U}{R_1}$ bzw. $I_2 = \frac{U}{R_2}$.

Die Zweigströme summieren sich zum Gesamtstrom, den die Quelle insgesamt durch den Stromkreis treiben muss: $I_{ges} = I_1 + I_2$.

Der Gesamtwiderstand der Schaltung kann aus den Einzelwiderständen berechnet werden:

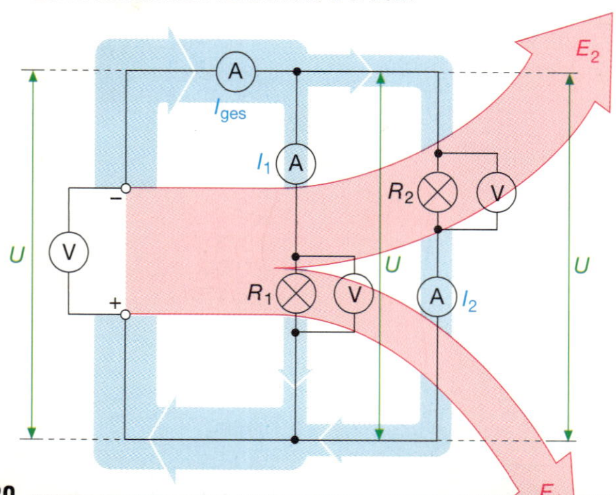

$$R_{ges} = \frac{U}{I_{ges}} = \frac{U}{I_1 + I_2} = \frac{U}{\frac{U}{R_1} + \frac{U}{R_2}} = \frac{U}{U \cdot \left(\frac{1}{R_1} + \frac{1}{R_2}\right)}$$

$$\boldsymbol{R_{ges} = \frac{1}{\left(\frac{1}{R_1} + \frac{1}{R_2}\right)}} \quad \text{oder} \quad \boldsymbol{\frac{1}{R_{ges}} = \frac{1}{R_1} + \frac{1}{R_2}}$$

Da der Gesamtwiderstand die gleiche Wirkung im Stromkreis hat wie die beiden Einzelwiderstände – diese also gleichsam ersetzt – heißt er auch **Ersatzwiderstand** der Schaltung.

Wird diese Schaltung mit zwei Netzglühlampen mit den Aufschriften (25 W I 230 V) bzw. (100 W I 230 V) (das entspricht Widerständen von $R_1 = 2100\ \Omega$ bzw. $R_2 = 520\ \Omega$) durchgeführt, so wird $I_{ges} = 0{,}55$ A gemessen.
Rechnen wir mithilfe des Taschenrechners nach:

$$\frac{1}{R_{ges}} = \frac{1}{R_1} + \frac{1}{R_2} = \frac{1}{2100\ \Omega} + \frac{1}{520\ \Omega}$$

$$= (0{,}0004 + 0{,}0019)\ \frac{1}{\Omega} = 0{,}0023\ \frac{1}{\Omega}$$

Daraus folgt $R_{ges} = \frac{1}{0{,}0023}\ \Omega = 434{,}78\ \Omega \approx 435\ \Omega$

und $I_{ges} = \frac{U}{R_{ges}} = \frac{230\ \text{V}}{435\ \Omega} \approx 0{,}53$ A

Für den Gesamtwiderstand (Ersatzwiderstand) mehrerer parallel geschalteter Widerstände gilt:

$$R_{ges} = \frac{1}{\frac{1}{R_1} + \frac{1}{R_2} + \frac{1}{R_3} + \ldots}$$

... und in Reihenschaltungen

In den oberen beiden Fotos links sind ein Fahrradlämpchen an eine 4,5 V-Batterie angeschlossen bzw. eine Netzglühlampe an 230 V. Im unteren Foto hängen beide in Reihe an 230 V und leuchten trotzdem normal hell. Wie kann das kleine Lämpchen die 230 V „verkraften"? Welche Zusammenhänge gelten bei Reihenschaltungen für Spannung, Stromstärke und Widerstand?

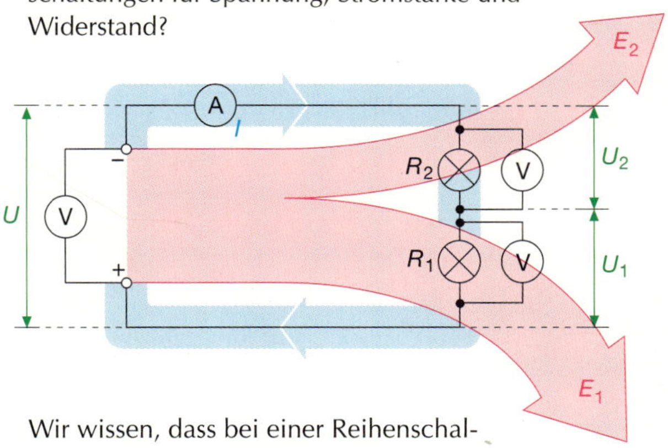

Wir wissen, dass bei einer Reihenschaltung die Stromstärke I im gesamten Stromkreis gleich groß ist. Sie hängt ab vom Gesamtwiderstand der eingebauten Lampen. Der Gesamtwiderstand (bzw. der Ersatzwiderstand) einer Parallelschaltung ergibt sich ganz einfach als Summe der Einzelwiderstände, denn jede Lampe hemmt den Elektronenstrom ja einzeln für sich:

$\boldsymbol{R_{ges} = R_1 + R_2}$.

Für jede Reihenschaltung gilt also:

$\boldsymbol{U_{ges} = (R_1 + R_2) \cdot I_{ges}}$.

Auflösen der Klammer ergibt

$U_{ges} = R_1 \cdot I_{ges} + R_2 \cdot I_{ges}$ oder mit $R \cdot I = U$

$\boldsymbol{U_{ges} = U_1 + U_2}$.

Das heißt, dass sich die Spannung der Quelle bei einer Reihenschaltung gleichsam auf die angeschlossenen Geräte aufteilt und zwar im Verhältnis der Einzelwiderstände. Das ist leicht verständlich, denn einen gleich großen Strom durch beide Geräte kann es nur dann geben, wenn die Spannung an dem Gerät mit dem größeren Widerstand größer ist als die an dem Gerät mit dem kleineren Widerstand.

Die Spannung U_{ges} einer Quelle teilt sich bei einer Reihenschaltung im Verhältnis der Einzelwiderstände auf die verschiedenen Geräte auf:
$U_{ges} = U_1 + U_2 + U_3 + \ldots$.
Der Gesamtwiderstand einer Reihenschaltung mehrerer Widerstände beträgt: $R_{ges} = R_1 + R_2 + R_3 + \ldots$.

Rechenbeispiel

Eine große Lampe ① (2100 Ω | 230 V) und eine kleine ② (35 Ω | 4 V) sind an eine elektrische Quelle von 230 V in Reihe angeschlossen.

a) Berechne den Gesamtwiderstand der Schaltung.
b) Welche Stromstärke ergibt sich daraus?
c) Welche Teilspannungen liegen jeweils an den Lampen?
d) Mit welcher Helligkeit leuchten die beiden Lampen im Vergleich zum Anschluss an die jeweilige Nennspannung?

Geg.: $R_1 = 2100\ \Omega$; $R_2 = 35\ \Omega$; $U = 230$ V

Ges.: **a)** R_{ges}; **b)** I_{ges}; **c)** U_1; U_2; **d)** Helligkeit

Lösung:

a) *Gesamtwiderstand* $R_{ges} = R_1 + R_2 = 2135\ \Omega$.

b) *Gesamtstromstärke* $I_{ges} = \frac{230\ \text{V}}{2135\ \Omega} = 0{,}108$ A.

c) *Teilspannungen*
$U_1 = R_1 \cdot I_{ges} = 2100\ \Omega \cdot 0{,}108\ \text{A} = 226{,}8\ \text{V} \approx 227\ \text{V}$
$U_2 = R_2 \cdot I_{ges} = 35\ \Omega \cdot 0{,}108\ \text{A} = 3{,}78\ \text{V} \approx 3{,}8\ \text{V}$

d) *Helligkeit* $\frac{U_1}{U} = \frac{227\ \text{V}}{230\ \text{V}} = 98{,}7\ \% \approx 98\ \%$

$\frac{U_2}{U} = \frac{3{,}8\ \text{V}}{4\text{V}} = 94{,}5\ \% \approx 95\ \%$

Beide Lampen leuchten also etwa mit normaler Helligkeit.

Aufgaben

1 Die Widerstände $R_1 = 100\ \Omega$, $R_2 = 150\ \Omega$ und $R_3 = 500\ \Omega$ sind parallel an 100 V angeschlossen. Berechne **a)** den Gesamtwiderstand und **b)** die Stromstärke in der Zuleitung.

2 In einer Parallelschaltung von zwei Widerständen fließt in der Zuleitung ein Strom von 0,5 A und in einem Zweig ein Strom von 0,3 A. Wie groß ist der Widerstand im anderen Zweig, wenn die Quelle 100 V hat?

3 **a)** Welche Stromstärke stellt sich in einer Reihenschaltung von drei Einzelwiderständen (20 Ω, 30 Ω und 50 Ω) bei einer Quellenspannung von 200 V ein?
b) Wie groß sind die drei Teilspannungen ?

4 Ein Filmprojektor und ein Vorwiderstand sind in Reihe an 230 V angeschlossen, die Stromstärke beträgt 2,5 A. Am Vorwiderstand wird eine Spannung von 70 V gemessen. Wie groß ist der Widerstand des Projektors?

5 Eine Glühlampe (6 V | 0,4 A) soll an eine Quelle von 9 V angeschlossen werden.
a) Entwirf einen Schaltplan und berechne die Bauteile.
b) Welchen Nachteil hat diese Schaltung?

Streifzug

Spannungsteiler machen Spannungen einstellbar

Radios haben zur Lautstärkeeinstellung oder zur Klangregulierung häufig Drehknöpfe. Hinter ihnen verbergen sich stufenlos verstellbare Spannungsteiler. Sie bestehen meist aus einem kreisförmigen Schiebewiderstand. Durch das Drehen wird die Länge der Leiterstücke zwischen AS und SB verändert. Dadurch ändern sich auch die Widerstände zwischen den Abgriffen AS und SB. Die volle Spannung liegt zwischen den Klemmen AB. Zwischen A und S kann ein beliebiger Teil davon abgegriffen werden.

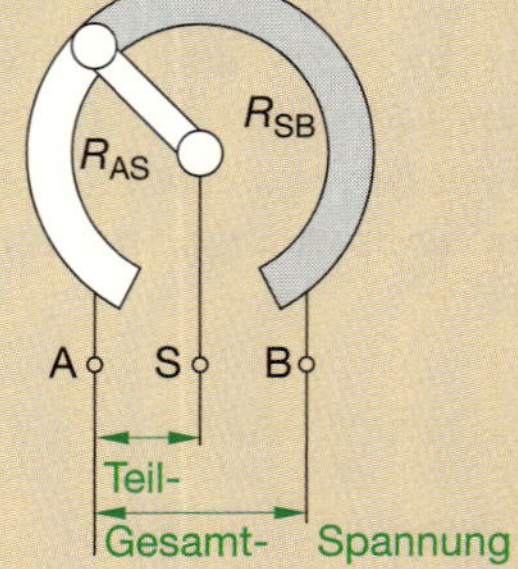

Der belastete Spannungsteiler

Wird parallel zum Widerstand R_2 ein weiterer Widerstand R_L geschaltet, so sinkt die Teilspannung bei R_2 ab. Der Ersatzwiderstand der Parallelschaltung ist ja kleiner als jeder der beiden Einzelwiderstände, sodass der Widerstand des unteren Teils der Reihenschaltung kleiner als vorher ist. Aus diesem Grund sinkt auch die Spannung, die hier anliegt.

Bei belasteten Spannungsteilern muss zunächst für den parallel geschalteten Teil ein Ersatzwiderstand berechnet werden, bevor die sich real einstellenden Spannungen über eine Reihenschaltung ermittelt werden können.

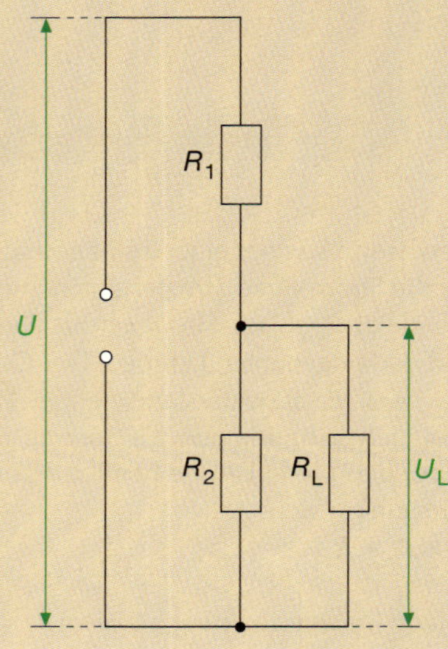

Beispiel: $R_1 = 40\,\Omega$; $R_2 = 60\,\Omega$; $R_L = 120\,\Omega$; $U_{ges} = 100\,V$

Ersatzwiderstand der Parallelschaltung: $R_{ers} = \frac{1}{\frac{1}{60\,\Omega} + \frac{1}{120\,\Omega}} = 40\,\Omega$

Die Teilspannungen teilen sich so auf, dass jeweils 50 V anliegen. Ohne Belastung würde sich eine Aufteilung 40 V an R_1 und 60 V an R_2 ergeben.

Rechenbeispiel

Berechne alle Stromstärken, Teilspannungen und den Ersatzwiderstand der gezeichneten Schaltung.

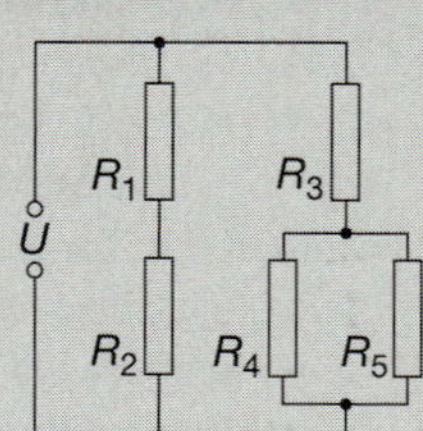

Geg.: $U = 230\,V$; $R_1 = 50\,\Omega$; $R_2 = 100\,\Omega$; $R_3 = 100\,\Omega$; $R_4 = 50\,\Omega$; $R_5 = 50\,\Omega$

Ges.: **a)** Ersatzwiderstände; **b)** Stromstärken; **c)** Teilspannungen

Lösung: **a)** *Widerstände:*

Ersatzwiderstand für R_1 und R_2:
$R_{1,2} = R_1 + R_2 = 150\,\Omega$

Ersatzwiderstand für R_4 und R_5:
$\frac{1}{R_{4,5}} = \frac{1}{R_4} + \frac{1}{R_5} = \frac{2}{50\,\Omega} \Rightarrow R_{4,5} = 25\,\Omega$

Ersatzwiderstand für R_3 und $R_{4,5}$:
$R_{3,4,5} = R_3 + R_{4,5} = 125\,\Omega$

Gesamtersatzwiderstand:
$\frac{1}{R_{ges}} = \frac{1}{R_{1,2}} + \frac{1}{R_{3,4,5}} = \frac{11}{750\,\Omega} \Rightarrow R_{ges} = 68{,}2\,\Omega$

b) *Stromstärken:*

Stromstärke linker Teil: $I_1 = \frac{230\,V}{150\,\Omega} = 1{,}5\,A$

Stromstärke rechter Teil: $I_2 = \frac{230\,V}{125\,\Omega} = 1{,}8\,A$;
durch R_4 und R_5 je 0,9 A

Gesamtstromstärke: $I_{ges} = 3{,}3\,A$

c) *Teilspannungen:*

Spannung an R_1: $U_1 = 50\,\Omega \cdot 1{,}5\,A = 75\,V$
Spannung an R_2: $U_2 = 100\,\Omega \cdot 1{,}5\,A = 150\,V$
Spannung an R_3: $U_1 = 100\,\Omega \cdot 1{,}8\,A = 180\,V$
Spannung an R_4: $U_4 = 25\,\Omega \cdot 1{,}8\,A = 45\,V$
Spannung an R_5: $U_5 = 25\,\Omega \cdot 1{,}8\,A = 45\,V$

Streifzug

GEORG SIMON OHM – ein dornenreiches Leben für die Wissenschaft

1789 in Erlangen geboren, lernte GEORG SIMON OHM sehr früh die Sorge um das tägliche Brot kennen. Seine Mutter starb früh, ebenso vier seiner sechs Geschwister. Sein Vater erkrankte an Tuberkulose und konnte seinen Beruf als Schlosser nicht mehr ausüben. Der Vater, der noch mit 45 Jahren ein Mathematikstudium aufnahm, vermittelte OHM eine ausgezeichnete mathematische Bildung, die ihm die Schule nicht geben konnte. Erfolgreich unterrichtete er seinen jüngeren Bruder. Als Sechzehnjähriger machte er das Abitur. An der Universität begeisterten ihn mehr Billard, Tanzen und Eislaufen und weniger das Studieren. Der flotte Student machte Schulden. Der Vater entzog ihm daraufhin seine Unterstützung.

OHM ging nach Gottstadt im Kanton Bern, wo er eine Stelle an einer Erziehungsanstalt annahm, um seinen Lebensunterhalt zu verdienen. Dort erwies er sich als ungewöhnlich tüchtiger Lehrer für Mathematik und Physik. Mit 22 Jahren kehrte er nach Erlangen zurück, nahm das Studium wieder auf und erwarb mit einer Arbeit über „Licht und Farben" 1811 den Doktortitel. Er eröffnete eine Privatschule, die allerdings wenig erfolgreich war. Danach nahm er eine schlecht bezahlte Stellung an der neugegründeten „Realstudienanstalt" in Bamberg an.
1817 ging OHM nach Köln, wo er Betreuer für die physikalische Sammlung des Jesuitenkollegs wurde. Gleichzeitig unterrichtete er die Oberklassen in Mathematik und Physik. Fast alle seine Schüler errangen Preise an der neu gegründeten Universität in Bonn. Sein Ruf war so gut, dass immer mehr Schüler von ihm unterrichtet werden wollten. Da die Schulbehörde ihn nicht unterstützte, widmete er sich wieder mehr dem Zustand des Physikkabinetts. Zur Modernisierung der Sammlung verwendete er den größten Teil seines Gehaltes. Er selbst lebte sehr anspruchslos.

OHM hatte viel Freude am Experimentieren. Nächtelang beschäftigte er sich mit der Erforschung der Elektrizität, die sich damals noch in den Kinderschuhen befand. Er suchte nach Gesetzen in der Elektrizitätslehre, indem er immer neue Versuchsreihen mit Drähten unterschiedlicher Länge und Stärke durchführte. Dazu entwickelte er verschiedene Vorrichtungen zur Messung der Stromstärke. 1821 formulierte er den Zusammenhang von Spannung, Stromstärke und Widerstand. Er war von der Bedeutung dieser Entdeckung sehr überzeugt. Deshalb ließ er sich beurlauben und ging zu seinem Bruder, der inzwischen Mathematikprofessor in Berlin geworden war, um sich ganz der Forschungsarbeit zu widmen. Hier entstand das erst später anerkannte Buch mit dem Titel „Die galvanische Kette, mathematisch bearbeitet". (Mit „galvanischer Kette" meinte OHM unsere heutigen Batterien.)
Nach einem Jahr war er mittellos und – was weit schlimmer war – er fand keine wissenschaftliche Anerkennung. Eine Abordnung seiner Schüler bat ihn, nach Köln zurückzukehren. Doch er lehnte ab. In den nächsten Jahren entstanden weitere 18 Veröffentlichungen, so z. B. über das Erglühen von Drähten. Bemühungen um eine feste Anstellung blieben erfolglos.

1833 erfüllte sich ein Traum für den Vierundvierzigjährigen: Er bekam eine Professur für Physik an der Polytechnischen Schule in Nürnberg. In dieser Zeit wurden seine Leistungen zum ersten Mal durch die englische Royal Society mit der Verleihung der „Copley-Medaille" geehrt. Er wurde Mitglied weiterer wissenschaftlicher Vereinigungen im Ausland. König LUDWIG I. von Bayern berief ihn zum zweiten Konservator der Akademie der Wissenschaften und ernannte ihn zum Ministerialreferenten für das Telegrafenwesen.

1848 wurde OHM ordentlicher Professor für Physik an der Universität München. Diese Anerkennung beflügelte seine wissenschaftliche Arbeit. An der Universität waren seine Vorlesungen überfüllt. Für seine Studenten schrieb er das Lehrbuch „Grundzüge der Physik als Compendium für meine Vorlesung".

OHM starb im Kreise seiner ehemaligen Schüler am 6. Juli 1854. 27 Jahre später erhielt er posthum die wohl größte Auszeichnung: Der in Paris tagende Kongress der Elektrotechniker benannte nach ihm die Einheit des elektrischen Widerstandes.

Prüfe dein Wissen

Ladung – Stromstärke – Spannung

A1 a) Beantworte zu den Merkzettel-Begriffen folgende Fragen: Was bedeutet der Begriff? Wie und in welcher Einheit wird diese Größe gemessen? Gibt es Formeln dafür? Gibt es sonst noch Wissenswertes über diesen Begriff?
b) Wenn du die Fragen nicht auf Anhieb beantworten kannst, dann lies die entsprechenden Seiten im Buch noch einmal gründlich durch.
c) Notiere auf der Vorderseite von Karteikarten den Begriff, auf der Rückseite die Erläuterung.

A2 a) Wie kannst du einen Körper elektrisch laden? Nenne mehrere Möglichkeiten.
b) Beschreibe, wie dieses Aufladen zustande kommt.
c) Wie kannst du nachweisen, dass der Körper elektrisch geladen ist?

A3 Ein Magnet wird in die Nähe einer geladenen Kunststoffkugel gebracht.
a) Was passiert mit der Kunststoffkugel?
b) Begründe deine Antwort.

A4 Durch Aufladen von Körpern kann es zu Funkenbildung kommen, die insbesondere bei Flüssigkeiten und Gasen zu Entzündung und zu Explosionen führen kann.
a) Welche Maßnahmen können ergriffen werden, um eine „gefahrlose" Entladung bzw. ein Aufladen zu verhindern?
b) Begründe die Maßnahmen.

A5 Zwischen zwei Metallplatten befinden sich leicht drehbare Papierfähnchen. Werden die beiden Platten an einen Bandgenerator angeschlossen und wird dieser in Betrieb genommen, so richten sich die Papierfähnchen in der Richtung von einer Platte zur anderen aus. Erkläre das Verhalten der Papierfähnchen.

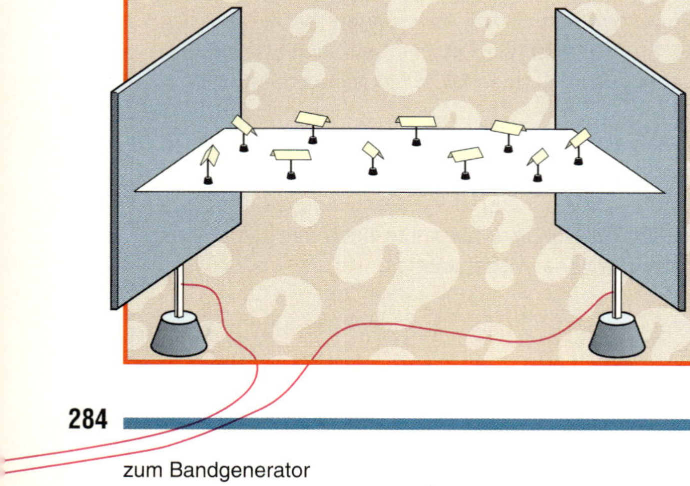

zum Bandgenerator

A6 Eine elektrisch positiv geladene, leicht bewegliche Metallkugel wird zwischen eine große positiv geladene Metallplatte und eine kleine, negativ geladene, fest stehende Metallkugel gebracht. Was kannst du beobachten? Begründe.

A7 Gib die fehlenden Stromstärken in den folgenden Schaltungen an.

a)

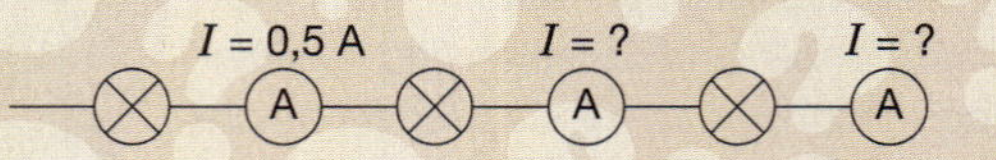

b)

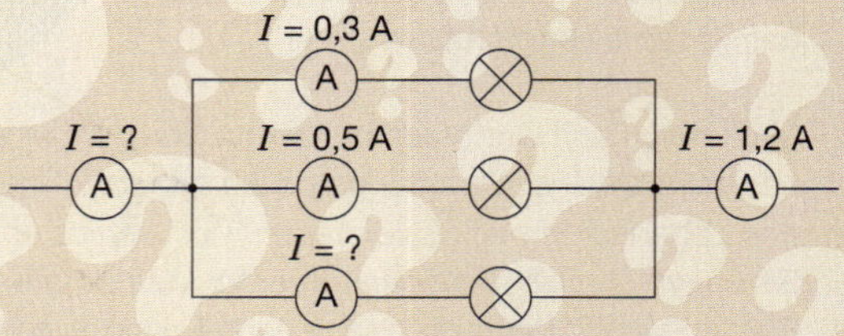

c)

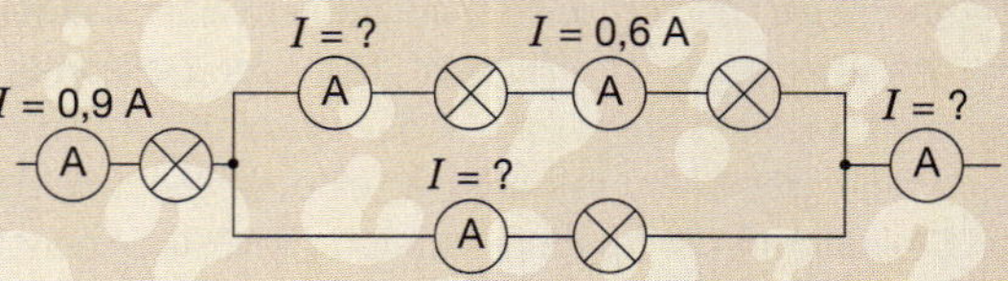

A8 In einem Stromkreis sind eine Lampe und ein Motor parallel geschaltet.
a) Zeichne die Schaltskizze.
b) Beschreibe, welchen Weg die Elektronen in diesem Stromkreis nehmen. Was kannst du über die Größe des Elektronenstromes sagen
- in der Hinleitung,
- in den Zweigen,
- in der Rückleitung?

c) Wie kann man die Stromstärken in den verschiedenen Bereichen des Stromkreises messen?
Zeichne die dazu notwendigen Messgeräte ein.
d) Wie groß ist die Stromstärke in der Hinleitung, wenn durch die Lampe 0,3 A und durch den Motor 0,9 A fließen? Wie groß ist sie in der Rückleitung?
e) Bearbeite Aufgabe a) bis c), wenn Lampe und Motor in Reihe geschaltet sind.
f) Was lässt sich über die Stromstärke bei der Reihenschaltung sagen?

A9 a) Erläutere den Begriff „elektrische Stromstärke" einmal im „Elektronenbild" und einmal im „Ladungsbild". Wann ist die Stromstärke groß, wann klein?
b) Wie kann die Stromstärke bestimmt werden?
c) Erläutere die Wirkungsweise der verschiedenen Strommessgeräte.

A10 Es steht eine elektrische Quelle mit 12 V zur Verfügung. Mit ihr soll ein Tischventilator mit der Nennspannung 12 V (er benötigt 1 A) und eine Tischlampe (12 V | 0,5 A) gleichzeitig und einzeln betrieben werden können.
a) Wie könnte eine Schaltung aussehen?
b) Die jeweils auftretenden elektrischen Stromstärken sollen gemessen werden. Wie müssen die Messgeräte geschaltet werden?
c) Wie kann überprüft werden, ob die richtige Nennspannung vorhanden ist?

A11 Ein Walkman benötigt eine Spannung von 9 V. Dir stehen 20 Batterien mit 1,5 V und 20 Akkus mit 1,2 V zu Verfügung.
a) Welche elektrischen Quellen benutzt du beim Betrieb des Walkman? Wie viele benutzt du?
b) Wie schaltest du die einzelnen Elemente, damit du sehr lange dein Gerät benutzen kannst? Begründe.

A12 Rechts ist die *U*-*I*-Kennlinie zweier Bauteile dargestellt.
a) Beschreibe das elektrische Verhalten der beiden Bauteile.
b) Zeichne die *R*-*I*-Kennlinie.
c) Welche Bauteile könnten es sein?

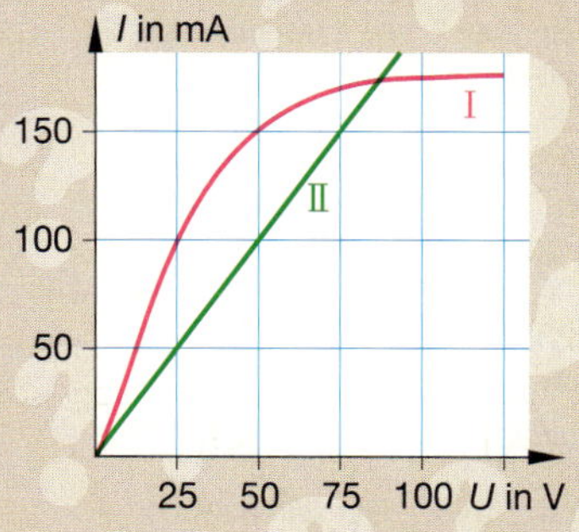

A13 Bei einem Tischventilator wurden folgende Stromstärken in Abhängigkeit von der anliegenden Spannung gemessen:

U	30 V	50 V	70 V	90 V	110 V
I	0,15 A	0,30 A	0,45 A	0,60 A	0,71 A
U	130 V	150 V	170 V	215 V	230 V
I	0,84 A	1,06 A	1,11 A	1,4 A	1,75 A

a) Beschreibe die Wirkung des Tischventilators. Welche Energieumwandlungen laufen dabei ab?

Die wichtigsten Begriffe

b) Zeichne die *U*-*I*-Kennlinie.
c) Wie sieht die *R*-*I*-Kennlinie aus?

A14 In einem Stromkreis sind zwei Lampen parallel geschaltet. Für jede Lampe ist 6 V | 0,1 A angegeben.
a) Berechne den Widerstand der Lampen.
b) Welche Stromstärken werden gemessen? Wie groß ist der Gesamtstrom?

A15 Drei gleiche Lampen sind wie in der Abbildung rechts geschaltet.

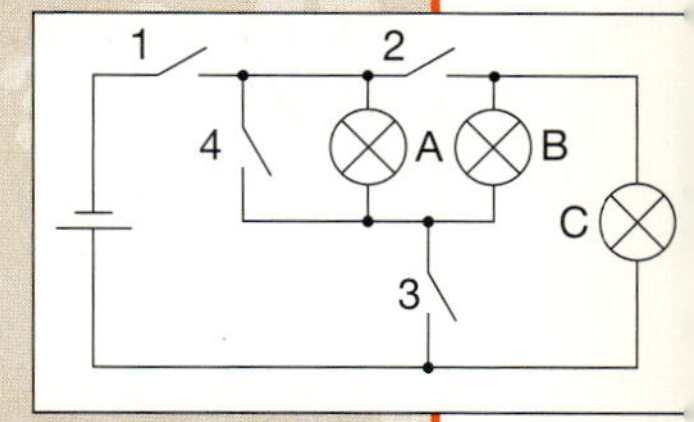

a) Bei welcher Schalterstellung leuchten welche Lampen und mit welcher Helligkeit im Vergleich zur „Normalhelligkeit"? (Batteriespannung = Nennspannung der Lampe)
b) Begründe deine Aussage.
c) Wann liegt ein Kurzschluss vor?

A16 a) Zwei Mignonzellen mit je 1,5 V kannst du auf verschiedene Weise in einem Stromkreis mit einer 3 V-Lampe zusammenschalten. Zeichne die verschiedenen Schaltungen.
b) Warum leuchtet die Lampe nur in einer Schaltung? Beachte die Pole der Mignonbatterie. Begründe.

A17 Ein Motor (16 V | 0,1 A) soll an eine Spannungsquelle von 20 V angeschlossen werden. Der Widerstand der Zuleitung beträgt 0,4 Ω.
a) Welche Spannung liegt am Motor?
b) Wie groß muss ein Vorwiderstand sein, damit der Motor problemlos betrieben werden kann?
c) Wie muss er eingebaut werden? Zeichne.